Karlheinz Schiebold

Zerstörungsfreie Werkstoffprüfung – Ultraschallprüfung

1. Auflage
mit 441 Bildern und 100 Tabellen

Springer Vieweg

Autor
Prof. Dr.-Ing. **Karlheinz Schiebold**

Vormals Gründer und Gesellschafter der
LVQ-WP Werkstoffprüfung GmbH, Mülheim an der Ruhr,
LVQ-WP Werkstoffprüfung GmbH, Magdeburg,
LVQ-WP Werkstoffprüfung GmbH, Bremen,
LVQ-WP Prüflabor GmbH, Magdeburg,
LVQ-WP Werkstoffprüfung GmbH & Co.KG, Magdeburg.

ISBN 978-3-662-44699-7
ISBN 978-3-662-44700-0 (eBook)
DOI 10.1007/978-3-662-44700-0

Die Deutsche Nationalbibliothek verzeichnet diese Publikation in der Deutschen Nationalbibliografie; detaillierte bibliografische Daten sind im Internet über http://dnb.d-nb.de abrufbar.

Springer Vieweg

Gedruckt auf säurefreiem und chlorfrei gebleichtem Papier

Springer Vieweg ist eine Marke von Springer DE. Springer DE ist Teil der Fachverlagsgruppe Springer Science+Business Media.

www.springer-vieweg.de

Zerstörungsfreie Werkstoffprüfung – Ultraschallprüfung

Dem Andenken meines Vaters
Prof. Dr.-phil. ERNST SCHIEBOLD
(1894 – 1963)
In dankbarer Verehrung gewidmet
Karlheinz Schiebold

Vorwort

Abgesehen davon, dass die Klassiker unter den Ultraschall-Lehrbüchern von J. und H. Krautkrämer [1.1] und von V. Deutsch [1.2] bereits vor über 50 bzw. 40 Jahren verfasst worden sind und sich in der Zwischenzeit mit der Computertechnik und der Elektronik viele neue Anwendungsgebiete und Techniken erschlossen haben, erscheint es dem Autor doch zweckmäßig, die Ultraschallprüfung in einem Lehr- und Arbeitsbuch in komplexer Form darzustellen.

Das Buch soll insbesondere seinem Vater, Prof. Dr.-phil. Ernst Schiebold gewidmet sein, einem Pionier der Zerstörungsfreien Werkstoffprüfung, dessen Aktivitäten zur Entwicklung der Werkstofftechnik Anfang der 30er Jahre des 20. Jahrhunderts erstmals an die Öffentlichkeit kamen und der aus seiner Zeit in der damaligen Kaiser-Wilhelm-Gesellschaft auch zur Entstehung der Gesellschaft zur Förderung Zerstörungsfreier Prüfverfahren und damit zur Gründung der Deutschen Gesellschaft für Zerstörungsfreie Prüfung (DGZfP) beigetragen hat. Später war er als Direktor des Amtes für Material- und Warenprüfung (DAMW) in Magdeburg tätig. In dieser Funktion führte er die ersten Ultraschallkurse in der DDR ein, die danach von Prof. Dr. Hans-Ulrich Richter mit großem Erfolg fortgesetzt wurden und in denen K. Schiebold 20 Jahre lang mitgewirkt hat.

Von 1953 bis 1963 hat Prof. Ernst Schiebold als ord. Professor und Direktor des Instituts für Werkstoffkunde und Werkstoffprüfung an der Technischen Hochschule Magdeburg (heute Otto-von-Guericke Universität) in kurzer Zeit eine über die Landesgrenzen hinaus bekannte wissenschaftliche Schule mit dem Schwerpunkt Zerstörungsfreie Prüfung aufgebaut. Aus ihr ging auch sein Sohn Karlheinz hervor, der 1963 sein Studium der Werkstoffprüfung abgeschlossen hat. Da zum damaligen Zeitpunkt keine Planstelle am Institut frei war, ging er in die Industrie und begann sein erstes Arbeitsleben im damaligen VEB Schwermaschinenbau Kombinat Ernst Thälmann Magdeburg (später SKET SMS GmbH), wo er in der komplexen Werkstoffprüfung über 28 Jahre tätig war.

Dort begann seine Laufbahn als Gruppenleiter in der Ultraschalltechnik und später als Abteilungsleiter erhielt er die Zuständigkeit für die gesamte Zerstörungsfreie (ZfP) und Zerstörende (ZP) Werkstoffprüfung. Aufgrund der im SKET doch außerordentlich umfassend vorhandenen Metallurgie mit einem zwei Stahlwerken, drei Eisengiessereien, zwei Stahlgiessereien, einer Großschmiede, zwei Stahlbaubetrieben und zahlreichen Maschinenbaubetrieben war ein umfangreiches Betätigungsfeld gegeben. Die Ultraschallprüfung gewann über die Jahre eine immer größere Bedeutung für die Untersuchung metallurgischer Produkte und vermittelte für ihn dadurch unschätzbare Erfahrungswerte. Schiebold war insgesamt 25 Jahre mit seinen Prüfern in den Betrieben unterwegs und bearbeitete zudem Forschungs- und Entwicklungsthemen für die Metallurgie in Größenordnungen.

Aus diesen Erfahrungswerten konnte er nach der Wende in seinem zweiten Arbeitsleben im aus der **L**ehr- und **V**ersuchsgesellschaft für **Q**ualität in Mülheim ausgegründeten eigenen Unternehmen LVQ-WP Werkstoffprüfung GmbH und im Magdeburger von der Treuhand erworbenen Unternehmen LVQ-WP Prüflabor GmbH auch schöpfen und manchmal unter großem Zeitdruck Unterrichtsmaterialien, wie Skripte, Übungen, Wissensteste und teilweise auch Prüfungen schreiben. Durch die Anerkennung der erstgenannten Firma als Ausbildungsstätte der DGZfP sind solche Unterlagen in der ZfP in sechs Prüfverfahren und 3 Qualifikationsstufen entstanden und in der ZP in 9 Prüfverfahren über fast zwanzig Jahre erfolgreich zur Weiterbildung von Werkstoffprüfern verwendet worden. Das so verfasste Skript der Stufe 3 nach DIN EN 473 und jetzt nach DIN EN ISO 9712 zur Ultraschallprüfung, ergänzt durch ausgewählte Inhalte von Beiträgen auf den Jahrestagungen der Deutschen Gesellschaft für Zerstörungsfreie Prüfung, bilden eine wesentliche Grundlage für dieses Buch, das somit auch eine willkommene Hilfe bei der Ausbildung von Werkstoffprüfern der Stufen 2 und 3 auf dem Gebiet der Ultraschallprüfung sein kann.

Leider ist es in einem solchen Fachbuch nicht möglich, sämtliche Techniken und Anwendungen der Ultraschallprüfung zu beschreiben. So wird die Schallemissionstechnik aufgrund ihrer Spezifik nicht ausführlich dargestellt und ebenso wird auf theoretische Ableitungen, mathematische Methoden, Modellierungen und bruchmechanische Bewertungen verzichtet. Die Ultraschallprüfung im Bauwesen und im Eisenbahnwesen ist nach Ansicht des Autors für sich ein Fachbuch wert. Analoge Überlegungen gelten für die Beschreibung von speziellen Festigkeitsuntersuchungen mit Ultraschall, wie z. B. die Einhärtetiefenmessung oder die Untersuchung an faserverstärkten Kunststoffen, Verbundwerkstoffen, spezieller Keramik und Nichteisenmetallen.

Allen am Entstehen des Buches Beteiligten sei an dieser Stelle gedankt. Besonderer Dank gilt meiner lieben Frau Angelika, meinem Freund Prof. Dr.-Ing. Volker Deutsch und meinem Doktorvater Prof. Dr.-Ing. Winfried Morgner sowie natürlich auch allen Firmen und Personen, von denen ich bei der Vorbereitung und Ausgestaltung dieses Buches Unterstützung erhielt, und insbesondere den Sponsoren, die zum Entstehen und Gelingen des Werkes beigetragen haben.

Dem Springer-Verlag danke ich für die bei der Herausgabe des Buches stets gute Zusammenarbeit.

Mülheim an der Ruhr, Sommer 2014
Prof. Dr.-Ing. Karlheinz Schiebold

Benutzungshinweise
Bilder, Tabellen, Gleichungen und Literaturzitate werden jeweils *innerhalb eines Kapitels* (mit Einer-Nummerierung) fortlaufend gezählt, z.B. Bild 3.10 = 10. Bild im Kapitel 3 (Justierung im Ultraschall-Prüfverfahren); [2.5] = Literaturzitat zu Kapitel 2 (Ultraschallprüfsysteme) im Literaturverzeichnis am Ende eines Kapitels.

In diesem Buch werden die *Maßeinheiten* des Internationalen Einheitensystems (SI) einschließlich der daraus abgeleiteten dezimalen Vielfachen und Teile wie Milli, Mega usw. verwendet.

Inhaltsverzeichnis

Einführung

Die *Ultraschallprüfung* (nach den international üblichen Abkürzungen für die verschiedenen Prüfverfahren mit UT bezeichnet) ist ein *zerstörungsfreies* Verfahren der Materialprüfung, welches sich vom Funktionsprinzip her als ein eigenständiges Verfahren in die Reihe der anderen etablierten zerstörungsfreien Prüfverfahren

- Magnetische und elektrische Prüfung MT
  (magnetischer Streufluss, Haftkraft, elektrisches Potenzial)
- Eindringprüfung PT
  (Eindringprüfung)
- Radiografische Prüfung RT
  (Röntgen-, Gamma- und Neutronenstrahlen)
- Wirbelstromprüfung ET
  (Elektromagnetische Prüfung)
- Sichtprüfung VT
  (visuelle Prüfung, optische Prüfung, Endoskopie)

einordnet, wobei als *zerstörungsfreies* Prüfverfahren (ZfP, engl. NDT/Nondestructive Testing) in Anlehnung an DIN EN ISO 17025 nach [0.1] definiert werden könnte:

Technischer Vorgang zur Bestimmung eines oder mehrerer vorgegebener Qualitätskennwerte eines Werkstoffes oder Erzeugnisses gemäß vorgeschriebener Verfahrensweise, wobei die dazu genutzte Energie (z.B. als Wellen- oder Teilchenstrahlung, elektrisches, magnetisches oder elektromagnetisches Feld, mechanische Schwingungen oder Wellen, Licht, Wärmestrahlung u.a.) in Wechsel-wirkung mit dem Material tritt, ohne dass dadurch dessen Eigenschaften oder das vorgesehene Gebrauchsverhalten (Beanspruchungsart, -höhe und -dauer) unzumutbar beeinträchtigt werden.

Neben den o.g. werden oft auch solche Verfahren bzw. Untersuchungsmethoden den zerstörungsfreien Prüfverfahren zugeordnet, die traditionell bzw. nach der vorstehenden Begriffsdefinition nicht in diese Kategorie einzuordnen sind oder sich wissenschaftlich

K. Schiebold, *Zerstörungsfreie Werkstoffprüfung – Ultraschallprüfung*,
DOI 10.1007/978-3-662-44700-0_0, © Springer-Verlag Berlin Heidelberg 2015

verselbstständigt haben, wie z.B. die Röntgen-Feinstrukturuntersuchung, die röntgenographische Spannungsmessung, die Spektralanalyse, die akustische Emission, Verformungsmessungen, Rauheitsmessung u.a. [0.2]

In diesem Fachbuch werden DIN EN ISO-Normen des gegenwärtigen Standes 2014 zitiert, um die Fachleute zu befähigen, ohne die Normen detailliert zu lesen, die Normen in ihrer täglichen Arbeit umsetzen zu können. Deshalb sind entsprechende Erläuterungen zu den Texten, Tabellen und Bildern in den Normen eingearbeitet worden.

Der ASME-Code wird ausführlich behandelt, weil diese amerikanische Druckgeräte-Richtlinie nur in englischer Sprache angeboten wird und weil sich die Ausführungen in den für die Praxis wichtigen Kapiteln doch wesentlich von den DIN EN ISO-Normen unterscheiden. Vor allem Firmen, die ASME-Inspektionen für ihre Produkte bestehen müssen, können sich mit den Erläuterungen zum ASME-Code eventuell besser auf solche Inspektionen vorbereiten.

Literatur

[0.1] Mc Master, Nondestructive Testing Handbook, ASNT 1959
[0.2] DGZfP Kursprogramm 2013

Physikalische Grundlagen 1

1.1 Ultraschallwellen

Die Welle ist die räumliche Ausbreitung einer Schwingung. Voraussetzung für die räumliche Ausbreitung ist eine elastische Kopplung der schwingenden Massenteilchen. Ein Beispiel dafür, wie aus einer Schwingung eine Welle entsteht, ist in Abb. 1.1 dargestellt. Dabei werden eine Reihe von gleichen nebeneinander aufgehängten Federpendeln abgebildet.

In Abb. 1.1a besteht zwischen den Federpendeln keine Kopplung. Wenn man eines dieser Pendel zu Schwingungen anregt, schwingt es allein, während die anderen in Ruhestellung bleiben. Es kann somit seine Schwingungsenergie nicht auf die anderen Pendel übertragen. Die Pendel in Abb. 1.1b haben eine steife Kopplung, z.B. durch Verbindung der Pendel mit einer starren Stange. Wird irgendein Pendel zu Schwingungen angeregt, so schwingen sofort alle anderen Pendel mit gleicher Amplitude, da sich jedes Pendel nur auf und ab, jedoch nicht seitwärts bewegen kann. Bei einer elastischen Kopplung (Abb. 1.1c wie bei einem Gummiband) übertragen sich die Schwingungen mit einer bestimmten Geschwindigkeit nach und nach auf alle übrigen Pendel, wenn ein Pendel in Schwingungen versetzt wird. Damit kommt es zu einer Wellenausbreitung.

Ähnlich wie bei diesem Gedankenexperiment lassen sich alle in der Natur vorkommenden Wellenausbreitungsvorgänge ableiten. Einzelne Massenteilchen führen eine Schwingung aus. Durch elastische Kräfte wird die Bewegung auf andere Teilchen übertragen. **Bei der Wellenausbreitung findet ein Energietransport, jedoch kein Massentransport statt.** Während die Wellenberge in Abb. 1.1c die ganze Pendelkette von links nach rechts durchlaufen, bleibt die Bewegung der Pendel um die Ruhelage beschränkt. Die Schwingung eines Körpers, wie z.B. des im Prüfkopf eingebauten Schwingers bzw. Wandlers, teilt sich der Materie in der Umgebung, d.h. im angekoppelten Werkstück, mit. Dabei entsteht eine Folge von Verdichtungen und Verdünnungen in Richtung der schallerzeugenden Materie. **Die Ausbreitung von Schwingungen in Form von Schallwellen ist also**

K. Schiebold, *Zerstörungsfreie Werkstoffprüfung – Ultraschallprüfung*,
DOI 10.1007/978-3-662-44700-0_1, © Springer-Verlag Berlin Heidelberg 2015

Abb. 1.1 Ausbreitung von Schwingungen längs einer Pendelkette [1.1], [1.5]

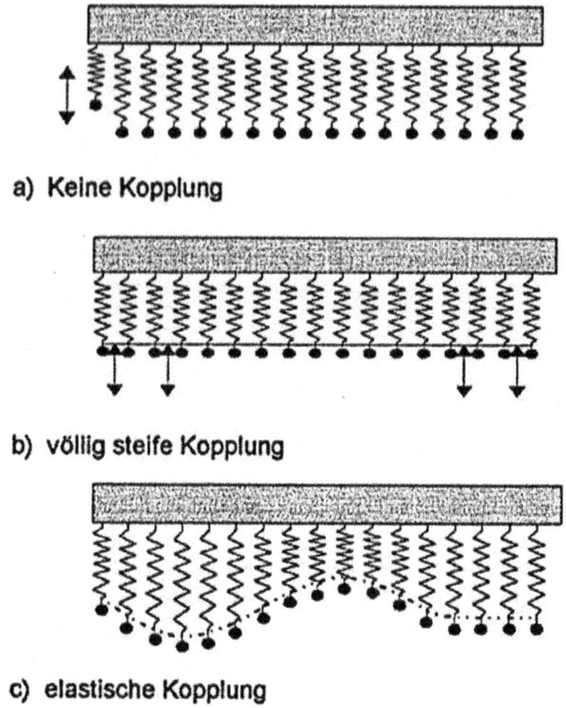

im Gegensatz zu elektromagnetischen Wellen (Radiowellen, Licht) an das Vorhandensein von Materie gebunden.

1.1.1 Ausbreitungsgeschwindigkeit (Schallgeschwindigkeit)

Als Ultraschallgeschwindigkeit bezeichnet man die Geschwindigkeit, mit der sich eine Welle in einem bestimmten Medium ausbreitet. Sie wird bezogen auf die Phasenlage der Schwingung und folglich auch Phasengeschwindigkeit genannt. **Die Schallgeschwindigkeit hängt von den elastischen Eigenschaften und der Dichte des Mediums ab. Damit ist die Schallgeschwindigkeit c eine Materialkonstante, die in m/s oder km/s gemessen wird.**

1.1.2 Wellenlänge

Als Wellenlänge λ wird der räumliche Abstand zwischen zwei benachbarten Orten gleichen Schwingungszustandes bezeichnet (Abb. 1.2 und nachstehende Gleichungen). Damit sind zwei Teilchen gemeint, die mit gleicher Phase schwingen.

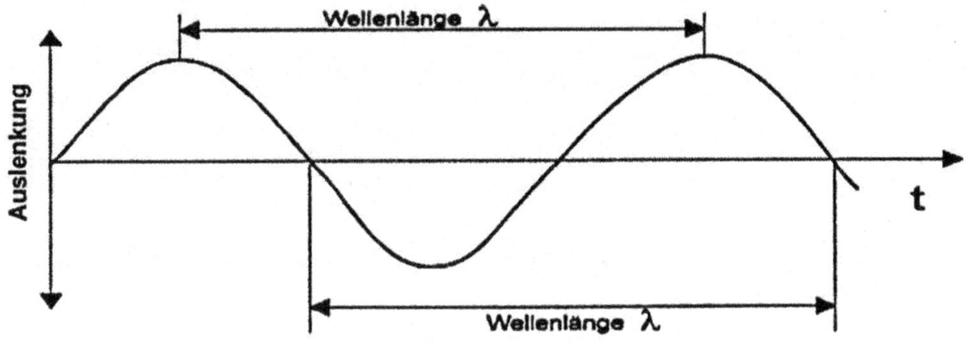

Abb. 1.2 Definition der Wellenlänge [1.1], [1.2]

$$\lambda = \frac{c}{f} \text{ oder } = c \times T \text{ und } c = \lambda \times f.$$

mit c = Schallgeschwindigkeit der sich ausbreitenden Welle im Medium,
f = Frequenz des verwendeten Schwingers.

Diese Gleichung gilt sowohl für Longitudinalwellen als auch für Transversalwellen.

Rechenbeispiel:
Für einen Senkrechtprüfkopf (Frequenz f = 2 MHz) soll die Wellenlänge in Stahl berechnet werden.

Gegeben: f = 2 MHz, c_{Stahl} = 5920 m/s Gesucht: λ = ?

Lösung:

$$\lambda = \frac{c}{f},$$

$$\lambda = \frac{5920 \text{ m/s}}{2 \text{ MHz}} \text{ oder } \frac{5{,}92 \times 10^6}{2 \times 10^6} \frac{\text{mm/s}}{\text{Hz}} = \mathbf{2{,}96 \text{ mm}}$$

Die Wellenlänge in Stahl für eine Frequenz von 2 MHz beträgt somit ca. 3 mm. Dieser Wert gilt aber nur für eine bestimmte Wellenart. Die Nachweisgrenze der kleinsten nachweisbaren Ungänze ist unter anderem abhängig von der Wellenlänge. Theoretisch kann davon ausgegangen werden, **dass diese Nachweisgrenze etwa in der Größenordnung von 0,2 bis 0,5 Wellenlängen liegt,** d.h. dass bei einer Wellenlänge von 3 mm der kleinste noch nachweisbare Reflektor eine Größe von 0,6 bis 1,5 mm haben kann.

In Tab. 1.1 sind typische Wellenlängen für Stahl in Abhängigkeit von der Wellenart und der Prüffrequenz zusammengestellt.

Tab. 1.1 Typische Wellenlängen für Stahl mit den Nachweisgrenzen [1.2]

Wellenart	Wellenlängen und Nachweisgrenzen in mm für Frequenzen von				
	0,5 MHz	1 MHz	2 MHz	4 MHz	6 MHz
Longitudinalwelle	11,84	5,92	2,96	1,48	0,98
Nachweisgrenze	2,4 bis 6	1,2 bis 3	0,6 bis 1,5	0,3 bis 0,75	0,2 bis 0,5
Transversalwelle	6,51	3,25	1,63	0,81	0,54
Nachweisgrenze	1,3 bis 3,2	0,7 bis 1,6	0,3 bis 0,8	0,2 bis 0,4	0,1 bis 0,3

Aus Tabelle 1.1 wird ersichtlich, **dass die Wellenlänge umso kleiner wird, je größer die Prüffrequenz ist.**

Tabelle 1.2 zeigt einige Werte für die Schallgeschwindigkeit und die Dichte und damit auch für den Schallwellenwiderstand (Z) verschiedener Stoffe, der das Produkt aus Schallgeschwindigkeit und Dichte darstellt ($Z = \rho \times c$).

1.1.3 Wellenarten

Grundsätzlich können sich Ultraschallwellen überall dort ausbreiten, wo Massenteilchen eines Stoffes für die Ausführung elastischer Schwingungen zur Verfügung stehen. Die schwingenden Teilchen des den Ultraschall übertragenden Werkstoffes sind dabei elastisch gekoppelt. Die Ausbreitung von Schallwellen ist in Gasen, Flüssigkeiten und in festen Stoffen möglich, dagegen **nicht in einem Vakuum**, weil dort keine Schwingungsträger vorhanden sind.

Ultraschallwellen können sich auf verschiedene Arten ausbreiten und es können verschiedene Wellenarten mit unterschiedlichen Eigenschaften eingesetzt werden, z.B. in Senkrecht- und Winkelprüfköpfen. Die gebräuchlichsten Wellenarten in der Ultraschallprüfung werden nachstehend dargestellt.

1.1.3.1 Longitudinalwellen (Kompressionswellen = Druckwellen)

Bei der Longitudinalwelle (Abb. 1.3) liegt die Schwingungsrichtung der Teilchen in der gleichen Ebene wie die Ausbreitungsrichtung der Welle, d.h. Schwingungs- und Ausbreitungsrichtung stimmen überein bzw. liegen parallel zueinander.

Longitudinalwellen können sich dadurch in festen, flüssigen und gasförmigen Medien ausbreiten. Als Beispiel soll die in Abb. 1.4 abgebildete Pendelkette gezeigt werden, wobei die Pendel an so langen Fäden hängen, dass bei einer kleinen seitlichen Auslenkung die Pendel praktisch nur horizontal schwingen. Es entsteht eine Welle, die sich ebenfalls nur in horizontaler Richtung ausbreitet.

Tab. 1.2 Schallgeschwindigkeit, Dichte und Schallwellenwiderstand (Z) verschiedener Stoffe [1.8], [1.9]

Werkstoff	Schallgeschwindigkeit			
	Longitudinalwelle * (c_L in m/s)	Transversalwelle * (c_L in m/s)	Dichte (ρ in kg/m^3)	Schallwellenwiderstand (Z in kg/m^{2}s) **
Wasser	1480	-	1,0	1,5
Plexiglas	2740	1120	1,18	3,2
Bariumtitanat	5200-5400	-	5,3	27,6
Quarzkristall	5760	-	2,7	15,3
Stahl	5920	3250	7,85	5,1
Grauguss lamellar	3800-5000	2000-2600	7,2	30
Grauguss vermicular	5000-5400	2500-2800	7,2	36
Grauguss globular	5400-5900	2800-3200	7,2	40
Aluminium	6300	3080	2,7	17,0
Bronze	3500	2200	8,8	31,0
Kupfer	4700	2260	8,9	42,0
Messing	4400	2200	8,6	37,0
Kunststoff	2500	1200	1,1	2,4
Beton	3000-4830	2000-2400	1,8-2,5	5,4-12,1

* abhängig vom Gefügezustand
** Näherungswerte

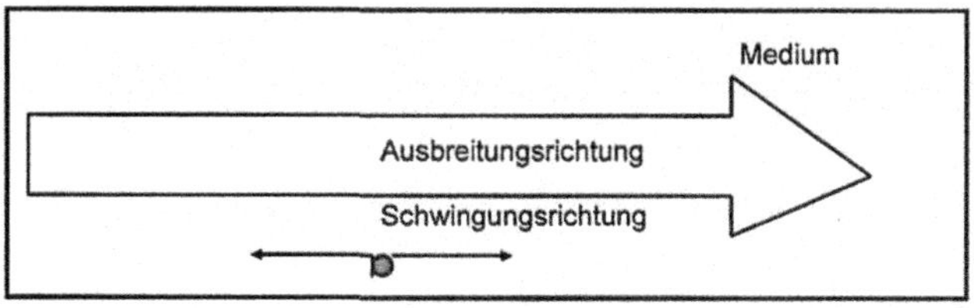

Abb. 1.3 Longitudinalwelle [1.1], [1.6]

In Abb. 1.5 wird die Erzeugung von Longitudinalwellen in Luft durch eine schwingende Membran schematisch dargestellt.

In der unmittelbaren Nachbarschaft der Membran wird die Luft im Rhythmus der Membranschwingungen abwechselnd komprimiert und verdünnt. Es kommt zur Ausbreitung

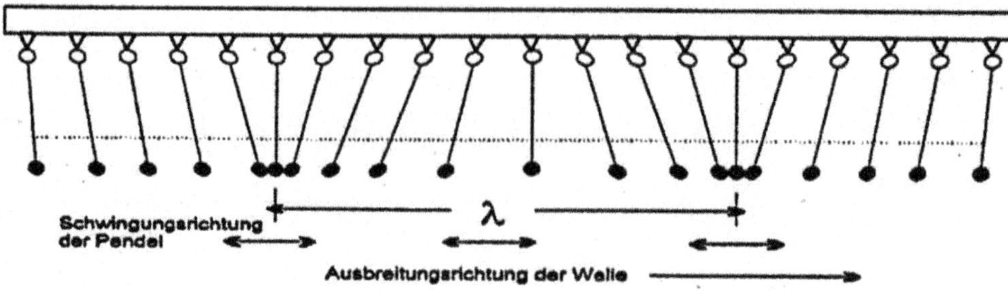

Abb. 1.4 Pendelkette zur Veranschaulichung der Longitudinalwelle [1.1], [1.4]

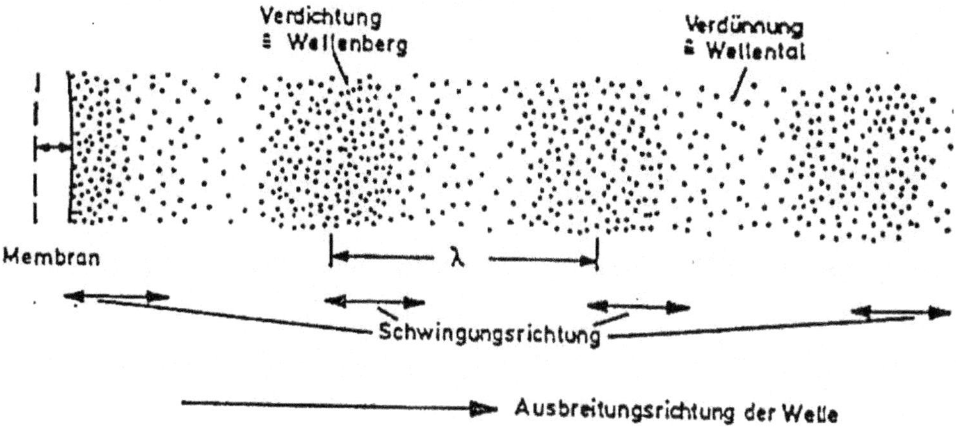

Abb. 1.5 Erzeugung von Longitudinalwellen in Luft [1.1], [1.2], [1.3], [1.5]

von Longitudinalwellen in Gestalt abwechselnder Überdruck- und Unterdruckzonen, die dadurch zu erklären sind, dass die von der Membran in Bewegung gesetzten Moleküle ihre Bewegung durch Stoß auf die weiter entfernteren Moleküle übertragen.

1.1.3.2 Transversalwellen (Scherwellen)

Bei der Transversalwelle (Abb. 1.6) liegt die Bewegungsrichtung der Teilchen senkrecht zur Ausbreitungsrichtung. Die Wellenausbreitung längs der elastisch gekoppelten Federpendel in Abb. 1.1c ist ein Beispiel dafür. Die einzelnen Pendel schwingen in vertikaler Richtung, während sich die Welle von links nach rechts in horizontaler Richtung ausbreitet.

Transversalwellen können sich dadurch nur in festen Medien ausbreiten. Eine Ausbreitung in Gasen oder Flüssigkeiten ist nicht möglich, da diese nur Druckkräfte, nicht jedoch auch Scherkräfte übertragen können, d.h. ihr Schubmodul ist gleich Null.

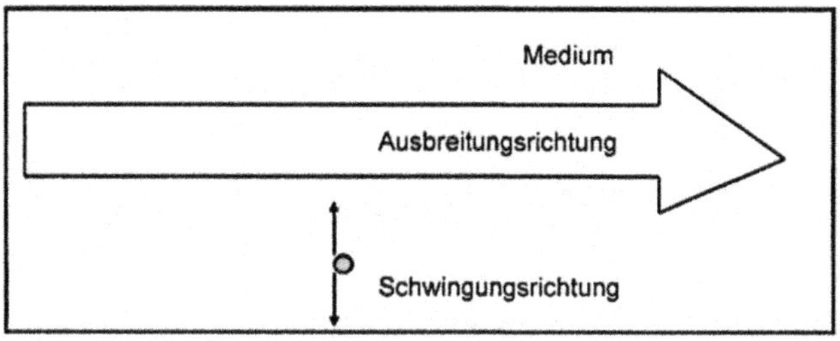

Abb. 1.6 Transversalwelle [1.1], [1.2], [1.6]

Bei Stahl sind die Schallgeschwindigkeit und damit auch die Wellenlänge der Transversalwelle etwa halb so groß wie die der Longitudinalwelle. Dadurch lassen sich mit der Transversalwelle kleinere Reflektoren als mit vergleichbaren Longitudinalwellen nachweisen.

1.1.3.3 Oberflächenwellen (Rayleighwellen)

Ab einem bestimmten Einschallwinkel wandelt sich die Transversalwelle in eine Oberflächenwelle, auch **Rayleighwelle** genannt, um. Diese Wellenart **breitet sich mit einer elliptischen Teilchenbewegung nur entlang der Oberfläche mit einer Eindringtiefe von etwa einer Wellenlänge aus** (Abb. 1.7). **Sie wird deshalb auch Oberflächenwelle genannt.** Die Schallgeschwindigkeit beträgt das 0,9 – fache der Transversalwelle. Somit ist diese Wellenart aufgrund der sich kleiner ergebenden Wellenlänge noch empfindlicher als eine vergleichbare Transversalwelle.

Die Rayleighwelle hat die Fähigkeit, auch an gekrümmten Oberflächen entlang zu laufen, wenn der Krümmungsradius größer als die Wellenlänge ist und wird zum Nachweis von Oberflächenrissen genutzt (Abb. 1.8).

1.1.3.4 Plattenwellen (Lambwellen)

Die Plattenwelle wird auch Lambwelle genannt und hat die Eigenschaft, sich durch sehr dünne Bleche, deren Dicke in der Größenordnung der Wellenlänge liegt (< 5 mm), auf

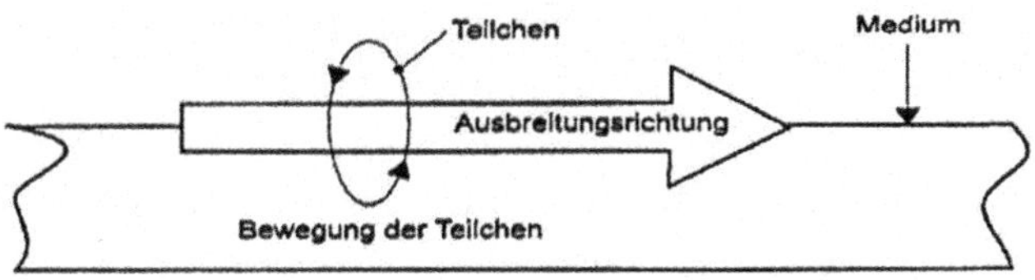

Abb. 1.7 Rayleighwelle [1.1], [1.2], [1.6]

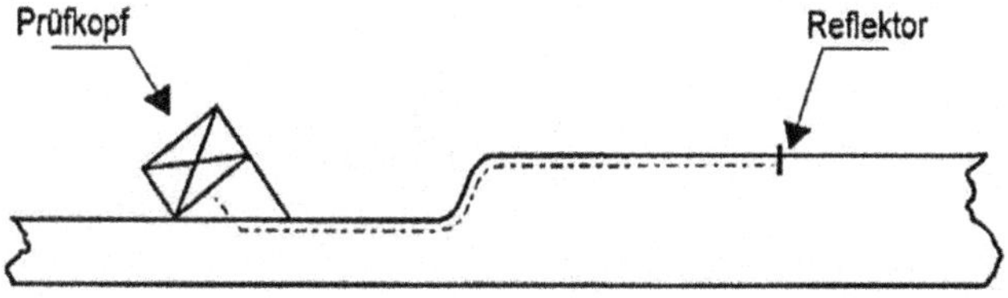

Abb. 1.8 Nachweis von Oberflächenrissen mit Hilfe von Oberflächenwellen [1.2]

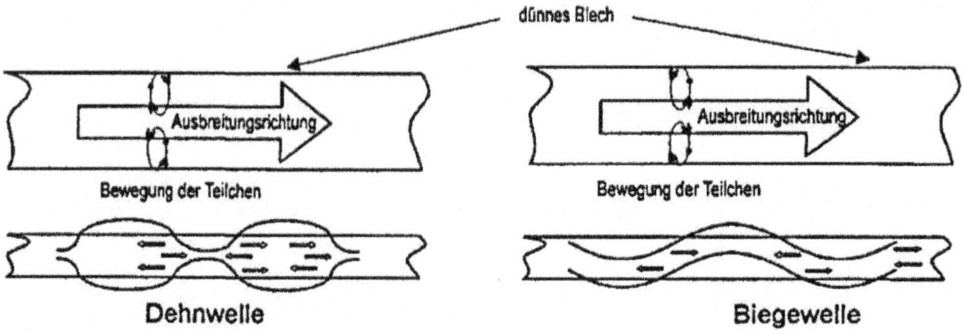

Abb. 1.9 Plattenwellen (Lambwellen) [1.1], [1.2], [1.6]

zwei verschiedene Arten in Abhängigkeit von der Blechdicke, von der Prüfkopffrequenz und vom Einschallwinkel auszubreiten (Abb. 1.9).

Die **symmetrische Form der Plattenwelle** (auch **Dehnwelle genannt**) und auch die **unsymmetrische Form** (auch **Biegewelle genannt**) **breiten sich entlang der Platte** (Feinblech) **mit elliptischer Teilchenbewegung an beiden Oberflächen aus** (Prüffläche und Gegenfläche). Lambwellen erfassen daher immer die komplette Wanddicke und sind im Ungänzenbereich sehr unempfindlich, da jeder Reflektor sich störend auf die Symmetrie der Welle auswirkt.

Alle oben genannten Wellenarten werden sämtlich für die Ultraschallprüfung eingesetzt. Ihre Auswahl richtet sich nach ihrer besonderen Eignung für das jeweils vorliegende Prüfproblem. Nach der Häufigkeit ihrer Anwendung haben Longitudinal- und Transversalwellen die größte Bedeutung.

1.2 Verhalten der Wellen an Grenzflächen

1.2.1 Grenzflächen senkrecht zur Schallrichtung.

Trifft eine Schallwelle senkrecht unter einem Winkel von 90° auf eine Grenzfläche zweier Materialien, d.h. zweier Grenzen zwischen zwei Medien mit unterschiedlichen Schallgeschwindigkeiten, dann wird ein Teil dieser Welle unter demselben Winkel reflektiert, während ein anderer Teil senkrecht in das Material eindringt (Abb. 1.10). Der Schalldruck hängt dabei vom Reflexions- und Durchlässigkeitsfaktor ab.

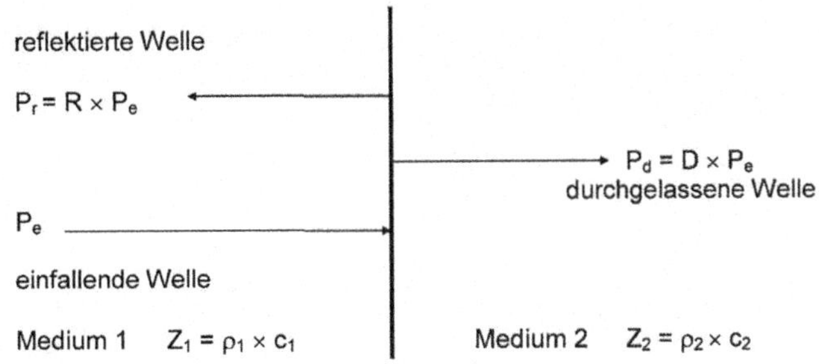

Abb. 1.10 Senkrechter Einfall einer Schallwelle auf eine Grenzfläche [1.1], [1.2], [1.4], [1.5]

Wie groß die durchgelassenen bzw. reflektierten Anteile sind, hängt von dem Schallwellenwiderstand Z der beiden Materialien ab [1.1], [1.2]:

$$Z = \rho \times c \text{ Schallwellenwiderstand } \left[\frac{kg}{m^2 \times s}\right]$$

$$\text{Dichte } \rho \left[\frac{kg}{m^3}\right]$$

$$\text{Schallgeschwindigkeit } c \left[\frac{m}{s}\right]$$

Werkstoffe mit großem Schallwellenwiderstand werden schallhart, Werkstoffe mit kleinem Schallwellenwiderstand schallweich genannt [1.1].

Gelangt eine Schallwelle durch ein Material mit dem Schallwellenwiderstand Z_1 senkrecht auf eine Grenzfläche mit dem Material des Schallwellenwiderstandes Z_2, so lassen sich folgende Größen definieren:

$$\text{Der Reflexionsfaktor: } R = \frac{Z_2 - Z_1}{Z_2 + Z_1}.$$

$$\text{Der Durchlässigkeitsfaktor: } D = \frac{2 \times Z_2}{Z_2 + Z_1}.$$

Der Reflexionsfaktor gibt den Anteil des reflektierten, der Durchlässigkeitsfaktor den Anteil des durchgelassenen Schalldrucks an. Hierbei kann R positiv oder negativ sein, D kleiner oder größer als 1, je nachdem ob Z_1 oder Z_2 größer ist. Sind die Schallwellenwiderstände der beiden Medien gleich ($Z_1 = Z_2$) so findet keine Reflexion statt ($R = 0$), der Schall geht ungehindert durch die Grenzfläche ($D = 1$). Zwischen Reflexions- und Durchlässigkeitsfaktor besteht also die Beziehung: $\mathbf{1 + R = D}$.

Beispiel:

Berechnung des Reflexionsfaktors R für die Grenzfläche Stahl/Luft (Reflexion von Ultraschall an einem mit Luft gefüllten Fehler).

$$W_{luft} = 0{,}004 \times 10^5 \frac{kg}{m^2 \times s}$$

$$W_{stahl} = 462 \times 10^5 \frac{kg}{m^2 \times s}$$

$$R_{Stahl/Luft} = \frac{0{,}004 \times 10^5 - 462 \times 10^5}{0{,}004 \times 10^5 + 462 \times 10^5} = -0{,}9999 \text{ entsprechend } \underline{\mathbf{99{,}99\%}}.$$

Wie ersichtlich, wird die Schallwelle an der Grenzfläche Stahl – Luft (Fehler im Werkstück) praktisch vollkommen zurückreflektiert. Die Dicke eines Fehlers spielt dabei kaum eine Rolle. Mit Luft oder Gas gefüllte Hohlräume, wie z.B. Risse, können ab einer Dicke von 100 A°, das sind 10^{-6} cm gut nachgewiesen werden. Durch die Reflexionen an der Rückwand und der Prüfoberfläche des Prüfgegenstandes entsteht eine Folge aus aufeinander folgenden Mehrfachechos (Abb. 1.11).

1.2.2 Grenzflächen schräg zur Schallrichtung.

1.2.2.1 Reflexion

Auch bei schrägem Auftreten von Schallwellen auf Grenzflächen zwischen zwei Medien (1 u. 2) mit unterschiedlichen Wellenausbreitungsgeschwindigkeiten (c_1 u. c_2) tritt Reflexion auf (Abb. 1.12). Der Zusammenhang zwischen Einfallswinkel α und dem Reflexionswinkel β wird durch das Reflexionsgesetz beschrieben [1.1], [1.2].

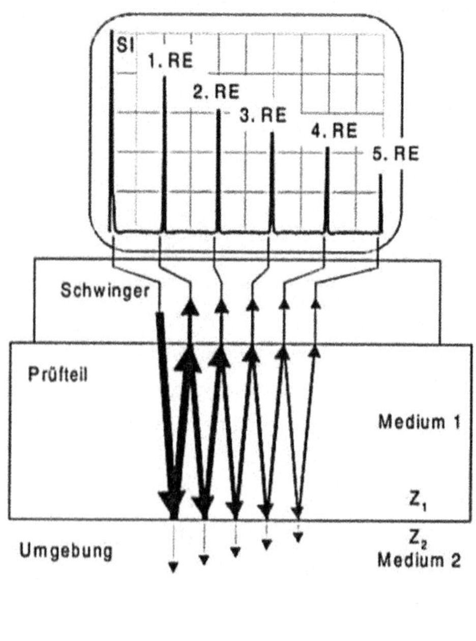

Abb. 1.11 Entstehung einer Echofolge von Mehrfachechos [1.8]

Abb. 1.12 Zusammenhänge beim Reflexionsgesetz [1.1], [1.2], [1.5]

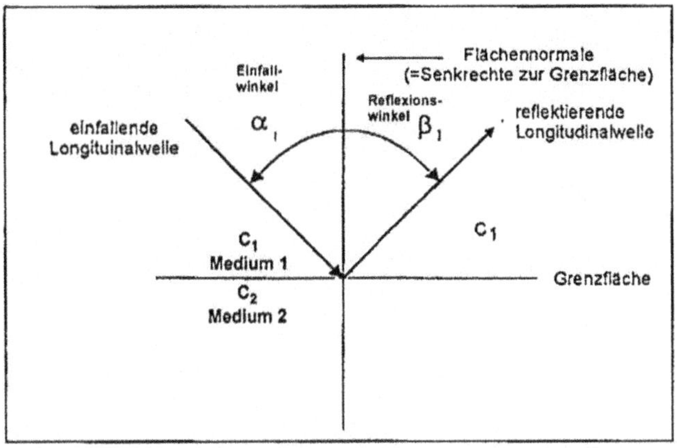

$$\frac{\sin \alpha_1}{\sin \beta_1} = \frac{c_1}{c_1'}.$$

Das Reflexionsgesetz gilt nur bei konstanter Wellenart. Wenn also die Wellenart der einfallenden und der reflektierenden Welle und ihre Schallgeschwindigkeiten ($c_1 = c_1'$) gleich sind, sind auch der Einfallswinkel α_1 und der Reflexionswinkel β_1 gleich groß.

1.2.2.2 Brechung

Trifft eine Schallwelle schräg auf die Grenzfläche zwischen zwei Medien mit unterschiedlichem c, so wird sie beim Durchgang durch die Grenzflächen gebrochen (Abb. 1.13). In den meisten Fällen treten beide Vorgänge, d.h. Reflexion und Brechung an den Grenzflächen, gleichzeitig auf, so dass sich die ankommende Schallenergie jeweils in zwei Anteile aufteilt. Der Zusammenhang zwischen dem Einfallswinkel α_1 und dem Brechungswinkel α_2 wird durch das Brechungsgesetz nach Snellius beschrieben [1.1], [1.2]:

Brechungsgesetz nach Snellius

$$\frac{\sin \alpha_1}{\sin \alpha_2} = \frac{c_1}{c_2}.$$

Brechung von Schallwellen tritt ein, wenn sich beim Übergang von einem Medium in ein anderes die Ausbreitungsrichtung der Welle ändert.

In den meisten Fällen treten beide Vorgänge d.h. Reflexion und Brechung an den Grenzflächen gleichzeitig auf, so dass sich die ankommende Schallenergie jeweils in zwei Anteile aufteilt. Der Zusammenhang zwischen dem Einfallswinkel α_1 und dem Brechungswinkel α_2 wird durch das Brechungsgesetz nach Snellius beschrieben [1.1], [1.2]:

1.2.2.3 Wellenumwandlung.

Fallen Schallwellen schräg auf die Grenzfläche zwischen festen Medien mit unterschiedlichen Schallgeschwindigkeiten, kann es in Abhängigkeit vom Einfallwinkel zu einer Wel-

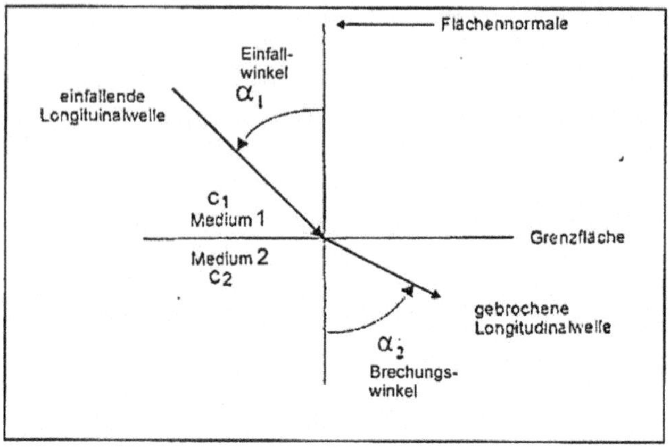

Abb. 1.13 Snellius'sches Brechungsgesetz [1.1], [1.2], [1.5]

lenumwandlung der Schallwelle sowohl bei der Reflexion als auch bei der Brechung kommen [1.1], [1.2]. Der Zusammenhang zwischen dem Einfallwinkel α_1, dem Reflexionswinkel β_1 und dem Brechungswinkel α_2 wird durch das Snelliussche Reflexions- und Brechungsgesetz beschrieben.

Bei der Wellenumwandlung ändert sich die Art der Welle, beispielsweise wird aus einer Longitudinalwelle im Winkelprüfkopf (Vorsatzkeil aus Plexiglas) beim Übergang in den Werkstoff Stahl und bei der damit verbundenen Brechung eine Transversalwelle.

Aus einer schräg einfallenden Longitudinalwelle können abhängig vom Einfallwinkel beispielsweise vier neue Wellen entstehen (Abb. 1.14) [1.5]:

Medium 1: eine schräg reflektierte Longitudinalwelle und eine schräg reflektierte Transversalwelle (Wellenumwandlung).

Medium 2: eine gebrochene (schräg hindurchgehende) Longitudinalwelle und eine gebrochene (schräg hindurchgehende) Transversalwelle.

Mit den Formeln des Brechungsgesetzes lassen sich die Winkel für alle neu entstehenden Wellen berechnen. Wichtig ist jedoch, dass für die Berechnung die jeweilig passende Schallgeschwindigkeit eingesetzt wird. Da in einem homogenen Medium die Wellengeschwindigkeit der Transversalwelle immer kleiner als die Longitudinalwellengeschwindigkeit ist, sind die Brechungs- und Reflexionswinkel der Transversalwelle immer kleiner als die entsprechenden Winkel der zugehörigen Longitudinalwelle.

Rechnungsbeispiele:

Eine Longitudinalwelle trifft unter einem Einfallswinkel $\alpha_1 = 25°$ auf eine Grenzfläche Plexiglas/Stahl. Welche Wellen entstehen im Medium 1 (Plexiglas) und im Medium 2

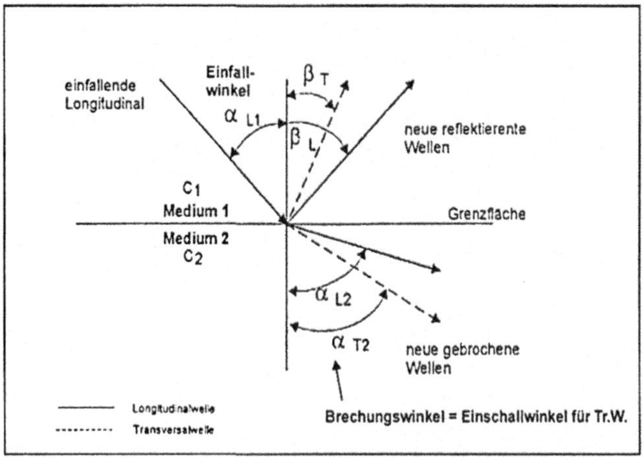

Abb. 1.14 Reflexion, Brechung und Wellenumwandlung der einfallenden Longitudinalwelle [1.1], [1.2], [1.4], [1.5]

(Stahl) und wie groß sind ihre Winkel (Schallgeschwindigkeit aus Tabelle 1.2 im Vortrag 1 entnehmen).

Gegeben:

α_{L1} = 25° – Einfallende Longitudinalwelle im Plexiglas,
$c_{L/Pl}$ = 2740 m/s – Schallgeschwindigkeit der Longitudinalwelle im Plexiglas,
$c_T/_{Pl}$ = 1120 m/s – Schallgeschwindigkeit der Transversalwelle im Plexiglas,
$c_{L/St}$ = 5920 m/s – Schallgeschwindigkeit der Longitudinalwelle im Stahl,
$c_{T/St}$ = 3250 m/s – Schallgeschwindigkeit der Transversalwelle im Stahl.

Gesucht:

α_{L2} Einschallwinkel der gebrochenen Longwelle im Stahl,
α_{T2} Einschallwinkel der gebrochenen Transwelle im Stahl,
β_{L1} Winkel der reflektierten Longwelle im Plexiglas,
α_{T1} Winkel der reflektierten Transwelle im Plexiglas.

Lösung:

$$\frac{\sin \alpha_1}{\sin \alpha_2} = \frac{c_1}{c_2}.$$

a) für α_{L2}

$$\frac{\sin \alpha_{L1}}{\sin \alpha_{L2}} = \frac{c_{LPl}}{c_{LSt}}$$

$$\sin \alpha_{L2} = \frac{c_{LSt}}{c_{LPl}} \times \sin \alpha_{L1}$$

$$\sin\alpha_{L2} = \frac{5920}{2740} \times \sin 25°$$

$$\sin\alpha_{L2} = 0{,}913$$

$$\alpha_{L2} = \mathbf{65{,}94°}$$

b) für α_{T2}

$$\frac{\sin\alpha_{L1}}{\sin\alpha_{T2}} = \frac{c_{LPl}}{c_{TSt}}$$

$$\sin\alpha_{T2} = \frac{c_{TSt}}{c_{LPl}} \times \sin\alpha_{L1}$$

$$\sin\alpha_{T2} = \frac{3255}{2740} \times \sin 25°$$

$$\sin\alpha_{T2} = 0{,}502$$

$$\alpha_{T2} = \mathbf{30{,}14°}$$

Ergebnis :
Im Stahl entstehen zwei gebrochene Wellen, eine Longitudinalwelle unter einem Brechungswinkel (Einschallwinkel) von ca. 66° und eine durch Wellenumwandlung abgespaltene Transversalwelle unter einem Brechungswinkel (Einschallwinkel) von ca. 30° (Abb. 1.15).

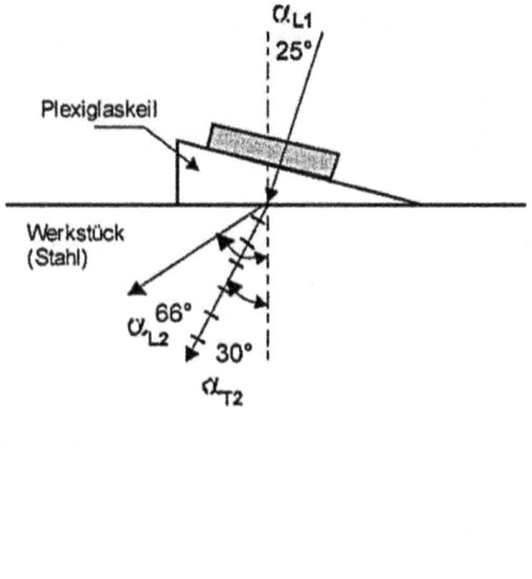

Abb. 1.15 Beide Wellenarten im Werkstück [1.10]

c) für β_{L1}

$$\frac{\sin \alpha_{L1}}{\sin \beta_{L1}} = \frac{c_{LPl}}{c_{LPl}}$$

$$\sin \beta_{L1} = \frac{c_{LPl}}{c_{LPl}} \times \sin \alpha_{L1}$$

$$\sin \beta_{L1} = 1 \times \sin \alpha_{L1}$$

$$\sin \beta_{L1} = \sin \alpha_{L1}$$

$$\beta_{L1} = \mathbf{25°}$$

d) für β_{T1}

$$\frac{\sin \alpha_{L1}}{\sin \beta_{T1}} = \frac{c_{LPl}}{c_{TPl}}$$

$$\sin \beta_{T1} = \frac{c_{TPl}}{c_{Lpl}} \times \sin \alpha_{L1}$$

$$\sin \beta_{T1} = \frac{1120}{2740} \times \sin 25°$$

$$\sin \beta_{T1} = 0{,}173$$

$$\beta_{T1} = \mathbf{9{,}95°}$$

Ergebnis:
Im Plexiglas entstehen zwei reflektierte Wellen:

- eine Longitudinalwelle unter einem Reflexionswinkel gleich dem Einfallswinkel = 25° und
- eine Transversalwelle unter einem Reflexionswinkel von 10°.

1.2.2.4 Grenzwinkel (Kritische Winkel)

Wie aus dem Rechnungsbeispiel ersichtlich, existieren im Plexiglas (d.h. in der Vorlaufstrecke = Keilwinkel eines Winkelprüfkopfes), wie auch im Stahlstück zwei Wellenarten, die sich mit unterschiedlicher Geschwindigkeit und Winkeln ausbreiten. Nur die im Stahlstück vorhandenen Wellen bringen bei der Interpretation der Bildschirmanzeigen Schwierigkeiten, da die Anzeigen von Longitudinalwellen und Transversalwellen auf dem Bildschirm nicht voneinander unterschieden werden können. Bei der Anwendung der Schrägeinschallung ist man daher immer bemüht, mit nur einer Wellenart, zu arbeiten. Aus diesem Grunde kann der Einfallswinkel (Keilwinkel) nicht beliebig gewählt werden, sondern muss innerhalb bestimmter Grenzen liegen. Bei der Zunahme des Einfallswinkels werden die Brechungswinkel der Longitudinalwelle und der Transversalwelle gleichfalls größer. Es tritt dann der Fall auf, dass der Brechungswinkel der Longitudinalwelle 90° wird (Abb. 1.16), wobei die gebrochene Longitudinalwelle eine Kriechwelle abgibt [1.3]. Den dazugehörigen Einfallswinkel (Keilwinkel) bezeichnet man **als Grenzwinkel zur Totalreflexion der Longitudinalwelle oder 1. Kritischer Winkel.**

In diesem Fall tritt in das Medium 2 (Stahl) keine Longitudinalwelle mehr ein, und es existiert im Medium 2 nur noch eine Wellenart, nämlich die Transversalwelle (Abb. 1.17). Für die Grenzfläche Plexiglas/Stahl beträgt der Grenzwinkel zur Totalreflexion der Longitudinalwelle nach dem Brechungsgesetz:

$$\frac{\sin \alpha_{L1}}{\sin \alpha_{L2}} = \frac{c_{LPl}}{c_{LSt}}$$

$$\frac{\sin \alpha_{L1}}{\sin 90°} = \frac{2740}{5920}$$

$$\sin \alpha_{L1} = \frac{2740}{5920} \times 1$$

$$\sin \alpha_{L1} = 0{,}4628$$

$$\alpha_{L1} = \mathbf{27{,}6^o}$$

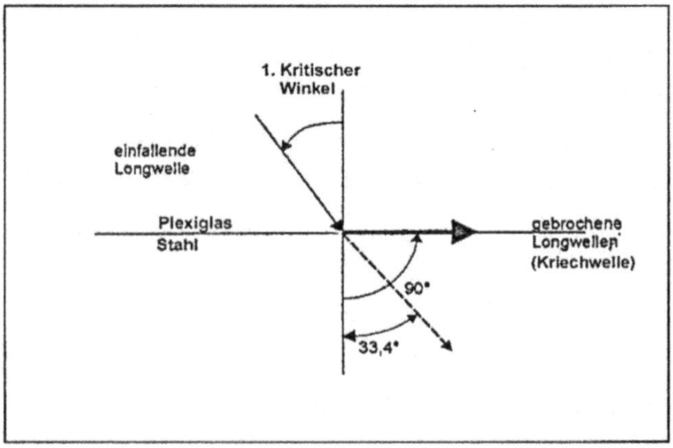

Abb. 1.16 1. Kritischer Winkel [1.3]

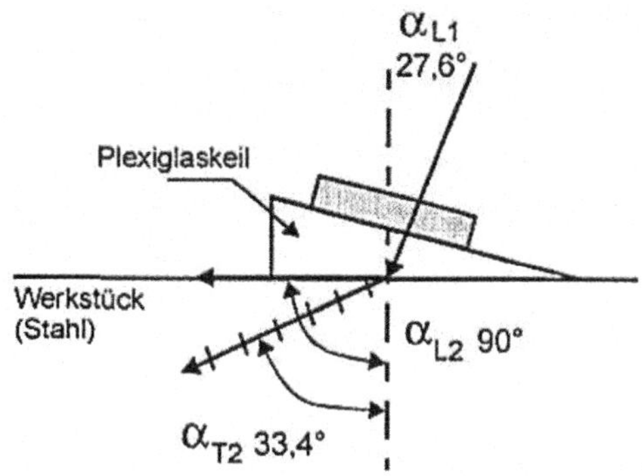

Abb. 1.17 Nur noch eine Transversalwelle im Werkstück (1. Kritischer Winkel) [1.3]

Der entsprechende Brechungswinkel (Einschallwinkel) der Transversalwelle in Stahl ist:

$$\frac{\sin \alpha_{L1}}{\sin \alpha_{T2}} = \frac{c_{LPl}}{c_{TSt}}$$

$$\frac{\sin 27{,}6°}{\sin \alpha_{T2}} = \frac{2740}{3255}$$

$$\sin \alpha_{T1} = \frac{3255}{2740} \times 0{,}4628$$

$$\alpha_{L1} = \mathbf{33{,}4^o}$$

Wird der Einfallswinkel über den Wert von $\alpha_{L1} = 27{,}6°$ hinaus weiter vergrößert, tritt der Fall ein, dass der Brechungswinkel der Transversalwelle auch 90° erreicht. **Der dazugehörende Einfallswinkel der Longitudinalwelle wird als Grenzwinkel der Totalreflexion der Transversalwelle oder 2. Kritischer Winkel bezeichnet.** Beim Überschreiten dieses Einfallswinkels wird auch die Transversalwelle total reflektiert und es tritt kein Schall im Medium 2 (Stahl) mehr ein (Abb. 1.18).

Für die Grenzfläche Plexiglas/Stahl beträgt der Grenzwinkel zur Totalreflexion der Transversalwelle nach dem Brechungsgesetz:

$$\frac{\sin \alpha_{L1}}{\sin \alpha_{T2}} = \frac{c_{LPl}}{c_{TSt}}$$

$$\frac{\sin \alpha_{L1}}{\sin 90°} = \frac{2740}{3255}.$$

$$\sin \alpha_{L1} = \frac{2740}{3255} \times 1$$

$$\alpha_{L1} = \mathbf{57{,}3^o}.$$

Abb. 1.18 2. Kritischer Winkel [1.3]

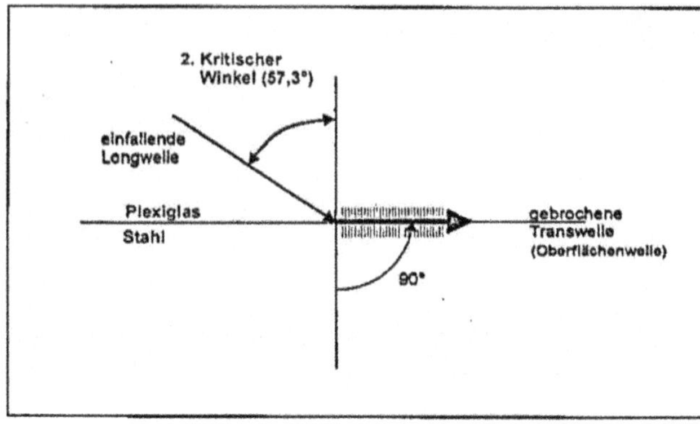

Bei der Prüfung von Stahl ist daher nur ein Bereich der Einfallswinkel zwischen 27,6° und 57,3° nutzbar, wenn im Werkstück nur mit einer Wellenart (d.h. mit Transversalwellen, deren Einschallwinkel = Brechungswinkel zwischen 33,4° und 90° liegen) gearbeitet werden soll (Abb. 1.19).

In der Praxis wählt man Einfallswinkel, die über dem „1. Kritischen Winkel" und unter dem „2. Kritischen Winkel" liegen, um eindeutige Prüfverhältnisse im untersuchten Werkstück herbeizuführen, d.h. mit nur einer Wellenart, z.B. der Transversalwelle zu prüfen. Aus diesen Gründen werden Winkelprüfköpfe, mit folgenden Einschallwinkeln hergestellt: 35°, 45°, 60°, 70°, 80°. Typische Standard-Einschallwinkel für die Schrägeinschallung im Stahl sind 45°, 60°, 70°.

Senkrechtnormalprüfköpfe haben folglich einen Einschallwinkel von 0°. Die Einschallwinkel für Winkelprüfköpfe sind auf den Prüfköpfen angegeben und gelten nur für Stahl mit der Ultraschallgeschwindigkeit der Transversalwelle. Für andere Werkstoffe muss daher mit Hilfe des Snellius'schen Gesetzes der Einschallwinkel und der Winkel einer eventuell vorhandenen Longitudinalwelle im Prüfgegenstand berechnet werden.

Abb. 1.19 Grenzfall des 2. Kritischen Winkels, die Transversalwelle läuft als Oberflächenwelle entlang der Werkstückoberfläche [1.3]

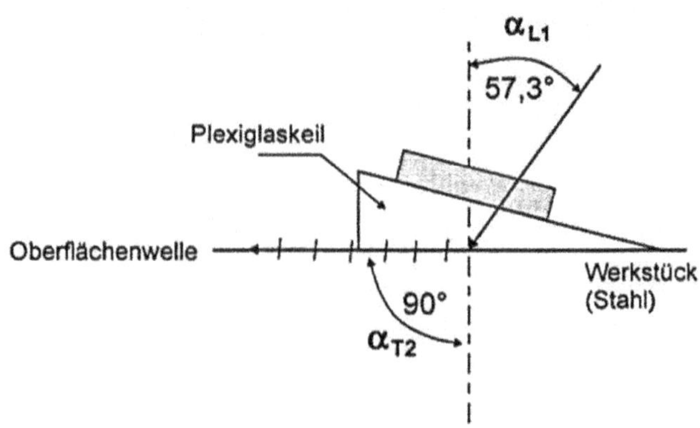

Durch die Veränderungen am Prüfkopf nach der Prüftätigkeit kann sich auch der Einschallwinkel verändern. Deshalb ist der auf dem Prüfkopf angegebene Winkel auch nur der Nennwinkel, der vom wahren Einschallwinkel abweichen kann. Die Abweichung darf nur ± 2 mm betragen.

1.2.2.5 Streifender Einfall von Schallwellen

1.2.2.5.1 Nebenechos durch teilweise Wellenumwandlung und Reflexion

Auch geometrisch vorhandene Reflektoren am Werkstück, wie beispielsweise Kanten, Bohrungen, Radien, Nuten oder Gewinde, können Anzeigen als sog. **Nebenechos** (NE) bewirken, die von echten Fehleranzeigen getrennt werden müssen. So können Longitudinalwellen, die nahezu parallel zu einer Werkstückkante oder in ein schlankes Werkstück, wie z.B. bei einer geschmiedeten Stange in axialer Richtung, entlang geführt bzw. eingeschallt werden, mit ihren oberflächennahen, leicht schräg einfallenden Seitenstrahlen unter dem gleichen Winkel wieder reflektiert werden. Gleichzeitig tritt entsprechend dem Snelliusschen Brechungsgesetz jedoch auch eine Wellenumwandlung in Transversalwellen auf. Reflexion, Umwandlung und Rückumwandlung der Wellen kann dabei an jeder beliebigen Stelle auf dem Hin- und Rückweg durch das Werkstück passieren (Abb. 1.20).

Für die Entstehung von Nebenechos gilt, dass

- solche Vorgänge erst bei einer Prüfstückgeometrie L ≥ 4 ∅ vorkommen,
- Nebenechos grundsätzlich erst nach dem ersten Gegenflächenecho (Rückwandecho) auftreten, weil Transversalwellen mit niedrigerer Geschwindigkeit beteiligt sind und
- der einfallenden Longitudinalwelle durch die Wellenumwandlungen laufend Energie entzogen wird, so dass ihre Intensität mit zunehmendem Schallweg abnimmt.

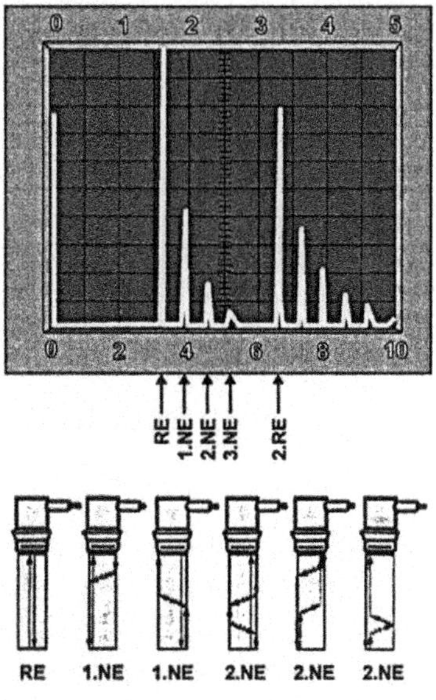

Abb. 1.20 Entstehung von Nebenechos durch streifenden Einfall [1.1], [1.2], [1.10]

Rechnungsbeispiele:
Gemäß Abb. 1.21:

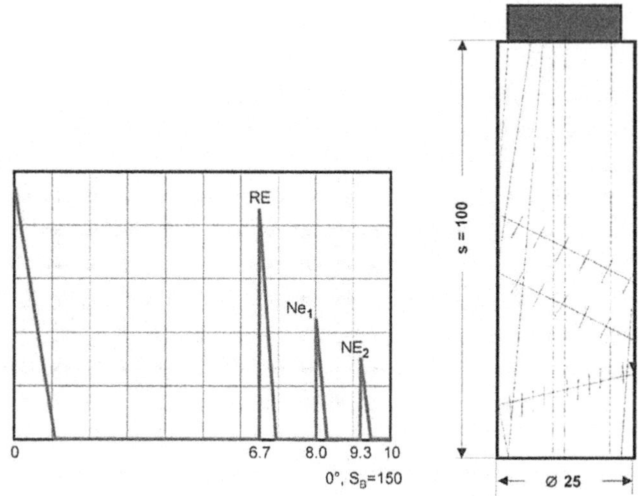

Abb. 1.21 Streifender Einfall bei glatten Schmiedewellen (ohne Absätze) [1.10]

Zur Ermittlung der Position T_N von Nebenechos bei streifendem Einfall und ihrer Zuordnung zum Ort ihres Entstehens wird die Wegdifferenz ΔS zwischen den zu bestimmenden Echos nach der Beziehung

$$\Delta S = \text{Faktor} \times d \text{ [mm]}$$

angegeben. Der Faktor ist werkstoffabhängig und beträgt bei Stahl 0,76; d.h.

$$\Delta S_{ST} = 0{,}76 \times d \text{ [mm]},$$

$$\text{oder } d = 1{,}32 \times \Delta S_{ST} \text{ [mm]}.$$

Gleichermaßen gilt:

$$\Delta S = K \times \Delta T \text{ [mm] und } \Delta T = \frac{\Delta S}{K} = T_N - T_R \text{ [Skt]}.$$

Damit kann die Position des 1. Nebenechos bestimmt werden zu:

$$T_{N1} = T_R + \Delta T \text{ [Skt]}.$$

Die Positionen jedes weiteren Nebenechos gleichen Ursprungs ergeben sich durch weitere Summierung mit dem gleichen ΔT. Nebenechos anderen Ursprungs, z.B. von einem Absatz des Prüfteiles weisen ein anderes ΔT auf.

$$T_R = 6{,}7 \text{ Skt } s = 100 \text{ mm}$$

$$\Delta T = 1{,}3 \text{ Skt } K = 15 \text{ mm/Skt}$$

$$T_{N1} = T_R + \Delta T = 6{,}7 + 1{,}3 = \mathbf{8{,}0\ Skt}$$

$$T_{N2} = TR + \Delta T + \Delta T = 6{,}7 + 1{,}3 + 1{,}3 = \mathbf{9{,}3\ Skt}$$

Gemäß Abb. 1.22:

$$S_B = 150 \text{ mm}, d_A = 30 \text{ mm}, d_R = 15 \text{ mm}, K = 15 \text{ mm/Skt}$$

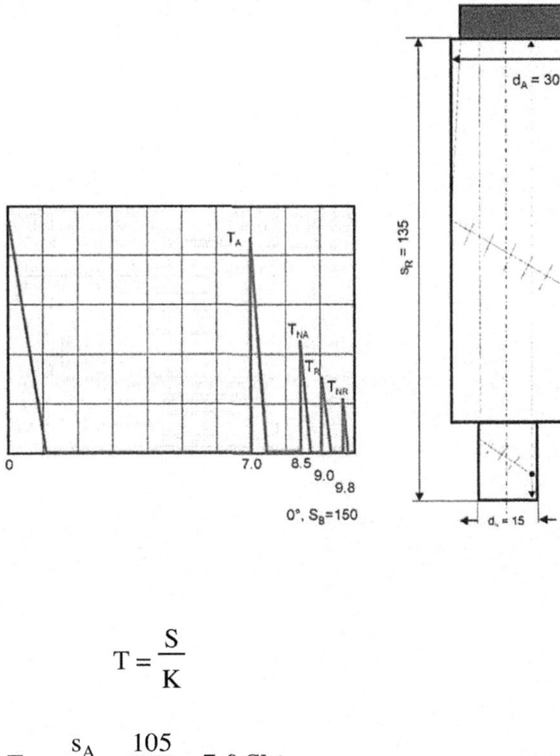

Abb. 1.22 Streifender Einfall von Wellen mit Absatz [1.10]

$$T = \frac{S}{K}$$

$$T_A = \frac{s_A}{K} = \frac{105}{15} = \mathbf{7{,}0\ Skt.}$$

$$T_{NA} = T_A + \Delta T_A \qquad T_{NA} = T_A + \frac{\Delta s_A}{K}$$

$$T_{NA} = T_A + \frac{0{,}76 \times d_A}{K} = 7 + 1{,}5 = \mathbf{8{,}5\ Skt}$$

$$\mathbf{T_R} = \frac{s_R}{K} = \frac{135}{15} = \mathbf{9{,}0\ Skt.}$$

$$T_{NR} = T_R + \Delta T_R \qquad T_{NR} = T_R + \frac{\Delta s_R}{K}$$

$$T_{NR} = T_R + \frac{0{,}76 \times d_R}{K} = 9 + 0{,}8 = \mathbf{9{,}8\ Skt.}$$

Kann am Bildschirm ΔT abgelesen werden und ist der Faktor für den Werkstoff bekannt, so lässt sich die Dicke oder der Durchmesser eines Werkstückes berechnen:

$$d = \frac{\Delta s}{\text{Faktor}} = \frac{K \times \Delta T}{\text{Faktor}}\ [\text{mm}].$$

Bei Stahl ergibt sich im Prüfbereich $S_B = 150$ mm

$$d = \frac{15 \times \Delta T}{0{,}76} = 13{,}2\ \Delta T\ [\text{mm}].$$

Falls also $\Delta T = 1{,}2$ Skt und $s_B = 150$ mm, so ergibt sich der Durchmesser zu

$$\mathbf{d} = \frac{15 \times 1{,}2}{0{,}76} \approx \mathbf{24\ mm.}$$

1.2.2.5.2 Zusatzechos durch Mehrfachreflexion

Zusatzechos entstehen oft bei der Radialeinschallung von Rundmaterialien kleiner Durchmesser. Da nur ein geringer Teil des Prüfkopfes Kontakt zur Prüffläche hat, entsteht wegen der Brechung zwischen dem Kopplungsmittel und der gekrümmten Prüfstückoberfläche eine starke Bündelaufweitung des Schallfeldes (Abb. 1.23).

Es gilt:

$$\frac{\sin \alpha_{lk}}{\sin \gamma_{lw}} = \frac{c_{lk}}{c_{lw}}$$

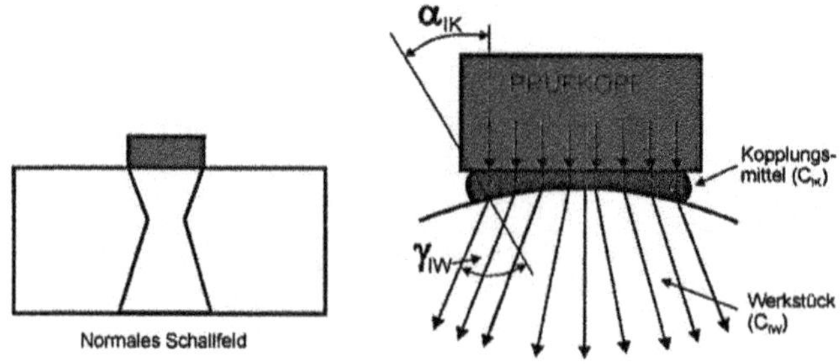

Abb. 1.23 Verzerrung des Schallfeldes in Rundmaterial [1.1]

Zusatzechos werden ebenso wie Nebenechos erst nach dem ersten Gegenflächenecho auftreten. Die markantesten Zusatzechos entstehen durch Dreieckreflexion bei Rundmaterial (Abb. 1.24).

Während die Position des ersten **Zusatzechos $\mathbf{T_{Z1}}$** nur vom Durchmesser abhängt, weil im gleichwinkligen Dreieck ausschließlich Longitudinalwellen beteiligt sind, ist die Position des zweiten Zusatzechos T_{Z2} darüber hinausgehend auch werkstoffabhängig, weil Transversalwellen abgespalten werden, die sich im gleichwinkligen Dreieck senkrecht zum Zentralstrahl ausbreiten. Es gelten für Stahl:

$$s_{Z1} = 1{,}3 \times d \qquad T_{Z1} = 1{,}3 \times T_{\mathbf{RE}}$$

$$s_{Z2} = 1{,}67 \times d \qquad T_{Z2} = 1{,}67 \times T_{\mathbf{RE}}.$$

Beispiel:

$$d = 50 \text{ mm} \qquad T_F = 5 \text{ Skt}$$

$$s_B = 100 \text{ mm} \qquad K = 10 \text{ mm/Skt}$$

$$T_{Z1} = 1{,}3 \times T_F = 1{,}3 \times 5 = \mathbf{6{,}7\ Skt},$$

$$T_{Z2} = 1{,}67 \times T_F = 1{,}67 \times 5 = \mathbf{8{,}3\ Skt.}$$

Diese Beziehungen sind u.a. wichtig für die Prüfung von Rundmaterial, wenn zumeist großflächige Ungänzen Zusatzechos erzeugen, die nicht den Dreiecksreflexionen entsprechen oder wenn das Rückwandecho durch die Ungänze abgedeckt wird, jedoch Zusatzechos aus Dreiecksreflexionen entstehen.

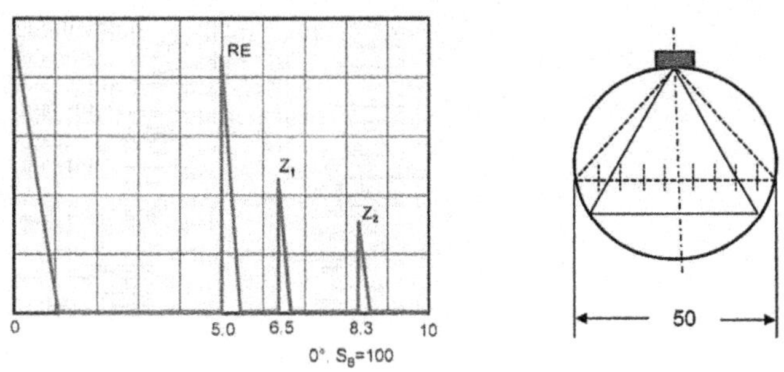

Abb. 1.24 Dreiecksreflexion und Zusatzechos in Rundmaterial [1.2], [1.10]

1.2.3 Schallschwächung

Der Druck und die Energie der Ultraschallwellen nehmen mit zunehmender Entfernung vom Prüfkopf ab. Verantwortlich dafür sind Divergenzverluste des Schallbündels, sofern ein gleichmäßiges homogenes Medium vorliegt. Da die bei der Ultraschallprüfung zu untersuchenden realen metallischen Werkstoffe, wie vor allem Stahl und Gusseisen, jedoch aus einer kristallinen Kornstruktur bestehen, muss mit weiterer Schallschwächung gerechnet werden. Verantwortlich für die werkstoffabhängige Schallschwächung sind die Schallabsorption und die Schallstreuung [1.1], [1.2], [1.3].

1.2.3.1 Absorption

Unter Absorption versteht man die Umwandlung von Schallenergie in Wärme vorrangig durch innere Reibung der schwingenden Teilchen. Die Absorption ist abhängig von der Wellenart und der Frequenz und bei Temperaturen bis ca. 600°C vernachlässigbar gering. Bei Gasen und Flüssigkeiten tritt nur Absorption auf.

1.2.3.2 Streuung

Die Streuung erfolgt hauptsächlich an den Korngrenzen in Metallen und besonders an grobkörniger Gefügestruktur, an den Graphitlamellen in Gusseisenwerkstoffen oder an den Fasern in Verbundwerkstoffen. Wie Abb. 1.25 schematisch zeigt, wird der einfallende Ultraschall an den Kristallkörnern und speziell an ihren Korngrenzen gestreut.

An den Korngrenzen wird der Ultraschall in reflektierte und durchgelassene Anteile aufgespalten und damit geschwächt. Es entstehen zahlreiche Echos mit unterschiedlichen Laufwegen, die man als „Gras" bezeichnet. Entscheidend für die Größenordnung der Streuung ist das Verhältnis von Korngröße und Wellenlänge. Die Streuung ist umso größer, je kleiner die Wellenlänge wird, d.h. je mehr sie sich an die Größe der Körner annähert. Sie ist deshalb grundsätzlich frequenzabhängig und wird in dB/m angegeben. Auch ist sie abhängig vom Verhältnis d/λ. Erfahrungsgemäß liegt die Grenze der Fehlererkenn-

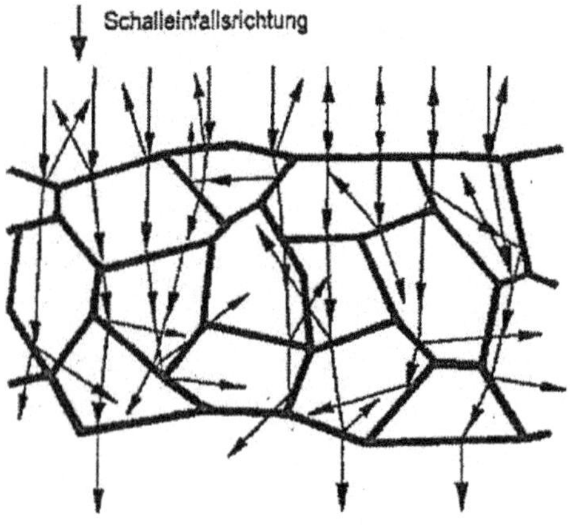

Abb. 1.25 Ultraschall-Streuung an den Korngrenzen [1.2], [1.6]

barkeit dort, wo die Schallstreuung im Materialgefüge die gleiche Größe erreicht wie die Schallstreuung am gesuchten Reflektor [1.2]. Um den Einfluss der Streuung und damit von Grasechos zu reduzieren, muss die Prüffrequenz erniedrigt werden.

1.3 Ultraschallerzeugung und -verfahren

Für die Erzeugung und für den Empfang von Ultraschallwellen bieten sich mehrere physikalische Effekte an, von denen jedoch nur wenige für die zerstörungsfreie Prüfung von Interesse sind. Ihre Auswahl richtet sich vor allem nach dem Verwendungszweck, den erzielbaren Frequenzen und dem Wirkungsgrad dieser Effekte. Zum Schallgeber (Sender) gehört außerdem in jedem Fall ein Hochfrequenzgenerator, der die elektrische Hochfrequenzenergie erzeugt. Die einsetzbaren magnetostriktiven Stoffe haben die Eigenschaft, dass sie sich im Einfluss eines Magnetfeldes unter bestimmten Voraussetzungen deformieren, d.h. dass sie sich zusammenziehen oder ausdehnen und damit zu Schwingungen angeregt werden [1.2]. Diese Schwingungen werden in das Prüfstück eingeleitet und breiten sich als Longitudinalwelle aus. Damit kann man Ultraschallwellen mit großer Leistung und niedriger Frequenz (um 100 kHz) erzeugen. Diese Erscheinung, d.h. die Umwandlung der magnetischen Energie in mechanische Energie ist umkehrbar und kann zum Empfang von Schallwellen, also zur Umwandlung der Schallenergie in magnetische bzw. elektrische Energie, verwendet werden [1.1], [1.2]. Anwendung finden magnetostriktive Schwinger bei der Betonprüfung oder bei der Ultraschallprüfung ohne Benutzung von Koppelmittel.

Bestimmte Kristalle haben die Eigenschaft, dass bei Zug- oder Druckbeanspruchung an ihrer Oberfläche elektrische Ladungen auftreten. Dabei ändert die Ladung ihr Vorzeichen, wenn die Richtung der Beanspruchung umgekehrt wird. Ein abwechselnd zug- und druckbelasteter Kristall weist an seinen Oberflächen eine abwechselnd positive und negative Spannung, d.h. Wechselspannung auf (Empfänger). Diese Erscheinung d.h. die Umwandlung einer mechanischen Energie (Ultraschallwellen) mit Hilfe eines Kristalls in elektrische Energie wird **direkter Piezoelektrischer Effekt** genannt [1.4].

Der piezoelektrische Effekt ist umkehrbar, d.h. bringt man eine elektrische Ladung auf die Kristalloberfläche auf, so zieht sich der Kristall zusammen oder dehnt sich aus, je nachdem welches Vorzeichen die elektrische Ladung hat. Eine elektrische Wechselspannung an den Kristalloberflächen bewirkt mechanische Druckschwingungen, d.h. Ausdehnung und Zusammenziehung/Sender). Diese Erscheinung, d.h. die Umwandlung einer elektrischen Energie mit Hilfe eines Kristalls in mechanische Energie, wird **indirekter Piezoelektrischer Effekt** genannt [1.4].

Die Frequenz der angeregten Ultraschallschwingungen hängt von der Schwingerdicke und der Schallgeschwindigkeit des Schwingermateriales ab.

$$f = \frac{c}{2\,d}$$

f – Nennfrequenz des Schwingers [MHz],
c – Schallgeschwindigkeit im Schwinger [m/s],
d – Schwingerdicke [mm).

Je dünner der Schwinger (auch Wandler genannt) ist, umso höher wird die Frequenz der angeregten Schwingungen.

Der Wandler schwingt zwar in jeder aufgezwungenen Frequenz (erzwungene Schwingungen), aber er schwingt besonders stark, wenn er in Eigenfrequenz erregt wird. Bei der Ultraschallprüfung sollte der Wandler möglichst in der Eigenfrequenz – also in Resonanz angeregt werden.

Ist die Frequenz der Schallwelle vorgegeben, so muss die Dicke des Wandlers für diese Frequenz gewählt werden.

$$2\,d = \frac{c}{f}.$$

$$\text{Mit } c = f \times \lambda \text{ bzw. } \lambda = \frac{c}{f}$$

$$\text{ist } 2\,d = \lambda \text{ und } d = \frac{\lambda}{2}.$$

Die Schwinger werden vom Hersteller für eine bestimmte Frequenz geliefert (Nennfrequenz), so dass der Prüfer sie nicht beeinflussen kann.

Der Ultraschall wird von dem schwingenden Wandler mehr oder weniger gerichtet abgestrahlt. Ein großer Schwinger strahlt die Schallwellen gerichtet ab – ähnlich wie ein Scheinwerfer das Licht, d.h. mit einem kleinen Öffnungswinkel.

Ein weiteres Verfahren ist die Ultraschallerzeugung mit elektrodynamischen Sonden [1.1]. Durch eine mit Wechselstrom durchflossene Spule wird im Prüfstück ein Wirbelstrom erzeugt und ein entsprechendes Magnetfeld induziert. Dieses Magnetwechselfeld ruft das Zusammenziehen oder Ausdehnen der Werkstückoberfläche hervor, d.h. bringt sie zu Schwingungen und zugleich zum Entstehen der Ultraschallwellen im Prüfgegenstand. Die Messung zurückkommender Schalldrücke erfolgt bei Vorhandensein eines zusätzlichen magnetischen Gleichfeldes durch Rücksetzung schwingender Teilchen auf die Messsonde (Abb. 1.26).

Je nach Anordnung der Spule im Magnetfeld ist die Messsonde für eine Teilchenbewegung normal zur Oberfläche (Longitudinalwellen) oder für eine Teilchenbewegung tangential zur Oberfläche (Transversalwellen) empfindlich. Obwohl dieses Verfahren schwächere Signale im Gegensatz zum piezoelektrischen Verfahren liefert, kann auf ein Ankop-

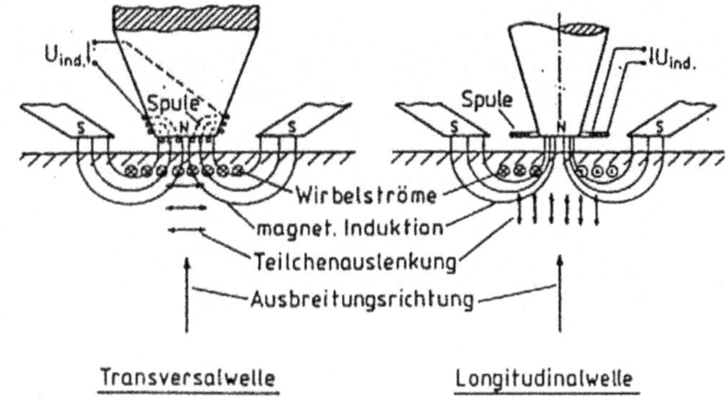

Abb. 1.26 Prinzip der elektrodynamischen Messsonden [1.4], [1.5]

pelmittel verzichtet werden, da die Ultraschallwelle erst in der Werkstückoberfläche erzeugt wird. Das ist insbesondere für Transversalwellen von Vorteil, bei denen eine direkte Übertragung Schwierigkeiten bereitet. Voraussetzung für dieses Verfahren sind elektrisch leitende Oberflächen.

Nicht zuletzt sei auf die berührungslose Anregung von Ultraschall durch Laser verwiesen. Fällt ein Laserimpuls auf ein metallisches Werkstück, so wird ein Teil der elektromagnetischen Energie durch Wechselwirkung mit den Ladungsträgern absorbiert und in Wärme umgesetzt. Dieser Prozess findet in einer sehr dünnen Oberflächenschicht statt, die sich dadurch aufheizt und ausdehnt. Dadurch entstehen wiederum mechanische Spannungen, die Volumenelemente zu hochfrequenten Schwingungen (Ultraschallimpulse) veranlassen[1.2].

Die Verfahren der Laufzeitmessung berücksichtigen hinsichtlich der Auswertung der Ultraschallimpulse aus dem Prüfling nur die Laufzeit, in den meisten Anwendungsfällen jedoch nicht die Amplitude oder Echohöhe. Deshalb konnten auch zahlreiche Geräte entwickelt werden, die mit wachsender Genauigkeit eine große Einfachheit der Bedienung aufweisen, z.B. digitale Wanddicken- oder Schallgeschwindigkeitsmessgeräte. Das **Durchschallungsverfahren** wird in DIN EN 583-3 beschrieben. Tabelle 1.3 zeigt die möglichen Anordnungen und Tabelle 1.4 die typischen Aufbauten bei der Durchschallungstechnik.

Die Durchschallungstechnik kann nur zum Nachweis relativ großflächiger Fehler oder Fehlergruppen verwendet werden, die am Ort der Fehlstelle mindestens 25 bis 50% des Schallbündelquerschnittes überdecken, wie z.B. Dopplungen in Plattenmaterial. Auch müssen als Voraussetzung für die Geometrie des Prüfgegenstandes und die Zugänglichkeit zu seinen Oberflächen die akustischen Achsen der Prüfköpfe übereinstimmen. Diese Technik ist besonders empfindlich hinsichtlich Ankopplungsschwankungen und unebenen Prüfflächen, da dadurch nennenswerte Absenkungen der zu beurteilenden Amplitude auftreten können. Deshalb ist es notwendig, möglichst an bearbeiteten oder sehr glatten Oberflächen ohne Zunderrückstände und mit geeigneten Vergleichs- bzw. Justierkörpern oder an einem bekanntermaßen fehlerfreien Teil des Prüfstückes zu prüfen. **Die Ausdehnung von Fehlern kann dadurch angegeben werden, dass ausreichend Punk-**

Tab. 1.3 Anordnungen bei der Durchschallungstechnik [1.7]

Prüfkopftechnik	1 Prüfkopf	2 Prüfköpfe
Senkrechtprüfkopf Kontakttechnik	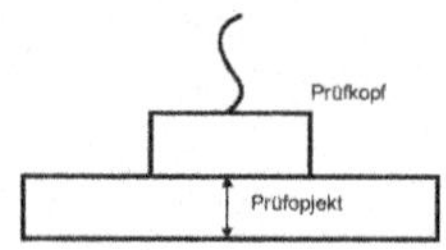 Bild 1	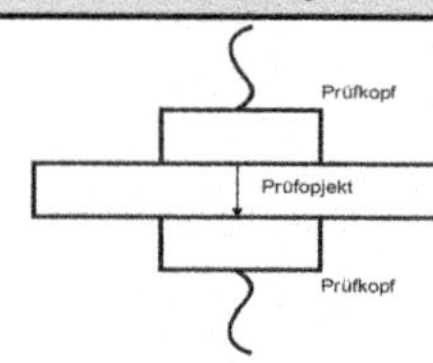 Bild 5
Winkelprüfkopf Kontakttechnik	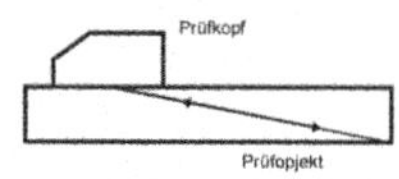 Bild 2	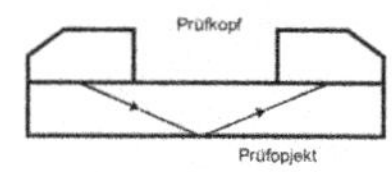 Bild 6
Vollständige Tauchtechnik	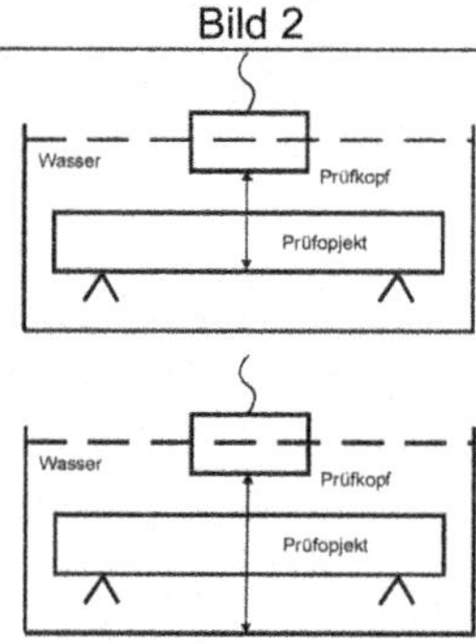 Bild 3	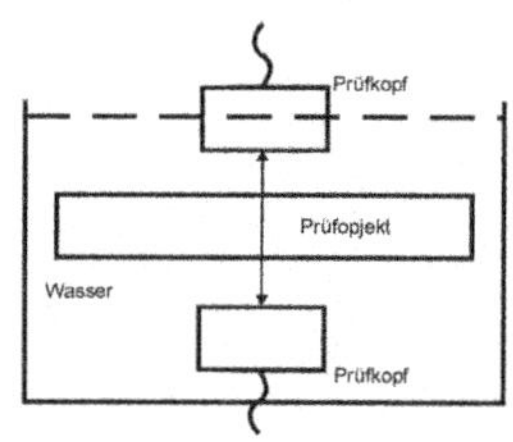 Bild 7
Lokale Wasserankopplung (Freistrahltechnik)	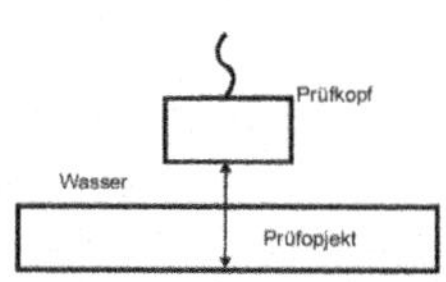 Bild 4	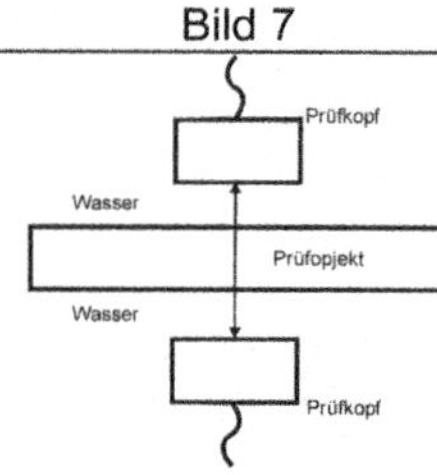 Bild 8

te festgehalten werden, bei denen das Durchschallungssignal um einen bestimmten Betrag (z.B. 6 dB) abgefallen ist.

Im Zusammenhang mit der Darstellung der Ultraschallverfahren sollen auch die Verfahren genannt werden, die auf einer Frequenzmessung anstelle einer Laufzeitmessung beruhen, da einer bestimmten Laufzeit eine definierte Resonanzfrequenz des Prüfobjektes entspricht. Allerdings liegt die Dicke der meisten Prüfobjekte in der Praxis über 1 mm Stahl, was Resonanzfrequenzen von unter 3 MHz entspricht. Für Laufzeitmessungen mit akzeptabler Auflösung werden jedoch wesentlich höhere Frequenzbereiche benötigt [1.5]. Die Entwicklung der Digitalschaltkreise, die diese Frequenzbereiche in einfacher Weise zugänglich machte, hat die Resonanzverfahren zugunsten der direkten Laufzeitmessung in den Hintergrund gedrängt.

Tab. 1.4 Typische Aufbauten bei der Durchschallungstechnik [1.7]

Wellenart	Dauerschall	Impulsschall
Wellentyp	longitudinal oder transversal	longitudinal oder transversal
Anzahl der Prüfköpfe	2	1 oder 2
Einschallwinkel	senkrecht	senkrecht oder schräg
Bewertung von	Amplitude des übertragenen Schalls	Amplitude oder Laufzeit des übertragenen Impulses oder Echos

Um eine Laufzeit exakt messen zu können, werden in den meisten Fällen Zeitmarken festgelegt. Die Zeitmarke „Start“ wird in der Regel vom Sendeimpuls oder vom Eintrittsecho abgeleitet, die zweite Marke „Stop“ vom Rückwandecho des Prüfobjektes. Je genauer diese Zeitmarken definiert und festgelegt werden können, desto genauer ist die Messung. Am genauesten sind die Laufzeitmessungen zwischen zwei Zeitmarken, wenn hohe Frequenzen und breitbandige Verstärker mit kurzen Impulsen verwendet werden. Abb. 1.27 zeigt das Prinzip eines Auszählverfahrens zur Laufzeitmessung. Der Startimpuls ist ein künstlicher Messimpuls, der zeitlich an den Sendeimpuls gekoppelt wird. Der Stopimpuls ist das erste Rückwandecho. Diese Messanordnung wird gewählt, wenn mit Normalprüfköpfen oder SE-Prüfköpfen im Direktkontakt geprüft werden soll. Die Verzögerung des künstlichen Startimpulses berücksichtigt dabei z.B. auch die Vorlaufstrecke des SE-Prüfkopfes.

Charakteristisch für das **Impuls-Reflexions-Verfahren (Impuls-Echo-Verfahren)** ist ein Prüfkopf, der als Sender und Empfänger arbeitet. Die Zeit vom Aussenden bis zum Empfangen der Impulse ist proportional dem Abstand Prüfkopf und reflektierender Fläche. Das Ultraschallgerät misst die Laufzeit und den Schalldruck der an den Grenzflächen reflektierten Impulse, so dass durch die im Werkstück bekannte Schallgeschwindigkeit eine genaue Ungänzenortung möglich ist. Aus diesen Bildern wird u.a. ersichtlich, dass die Echos bzw. die empfangene Ultraschall-Leistung im Wesentlichen von folgenden Faktoren abhängig ist:

- In das Prüfobjekt abgegebene Sendeenergie,
- Richtcharakteristik des Senders,
- Größe des Reflektors,
- Oberflächenbeschaffenheit des Reflektors,
- Lage des Reflektors,
- Größe bzw. Richtcharakteristik des Empfängers,
- Reflexions- und Ankopplungsverluste des Empfängers,
- Schwächung der Ultraschallwelle und
- Abschattung durch vorgelagerte Fehler.

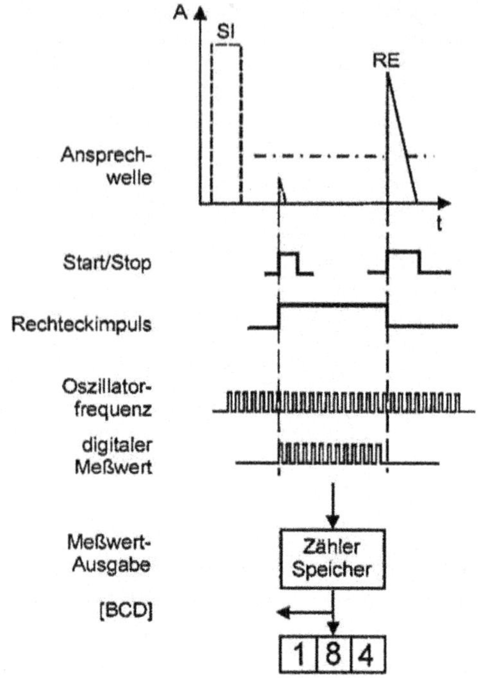

Abb. 1.27 Auszählverfahren zur Laufzeitmessung [1.2], [1.5]

1.4 Technische Darstellungsmöglichkeiten von Ultraschallanzeigen

Die typische Bildschirmdarstellung des Impuls-Echo-Verfahrens, bei der die Amplitude der Echos über dem Schallweg (Laufzeit, Tiefe) abgebildet wird, bezeichnet man als A-Bild (Abb. 1.28).

Wird die Tiefenlage von Ungänzen in Abhängigkeit von einer einachsigen Verschiebung des Prüfkopfes auf dem Bildschirm des Ultraschallgerätes oder auf einem Plotter

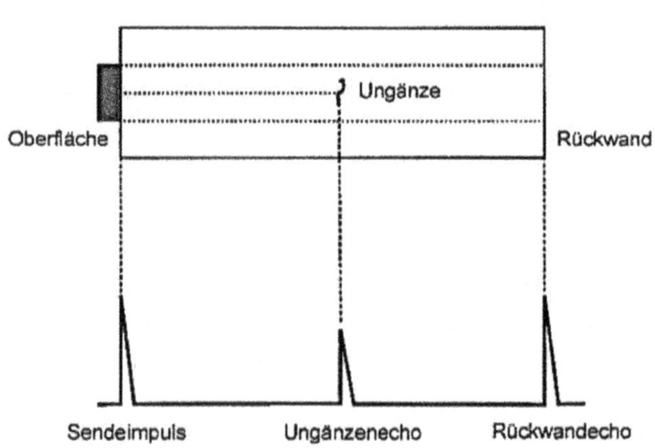

Abb. 1.28 A-Bild [1.10]

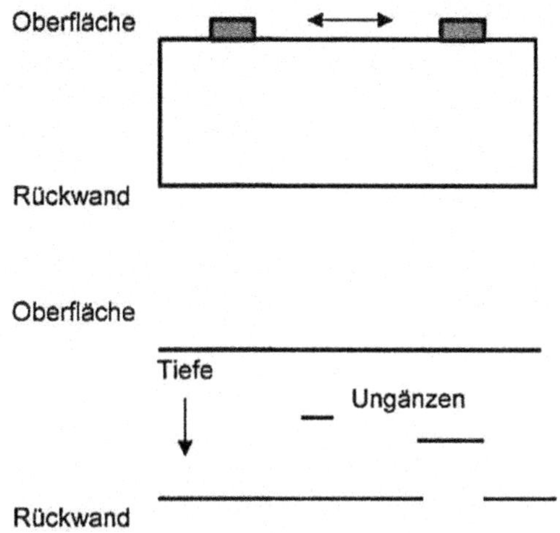

Abb. 1.29 **B-Bild** [1.10]

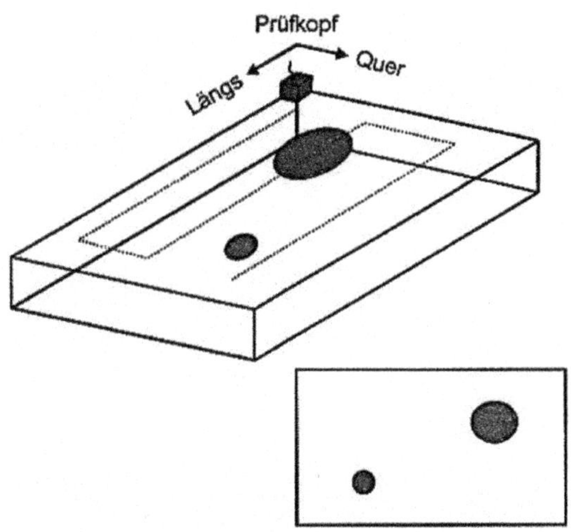

Abb. 1.30 **C-Bild** [1.10]

dargestellt, spricht man von einem B- oder Schnittbild (Abb. 1.29) oder C-Bild (Abb. 1.30). Diese Darstellung eignet sich insbesondere zur Darstellung von Befunden im Quer- oder Längsschnitt eines Prüfstückes.

Erfolgt eine räumliche Darstellung des Prüfvolumens mit drei Achsen oder stereomäßigen Hilfsmitteln, wie z.B. Rechnerdarstellung oder zwei Achsen und Farbkomponenten spricht man vom **D-Bild**. Solche Bilder lassen sich auch mit polarisiertem Licht und Filterbrillen erzeugen.

Literatur

[1.1] Krautkrämer, Werkstoffprüfung mit Ultraschall, Springer-Verlag 1986;
[1.2] Deutsch, Platte, Vogt, Ultraschallprüfung, Springer-Verlag 1999;
[1.3] Deutsch, Vogt, Ultraschallprüfung v. Schweißverbind., DVS-Verlag GmbH 1995;
[1.4] Deutsch, Platte, Vogt, Deutsch, Schuster, Die Ultraschallprüfung (US), Castell-Verlag GmbH Wuppertal 1999;
[1.5] Matthies u.a., Dickenmessung mit Ultraschall, DVS-Verlag GmbH 1998;
[1.6] Matauschek, Einführung in die Ultraschalltechnik, VEB Verlag Technik Berlin 1957;
[1.7] DIN EN 583-3, Ultraschallprüfung, Durchschallungstechnik, Juni 1997;
[1.8] Deutsch, Platte, Schuster, Deutsch, Messtechnik m. Ultraschall, Castell-Verlag GmbH Wuppertal 2002;
[1.9] Deutsch, Zerstörungsfreie Prüfung in der Schweißtechnik, DVS-Verlag 2001;
[1.10] Schiebold, Skript UT2 LVQ-WP Werkstoffprüfung GmbH;
[1.11] Fa. Krautkrämer, Das Echo Nr. 31 (1983);

Ultraschallprüfsysteme 2

Zum Ultraschallprüfsystem gehören das Ultraschallgerät, der oder die Prüfköpfe und die Prüfkabel. Bei den Ultraschallgeräten werden die analoge und digitale Signalverarbeitung unterschieden, je nachdem ob die zeitliche Folge der Bilder auf dem Bildschirm dem Zeitverhalten bei ihrer Entstehung am Prüfkopf entspricht oder nicht. Ein Ultraschallgerät muss nach DIN EN 583-1 [2.6] die Anforderungen der DIN EN 12668-1 [2.7] erfüllen.

2.1 Prüfgeräte

2.1.1 Analoggeräte

Beim analogen Ultraschallgerät ist dieser Zusammenhang zwischen der Impulsfolge und dem Bildwechsel gegeben, d.h. die Darstellung der Impulssignale auf dem Bildschirm erfolgt im Takt der Impulsfolgefrequenz für das menschliche Auge in geschlossenen Linienzügen.

2.1.1.1 Blockschaltbild

In Abb. 2.1 ist der Aufbau eines Ultraschallgerätes mit analoger Signalverarbeitung dargestellt. Der Impulsgenerator gibt als Taktgeber mit einer Impulsfolgefrequenz von 50 Hz bis zu ca. 10 KHz elektrische Impulse an das Sendeteil ab. Dort werden durch diese Steuerimpulse die Sendeimpulse erzeugt, die über das Prüfkopfkabel an den Prüfkopf und dessen piezoelektrischen Schwinger übertragen und von diesem in mechanische Ultraschallimpulse umgewandelt werden. Werden die Ultraschallimpulse nach Reflexion im Werkstück vom Prüfkopf wieder empfangen, so erfolgt durch den Schwinger ihre Umwandlung in elektrische Impulse. Diese Impulse werden danach vom Empfangsverstärker verstärkt und an den vertikalen Platten der Bildröhre zur Anzeige gebracht. Die Laufzeiten der verschiedenen Impulse werden durch die Horizontalablenkung an den horizontalen Platten auf dem Bildschirm angezeigt.

K. Schiebold, *Zerstörungsfreie Werkstoffprüfung – Ultraschallprüfung*,
DOI 10.1007/978-3-662-44700-0_2, © Springer-Verlag Berlin Heidelberg 2015

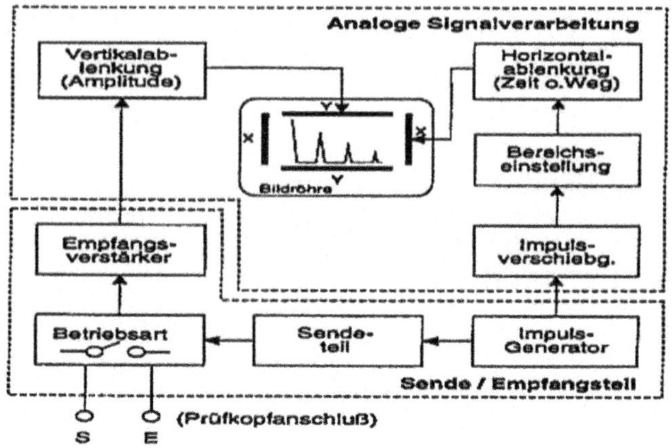

Abb. 2.1 Blockschaltbild eines analogen Ultraschallgerätes [2.2]

2.1.1.2 Baustufen des Ultraschallgerätes

Im Impulsgenerator wird die Impulsfolgefrequenz erzeugt. Die Impulsfolgefrequenz ist einstellbar von 50 Hz bis ca. 10 kHz. Durch den Grobbereichssteller wird die Frequenz automatisch an den Justierbereich und damit indirekt an die Prüfstückdicke angepasst. Bei zu hoher Impulsfolgefrequenz können sogenannte Phantom-Echos entstehen (Abb. 2.2), weil der Abstand der Impulse zu gering ist, d.h. es wird ein neuer Sendeimpuls ausgelöst, bevor alle Echos des vorhergehenden Sendeimpulses abgeklungen sind. Im Bild fallen von den Mehrfachechos aus dem Werkstück nur zwei in den Bildbereich t_a. Da ihre Amplitude in der Pausenzeit bis zum Beginn der nächsten Arbeitszeit t_a nicht auf Null abgeklungen ist, können die übrigen Mehrfachechos als Phantom- oder Scheinanzeigen abgebildet werden. In den meisten Ultraschallgeräten wird diese Erscheinung durch eine automatische Regelung der Impulsfolgefrequenz vermieden.

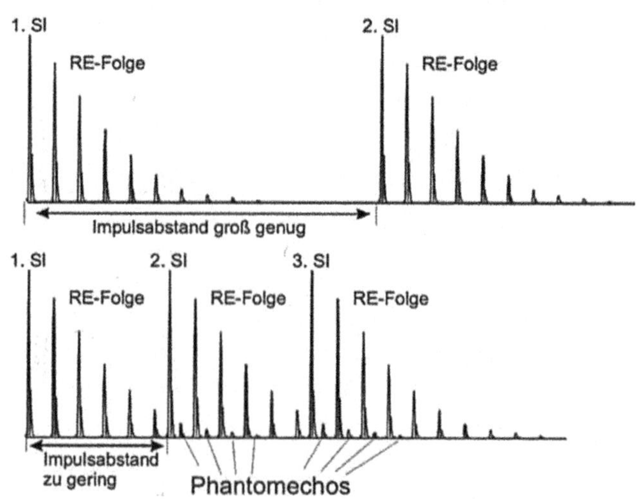

Abb. 2.2 Entstehung von Phantomechos bei zu schneller Impulsfolge [2.1]

Im Sendeteil werden die Sendeimpulse aufbereitet. Der Sendeverstärker arbeitet als Breitbandverstärker. Durch seine Anregung des Prüfkopfes werden das Auflösungsvermögen und die Empfindlichkeit beeinflusst. Der Betriebsartenschalter wird geschlossen, wenn nur ein Schwinger zum Senden und zum Empfangen eingesetzt werden soll, wie beim Impulsechobetrieb. Er bleibt offen, wenn dagegen zum Senden und Empfangen zwei elektrisch und akustisch getrennte Systeme verwendet werden sollen, wie z.B. beim SE-Prüfkopf, bei der Tandem- oder Durchschallungsprüfung. Vom Schwinger werden die empfangenen Ultraschallsignale in elektrische Signale umgewandelt und zum Empfangsverstärker geleitet. Dort werden diese Signale verarbeitet und verstärkt, um sie auf der Bildröhre abbilden zu können. Die Verstärkung erfolgt dabei mit Hilfe des dB-Stellers. Wird die Verstärkung zu hoch gewählt, so kann es zum sogenannten Verstärkerrauschen, einem elektronischen Rauschen, kommen (Abb. 2.3).

Die Verstärkungswirkung kann beeinflusst werden durch die Wahl des Frequenzbereiches, die Art der Gleichrichtung, Siebung oder Unterdrückung (Schwellwerteinstellung). Selten wird die HF- oder Hochfrequenz-Darstellung eingesetzt, meistens werden die Impulse gleichgerichtet mit nur einer Auslenkung oder gefiltert (Abb. 2.4).

Die Impulsverschiebung ist bei den meisten Ultraschallgeräten stufenlos, selten zusätzlich in Stufen einstellbar. Dabei werden die Steuerimpulse des Impulsgenerators um eine bestimmte Zeit gegenüber dem Sendeimpuls verschoben, d.h. das gesamte Echobild wird auf dem Bildschirm nach links oder nach rechts verstellt, um die linken unteren Fußpunkte der einzelnen Echos auf die Markierungen der Bildschirmskala einzustellen, die den Abständen der Echos von der Nullmarkierung entsprechen.

Abb. 2.3 Elektronisches Rauschen bei zu hoher Verstärkung [2.8]

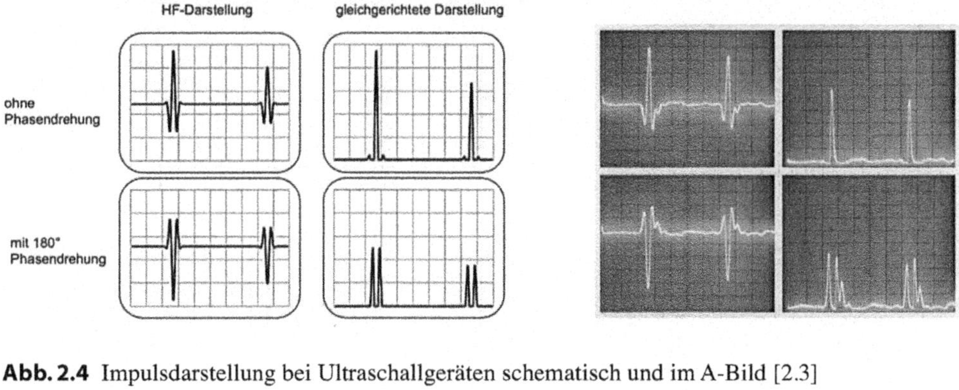

Abb. 2.4 Impulsdarstellung bei Ultraschallgeräten schematisch und im A-Bild [2.3]

Da die Horizontalablenkung proportional der Laufzeit ist, muss sie linear sein. Die Mehrfachechos aus einem fehlerfreien Werkstück müssen alle den gleichen Abstand untereinander aufweisen. So kann man z.B. durch die Verschiebung des Echobildes feststellen, dass der Abstand zwischen dem Sendeimpuls und dem ersten Rückwandecho größer ist, als der Abstand zwischen den folgenden Mehrfachechos. Wie Abb. 2.5 zeigt, liegt das an der zusätzlichen Laufzeit in der Schutzschicht oder der Vorlaufstrecke des Prüfkopfes. Alle Prüfköpfe haben eine feste Schutzschicht und je nach Rauheit der Werkstückoberfläche auch eine flexible Schutzschicht.

Der Prüfbereich ist eine auf die Abmessungen des Werkstückes abzustimmende Größe. Wählt man den Prüfbereich zu groß, so lassen sich Einzelheiten schlecht ausmessen bzw. ablesen, da beispielsweise ein Skalenteil am Bildschirm einen zu großen Betrag aufweist. Würde der Prüfbereich zu klein eingestellt, so werden nicht alle Details angezeigt, weil nicht das gesamte Werkstück abgebildet wird. Mit Hilfe der Bereichseinstellung kann der erforderliche Prüfbereich eingestellt werden, indem die Echos in ihren Abständen vergrößert oder verkleinert werden. Das Werkstück wird maßstäblich an die Bildschirmabmessungen angepasst. Zur Justierung von Anzeigen werden nacheinander die Impulsverschiebung und die Bereichseinstellung solange verändert, bis die Echos auf den gewünschten Markierungen am Bildschirm stehen.

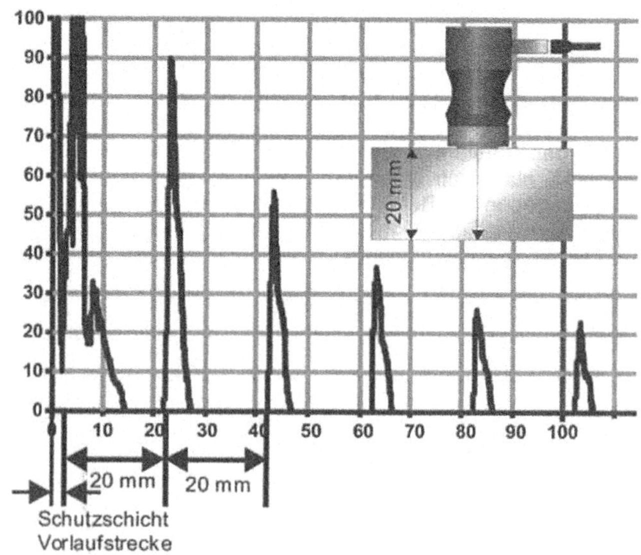

Abb. 2.5 Einfluss einer Schutzschicht oder Vorlaufstrecke [2.1]

2.1.2 Digitalgeräte

2.1.2.1 Blockschaltbild

In Abb. 2.6 ist der Aufbau eines Ultraschallgerätes mit digitaler Signalverarbeitung abgebildet. Im Prinzip ist die Funktionsweise ähnlich der eines analogen Ultraschallgerätes, jedoch wird die Vertikalablenkung durch den A/D-Wandler und die Horizontalablenkung einschließlich der Impulsverschiebung und Bereichseinstellung durch den Mikroprozessor beeinflusst.

2.1.2.2 Mikroprozessor und Auswertung der Signale

Bei Ultraschallgeräten mit digitaler Signalverarbeitung wird der zeitliche Zusammenhang zwischen der Impulsfolge und dem Bildwechsel mit Hilfe eines Mikroprozessors und eines Analog-Digital-Wandlers aufgehoben, so dass anstelle von Kathodenstrahlröhren Displays oder Fernsehbildröhren verwendet werden können, die die Signalbilder aus Bildpunkten zeilenweise zusammenstellen.

2.1.3 Allgemeine Einstellungen am Ultraschallgerät nach DIN EN 583-1

Ohne nähere Angaben aus Normen, Regelwerken und Prüfspezifikationen soll hinsichtlich der Ultraschall-Prüfgeräte-Einstellungen sichergestellt werden, dass nach [2.6]

- die Unterdrückung nicht benutzt werden darf,
- der Verstärker im richtigen Frequenzbereich betrieben wird,
- die Filterung so eingestellt ist, dass eine optimale Auflösung erreicht wird,

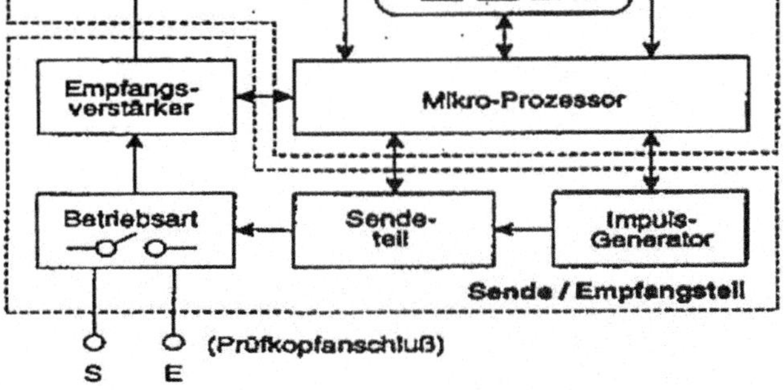

Abb. 2.6 Blockschaltbild eines digitalen Ultraschallgerätes [2.2]

- die Impedanz des Prüfsystems, wenn notwendig, so angepasst wird, dass bei gleichbleibendem Auflösungsvermögen maximale Echohöhe erhalten wird,
- die Energie für den Sendeimpuls unter Berücksichtigung der Verstärkungsreserve so niedrig wie möglich eingestellt ist.

Diese Einstellungen müssen während der Prüfung beibehalten werden.

2.1.4 Generelle Anwendung von digitalen Ultraschallgeräten

Große Schmiedestücke konnten lange Zeit nur mit analogen Geräten geprüft werden. Lange Schallwege und geringe Schallschwächung erforderten eine niedrige Impulsfolgefrequenz zur Vermeidung von Phantomechos und eine hohe Verstärkung zum Nachweis kleinster Reflektoren [2.13]. Inzwischen wurden Geräte entwickelt, die auch bei extrem niedrigen Impulsfolgefrequenzen (25 Hz) ein dynamisches Abbildungsverhalten wie die zuvor verwendeten Analoggeräte zeigten. Damit war es möglich, die Vorteile der Digitaltechnik, wie A-Bilder einfrieren, Befunde speichern, Echoanzeigen vergleichen, dokumentieren etc. für die manuelle Prüfung großer Schmiedestücke aber auch für die mechanisierte Prüfung zu nutzen [2.13].

2.2 Prüfköpfe

Die Ultraschallprüfung lässt sich ohne Prüfköpfe nicht durchführen. Da die Prüfköpfe sowohl als Sender als auch als Empfänger von Schallwellen dienen, kommt ihnen eine entscheidende Bedeutung innerhalb des Prüfsystems zu. Die Schallwellen verlaufen entlang eines Schallfeldes, dessen Eigenschaften für die praktische Ultraschallprüfung sehr wichtig sind. **Ein Ultraschallprüfkopf muss nach DIN EN 583-1 die Anforderungen der DIN EN 12668-2 erfüllen** [2.7]. Die Prüfkopfauswahl richtet sich nach dem Zweck der Prüfung und den Anforderungen der vorgegebenen Norm oder des Regelwerkes. Sie ist abhängig von

- der Werkstoffdicke, -gestalt und -Oberflächenbeschaffenheit,
- der Art und vom metallurgischen Zustand des zu prüfenden Werkstoffes,
- der Art, Lage und Orientierung der nachzuweisenden Fehler.

2.2.1 Schallfelder

Die Impulsschalltechnik verwendet zur Erzeugung und zum Empfang von Schallwellen Prüfköpfe, die fast ausschließlich mit piezoelektrischen Schwingern aus leistungsfähigen Werkstoffen, wie z.B. Bariumtitanat oder Blei-Zirkonat-Titanat, in Form von dünnen Plättchen ausgestattet sind. Diese Wandler werden mit kurzen elektrischen Impulsen zu Schwingungen angeregt. Damit der Schwinger nicht zu lange schwingt, wird durch Aufbringen eines Dämpfungskörpers (Kunstharz, Kunstgummi u.s.w.) auf der metallisierten Rückseite des Wandlers die Schwingung der Piezoplatte gedämpft. Bei geringer Dämpfung ist ein Impuls lang, sein Frequenzspektrum entsprechend schmalbandig. Es liegt in der Nähe der Resonanzfrequenz des Schwingers. Bei hoher Dämpfung erhält man kurze, breitbandige Impulse. Diese sehr kurzen Impulse bieten eine höhere Fernauflösung und ermöglichen genaue Laufzeitmessungen. Abb. 2.7 zeigt den Zusammenhang zwischen Dämpfung und Impulsdauer.

2.2.1.1 Nah- und Fernfeld

Die Schalldruckverteilung eines Prüfkopfes wird beschrieben durch ein Schallfeld, das wiederum charakterisiert wird durch das Nahfeld, das Fernfeld, durch die Divergenz und den Schallbündeldurchmesser.

In der Nähe des Prüfkopfes ist das Schallfeld zunehmend gebündelt und die Schalldruckverteilung stark schwankend. Infolge von Interferenzen (Überlagerung von Schallwellen mit Phasenverschiebung) schwankt in diesem Bereich der Schalldruck von Ort zu Ort erheblich und durchläuft mit wachsendem Abstand vom Prüfkopf mehrere Minima und Maxima. In einem bestimmten Abstand vom Schwinger öffnet sich das Bündel schein-

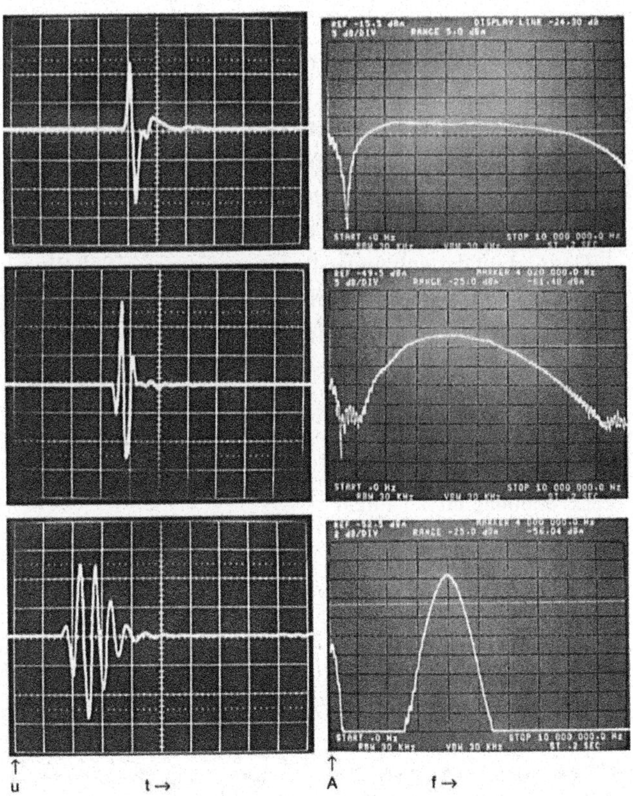

Abb. 2.7 Zusammenhang zwischen Dämpfung und Impulsdauer [2.8]

werferartig und der Schalldruck nimmt mit dem Abstand ab, d.h. er ist umgekehrt proportional zum Schallweg. Das Gebiet der Schallbündelung, das durch Interferenzen mit Maxima und Minima des Schalldruckes gekennzeichnet ist, nennt man das **Nahfeld N**. Das Ende des Nahfeldes in Schallausbreitungsrichtung wird definiert durch das letzte Maximum der Schalldruckamplitudenverteilung. Man erkennt, dass im Nahfeld eine natürliche Fokussierung des Schallfeldes vorhanden ist.

Die Entfernung, in der das Nahfeld in das Fernfeld übergeht, heißt **Nahfeldlänge**. Sie hängt von der Schwingergröße und von der Wellenlänge im Prüfstück ab und kann entweder den Datenblättern des Herstellers entnommen werden oder für kreisförmige Schwinger mit folgender Formel berechnet werden:

$$N = \frac{D^2}{4 \times \lambda} = \frac{D^2 \times f}{4 \times c}$$

mit N = Nahfeldlänge [mm],
D = Schwingerdurchmesser [mm],
λ = Wellenlänge im Werkstück [mm],
f = Nennfrequenz [MHz],
c = Schallgeschwindigkeit [m/s].

Aus dieser Formel geht hervor, dass die Nahfeldlänge umso größer wird, je größer der Schwingerdurchmesser oder die Frequenz werden. Im Nahfeld können Anzeigen in ihrer Amplitude falsch abgebildet oder gänzlich unterdrückt werden (Interferenz = Schalldruckschwankungen) und deswegen ist eine aussagekräftige Prüfung, d.h. eine Anzeigenbewertung in diesem Bereich nur bedingt möglich. In Abb. 2.8 ist die Schalldruckverteilung im Schallfeld räumlich dargestellt.

Das Gebiet des scheinwerferartig geöffneten Schallverlaufs, in dem der Schalldruck mit der Entfernung vom Prüfkopf kontinuierlich abnimmt, nennt man das **Fernfeld.** In diesem Teil des Schallfeldes gelten in Abhängigkeit von der Reflektorart bestimmte Entfernungsgesetze.

Abb. 2.8 Räumliche Schalldruckverteilung im Schallfeld [2.3], [2.9]

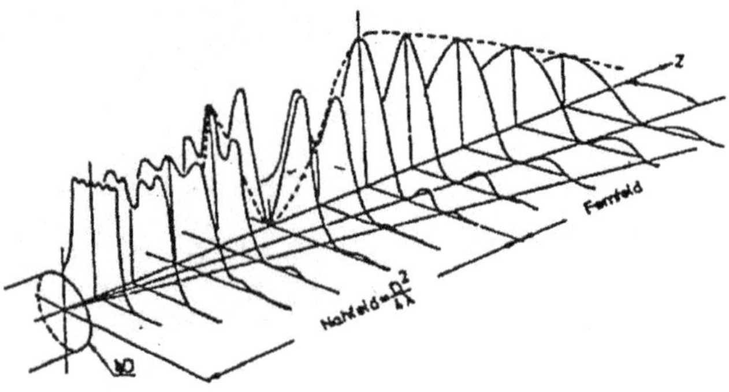

2.2.1.2 Divergenz und Bündeldurchmesser

Im Fernfeld ist der größte Schalldruck der abgestrahlten Ultraschallwellen stets auf der Symmetrieachse, d.h. der sog. akustischen Achse des Bündels, zu finden (Abb. 2.9). Je mehr man aus der Richtung der akustischen Achse abweicht, desto schwächer wird der Schalldruck. Wird z.B. der Schalldruck auf der Symmetrieachse bei der gleichen Entfernung vom Schwinger zu 100% angenommen und weicht man aus der Richtung ab, so erreicht man einen Winkel bei dem der Schalldruck auf einen Wert von 50% (bezogen auf die 100% der Symmetrieachse) abgeklungen ist.

Weicht man aus der Richtung weiter ab, so erreicht man schließlich einen Winkel, bei dem die Schalldruckamplitude nur noch 10% der Amplitude in der Symmetrieachse beträgt. **Dieser Winkel heißt ''Divergenzwinkel''** und wird wie folgt berechnet:

$$\sin \vartheta_{50\,(-6\,\mathrm{dB})} = 0{,}5 \times \frac{\lambda}{D} = 0{,}5 \times \frac{c}{D \times f}$$

Schalldruckabfall des Randstrahls auf 50% des Zentralstrahls (d.h. um 6 dB),

$$\sin \vartheta_{10\,(-20\mathrm{dB})} = \frac{\lambda}{D} = \frac{c}{D \times f}$$

Schalldruckabfall des Randstrahls auf 10% des Zentralstrahls (d.h. um 20 dB),

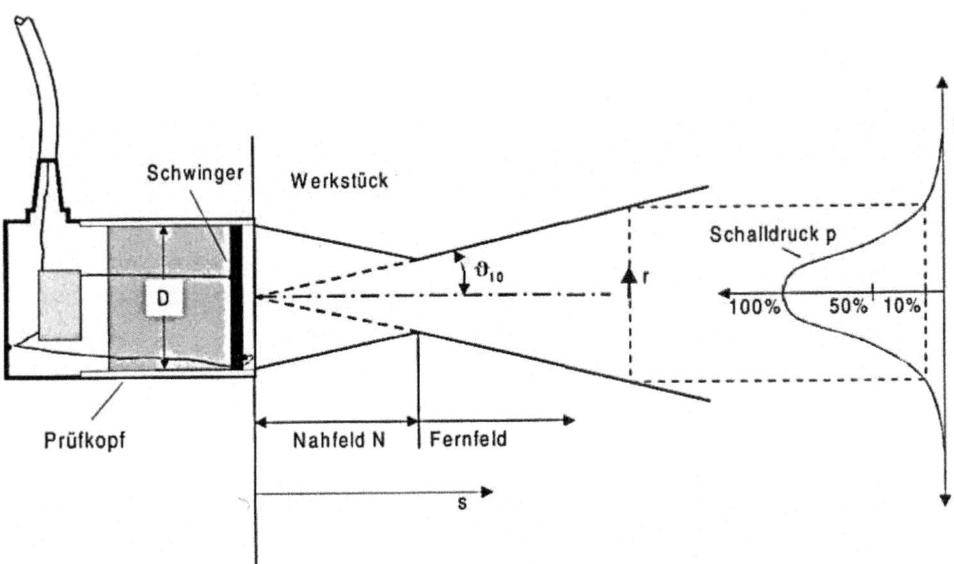

Abb. 2.9 Schallfeld eines Prüfkopfes und Verlauf des Schalldruckes [2.1]

mit λ = Wellenlänge im Prüfstück [mm],
D = Schwingerdurchmesser [mm],
f = Frequenz [1/s],
c = Schallgeschwindigkeit im Prüfstück [m/s].

Der doppelte Divergenzwinkel entspricht dem Öffnungswinkel des Schallfeldes. Aus diesen Formeln geht hervor, dass der Öffnungswinkel umso kleiner wird, je größer die Frequenz oder der Schwingerdurchmesser sind.

Die das Schallfeld bestimmenden Größen „ϑ" und „N" sind von der Wellenlänge abhängig, so dass derselbe Prüfkopf verschiedene Schallfelder in Stoffen mit verschiedenen Schallgeschwindigkeiten aufweist.

Bei der Bestimmung von Ersatzfehlergrößen durch Abtastung großer Reflektoren, deren Abmessungen am Ort der Ungänze größer sind als der Schallbündeldurchmesser, muss die Ausdehnung des Schallfeldes D_B senkrecht zum Schallstrahl, d.h. in der Tiefe des gefundenen Reflektors, bekannt sein. Die Bündeldurchmesser D_{B50} bzw. D_{B10} (d.h. bei Schalldruckabfall auf 50% bzw. 10%) in der Entfernung „s" vom Prüfkopf werden nach folgenden Formeln berechnet

$$D_{B50\,(-6dB)} = \frac{\lambda \times s}{D} = \frac{c \times s}{D \times f} \text{ und}$$

$$D_{B10\,(-20dB)} = \frac{2 \times \lambda \times s}{D} = \frac{2 \times c \times s}{D \times f}.$$

2.2.1.3 Schallfeld und Prüfkopfeigenschaften nach DIN EN 583-1

Bei der Ultraschallprüfung ist zwischen dem Suchen und Auffinden der Orte von Reflektoren und ihrer Bewertung zu unterscheiden. Um die Ungänzen orten zu können, braucht man eine hohe Auffindwahrscheinlichkeit oder Prüfempfindlichkeit. Die Forderungen dafür stehen oft im Widerspruch zu denen für eine Bewertung der gefundenen Reflektoren. Eine große Auffindwahrscheinlichkeit hat man bei einem Prüfkopf mit großem Divergenzwinkel, d.h. kleinem Schwingerdurchmesser oder niedriger Frequenz, und entsprechend hoher Verstärkung, weil dann ein relativ großes Volumen durchschallt wird (Abb. 2.10).

Übliche Prüffrequenzen in Europa sind 0,5; 1; 2; 4; 6 und 10 MHz, in den USA (ASME-Code) werden überwiegend Prüffrequenzen von 0,5; 1; 2,25 und 5 MHz benutzt.

Bei Prüfköpfen mit niedrigen Frequenzen und schwacher Bedämpfung haben kleine flächige Reflektoren eine geringe Richtwirkung, so dass sie noch messbare Echos abgeben, auch wenn sie nicht senkrecht vom Schallstrahl getroffen werden. Die Richtcharakteristik dieser Reflektoren kann bei Prüfköpfen mit hoher Frequenz so ungünstig werden, dass der Schallstrahl nicht mehr vom Prüfkopf reflektiert wird (Abb. 2.11). Mit dem gro-

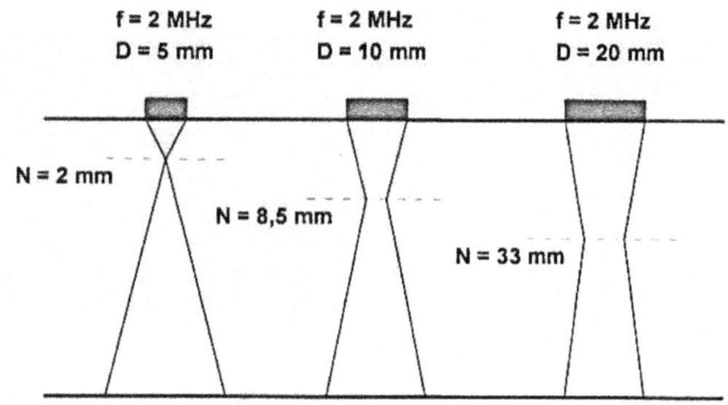

Abb. 2.10 Schallfelder verschiedener Prüfköpfe [2.2], [2.3]

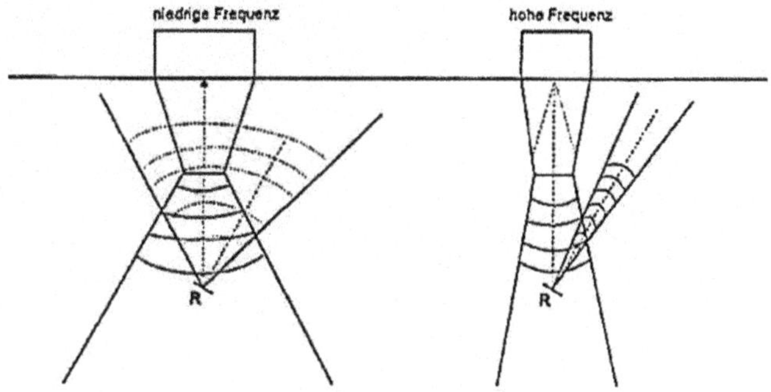

Abb. 2.11 Richtcharakteristiken verschiedener Prüfköpfe [2.8]

ßen Schallbündel und der breiten Richtcharakteristik lässt sich aber keine gute Bewertung der Ungänzen durchführen.

Die Bestimmung der Größe kleiner Reflektoren sollte im Fernfeld des Prüfkopfes erfolgen, d.h. man sollte Prüfköpfe verwenden, die eine kleine Nahfeldlänge haben. Diese Prüfköpfe, d.h. mit kleinem Schwingerdurchmesser oder niedriger Frequenz haben aber wegen der weniger gerichteten Abstrahlung eine schlechtere Fernempfindlichkeit und zusätzlich ein schlechtes Auflösungsvermögen. Das Auflösungsvermögen gibt an, in welchem Abstand vom Prüfkopf zwei dicht benachbarte Reflektoren mit kurzen Laufzeitunterschieden im Werkstück als zwei Anzeigen auf dem Bildschirm gerade noch als getrennte Anzeigen wahrgenommen werden können.

Man unterscheidet zwischen „Nahauflösung" und „Fernauflösung". Die Nahauflösung bezieht sich auf das Gebiet in Schwingernähe und damit auf den Bereich des Sendeimpulses. Man spricht von guter Nahauflösung, wenn der Prüfkopf die Fähigkeit besitzt, eine Reflexion dicht unter der Oberfläche getrennt vom Sendeimpuls erkennen zu lassen (Abb. 2.12). Das hängt ganz wesentlich von der Sendeimpulsbreite ab, so dass prüfflächennahe Fehler mit Senkrechtprüfköpfen nicht immer zuverlässig nachgewiesen werden können. Der Begriff Fernauflösung wird auf größere Abstände vom Wandler und damit vom Sendeimpuls bezogen. Eine gute Fernauflösung liegt vor, wenn zwei sehr nahe beieinander liegende Reflektoren noch getrennt dargestellt werden können (Abb. 2.13).

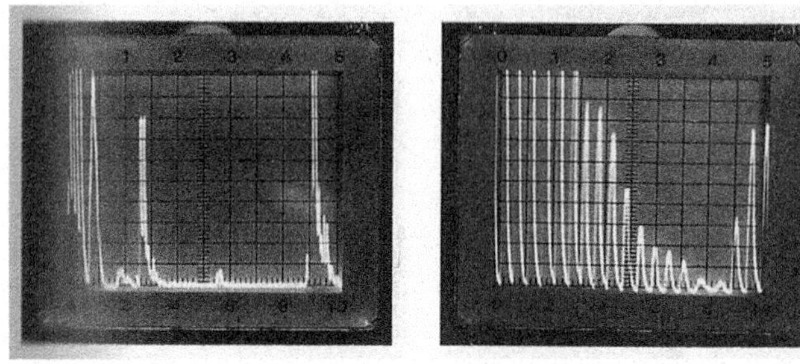

Abb. 2.12 Gute Nahauflösung links und schlechte Nahauflösung rechts [2.10]

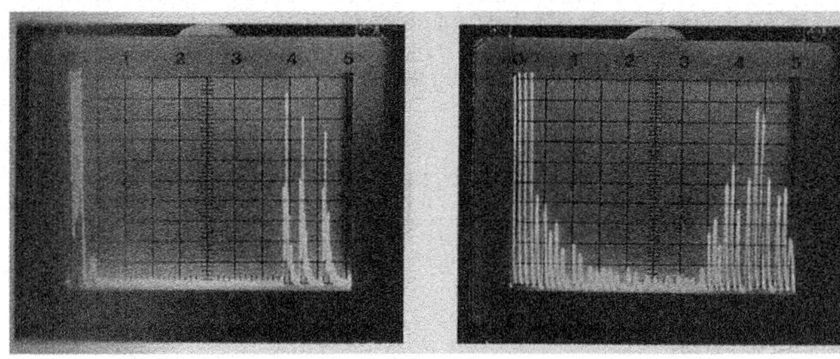

Abb. 2.13 Gute Fernauflösung links und schlechte Fernauflösung rechts [2.10]

Das Schallbündel (Nahfeldlänge und Divergenz) wird durch die Frequenz und die Prüfkopfabmessungen bestimmt. Die Prüfkopfauswahl muss sicherstellen, dass die Eigenschaften des Schallbündels optimal für die Prüfung sind. Dafür gelten insbesondere nach DIN EN 583-1 folgende Hinweise:

- Die Nahfeldlänge muss möglichst kleiner als die Dicke des Prüfgegenstandes sein.
- Der Schallbündeldurchmesser muss in der am weitesten vom Prüfkopf entfernten Prüfzone so klein sein, dass noch ein ausreichendes Nachweisvermögen besteht.
- Der Divergenzwinkel des Schallbündels muss ausreichend groß sein, um ebene Ungänzen nachweisen zu können, die ungünstig orientiert sind.
- Bei der Auswahl des Prüfkopfes muss die tote Zone im Verhältnis zum Prüfvolumen berücksichtigt werden.
- Ebenso muss die Dämpfung des Prüfkopfes beachtet werden, da sie sowohl das Auflösungsvermögen als auch das Frequenzspektrum beeinflusst.
- Bei der Auswahl der Prüffrequenz müssen die Schallschwächung im Werkstoff und das Reflexionsvermögen der Fehler in Betracht gezogen werden.

Prüfköpfe mit großen Schwingerdurchmessern haben wegen der gebündelten Richtcharakteristik eine große Leistung (Intensität) und deswegen eine große Reichweite (bis ca. 20 m) sowie eine höhere Empfindlichkeit, aber zugleich eine große Nahfeldlänge, so dass Reflektoren im Bereich der Oberfläche nicht bewertet werden können. Für die meisten Prüfaufgaben kann man sehr große Durchmesser (> 40mm) nicht gebrauchen, weil wegen der Bauteilgeometrie entsprechend ebene Kontaktflächen nicht zur Verfügung stehen.

Prüfköpfe mit hoher Frequenz und starker Bedämpfung haben wegen der kurzen Impulse und schmaleren Echos eine gute Auflösung aber wegen der kleineren Wellenlänge und verbunden damit größeren Schallschwächung eine geringere Schallleistung (kleinere Empfindlichkeit). Wie daraus ersichtlich ist, verlangt man von einem optimalen Prüfkopf auf der einen Seite eine gute Fernempfindlichkeit, auf der anderen ein gutes Auflösungsvermögen. Diese Eigenschaften eines Prüfkopfes kann man leider nicht in Einklang bringen, wie Tabelle 2.1 zeigt.

Tab. 2.1 Prüfkopfeigenschaften

Hohe Frequenz und stark bedämpft	Niedrige Frequenz und schwach bedämpft
Gute Auflösung durch schmalere Echos	Hohe Schalleistung (große Empfindlichkeit)
Geringere Schallleistung (kleine Empfindlichkeit)	Schlechtere Auflösung durch breite Echos

Bei stark bedämpften Prüfköpfen kann die Nennfrequenz bis zu 10% abweichen. Außerdem wird durch den Prüfgegenstand (Ankopplung, Werkstoff, Reflektor u.s.w.), der ja auch eine Bedämpfung des Schwingers darstellt, die Frequenz beeinflusst, d.h. das Frequenzamplitudenspektrum herabgesetzt. Die bei der Ultraschallprüfung in einem Echo überwiegend vorhandene Frequenz nennt man **Arbeits- oder Prüffrequenz.** Die auf dem Prüfkopf angegebene Frequenz heißt **Nennfrequenz**.

2.2.2 Senkrechtprüfköpfe

2.2.2.1 Normalprüfköpfe

Prüfköpfe für senkrechtes Einschallen von Longitudinalwellen in eine Oberfläche eines Werkstückes werden Senkrechtprüfköpfe genannt. Wird zum Senden und Empfangen nur ein Prüfkopf verwendet, so bezeichnet man den Prüfkopf als Senkrechtnormalprüfkopf. Bei getrenntem Sender und Empfänger in einem Gehäuse spricht man vom Senkrecht-SE-Prüfkopf.

Ein Schwinger (zur Aufbringung der elektrischen Impulse (auf beiden Flächen metallisiert) ist mit einer Fläche auf einen Dämpfungskörper aufgeklebt, die andere Fläche wird unter Anwendung einer Schutzschicht an das Werkstück angekoppelt. Die Anschlussdrähte der metallisierten Schwingerfläche sind mit einer Spule verbunden, die die elektrische Anpassung zwischen Schwinger und Impulsgenerator vornimmt. Diese aus Schwinger, Dämpfungskörper und Spule mit Stecker bestehende Einheit (auch Spule oder Niob genannt) sitzt in einem metallischen, geerdeten Gehäuse. Die Verbindung des Prüfkopfes zum Ultraschallgerät wird über Prüfkabel realisiert (Abb. 2.14).

Bei der Kontakttechnik wird der Prüfkopf durch ein Koppelmittel an das zu prüfende Bauteil angekoppelt, denn ohne Koppelmittel bleibt zwischen dem Prüfkopf und der Prüffläche ein Luftspalt, der für die Ultraschallwellen ein kaum überwindbares Hindernis be-

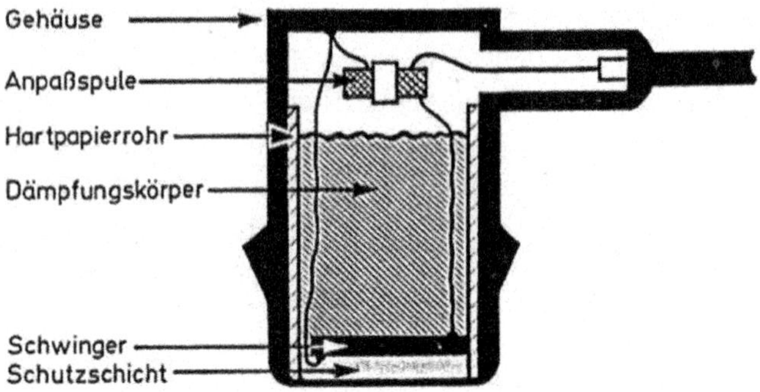

Abb. 2.14 Aufbau eines Senkrechtprüfkopfes (schematisch) [2.10]

deutet. Zur Anwendung können Wasser, synthetische Mittel (gelöster Tapetenkleister), Öle, Glyzerin und spezielle Koppelpasten kommen. Am besten sind Koppelmittel, deren Schallwellenwiderstand annähernd so groß ist, wie der des Prüfstückes.

In den handelsüblichen Normalprüfköpfen werden Schwinger mit tatsächlichen Durchmessern zwischen 5 und 40 mm benutzt (zumeist 10 und 24 mm). Der effektive Schwingerdurchmesser ist kleiner als der äußerlich messbare Schwingerdurchmesser. Er wird in den Prüfkopf-Datenblättern vom jeweiligen Hersteller angegeben und beträgt etwa 95% des Nenndurchmessers. Senkrechtprüfköpfe werden aufgrund ihres Einschallwinkels von 0° überwiegend bei der Prüfung von Guss- und Schmiedestücken eingesetzt. Senkrechtnormalprüfköpfe werden fast ausschließlich mit kreisförmigen Schwingern hergestellt. Folglich sind die wichtigsten Schallfeldgrößen für Senkrechtnormalprüfköpfe der effektive Schwingerdurchmesser, die Prüffrequenz, die Wellenlänge, die Schallgeschwindigkeit im übertragenden Werkstoff, der Öffnungswinkel des Schallbündels und der Schallbündeldurchmesser. Abb. 2.15 zeigt einige Beispiele für die unterschiedlichen Schallfelder bei Veränderung dieser Größen.

2.2.2.2 Sende-Empfangs-Prüfköpfe

Prüfköpfe mit getrennten Schwingern für die Sende- und Empfangsfunktion werden als Sende – Empfangs (SE)-Prüfköpfe bezeichnet. Der Aufbau eines solchen Prüfkopfes ist in Abb. 2.16 dargestellt. SE – Prüfköpfe enthalten in einem Gehäuse zwei elektrisch und akustisch voneinander getrennte Schwinger, von denen einer als Sender und der andere als Empfänger arbeitet. Sie sind auf zwei voneinander akustisch (durch schallabsorbierende Substanz) getrennte Kunststoffkeile aufgeklebt, so dass ein direkter Schalldurchgang vom Sende- zum Empfangswandler nicht möglich ist. Durch die Vorlaufstrecke (Plexiglaskeil) wird erreicht, dass der Sendeimpuls nicht mit dem Nullpunkt der Messung (Werkstückoberfläche) wie beim Normalprüfkopf zusammenfällt, sondern vorher, d.h. weiter nach links auf dem Bildschirm liegt und deshalb aus dem Sichtbereich herausgestellt ist (Abb. 2.17).

Durch entsprechende Neigung der Schwinger zueinander, kann die „tote Zone“ verringert und Bereiche bestimmter Tiefe (besonders nahe der Oberfläche) im Werkstück geprüft werden. Der Neigungs- oder Dachwinkel liegt zwischen 0 und 12°. In Abhängigkeit von

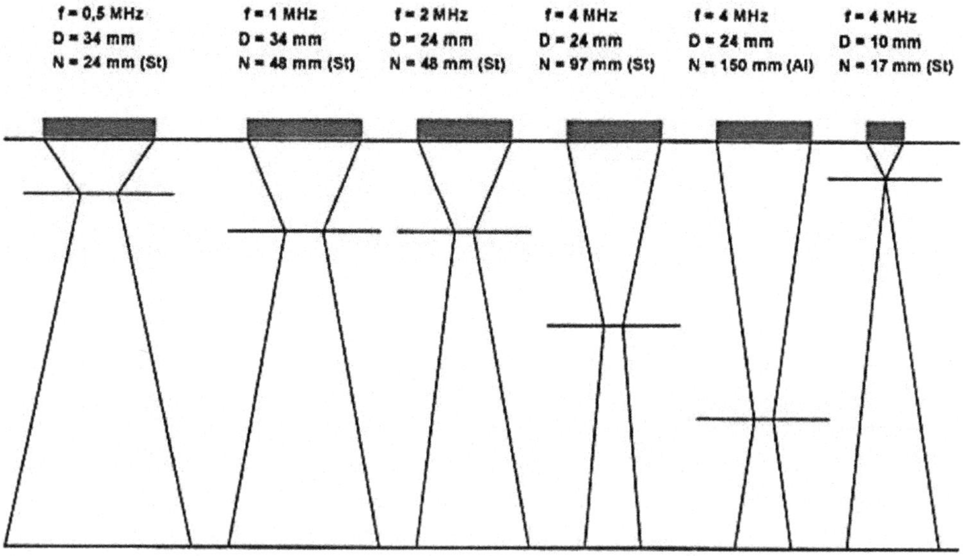

Abb. 2.15 Beispiele für Schallfelder bei Veränderung von Schwingerdurchmesser, Prüffrequenz, Wellenlänge, Schallgeschwindigkeit u. Nahfeldlänge [2.2]

den o.g. Dachwinkeln wie auch von der Frequenz, Bandbreite und Schwingerabmessung liegt der Tiefenbereich = Arbeitsbereich (d.h. der Bereich, auf den die Prüfung eingeschränkt werden soll) von 0,5 bis 200 mm. Die Obergrenze gilt für schwächungsfreies Ma-

Abb. 2.16 Aufbau eines Sende-Empfangs-Prüfkopfes [2.10]

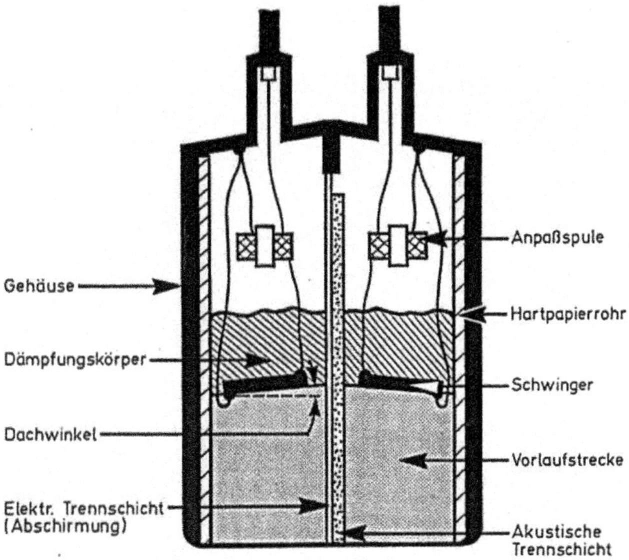

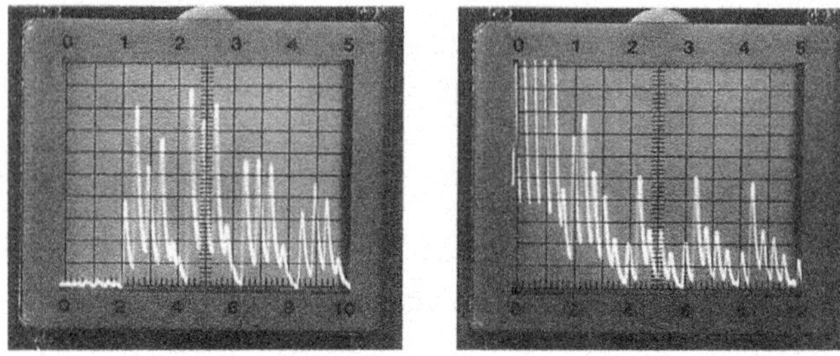

Abb. 2.17 Echoanzeige bei einem SE-Prüfkopf (links) im Vergleich mit einem Normalprüfkopf (rechts) [2.2]

terial und stellt nur einen Richtwert dar. Mit zunehmender Schallschwächung des Werkstoffes und höherer Frequenz ist in der Praxis mit einer starken Abnahme der Obergrenze zu rechnen.

Der Prüfkopf ist mit einem Doppelkabel an zwei getrennte farbig gekennzeichnete oder besonders geformte Eingänge (Stecker) für den Sender und Empfänger am Gerät angeschlossen. Um mit dem SE-Prüfkopf arbeiten zu können muss man am US-Gerät den Betriebsartenschalter öffnen, d.h. in die Position „Durchschallung“ bringen.

Der Dachwinkel, die Frequenz und die Bandbreite wie auch die Schwingerabmessungen bestimmen die Geometrie des Schallfeldes bei SE-Prüfköpfen (Abb. 2.18). Die für Einschwingersystem gültigen Gesetzmäßigkeiten (Nahfeld, Fernfeld) sind hier nicht mehr anwendbar. Durch die schräggestellten Schwinger im SE-Prüfkopf überschneiden sich die Schallbündel von Sender und Empfänger, wodurch **der Arbeits- bzw. Empfindlichkeitsbereich** begrenzt wird (in Abb. 2.18 **doppeltschraffiertes Feld**). Im Kreuzungspunkt (Brennpunkt = Fokuspunkt) beider Hauptstrahlen ergibt sich die maximale Empfindlichkeit, während die Kreuzungspunkte der Randstrahlen den Anfang und das Ende des Empfindlichkeitsbereiches kennzeichnen.

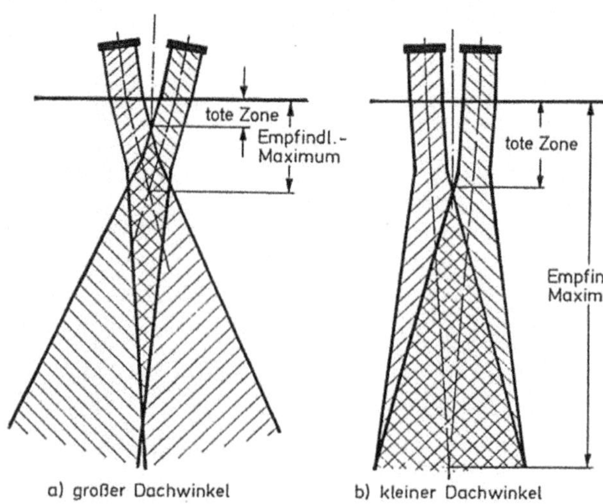

Abb. 2.18 Schallfelder von S/E-Prüfköpfen mit unterschiedlichen Dachwinkeln [2.10]

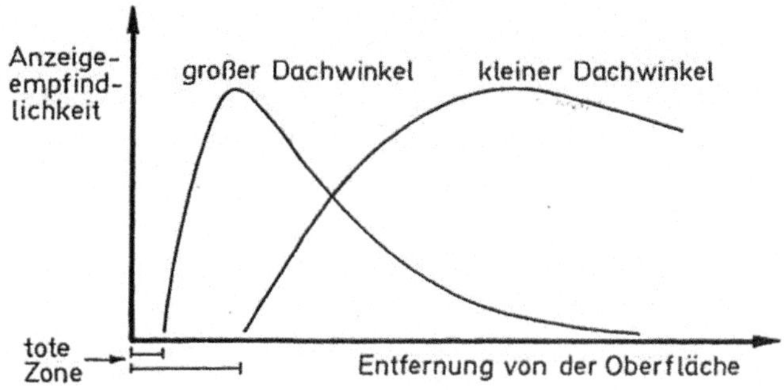

Abb. 2.19 Dachwinkel und Empfindlichkeitsverlauf [2.10]

Je nach Dachwinkelgröße lässt sich der Brennpunkt dicht unter die Oberfläche oder tiefer legen und zugleich den Arbeitsbereich verkürzen oder verlängern (Abb. 2.19). Infolge dieses Aufbaus mit einer relativ stark schwächenden Vorlaufstrecke hat der SE -Prüfkopf theoretisch eine geringere Empfindlichkeit als der Normalprüfkopf, jedoch wegen des nicht auf dem Bildschirm vorhandenen Sendeimpulses eine unvergleichlich bessere Nahauflösung, womit man dicht unter der Oberfläche liegende Fehler aufdecken kann und sehr dünnwandige Werkstücke (Wanddicke) messen kann.

2.2.3 Winkelprüfköpfe

Prüfköpfe für Schrägeinschallung heißen Winkelprüfköpfe. Der Aufbau eines Winkelprüfkopfes ist in Abb. 2.20 dargestellt.

Im Winkelprüfkopf selbst werden Longitudinalwellen erzeugt und erst der Vorsatzkeil ermöglicht durch das schräge Auftreffen der Longitudinalwellen auf die Grenzfläche zum Prüfgegenstand die Umwandlung der Longitudinalwellen in Transversalwellen durch Brechung im Prüfstück.

Der Einschallwinkelbereich liegt bei Stahl zwischen 35° und 80° (am meisten angewendet werden 45°, 60° und 70°), da bei kleineren Winkeln auch Longitudinalwellen und bei größeren bereits Oberflächenwellen entstehen. **Der Einschallwinkel ist der Winkel**

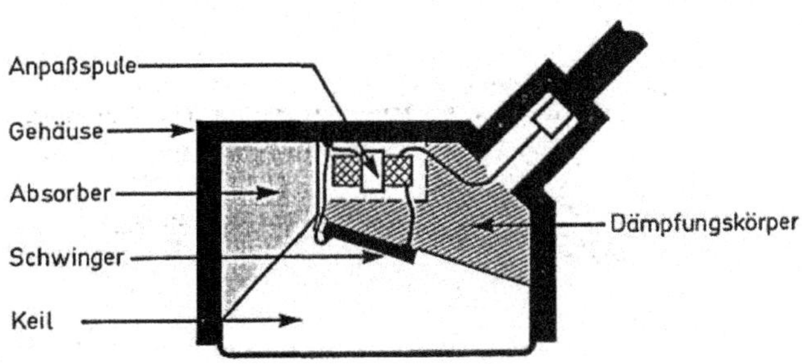

Abb. 2.20 Aufbau eines Winkelprüfkopfes [2.10]

zwischen der Achse des Schallbündels im Prüfgegenstand und der Normalen zur Prüffläche.

Die Schallgeschwindigkeit der Longitudinalwelle ist in Kunststoffen temperaturabhängig, d.h. bei Prüfköpfen mit Plexiglasvorlaufkeilen ändert sich der für 20° C angegebene Einschallwinkel entsprechend der veränderten Temperatur (Schallgeschwindigkeit) des Keiles. Normalerweise können diese Prüfköpfe bei Temperaturen zwischen – 20°C und +60°C verwendet werden, ohne eine Korrektur zwischen Justierung und Prüfung berücksichtigen zu müssen.

Auf jedem Prüfkopf sind die Nennfrequenz und der Nenneinschallwinkel angegeben, auch wird der Schallaustrittspunkt gekennzeichnet. Der Schallaustrittspunkt ist der Schnittpunkt der akustischen Achse mit der abstrahlenden Fläche des Prüfkopfes. Er wird beschrieben durch seinen Abstand zur Prüfkopfvorderkante (x-Maß). Deswegen sind der Einschallwinkel und das x-Maß auch für die Ortung von Ungänzen wichtig.

Aufgrund der verschiedenen Einschallwinkel werden Winkelprüfköpfe bevorzugt bei der Prüfung von Schweißnähten eingesetzt. So kann beispielsweise ein Flankenbindefehler bei einer Nahtflanke von 30° am besten mit einem WPK 60 nachgewiesen werden. Senkrechtnormalprüfköpfe können diesbezüglich nur bei abgeschliffener Schweißraupe verwendet werden.

Für die Winkelprüfköpfe gilt dieselbe Unterteilung des Schallfeldes (Nah- und Fernfeld, Divergenzwinkel, Bündeldurchmesser) wie bei Normalprüfköpfen, lediglich die physikalischen und mathematischen Zusammenhänge sind etwa komplizierter. Da diese Prüfköpfe überwiegend rechteckförmige Schwinger haben und wegen der unterschiedlichen

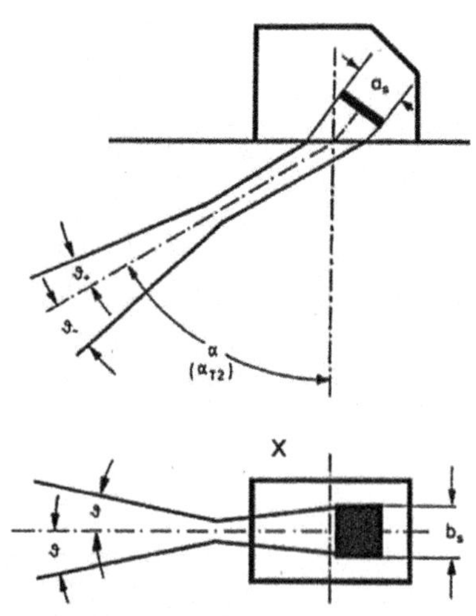

Abb. 2.21 Schallfeld-Kenngrößen eines Winkelprüfkopfes [2.10]
mit α – Einschallwinkel,
$\vartheta_{(+/-)}$ – Divergenzwinkel senkrecht zur Einschallebene,
ϑ – Divergenzwinkel in der Einschallebene.

schräg auftreffenden Schallwellen auf die Grenzfläche Plexiglasvorlaufkeil/Prüfgegenstand, ist das Schallfeld (Abb. 2.21) und die Schalldruckverteilung im Werkstück gegenüber Senkrechtnormalprüfköpfen verzerrt.

Wie aus o.g. Bild ersichtlich wird, ist von der gesamten Nahfeldlänge „N" ein Teil in der Vorlaufstrecke des Prüfkopfes enthalten (Nahfeldäquivalent S_v). Die verbleibende Nahfeldlänge im Prüfgegenstand (Stahl) ist $N_{St} = N - x$.

Da die Berechnung der Nahfeldlänge für den Praktiker nicht gut handhabbar ist, wird die Nahfeldlänge in der Regel von den Prüfgeräteherstellern in den Datenblättern angegeben. Aus der ermittelten Nahfeldlänge lässt sich ein äquivalenter Schwingerdurchmesser ermitteln. Wegen der verschieden langen Schallwege in der Vorlaufstrecke ist der Divergenzwinkel in der Einschallebene asymetrisch und nur schwer zu berechnen. Man benutzt deshalb in der Praxis nur die Öffnungswinkel in der Einschallebene und senkrecht zur Einschallebene, die man auch den Datenblättern entnehmen kann. Die strenge Endkontrolle der Prüfköpfe durch die zertifizierten Prüfkopfhersteller bedeutet nicht nur, dass die Prüfköpfe einer Serie von einem bestimmten Reflektor die gleichen Echosignale liefern, sondern sie mündet auch ein in die Datenblätter, eine Aufzeichnung der Prüfkopfdaten und Richtcharakteristik-Diagramme jedes einzelnen Prüfkopfes.

2.2.4 Sonderprüfköpfe

2.2.4.1 Tauchtechnikprüfköpfe

Bei bestimmten Prüfaufgaben insbesondere im Zusammenhang mit automatischen Prüfanlagen oder Prüfteilen mit komplizierter Geometrie ist es durchaus sinnvoll, die Prüfköpfe vollständig oder teilweise in die Ankopplungsflüssigkeit einzutauchen. Diese Tauchtechniken werden im Kapitel 11 behandelt. Prüfköpfe in wasserdichter Ausführung haben keinen Stecker, sondern einen direkten fest vergossenen Kabelanschluss. Abb. 2.22 zeigt einige handelsübliche Typen.

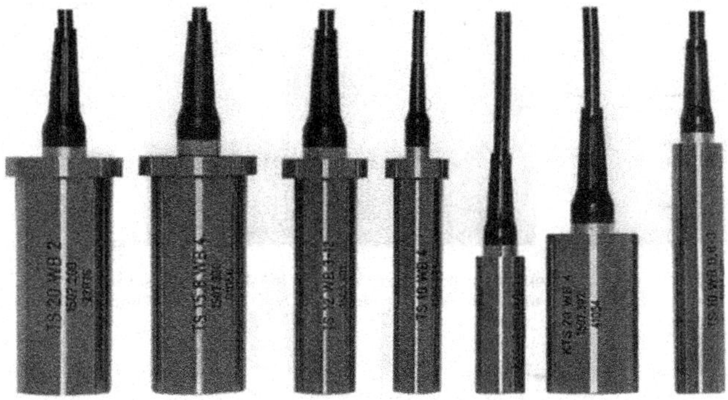

Abb. 2.22 Typen handelsüblicher Tauchtechnikprüfköpfe [2.10]

2.2.4.2 Fokusprüfköpfe

Herkömmliche Normal- und Winkelprüfköpfe haben, abgesehen vom Nahfeldende, ein relativ großes Schallbündel im Bezug auf übliche Fehlerabmessungen. Bei der Ermittlung der Größe von großflächigen Reflektoren durch Abtastverfahren erhält man in diesem Fall größere Fehlerausdehnungen als sie in Wirklichkeit sind. Um das zu vermeiden, muss man den Schallbündeldurchmesser verkleinern, d.h. das Schallfeld fokussieren. Das kann für Prüfköpfe in Kontakttechnik (Normal- und Winkelprüfköpfe) durch geeignete Vorsatzlinsen erreicht werden (Abb. 2.23).

Es bildet sich über einen größeren Schallwegbereich (Tiefenbereich des Werkstücks) ein relativ schmales definiertes Schallbündel aus (ein sogenannter Fokusschlauch), das den Arbeitsbereich des Fokusprüfkopfes darstellt. Der Nenndurchmesser wird beim Punkt größter Schallfeldintensität (dem akustischen Fokuspunkt) angegeben (Abb. 2.24). An diesem Punkt hat der Bündeldurchmesser auch nahezu den kleinsten Wert.

Der Fokusabstand liegt für Normalprüfköpfe zwischen 50 und 200 mm und für Winkelprüfköpfe zwischen 80 und 300 mm. Die Fokusdurchmesser der Schallbündel dieser Prüfköpfe liegen zwischen 5 und 10 mm. Derartige Prüfköpfe ermöglichen es, nebeneinander liegende kleine Fehler auch noch in großen Abständen von der Werkstückoberfläche getrennt zu lokalisieren und die Ausdehnung einzelner Fehler durch Fehlerrandabtastung zu vermessen. Sie sind also besonders geeignet für die Prüfung dickwandiger Prüfstücke (bis 500 mm), wenn die Fehlergröße exakt vermessen und ein größerer Fehler von einer Wolke kleinerer Fehler (z.B. einer Schlackenzeile) unterschieden werden soll. Besonders

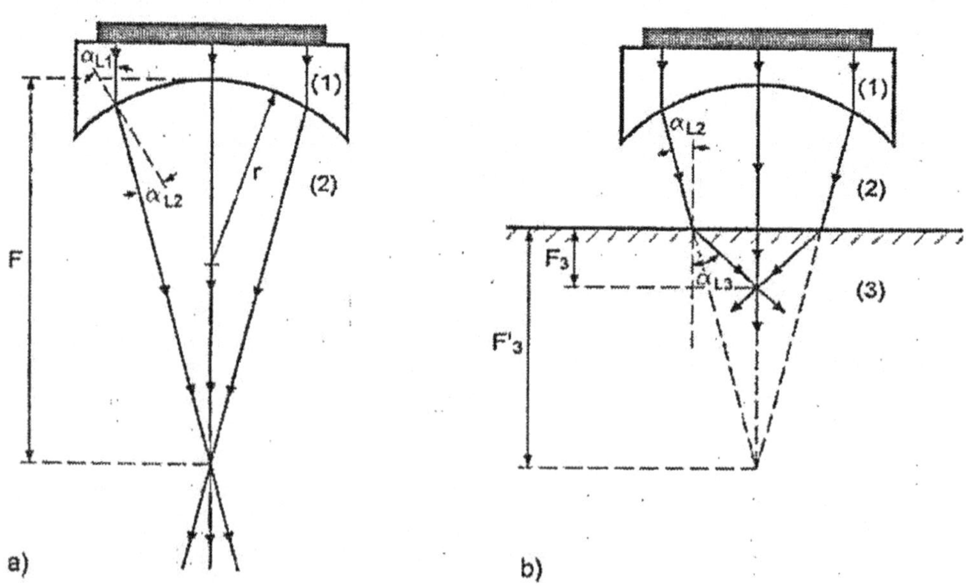

Abb. 2.23 Fokussierung durch Schallbrechung [2.8]. a) Wirkungsweise von Linsen (1); b) Wirkung eines schallbrechenden Werkstoffs (3)

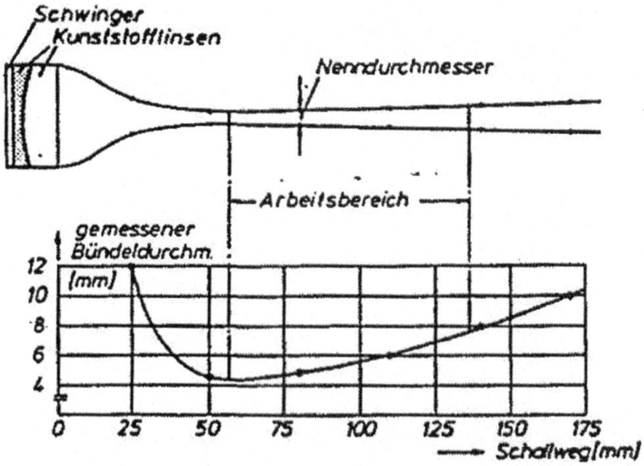

Abb. 2.24 Schallfeld und Bündelbegrenzung beim Fokusprüfkopf [2.11]

deutlich wird die Wirkung fokussierender Prüfköpfe bei der Anwendung in der Tauchtechnik, wie Abb. 2.25 zeigt. Das Schallbündel wird im Fokuspunkt zusammengeführt und zwar je nachdem, ob die Werkstoffoberfläche (Abb. 2.25a) oder irgendeine Ebene im Werkstückinneren (Abb. 2.25b) untersucht werden soll. Am Prüfkopf in Abb. 2.25c erkennt man sehr gut die fokussierende Vorsatzlinse.

2.2.4.3 SEL-und SEK-Prüfköpfe

Die Bezeichnung **SEL-Prüfköpfe** steht für **Sende-Empfangs-Longitudinalwellen-Prüfköpfe**, **SEK** für **Sende-Empfangs-Kriechwellen-Prüfköpfe**. Gemeint sind damit Winkelprüfköpfe, bei denen die Longitudinalwelle anstatt der sonst üblichen Transversalwel-

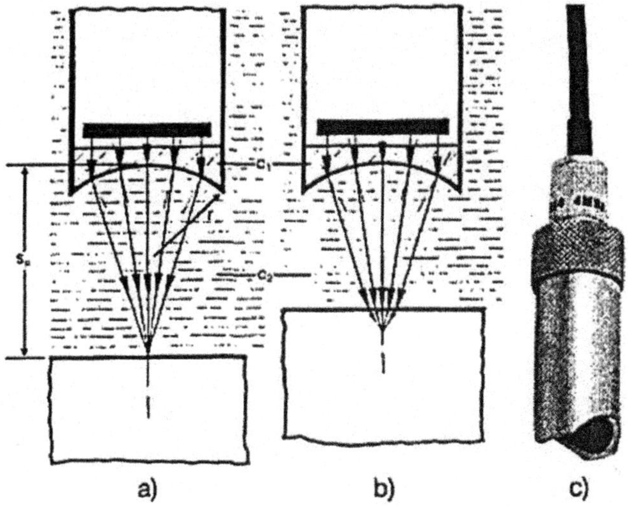

Abb. 2.25 Fokussierende Tauchtechnikprüfköpfe [2.10]

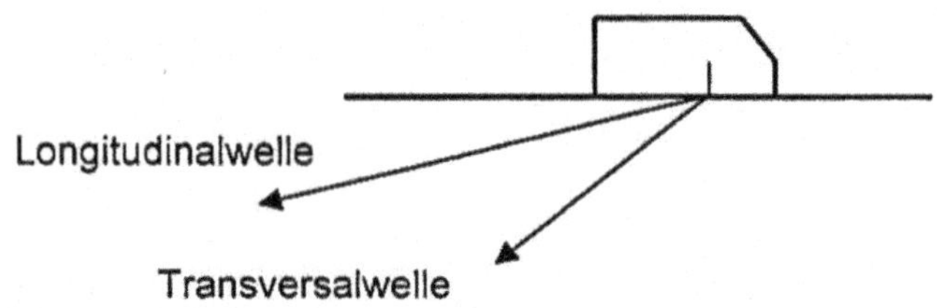

Abb. 2.26 Abspaltung einer T-Welle bei eingeschallter L-Welle [2.11]

le zum Nachweis von Reflektoren ausgenutzt wird (SEL) und für den Nachweis von oberflächennahen Fehlern, insbesondere von Ungänzen, die von der Oberfläche ausgehen oder die aufgrund der Bauteilgeometrie mit herkömmlichen Techniken nicht nachweisbar sind (SEK). Bei den SEL-Prüfköpfen wird die vom Wandler abgestrahlte Longitudinalwelle bei Schalleintritt in den Stahl durch Brechung in zwei Wellenarten, d.h. in die Longitudinalwelle und unter einem relativ steilen Winkel in die Transversalwelle aufgespalten (Abb. 2.26).

Beide Wellenarten können im Falle eines Reflektors auf dem Bildschirm Anzeigen ergeben, wodurch oftmals das Prüfen und insbesondere die Interpretation der Anzeigen erschwert werden. Da sich Longitudinalwellen bekanntlich ungefähr doppelt so schnell ausbreiten wie Transversalwellen, erscheinen Anzeigen vom Reflektor durch die Longitudinalwelle laufzeitmäßig immer vor der Anzeige durch die Transversalwelle.

Unter dem Begriff Kriechwellen versteht man denjenigen Anteil der Longitudinalwelle, der sich entlang der Oberfläche ($\alpha = 90°$) ausbreitet (Abb. 2.27).

Die Kriechwelle hat also die gleiche Schallgeschwindigkeit wie die Longitudinalwelle. Die Erzeugung von Kriechwellen erfolgt beim Winkel der Totalreflexion der Longitudinalwelle. Dabei liegt das Maximum der Longitudinalwelle in Abhängigkeit vom Verhältnis D/λ jedoch bei 80° bis 85° (Schwingerausdehnung in Einschallebene zur Wellenlänge). Die Kriechwelle bildet sich entlang der Oberfläche unter Abspaltung einer Transversalwelle (Abb. 2.28) aus.

Durch die Abstrahlung von Transversalwellen an einer freien Oberfläche nimmt die Intensität der Kriechwelle mit der Entfernung stark ab, so dass die Reichweite einer Kriech-

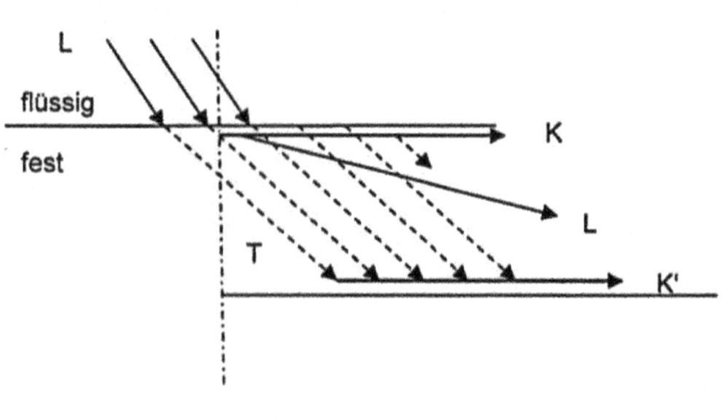

Abb. 2.27 Erzeugung von Kriechwellen [2.9]

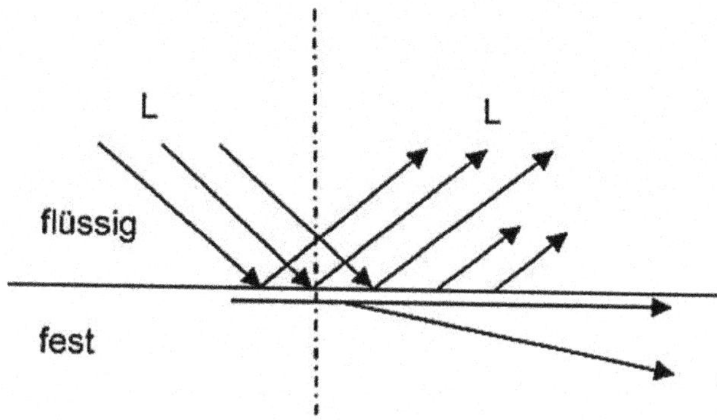

Abb. 2.28 Abspaltung einer Oberflächenwelle von der Kriechwelle [2.9]

welle relativ gering ist. In Abb. 2.28 ist die Abspaltung einer transversalen Oberflächenwelle dargestellt.

Man erkennt, dass mit dem Schallbündel der Bereich unterhalb der Schweißnaht erfasst wird. Die dabei gleichzeitig auftretende Transversalwelle stört wenig, da der Empfindlichkeitsbereich des Prüfkopfes dort liegt, wo sich die Richtkeulen der Longitudinalwellen überschneiden. Eventuelle Anzeigen von Transversalwellen erscheinen wie bei SEL-Prüfköpfen auf der rechten Seite des Bildschirmes oder außerhalb, so dass sie eindeutig von dem weiter links stehenden Echo der Longitudinalwelle zu trennen sind.

Der Vorteil der Kriechwelle gegenüber der Oberflächenwelle liegt darin, dass sie durch Oberflächenverunreinigungen nicht beeinflusst wird und bei Übergängen nicht der Oberfläche folgt, sondern in den Werkstoff eintritt und dort ohne Transversalwellenabspaltung weiter verläuft. Abb. 2.29 zeigt eine der weiteren Anwendungsmöglichkeiten der Kriechwellen bei plattierten Bauteilen.

2.2.4.4 Oberflächenwellen-Prüfköpfe

Beim Oberflächenwellen-Prüfkopf handelt es sich um einen Winkelprüfkopf mit 90° Einschallwinkel. Der Schallaustrittspunkt ist hier nicht definiert. Eine Prüfung mit Oberflächenwellen wird nicht allzu häufig durchgeführt, so dass der Anwendungsbereich begrenzt ist. Die Oberfläche des Prüfstücks muss dabei sehr glatt sein (polierter Zustand).

Tiefer im Querschnitt des Werkstücks liegende Ungänzen ergeben keine stärkere Anzeige. Ob eine Anzeige durch Oberflächenwellen hervorgerufen wurde, lässt sich durch Betupfen der Oberfläche des Werkstücks mit einem öligen Finger leicht nachprüfen. Setzt man den Finger zwischen Prüfkopf und dem Ort des angezeigten Fehlers auf, so wird das Echo kleiner, die Oberflächenwelle wird gedämpft. Beispielsweise lassen sich an bearbei-

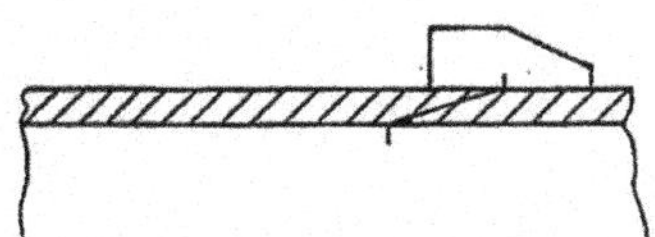

Abb. 2.29 Prüfung auf Unterplattierungsrisse mit dem Kriechwellen-Prüfkopf [2.9]

teten Walzen mit sehr großem Durchmesser derartige Oberflächenwellen schon mit einem Senkrechtprüfkopf 1 MHz und 34 mm Schwingerdurchmesser erzeugen und nachweisen.

2.2.4.5 Rohrprüfköpfe

Der Rohrprüfkopf besteht aus zwei Winkelprüfköpfen, die parallel geschaltet sind und in entgegen gesetzter Richtung in das Rundmaterial einschallen (Abb. 2.30). Er dient zum Auffinden schalenförmiger Ungänzen (z.B. Dopplungen, Sandstellen) sowie radialen Rissen.

Jeder Schwinger des Prüfkopfes erhält als „Umlaufsecho" den Schallimpuls des anderen Prüfkopfes. Ein radial verlaufender Fehler wird zweimal symmetrisch zum Umlaufecho angezeigt und verschwindet in ihm, wenn er dem Prüfkopf genau gegenüber liegt.

Ein schalenförmiger Fehler erscheint nur einmal rechts oder links vom Umlaufecho, je nachdem, von welchem der beiden Schwinger er angezeigt wird. Abhängig vom Durchmesser und der Wandstärke des Rohres wird der Einschallwinkel des o.g. Prüfkopfes ausgewählt.

Bei der Rohrprüfung musste bisher zur Erfassung des gesamten Rohrquerschnittes entweder das Rohr oder das Prüfkopfsystem um 360° gedreht werden. Seit kurzer Zeit gibt es spezielle PVDF-Prüfköpfe, mit deren Einsatz auf die Rotationsbewegung ganz verzichtet werden kann. Diese Prüfköpfe haben piezoelektrische Folien, so dass die fokussierenden Rohrprüfköpfe ohne Linsenvorsatz (Abb. 2.31) gebaut werden können.

Die gegenüber Prüfköpfen mit piezokeramischen Schwingern gekrümmte schallabstrahlende Fläche dient zur Anpassung des Schallfeldes an die gekrümmte Oberfläche der Rohre, nicht zur Fokussierung. Solche Prüfköpfe können bei Rohren im Durchmesserbereich zwischen 15 und 130 mm eine vollständige Rohrquerschnittserfassung bewirken

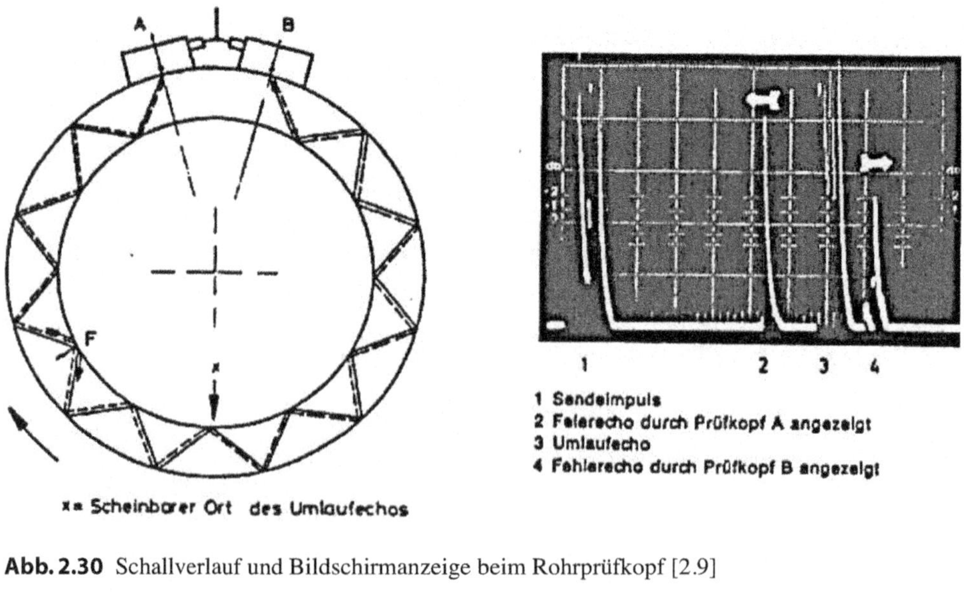

Abb. 2.30 Schallverlauf und Bildschirmanzeige beim Rohrprüfkopf [2.9]

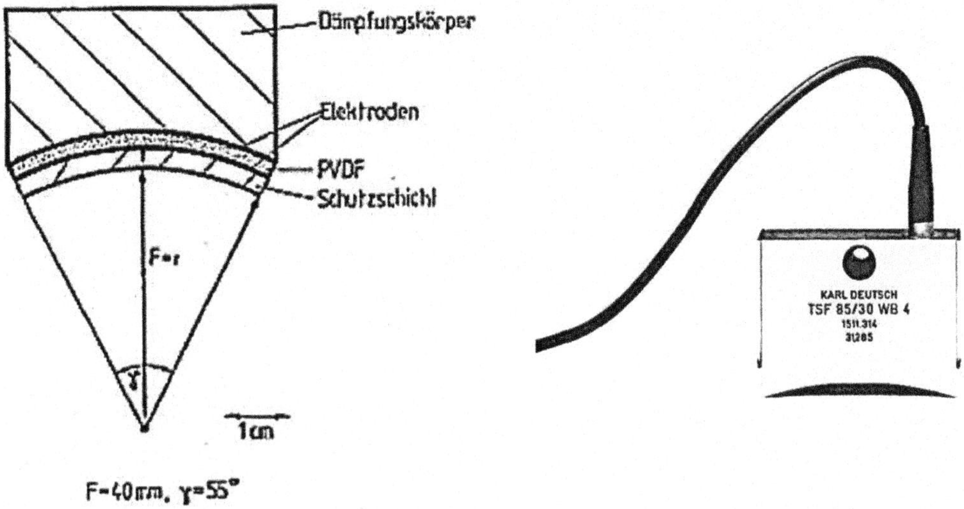

Abb. 2.31 PVDF-Folienprüfköpfe [2.8]

(Abb. 2.32), wenn vier verschiedene PVDF-Prüfkopftypen verwendet werden.

2.2.4.6 Hochtemperaturprüfköpfe

Bei höheren Temperaturen sind die Prüfköpfe nicht ohne weiteres zu gebrauchen. Sie vertragen zwar meist Temperaturen bis etwa 20°C unter Null, wegen der Klebverbindung zwischen Dämpfungskörper und Schwinger jedoch nicht mehr als +80°C, wenn keine Kühlung vorgesehen wird. Nur speziell angefertigte Prüfkörper mit einem entsprechenden Zwischenstück (Vorlaufstrecke oder Zwischenleiter) bzw. durch Kühlung (Fließwasserprüfköpfe) können bei höheren Temperaturen eingesetzt werden. Es gibt auch Prüfköpfe,

Abb. 2.32 Erfassung des gesamten Rohrumfangs durch PDVF-Prüfköpfe [2.8]

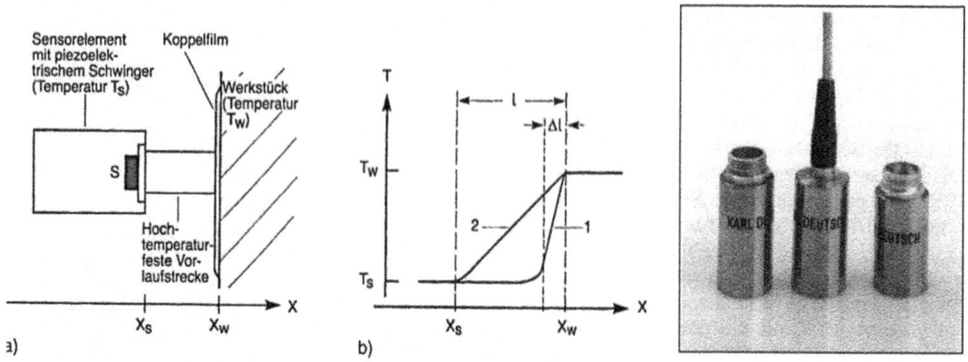

Abb. 2.33 Prinzipieller Aufbau a) und Ansicht b) von handelsüblichen Hochtemperatur-Prüfköpfen [2.8]

wo der Wandler aus Bleimetaniobat, Quarz oder Lithiumniobat entsprechend bis ca. +300°C, +500°C bzw. +1000°C arbeiten kann. Bei diesen Prüfköpfen wird auf einen Dämpfungskörper verzichtet (Abb. 2.33).

Ein besonderes Problem hinsichtlich der Einsetzbarkeit von Prüfköpfen bei höheren Temperaturen stellen die unterschiedlichen thermischen Ausdehnungskoeffizienten der Schwingermaterialien dar. Sie können sich nach Angaben von Platte von der Firma Karl Deutsch [2.8] um mehr als eine Zehnerpotenz unterscheiden. Gleichermaßen führen schockartige Temperaturänderungen bei üblichen Kleb- und Lötverbindungen durch unterschiedliche Ausdehnung schnell zur Delamination.

Als Hochtemperaturprüfköpfe bezeichnet man einerseits Prüfköpfe, bei denen nur die Kontaktfläche mit dem heißen Werkstück in Verbindung kommt und andererseits Prüfköpfe, die vollständig und dauerhaft der hohen Umgebungstemperatur ausgesetzt werden können. Bei der zuerst genannten Prüfkopfart wird eine hochtemperaturfeste Vorlaufstrecke eingesetzt, die die Aufgabe hat, durch gute Schallübertragung, jedoch geringe Wärmeübertragung vom Prüfgegenstand auf den Prüfkopf, einer Temperaturerhöhung im Prüfkopfsensorelement entgegenzuwirken. Das lässt sich grundsätzlich nur durch eine sehr kurze Kontaktzeit des Prüfkopfes am Werkstück realisieren. Zur Umgehung solch kurzer Kontaktzeiten ist dann eine zusätzliche Kühlung der Vorlaufstrecke erforderlich. Für temperaturfeste Vorlaufstrecken werden vorzugsweise Polyamid-Kunststoffe verwendet, weil diese einen optimalen Kompromiss zwischen Wärme- und Schallleitfähigkeit ermöglichen. Diese Polyamide sind bis 500°C dauerhaft temperaturbeständig. Sie haben darüber hinaus den Vorteil, dass sich im Koppelspalt zwischen Vorlaufstrecke und dem heißen Prüfgegenstand besonders bei gekrümmter Oberfläche keine störenden Vielfachreflexionen ausbilden, da sich die akustischen Impedanzen vom Kunststoff und vom Koppelmittel ähnlich sind. Bei keramischen Vorlaufstrecken gibt es dagegen diesbezüglich erhebliche Probleme. Im Anwendungsfall von Druckbehältern und von Pipelines, die mit heißen Flüssigkeiten gefüllt und von außen nicht zugänglich sind, braucht man zur Innenprüfung

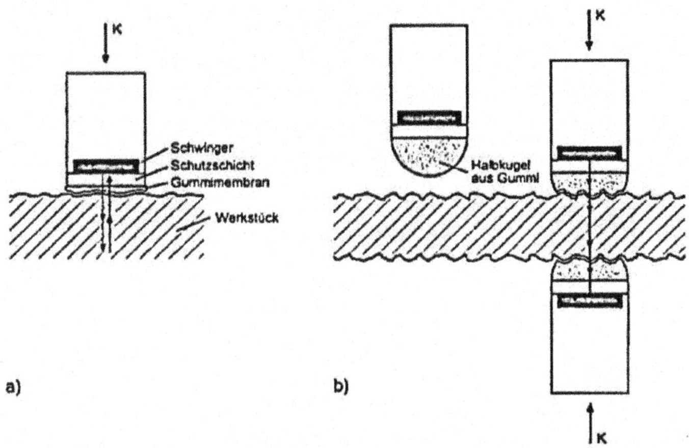

a)	Für Reflexionstechnik	b)	Für Durchschallungstechnik	K	Anpresskraft

Abb. 2.34 Prüfköpfe für Trockenankopplung [2.8], [2.9]

spezielle temperaturbeständige Tauchtechnikprüfköpfe, mit denen die Laufzeit zwischen Oberflächen- und Rückwandecho der Wandung der Prüfgegenstände gemessen wird. Die Schallübertragung erfolgt dabei über die Flüssigkeit, wobei der Abstand des Prüfkopfes zur Wandung mehrere Millimeter beträgt. Solche Prüfköpfe werden inzwischen im Temperaturanwendungsbereich von –30 bis +140°C angeboten. Die Gehäuse dieser Prüfköpfe sind hermetisch abgeschlossen, bis zu 200 bar druckfest und können mit einer speziellen Fokussierung ausgelegt werden [2.8].

2.2.4.7 Prüfköpfe zur Trockenankopplung

Im Falle, dass der zu prüfende Werkstoff durch eine Flüssigkeitsankopplung seine Eigenschaften verlieren würde, müssen Prüfköpfe zur Trockenankopplung eingesetzt werden. Solche Prüfköpfe sind für die Reflexions- und die Durchschallungstechnik auf dem Markt [2.8]. Ihre Oberflächen bestehen aus dünnen und flexiblen gummiartigen Folien (Abb. 2.34).

2.3 Charakterisierung und Verifizierung der Ultraschallprüfausrüstung

2.3.1 Ultraschallprüfgerät nach DIN EN 583-1 und DIN EN 12668-1

Das Ultraschallprüfgerät muss entsprechend DIN EN 583-1 [2.6] die Anforderungen der DIN EN 12668-1 [2.7] erfüllen. Die in dieser Norm beschriebenen Anforderungen können jedoch nur vom Prüfgerätehersteller oder durch ein spezielles Prüflabor erfüllt werden, weil der Anwender in den meisten Fällen nicht in der Lage ist, die erforderlichen Messausrüstungen zu investieren. Besonders anzumerken ist der Hinweis in DIN EN 12668-1, dass die darin beschriebenen Kalibrierungen nach jeder Reparatur durchzuführen sind.

2.3.1.1 Gerätekontrolle nach DIN EN 12668-3

Konkrete Kalibrierhinweise für routinemäßige Kontrollen erhält der Anwender aus DIN EN 12668-3 [2.12] für das gesamte Prüfsystem.

2.3.1.1.1 Linearität der Zeitachse

Diese Prüfung wird mit den in DIN EN ISO 2400 [2.14] und DIN EN ISO 7963 [2.15] genormten Kalibrierkörpern mit dem Prüfsystem durchgeführt. Die Linearitätskalibrierung muss den Linearitätsbereichen der nachfolgenden Prüfungen entsprechen. Der Prüfkopf wird auf dem Kalibrierkörper an einer Stelle angekoppelt, an der der Abstand zum letzten Rückwandecho bzw. Kreisbogenecho gleich oder größer ist als der Bereich, in dem die Linearität überprüft werden soll. Die Zeitachse wird so justiert, dass das erste und das sechste Rückwandecho mit den Skalenmarkierungen übereinstimmen.

Die Linearität muss bei den vier weiteren Echos kontrolliert werden. Dazu werden nacheinander die Rückwandechos auf ungefähr die gleiche Höhe gebracht, z.B. 80% der Bildschirmhöhe. Die Anstiegsflanke jedes einzelnen Echos sollte sich dabei mit der entsprechenden Skalenmarkierung decken. Es muss überprüft werden, ob dabei alle beobachteten Abweichungen von der Idealposition innerhalb der geforderten Toleranz bleiben, wenn bei gleicher Echohöhe gemessen wird und das erste und sechste Echo genau positioniert sind.

Die Abweichung von der Linearität darf ± 2% der vollen Bildschirmbreite nicht überschreiten.

Die Kalibrierung der Zeitachse muss bei analogen Geräten mindestens einmal in jeder Woche durchgeführt werden, in der das Prüfgerät benutzt wird.

2.3.1.1.2 Linearität der Verstärkung

Diese Kalibrierung umfasst die Untersuchung der Verstärkerlinearität und der Linearität des geeichten Verstärkungsstellers. Der Prüfkopf wird so auf dem Kalibrierkörper angekoppelt, dass man ein Echo von einem kleinen Reflektor erhält, z.B. der 5 mm-Bohrung im Kalibrierkörper nach DIN EN 27963. Dieses Signal wird auf 80% der Bildschirmhöhe optimiert. Der zugehörige Verstärkungswert wird aufgeschrieben. Danach wird die Verstärkung um 2 dB erhöht. Die Echospitze sollte jetzt geringfügig über der vollen Bildschirmhöhe liegen.

Im Folgenden wird die Verstärkung wieder auf den Ausgangswert zurückgestellt (80%-Bildschirmhöhe) und im weiteren viermal um jeweils 6 dB abgesenkt, so dass das Kalibrierecho auf 40%, 20%, 10% und 5% der Bildschirmhöhe absinkt. Die Echohöhe muss innerhalb der Grenzen bleiben, die in der folgenden Tabelle 2.2 aufgeführt sind.

Tab. 2.2 Toleranzen der Linearität der Verstärkung n. DIN EN 12668-3 [2.12]

Verstärkung (dB)	Erwartete Bildschirmhöhe (%)	Grenzen
+ 2	101	nicht unter 95%
0	80	Bezugshöhe
-6	40	37% bis 43%
-12	20	17% bis 23%
-18	10	8% bis 12%
-24	5	unter 8%, aber sichtbar

Prüfgeräte mit logarithmischem Verstärker sind vom Hersteller zu kalibrieren. Bei analogen Geräten muss die Kalibrierung mindestens in jeder Woche durchgeführt werden, in der das Prüfgerät benutzt wird.

2.3.1.2 Gerätekontrolle nach ASME-Code, Sect. V, Art. 4

Kontrollkörper: ASME V1 Prüfkopf: WPK 45° f= 2 MHz

2.3.1.2.1 Gerätegrundeinstellung

Das Ultraschallgerät ist 10 Minuten vor Beginn der Messungen einzuschalten, damit der Verstärker die Warmlaufphase abgeschlossen hat. Die Regler für Unterdrückung, Filter, Glättung oder Siebung sind vor der Messung in Null-Position zu bringen. Die Entfernungsjustierung ist vor den Kalibrierungsmessungen am Kontrollkörper so durchzuführen, daß die optimierte Anzeige der 1/4 T- Bohrung auf Skalenteil 2 und die optimierte Anzeige der 3/4 T- Bohrung auf Skalenteil 6 stehen.

2.3.1.2.2 Linearität der Amplitudenregelung

Am Kontrollkörper ist mit dem Prüfkopf die 1/2 T- Bohrung anzuschallen und die optimierte Echoanzeige auf die Werte der Spalte 1 in nachstehender Tabelle 2.3 zu stellen. Anschließend ist die Verstärkung wie in Spalte 2 angegeben zu verändern. Das Ergebnis soll den Werten der Spalte 3 entsprechen. Die zulässigen Abweichungen sind Spalte 4 zu entnehmen

2.3.1.2.3 Linearität der Bildschirmhöhe

Die 1/2 T- und 3/4 T- Bohrungen des ASME-Kontrollkörper V1 sind mit dem Prüfkopf so anzuschallen, daß ein Echohöhenverhältnis von 2:1 gegeben ist. Die größere der beiden Anzeigen (1/2 T-Bohrung) ist auf 80% Bildschirmhöhe zu stellen. Ohne den Prüfkopf zu verschieben soll die Verstärkung in Schritten von 2 dB oder 10% BSH so zurückgenommen werden, bis eine Echohöhe von 20 % BSH erreicht ist. Nach jedem Schritt der Verstärkungsrücknahme muss das Echo der 3/4 T- Bohrung jeweils 50% der Echohöhe der 1/2 T- Bohrung aufweisen. Die zulässige Toleranz der Werte beträgt 5 % der Bildschirmhöhe.

Tab. 2.3 Linearität der Amplitudenregelung nach ASME-Code

Einstellung auf % BSH	Verstellung des dB- Reglers	Sollwerte % BSH	Zul. Bereich % BSH
80%	- 6 dB	40%	32 - 48 %
80%	- 12 dB	20%	16 - 24 %
40%	+ 6 dB	80%	64 - 96 %
20%	+ 12 dB	80%	64 - 96 %

2.3.1.2.4 Simulatorkontrolle

Im ASME-Code, Sect. V, Art. 4 und 5 wird am Ende jeder Prüfung, nach jeweils 12 Stunden oder bei Wechsel des Prüfpersonals eine Simulatorkontrolle vorgeschrieben. Da beim ASME-Code mit Vergleichskörpern gearbeitet wird, muß hier darauf hingewiesen werden, daß ein Simulatorkörper auch ein K1 oder K2 nach DIN EN sein kann. An den Vergleichskörpern werden Vergleichslinien aufgenommen, deren Gültigkeit nachzuweisen ist. Man unterscheidet:

a) die Simulatorkontrolle der Zeitablenkung bzw. des Ablenkbereiches
   Ein Kontrollecho am Simulator-Kontrollkörper darf um ≤ 0,1 T oder 5% des Skalenendwertes jeweils +/- abweichen, je nachdem, welcher Wert kleiner ist. Das bedeutet:

$$T = 2 \pm 0{,}2 \text{ oder } T = 5 \pm 0{,}5 \text{ oder } T = 7 \pm 0{,}5.$$

b) die Simulatorkontrolle der Vergleichslinie (DAC)
   Unzulässig sind Abweichungen ≥ ± 20% der Echoamplitude der DAC oder max. 2 dB. Treten Abweichungen dieser Art ein, sind alle Messungen seit der letzten Kontrolle ungültig (+) oder zu wiederholen (-), nachdem eine Korrektur der Abweichung erfolgte.

2.3.2 Ultraschallprüfköpfe nach DIN EN 583-1 und DIN EN 12668-2

2.3.2.1 Ultraschallprüfkopfkalibrierung nach DIN EN 12668-3

2.3.2.1.1 Kontrolle des Schallaustrittspunktes

Der Schallaustrittspunkt wird am Kalibrierkörper K1 nach DIN EN ISO 2400 [3.12] (Abb. 2.35) oder am Kalibrierkörper K2 nach DIN EN ISO 7963 [3.13] (Abb. 2.36) bestimmt, indem der Winkelprüfkopf über der geeigneten Stelle solange vorwärts und rückwärts bewegt wird, bis das Echo vom Kreisbogenreflektor optimiert ist. In dieser Stellung befindet sich der Schallaustrittspunkt genau an der eingravierten Linie des Kalibrierkörpers.

Die Lage des Schallaustrittspunktes sollte bis auf ± 1 mm stabil bleiben. Wird dieser Wert überschritten, so muss der neue Schallaustrittspunkt an beiden Seiten des Prüfkopfes markiert werden. Die Überprüfung des Schallaustrittspunktes soll jeweils am Tag der Benutzung vorgenommen werden.

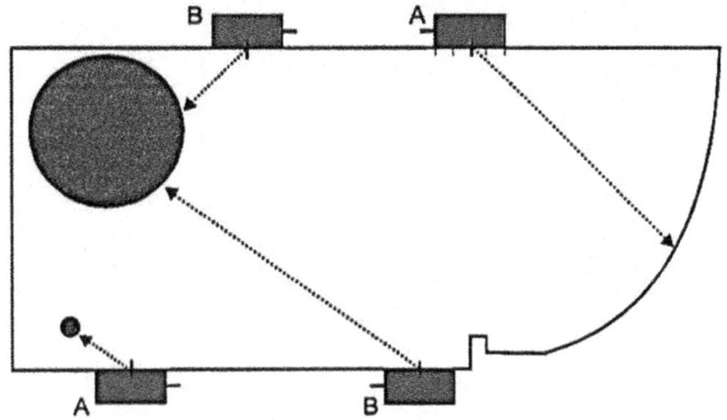

Abb. 2.35 K1 nach DIN EN ISO 2400 [3.12] zur Kontrolle von Winkelprüfköpfen: Schallaustrittspunktkontrolle in Position A, Einschallwinkelkontrolle in Position B

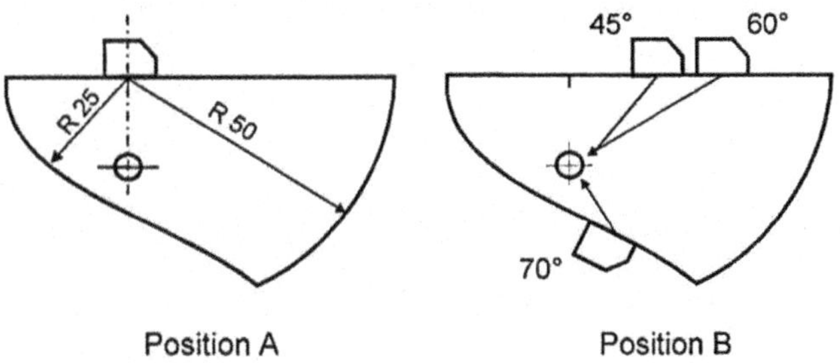

Abb. 2.36 K2 nach DIN EN ISO 7963 [3.13] zur Kontrolle von Winkelprüfköpfen: Schallaustrittspunktkontrolle in Position A, Einschallwinkelkontrolle in Position B

2.3.2.1.2 Kontrolle des Einschallwinkels

Der Einschallwinkel lässt sich durch Vergleich des Schallaustrittspunktes mit den eingravierten Winkelmarkierungen nachweisen, wenn das Echo vom Reflektor in direkter Einschallung optimiert wird. Eine Korrektur der Ist-Werte wird empfohlen, wenn der Einschallwinkel um mehr als 2° von den Gravierungen am Kontrollkörper abweicht. Die Überprüfung des Schallaustrittspunktes soll jeweils am Tag der Benutzung vorgenommen werden.

2.3.3 Ultraschallprüfkopfkalibrierung nach ASME-Code, Sect. V, Artikel 4

Kontrollkörper: ASME V1 Prüfkopf: WPK 60° f= 2 MHz

Es ist eine **Entfernungsjustierung** nach Artikel 4, Anhang B 10 vorzunehmen (Abb. 2.37). Acht Skalenteile sollen der Dicke des Justierkörpers entsprechen. Dazu ist die 1/4 T Bohrung auf 2 Skt. (Position 1) und die 3/4 T Bohrung auf 6 Skt. (Position 2) einzustellen. Die Kontrolle erfolgt an der Nut im halben Sprung (Position 3). Die Echoanzeige der Nut muß dann bei 8 Skt. stehen.

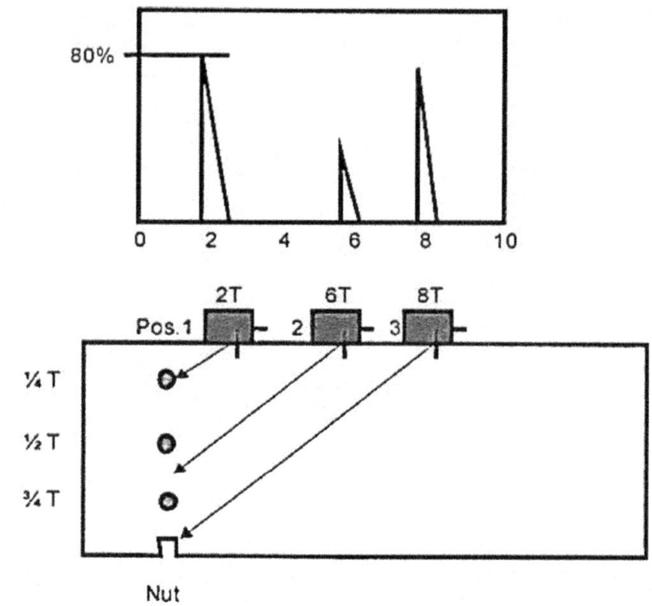

Abb. 2.37 Entfernungsjustierung [3.14]

Zur **Empfindlichkeitsjustierung** ist eine Vergleichslinie nach Artikel 4, Anhang B 20 aufzunehmen. Nach Erstellung der Vergleichslinie ist die Verstärkung um 6 dB zu erhöhen.

Öffnungs- und Einschallwinkel werden nach Artikel 4, Anhang B 60 gemessen (Abb. 2.38), indem die Echoanzeige der 1/4 T Bohrung optimiert und eine Markierung auf dem Ortungsstab (Stahllineal) über der Anreißlinie des Justierkörpers mit der Zahl 2 vorgenommen wird. Anschließend ist der Prüfkopf zur Bohrung hin und von der Bohrung weg soweit zu verschieben, bis die Echoanzeige jeweils auf die Vergleichslinie abfällt. In den beiden Endpositionen wird auch eine Markierung auf den Ortungsstab mit der Zahl 2 vorgenommen.

Dieser Vorgang ist an der 1/2 T und an der 3/4 T Bohrung zu wiederholen, wobei die Markierungen jeweils mit den Zahlen 4 bzw. 6 zu versehen sind. Die so markierten verkürzten Projektionsabstände sind in die nachfolgende Zeichnung (siehe auch Abb. B-60 im Anhang von Artikel 4) zu übertragen, indem man von einer gedachten Anreißlinie (= Prüfkopfvorderkante) die a'-Werte aufträgt. Anschließend sind die ermittelten Punkte in der Zeichnung zu verbinden und der Öffnungswinkel θ sowie der Einschallwinkel α mit Hilfe eines Winkelmessers zu bestimmen. Das x-Maß kann bei maßstäblicher Arbeit abgelesen werden.

Prüfköpfe sind unabhängig von den angegebenen Kalibrieranweisungen auf Abnutzung und Funktionsfähigkeit zu prüfen, d.h. sie müssen gewährleisten, dass die vorstehenden Kalibrierungsmessungen durchgeführt werden können. Bei Winkelprüfköpfen ist insbesondere auf eine den Prüfkopf-Herstellerangaben entsprechende Dicke der Prüfkopfsohle zu achten.

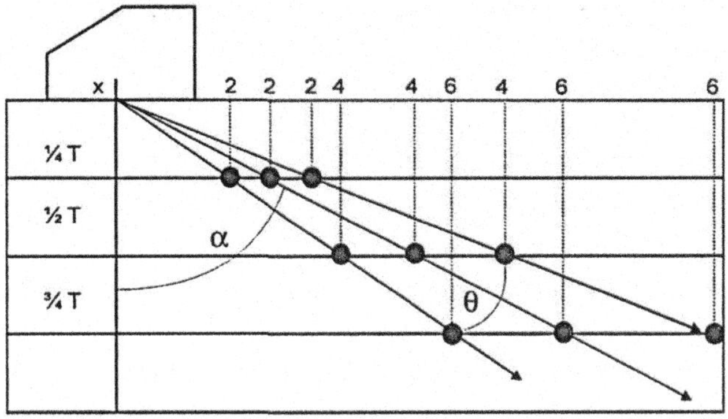

Abb. 2.38 Bestimmung von Öffnungs- und Einschallwinkel [3.14]

2.3.4 Gesamtverifizierung des Prüfsystems nach DIN EN 12668-3

Die Überprüfung des gesamten Prüfsystems enthält nach der o.g. Norm

- die Beurteilung des äußeren Erscheinungsbildes des Prüfsystems,
- die Untersuchung der Prüfempfindlichkeit und des Signal-Rausch-Abstandes,
- die Untersuchung der Impulsdauer.

2.3.4.1 Äußeres Erscheinungsbild

Durch Augenschein wird das Äußere des Ultraschallgerätes, der Prüfköpfe, der Kabel und des Kalibrierkörpers auf Verunreinigungen, Rost, Beschädigungen und Abnutzungen untersucht, die die Funktionsfähigkeit oder die zukünftige Zuverlässigkeit der Ausrüstung beeinflussen können. Insbesondere muss die Ankoppelfläche des Prüfkopfes untersucht werden, wobei auch der korrekte Zusammenbau (falls erforderlich) und der elektrische Kontakt einbezogen werden sollen.

2.3.4.2 Prüfempfindlichkeit und Signal-Rausch-Abstand

Die nachstehende Überprüfung soll dem Prüfer einerseits ein einfaches Verfahren vermitteln, um festzustellen, ob sich eine feste Kombination eines Prüfsystems über eine bestimmte Zeitdauer der Prüfeinsätze in seiner Empfindlichkeit verschlechtert hat. Man benutzt dazu die 5 mm-Bohrung des Kalibrierkörpers K2 nach DIN EN ISO 7963 [3.13]oder die kleine Bohrung am K1 nach DIN EN ISO 2400 [3.12], indem wiederum durch Bewegung das Echo der Kalibrierbohrung bei 20% Bildschirmhöhe optimiert wird. Der zugehörige Verstärkungswert in dB wird notiert. Er erlaubt eine Überprüfung der Gesamtempfindlichkeit des Prüfsystems.

Dann wird der Prüfkopf vom Kalibrierkörper entfernt und die Koppelfläche des Prüfkopfes vom Koppelmittel gesäubert. Der Prüfkopf wird auf seine Seitenfläche gelegt. Die geeichte Verstärkung wird jetzt soweit erhöht, bis der allgemeine Rauschpegel an der gleichen Stelle, an der sich vorher das Bohrungsecho zeigte, ebenfalls 20% der vollen Bildschirmhöhe erreicht. Auch dieser Verstärkungswert wird notiert. Die Differenz zwischen dem ersten und dem zweiten Verstärkungswert ergibt den Signal-Rausch-Abstand. Vorausgesetzt werden bei diesen Kalibrierverfahren, dass

- immer das gleiche Prüfsystem kalibriert wird,
- das Prüfsystem immer mit den gleichen Einstellungen kalibriert wird (Frequenz, Impulsstärke, Signalunterdrückung, Impulsfolgefrequenz, Prüfbereich),
- Basiswerte von der Herstellerkalibrierung verglichen werden.

Das Problem bei der Umsetzung dieser Normvorgaben scheint darin zu bestehen, dass Hersteller und Anwender kaum das gleiche Prüfsystem bei den gleichen Einstellungen verwenden können, so dass die Basiswerte keine der Norm entsprechende Grundlage darstellen, wenn sie denn überhaupt vom Hersteller übermittelt werden. Sollten derartige Basiswerte nicht zur Verfügung stehen, könnte eine vom Anwender durchgeführte Kalibrierung mit vom QM-Verantwortlichen festgelegten Basiseinstellungen und gekennzeichnetem Prüfsystem als Basiseinstellung für weitere Kalibrierungen dienen. Die Toleranz zwischen den Basiswerten und den Kalibrierwerten darf sowohl bei der Prüfempfindlichkeit als auch beim Signal-Rausch-Abstand 6 dB nicht überschreiten. Die Überprüfung muss für alle Prüfköpfe mindestens einmal in der Woche durchgeführt werden, in der sie benutzt werden.

2.3.4.3 Impulsdauer

Bei dieser Kalibrierung werden die Einflüsse von Impulsform, Anpassung, Verstärkerbandbreite, Signalunterdrückung und Impulsglättung auf das abgebildete Signal untersucht. Die gemessene Impulsdauer wird wiederum mit dem Basiswert verglichen, der vom Benutzer für das Prüfsystem und bei gleichen Grundeinstellungen ermittelt worden ist.

Zur Kalibrierung der Impulsdauer wird ein Echo von einem Kreisbogen oder von einer Rückwand der bekannten Kalibrierkörper K1 und K2 verwendet. Nach der Justierung der Zeitachse für einen geeigneten Prüfbereich wird die Amplitude des Kalibrierechos auf 100% Bildschirmhöhe gebracht. Bei einer Höhe von 10% der vollen Bildschirmhöhe wird die Impulsbreite gemessen (in mm). Die Impulsdauer darf nicht größer sein als das 1,5-fache des Wertes, der bei der Basismessung gemessen wurde. Die Überprüfung muss für alle Prüfköpfe mindestens einmal in der Woche durchgeführt werden, in der sie benutzt werden.

2.3.5 Protokollierung der Kalibrierergebnisse

Die Ergebnisse der Kalibriermessungen sind protokollarisch vom Stufe 2/Level II-Prüfer festzuhalten und von der Prüfaufsicht zu unterschreiben. Die Kalibrierungsmessungen sind unabhängig von Benutzungen und damit verbundenen Kalibrierungen mindestens im Zeitraum von jeweils 3 Monaten und nach jeder Reparatur zu wiederholen. Geräte und

Prüfköpfe, bei denen die vorgegebenen zulässigen Toleranzgrenzen nicht erreicht werden können, sind reparieren zu lassen. Nach Reparaturen sind grundsätzlich Kalibrierungsmessungen durchzuführen. Nach Kalibrierungen sind auf den Ultraschallgeräten Aufkleber anzubringen. Die Aufkleber müssen vollständig ausgefüllt werden. Eine Kontrolle der Kalibrierdaten ist vom Qualitätsbeauftragten regelmäßig durchzuführen.

Literatur

[2.1] Deutsch, Platte, Schuster, Deutsch, Messtechnik m. Ultraschall, Castell-Verlag GmbH Wuppertal 2002;
[2.2] Matthies u.a., Dickenmessung mit Ultraschall, DVS-Verlag GmbH 1998;
[2.3] Deutsch, Platte, Vogt, Deutsch, Schuster, Die Ultraschallprüfung (US), Castell-Verlag GmbH Wuppertal 1999;
[2.4] DIN EN 10228-3, Ultraschallprüfung von Schmiedestücken,
[2.5] DGZfP Skript UT2;
[2.6] DIN EN 583-1, Ultraschallprüfung, Allgemeine Grundsätze, Dez. 1998;
[2.7] DIN EN 12668-2, ZfP, Charakterisierung und Verifizierung der Ultraschallprüfausrüstung, Juni 2010;
[2.8] Deutsch, Platte, Vogt, Ultraschallprüfung, Springer-Verlag 1999;
[2.9] Krautkrämer, Werkstoffprüfung mit Ultraschall, Springer-Verlag 1986;
[2.10] Deutsch, Vogt, Ultraschallprüfung v. Schweißverbind., DVS-Verlag GmbH 1995;
[2.11] Schiebold, Skript UT3 LVQ-WP Werkstoffprüfung GmbH;
[2.12] DIN EN 12668-3, ZfP Charakterisierung und Verifizierung der Ultraschall-Ausrüstung, Komplette Prüfausrüstung, Okt. 2004;
[2.13] Berke, Büchler, Meiser, Verbesserte Echodarstellung mit digitalen Ultraschallprüfgeräten am Beispiel der Schmiedestückprüfung, DGZfP-Jahrestagung Berlin (2001);
[2.14] DIN EN ISO 2400, ZfP- Ultraschallprüfung- Beschreibung des Kalibrierkörpers Nr. 1, Jan. 2013;
[2.15] DIN EN ISO 7963, ZfP- Ultraschallprüfung- Beschreibung des Kalibrierkörpers Nr. 2, Dez. 2010;

Justierung

3

3.1 Justierung mit analogen Ultraschallgeräten

3.1.1 Entfernungsjustierung

3.1.1.1 Senkrechteinschallung

3.1.1.1.1 Normalprüfköpfe

Der Bildschirm der US-Geräte ist horizontal grundsätzlich in 10 große Skalenteile unterteilt. Es wird ein auf den Prüfbereich bezogener Skalenfaktor definiert als Schallweg je Skalenteil zu

$$K = \frac{S_B}{10\ \text{Skt}}\ [\text{mm/Skt}]$$

Schallweg s und Echoposition T einer Anzeige ergeben sich damit zu:

$$s = K \times T\ [\text{mm}]$$

und

$$T = \frac{s}{K}\ [\text{Skt}]$$

und die Echopositionen der Justierechos zu:

$$T_j = \frac{S_j}{K}\ [\text{Skt}].$$

Die Genauigkeit der Einstellung und Ablesung von Anzeigen ist abhängig von der Zahl der kleinen Skalenteile zwischen den Skalenteilen 0 bis 10. Die meisten Ultraschallgeräte haben entweder 50 oder 100 kleine Skalenteile. Die Ablesegenauigkeit ergibt sich danach zu:

K. Schiebold, *Zerstörungsfreie Werkstoffprüfung – Ultraschallprüfung*,
DOI 10.1007/978-3-662-44700-0_3, © Springer-Verlag Berlin Heidelberg 2015

$$*S = \frac{S_B}{50} \text{ oder } *S = \frac{S_B}{100} \text{ [mm]}.$$

Bei einem Prüfbereich $S_B = 100$ mm beträgt *S je nach Ultraschallgerät entweder

$$*S_{100} = 2 \text{ mm } (\pm 1 \text{ mm}) \text{ oder } *S_{100} = 1 \text{ mm } (\pm 0{,}5 \text{ mm}),$$

und bei $S_B = 1000$ mm

$$\text{entweder } *S_{1000} = 20 \text{ mm } (10 \text{ mm}) \text{ oder } *S_{1000} = 10 \text{ mm } (5 \text{ mm}).$$

Der Prüfbereich sollte so ausgewählt werden, dass die Ablesegenauigkeit 1% vom Prüfbereich beträgt. Wenn also beispielsweise ein Justierbereich von 80 mm eingestellt worden ist, so ergibt sich eine Genauigkeit der Schallwegbestimmung von 0,8 mm. Zur Entfernungsjustierung werden dabei immer die linken unteren Fußpunkte der Justierechos auf die vorgegebenen Skalenmarkierungen am Bildschirm eingestellt.

Die x-Achse des Bildschirms soll so justiert werden, dass mindestens die einfache Wanddicke (gemessen in Einschallrichtung) abgebildet wird, damit die Rückwandanzeige am Bildschirm sichtbar wird. In diesem Fall spricht man von einer Positivprüfung, da über die Beobachtung der Rückwandanzeige eine zusätzliche Kontrollmöglichkeit gegeben ist.

Zur Auswahl der Justierstrecken für den geforderten Justierbereich ist zu beachten, dass immer mindestens zwei Justierechos erforderlich sind. Man sollte dabei möglichst Justierstrecken und Justierbereiche mit glatten Wanddicken auswählen, um Zwischenwerte am Bildschirm besser ablesen zu können. Der Abstand zwischen den Justierstrecken sollte möglichst groß sein, darf jedoch nicht größer als der Prüfbereich sein.

Bei der Schallwegjustierung werden Prüfbereiche zweckmäßigerweise so festgelegt, dass die abgebildeten Koordinaten den realen Werkstückabmessungen entsprechen, d.h. der Prüfbereich muss nach Möglichkeit optimal nach dem Schallweg in Einschallrichtung ausgewählt werden. Bei zu großen Prüfbereichen wird sonst die Ablesegenauigkeit der Schallwegkoordinaten zu gering sein. Vorteilhaft für die Schallwegjustierung ist ihre Winkelunabhängigkeit, ihr geringer Aufwand und das sie ohne Vergleichskörper auskommt.

Der Prüfbereich S_B ist so auszuwählen, dass die beiden Justierechos 1 und 2 mit den Justierstrecken s1 und s2 über die Gesamtbreite des Bildschirms und damit der Skalenteile 0 bis 10 möglichst zwischen den Skalenteilen 2 und 8 positioniert sind. Es gilt:

$$S_B,\text{Anfang} < s1 < S_B,\text{Ende mit } s2 - s1 < S_B.$$

Hat ein zu prüfendes Werkstück sehr unterschiedliche Wanddicken, so wird der Prüfbereich zumeist auf die größte Wanddicke justiert, um mit einem Prüfbereich das gesamte Prüfstück prüfen zu können. Ist die Beurteilung einer Mehrfachechofolge für die Beurteilung der Fehlerfreiheit wichtig, wie z.B. bei der Grobblechprüfung, so muss der Prüfbereich so gewählt werden, dass er entsprechend mehrfach größer als die Wanddicke ist.

Die Entfernungsanzeige wird justiert, in dem zwei Echos aus unterschiedlichen bekannten Entfernungen, z.B. die Wanddicke und die doppelte Wanddicke, auf die Markierungen am Bildschirm eingestellt werden, die diesen Strecken entsprechen.

Da der Sendeimpuls oft oberflächennahe Ungänzen überdeckt, so dass diese nicht zu bewerten sind und weil er insbesondere bei kleinen Prüfbereichen den Nullpunktfehler des Prüfkopfes resultierend durch Ein- und Ausschwingvorgänge einschließt, sollte im allgemeinen stets zwischen zwei Rückwand- oder Mehrfachechos justiert werden. Die Einstellung der Echos auf die ermittelten Skalenteile am Gerät erfolgt zunächst mit der Impulsverschiebung (Parallelverschiebung der Echos, Nullpunktverschiebung) und danach mit der Bereichseinstellung (Verschiebung der Echos zueinander, Maßstab). Um für alle Justierechos den gleichen Fußpunkt abzulesen, soll die Justierung bei einer bestimmten Bildschirmhöhe (z.B. 80 %) vorgenommen werden.

Bei der Kontrolle der Justierung, die möglichst an einer Strecke erfolgen sollte, die nicht ganzzahliger Teil oder Vielfaches der Justierstrecke ist, dürfen der abgelesene und der reale Wert für die Kontrollmessung nur innerhalb der dem Prüfbereich und der Zahl der kleinen Skalenteile entsprechenden Ablesegenauigkeit differieren, um Fehljustierungen zu vermeiden. Die komplette Justierung einschließlich der Kontrolle der Entfernungsjustierung (Abb. 3.1) ist in Tabelle 3.1 zusammengefasst.

Kontrollen der Entfernungsjustierung sind auch erforderlich, wenn der Prüfvorgang längere Zeit unterbrochen wird, wenn ein Prüfkopfwechsel erfolgt oder wenn Verschleiß- oder Temperaturänderungen auftreten.

3.1.1.1.2 Sende-Empfangs-Prüfköpfe

Bei SE-Prüfköpfen sind der Sender und der Empfänger elektrisch und akustisch voneinander getrennt, damit Schallwellen nicht unkontrollierbar im Prüfkopf hin- und herlaufen und nicht deutbare Echos ergeben. Deshalb muss der zentrale Ultraschallstrahl im Vergleich zum Senkrechtprüfkopf insbesondere bei kleinen Justierstrecken Umlenkungen zurücklegen, um nach Reflektion an der Rückwand zum Empfänger zurückzukommen. Es entsteht ein Umwegfehler (Abb. 3.2), der umso kleiner wird, je größer die Justierstrecken sind.

Tab. 3.1 Vollständige Justiertabelle

Justierstrecke s_j (mm)	Skalenteile T (Skt)	Echobezeichnung/ Kurzbezeichnung	gewählte Justierechos
25	2,5	1. Rückwandecho (RE 1)	⇐
50	5,0	2. Rückwandecho (RE 2)	-
75	7,5	3. Rückwandecho (RE 3)	⇐
100	10,0	4. Rückwandecho (RE 4)	-
91	9,1	Kontrollecho	-

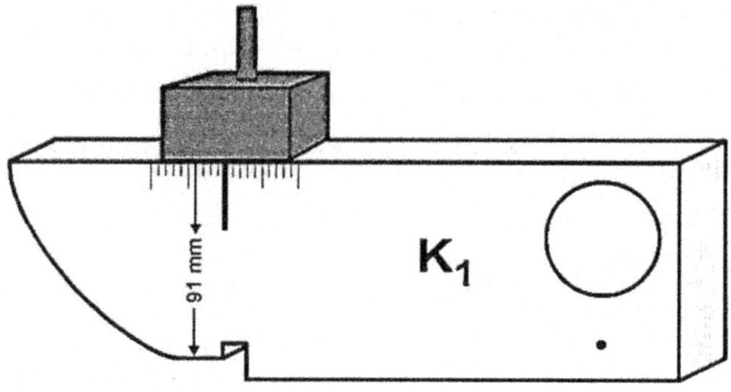

Abb. 3.1 Kontrolle der Entfernungsjustierung am Kontrollkörper K1 [3.12]

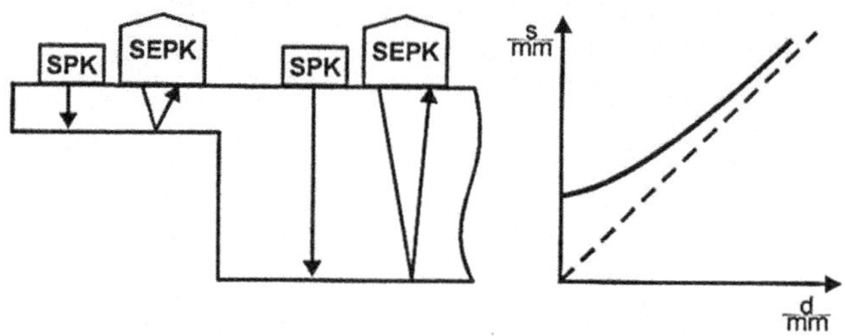

Abb. 3.2 Umwegfehler bei der Entfernungsjustierung von SE-Prüfköpfen [3.1], [3.11]

Da bei der Anwendung von SE-Prüfköpfen fast immer nur kleine Prüfbereiche ausgewählt werden, sind die zu justierenden oder zu messenden Echos oft in ihrer Form sehr auseinandergezogen und verzerrt. Das ist natürlich abhängig von der jeweils vorliegenden Verstärkung.

Hinzu kommt, dass die SE-Prüfköpfe einen Dachwinkel aufgrund ihrer schräg zur Prüfstückoberfläche orientierten Schwinger haben, so dass beim Eintritt des Ultraschalls ins Werkstück und bei der Reflexion an der Rückwand Wellenumwandlungen zu teilweise sehr zerklüfteten, breiten Echos führen können, so dass die Zuordnung des linken Fußpunktes zum jeweiligen Echo schwierig werden kann. Unter Umständen kann daher bei der Entfernungsjustierung der Einsatz der Unterdrückungsfunktion zur Erzielung möglichst steiler Anstiegsflanken interessant sein.

Da bei der Anwendung von Sende-Empfangs-Prüfköpfen selten die Mehrfachechomethode zum Einsatz kommt und fast immer nur das erste bzw. nur ein Rückwandecho einer Bezugsfläche zur Justierung der Entfernungsanzeige zur Verfügung steht, erfolgt die Entfernungsjustierung abwechselnd durch Einstellung der Impulsverschiebung und der Bereichseinstellung (Maßstab). Als Justierkörper eignen sich am besten Stufenkeile, weil solche Prüfköpfe weitgehend für die Prüfung von Werkstücken mit kleinen Abmessungen in Einschallrichtung eingesetzt werden, wie z.B. für die Wanddickenmessung und die Untersuchung von oberflächennahen Ungänzen. Die Abmessungen des Stufenkeiles müssen dabei die Prüfbereichseinstellung entsprechend der vorliegenden Wanddicke zulassen, d.h. eine Stufe soll in etwa der unteren Toleranzgrenze und eine weitere Stufe der oberen Toleranzgrenze der Wanddicke entsprechen. Soll beispielsweise eine Sollwanddicke von

15 mm untersucht werden, so sollte eine Stufe im Toleranzbereich der Wanddicke kleiner als 15 mm, z.B. 10 mm, und die andere Justierstrecke größer als 15 mm, z.B. 20 mm sein. Der Prüfbereich könnte mit 25 mm gewählt werden.

Der Vorgang der Entfernungsjustierung erfolgt, indem der Prüfkopf zunächst auf die Stufe mit der kleineren Dicke gestellt und das entstehende 1. Rückwandecho mit der Impulsverschiebung mit seinem linken Fußpunkt auf die entsprechende Markierung am Bildschirm eingestellt wird (Abb. 3.3). Danach wird der Prüfkopf auf die Stufe mit der größeren Wanddicke verschoben und das Rückwandecho dieser Stufe mit seinem linken Fußpunkt mit Hilfe der Bereichseinstellung auf die entsprechende Markierung am Bildschirm eingestellt (Abb. 3.4). Da dabei durch die Bereichseinstellung der Maßstab verändert worden ist, muss der Vorgang solange wiederholt werden, bis beide Rückwandechos auf der Rasterskala des Bildschirms den Stufenkeilwanddicken entsprechen.

3.1.1.2 Schrägeinschallung

Wenn auch der Einschallwinkel auf dem Prüfkopf und die Lage des Schallaustrittspunktes durch das x-Maß (Abstand Prüfkopfvorderkante – Schallaustrittspunkt des Zentralstrahls) im Prüfkopfdatenblatt angegeben sind, können selbst bei neuen Prüfköpfen Abweichungen auftreten. Außerdem können sich die genannten Prüfkopfdaten durch Verschleiß der Sohle ändern (Abb. 3.5 und 3.6). Da die Werte x-Maß und Einschallwinkel wichtige Grö-

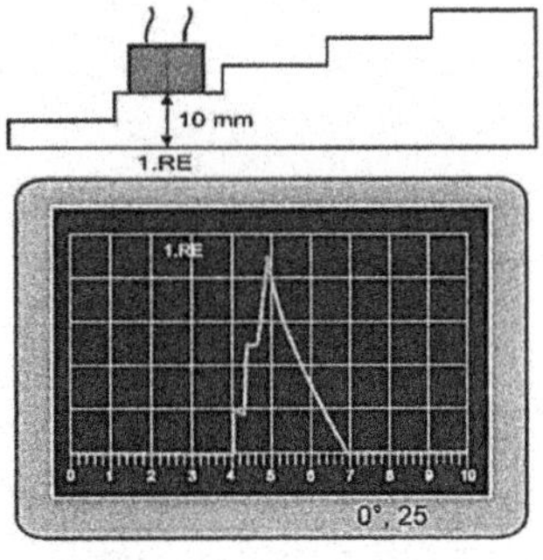

Abb. 3.3 1. Schritt der Entfernungsjustierung von SE-Prüfköpfen mit Impulsverschiebung [3.4]

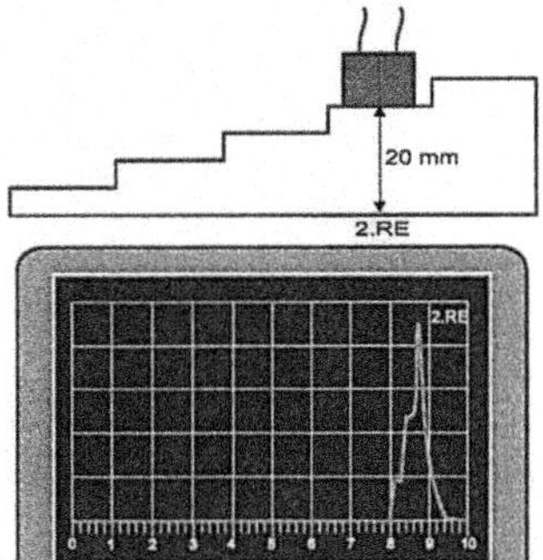

Abb. 3.4 2. Schritt der Entfernungsjustierung von SE-Prüfköpfen mit Bereichseinstellung [3.4]

ßen für die Bestimmung der Reflektorkoordinaten sind, sollen diese vor jeder Justierung bestimmt und während der Prüfung laufend kontrolliert werden.

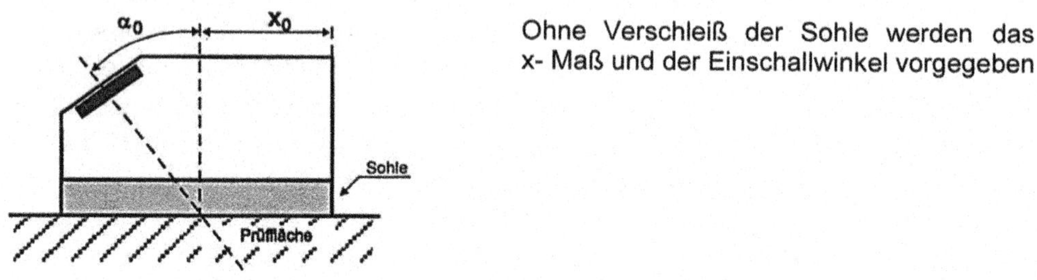

Abb. 3.5 x-Maß und Einschallwinkel ohne Verschleiß der Sohle [3.5]

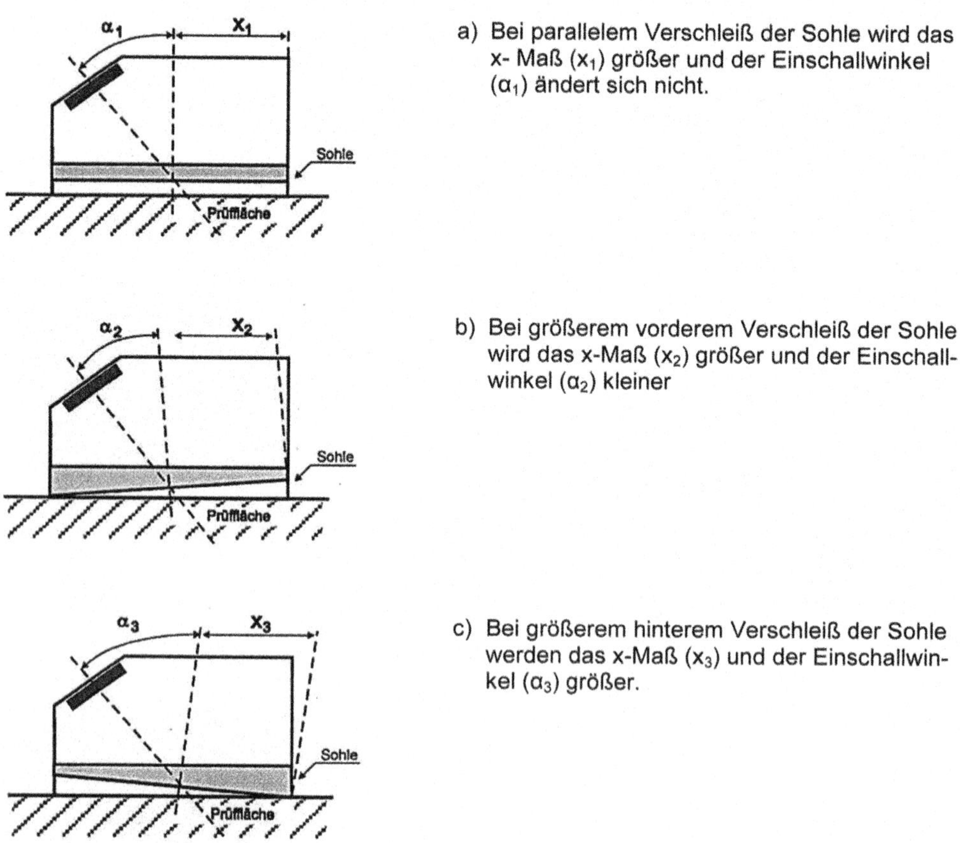

Abb. 3.6 Änderungen von x-Maß u. Einschallwinkel bei Verschleiß d. Sohle [3.5]

3.1.1.2.1 Schallwegjustierung

Durch den Sägeschnitt im Kontrollkörper K1 wird es ermöglicht, eine Mehrfach-Echo-Folge aus dem Kreisbogen zu erzeugen, deren Abstand jeweils 100 mm beträgt. Dieser Kreisbogen wird deshalb für Justierbereiche größer gleich 200 mm verwendet. Zu beachten ist dabei, dass 60-Grad-Winkelprüfköpfe grundsätzlich **nicht** an diesem Kreisbogen justiert werden dürfen (Versagen durch den Winkelspiegeleffekt). Die Durchführung der Justierung entspricht der bei der Entfernungsjustierung für die Senkrechteinschallung genannten Vorgehensweise. Nachstehend ein Beispiel für die Justierung (Tab. 3.2):

Geforderter Justierbereich: s_B = 250 mm; Skalenfaktor K = 25; Winkelprüfkopf 45°, Justierstrecke s_j = 100 mm

Tab. 3.2 Justiertabelle für die Justierung am K1

Justierstrecke s_j (mm)	Skalenteile T = s/K (Skt)	Echobezeichnung Kurzbezeichnung	gewählte Echos zum Justieren
100	4	1. Echo aus dem Kreisbogen	⇐
200	8	1. Wiederholungsecho v. Kreisbogen	⇐
85	3,4	Kontrollecho	-

Am Kontrollkörper K2 ist **kein** Sägeschnitt vorhanden, so dass die Mehrfachreflexion anders zustande kommt als beim Kontrollkörper K1. Der Schallverlauf im Kontrollkörper K2 soll mit Abb. 3.7 näher betrachtet werden.

Im Ergebnis beträgt der Abstand zwischen den Justierstrecken jeweils 75 mm. Dies gilt auch, wenn zuerst der 50-mm-Radius angeschallt wird. Tabelle 3.3 zeigt die Justierstrecken in Abhängigkeit vom angeschallten Radius:

Abb. 3.7 Schallverlauf im Kontrollkörper K2 [3.13]

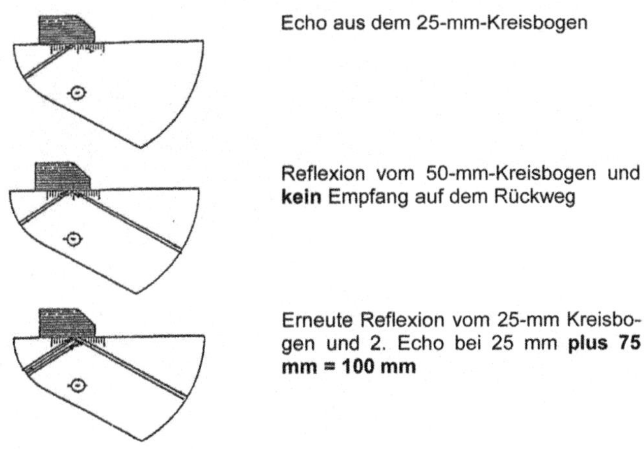

Tab. 3.3 Schallwegjustierung am Kontrollkörper K2 [3.4]

1. Justierstrecke	25 mm	50 mm
1. Echo	25 mm	50 mm
1. Wiederholungsecho	100 mm	125 mm
2. Wiederholungsecho	175 mm	200 mm
3. Wiederholungsecho	250 mm	275 mm

3.1.1.2.2 Justierung im Projektionsabstand

Der Projektionsabstand a und der um das x-Maß verkürzte Projektionsabstand a' wurden eingeführt, um bei der Prüfung mit Winkelprüfköpfen und insbesondere bei der Schweißnahtprüfung aus diesem Abstand sofort auf die Fehlerlage im Werkstück bzw. in der Schweißnaht schließen zu können und diese nicht erst durch Umrechnung aus dem Schallweg gewinnen zu müssen. Abb. 3.8 zeigt die Zusammenhänge und die Echobilder bei Justierung des Schallweges 100 mm am K1 im Projektionsabstand und im verkürzten Projektionsabstand.

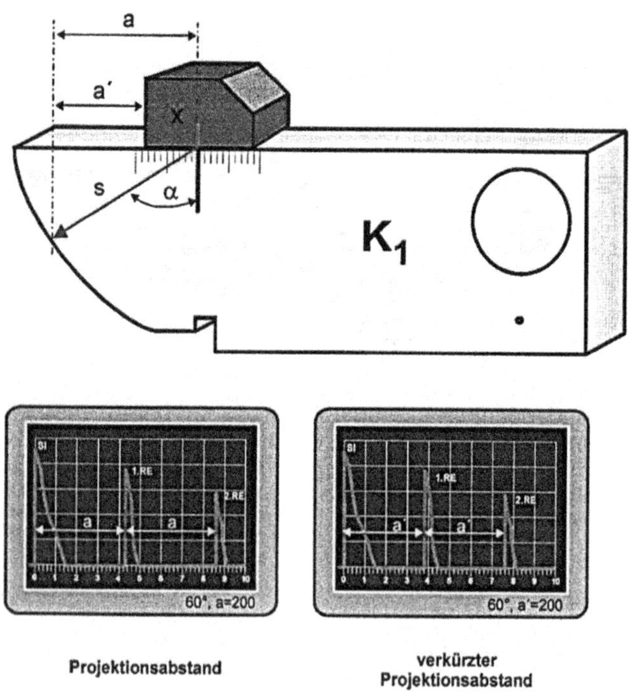

Abb. 3.8 Zusammenhang zwischen Schallweg, Projektionsabstand und verkürztem Projektionsabstand [3.4]

Mathematisch ergibt sich aus Abb. 3.8 für den Projektionsabstand

$$a = s \times \sin \alpha$$

und für den verkürzten Projektionsabstand

$$a' = a - x = s \times \sin \alpha - x.$$

Tabelle 3.4 fasst die Werte s, a und a' für Winkelprüfköpfe verschiedener Einschallwinkel mit einem x-Maß von 10 mm bei Justierung am Kreisbogen 100 mm des K1 zusammen.

Die Kontrolle der Entfernungsjustierung (Tabelle 3.5) kann an der Querbohrung des Kontrollkörpers K2 realisiert werden (Abb. 3.9).

Die Entfernungsjustierung von Winkelprüfköpfen kann auch an Kanten durchgeführt werden (Abb. 3.10).

Aus Abb. 3.10 lassen sich der Sprungschallweg s_P und der Sprungabstand a_P aus den bekannten Größen der Blechdicke (d) und des Einschallwinkels (α) ableiten. Der Sprungschallweg s_P für die Reflexion an der oberen Kante ergibt sich aus der trigonometrischen Beziehung

$$s_P = \frac{2 \times d}{\cos \alpha}$$

Tab. 3.4 Werte für die Justierung im Projektionsabstand

Winkelprüfkopf	Schallweg s	Projektionsabstand a	verkürzter Projektionsabstand a'
45°	100	70	60
45°	200	140	130
60°	100	86	76
60°	200	172	162
70°	100	94	84
70°	200	188	178

Tab. 3.5 Werte für die Kontrolle der Entfernungsjustierung am K2

Einschallwinkel α	Prüfkopfposition	Abstand (mm) vom Schallaustrittspunkt zur Querbohrung	
		im Schallweg s	im Projektionsabstand a
45°	gemäß Bild 3.9	26	18
60°	gemäß Bild 3.9	37	32
70°	gemäß Bild 3.9	20	19

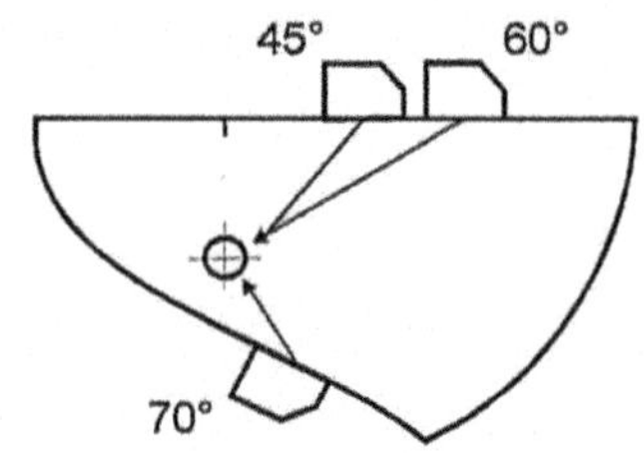

Abb. 3.9 Kontrolle der Entfernungsjustierung an der Querbohrung des K2 [3.4]

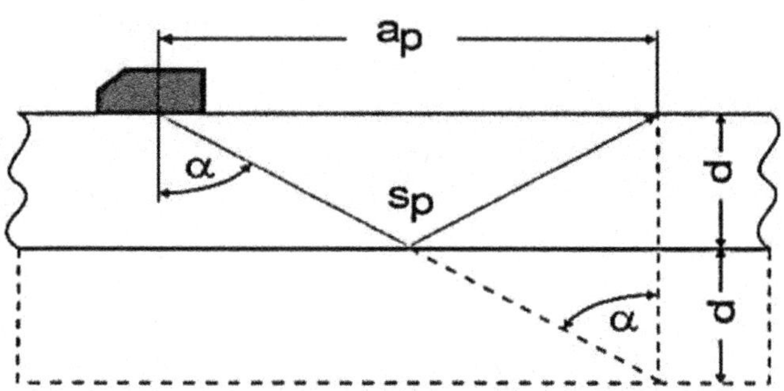

Abb. 3.10 Entfernungsjustierung von Winkelprüfköpfen an Kanten [3.4]

und für die untere Kante

$$s_{P/2} = \frac{d}{\cos\alpha}.$$

Der Sprungabstand a_P für die obere Kante entspricht

$$a_P = 2 \times d \times \tan\alpha$$

und für die untere Kante

$$a_{P/2} = d \times \tan\alpha.$$

Bei Justierung an den Kanten eines Justierkörpers nutzt man den Winkelspiegeleffekt aus, d.h. wenn Ultraschallwellen unter einem beliebigen Winkel in eine Kante oder Ecke fallen, die aus zwei oder drei senkrecht zueinander angeordneten Grenzflächen gebildet werden, so werden die Wellen in sich zum Ausgangsort zurückreflektiert (Abb. 3.11). Dadurch ergibt sich ein besonders gutes Reflexionsverhalten der Grenzflächen bei Schrägeinschallung.

Bei der Entfernungsjustierung von 60°-Winkelprüfköpfen kommt es zum Versagen des Winkelspiegeleffekts durch Wellenumwandlung. Bei diesen Prüfköpfen beträgt der Auftreffwinkel in der Kante 30°. Dadurch wandelt sich die eine Transversalwelle an der Grenzfläche Stahl-Luft in eine reflektierende Longitudinalwelle mit einem Winkel von 60° um (Abb. 3.12), so dass die maximale Anzeige der Kante nicht in der geometrisch er-

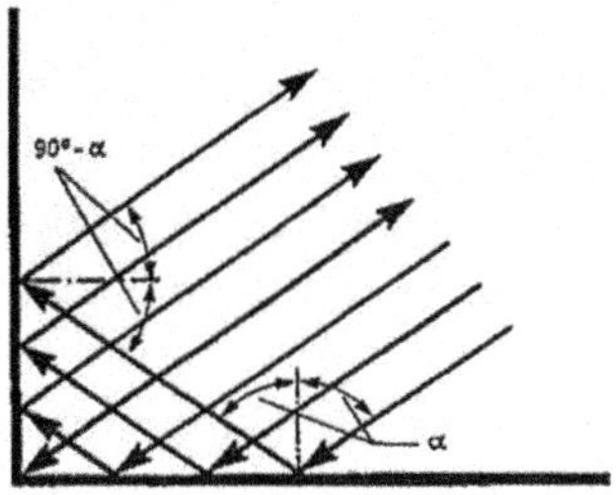

Abb. 3.11 Winkelspiegeleffekt an Kanten [3.1], [3.2], [3.3]

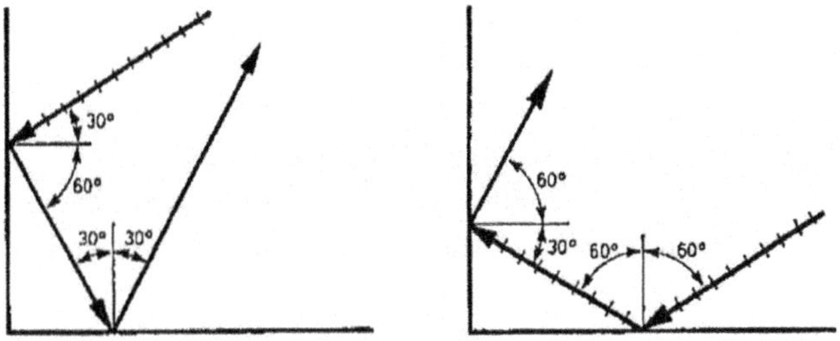

Abb. 3.12 Versagen des Winkelspiegeleffektes bei 60°-Winkelprüfköpfen [3.1], [3.2]

mittelten Prüfkopfposition optimiert werden kann. Das Maximum der Anzeige wird erst durch Randstrahlen des Schallbündels erzielt, die unter kleineren Winkeln in den Winkelspiegel fallen.

Deshalb justiert man insbesondere 60°-Winkelprüfköpfe besser an Halbschalenjustierkörpern (Abb. 3.13).

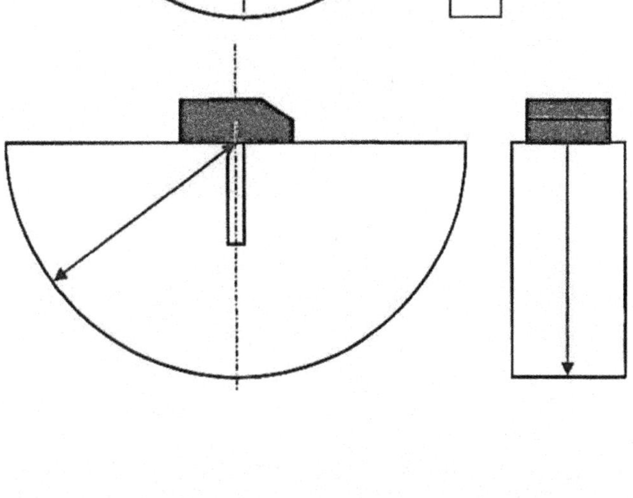

Abb. 3.13 Entfernungsjustierung von Winkelprüfköpfen an Halbschalenjustierkörpern [3.2], [3.4]

Dabei wird der Winkelprüfkopf bei der Halbschale ohne Sägeschnitt so aufgesetzt, dass gleichzeitig die Echos von beiden Radien R_1 und R_2 erzeugt werden, die dann mit Impulsverschiebung und Bereichssteller auf die jeweiligen Markierungen am Bildschirm zu justieren sind. Bei der Halbschale mit Sägeschnitt verläuft die Entfernungsjustierung analog der am K1 (Kreisbogen 100 mm).

3.1.1.2.3 Schallbündelversatz

Die Ursache für den Schallbündelversatz liegt in einer Wellenumwandlung der Randstrahlen an einer Grenzfläche durch unterschiedliche Winkel zum Hauptstrahl (Abb. 3.14).

Bei einem Auftreffwinkel der Transversalwelle von

$\varepsilon > 70°$ entstehen zusätzlich Oberflächenwellen,
$\varepsilon \sim 33°$ findet eine teilweise Wellenumwandlung in eine 90° Longitudinalwelle statt,
$\varepsilon = 30°$ findet eine vollständige Wellenumwandlung in eine 60° Longwelle statt.

Je nach Einschallwinkel des Prüfkopfes ergeben sich dadurch Schalldruckverschiebungen zum Prüfkopf hin oder vom Prüfkopf weg. Je kleiner die Frequenz des Prüfkopfes ist, umso größer ist diese Schalldruckverschiebung, so dass bei allen Winkelprüfköpfen mit Ausnahme des 45°-Prüfkopfes Ortungsfehler eintreten, die bei jeder Umlenkung größer werden. Für innen liegende Reflektoren bei planparallelen Prüfstücken aus Stahl gelten die Korrekturwerte für den Projektionsabstand nach Tabelle 3.6. Für jede Umlenkung ist das entsprechende Vielfache von Δa zu berücksichtigen.

3.1.1.3 Justierung anderer Werkstoffe als Stahl

Stahl und Gusseisen sind in der Ultraschallprüfung überwiegend zu prüfen. Deshalb sind die bekannten Justierkörper, wie der K1 oder der K2, aus Stahl gefertigt. Sind vom Prüfer andere Werkstoffe als Stahl zu prüfen, so kann der Justiervorgang am besten mit einem der zu untersuchenden Wanddicke, dem Werkstoff und dem Gefügezustand (z.B. gegossen oder geschmiedet) entsprechenden Justierkörper durchgeführt werden. Steht solch ein Justierkörper zur Verfügung, so entspricht die Justierung der von Stahl, wie sie bisher beschrieben worden ist.

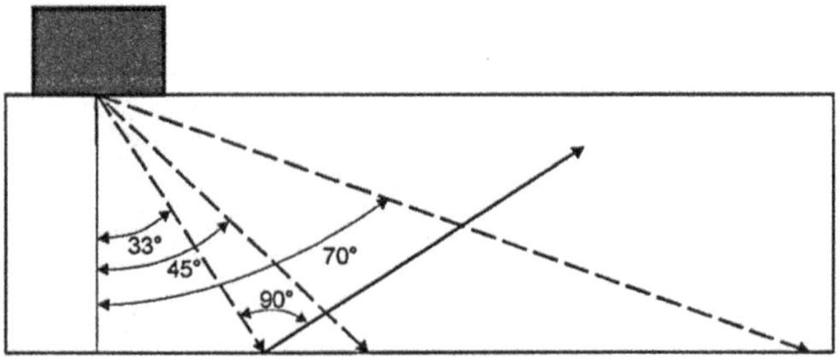

Abb. 3.14 Schallbündelversatz [3.2]

Tab. 3.6 Korrekturwerte für Stahl bei Bündelversatz [3.4]

$\alpha°$	Δa/mm bei f = 2 MHz	f = 4 MHz
35	9	4,5
45	0	0
60	- 1,6	- 0,8
70	- 3,3	- 1,6

Steht ein solcher Justierkörper nicht zur Verfügung, so muss mit einem Stahljustierkörper vorjustiert werden. Dabei sind zwischen Justierkörper und Prüfgegenstand unterschiedliche Echopositionen zu erwarten, wenn gleiche Wanddicken unterstellt werden, weil unterschiedliche Schallgeschwindigkeiten im Justierkörper und Prüfgegenstand vorliegen und der Schallweg proportional der Laufzeit ist, die sich mit der Schallgeschwindigkeit ändert (Abb. 3.15).

$$T = \frac{d_P \times c_j}{K \times c_P}.$$

Ein Ultraschallgerät kann auf andere Schallgeschwindigkeiten als von Stahl justiert werden, wenn diese bekannt sind (digitale Geräte). Dann lassen sich die Justierpositionen und damit der Bildschirm anhand zweier berechneter Justierechos einjustieren.

$$T = \frac{d_j \times c_P}{K \times c_j} \text{ oder aus}$$

$$T = \frac{d_j}{K}$$

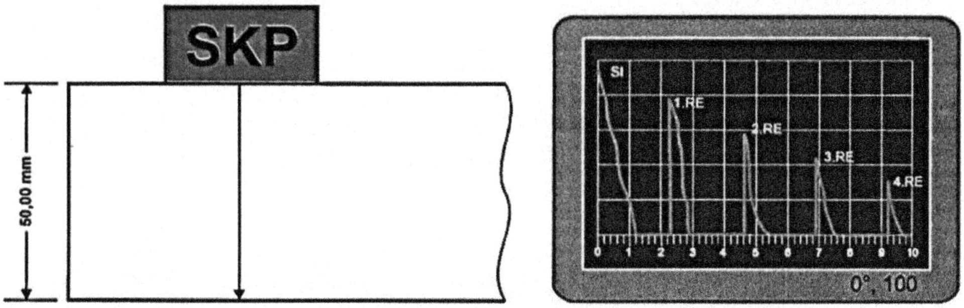

Abb. 3.15 Justierung bei unterschiedlichen Schallgeschwindigkeiten und konstanter Wanddicke [3.4]

$$T = T_{St} \times \frac{c_P}{c_j} \text{ mit}$$

K = Skalenfaktor, d_j = Wanddicke des Justierkörpers,
c_P = Schallgeschwindigkeit des zu untersuchenden Werkstoffes,
c_j = Schallgeschwindigkeit des Justierkörpers aus Stahl,
T_{St} = Echoposition bei Stahl.

Beispielrechnung:
Das Ultraschallgerät ist auf Stahl für Longitudinalwellen im Prüfbereich 200 mm vorjustiert. Welche Echopositionen für das erste und zweite Rückwandecho sind zu erwarten, wenn ein Aluminium-Prüfgegenstand mit einer Wanddicke von 50 mm geprüft werden soll.

Vorgabe:
K = 20,
d_P = 50 mm,
c_P = 6300 m/s,
c_j = 5920 m/s.

$$T = \frac{d_P \times c_j}{K \times c_P}.$$

$$T_1 = \frac{50 \times 5{,}92 \times 10^6}{20 \times 6{,}3 \times 10^6} = 2.3.$$

$$T_2 = \frac{100 \times 5{,}92 \times 10^6}{20 \times 6{,}3 \times 10^6} = 4.6.$$

Soll das gleiche Werkstück im gleichen Prüfbereich aus Kupfer geprüft werden, so ergeben sich folgende Werte:

$$T_1 = \frac{50 \times 5{,}92 \times 10^6}{20 \times 4{,}7 \times 10^6} = 3.1.$$

$$T_2 = \frac{100 \times 5{,}92 \times 10^6}{20 \times 4{,}7 \times 10^6} = 6.2.$$

Ist der Prüfgegenstand aus Stahl, ergeben sich zwangsläufig folgende Echopositionen:

$$T_1 = \frac{50 \times 5{,}92 \times 10^6}{20 \times 5{,}92 \times 10^6} = 2.5.$$

$$T_2 = \frac{100 \times 5{,}92 \times 10^6}{20 \times 5{,}92 \times 10^6} = 5.0.$$

3.1.2 Empfindlichkeitsjustierung

3.1.2.1 Echohöhenbewertung

Die Echohöhe stellt neben der Echoposition die wichtigste Information zur Beschreibung einer Ungänze am Bildschirm des Ultraschallgerätes dar. Die reale Ungänze im Prüfgegenstand wird durch die Echoamplitude nur zum Teil erfasst, weil eine Reihe von geräte- und werkstückbedingten Faktoren einwirken:

- Werkstoff,
- Wärmebehandlung,
- Geometrie des Prüfgegenstandes,
- Geometrie des Reflektors (Schräglage, Krümmung usw.),
- Oberflächenzustand,
- Rauhigkeit des Reflektors,
- Reflektorgröße,
- Reflektorart,
- Prüffrequenz.

3.1.2.2 Logarithmischer Maßstab

Während digitale Ultraschallgeräte mit logarithmischem Verstärker arbeiten und somit alle Anzeigen direkt in dB eingestellt oder gemessen werden können, wird die Echohöhe bei analog arbeitenden Prüfgeräten linear abgebildet. Es ist deshalb erforderlich, Echohöhen relativ zueinander zu vergleichen und auf diese Weise wieder Verstärkungswerte in dB zu messen. Das erfolgt, indem die Echos nacheinander auf eine Referenzhöhe am Bildschirm des Ultraschallgerätes gestellt werden, wie z.B. 40% oder 80% Bildschirmhöhe.

Die Echohöhen können über den Logarithmus in dB-Werte umgerechnet werden. Es gilt [3.4], [3.6]:

$$V = \Delta H = 20 \times \lg \frac{H_{n+1}}{H_n}.$$

Zur Ermittlung der Echohöhe aus dem Verstärkungswert kann aus dieser Beziehung abgeleitet werden

$$\frac{\Delta H}{20} = \lg \frac{H_{n+1}}{H_n}$$

$$\frac{H_{n+1}}{H_n} = 10^{\frac{\Delta H}{20}}.$$

Beispielrechnungen:
$H_2/H_1 = 1/2\ \Delta H = -6$ dB,
$H_2/H_1 = 1/10\ \Delta H = -20$ dB.

Daraus ergibt sich, dass eine Verdoppelung der Echohöhe zu einem Verstärkungswert von 6 dB und eine Verzehnfachung der Echohöhe zu einem Verstärkungswert von 20 dB führt. Der negative Wert entsteht, weil das Echohöhenverhältnis H_2/H_1 kleiner als 1 ist. Logarithmische Werte lassen sich leicht in lineare Echohöhenverhältnisse umrechnen, wenn sie in Summanden von 6 oder 20 dB zerlegt werden.

$$\Delta H = 12 \text{ dB } 12 = 6 + 6\ H_2/H_1 = 2 \times 2 = 4$$

$$\Delta H = 14 \text{ dB } 14 = 20 - 6\ H_2/H_1 = 10/2 = 5$$

$$\Delta H = 22 \text{ dB } 22 = 20 + 20 - 6 - 6 - 6\ H_2/H_1 = 10 \times 10/\ 2 \times 2 \times 2 = 12{,}5$$

$$\Delta H = 72 \text{ dB } 72 = 20 + 20 + 20 + 6 + 6\ H_2/H_1 = 10 \times 10 \times 10 \times 2 \times 2 = 4000$$

In Tabelle 3.7 sind einige Echohöhenverhältnisse und ihre Umrechnung in Verstärkungswerte zusammengefasst.

Moderne Ultraschallgeräte zeigen im Wesentlichen ein lineares Verhalten der Anzeige über der Bildschirmhöhe. Die untere Grenze des linearen Vertikalbereiches wird in den Regelwerken meistens mit 10%, teilweise aber auch mit 5% oder 20% angegeben, so dass unterhalb dieser Grenze keine Echohöhenbewertung stattfinden darf (Abb. 3.16).

Tab. 3.7 Umrechnung von Echohöhenverhältnissen in Verstärkungswerte

V in dB	H_2/H_1	V in dB	H_2/H_1	V in dB	H_2/H_1
0	1,00	4,0	1,59	16	6,31
0,5	1,06	4,5	1,68	18	7,94
1,0	1,12	5,0	1,78	20	10,0
1,5	1,19	6,0	2,00	30	31,6
2,0	1,26	8,0	2,51	40	100,0
2,5	1,33	10,0	3,16	50	316,2
3,0	1,41	12,0	3,98	60	1000
3,5	1,50	14,0	5,01	100	100000

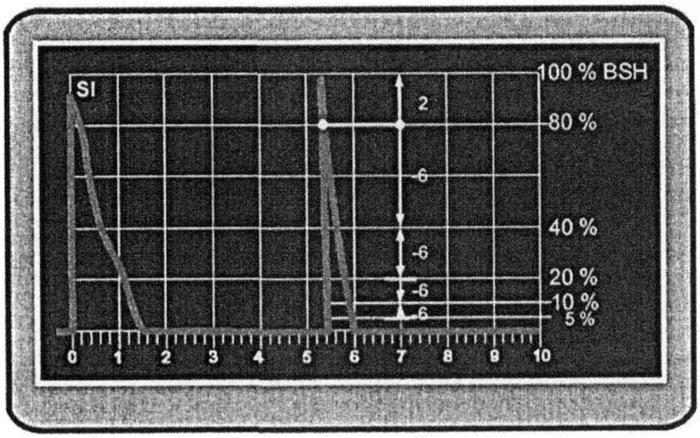

Abb. 3.16 Kontrolle der Linearität des Verstärkers [3.5], [3.7]

3.1.2.3 Empfindlichkeitseinstellung

Die Empfindlichkeitsjustierung wird durchgeführt, indem zunächst eine Grundverstärkung oder Anfangsverstärkung V_V eingestellt wird. Dies erfolgt durch das Anschallen eines Vergleichsreflektors und das Einstellen der Echoamplitude dieses Reflektors auf eine Referenzhöhe am Bildschirm, wie z.B. 40% oder 80% Bildschirmhöhe. Solche Reflektoren werden im Kapitel 7 beschrieben und sind zumeist Kreisbögen oder Radien von Querbohrungen, die winkelunabhängig sind. Da diese Grundverstärkung oft nicht ausreicht, um die in Regelwerken, Normen oder Prüfspezifikationen vorgegebenen Registriergrenzen einhalten zu können, muss eine Zusatzverstärkung ΔV definiert und eingestellt werden.

Aus Grund- und Zusatzverstärkung ergibt sich zunächst die Registrierverstärkung oder Registrierempfindlichkeit V_R zu

$$V_R = V_V + \Delta V.$$

Nach dieser Empfindlichkeitsgrundeinstellung ist noch zu untersuchen, ob Divergenz-, Reflexions- und Ankopplungsverluste oder Transfer- und Schallschwächungsverluste zu berücksichtigen sind.

3.2 Justierung mit digitalen Ultraschallgeräten

Auch in der Ultraschalltechnik erfolgt mit fortschreitender industrieller Entwicklung der Übergang zu digitalen Geräten unter Einsatz von Mikroprozessoren und neuen wesentlich effektiveren Schaltkreisen. Begonnen hat diese Entwicklung mit der Einführung digitaler handlicher Wanddickenmessgeräte und letztes Produkt ist gegenwärtig der Computer mit einer Platine zum Ultraschallprüfen. Dazwischen liegt eine Reihe von Geräteentwicklungen verschiedener Hersteller mit unterschiedlichen Bedienphilosophien, die hauptsächlich in Prüfanlagen zum Einsatz kommen.

Der bedeutendste Vorteil solcher Geräte besteht wohl darin, dass häufig zu ändernde Einstellungen, wie Nullpunkt, Prüfbereich, Verstärkung, ohne Mehraufwand durch Tastendruck direkt angewählt und schnell geändert werden können.

Darüber hinaus sind das Abspeichern kompletter Prüfprogramme, das Auswerten nach regelgerechten Bewertungskriterien und der direkte Anschluss der Auswertungsperipherie, wie Drucker, Personalcomputer oder Fernsehbildmonitore zu erwähnen. Nicht zuletzt soll auf die Möglichkeit der Anzeige in verschiedenen Sprachen hingewiesen werden.

3.2.1 Bedienkonzepte

Grundsätzlich besteht bei allen digitalen Ultraschallgeräten verschiedener Hersteller ein ähnliches Bedienkonzept. Es werden Bedienebenen eingeführt, die sich dadurch unterscheiden, dass in der obersten Ebene die Funktionen angeordnet sind, die am häufigsten benötigt werden, wobei beliebig zwischen den Funktionsgruppen hin- und hergeschaltet werden kann. In unteren Bedienebenen werden sodann Funktionen angeordnet, die das A-Bild nicht unbedingt beeinflussen, so dass der gesamte Bildschirm für die Anzeige der Funktionen zur Verfügung steht.

Das Abb. 3.17 zeigt das Bedienkonzept der Firma Karl Deutsch anhand des Ultraschallgerätes Echograph 1090 und Tabelle 3.8 die Erläuterungen zu den Bedienelementen.

In Abb. 3.18 sind die Bedienelemente in der Übersicht gegeben und in Abb. 3.19 ist das Bedienkonzept der Firma GE (vormals Krautkrämer) anhand des Ultraschallgerätes USM

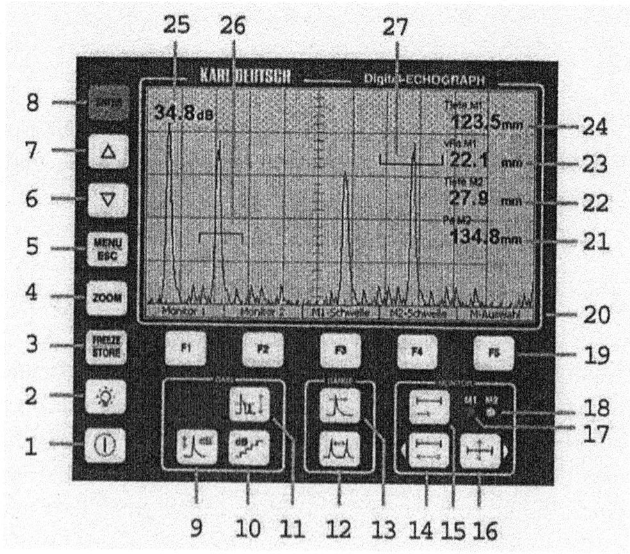

Abb. 3.17 Bedienkonzept beim Echograph 1090 [3.8]

Tab. 3.8 Erläuterungen zu den Bedienelementen [3.8]

Taste	Bedienelement
1	Hauptschalter: Einmal drücken = EIN, noch mal drücken = AUS
2	Bildschirmbeleuchtung: Mehrmaliges Drücken wählt verschiedene Helligkeitsstufen und schaltet die Beleuchtung aus
3	„Einfrieren" des Bildschirminhaltes und Abspeichern von Ultraschallbildern mit zugehörigen Parameter-Datensätzen
4	Lupendarstellung des Blendenbereichs von Monitor 1
5	Aufruf und Verlassen des Bedien-/Einstellmenüs, Abbrechen / Beenden einer Eingabe
6	Taste zum Verändern von Zahlenwerten oder Einstellungen (verkleinern)
7	Taste zum Verändern von Zahlenwerten oder Einstellungen (vergrößern)
8	ENTER-Taste zur Übernahme ausgewählter Werte oder Einstellungen
9	Verstärkungseinstellung mit Anzeige des aktuellen Wertes
10	Auswahl der Stufen der Verstärkung in 0,1-1-2-6-12-20 dB
11	Bildschwelle zur Unterdrückung von unerwünschten Anzeigen, z.B. Gras
12	Justierbereich
13	Verschiebung des Justierbereiches (Nullpunktregler)
14	Monitorbreite
15	Monitorlage
16	Monitorschwelle
17	Alarm für Monitor 1
18	Alarm für Monitor 2
19	Funktionstasten für eine beliebige Belegung mit Menüpunkten
20	Informationsleiste des Bildschirmbereichs

35XS dargestellt. Im Unterschied zum Echograph 1090 sind die Bedienfunktionen in drei Ebenen eingerichtet.

Das Abb. 3.19 zeigt, dass bestimmte Einstellungen unabhängig von den Funktionsgruppen vorgenommen werden können, wie z.B. das Ein- und Ausschalten des Gerätes, die Verstärkung oder das Wechseln zwischen den Bedienebenen sowie Sonderfunktionen.

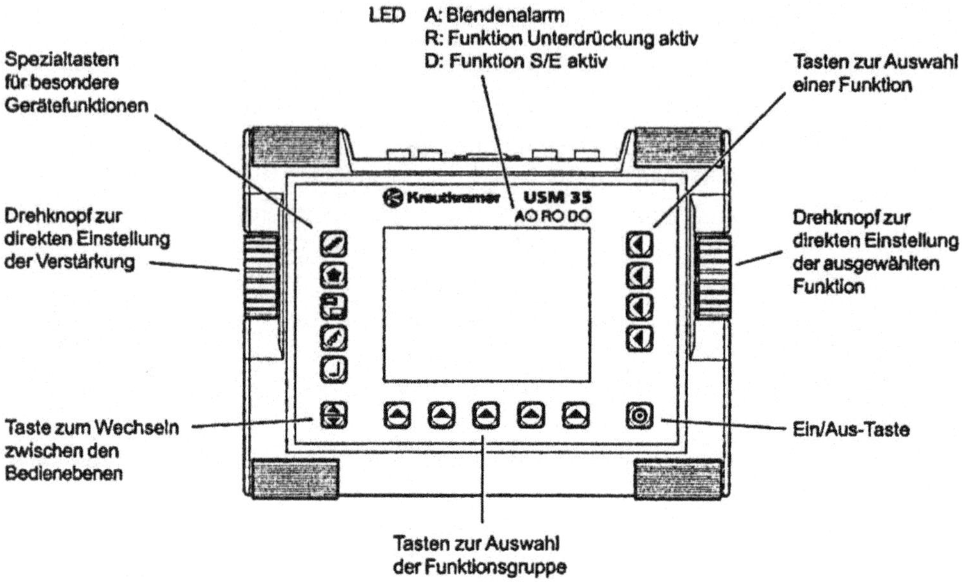

Abb. 3.18 Bedienelemente am USM 35XS in der Übersicht [3.9]

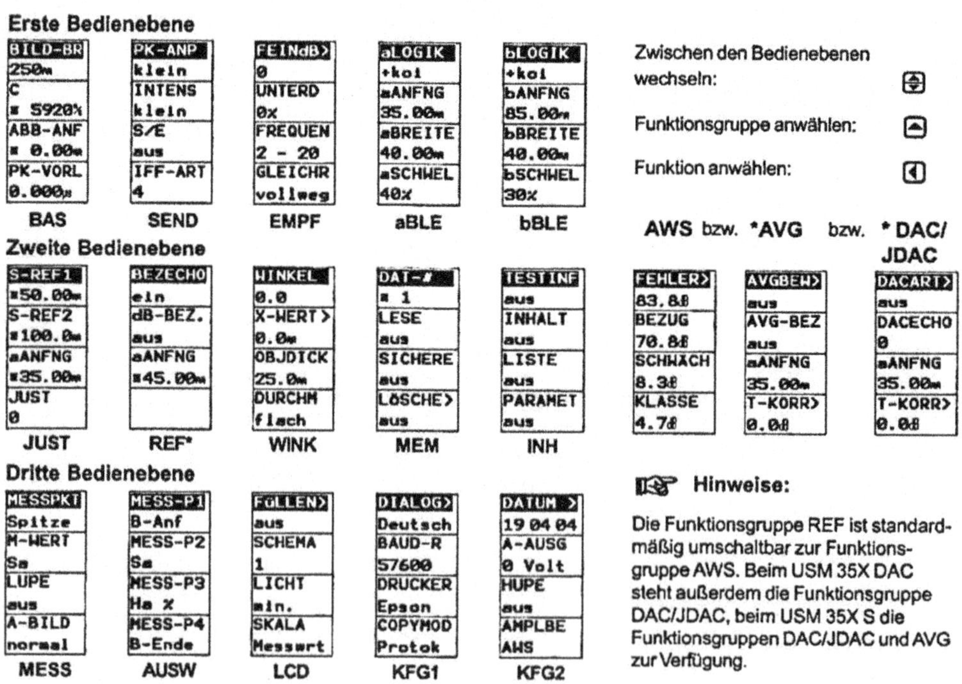

Abb. 3.19 Bedienkonzept zum USM 35XS in drei Ebenen [3.9]

3.2.2 Funktionsgruppen

Nachstehend sollen die Funktionsgruppen des USM 35XS erläutert werden. Jede Bedienebene enthält die in Tabelle 3.9 aufgeführten Funktionsgruppen, die in Tabelle 3.10 näher erläutert werden.

In Abb. 3.20 ist das Ultraschallgerät Sitescan 150 der Firma Sonatest dargestellt und Abb. 3.21 zeigt die einzelnen Bedienelemente.

3.2.3 Justierung der Entfernungsanzeige

Anhand der vorher beschriebenen Funktionsgruppen lässt sich schon ableiten, dass die Justierung bei den dargestellten Ultraschallgeräten und den verschiedenen Prüfkopfarten nur durch die unterschiedliche Anzahl der Bedienfunktionen gekennzeichnet ist. Zu Beginn wird der Prüfbereich (Abbildungsbereich oder Breite des Justierbereichs) einjustiert, indem die Schallgeschwindigkeit gewählt und der Bereich mit der Verschiebung (Null-

Tab. 3.9 Funktionsgruppen am USM 35XS [3.9]

Bedienebene	Funktionen								
1	BAS	SEND	EMPF	aBLE	bBLE				
2	JUST	REF	AWS	DAC	JDAC	AVG	WINK	MEM	INH
3	MES	AUSW	LCD	KFG1	KFG2				

Tab. 3.10 Erläuterung der Funktionsgruppen vom USM 35XS [3.9]

Funktionsgruppe	Einstellung
BAS	**des Abbildungs- oder Prüfbereiches** Die Bildbreite **BILD-BR** kann in Schritten von 0,5 bis 1400 mm in glatten Stufen und von 0,01 mm bis 9,99 mm, von 0,1 mm bis 99,9 mm, von 1 mm bis 999 mm und von 10 mm bis 1000 mm. Die Schallgeschwindigkeit **c** kann zwischen 1000 und 15000 m/s gewählt werden. Der Abbildungsanfang **ABB-ANF** kann mit dieser Funktion als Verschiebung der gesamten Bildschirmanzeige gewählt werden (Nullpunktregler). Jeder Prüfkopf hat zwischen Schwinger und Ankopplungsfläche einen Vorlaufkörper Der Schallimpuls muss zunächst diesen Vorlaufkörper durchlaufen, bevor er in den Prüfgegenstand eintreten kann. Dieser Einfluss der Vorlaufstrecke im Prüfkopf wird durch diese Funktion **PK-VORL** ausgeglichen.

Tab. 3.10 Fortsetzung

Funktionsgruppe	Einstellung
SEND	**des Senders** Die Funktion **PK-ANP** dient zur Anpassung des Prüfkopfes, d.h. bei der Einstellung „klein" wird die Dämpfung geringer, die Echos werden höher und breiter und bei der Einstellung „groß" verringert sich die Echohöhe und es entstehen schmalere Echos, meist mit einem höheren Auflösungsvermögen. Mit der Funktion **INTENS** wird die Senderspannung eingestellt. Die Einstellung groß mit hoher Spannung empfiehlt sich für alle Prüfungen, in denen es auf höchste Empfindlichkeit ankommt, z.B. für den Nachweis kleiner Fehler. Die Sender-Empfänger-Trennung erfolgt mit der Funktion **S/E**. Bei der Einstellung „aus" wird der Einschwingerbetrieb geschaltet, bei „ein" der S/E-Betrieb und der Durchschallungsbetrieb. Die Funktion **IFF-ART** regelt die Impulsfolgefrequenz, die angibt, wie oft in einer Sekunde ein Sendeimpuls ausgelöst wird. Je dicker der Prüfgegenstand ist, desto kleinere IFF-Werte werden zur Vermeidung von Phantomechos benötigt.
EMPF	**des Empfängers** Die Feineinstellung der Verstärkung kann mit der Funktion **FEINdB** vorgenommen werden und zwar über 40 Stufen im Bereich von ca. 4 dB. Mit der Funktion **dBSTUF** wird die Schrittweite für die Verstärkungsänderung von 0,5 dB, 1,0 dB, 2,0 dB, 6,0 dB und 6,5 bis 20 dB eingestellt. Die Funktion **UNTERD** gestattet die Unterdrückung unerwünschter Anzeigen. Mit **FREQUEN** wird die Prüffrequenz entsprechend dem gewählten Prüfkopf eingestellt. Es gibt vier Frequenzbereiche mit 0,2 bis 1 MHz, 0,5 bis 4 MHz, 0,8 bis 8 MHz und 2 bis 20 MHz. Schließlich lässt sich mit der Funktion **GLEICHR** die Abbildung einer Halbwelle oder der Vollwelle regeln.
aBLE und bBLE	**der Blenden** die Blenden überwachen den Bereich des Prüfgegenstandes, in dem Fehler erwartet werden. Es gibt drei Blenden, die farblich unterschieden werden. Mit den Unterfunktionen **aLOGIK/bLOGIK, aANFNG/bANFNG, aBREITE/bBREITE** und **aSCHWEL/bSCHWEL** können die Blenden entsprechend den Anforderungen verändert werden.
JUST	**Justierung** Diese Funktion **JUST** gestattet die Justierung des US-Gerätes, auf die im folgenden Kapitel näher eingegangen wird.
REF	**Referenz** Reflektorechos können mit Hilfe von Bezugsechos bewertet werden. Die Funktionsgruppe **REF** bietet diese Möglichkeit an.

Tab. 3.10 Fortsetzung

Funktionsgruppe	Einstellung
AWS	**Spezifikation AWS** Eine besondere Funktion stellt **AWS** dar. Hier können Fehler in Schweißverbindungen nach der Spezifikation AWS D 1.1 [3.15]bewertet und klassifiziert werden.
DAC und JDAC	**Tiefenausgleich** Schließlich ist die Funktionsgruppe **DAC** für den Tiefenausgleich verantwortlich. Anhand einer Distanz-Amplituden-Kurve wird der Tiefenausgleich für den verwendeten Prüfkopf berechnet, so dass alle Referenzechos die gleiche Bildschirmhöhe erreichen. Die Echos aus dem Prüfgegenstand werden somit relativ zu einem Referenzecho bewertet. **JDAC** erlaubt eine zusätzliche Klassenbewertung nach JIS Z3060-2002.
AVG	**AVG-Fehlergrößen-Bewertung** Mit dieser Funktion können Anzeigen nach der AVG-Methode bei Anwendung vorgegebener Prüfköpfe bewertet werden. Mit den Unterfunktionen **PK-Name, AVG-KRV, cVORL, Deff, PK-Freq, BEZ-TYP, BEZGRÖS**, **SCHWBEZ**, **SCHWOBJ** und **AMPLKOR** wird zunächst ein Bezugsecho aufgenommen, wie z.B. ein Rückwandecho vom Prüfgegenstand oder ein Kreisbogenecho vom Kontrollkörper nach EN ISO 7963. Daraufhin kann die dem Prüfkopf entsprechende AVG-Kurve abgebildet werden. Nach der Transfer- und Schallschwächungskorrektur können die festgestellten Ungänzenanzeigen bewertet werden.
WINK	**Fehlerlagenberechnung** Mit dieser Funktion können der Projektionsabstand **PA**, der verkürzte Projektionsabstand **vPA** und die Ungänzentiefe **t** berechnet werden. Zusätzlich müssen der Einschallwinkel und der x-Wert des Prüfkopfes eingestellt werden, um die Fehlerlage automatisch bestimmen zu können. Weitere Unterfunktionen sind **OBJDICK** für die Einstellung der Wanddicke des Prüfgegenstandes und **DURCHM** für den Außendurchmesser des Prüfgegenstandes, wenn an gekrümmten Oberflächen geprüft werden soll.
MEM	**Speicherung von A-Bildern** Mit Hilfe der Funktionsgruppe **MEM** lassen sich Datensätze und Geräteeinstellungen speichern, zurückladen oder löschen. Damit können z.B. A-Bilder mit wichtigen Ungänzeninformationen zum Zwecke der Entscheidungsfindung durch die Prüfaufsicht erhalten bleiben.
INH	**Datensatzverwaltung** Die Datensatzverwaltung beinhaltet die Unterfunktionen **TESTINF** für eigene Zusatzinformationen zum Prüfgegenstand, zu den Ungänzen oder für Kommentare, **INHALT** zum Datensatz mit Abbildung des A-Bildes, den Datensatznamen und des Datums der Speicherung, **LISTE** zur Anzeige sämtlicher gespeicherten Datensätze und **PARAMET** zur Anzeige des aktuellen Datensatzes.

Tab. 3.10 Fortsetzung

Funktionsgruppe	Einstellung
MESS	**Konfiguration des US-Gerätes** Mit der Unterfunktion MESSPKT wird der Amplitudenmesspunkt auf die Flanke, die Spitze oder die Flanke eingestellt und der Schallweg gemessen. Bei der Einstellung Spitze erfolgt die Schallweg- und Amplitudenmessung am Maximum des höchsten Echos in der Blende, bei Flanke oder jFlanke erfolgt die Schallwegmessung am Schnittpunkt der Blendenschwelle mit der Vorderflanke des ersten Echos und die Amplitudenmessung am Maximum des ersten Echos in der Blende. Prinzipiell ist die Spitzenmessung vorzuziehen, da hier die gemessenen Entfernungen nicht von der Echohöhe abhängig sind. Flankenmessungen können dem Vergleich mit den Messwerten eines analogen Ultraschallgerätes dienen.
AUSW	**Konfiguration der Messzeile** Hier wird die Messzeile ausgewählt, in der der Messwert positioniert werden soll.
LCD	**des Bildschirms** Mit dieser Funktion können Echos bildlich ausgefüllt, die Beleuchtung des Bildschirms gewählt und eine Skala für die Messwerte angezeigt werden.
KFG	Diese Funktionen dienen der Einstellung der Sprache, der Einheiten, der Baud-Rate, der Druckerauswahl, der Belegung der Taste, des Datums, der Uhrzeit, der Hupe, des Analogausganges und der Bewertungsart.

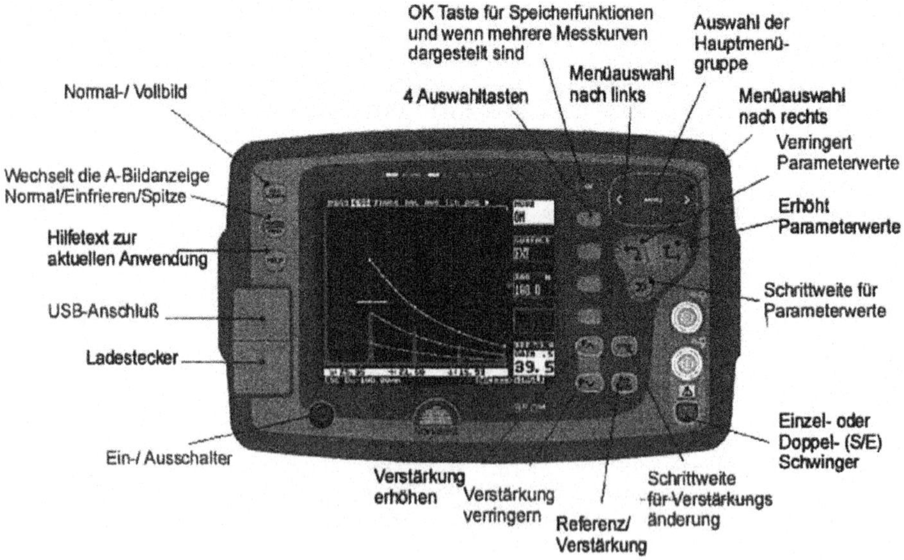

Abb. 3.20 Ultraschallgerät Sitescan 150 [3.10]

FREEZE PEAK	Diese Taste hat drei Funktionen, welche nacheinander durch mehrmaliges betätigen ausgelöst bzw. aktiviert werden: • Modus A-Bild einfrieren • Modus Spitze (Peak) halten • Modus Tastensperre Weiteres betätigen schaltet in den Modus „normal" zurück.
HELP	Mit dieser Taste wird das Hilfemenü aufgerufen. Die Hilfe überlagert den aktuellen Bildschirm. Das Hilfemenü gibt Anleitungen zur Bedienung des Sitescan Gerätes. Wählen Sie aus folgenden drei Möglichkeiten: Bedienung des Sitescan OK Beschreibung des aktiven Menüs Justierung Durch nochmaliges drücken der HELP Taste kehren Sie in den Normalbetrieb zurück. Die Hilfe zeigt u.a. die Seriennummer des Gerätes, sowie Hardware- und Softwareversion an.
FULL SCREEN	Diese Taste wird zur Umschaltung zwischen normaler Darstellung (A-Bild inkl. Menüebenen) und großer A-Bild Darstellung (ohne Menüebenen) verwendet.
STEP	Verwenden Sie diese Taste zur Einstellung der dB-Schrittweite am Verstärker. Zur Auswahl stehen folgende Schrittgrößen: 0,5/ 2/ 6/ 14 oder 20dB. Der gewählte Wert wird im Verstärkungsfenster angezeigt, welches im rechen unteren Rand des Displays angezeigt wird.
	Drücken Sie diese Taste, um die im Verstärkungs- oder Referenz-Fenster angezeigten Verstärkungswerte zu erhöhen bzw. zu reduzieren. Das Fenster befindet sich immer auf der rechten unteren Seite des Bildschirms. Durch längeres drücken kann der Wert schneller gescrollt werden.
REF GAIN	Durch betätigen der REF/GAIN Taste wählen Sie im Verstärkungsfenster die Einstellung, welche geändert werden soll. Wenn Sie Referenz gewählt haben, so werden die Referenz- und Verstärkungs- Werte gemeinsam erhöht oder reduziert.
SINGLE DOUBLE	Diese Taste schaltet zwischen Einzel- und Zweischwinger Prüfkopf um. Der Benutzer sollte vor dem Wechseln des Prüfkopfes das Gerät ausschalten oder den Sender durch drücken der Taste FREEZE/PEAK ausschalten.
Tx	BNC oder LEMO 1 Buchse für Einzelschwingerprüfkopf (Impuls-Echo) oder nur für den Sender bei Zweischwingeranordnungen (S/E, Durchschallung).
Rx	Die BNC oder Lemo 1 Buchse für den Empfänger bei S/E Prüfköpfen oder bei zwei Prüfköpfen (z.B. Durchschallung).
	USB Steckverbindung zum Anschluss externer USB Geräte wie Drucker, Tastatur oder PC.
	Buchse für das Batterieladegerät zum Aufladen des Batteriepacks. Ein roter Punkt markiert die Einsteckposition auf Buchse und Stecker. Beachten Sie bitte die Informationen in Kapitel 7.
	Ein/Aus Taste zum Ein- und Ausschalten des Prüfgerätes. Anmerkung: Es ist normal, dass nach dem Einschalten kurzzeitig zufällige Anzeigen auf dem Bildschirm erscheinen bis der Speicher initialisiert ist.
MENU	Diese Menü-Taste dient zum Anzeigen der vier Hauptmenüs für Justieren, Messen, Zubehör, und Memory. Die MENÜ Taste kann jederzeit gedrückt werden. Zum Auswählen des erforderlichen Untermenüs drücken Sie die entsprechende Taste auf der rechten Seite.
< >	Mit diesen Tasten bewegen sie die hinterlegten Markierungen in der oberen Zeile des Bildschirms. An der rechten Seite des Bildschirms erscheinen dazu passend die jeweiligen Fenster und die jeweiligen Parameter.
	Die vier grauen Tasten auf der rechten Seite der Anzeige werden verwendet, um das Menüfenster zu wählen, dass auf der rechten Seite des A-Bildes erscheint. Das ausgewählte Fenster wird hinterlegt. Die zweite Betätigung aktiviert eine Auswahlliste. Auswahlwerte werden mit den Tasten und angewählt.
	Diese Taste arbeitet in Verbindung mit den grauen Tasten neben den Parameter-Fenstern, um Werte zu erhöhen oder Parameter in positiver Richtung zu verändern. Bei der Einstellung von Nullpunkt und Vorlauf des Prüfkopfes wird das Signal nach rechts bewegt. Durch längere Betätigung wird ein Schnelllauf aktiviert.
	Diese Taste arbeitet in Verbindung mit den grauen Tasten neben den Parameter-Boxen, um Werte zu verringern oder Parameter in negativer Richtung durch zu steppen. Bei ZERO oder Delay (Nullpunkt oder Vorlauf-Einstellung) des Prüfkopfes wird das Signal nach links bewegt. Durch längere Betätigung wird ein Schnelllauf aktiviert.
>>	Diese Taste ändert die Schrittweite, welche zum Einstellen der Parameter verwendet wird. Es gibt die Schrittgrößen klein und groß. Die Taste schaltet zwischen den zwei Größen um. Der aktuelle Zustand ist mit „>" für den kleinen und durch „>>" für den größeren Schritt im Parameterkasten gekennzeichnet, welcher eingestellt wird.
OK	Diese Taste arbeitet in Verbindung mit den Speichermenüs, um einen Speichervorgang oder den Aufruf einer gespeicherten Datei zu bestätigen. Im Druckmodus dient sie als Drucktaste.

Abb. 3.21 Bedienelemente am Sitescan 150 [3.10]

punktverschiebung) auf die linke und rechteBegrenzung des Bildschirmrasters und die Blende über ein Echo aus dem Justierkörper geschoben wird. Danach wird die Vorlaufstrecke im Prüfkopf korrigiert, sofern das notwendig ist (SE-Prüfköpfe). Bei Winkelprüfköpfen muss natürlich die Schallgeschwindigkeit der Transversalwellen vorgegeben werden. Ist der Prüfbereich justiert, so können für die Prüfung der Einschallwinkel, das x-Maß und die Wanddicke eingegeben werden.

3.2.4 Justierung der Empfindlichkeit

Für die Empfindlichkeitsjustierung sind jeweils spezielle Tasten vorgesehen, mit deren Hilfe ein Bezugsecho als Grundlage der Messungen und der Amplitudenbewertung eingestellt und gespeichert werden kann. Im Einzelnen sind folgende Schritte auszuführen:

- Prüfkopf ankoppeln und Bezugsecho züchten bzw. optimieren,
- Verstärkung so ändern, dass das Echo die gewünschte Höhe erreicht,
- Blende auf das höchste Echo in der Blende stellen,
- Spezielle Taste drücken, um das Bezugsecho zu speichern,
- Blende auf das zu bewertende Echo stellen und Differenzwert der Verstärkung in dB in der Messzeile ablesen.

3.3 Koordinatenfestlegung

3.3.1 Festlegung eines Bezugssystems

Das Bezugssystem muss am Prüfgegenstand dauerhaft gekennzeichnet sein und muss auch nach einer Weiterverarbeitung des Prüfgegenstandes erhalten bleiben. Sinnvoll ist ein übergeordnetes Bezugssystem für die Fertigung und alle anfallenden ZfP-Verfahren, da ein Vergleich der Prüfbefunde dadurch erleichtert wird. Ein Bezugssystem besteht immer aus der Festlegung von drei Koordinatenachsen:

- Längskoordinate (L),
- Querkoordinate (Q),
- Tiefenkoordinate (T).

Diese drei Koordinatenachsen sollten von einem gemeinsamen Nullpunkt (Koordinatenursprung) ausgehen. Ein Stempelfeld am Prüfgegenstand kann z.B. als Koordinatenursprung verwendet werden. Die Festlegung der Koordinatenachsen und des Koordinatenursprungs muss in einer Prüfskizze eindeutig festgelegt werden (Abb. 3.22).

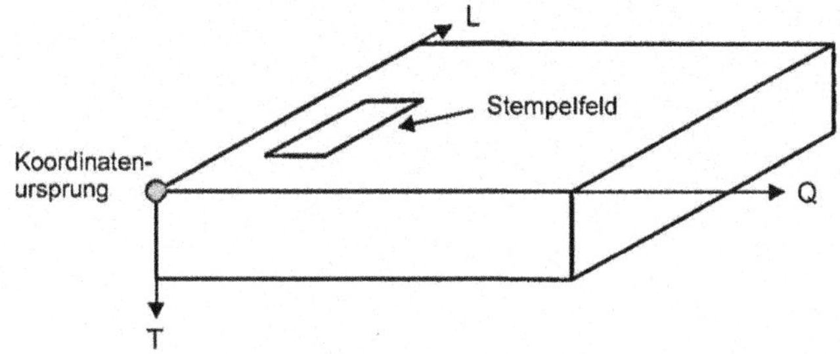

Abb. 3.22 Beispiel für die Festlegung eines Bezugssystems [3.4]

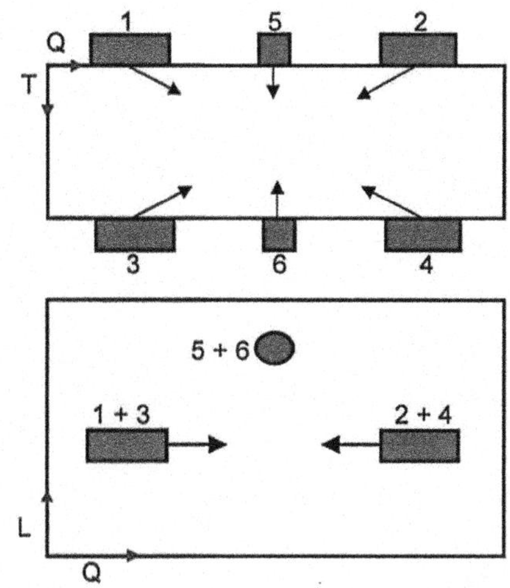

Abb. 3.23 Beispiel für die Festlegung von Einschallposition und Einschallwinkel [3.4]

3.3.2 Einschallposition und Einschallwinkel

In vielen Fällen ist eine Prüfung mit mehreren Prüfköpfen aus verschiedenen Einschallpositionen erforderlich. Um eine reproduzierbare Prüfung zu gewährleisten, sind die Einschallpositionen mit dem Einschallwinkel ebenfalls in der Prüfskizze festzuhalten (Abb. 3.23).

3.3.3 Reflektorlagenbestimmung bei der Senkrechteinschallung

Bei einem georteten Reflektor ist bereits durch die Prüfkopfposition ein Teil der Lagenbestimmung durch mechanisches Ausmessen des Abstandes Bezugskante bis Prüfkopfmitte direkt ablesbar. Üblicherweise ist die Längs- und Querkoordinate für den Reflektor damit bekannt (Abb. 3.24).

Die Tiefenkoordinate muss allerdings aus der Anzeige am Bildschirm des Ultraschallgerätes berechnet werden.

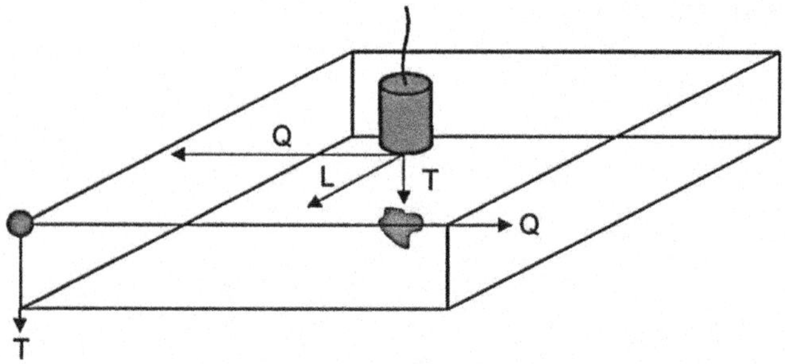

Abb. 3.24 Abmessen der Längs- und Querkoordinate im Koordinatensystem [3.5]

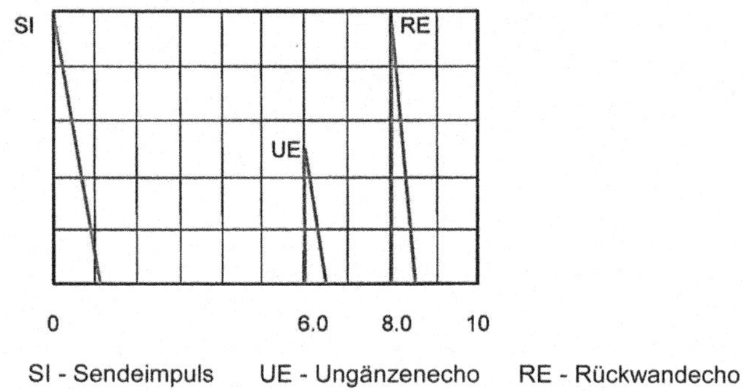

Abb. 3.25 Ablesen der Skalenteile zur Ermittlung des Schallweges [3.4]

Beispiel:

Das Gerät ist vor dem Prüfen für einen Justierbereich $S_B = 125$ mm justiert worden. Der Prüfgegenstand hat in Einschallrichtung eine Wanddicke von d = 100 mm. Bei der Prüfung ergibt sich nachfolgender Bildschirm (Abb. 3.25):

Rechnung:

Zuerst wird der Maßstab zwischen Bildschirm und Prüfgegenstand ermittelt, indem der Skalenfaktor K für den einjustierten Prüfbereich zur Ermittlung des Schallweges vom Prüfkopf zum Reflektor berechnet wird.

$$K = \frac{s_B}{10} = \frac{125}{10} = \mathbf{12{,}5\ mm/Skt},$$

d.h. dass pro Skalenteil 12,5 mm Wanddicke abgebildet werden. Anschließend wird mit diesem Faktor der Schallweg vom Prüfkopf bis zum Reflektor berechnet.

$$s = K \times T = 12{,}5\ \text{mm/}{*}\ 6{,}0\ \text{Skt} = \mathbf{75\ mm}.$$

mit s = Schallweg zwischen Prüfkopf und Reflektor sowie
T = abgelesene Skalenteile am Bildschirm.

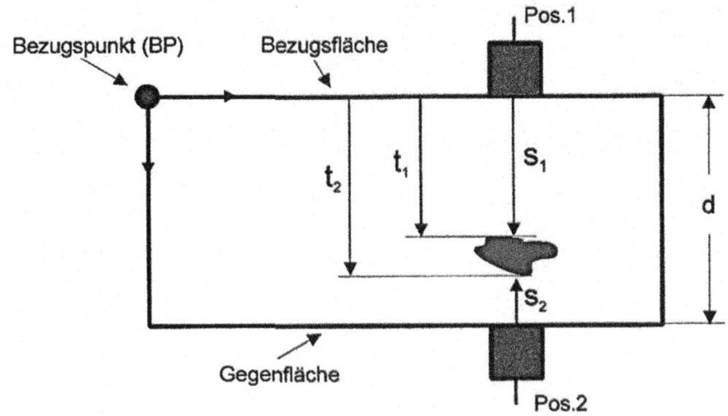

Abb. 3.26 Bestimmung der Tiefenkoordinate von der Bezugsfläche und Gegenfläche [3.4]

Je nach Einschallrichtung gibt es zwei Berechnungsmöglichkeiten für die Festlegung der Reflektortiefe. Entscheidend für die richtige Auswahl ist die Frage, ob von der Bezugsfläche oder von der Gegenfläche aus eingeschallt worden ist (Abb. 3.26).

Folgende Formeln sind anzuwenden (Tabelle 3.11):

Tab. 3.11 Bestimmung der Tiefenkoordinate

Einschallrichtung	Formel
Bezugsfläche	$t = s_1$
Gegenfläche	$t = d - s_2$

mit t = Tiefenlage des Reflektors,
s_1 = Schallweg von der Bezugsfläche,
s_2 = Schallweg von der Gegenfläche,
d = Wanddicke des Prüfgegenstandes.

Weiterhin lässt sich aus der Differenz der beiden ermittelten Tiefen die Tiefenausdehnung des Reflektors errechnen.

$$t_A = t_2 - t_1$$

3.3.4 Reflektorlagenbestimmung bei der Schrägeinschallung

3.3.4.1 Das Fehlerdreieck

Bei der Schrägeinschallung müssen bei einer vorgegebenen Schallwegjustierung alle drei Koordinaten über die Prüfkopfposition und den Schallweg vom Schallaustrittspunkt bis

Abb. 3.27 Fehlerdreieck [3.4]

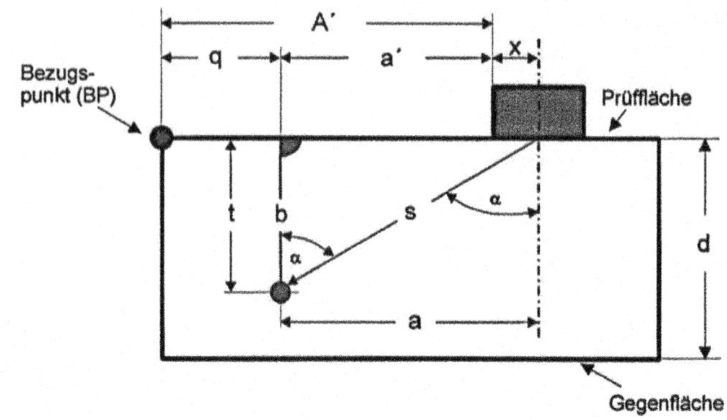

Kurzzeichen	Erläuterung
A'	Prüfkopfposition, gemessen zwischen Prüfkopfvorderkante und Bezugskante,
s	Schallweg vom Schallaustrittspunkt bis zum Reflektor,
a	Projektionsabstand zwischen Schallaustrittspunkt und Projektion des Reflektors,
a'	Verkürzter Projektionsabstand zw. Prüfkopfvorderkante und Projektion des Reflektors,
x	Abstand zwischen Schallaustrittspunkt und Prüfkopfvorderkante,
b	Hilfsgröße zur Bestimmung der Reflektortiefenlage,
t	Reflektortiefenlage,
q	Abstand zwischen Bezugspunkt und Reflektor (Querkoordinate),
d	Wanddicke des Prüfgegenstandes,
BP	Bezugspunkt.

zum Reflektor errechnet werden. Diese Berechnungen erfolgen teilweise mit Hilfe von trigonometrischen Funktionen (Winkelfunktionen). Das Fehlerdreieck ist die Grundlage für alle anfallenden Berechnungen (Abb. 3.27). Es beinhaltet im Wesentlichen die Größen Schallweg, Projektionsabstand und b-Maß.

3.3.4.2 Vorgehensweise für die Koordinatenfestlegung

Voraussetzung für eine exakte Koordinatenfestlegung ist die Kenntnis der Prüfkopfdaten x-Maß und Einschallwinkel α .Die Vorgehensweise erfolgt in vier wesentlichen Schritten:

1. Schritt: Ablesen der Echoposition (T in Skt) am Bildschirm und Berechnung des Schallwegs $s = K \times T$.
2. Schritt: Festlegung der Prüfkopfposition (A') durch mechanisches Ausmessen des Abstandes Prüfkopfvorderkante zur Bezugskante.
3. Schritt: Errechnen der Zwischengrößen (a' und b) mit Hilfe von Winkelfunktionen
   $a' = s \times \sin\alpha$ und
   $b = s \times \cos\alpha$.
4. Schritt: Berechnung der Längs-, Tiefen- und Querkoordinaten.

3.3.4.2.1 Festlegung der Längskoordinate

Die Längskoordinaten einer Ungänze werden ermittelt durch Verschieben des Prüfkopfes über der Prüffläche und gleichzeitigem Beobachten der Ungänzenanzeige am Bildschirm. Deshalb muss die Bewertungsmethode zur Feststellung der Längskoordinate vorgegeben werden. Man unterscheidet hierbei die Registrierlänge, Halbwertslänge, Viertelwertslänge, Zehntelwertslänge und Nullwertsmethode, je nachdem mit welcher Verstärkung das optimierte Ungänzenecho beaufschlagt wird.

3.3.4.2.2 Festlegung der Tiefenkoordinate

Bei der Schrägeinschallung ist es möglich, den gleichen Reflektor mehrmals aus verschiedenen Prüfkopfpositionen anzuschallen (Abb. 3.28). Es bedeuten:

1, 2 = direkt angeschallt,
3, 4 = über eine Umlenkung angeschallt,
5 = über zwei Umlenkungen angeschallt.

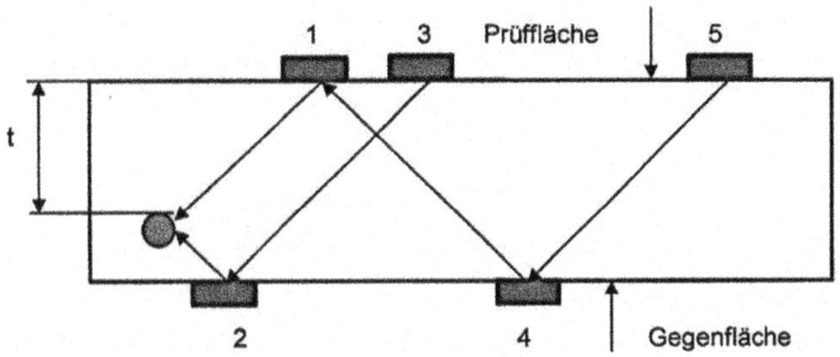

Abb. 3.28 Bestimmung der Tiefenkoordinate [3.4]

Tab. 3.12 Formeln für die Bestimmung der Tiefenkoordinate [3.4]

Prüfkopf-position	Anzahl der Umlenkungen	Formel	Gültigkeitsbereich
1	keine (direkt angeschallt von der Prüffläche)	$t = b$	$0 \leq b \leq d$
2	keine (direkt angeschallt von der Gegenfläche)	$t = d - b$	$0 \leq b \leq d$
3	eine Umlenkung (angeschallt von der Prüffläche)	$t = 2d - b$	$d \leq b \leq 2d$
4	eine Umlenkung (angeschallt von der Gegenfläche)	$t = b - d$	$d \leq b \leq 2d$
5	zwei Umlenkungen (angeschallt von der Prüffläche)	$t = b - 2d$	$2d \leq b \leq 3d$

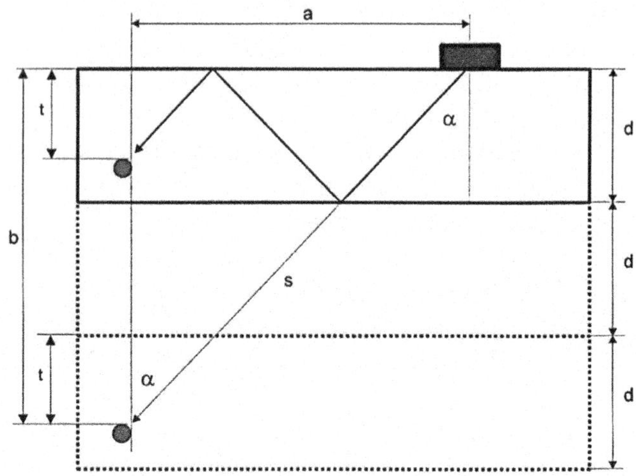

Abb. 3.29 Abwicklung des Schallverlaufes bei zwei Umlenkungen [3.4]

Diese Möglichkeiten müssen bei der Koordinatenfestlegung berücksichtigt werden. Je nach Anzahl der Umlenkungen muss eine der folgenden Formeln verwendet werden, um aus der Zwischengröße (b) die Tiefenlage (t) des Reflektors zu bestimmen (Tabelle 3.12).

Zur Veranschaulichung dieser Zusammenhänge kann auch Abb. 3.29 verwendet werden.

3.3.4.2.3 Festlegung der Querkoordinate

Je nach Festlegung des Bezugssystems ergeben sich auch für die Berechnung der Querkoordinate unterschiedlich anzuwendende Formeln. Üblicherweise wird für die Prüfung von Blechen und Schmiedeteilen als Bezugspunkt eine Kante des Prüfgegenstandes gewählt (Abb. 3.30) und für die Schweißnahtprüfung wird die Schweißnahtmitte oft als Bezugspunkt verwendet (Abb. 3.31).

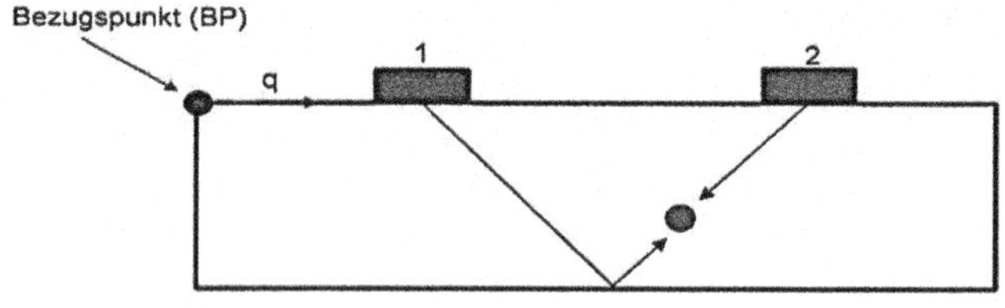

Abb. 3.30 Bezugskante für die Querkoordinate bei Blechen und Schmiedeteilen [3.5]

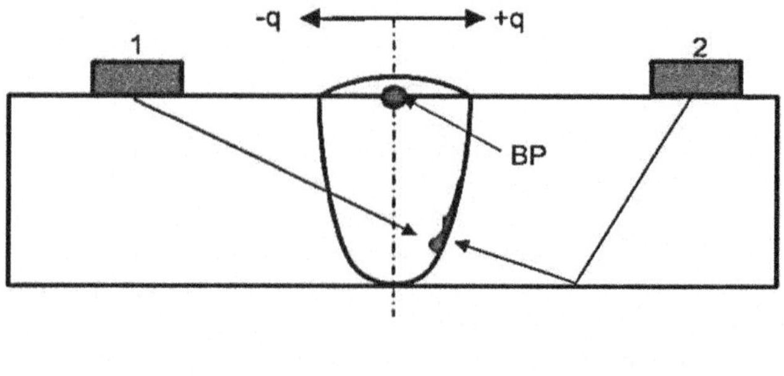

Abb. 3.31 Schweißnahtmitte als Bezugspunkt für die Querkoordinate [3.5]

Je nach Bezugspunkt und Prüfkopfrichtung sind folgende Formeln für die Berechnung der Querkoordinate einzusetzen Tabelle 3.13:

Tab. 3.13 Formeln zur Berechnung der Querkoordinate [3.4]

Bezugssystem	Einschallrichtung	Formel
Bezugskante bei	Einschallen zur Kante	q = A' - a'
Blechen und Schmiedestücken	Einschallen von der Kante weg	q = A' + a'
Bezugssystem bei Schweißnähten	Einschallen von der + q-Seite	q = A' - a'
Längsachse in Nahtmitte	Einschallen von der - q-Seite	q = a' - A'

Literatur

[3.1] Deutsch, Platte, Vogt, Ultraschallprüfung, Springer-Verlag 1999;
[3.2] Krautkrämer, Werkstoffprüfung mit Ultraschall, Springer-Verlag 1986;
[3.3] Deutsch, Vogt, Ultraschallprüfung v. Schweißverbind., DVS-Verlag GmbH 1995;
[3.4] Schiebold, Skript UT2 LVQ-WP Werkstoffprüfung GmbH;
[3.5] Schiebold, Skript UT1 LVQ-WP Werkstoffprüfung GmbH;
[3.6] DIN EN 583-2, Ultraschallprüfung: Empfindlichkeits- u. Entfernungsjustierung, April 2001;
[3.7] ASME-Code, Section V, 1989;
[3.8] Karl Deutsch, Bedienungsanleitung Echograph 1090;
[3.9] GE, Bedienungsanleitung USM 35 XS;
[3.10] Sonatest, Bedienungsanleitung Sitescan 150
[3.11] Matthies u.a., Dickenmessung mit Ultraschall, DVS-Verlag GmbH 1998;
[3.12] DIN EN ISO 2400, ZfP- Ultraschallprüfung- Beschreibung des Kalibrierkörpers Nr. 1, Jan. 2013;
[3.13] DIN EN ISO 7963, ZfP- Ultraschallprüfung- Beschreibung des Kalibrierkörpers Nr. 2, Dez. 2010;
[3.14] ASME-Code, Section V, Artikel 4, Anhang B 20, 1989;
[3.15] Structural Welding Code – Steel, Technikregeln der Americal Welding Society AWS, 2010;

Justier- und Vergleichsreflektoren 4

4.1 Begriffsbestimmung

Jede Ultraschallprüfung beginnt mit einem Justiervorgang. Das Ultraschallgerät muss zur Bewertung von Ungänzen sowohl hinsichtlich deren Tiefenlage, der Abstandskoordinaten, als auch in Bezug auf die Größe exakt eingestellt werden. Abb. 4.1 zeigt eine Übersicht über die zur Justierung erforderlichen Begriffe.

4.2 Vorbemerkung

Das Impuls-Echo-Verfahren ermöglicht eine relativ exakte Bestimmung der Reflektorkoordinaten, da eine Laufzeitmessung erfolgt, die proportional dem zurückgelegten Weg im Prüfgegenstand ist. Um den tatsächlich zurückgelegten Weg im Prüfgegenstand am Bildschirm ablesen zu können, muß an bekannten Strecken eines Justierkörpers die x-Achse (horizontale Achse) des Bildschirms vom Ultraschallgerät justiert werden.

Da nicht alle Ungänzen zum Versagen des Bauteils führen müssen, ist es weiterhin wichtig, eine Klassifizierung (Trennung zwischen erheblichen (relevanten) und unerheblichen (nichtrelevanten) Anzeigen) vorzunehmen. Diese Klassifizierung kann mit verschiedenen Methoden erfolgen, allerdings ist eine Aussage über die Größe einer Ungänze von vielen charakteristischen Merkmalen abhängig und bleibt ungenau. In der Praxis beschränkt man sich auf die Anwendung sogenannter Vergleichsreflektoren, die als repräsentativ angesehen werden, für gesuchte Ungänzenform und Ungänzengröße. Mit Hilfe dieser Vergleichsreflektoren wird auch die y-Achse (vertikale Achse) des Bildschirms vom Ultraschallgerät justiert.

K. Schiebold, *Zerstörungsfreie Werkstoffprüfung – Ultraschallprüfung*,
DOI 10.1007/978-3-662-44700-0_4, © Springer-Verlag Berlin Heidelberg 2015

Abb. 4.1 Übersicht über die zur Justierung erforderlichen Begriffe [4.1]

4.3 Justierreflektoren

4.3.1 Auswahl und Anforderungen

Je nach Art der Justierung (Entfernungs-, Empfindlichkeitsjustierung) und der Art der Einschallung (Senkrecht- oder Schrägeinschallung) sind Justierreflektoren zu verwenden, an die bestimmte Anforderungen gestellt werden. Im Folgenden sollen die Auswahl- und Anforderungskriterien für typische Justierreflektoren näher betrachtet werden.

4.3.2 Typische Justierreflektoren

4.3.2.1 Rückwand

Die Rückwand wird definiert als ein ebener Reflektor, der größer als der Schallbündeldurchmesser ist und senkrecht angeschallt wird (Abb. 4.2). Die Anwendung als Justierreflektor beschränkt sich auf die Senkrechteinschallung sowohl für die Entfernungs- als auch

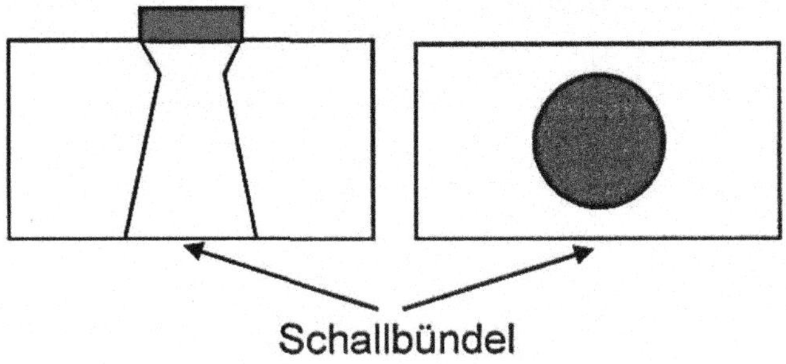

Abb. 4.2 Justierreflektor Rückwand bei Senkrechteinschallung [4.3]

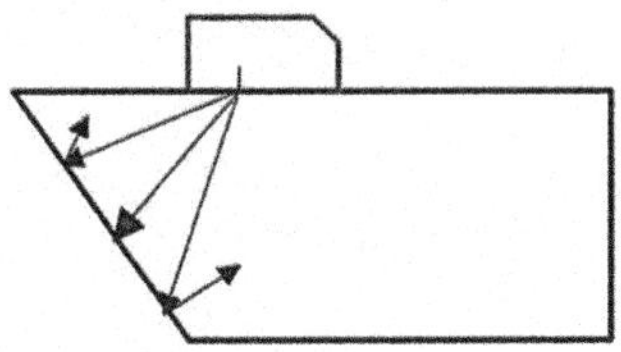

Abb. 4.3 Reflexion an einer Rückwand bei Schrägeinschallung [4.3]

für die Empfindlichkeitsjustierung. Für die Schrägeinschallung ist die Rückwand nicht geeignet, da der geforderte Auftreffwinkel von 0 Grad für jeden Einschallwinkel schwierig zu realisieren ist (Abb. 4.3).

So können Unterschiede in den Echohöhen der Rückwandanzeigen eines Vergleichskörpers und des Prüfgegenstandes allein durch die Ankopplung und die Schallschwächung verursacht werden.

4.3.2.2 Kreisbogen

Der Kreisbogen dient als Rückwandersatz für die Entfernungsjustierung bei der Schrägeinschallung. Kreisbögen mit verschiedenen Radien sind an den Kontrollkörpern K1 und K2 oder an vergleichbaren Kontrollkörpern zu finden. Vorteilhaft ist beim Justierreflektor Kreisbogen, dass der Ultraschallstrahl winkelunabhängig stets zum Prüfkopf zurückkommt (Abb. 4.4).

4.3.2.3 Flachbodenbohrung

Für die Flachbodenbohrung (Abb. 4.5) wird ebenfalls ein Auftreffwinkel von 0 Grad gefordert, allerdings muss die ebene Fläche dieses Reflektors kleiner als der Schallbündeldurchmesser sein. Der Anwendungsbereich beschränkt sich aufgrund des geforderten Auf-

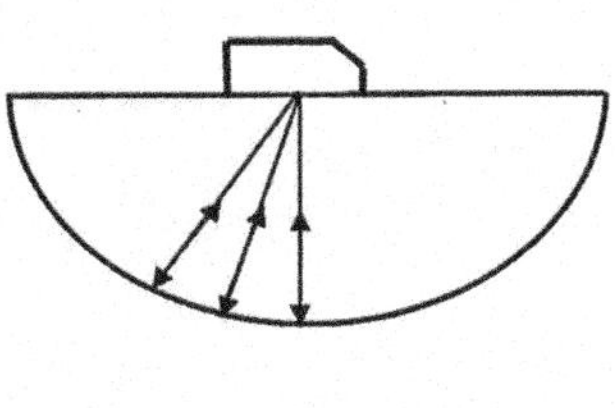

Abb. 4.4 Reflexion am Kreisbogen [4.3]

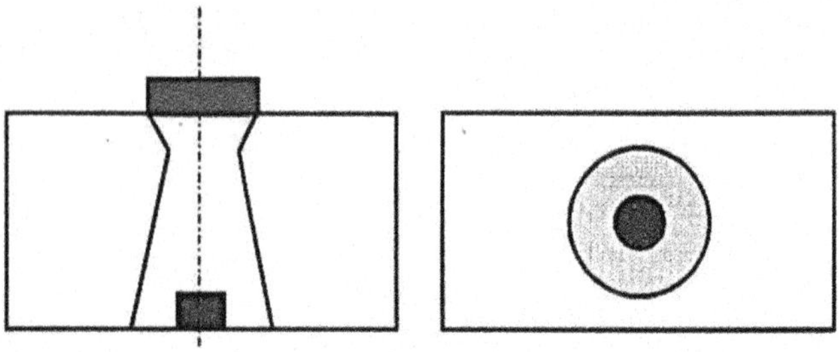

Abb. 4.5 Flachbodenbohrung bei ebenen Rückwänden [4.3]

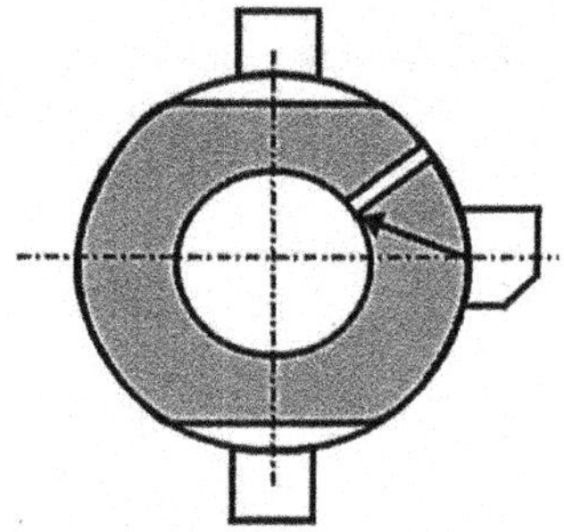

Abb. 4.6 Flachbodenbohrung bei schrägen Rückwänden [4.7]

treffwinkels auf die Senkrechteinschallung, weil die Einarbeitung von Kreisscheibenreflektoren in schräge Rückwände schwierig ist (Abb. 4.6).

Insbesondere zur Prüfung und Bewertung von großen Schmiedestücken im Energiemaschinenbau oder auch zur Rohrprüfung werden radial verlaufende Bohrungen, die mit der Prüf- und Gegenfläche Winkelspiegel bilden, als Justierreflektoren eingesetzt (Abb. 4.7).

4.3.2.4 Querbohrung

Die Querbohrung ist der bevorzugte Justierreflektor, da die Anwendungsmöglichkeiten nahezu uneingeschränkt sind. Der große Vorteil liegt in ihrer Winkelunabhängigkeit und relativ guten Herstellbarkeit, wodurch alle Einschallwinkel mit einer Querbohrung justiert werden können. Abb. 4.8 zeigt die Querbohrung als Justierreflektor bei Senkrechteinschallung, Abb. 4.9 bei Schrägeinschallung. An die äußere Form der Querbohrung werden darüber hinaus folgende Bedingungen gestellt:

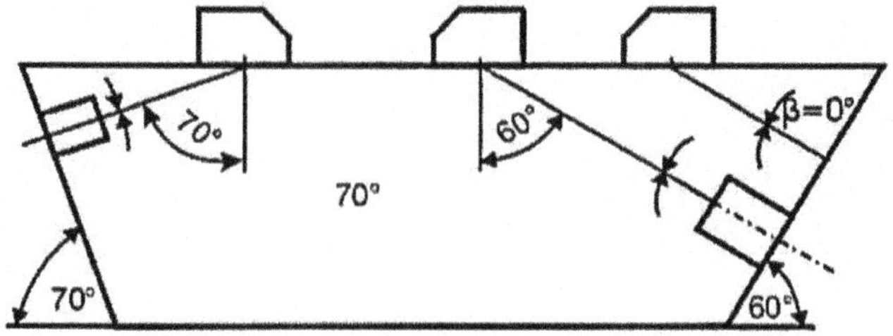

Abb. 4.7 Radiale Bohrungen als Justierreflektoren bei der Rohrprüfung [4.7]

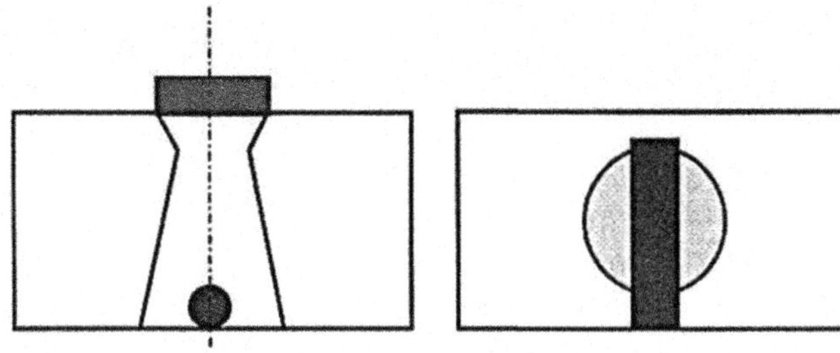

Abb. 4.8 Querbohrung als Justierreflektor bei Senkrechteinschallung [4.3]

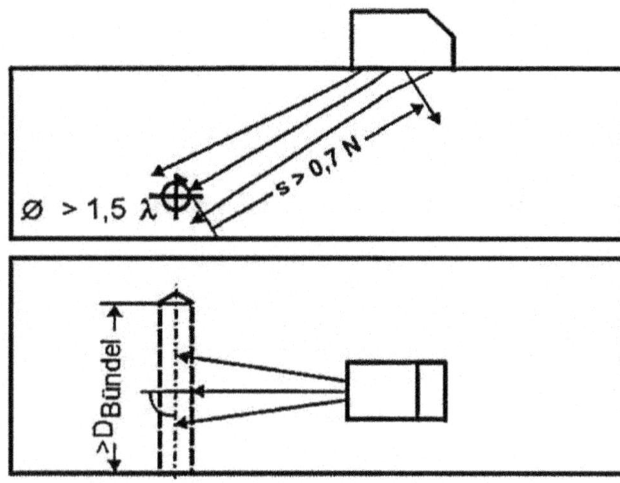

Abb. 4.9 Querbohrung als Justierreflektor bei Schrägeinschallung [4.3]

- planparallel zur Prüffläche,
- länger als der Schallbündeldurchmesser,
- Durchmesser größer als die Wellenlänge.

Im AD-Merkblatt HP 5/3 sind Justier- oder Vergleichskörper zur Empfindlichkeitsjustierung bei der Schrägeinschallung an Querbohrungen vorgestellt, mit deren Hilfe die Empfindlichkeit des Prüfsystems auf eine Anzeigenhöhe von 50% der Echohöhe der angegebenen Justierreflektoren eingestellt werden kann ($\Delta V = 6$ dB).

4.3.2.5 Nut

Die Nut wird als Justierreflektor für die Schrägeinschallung verwendet, insbesondere zur Empfindlichkeitsjustierung für oberflächennahe Ungänzen, z.B. für Einbrandkerben oder Wurzelfehler (Abb. 4.10). Die Abmessungen der Nut, wie die Form (Rechtecknut, U-Nut, V-Nut), Länge, Breite oder Tiefe werden in den meisten Fällen durch die Wanddicke des Prüfgegenstandes oder durch die zu bestimmenden Fehler bestimmt. Bei dünnwandigen Werkstücken lassen sich beispielsweise keine Querbohrungen einbringen. In Abb. 4.11 sind verschiedene Formen von Nuten als Justierreflektoren in einem Rohr dargestellt.

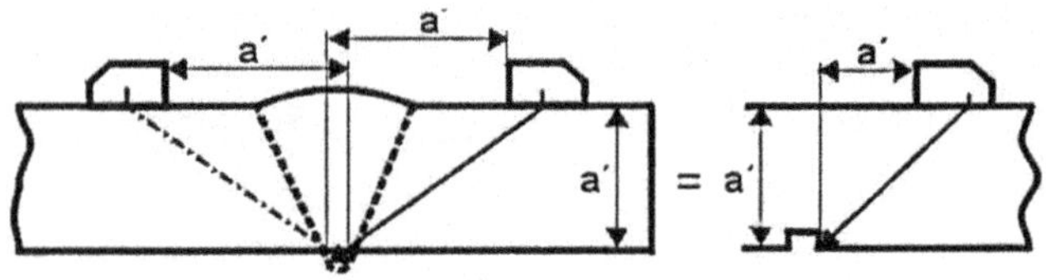

Abb. 4.10 Ortung oberflächennaher Ungänzen mit Nuten [4.4]

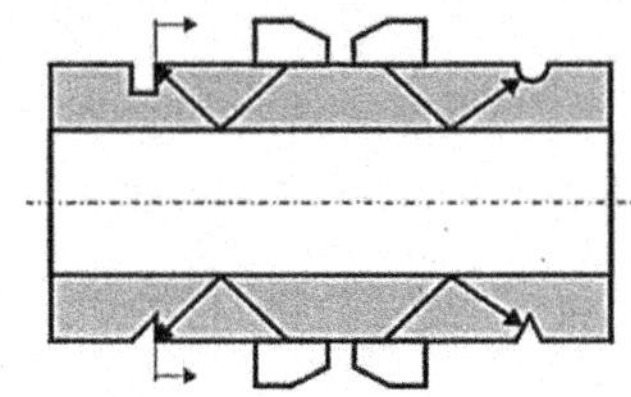

Abb. 4.11 Verschiedene Formen von Nuten als Justierreflektoren in einem Rohr [4.4]

4.3.3 Anwendung von Justierreflektoren

Abb. 4.12 gibt einen Überblick über typische Justierreflektoren.

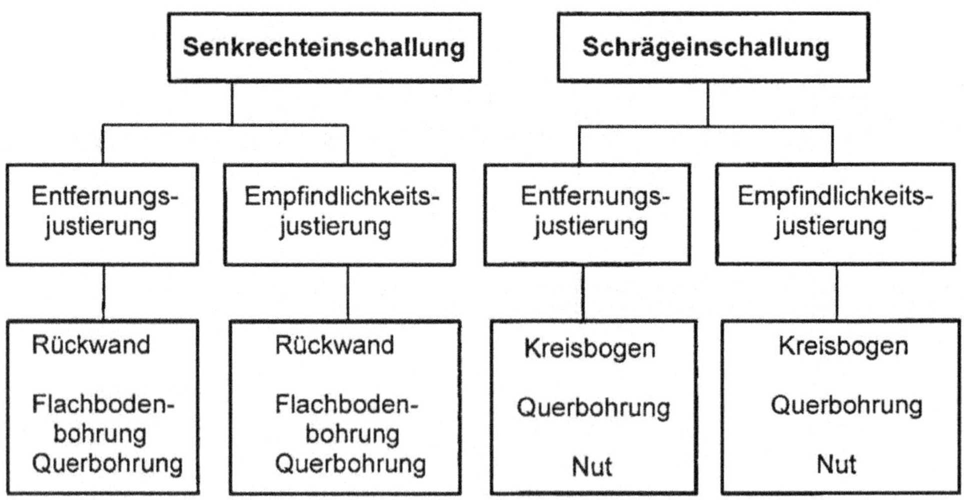

Abb. 4.12 Übersicht über die Anwendung von Justierreflektoren [4.3]

4.4 Typische Justier- und Vergleichskörper

Wenn Anzeigen aus dem Prüfgegenstand mit Anzeigen aus einem Justier- oder Vergleichskörper verglichen werden sollen, müssen bestimmte Anforderungen an den Werkstoff, den Oberflächenzustand, die Geometrie und die Temperatur beachtet werden (DIN EN 583-1). So sollte der Justier- bzw. Vergleichskörper aus einem Werkstoff mit akustischen Eigenschaften, die innerhalb eines festgelegten Bereiches in Bezug auf den Werkstoff des Prüfgegenstandes liegen, hergestellt sein und eine dem Prüfgegenstand vergleichbare Oberflächenbeschaffenheit aufweisen. Weiterhin müssen die Form von Prüfgegenstand und Vergleichskörper in Betracht gezogen werden.

Stimmen die wesentlichen Merkmale von Prüfgegenstand und Justier- bzw. Vergleichskörper nicht überein, so sind Transferkorrekturen erforderlich (siehe auch DIN EN 583-2).

Die Geometrie des Vergleichskörpers, seine Abmessungen und die Lage der Reflektoren sind je nach Anwendungsfall in den speziellen Normen und Regelwerken beschrieben. Darin werden auch die Lage und Anzahl der Vergleichs- und Justierreflektoren auf das Prüfvolumen abgestimmt.

Falls Vergleichskörper in Tauchtechnik verwendet werden, muß der Einfluss des Wassers berücksichtigt bzw. alle Löcher verstopft werden, um das Eindringen von Wasser zu verhindern.

Die Auswirkung von Temperaturunterschieden zwischen Prüfgegenstand, Prüfkopf und Vergleichskörper muss berücksichtigt und in Bezug auf die geforderte Genauigkeit der Prüfung gebracht werden. Wenn erforderlich, müssen die Vergleichskörper während der Prüfung eine Temperatur innerhalb des festgelegten Temperaturbereiches beibehalten.

In besonderen Fällen können nach DIN EN 583-1 besondere Prüfkörper (beispielsweise mit nachgewiesenen natürlichen Fehlern oder Fertigungsmuster) benutzt werden, um das Prüfverfahren endgültig festzulegen und um die Konstanz der Empfindlichkeit zu überprüfen. In nachstehend aufgeführten Abbildungen 4.13 bis 4.23 und in den Tabellen 4.1 bis 4.5 sind häufig eingesetzte Justier-, Kalibrier- und Vergleichskörper zusammengefasst.

Die Abmessungen der Flachbodenbohrungen sind in Tabelle 4.1 zusammengestellt.

Tab. 4.1 Abmessungen der Flachbodenbohrungen der Vergleichskörper nach ASME-Code, Sect. V, Artikel 23 [4.8]

Kontrollkörper D = d ± 25,4 mm	Flachbodenbohrungen D = d ± 0,8 mm
25,4	1,6
über 25,4 bis 50,8 mm	3,2
über 50,8 bis 76,2 mm	4,8
über 76,2 bis 101,6 mm	7,9
bis 101,6 mm	9,5

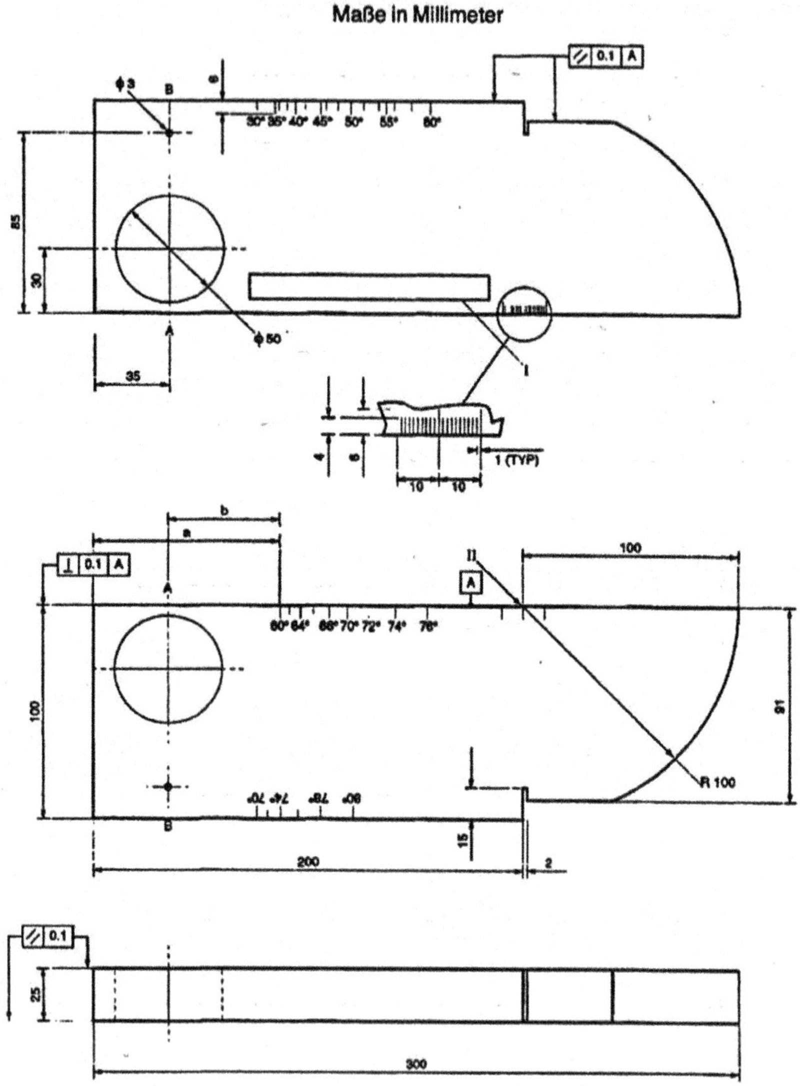

Legende
I Fläche zur Kennzeichnung
II Nullpunkt

Abb. 4.13 Kontrollkörper K1 nach DIN EN ISO 2400 zur Justierung von Senkrecht- und Winkelprüfköpfen [4.5]

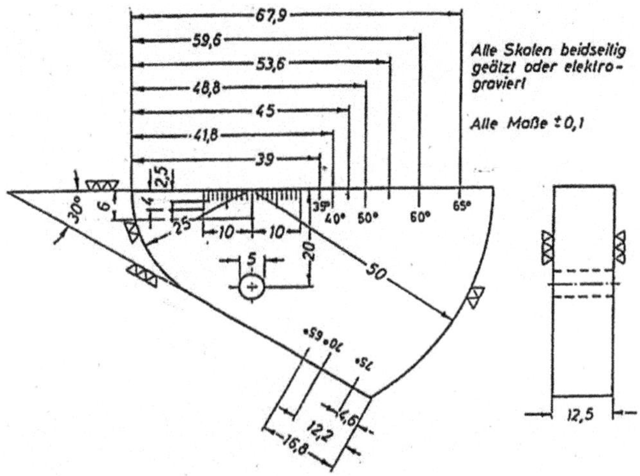

Abb. 4.14 Kontrollkörper K2 nach DIN EN ISO 7963 zur Justierung von Winkelprüfköpfen [4.6]

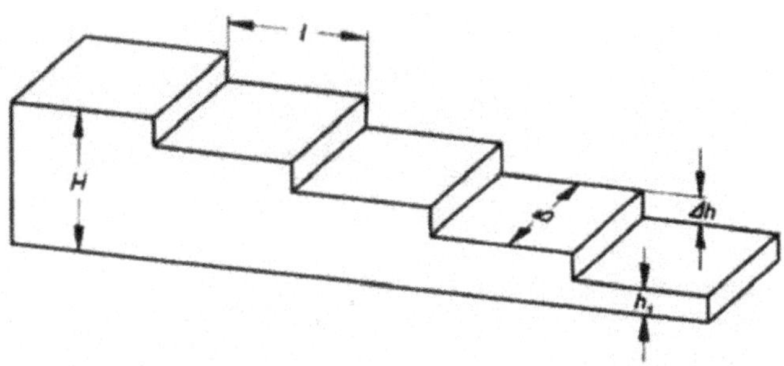

Abb. 4.15 Stufenkeil zur Justierung von SE-Prüfköpfen [4.3]

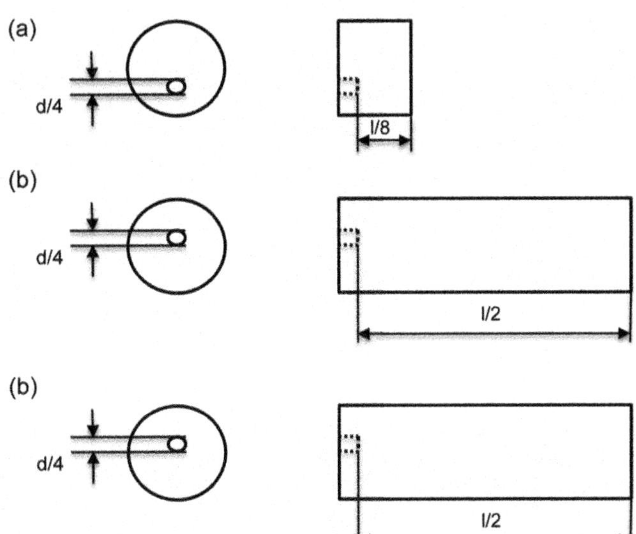

Abb. 4.16 Vergleichskörper nach ASME-Code, Sect. V, Artikel 5 für die Justierung von Senkrechtprüfköpfen [4.7]. d = Durchmesser des Vergleichskörpers, l = Länge des Vergleichskörpers.

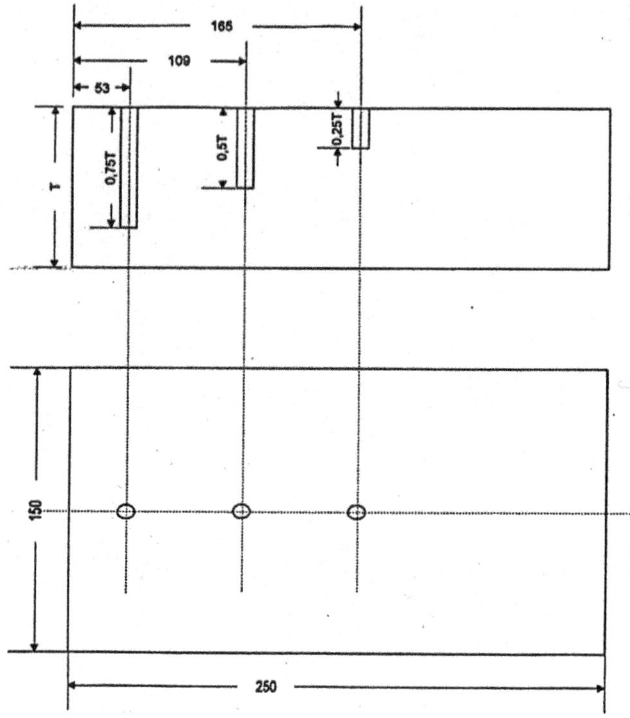

Abb. 4.17 Vergleichskörper nach ASME-Code, Sect. V, Artikel 23, SA-578 für die Justierung von Senkrechtprüfköpfen bei der Blechprüfung, alle Bohrungen mit 6 mm Durchmesser ausgeführt [4.8]

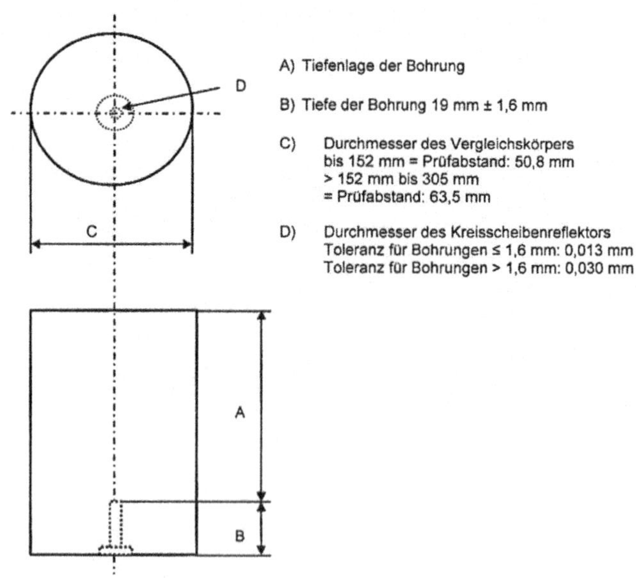

Abb. 4.18 Vergleichskörper nach ASME-Code, Sect. V, Artikel 23, SA-388 und SA 609 für die Senkrechteinschallung bei der Schmiede- und Gussstückprüfung [4.8]

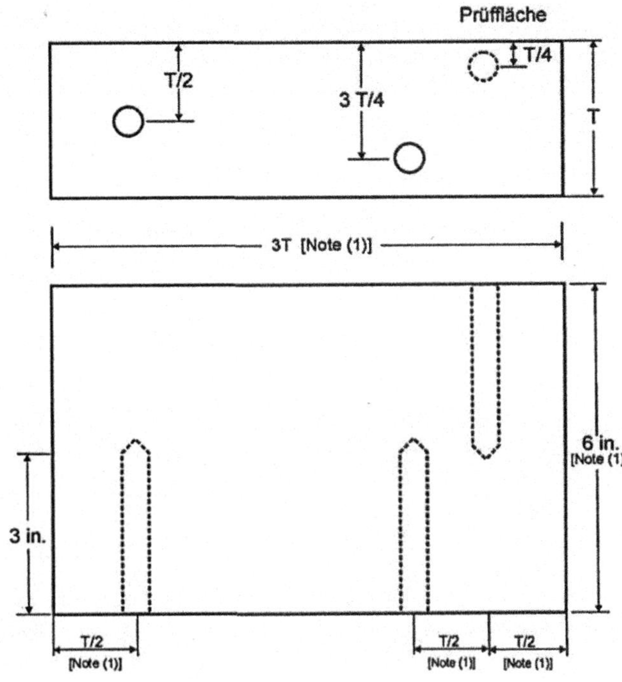

Abb. 4.19 Vergleichskörper nach ASME-Code, Sect. V, Artikel 5 für die Schweißnahtprüfung [4.7]

Tabelle 4.2 enthält die Bohrungen und Werkstückdicken T für die Vergleichskörper nach ASME-Code, Sect. V [4.7].

Tab. 4.2 Bohrungen und Werkstückdicken T zum Vergleichskörper für die Schweißnahtprüfung nach ASME-Code, Sect. V, Artikel 5

Werkstückdicke (T) in mm	Durchmesser der Bohrung in mm	Erforderliche Bohrungen
12,7 bis 50,8	6,4	T/2
über 50,8	9,5	T/4, T/2 und T/4

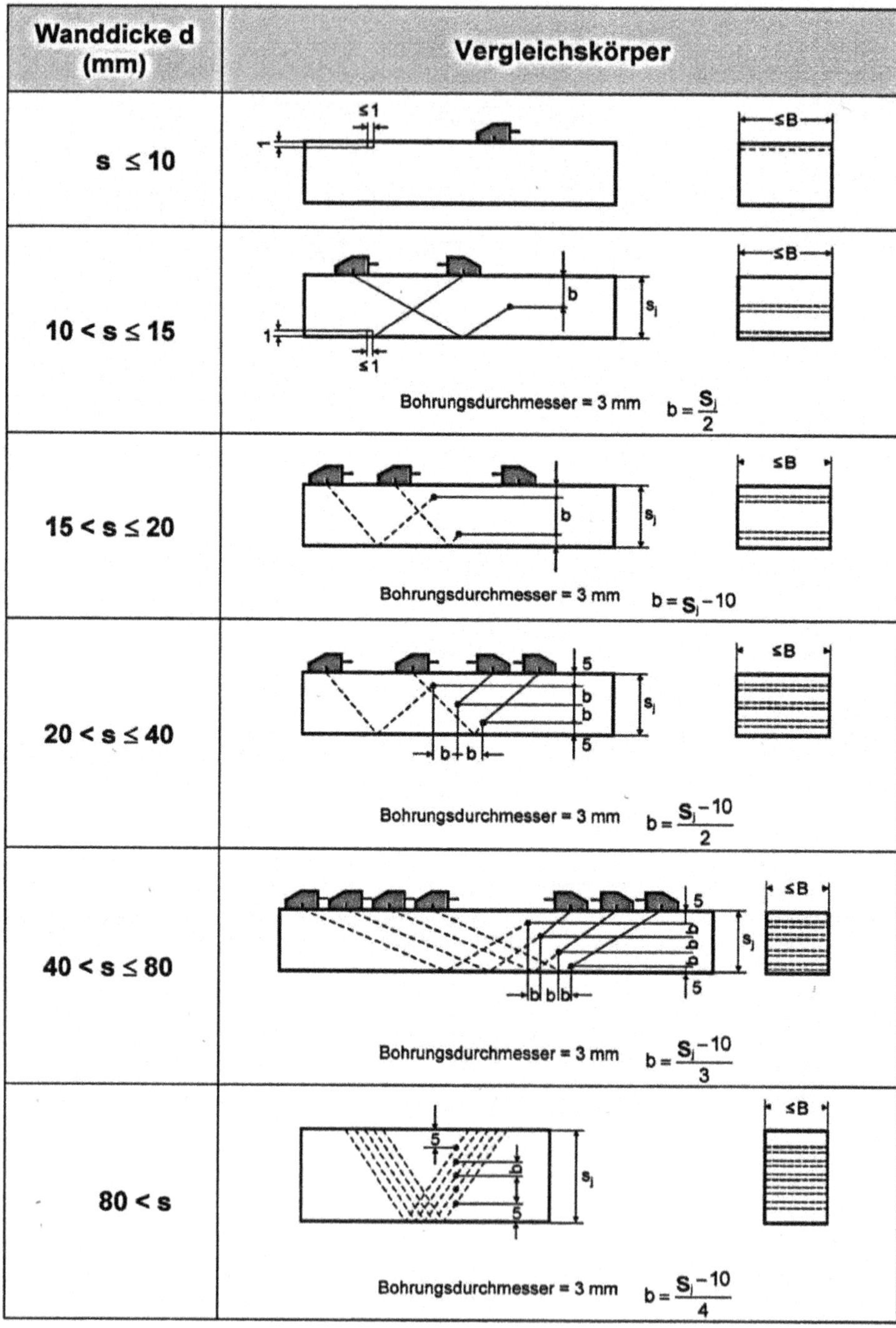

Abb. 4.20 Vergleichskörper zur Schrägeinschallung an Druckbehältern nach AD-Merkblatt HP 5/3 [4.9]

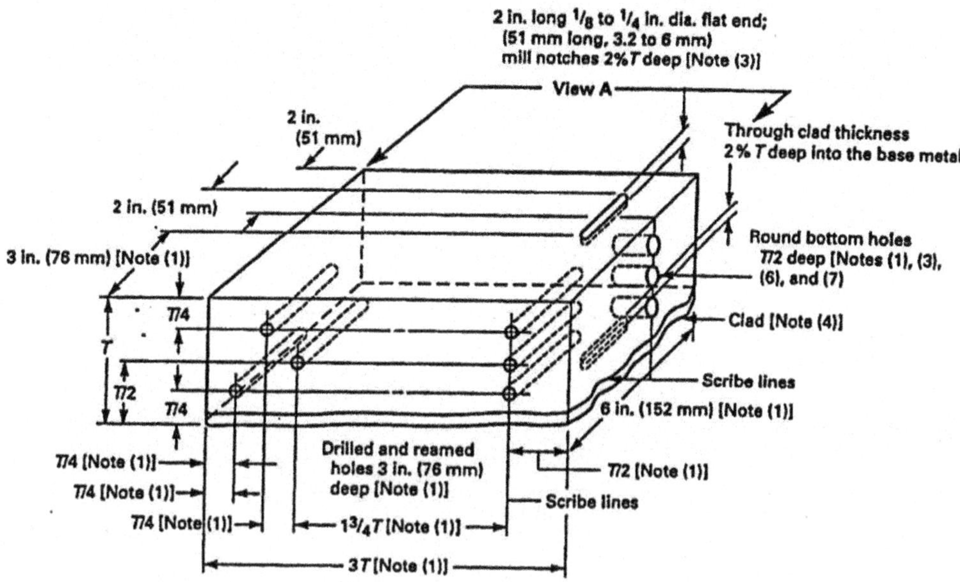

Abb. 4.21 Justierkörper nach ASME-Code, Sect. V, Artikel 4 für die Schweißnahtprüfung [4.10]

Die Legende zu Abb. 4.21 ist in Tabelle 4.3 zusammengefasst.

Tab. 4.3 Schweißnaht- u. Vergleichskörperdicken, Bohrungsdurchmesser zum Vergleichskörper für die Schweißnahtprüfung nach ASME-Code, Sect. V, Artikel 4 [4.10]

Schweißnahtdicke (t) in mm	Vergleichskörperdicke (T) in mm	Bohrungsdurchmesser * in mm
50,8 bis 101,6	76,2 oder t	4,8
101,6 bis 152,4	127 oder t	6,4
152,4 bis 203,2	178 oder t	7,9
203 bis 254	229 oder t	9,5
254 bis 305	279 oder t	11,1
305 bis 355	330 oder t	12,7
über 355	**	**

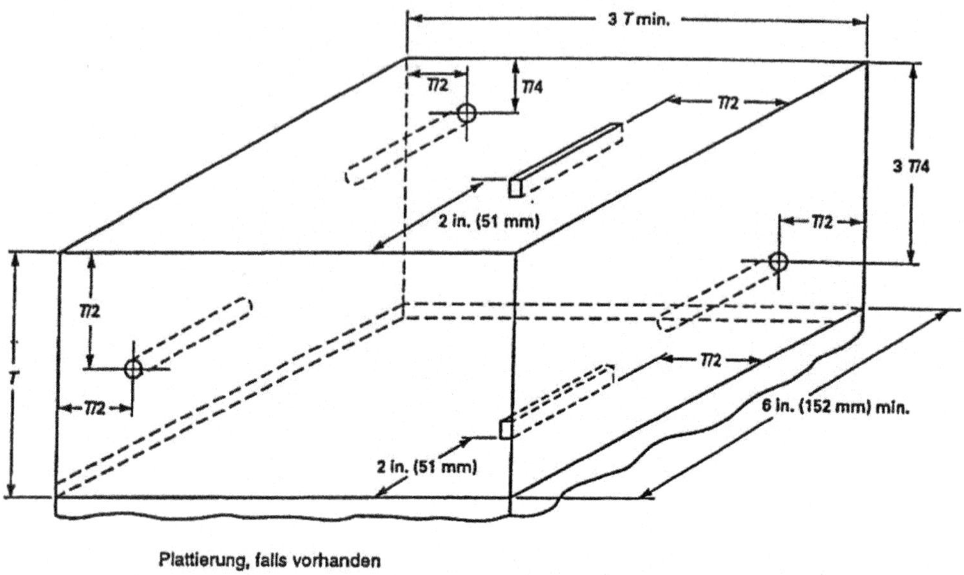

Abb. 4.22 Vergleichskörper nach ASME-Code, Sect. V, Artikel 5 für die Schweißnahtprüfung [4.7]

Tabelle 4.4 zeigt die Nennwanddicken mit den zugehörigen Bohrungsdurchmessern für die Schweißnahtprüfung nach ASME-Code, Sect. V, Artikel 5 [4.7].

Tab. 4.4 Nennwanddicken und Bohrungsdurchmesser für die Schweißnahtprüfung nach ASME-Code, Sect. V, Artikel 5 [4.7]

Nennwanddicke (T) in mm	Bohrungsdurchmesser in mm
über 10 bis < 25 mm	2,4 mm × 0,8 mm
über 25 bis < 50 mm	3,0 mm × 0,8 mm

Anmerkungen:

1. Die Bohrungen sollten mindestens 50 mm tief, im wesentlichen parallel zur Prüffläche gebohrt und aufgerieben werden. Die Toleranz für die Lage der Bohrungen gegenüber der Dicke soll ±3 mm betragen.
2. Die Nuten sollten eine Breite von 3 bis 6 mm und eine Tiefe von 2 % der Nennwanddicke haben. Die Toleranz auf die Tiefe der Nuten beträgt + 10 und – 20 %. Die Nuten sollten mindestens 50 mm lang sein.

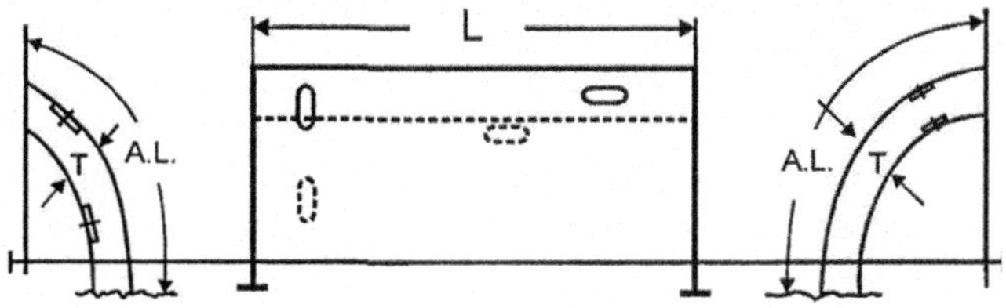

Abb. 4.23 Kontrollkörper nach ASME-Code, Sect. V, Artikel 5 für Rohrschweißnähte [4.7]

In Tabelle 4.5 sind nochmals Justier-, Kalibrier- und Vergleichskörper zusammengestellt.

Tab. 4.5 Justier-, Kalibrier- und Vergleichskörper

Bezeichnung	Typ / Anwendungsbereich	Norm, Regelwerk	Bild
Kontrollkörper K1	Senkrecht- u. Schrägeinschallung	DIN EN ISO 2400	4.13
Kontrollkörper K2	Schrägeinschallung	DIN EN ISO 7963	4.14
Stufenkeil	Wanddickenmessung	-	4.15
Vergleichskörper	Senkrechteinschallung	ASME-Code, Sect. V, Artikel 5	4.16
Vergleichskörper	Senkrechteinschallung Grobbleche	ASME-Code, Sect. V, SA 578	4.17
Vergleichskörper	Senkrechteinschallung Schmiede- und Gussstücken	ASME-Code, Sect. V, SA-388 und SA-609	4.18
Vergleichskörper	Schrägeinschallung Druckbehälter	AD-Merkblatt HP 5/3	4.19
Vergleichskörper	Schrägeinschallung	ASME-Code, Sect. V, Artikel 5	4.20
Vergleichskörper	Schrägeinschallung Schweißnähte	ASME-Code, Sect. V, Artikel 4	4.21
Vergleichskörper	Schrägeinschallung Schweißnähte	ASME-Code, Sect. V, Artikel 5	4.22
Kontrollkörper	Schrägeinschallung Rohrschweißnähte	ASME-Code, Sect. V, Artikel 5	4.23

4.5 Abstands- und Größengesetze für verschiedene Reflektoren

Im Nahfeld eines Prüfkopfes sind gemäß Abschnitt 1.1 keine definierten Zusammenhänge zwischen der Echohöhe und dem Abstand der Ungänze von der Ankopplungsfläche des Prüfkopfes ableitbar. Im Fernfeld ist das zunächst auch nicht der Fall (Übergangsfeld), weil der Schalldruck erst allmählich mit der Entfernung gleichmäßig abnimmt. Deshalb gelten erst im fernen Fernfeld in einer Entfernung, die der dreifachen Nahfeldlänge entspricht, überschaubare Bedingungen für die Abnahme des Schalldruckes und für die Wirkung einfacher Reflektoren. Der Schalldruck wird bei zunehmendem Schallweg auf eine immer größer werdende Fläche verteilt, wobei die Schallschwächung durch den Werkstoff unberücksichtigt bleibt. Im Abb. 4.24 sind die Verhältnisse für Rückwandreflektoren dargestellt.

4.5.1 Abstandsgesetze

4.5.1.1 Rückwand

Die Echohöhen h am Reflektordurchmesser D entsprechen der vom Schallbündel getroffenen Fläche der Rückwand und sind umgekehrt proportional den Schallwegen. Es gilt:

$$\frac{h_2}{h_1} = \frac{s_1}{s_2}$$

und mit $s_2 = 2 \times s_1$ wird

$$\frac{h_2}{h_1} = \frac{1}{2} \text{ und } \Delta H = 20 \log 1/2 = \mathbf{-6\ dB}$$

4.5.1.2 Kreisscheibe

Gleich große Kreisscheiben KSR 1, KSR 2 in unterschiedlichen Abständen s_1, s_2 vom Schwinger erzeugen Echohöhen, die mit $1/s^2$ abnehmen. Dabei ist ein KSR vorstellbar als

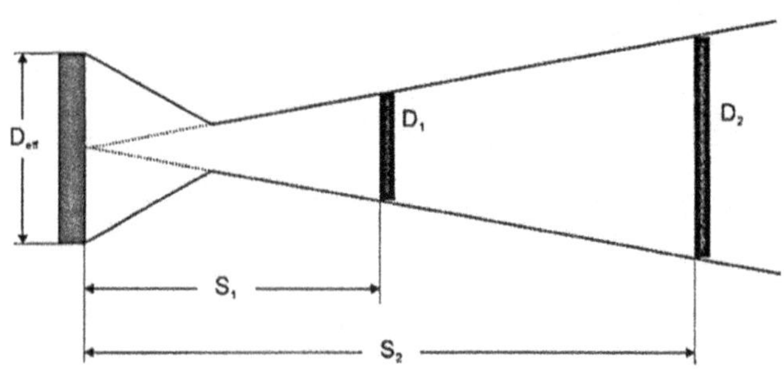

Abb. 4.24 Schallfeld schematisch mit Rückwand-Reflektoren [4.3]

Schwinger, der Ultraschall empfängt und abstrahlt. Am KSR kommt der Schalldruck P_k an, der dem Anfangsschalldruck Po gemindert um 1/s entspricht. Der KSR reflektiert diesen Schalldruck, so daß am Schwinger des Prüfkopfes der ursprüngliche, um $1/s^2$ geminderte Schalldruck empfangen wird. Befinden sich bei verschiedenen Abständen gleich große KSR im Schallfeld, so gilt:

$$\frac{h_2}{h_1} = \frac{(s_1)^2}{(s_2)^2}$$

und mit $s_2 = 2 \times s_1$ wird

$$\frac{h_2}{h_1} = \frac{1}{4} \text{ und } \Delta H = 20 \log 1/4 = \mathbf{-12\ dB}$$

Abb. 4.25 zeigt das Reflektionsverhalten von Kreisscheibenreflektoren (KSR) im Schallfeld.

4.5.1.3 Querbohrung

Bei Querbohrungen reflektieren Zylindermantelflächen den Schall, wobei die Längen der Bohrungen größer als der Schallbündeldurchmesser und der Durchmesser größer als die Wellenlänge sein müssen. Für gleich große Querbohrungen und verschiedene Schallwege gilt:

$$h \approx s^{3/2} \text{ und demzufolge}$$

$$\frac{h_2}{h_1} = \sqrt{\frac{s_1^3}{s_2}}$$

und mit $s_2 = 2 \times s_1$ wird

$$\frac{h_2}{h_1} = \frac{1}{2\sqrt{2}} \text{ und } H = 20 \log 1/2\sqrt{2} = \mathbf{-9\ dB}$$

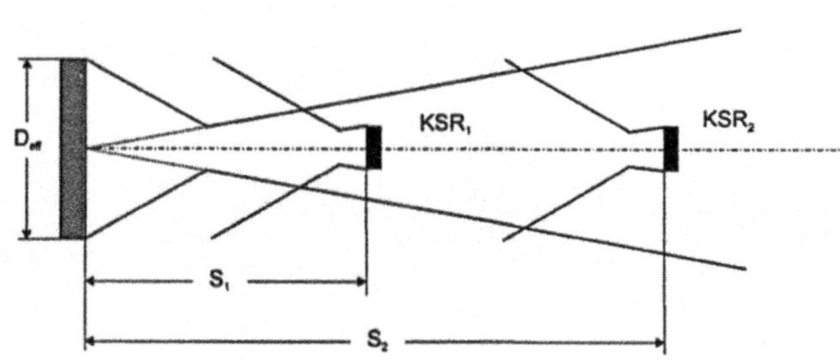

Abb. 4.25 Reflektionsverhalten von Kreisscheibenreflektoren [4.3]

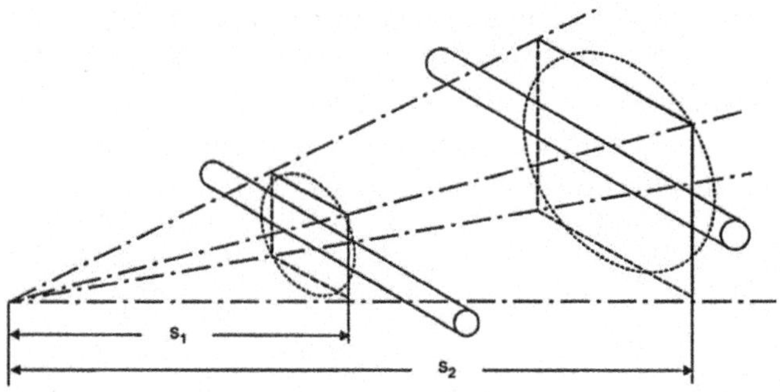

Abb. 4.26 Abstandsgesetz für Querbohrungen [4.3]

Abb. 4.26 zeigt das Abstandsgesetz für Querbohrungen.

4.5.1.4 Weitere Vergleichsreflektoren

Diesbezüglich sind in Ableitung von natürlichen Fehlern, wie Einschlüssen oder Poren kugelförmige Reflektoren und für Wurzelfehler nutförmige Reflektoren zu nennen, die in der Prüfpraxis im Vergleich zu Querbohrungen oder Kreisscheiben jedoch keine wesentliche Anwendung haben, weil einerseits Nuten aufgrund des Einflusses der Prüffrequenz, des Auftreffwinkels, der Nutform, der Nutbreite und -tiefe keine eindeutige Entfernungsabhängigkeit aufweisen und andererseits die Kugel die gleiche Entfernungsabhängigkeit wie eine Kreisscheibe hat, weil sich die reflektierte Schallleistung auf Kugelschalen verteilt, deren Fläche auch dem Quadrat des Radius proportional ist.

Abb. 4.27 zeigt die Entfernungsabhängigkeit verschiedener Reflektoren im Vergleich.

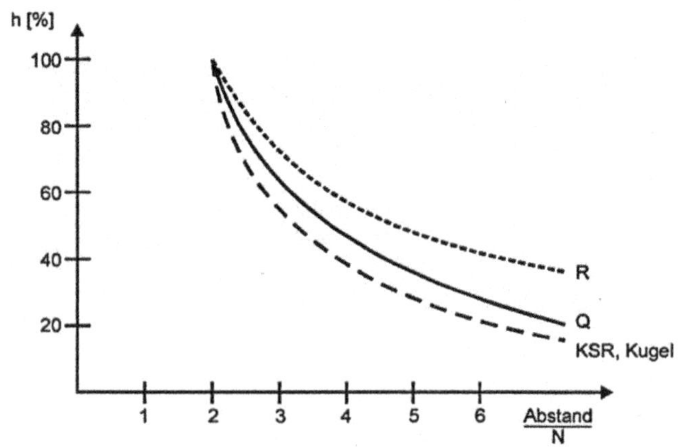

Abb. 4.27 Entfernungsabhängigkeit verschiedener Reflektoren [4.3]. R = Rückwand, Q = Querbohrung, KSR = Kreisscheibe

4.5.2 Größengesetze

4.5.2.1 Kreisscheibe

Verändert sich bei gleichem Schallweg die Größe der Reflektoren, so ist dies für die Rückwand ohne Auswirkungen, da sie stets größer als der Schallbündeldurchmesser ist. Für die Veränderung des Durchmessers der Kreisscheibenreflektoren KSR gilt dagegen:

$$\frac{h_2}{h_1} = \frac{(D_2)^2}{(D_1)^2}$$

und mit $D_2 = 2 \times D_1$ wird

$$\frac{h_2}{h_1} = 4 \text{ und } H = 20 \log 4 = \mathbf{12\ dB}$$

4.5.2.2 Querbohrung

$$\frac{h_2}{h_1} = \sqrt{\frac{D_2}{D_1}}$$

und mit $D_2 = 2 \times D_1$ wird

$$\frac{h_2}{h_1} = \sqrt{2} \text{ und } \Delta H = 20 \log \sqrt{2} = \mathbf{+3\ dB}$$

4.5.2.3 Kugel

Die Echohöhen h am Reflektordurchmesser D sind der vom Schallbündel getroffenen Fläche der Kugel proportional. Es gilt:

$$\frac{h_2}{h_1} = \frac{D_2}{D_1}$$

und mit $D_2 = 2 \times D_1$ wird $h_2 = 2 \times h_1$ und $\Delta H = 20 \log 2 = \mathbf{+\ 6\ dB}$

Abb. 4.28 zeigt die Abhängigkeit zwischen dem Durchmesser der Reflektoren und der Echohöhe in logarithmischer Darstellung

In Tabelle 4.6 sind die Zusammenhänge für die Amplitudenveränderungen bei Verdoppelung von Abstand und Größe der wichtigsten Reflektoren zusammengefasst. Sie berücksichtigen nur die Divergenzverluste.

Diese Gesetzmäßigkeiten haben ihre volle Gültigkeit erst ab 3-facher Nahfeldlänge! Als Schallweg wird dabei der Abstand vom Schwinger bis zum Reflektor zugrunde gelegt. Eine genaue Bestimmung von Zwischenwerten ist durch Anwendung der entsprechenden Formel aus der Formelsammlung vorzunehmen.

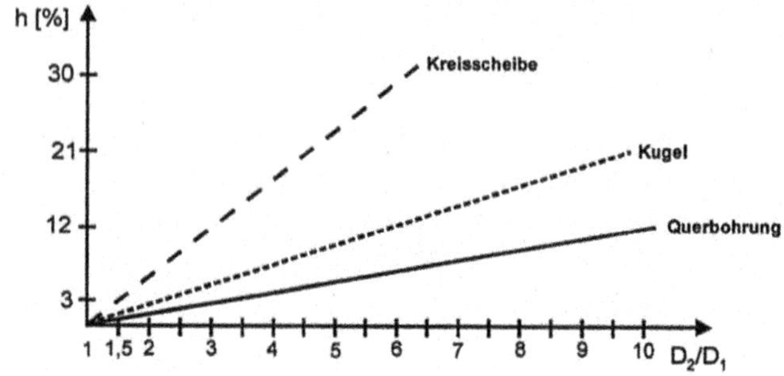

Abb. 4.28 Abhängigkeit zwischen dem Durchmesser verschiedener Reflektoren und der Echohöhe in logarithmischer Darstellung [4.3]

Tab. 4.6 Amplitudenveränderungen bei Verdoppelung von Abstand und Größe des Reflektors [4.3]

Vergleichsreflektor	Amplitudenveränderung bei		
	Verdoppelung des Abstandes	Verdoppelung der Größe	Verdoppelung des Abstandes und der Größe
Rückwand	- 6 dB	-	-6 dB
Kreisscheibe	-12 dB	+12 dB	+/- 0 dB
Querbohrung	- 9 dB	+ 3 dB	-6 dB

Beispiel 1:

Ein Justierreflektor KSR 6 wird bei einem Schallweg von 200 mm auf 80% Bildschirmhöhe eingestellt. Welche Bildschirmhöhe erreicht ein KSR 3 beim doppelten Schallweg?

Doppelter Abstand = –12 dB, halbe Größe = –12 dB bedeuten eine erforderliche Verstärkungszugabe von **24 dB**, um auf die gleiche Bildschirmhöhe zu kommen oder Abnahme der Bildschirmhöhe auf **5%** ohne Verstärkungsänderung.

Beispiel 2:

Wie groß ist der Verstärkungsunterschied zwischen einer Kreisscheibe und einer Querbohrung bei Schallwegvervierfachung, wenn keine Schallschwächung vorliegt?

Kreisscheibe: Verdoppelung des Abstandes = –12 dB,
Vervierfachung des Abstandes = –24 dB.

Querbohrung: Verdoppelung des Abstandes = –9 dB,
Vervierfachung des Abstandes = –18 dB.

Verstärkungsunterschied zwischen Kreisscheibe und Querbohrung bei Schallwegvervierfachung = **6 dB**.

Beispiel 3:
Laut Prüfanweisung soll die Empfindlichkeitsjustierung an einem KSR 4 bei einem Schallweg von 350 mm durchgeführt werden. Es steht aber nur ein KSR 1 zur Verfügung. Um welchen Betrag muss die Verstärkungseinstellung am US-Gerät verändert werden, um der Prüfanweisung gerecht zu werden?

KSR 1 auf KSR 2 = 12 dB, KSR 1 auf KSR 4 = 24 dB. Die Geräteverstärkung muss nach der Justierung mit dem KSR1 um 24 dB zurückgenommen werden.

Ein häufiger Fall in der Praxis für das Bewerten nach Kreisscheibenreflektoren besteht darin, daß die Empfindlichkeitseinstellung vorher aufgrund der Winkelunabhängigkeit an einer Querbohrung vorgenommen wird. Für die Registrierung von Anzeigen muss dann ein Verstärkungszuschlag ΔV mit Hilfe eines AVG-Diagrammes ermittelt werden. Dazu bedarf es der Durchmesserumrechnung der Querbohrung in eine äquivalente Kreisscheibe. Nach Deutsch [4.4] wird der Durchmesser folgendermaßen berechnet:

$$D_{KSR} = \sqrt{\frac{\sqrt{2}}{\pi} \times \lambda \times \sqrt{D_{Qb} \times s}}$$

bzw.

$$D_{KSR} = 0{,}67 \sqrt{\frac{c}{f} \times \sqrt{D_{Qb} \times s}}$$

Krautkrämer [4.2] gibt folgende Formeln für die Umrechnung von DQb in DKSR an:

$$D_{KSR} = 0{,}67 \sqrt{\lambda \times \sqrt{D_{Qb} \times s}}$$

solange s > 0,7 N und DQB > 1,5 λ.

mit λ = Wellenlänge, c = Schallgeschwindigkeit, f = Frequenz,
s = Schallweg bis zur Querbohrung,
D_{Qb} = Durchmesser der Querbohrung,
D_{KSR} = Durchmesser der Kreisscheibe.

Der Verstärkungsunterschied zwischen einem Kreisscheibenreflektor und einer Querbohrung beträgt bei gleicher Echohöhe danach bei Schallwegverdoppelung +3 dB, falls keine Schallschwächung vorliegt.

Beispiel 4:
Eine Querbohrung von 4 mm ergibt für einen 4 MHz-Winkelprüfkopf bei 200 mm Schallweg in Stahl eine Bildschirmhöhe von 40%. Wie groß ist ein KSR bei gleichem Schallweg und gleicher Bildschirmhöhe?

$$\lambda = \frac{c}{f} = \frac{3250000}{4000000} = 0{,}81$$

$$D_{KSR} = 0{,}67\sqrt{\lambda \times \sqrt{D_{Qb} \times s}}$$

$$D_{KSR} = 0{,}67\sqrt{0{,}81 \times \sqrt{4 \times 200}}$$

$$D_{KSR} = 3{,}2 \approx \mathbf{3\,mm}.$$

4.6 Größenbestimmung von Inhomogenitäten nach DIN EN 583-5

4.6.1 Beschreibung von Inhomogenitäten

Die Beschreibung einer Inhomogenität besteht nach DIN EN 583-5 in der Bestimmung der Merkmale, die zu deren Bewertung in Bezug auf bekannte Zulässigkeitskriterien erforderlich sind. Nachstehend sind einige wesentliche Merkmale, die bei Anwendung der Impuls-Echo-Technik relevant sind, aufgeführt.

4.6.1.1 Ortung von Inhomogenitäten

Die Ortung einer Inhomogenität wird nach DIN EN 583-5 als Bestimmung der Lage im Inneren eines Prüfgegenstandes bezüglich des vereinbarten Systems von Bezugskoordinaten definiert. Dafür maßgebend sind ein oder mehrere Lagefestpunkt(e) aus der Kenntnis von Schallaustrittspunkt und Einschallwinkel des Prüfkopfes und Messung der Prüfkopfposition sowie des Schallweges bei optimierter Echohöhe. Um sicher zu stellen, dass das Echo nicht von einer geometriebedingten Wellenumwandlung bzw. Reflexion entstanden ist, kann es nützlich sein, die Lage der Inhomogenität aus einer weiteren Richtung oder unter einem anderen Prüfwinkel zu bestätigen.

4.6.1.2 Orientierung von Inhomogenitäten

Unter Orientierung der Inhomogenität versteht man die Richtung oder Ebene, in der ihre Hauptachsen zur Bezugsebene auf dem Prüfgegenstand liegen. Sie kann durch geometrische Rekonstruktion bestimmt werden, wobei jedoch vielfach mehr Prüfrichtungen oder Einschallwinkel als bei einer einfachen Ortung erforderlich sind. Auch die Prüfrichtung, bei der die maximale Echohöhe festgestellt wird, kann die Orientierung der Ungänze bestimmen helfen.

4.6.1.3 Beurteilung von Mehrfachanzeigen

Die Unterscheidung zwischen einzelnen und mehrfachen Inhomogenitäten kann mittels qualitativen oder quantitativen Kriterien getroffen werden. Qualitativ besteht die Möglichkeit der Unterscheidung in der Beobachtung der Veränderung der Anzeigen. Wenn jedoch konkrete Angaben zur Zulässigkeit der Anzeigen vorgegeben sind, muß quantitativ gemessen werden. Es muß dann auch festgestellt werden, ob jede einzelne Inhomogenität individuell zu bewerten ist oder ob die vorgegebenen Regeln eine Bewertung der Gruppe von Inhomogenitäten als Ganzes festlegen. Häufig werden in den Regelwerken Festlegungen getroffen, die einzelne Anzeigen von Anzeigenhäufungen durch den Abstand der Anzeigen untereinander unterscheiden, man spricht auch von Anzeigenreihen (z.B. im ASME-Code).

4.6.1.4 Formen von Inhomogenitäten

Die Form einer Inhomogenität lässt sich relativ einfach durch eine begrenzte Anzahl von Grundformen klassifizieren, wie z.B. in **punktförmig**, d.h. ohne signifikante messbare Ausdehnung in jeder beliebigen Richtung,

- **langgestreckt**, d.h. mit signifikanter messbarer Ausdehnung in nur einer Richtung,
- **komplex**, d.h. mit signifikanter messbarer Ausdehnung in mehr als einer Richtung.

Diese Klassifizierung kann nach DIN EN 583-5 weiter unterteilt werden in

- **flächig (zweidimensional)**, d.h. mit signifikanter Ausdehnung in zwei Richtungen,
- **dreidimensional**, d.h. mit signifikanter Ausdehnung in drei Richtungen.

Um die in den Zulässigkeitskriterien festgelegten Fehlerarten richtig zu bestimmen oder um die Gebrauchstauglichkeit zutreffend zu beurteilen, kann es erforderlich sein, eine detailliertere Bewertung der Form der Inhomogenität vorzunehmen. Dazu werden in DIN EN 583-5 im Anhang Hinweise zu den entsprechenden Techniken gegeben.

4.6.1.5 Maximale Echohöhe von Inhomogenitäten

Die maximale Höhe der von einer Inhomogenität erzeugten Anzeige ist abhängig von deren Größe, Form und Orientierung. In Abhängigkeit vom Zweck und den Zulässigkeitskriterien kann die maximale Echohöhe

- direkt mit einem Bezugswert entsprechend der Abnahmenorm verglichen werden,
- zur Bestimmung der Ersatzreflektorgröße des Bezugsreflektors eingesetzt werden,
- bei den Techniken zur Größenbestimmung mit Prüfkopfbewegung eingesetzt werden, die auf einen festgelegten Abfall von der maximalen Echohöhe basieren.

4.6.2 Größe von Inhomogenitäten

Zur Bestimmung der Größe von Inhomogenitäten werden nach DIN EN 583-5 folgende Techniken unterschieden.

4.6.2.1 Techniken mit maximaler Echohöhe

Diese Techniken beruhen auf einem Vergleich der maximalen Echohöhen im Prüfgegenstand und in einem Vergleichskörper im gleichen Schallweg. Sie sind nur sinnvoll anzuwenden, wenn

- Form und Orientierung der Inhomogenität eine Reflexion begünstigen und wenn Messungen in mehreren Richtungen oder mit mehreren Winkeln durchgeführt werden bzw. wenn Form und Orientierung der Inhomogenität bereits bekannt sind.
- die Abmessungen der Inhomogenität senkrecht zur akustischen Achse geringer als die Schallbündelbreite in einer oder beiden Richtungen sind,
- Grundform und -orientierung des Vergleichsreflektors denen der zu bewertenden Inhomogenität ähnlich sind.

Der Vergleichsreflektor darf nach DIN EN 583-5 entweder ein Kreisscheibenreflektor oder ein langgestreckter Reflektor sein. Man unterteilt die Inhomogenitäten danach in

- solche, deren Reflexionsfläche in jeder beliebigen Richtung kleinere Abmessungen als die Schallbündelbreite aufweist und

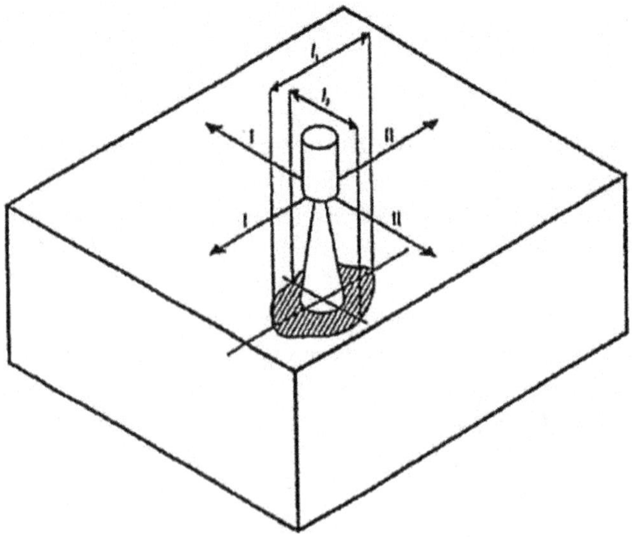

Abb. 4.29 Parameter bei der Bestimmung der Größe mit einem Senkrechtprüfkopf [4.3]

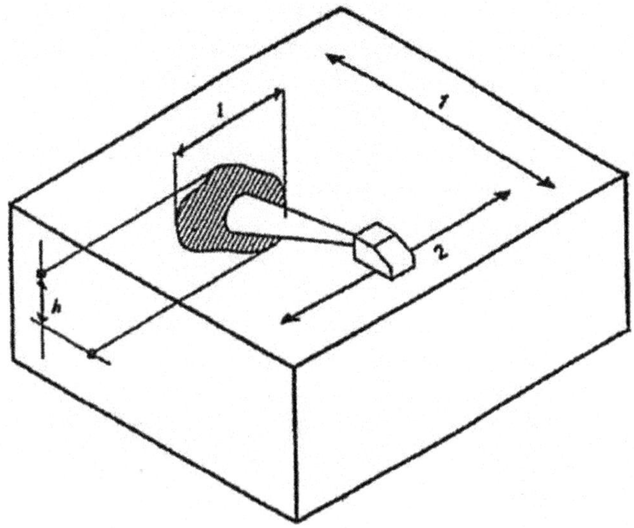

Abb. 4.30 Parameter bei der Bestimmung der Größe mit einem Winkelprüfkopf [4.3]

- Inhomogenitäten, deren Reflexionsfläche eine schmale langgestreckte Form aufweist, d.h. eine Länge ist größer und eine Abmessung quer dazu ist kleiner als die Schallbündelbreite.

4.6.2.2 Techniken mit Prüfkopfbewegung

Bei Senkrechtprüfköpfen werden im Normalfall die Abmessungen l_1 und l_2 parallel zur Ebene der Prüffläche durch Bewegung des Prüfkopfes in zwei zueinander senkrechten Richtungen bestimmt (Abb. 4.29).

Bei Winkelprüfköpfen werden die in Abb. 4.30 dargestellten Parameter bestimmt. Das sind die Abmessung l in einer Richtung parallel zur Ebene der Prüffläche, durch seitliche Bewegung des Prüfkopfes bestimmt und die Abmessung h in einer Richtung senkrecht zur Ebene der Prüffläche, durch Querbewegung des Prüfkopfes bestimmt.

4.6.2.3 Techniken mit Schallbündelfokussierung

Beim Einsatz fokussierender Prüfköpfe können die bisher beschriebenen Techniken ebenfalls verwendet werden, sofern die Inhomogenität im Fokusbereich des Schallbündels liegt. Die Technik mit fokussierenden Prüfköpfen bringt vom Prinzip her die genauesten Ergebnisse der Größenbestimmung einer Inhomogenität mit Ultraschall.

4.6.2.4 Anwendung mathematischer Algorithmen

Falls eine höhere Genauigkeit erforderlich ist, um die tatsächliche Größe einer Inhomogenität besser abschätzen zu können, können auch mathematische Algorithmen eingesetzt werden. DIN EN 583-5 vermittelt derartige mathematische Zusammenhänge in ihrem Anhang.

4.6.2.5 Zusatztechniken zur Größenbestimmung

Als weitere Techniken zur Größenbestimmung von Inhomogenitäten werden in DIN EN 583-5 genannt:

- Technik mit Beugung an den Rissspitzen (z.B. TOFD-Verfahren),
- Technik mit Wellenumwandlung,
- Akustische Holografie,
- Akustische Tomografie
- Techniken mit veränderlichem Einschallwinkel (z.B. Phased Array-Technik),
- Gruppenstrahlertechnik mit zahlreichen Prüfkopfpaaren,
- Techniken mit synthetischer Aperturfokussierung (SAFT-Verfahren),
- Rekonstruktion von sektorweisen B-Bildern.

Literatur

[4.1] DIN EN 1330, ZfP Terminologie, Begriffe, Dez. 1998;
[4.2] Krautkrämer, Werkstoffprüfung mit Ultraschall, Springer-Verlag 1986;
[4.3] Schiebold, Skript UT2 LVQ-WP Werkstoffprüfung GmbH;
[4.4] Deutsch, Platte, Vogt, Ultraschallprüfung, Springer-Verlag 1999;
[4.5] DIN EN ISO 2400, ZfP- Ultraschallprüfung- Beschreibung des Kalibrierkörpers Nr. 1, Jan. 2013;
[4.6] DIN EN ISO 7963, ZfP- Ultraschallprüfung- Beschreibung des Kalibrierkörpers Nr. 2, Dez. 2010;
[4.7] ASME-Code, Sect. V, Artikel 5, 1989;
[4.8] ASME-Code, Sect. V, Artikel 23, 2013;
[4.9] AD Merkblatt HP 5/3 und Anlage, Jan. 2002;
[4.10] ASME-Code, Sect. V, Artikel 4, 1989;

Anzeigenbewertung I (Vergleichskörpermethode) 5

Das Ziel der Ultraschallprüfung ist das Auffinden und Bewerten von Ungänzen. Um eine Aussage über die Größe der Ungänzen zu erhalten, wird die Echohöhe ihrer Anzeige ausgewertet. Aber auch die optimierte, gezüchtete, maximale Echohöhe gibt unmittelbar noch keine direkte Beziehung zur Größe und Form der wahren Ungänze im Werkstück. Eine Übersicht über die Einflussfaktoren für die definierte Fehlerklassifizierung zeigt Tabelle 5.1. Wichtig bei der Abschätzung der Faktoren ist, dass sie nicht getrennt voneinander betrachtet werden können, da sie sich gegenseitig beeinflussen. Deshalb sind die Verhältnisse sehr kompliziert, insbesondere im Hinblick auf die unterschiedliche Geräteauslegung und die Uneinheitlichkeit der Prüfobjekte. Die Verbindung zwischen Prüfsystem und Werkstück wird über die Ankopplungsbedingungen hergestellt.

Die einfachste Methode zur Echohöhenbewertung ist die Vergleichskörpermethode. Das Prinzip besteht darin, dass die Echohöhe einer Ungänze im Werkstück mit der Echo-

Tab. 5.1 Einflussfaktoren für die definierte Fehlerklassifizierung [5.1]

Einflussfaktoren für die definierte Fehlerklassifizierung			
Gerätebedingte Einflussfaktoren		Werkstückabhängige Einflussfaktoren	
US-Gerät	Prüfkopf	Geometrie u. Oberfläche	Gefügezustand
Frequenz, Auflösungsvermögen	Schwingerwerkstoff, -bedämpfung, Schutzschicht	Oberflächenzustand	Werkstoff
Sendeenergie	Schwingerdurchmesser, -frequenz, Divergenzwinkel	Abmessung	Erschmelzung, Vergießen
Empfindlichkeit	Wellenart	Form	Verformung
Verstärkerlinearität Linearität der Zeitachse	Verhältnis Wellenlänge zum Korndurchmesser	Ungänzenlage, -art und -form	Wärmebehandlung

K. Schiebold, *Zerstörungsfreie Werkstoffprüfung – Ultraschallprüfung*,
DOI 10.1007/978-3-662-44700-0_5, © Springer-Verlag Berlin Heidelberg 2015

höhe eines Vergleichskörpers verglichen wird. Diese Verfahrensweise wird bei der Ultraschallprüfung nach ASME-Code durchgängig angewendet.

Eine weitere Methode der Anzeigenbewertung insbesondere von großen Ungänzen mit Abmessungen, die größer als der Schallbündelquerschnitt am Ort der Ungänze sind, ist das Abtastverfahren. Dabei wird die Auswertung über die Echodynamik der Ungänze vollzogen.

Das bekannteste Verfahren zur Anzeigenbewertung ist jedoch die AVG-Methode. Einer der wesentlichen Vorteile dieser Methode besteht darin, dass die Echohöhe von Ungänzen in Bauteilen mit der Echohöhe einer idealen, mathematisch erfassten Reflexionsstelle verglichen und bewertet wird.

Der Nachweis von Ungänzen (Fehlern) im Prüfgegenstand gelingt mittels Ultraschallprüfung meistens sehr gut. Eine Fehlergrößenbestimmung ist jedoch mit herkömmlichen Prüftechniken nicht oder nur eingeschränkt möglich. Das liegt daran, dass die dazu notwendigen Voraussetzungen selten gegeben sind. Dazu wäre u.a. erforderlich, dass der Reflektor senkrecht vom Schallbündel getroffen wird, dass seine geometrische Form bekannt ist, und dass dieser ideal reflektiert. Bei den herkömmlichen Methoden gibt es verschiedene Arten der Anzeigenbewertung (Tabelle 5.2).

Tab. 5.2 Methoden der Anzeigenbewertung [5.1], [5.2], [5.3]

Bestimmung der Fehlerkoordinaten	Bestimmung der Fehlergröße $D_U < D_B$	$D_U > D_B$
Bewertung der Laufzeit über Schallgeschwindigkeit und Laufwege	Echohöhenbewertung	Bewertung der Echodynamik, Abtastmethoden
Direkte Methoden (reale Reflektoren)	Indirekte Methode (akustische Gesetzmäßigkeiten)	
Vergleichskörper-Methode	Vergleichslinien-Methode	Bezugslinien-Methode
	AVG-Methode (Kreisscheibe, Diagramm)	Sonstige Methoden, (Rechenschieber)

D_B = Durchmesser des Schallbündels am Fehlerort, D_U = Größe der Ungänze

Zur Anzeigenbewertung ist es erforderlich, die Amplitudenveränderungen auf dem Bildschirm richtig abschätzen zu können. Grundsätzlich wird der Zusammenhang zwischen der am Prüfgerät eingestellten Verstärkung und der Echohöhe durch die Beziehung dargestellt.

$$V = 20 \log \frac{H_1}{H_2} \text{ (dB)}.$$

Folglich ist aus dem Verhältnis zweier Echohöhen die Verstärkung zu ermitteln (Abb. 5.1). Nach o. g. Formel reduziert sich die Verstärkung um 6 dB, wenn die Höhe eines Echos um 50% der Ausgangshöhe abnimmt, z.B. von 80% auf 40% Bildschirmhöhe. Bei anderer Betrachtungsweise erhöht eine Verstärkungsänderung um 6 dB alle Anzeigen um den Faktor 2, von 12 dB um den Faktor 4 usw. Die Echohöhe einer Anzeige lässt sich berechnen aus:

$$H_1 = H_2 \times 10^{\frac{-\Delta V}{20}}$$

5.1 Vergleichskörpermethode

Um den direkten Echohöhenvergleich zu ermöglichen, müssen die akustischen Eigenschaften und die Geometrie des Vergleichskörpers denen des Prüfgegenstandes entsprechen. Daraus ergeben sich im Einzelnen folgende Anforderungen:

- gleiche Schallgeschwindigkeit,
- gleiche Schallschwächung,
- gleiche Oberflächenbeschaffenheit,
- gleiche Wanddicke,
- gleiche Krümmung,
- Mindestbreite je nach Prüfkopf und Schallweg.

Die Mindestbreite (B_{min}) für den Vergleichskörper ergibt sich aufgrund der Forderung, dass das Schallbündel für einen Abfall von 20 dB der Randstrahlen nicht durch Seitenwandeffekte verzerrt werden darf. Deshalb muss untersucht werden, ob eine Seitenwandbeeinflussung die Messergebnisse verfälscht haben könnte. Dazu ist die Mindestbreite für den Vergleichskörper nach folgender Formel zu berechnen und mit den tatsächlichen Maßen zu vergleichen.

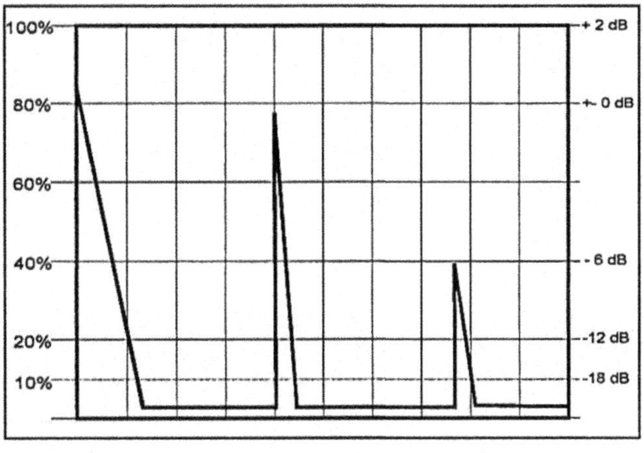

Abb. 5.1 Anzeigenbewertung über die Bildschirmhöhe [5.5]

$$B_{min} = \frac{2 \times s_{max} \times c}{D_S \times f} \text{ [5.2].}$$

Weiterhin muss untersucht werden, ob eine Begrenzung des Schallweges durch Seitenwandeinfluss gegeben ist, so dass mit einer Unterbewertung des Reflektors gerechnet werden muss.

$$s_{max} = \frac{D_S \times D_{PG} \times f}{2 \times c} \text{ [5.2].}$$

mit: s_{max} = maximaler Schallweg (mm),
c = Schallgeschwindigkeit (m/s),
D_S = Schwingerabmessung (mm),
D_{PG} = Durchmesser oder Wanddicke des Prüfgegenstandes (mm),
f = Frequenz (MHz).

Im Wesentlichen werden in Vergleichskörpern Querbohrungen und Nuten, seltener Flachbodenbohrungen verwendet.

5.1.1 Direkter Echohöhenvergleich

Bei diesem Verfahren erfolgt der Vergleich so, dass Anzeigen aus dem Prüfgegenstand direkt mit Anzeigen aus dem Vergleichskörper bei gleichem oder annähernd gleichem Schallweg hinsichtlich ihrer Echohöhe verglichen werden. Darüber hinaus ist ein Vergleich der Echodynamik möglich, um Informationen über Fehlerform, Fehlerorientierung und Fehlerart zu erhalten.

Dieses Verfahren wird z.B. bei der Schweißnahtprüfung (Abb. 5.2) angewandt, um Form- und Rissanzeigen aus dem Wurzelbereich zu unterscheiden (s. AD Merkblatt HP 5/3, Anlage 1, Abschnitt 3.6, DVS 0704, Abschnitt 4.4.2 [5.2]).

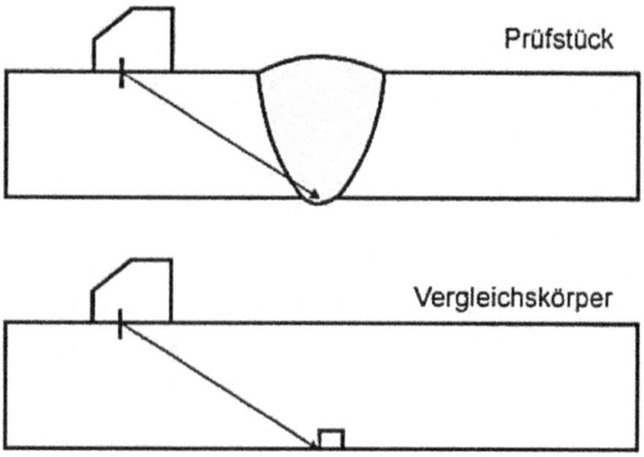

Abb. 5.2 Echohöhenvergleich bei der Schweißnahtprüfung [5.2]

5.1.2 Vergleichshöhenverfahren

Für die Echohöhenbewertung nach diesem Verfahren wird die Amplitudenhöhe, eines einzigen Justierreflektors vom Vergleichskörper benutzt (Abb. 5.3). Mit dieser Echohöhe werden alle Anzeigen aus dem Prüfgegenstand verglichen. Zur Empfindlichkeitseinstellung wird deshalb das Echo der Bohrung des Vergleichskörpers auf 40% BSH gestellt. Allerdings ist die Anwendung aufgrund diverser Schalldruckverluste bei wachsendem Schallweg auf kleine Wanddicken begrenzt. Für die Empfindlichkeitseinstellung sollte man die Verstärkung an einem Vergleichskörper mit möglichst großem Schallweg einstellen, um bei der Prüfung auch für große Schallwege ausreichende Nachweisempfindlichkeit zu garantieren. Nach ASME-Code Sect. V, Artikel 5 darf das Vergleichshöhenverfahren nur unter Wanddicken von 25 mm beim Prüfen bis zum halben Sprung eingesetzt werden. Die Schallschwächung kann bei den geringen Wanddicken vernachlässigt werden.

5.1.3 Vergleichslinienverfahren

Bei diesem Verfahren, auch DAK-Verfahren genannt (**D**istanz-**A**mplituden-**K**orrektur) wird die Empfindlichkeitseinstellung an mehreren gleichartigen Justierreflektoren des Vergleichskörpers mit unterschiedlichen Schallwegen vorgenommen (Abb. 5.4).

Dadurch werden die Einflüsse Nahfeld, Divergenz und Schallschwächung wegabhängig berücksichtigt. Das heißt, bei dieser Art der Echohöhenbewertung mit Hilfe einer konstruierten Vergleichslinie wird für alle Anzeigen vom Prüfgegenstand, unabhängig vom Schallweg, die gleiche Empfindlichkeit erzielt.

Zur Festlegung der Gesamt- oder Registrierverstärkung V_R muss bei Oberflächenunterschieden zwischen Vergleichskörper und Prüfgegenstand der Ankopplungsunter-

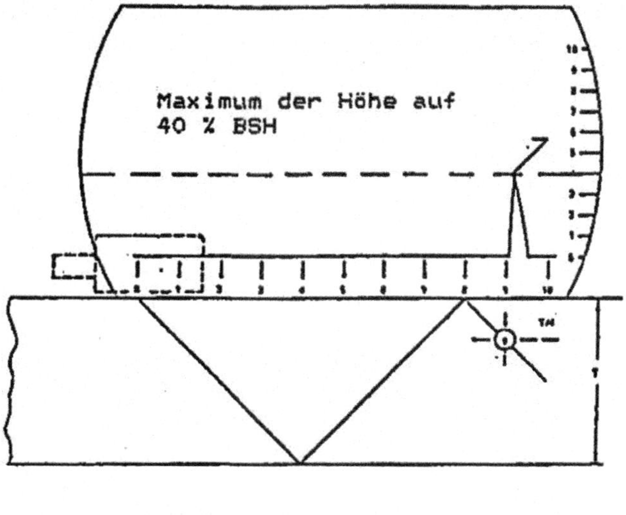

Abb. 5.3 Empfindlichkeitsjustierung beim Vergleichshöhenverfahren [5.4]

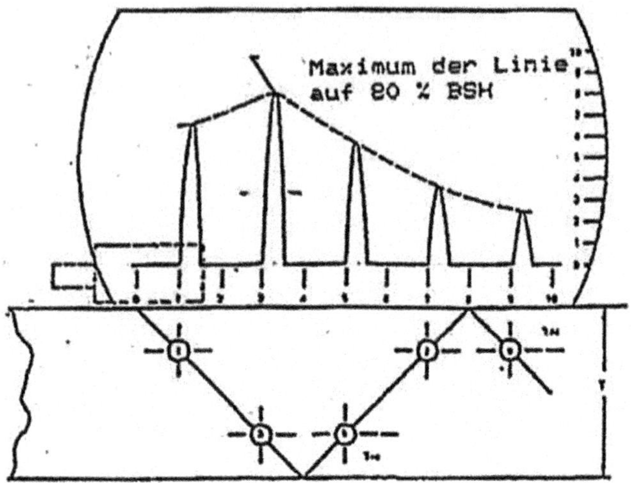

Abb. 5.4 Empfindlichkeitsjustierung beim Vergleichslinienverfahren [5.4]

schied V_A bestimmt und in der Registrierverstärkung V_R entsprechend mit berücksichtigt werden. Die Zusatzverstärkung ΔV ergibt sich aus dem Regelwerk, wie z.B. beim ASME-Code, Sect.V, Artikel 4 oder 5 mit $\Delta V = 6$ dB oder 14 dB. ΔVA entspricht dem Verstärkungswert für die Ankopplungsunterschiede und ΔV^* der Erhöhung der Verstärkung um 12 dB, wenn die Vergleichslinie unter den unteren Grenzwert (z.B.) 20% abgefallen ist. Nach diesen Korrekturwerten ergibt sich für die Registrierverstärkung V_R folgende Formel [5.3] :

$$V_R = Vj + \Delta V + (\Delta V_A) + (\Delta V^*).$$

Jede Anzeige, die die Registriergrenze erreicht oder überschreitet, ist zu protokollieren. Für die Protokollierung ist neben den Daten, die für die Bestimmung der Koordinaten erforderlich sind, auch die Echohöhenüberschreitung ΔH_U zu notieren. Dazu wird die optimierte Anzeigenspitze mit dem Verstärkungssteller auf die Vergleichslinie gebracht und die dafür benötigte Geräteverstärkung V_U abgelesen. Die Echohöhenbeschreibung ΔH_U errechnet sich dann aus folgender Formel [5.4]:

$$\Delta H_U = V_R - V_U .$$

Für die Längenbestimmung einer gefundenen Reflexionsstelle ist der Prüfkopf aus der optimierten Anzeigenposition parallel zur Schweißnaht so weit zu verschieben, bis die Anzeige auf die Vergleichslinie abgefallen ist. Das Maß der Prüfkopfverschiebung gibt dann die Längenausdehnung der Reflexionsstelle an (Registrierlänge R_L). Die Vorgehensweise beim Vergleichslinienverfahren wird im ASME-Code folgendermaßen beschrieben.

- Den Prüfkopf in die Position des maximalen Echos von der Bohrung bringen, welche die höchste Amplitude liefert.
- Den Verstärkungssteller so lange verstellen, bis man 80% der Bildschirmhöhe von diesem Echo erhält.
- Den Prüfkopf nacheinander in die Position des maximalen Echos der anderen Bohrungen bringen und den Scheitelpunkt dieser Anzeigen auf dem Bildschirm markieren.
- Die Markierungen auf dem Bildschirm untereinander verbinden, um die Entfernungs-Amplituden-Kurve (DAC) für die Seitenbohrungen zu erhalten (Abb. 5.4).

5.1.4 Anwendung der Vergleichskörpermethode

Bei Prüfungen nach ASME-Code wird eine Echohöhenbewertung nach der Vergleichskörpermethode vorgeschrieben, wohingegen bei Prüfungen nach deutschen Regelwerken, wie z.B. nach AD Merkblatt HP 5/3 [5.5] und KTA 3201.3 [5.6], die Echohöhenbewertung vorzugsweise nach der indirekten Methode, d.h. nach der AVG-Methode durchgeführt wird. Dabei wird am Vergleichskörper kalibriert, die Querbohrung in KSR umgerechnet und die geeignete AVG-Methode zur Bewertung benutzt. DVS verwendet ebenfalls die AVG-Methode, bietet aber alternativ auch Vergleichskörper mit Querbohrungen für den inneren Befund und Vergleichskörper mit Nut für den äußeren Befund ähnlich KTA 3201.3 an (Wurzelbereich einseitig geschweißter Nähte). Ein Abweichen von der AVG-Methode ist nach deutschen Regelwerken erlaubt, wenn folgende Voraussetzungen gegeben sind.

a) Für den Prüfgegenstand:
   - Schallschwächung $\alpha > 160$ dB/m,
   - Echohöhenschwankung bedingt durch die Schallschwächung > 6 dB,
   - Vorliegen komplizierter Geometrie nach KTA 3201.3 (s. Abb. 5.5).

b) Für den Prüfkopf
   - Einsatz von Sonderprüfköpfen, wie z. B. Breitbandprüfköpfe, Fokusprüfköpfe, SEL- und SEK-Prüfköpfe,
   - kein AVG-Diagramm vorhanden.

5.2 Abtastverfahren

Bei diesen Methoden wird die Echodynamik, d.h. die Veränderung der Laufzeit, meist jedoch der Amplitude, beim Verschieben des Prüfkopfes ausgenutzt. Grundvoraussetzung für ihre Anwendung ist, dass die Ungänze eine flächenhafte Ausdehnung besitzt, die am Ort der Ungänze größer ist als der Schallbündeldurchmesser, wie z.B. eine Dopplung im Grobblech. Die Vorgehensweise zur Bewertung der Ungänzengröße kann beschrieben werden, indem der Prüfkopf zunächst in die Position gebracht wird, wo das optimierte Echo gezüchtet werden kann und danach zu den Rändern der Ungänze solange verscho-

Bezeichnung Geometrieklasse	Einschallart und Anwendungsbereich für die AVG-Methode SPK	 WPK	Schnitt x	Schnitt y
Planparallel (Bleche)	-	-		
Vollmaterial mit gekrümmter Oberfläche (Schmiedestücke)	d > 5 N	d > 2.5 N Bewertung bis p/2	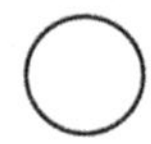	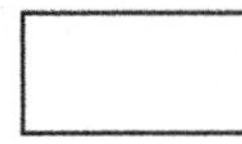
Konzentrisch einachsig gekrümmt (Rohre)	d > 5 N	d > 2.5 N Bewertung bis p/2 d_{ref} > 10 N Bewertung > p/2		
Konzentrisch zweiachsig gekrümmt (Rohre)	d > 10 N	d > 5 N Bewertung bis p/2 d_{ref} > 20 N Bewertung > p/2	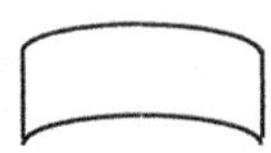	

Abb. 5.5 Anwendungsbereich für die AVG-Technik bei Einschwingertechnik und komplizierter Geometrie nach KTA 3201.3 [5.6]
mit d = Krümmungsdurchmesser des Prüfgegenstandes,
d_{ref} = Krümmungsdurchmesser der Gegenfläche,
p = Projektionsabstand im ganzen Sprung,
N = Nahfeldlänge.

ben wird, bis die Amplitude des Ungänzenechos um einen definierten Verstärkungswert abgesunken ist (Abb. 5.6). Nach diesem Verstärkungswert werden die Methoden unterschieden in:

1. Halbwertsmethode (V_{opt} – 6 dB),
2. Viertelwertsmethode (V_{opt} – 12 dB),
3. Zehntelwertsmethode (V_{opt} – 20 dB),
4. Nullwertsmethode (V_{opt} – V dB bis die Anzeige im Gefüge verschwindet).

Die gebräuchlichste dieser Methoden ist die Bestimmung der Halbwertsausdehnung und zwar der Halbwertslänge und -breite bei Ungänzen, die parallel zur Ankopplungsfläche angeordnet sind (Abb. 5.7), sowie der Halbwertstiefe bei schräg oder senkrecht zur Ankopplungsfläche liegenden Ungänzen (Abb. 5.8 und 5.9).

Eine Ausnahme von den beschriebenen Methoden bildet oberflächlich betrachtet das Verfahren zur Bestimmung der Registrierlänge (R_L). Hierbei wird das optimierte Echo (V_U) bei festgelegter Registrierverstärkung V_R mit einer zumeist wanddickenabhängigen

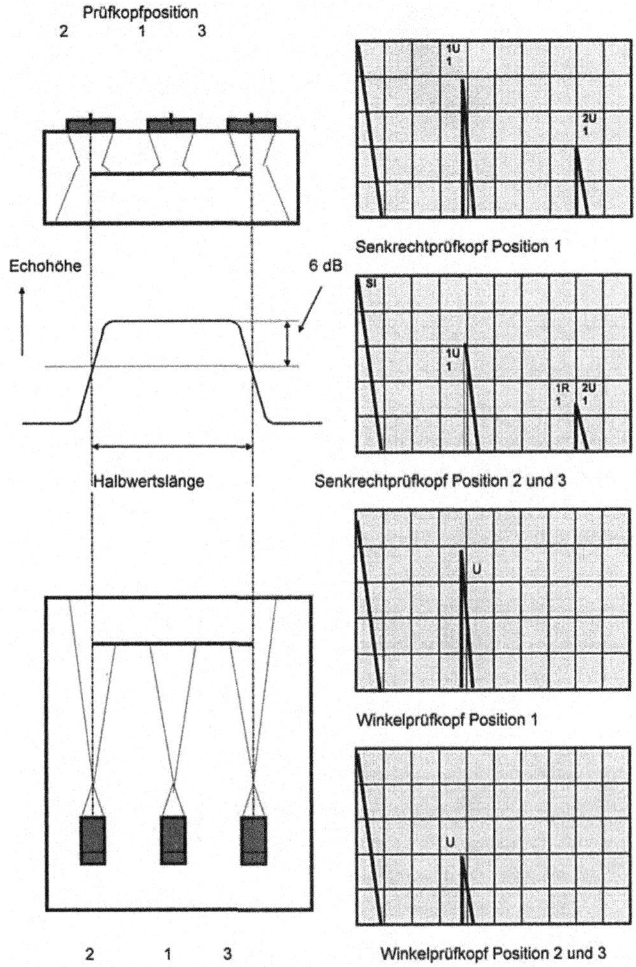

Abb. 5.6 Abtastverfahren bei Senkrecht- und Winkelprüfköpfen [5.7]

Zusatzverstärkung ΔV_R (z.B. nach HP 5/3) beobachtet und der Prüfkopf solange verschoben, bis das Ungänzenecho auf die Linie der Registriergrenze abgefallen ist. Die Registrierlänge ist nicht mit der Halbwertslänge identisch bzw. vergleichbar!

Die Genauigkeit der Abtastmethode hängt sehr stark vom Schallbündeldurchmesser ab, da dieser sich mit dem Divergenzwinkel und der Entfernung ändert. Günstig ist, wenn man Prüfköpfe mit möglichst schlanken Schallfeldern (großer Schwingerdurchmesser und große Prüffrequenz) benutzt und evtl. auch die natürliche Fokussierung am Ende des Nahfeldes des Prüfkopfes berücksichtigt.

Im ASME-Code wird die Methode der Absenkung der Echohöhe auf 50% der maximalen Echohöhe zwar auch benutzt, jedoch erstens nicht als Halbwertsmethode bezeichnet, sondern als Methode der Halbwertstiefenausdehnung, zweitens wird meistens abgewandelt auf eine 100%-Absenkung, d.h. bis zum Verschwinden des Ungänzenechos auf

Abb. 5.7 Bestimmung der Längenausdehnung von Ungänzen bei festgelegter Registriergrenze (Registrierlänge) [5.7]

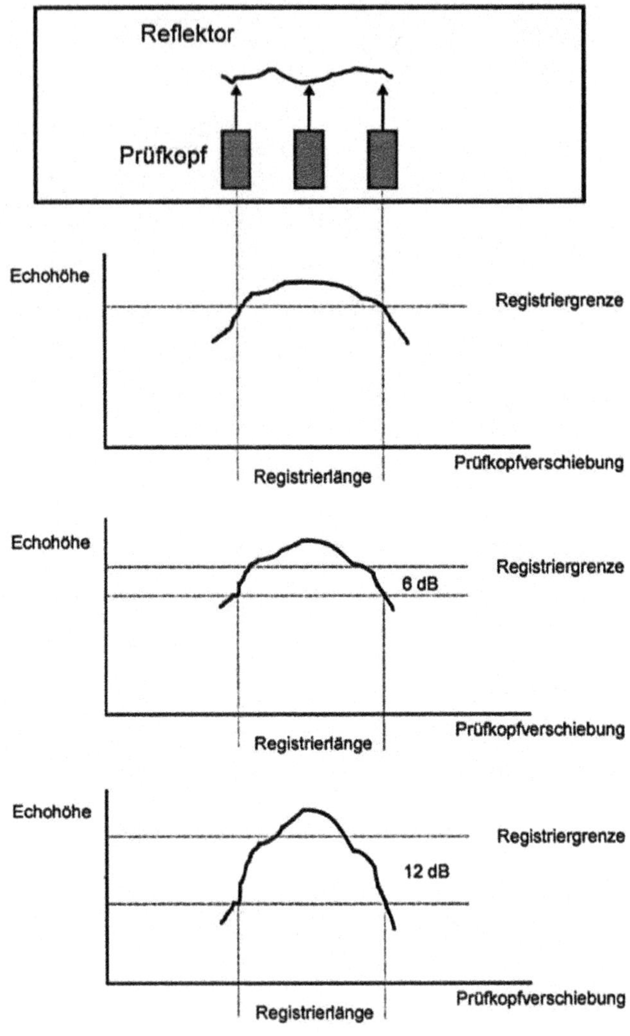

dem Bildschirm unter die Null-Linie orientiert. Zur Erleichterung der Feststellung der im Abb. 5.10 dargestellten Konturfläche verwendet man auch die Vergleichs- oder Tiefenausgleichslinie.

Das Abtasten der Ränder einer Ungänze gelingt am besten mit Prüfköpfen, deren Schallfeld eine geringe Divergenz, eine große Nahfeldlänge und damit am Ort der Ungänze einen kleinen Schallbündeldurchmesser aufweist. Solche Voraussetzungen für die Abtastmethode sind am besten bei fokussierenden Prüfköpfen (Einschallwinkel 0°, 45 °, 60 °) gegeben, deren Schallbündeldurchmesser für einen Schallwegbereich von 50 bis 500 mm ca. 3 bis 12 mm beträgt. Die Bedingung, dass der Schallbündeldurchmesser am Ort der Fehlstelle kleiner sein muss als die Ausdehnung der Fehlstelle senkrecht zum Zentralstrahl

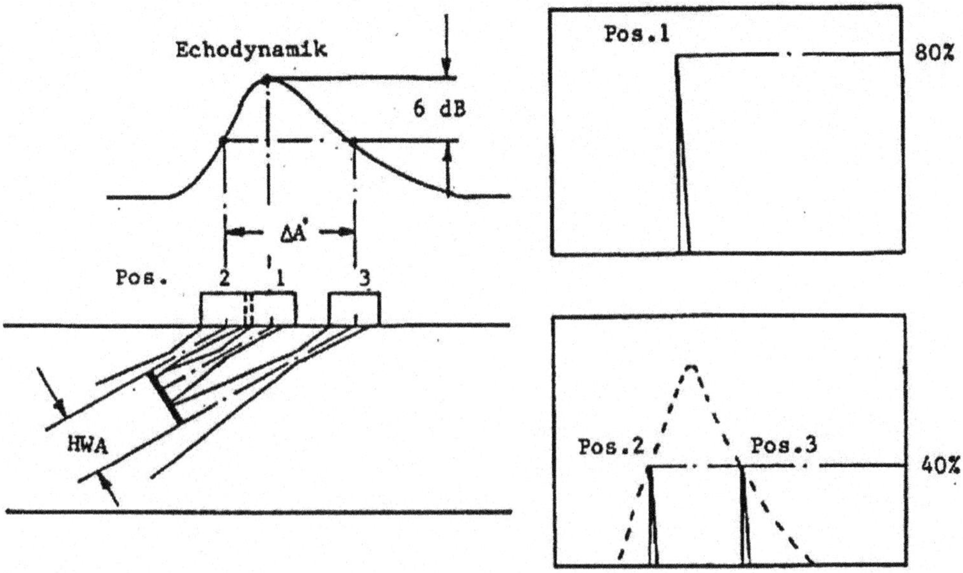

Abb. 5.8 Ermittlung der Halbwertstiefe schräg liegender Ungänzen [5.5]

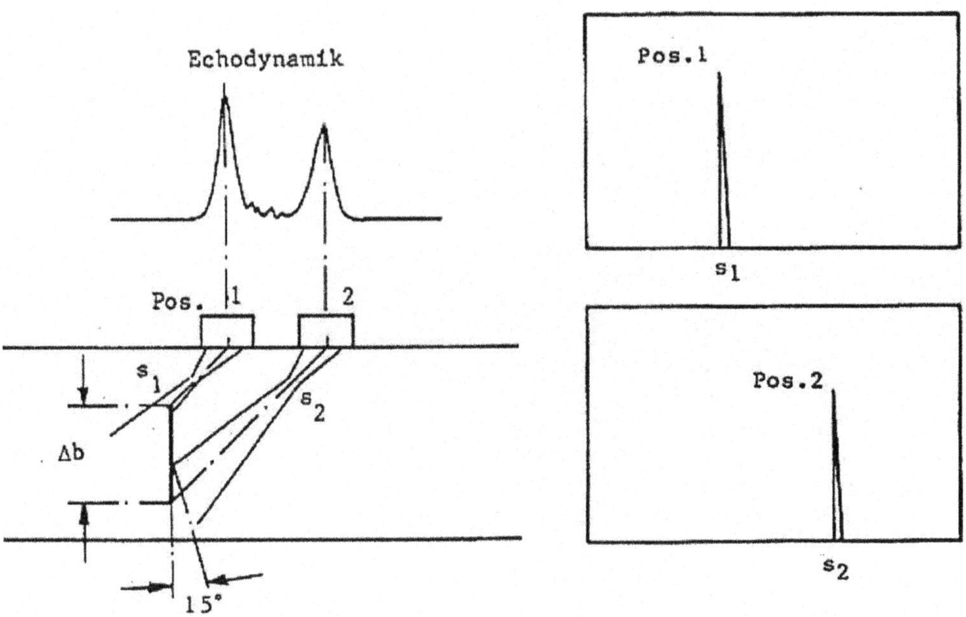

Abb. 5.9 Ermittlung der Halbwertstiefe senkrecht angeordneter Ungänzen [5.5]

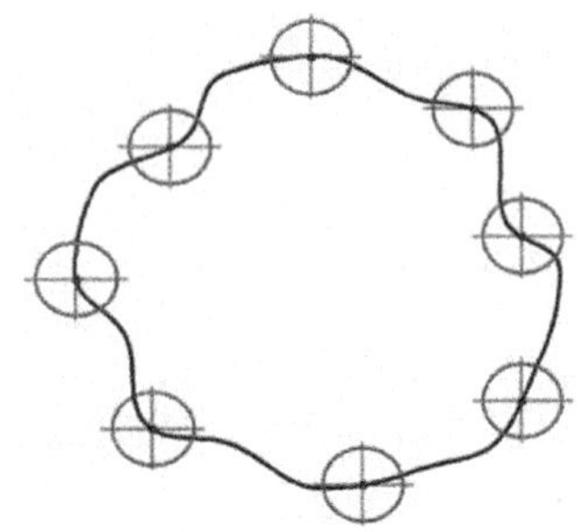

Abb. 5.10 Kontur der Reflektorfläche bei Einsatz der Abtastmethode; Der Mittelpunkt der Prüfkopffläche ergibt einen Randpunkt der Ungänzenfläche [5.8], [5.9].

des Schallbündels, begrenzt auch die Anwendbarkeit des Verfahrens. Schweißnahtfehler sind selten größer als 10 mm und rundliche Reflektoren in Gussstücken oder Schweißnähten selten größer als der Schallbündeldurchmesser.

Die Schallschwächung kann bis auf wenige Ausnahmen vernachlässigt werden, da die Abtastverfahren in der Regel auf kleine Wanddicken anzuwenden sind (Blechprüfung). Die Halbwertslänge ist die auf dem Prüfgegenstand zu messende Entfernung zwischen den Randpunkten in Längsrichtung, die Halbwertsbreite die in Breitenrichtung. Aus den Grenzpunkten ergibt sich die Kontur der Reflektorfläche (Abb. 5.10).

Literatur

[5.1] Schiebold, Definierte Fehlerklassifizierung bei der Ultraschallprüfung von Schmiedestücken, Neue Hütte 1967;
[5.2] Krautkrämer, Werkstoffprüfung mit Ultraschall, Springer-Verlag 1986;
[5.3] Deutsch, Platte, Vogt, Ultraschallprüfung, Springer-Verlag 1999;
[5.4] ASME-Code, Section V, 1989;
[5.5] Schiebold, Skript UT2 LVQ-WP Werkstoffprüfung GmbH;
[5.6] AD Merkblatt HP 5/3 und Anlage, Jan. 2002;
[5.7] KTA 3201.3, ZfP, Komponenten des Primärkreises von Leichtwasserreaktoren;
[5.8] Schiebold, TGL 15003, Bl. 10; Ultraschallprüfung von Grobblechen 1982;
[5.9] Deutsch, Vogt, Ultraschallprüfung v. Schweißverbindungen, DVS-Verlag GmbH 1995;

Anzeigenbewertung II (AVG-Methode) 6

6.1 Allgemeines AVG-Diagramm

Das allgemeine AVG-Diagramm (Abb. 6.1) ist anwendbar für alle Senkrecht- und Winkelprüfköpfe. Es gilt nicht für SE-Prüfköpfe, Fokusprüfköpfe und Breitbandprüfköpfe (Stoßwellenprüfköpfe oder hochbedämpfte Prüfköpfe).

SE-Prüfköpfe weisen einen vom Dachwinkel abhängigen Empfindlichkeitsverlauf auf, d.h. die Abstands-, Verstärkungs- und Größenabhängigkeit kann nur empirisch für jeden Prüfkopftyp aufgenommen werden. Ähnliches gilt für Fokusprüfköpfe, obwohl diese Prüfköpfe im Grunde genommen nicht für die AVG-Methode, sondern für die Abtastmethoden entwickelt worden sind. Breitbandige oder hochbedämpfte Prüfköpfe sind deshalb nicht AVG-tauglich, weil sie ein breites Frequenzspektrum mit nahezu gleicher Empfindlichkeit haben und folglich weder eine definierte Arbeitsfrequenz noch eine exakte Nahfeldlänge für das AVG-Diagramm zur Verfügung stehen.

Eine genaue Echohöhenbewertung ist nach den Abstands- und Größengesetzen nur im fernen Fernfeld (≥3 fache Nahfeldlänge) möglich. Im Nahfeld ist die Echohöhenbewertung nur mit Hilfe eines AVG-Diagrammes zulässig.

Der wesentliche Unterschied zum speziellen AVG-Diagramm besteht darin, das der Abstand und die Größe normiert angegeben sind. Außerdem kann das allgemeine AVG-Diagramm für alle Werkstoffe gültig gemacht werden. Um das allgemeine AVG-Diagramm für einen bestimmten Prüfkopf gültig zu machen, müssen folgende Daten des Prüfkopfes bekannt sein:

- Nahfeldlänge N (in Abhängigkeit von der Schallgeschwindigkeit im Prüfgegenstand),
- effektiver Schwingerdurchmesser D_{eff},
- Vorlaufsstrecke S_V (nur bei WPK oder SPK mit Vorlaufstrecke erforderlich).

K. Schiebold, *Zerstörungsfreie Werkstoffprüfung – Ultraschallprüfung*,
DOI 10.1007/978-3-662-44700-0_6, © Springer-Verlag Berlin Heidelberg 2015

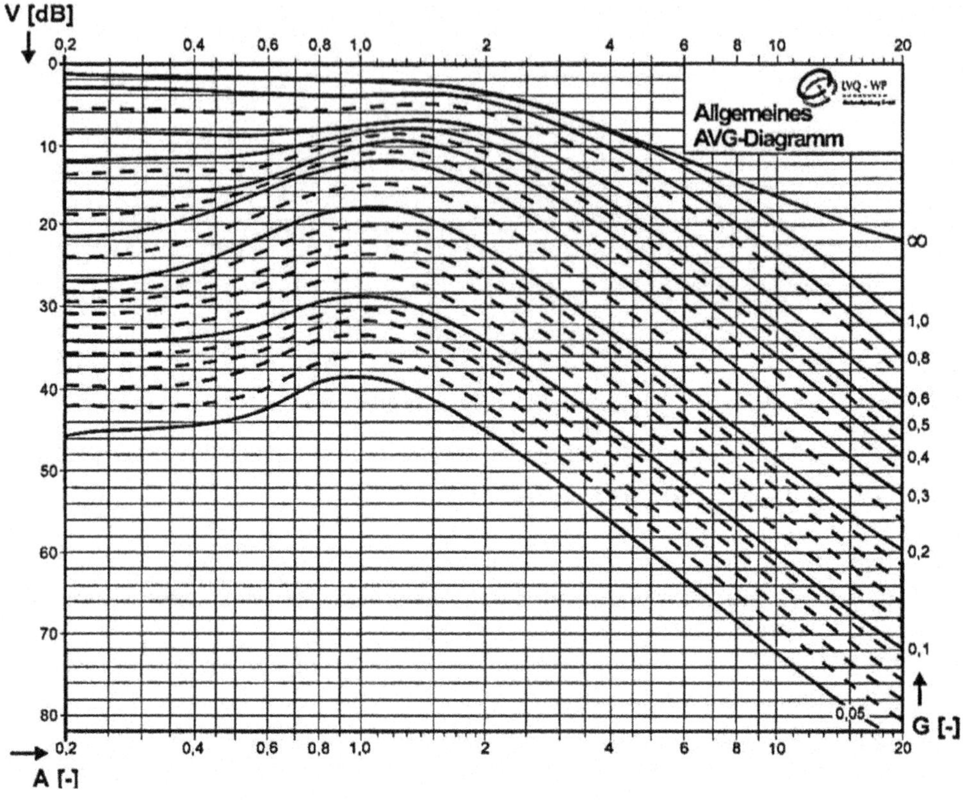

Abb. 6.1 Allgemeines AVG-Diagramm (Normiertes universelles AVG-Diagramm) [6.1], [6.7]

Dann gilt [6.2]:

$$A = \frac{S_V + S}{N} \qquad G = \frac{D_{KSR}}{D_{eff}}.$$

Die Arbeit mit dem allgemeinen AVG-Diagramm erfordert zunächst die Umrechnung von Abstand und Größe nach o.g. Formeln. Dennoch müssen Nahfeldlänge und effektiver Schwingerdurchmesser des jeweiligen Prüfkopfes bekannt sein, u.U. auch die Länge einer Vorlaufstrecke S_V.

Beispiel:
Wenn bei der Empfindlichkeitsjustierung eines Senkrechtprüfkopfes mit N = 40 mm und D_{eff} = 10 mm ein KSR 3 bei einem Schallweg von 160 mm auf 80% Bildschirmhöhe ausgesteuert wird, muss das Echo des gleichen KSR bei einem Schallweg von 340 mm welche Bildschirmhöhe aufweisen?

A = 160/40 = 4 G = 3/10 = 0,3 V = 26 dB.

A = 340/40 = 8,5 G = 3/10 = 0,3 V = 38 dB.

ΔV = – 12 dB BSH = 20%.

6.2 Spezielles AVG-Diagramm

Spezielle AVG-Diagramme (Abb. 6.2) sind bereits für einen bestimmten Prüfkopf mit definierter Nahfeldlänge, Arbeitsfrequenz und effektivem Schwingerdurchmesser gültig gemacht worden. Allerdings ist dieses Diagramm nur anwendbar für die Prüfung von Stahl, bzw. für Werkstoffe mit gleicher Schallgeschwindigkeit wie Stahl.

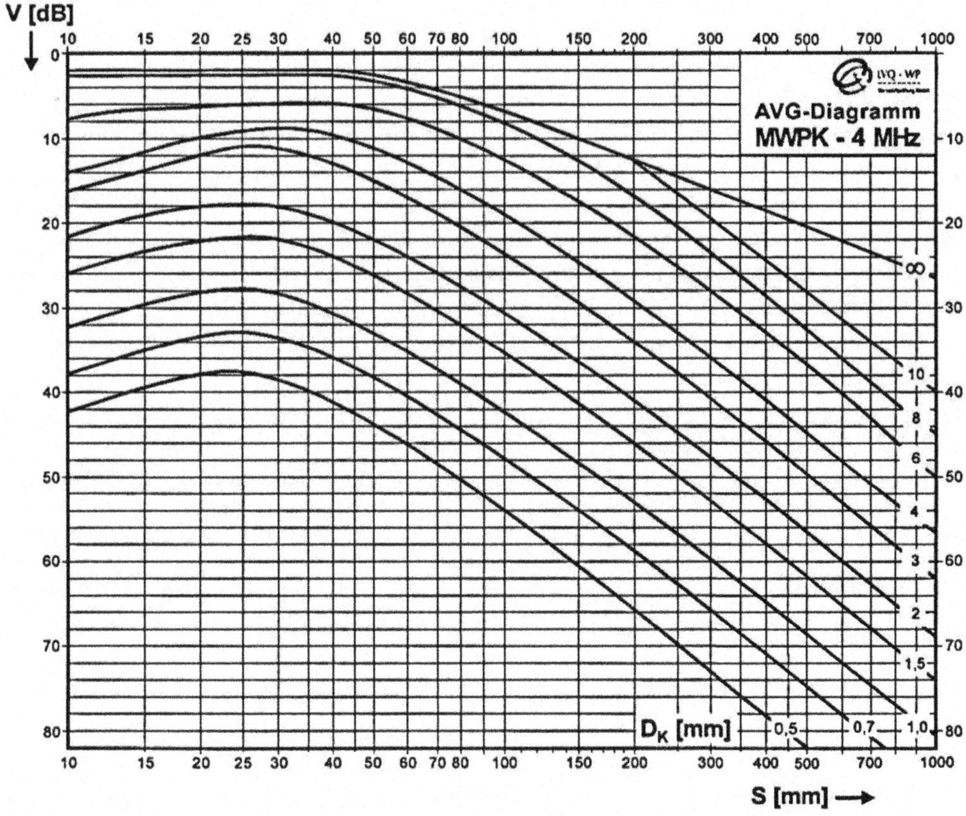

Abb. 6.2 Spezielles AVG-Diagramm für einen Winkelprüfkopf 45° [6.1]

Auf der Abstandsachse ist direkt der Schallweg vom Schallaustrittspunkt bis zum Reflektor ablesbar, und die Bezugslinien sind in Abhängigkeit des effektiven Schwingerdurchmessers direkt für Kreisscheibenreflektoren verschiedener Durchmesser gültig. Durch diese Festlegung wird das Arbeiten mit dem AVG-Diagramm wesentlich vereinfacht. Zu beachten ist allerdings, dass für jeden Prüfkopftyp ein anderes spezielles AVG-Diagramm erforderlich ist.

Empirisch aufgenommene spezielle AVG-Diagramme gibt es auch für SE-Prüfköpfe bzw. herstellerbezogene SE-Prüfkopftypen, nicht aber für Breitband- oder Stoßwellenprüfköpfe aus den bekannten Gründen.

6.2.1 Bezugshöhenverfahren

6.2.1.1 Allgemeines

Bei diesem Verfahren wird die Registrierverstärkung V_R auf konstanter Bildschirmhöhe so eingestellt, dass alle registrierpflichtigen Anzeigen im auszuwertenden Bereich mindestens 40 % Bildschirmhöhe erreichen. Die Voraussetzung dafür ist gegeben, wenn die Empfindlichkeit für den maximalen Schallweg eingestellt wird. Zwangsläufig wird dann aber die Empfindlichkeit bei kleineren Schallwegen zu groß sein, und somit werden auch Anzeigen gefunden, die aufgrund ihres Reflexionsverhaltens nicht registrierpflichtig sind. Die Feststellung der Registrierpflichtigkeit kann nicht direkt über den Bildschirm erfolgen, sondern muss dem AVG-Diagramm entnommen werden. Der Vorteil dieses Verfahrens liegt in der relativ geringen Vorbereitungszeit gegenüber dem Bezugslinienverfahren, allerdings ist die Echohöhenbewertung von Anzeigen aufwendiger. Der Einsatz des Bezugshöhenverfahrens ist nur lohnenswert, wenn wenig Ungänzen erwartet werden, kleine Schallwege vorliegen oder aber nur eine Stichprobenprüfung (Vorprüfung) erfolgen soll [6.3].

6.2.1.2 Vorgehensweise

Zum besseren Verständnis soll die Vorgehensweise anhand eines Beispiels mit Hilfe eines speziellen AVG-Diagramms (Abb. 6.2) und folgenden Vorgaben erklärt werden:

Prüfgegenstand:	Längsnaht mit Nennwanddicke d = 40 mm,
Prüfkopf:	MWB 45 – N4,
Registriergrenze:	D_{KSR} = 2 mm,
Registrierverfahren:	Bezugshöhe,
Justierreflektor:	25 mm Radius (R2) am K2,
Justiergrundverstärkung bei 40 % Bildschirmhöhe:	V_J = 12 dB,
Kontrollkörperkorrekturwert:	ΔV_K = –2 dB,
Transferkorrekturwert:	ΔV_T = 6 dB.

6.2.1.3 Entfernungsjustierung

Der Justierbereich wird üblicherweise so festgelegt, dass der Sprung auf dem Bildschirm abgebildet wird. Da im speziellen AVG-Diagramm auf der Abstandsachse der Schallweg für den Prüfgegenstand abgetragen ist, sollte die Entfernungsjustierung zur Vermeidung zusätzlicher Rechenarbeit in Schallwegen vorgenommen werden. Der berechnete Prüfbereich S_B wird auf einen glatten Wert aufgerundet, der einen einfachen Skalenfaktor ermöglicht. Dann gilt:

$$s_B = \frac{2d \times 1{,}2}{\cos\alpha}$$

$$s_B = \frac{2 \times 40 \times 1{,}2}{\cos 45^\circ} = \mathbf{136\ mm}$$

Gewählter Justierbereich: s_B = **150 mm**

6.2.1.4 Empfindlichkeitsjustierung

Die benötigte Zusatzverstärkung ΔV zum Erreichen der Registriergrenze muss dem AVG-Diagramm entnommen werden. Dazu werden zuerst die Koordinaten für den Justierpunkt und für den Bezugspunkt im Diagramm festgelegt. Die Empfindlichkeitsjustierung (Abb. 6.3) erfolgt am 25 mm Radius des Kontrollkörpers K2. Durch Berücksichtigung des entsprechenden Kontrollkörperkorrekturwertes ΔV_K ist dieser Kreisbogen im Reflexionsverhalten einer Rückwand gleichgesetzt.

Dann ist für den Justierpunkt der Schnittpunkt von der Justierstrecke s_J = 25 mm und der Rückwandkurve im AVG-Diagramm zu markieren. Für den Bezugspunkt erfolgt die Markierung auf dem Schnittpunkt des maximalen Schallwegs s_{max} = 150 mm und der Registriergrenze D_{KSR} = 2 mm. Durch die so festgelegten Punkte werden horizontal Justierhöhe und Bezugshöhe gezogen. Dann gilt

$$\Delta V = V_{\text{Bezugshöhe}} - V_{\text{Justierhöhe}}$$

$$\Delta V = 37\ \text{dB} - 3\ \text{dB} = \mathbf{34\ dB}$$

Die Registrierverstärkung V_R ermittelt sich aus folgender Formel:

$$V_R = V_J + \Delta VK + \Delta V_T + \Delta V + \Delta V^*$$

$$\Delta VT = \text{Transferkorrektur}$$

$$\Delta V^* = \text{Erhöhung der Verstärkung um 12 dB}$$

$$V_R = 12\ \text{dB} + (-2\ \text{dB}) + 6\ \text{dB} + 34\ \text{dB} + 0\ \text{dB}$$

Registrierverstärkung: V_R = **50 dB**

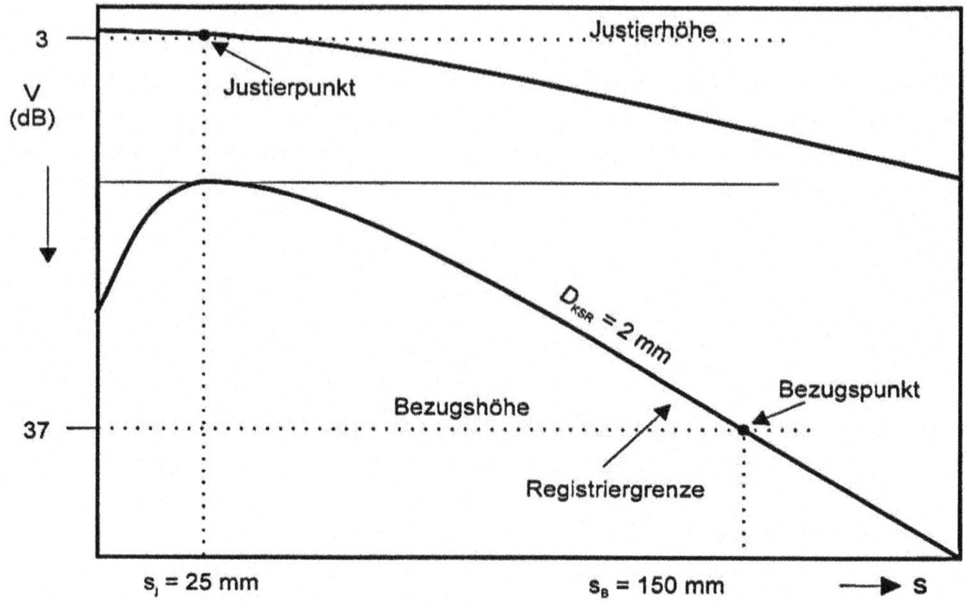

Abb. 6.3 Beispiel für die Empfindlichkeitsjustierung nach dem Bezugshöhenverfahren [6.4]

6.2.1.5 Anzeigenbewertung

Alle Anzeigen, die bei eingestellter Registrierempfindlichkeit die Bezugshöhe auf dem Bildschirm erreichen oder überschreiten, müssen auf ihre Registrierpflichtigkeit untersucht werden. Dazu wird die optimierte Anzeigenspitze der entsprechenden Reflexionsstelle mit dem Verstärkungssteller auf die Bezugshöhe am Bildschirm (40% BSH) gebracht. Die dafür benötigte Geräteverstärkung V_U und der Schallweg bis zum Reflektor s_U werden am Gerät abgelesen. Anschließend wird die Verstärkungsdifferenz ΔV_U berechnet.

$$\Delta V_U = V_U - V_R$$

Beispiel:
Geräteverstärkung $V_U = 30$ dB
Schallweg $s_U = 60$ mm

$$\Delta V_U = 30\text{ dB} - 50\text{ dB} = \mathbf{-20\ dB}$$

Im AVG-Diagramm (Abb. 6.4) wird ΔV_U als Strecke von der Bezugshöhe aus nach oben beim Schallweg S_U abgetragen. Wird dabei die Registriergrenze erreicht oder überschritten, ist die Echohöhenüberschreitung ΔH_U, die als Maß für das Reflexionsverhalten gilt, zu ermitteln und im Protokoll festzuhalten.

$$\Delta H_U = +6\ dB$$

d.h. die Ungänze reflektiert 6 dB besser als die zu registrierende Kreisscheibe von 2 mm Durchmesser. Ist außerdem die Bestimmung der Ersatzreflektorgröße (D_{KSR}) gefordert, wird die KSR-Größe der Linie angegeben, auf der die Strecke ΔV_U endet. In diesem Fall entspricht die Ersatzreflektorgröße einer Kreisscheibe von 3 mm Durchmesser.

6.2.2 Bezugslinienverfahren

6.2.2.1 Allgemeines

Bei diesem Verfahren wird die Bezugslinie, die der Registriergrenze entspricht, aus dem AVG-Diagramm auf den Bildschirm übertragen. Alle Anzeigen, die bei eingestellter Registrierverstärkung V_R die Bezugslinie erreichen oder überschreiten, sind zu registrieren.

Der Vorteil dieses Verfahrens gegenüber dem Bezugshöhenverfahren liegt darin, dass die Echohöhenüberschreitung ΔH_U direkt am Bildschirm ablesbar ist. Die Bezugslinie berücksichtigt grundsätzlich die Divergenz des Schallbündels, nicht aber die Schallschwächung. Allerdings wird durch die Konstruktion der Bezugslinie die Vorbereitungszeit verlängert, insbesondere dann, wenn eine Schallschwächungskorrektur berücksichtigt werden muss.

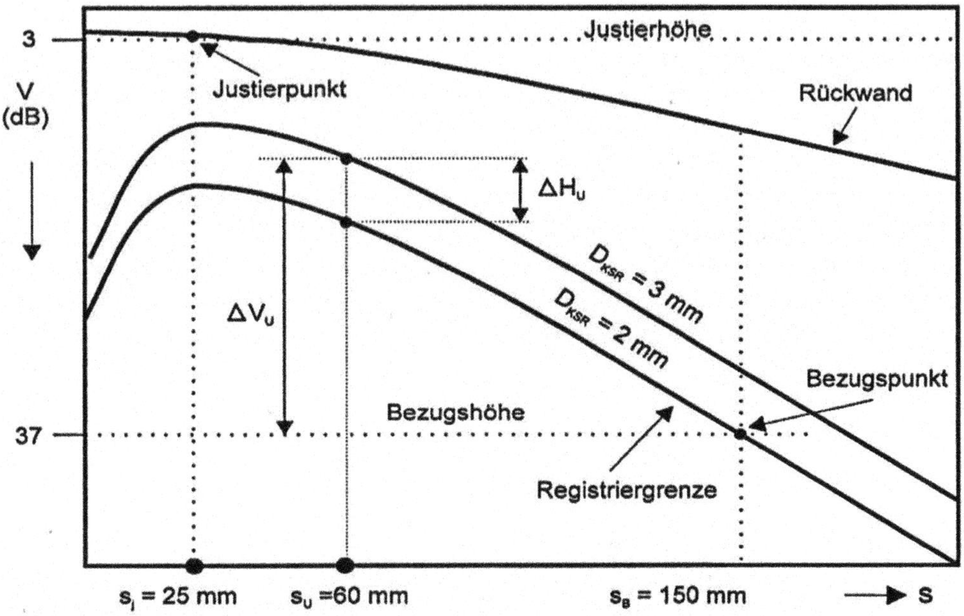

Abb. 6.4 Beispiel für die Anzeigenbewertung nach dem Bezugshöhenverfahren [6.4]

6.2.2.2 Vorgehensweise

Um den Unterschied zwischen dem Bezugslinienverfahren und dem Bezugshöhenverfahren deutlich herauszustellen, werden für das folgende Beispiel die Vorgaben des Beispiels zum Bezugshöhenverfahren übernommen.

Änderungen: Registrierverfahren: Bezugslinie

Justiergrundverstärkung am K2 bei Optimierung auf 80 % Bildschirmhöhe: $V_J = 18$ dB.

6.2.2.3 Entfernungsjustierung

Der Justierbereich wird üblicherweise so festgelegt, dass der ganze Sprung auf dem Bildschirm abgebildet wird. Da im speziellen AVG-Diagramm auf der Abstandsachse der Schallweg für den Prüfgegenstand abgetragen ist, sollte die Entfernungsjustierung zur Vermeidung zusätzlicher Rechenarbeit in Schallwegen vorgenommen werden. Dann gilt:

$$s_B = \frac{2d \times 1{,}2}{\cos\alpha}$$

$$s_B = \frac{2 \times 40 \times 1{,}2}{\cos 45^\circ} \mathbf{136\ mm}$$

Gewählter Justierbereich: s_B = **150 mm**.

Konstruktion der Bezugslinie

Durch den Schnittpunkt (Bezugspunkt), der durch den höchsten Punkt der zu registrierenden Kreisscheibenlinie und dem dazugehörigen Schallweg (Abb. 6.5) gegeben ist, wird die Bezugshöhe (= 80 % Bildschirmhöhe) im AVG-Diagramm festgelegt. Zu dieser Bezugshöhe werden bei verschiedenen Schallwegen die Verstärkungsunterschiede ΔV zur Bezugslinie ermittelt. Um Rechenaufwand zu sparen, empfiehlt es sich, die Schallwege so auszuwählen, dass sich einfache ΔV-Werte (z.B. 6dB, 12dB) ergeben. Ansonsten ist es empfehlenswert, sich für diese Daten eine Tabelle analog Tabelle 6.1 anzulegen.

Aus den ermittelten ΔV-Werten wird dann mit folgender Formel die Echohöhe H berechnet:

$$\frac{H}{H_1} = 10^{-\frac{\Delta V}{20}}$$

Wenn die Bezugslinie unter 20% BSH abfällt, ist eine Anhebung der Verstärkung um 12 dB (Faktor 4) vorzunehmen. Anschließend werden bei den einzelnen Schallwegen entsprechend ΔV^* mit der berechneten Bildschirmhöhe die Punkte auf den Bildschirm markiert. Durch Verbinden aller Punkte erhält man die Bezugslinie. Im Echobild stellt sich dieser Sachverhalt wie folgt dar (Abb. 6.6):

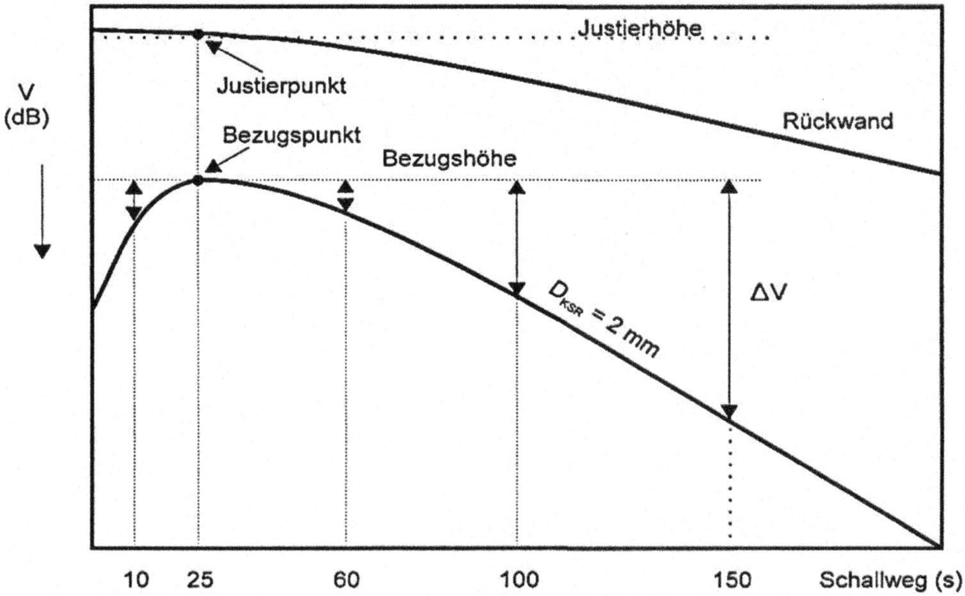

Abb. 6.5 Beispiel für die Konstruktion einer Bezugslinie [6.4]

Tab. 6.1 Datenerfassung zur Konstruktion einer Bezugslinie [6.4]

S (mm)	ΔV (dB)	H (% BSH)	H + 12 dB (% BSH)
10	4	50	
25	0	80	
60	6	40	
100	12	20	80
150	19	9	36

6.2.2.4 Empfindlichkeitsjustierung

Zur Bestimmung der Zusatzverstärkung ΔV muss im AVG-Diagramm noch die Lage des Justierpunktes festgelegt werden (Abb. 6.7). Dafür ist der Schnittpunkt von der Justierstrecke $S_J = 25$ mm und der Rückwandkurve im Diagramm zu markieren. Durch den so fixierten Punkt wird eine Horizontale (Justierhöhe) gezogen.

$$\Delta V = V_{\text{Bezugshöhe}} - V_{\text{Justierhöhe}}$$

Zusatzverstärkung: ΔV = 18 dB – 2 dB = **16 dB**

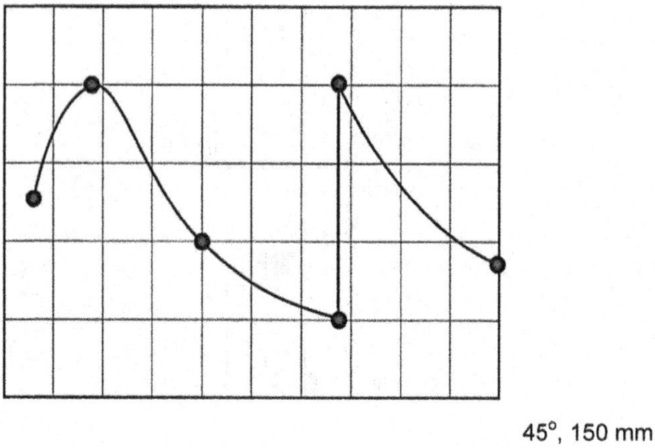

Abb. 6.6 Konstruktion der Bezugslinie aus Abb. 6.5 im Echobild [6.4]

Die Registrierverstärkung ΔV_R ermittelt sich dann aus folgender Formel:

$$V_R = V_J + \Delta VK + \Delta V_T + \Delta V + \Delta V^*$$

Registrierverstärkung: V_R = 18 dB + (–2 dB) + 6 dB + 16 dB + (12 dB)
Registrierverstärkung: V_{R1} = **38 dB** V_{R2} = **50 dB** (mit ΔV^*)

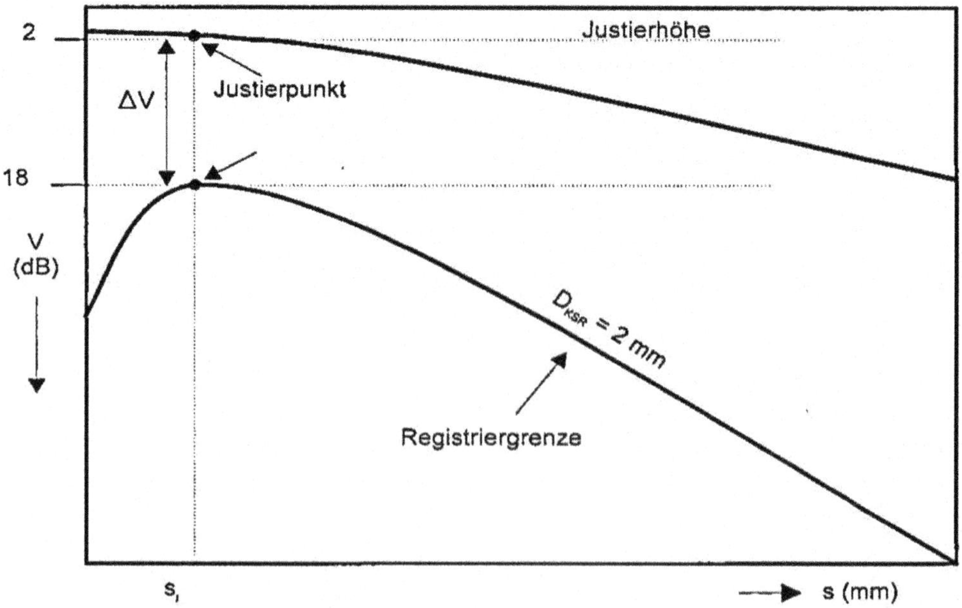

Abb. 6.7 Beispiel für die Empfindlichkeitsjustierung nach dem Bezugslinienverfahren [6.4]

6.2.2.5 Anzeigenbewertung

Alle Anzeigen, die bei eingestellter Registrierempfindlichkeit die Bezugslinie erreichen oder überschreiten, sind zu registrieren. Für überschreitende Anzeigen ist die Echohöhenüberschreitung ΔH_U zu bestimmen. Aus dem speziellen AVG-Diagramm kann unter Auftragen von ΔH_U über der KSR-Kurve, die der Bezugslinie zugrunde liegt, am Ort der Ungänze (s_U) die Ersatzreflektorgröße der Ungänze bestimmt werden. Es gilt

$$\Delta H_U = \Delta V_U = V_U - V_R.$$

Das Auftragen von ΔH_U erfolgt entgegen der positiven Richtung der Verstärkung und führt im Fernfeld zu größeren KSR als der Bezugslinie entspricht.

Die Registrierlängenbestimmung erfolgt mit Abtastmethoden. Es ist zu beachten, daß Registrierlängen und Halbwertslängen nicht identisch sind.

6.2.3 Transferkorrektur bei Senkrechtprüfköpfen

Transferkorrekturen gibt es bei Senkrechtprüfköpfen selten, da die Justierung zumeist auch am Werkstück erfolgt. Sollte dennoch die Empfindlichkeitsjustierung an einem Kontrollkörper vorgeschrieben werden, so ist ΔV_T durch Vergleich der Rückwandechos der Justierstrecke und des Werkstückes an einem ungänzenfreien Prüfpunkt auf Bildschirmreferenzhöhe zu ermitteln. Im AVG-Diagramm ist der entsprechende Divergenzverlust zwischen Justier- und Rückwandechoentfernung zu berücksichtigen.

Einen Sonderfall stellt in diesem Zusammenhang die Verstärkungskorrektur für die zentrische Innenbohrung mechanisch gebohrter und gelochter Schmiedestücke, wie z.B. Ringe, Hohlkörper und Lochscheiben dar. Soll das Echo der Innenbohrung (d_i) als Rückwandecho zur Größenbestimmung verwendet werden, so ist eine Verstärkungskorrektur V_{TB} nach Abb. 6.8 erforderlich, indem das Verhältnis des Durchmessers der Innenbohrung zum Außendurchmesser des Schmiedestückes (d_i/d) gebildet wird.

Am geeichten Verstärkungssteller muss die Verstärkung um den festgestellten Korrekturwert verringert werden. Dies ist notwendig, da die konvexe Rückwand der Innenbohrung im Vergleich zur ebenen Rückwand erheblich höhere Grundverstärkungen erfordert, um auf vorgegebene Bildschirmhöhen zu gelangen. Der Wert für V_{TB} ist in seiner Auswirkung adäquat ΔV_K für Reflektoren wie sie die K1 oder K2 Kreisbögen darstellen.

6.2.4 Transferkorrektur bei Winkelprüfköpfen

Für die praktische Schweißnahtprüfung sind infolge der rauen und eventuell gekrümmten Oberfläche des Prüfobjektes gegenüber der ebenen und geschliffenen Oberfläche des Kontrollkörpers die dadurch bedingten Transferverluste zu bestimmen.

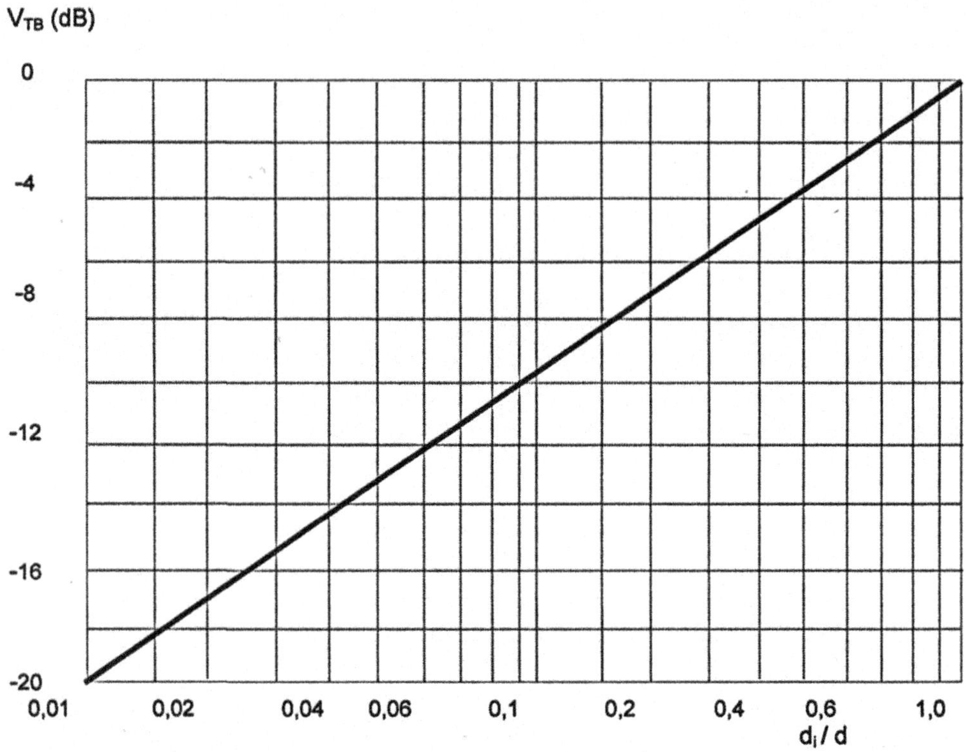

Abb. 6.8 Verstärkungskorrektur für Innenbohrungen [6.5]

Die Messung erfolgt mit zwei gleichen Winkelprüfköpfen, d.h. Nennwinkel, Schwingerabmessung und Frequenz müssen übereinstimmen. Für die Messung ist das US-Gerät auf SE-Betrieb umzustellen. Es wird jeweils eine V-Durchschallung am Justierkörper und am Prüfgegenstand vorgenommen (Abb. 6.9).

In den optimierten Echopositionen werden am US-Gerät die Geräteverstärkung für den Justierkörper V_{T1} und für den Prüfgegenstand V_{T2} bei Anzeigenspitze auf 80% Bildschirmhöhe abgelesen. Dann ergibt sich der Transferkorrektur ΔV_T aus folgender Formel:

$$\Delta V_T = V_{T2} - V_{T1}$$

Die Empfindlichkeit für die Registrierung von Anzeigen ist dann um den Betrag des Korrekturwertes zu erhöhen.

Abb. 6.9 Transferkorrektur bei Winkelprüfköpfen [6.3]

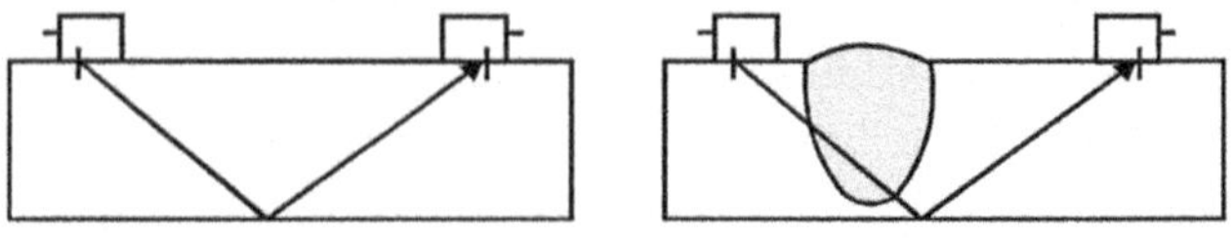

6.2.5 Schallschwächungskorrektur bei Senkrechtprüfköpfen

Bei konventionellen Senkrechtprüfköpfen sind Schallschwächungskorrekturen mit wenigen Ausnahmen nur im Fernfeld ($n \geq 3$) erforderlich. Deshalb wird die gefügebedingte Schallschwächung näherungsweise durch den Verstärkungskorrekturwert

$$V_S = \Delta V_R - \Delta V_S = 2 \times \kappa (D - s_U) \text{ [dB]}$$

definiert.

Dabei bedeuten:
$\Delta V_R = V_{R2} - V_{R1}$ Verstärkungsdifferenz zwischen 2. und 1. Rückwandecho (RE),
κ = relativer Schwächungskoeffizient,
D = Durchmesser des Schmiedestückes,
s_U = Abstand einer Ungänze von der Ankopplungsfläche,
ΔV_S = 6 dB Divergenzverlust für doppelte Entfernung im Fernfeld.

Da Sende-Empfangsprüfköpfe fast ausschließlich für Messungen innerhalb der Nahfeldlänge eingesetzt werden, ist bei ihrer Anwendung eine Schallschwächungskorrektur praktisch nicht erforderlich.

Mit dem in Abb. 6.10 enthaltenen Diagramm können die tatsächlichen Schallschwächungskorrekturwerte bestimmt werden. Nacheinander werden das erste und zweite Rückwandecho vom Werkstück an der Rückwandechokurve ausgesteuert und die Verstärkungsdifferenz $\Delta V_R = V_{R2} - V_{R1}$ am geeichten Verstärkungssteller in Dezibel festgestellt. Bei der Verwendung des AVG-Diagramms werden beide Echos nacheinander auf die Bildschirmreferenzhöhe ausgesteuert. Unter Berücksichtigung der Divergenzverluste ergibt sich die Verstärkungsdifferenz in diesem Fall zu:

$$\Delta V_R = V_{R2} - V_{R1} - 6 \text{ [dB]}.$$

Im Beispiel von Abb. 6.10 ergibt sich für ΔV_R = 14 dB und einem Durchmesser D = 800 mm eine an den Pfeilspitzen erkennbare Schwächungsgerade. Folgt man dieser Schwächungsgeraden bis zum Abszissenwert $(D - s_u)$, so kann rechts an der Ordinate der für die Schallschwächungskorrektur erforderliche Verstärkungswert V_S in dB abgelesen werden. Für das vorliegende Beispiel wurde gemäß $D - s_u$ = 450 mm ein V_S = 7,7 dB ermittelt. Dieser Wert wird je nach Feinteilung des dB-Stellers auf- oder abgerundet. Der ermittelte Schallschwächungskorrekturwert (V_S) ist beim verwendeten Rückwandechoverfahren immer negativ. Die Verstärkung am geeichten Verstärkungssteller muss deshalb um den absoluten Betrag von V_S verringert werden.

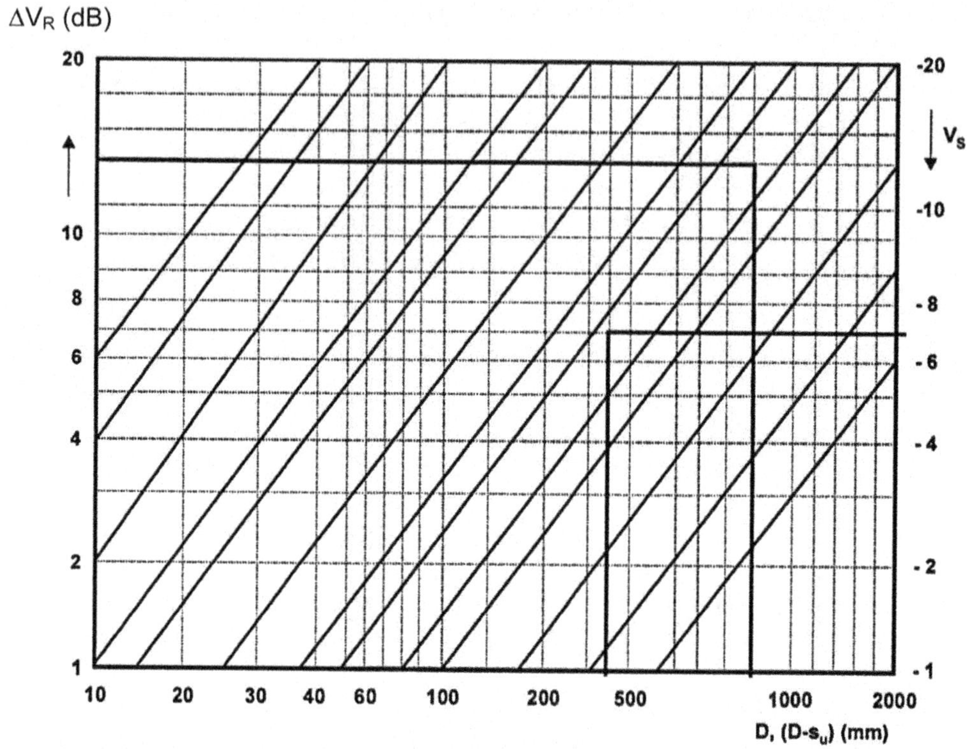

Beispiel: D = 800 mm s_U = 350 mm ΔV_R = 14 dB

Abb. 6.10 Diagramm zur Ermittlung der Schallschwächungskorrekturverstärkung V_S [6.5]

6.2.6 Schallschwächungskorrektur bei Winkelprüfköpfen

6.2.6.1 Pauschal durch eine Transferkorrektur

In dem Transferkorrekturwert sind die beiden Einflüsse Ankopplungsunterschied und Schallschwächungsunterschied enthalten. Allerdings wird der Schallschwächungsunterschied nur für die Schallwege der V-Durchschallung berücksichtigt. Das heißt, dass bei der anschließenden Echohöhenbewertung Anzeigen vor dem halben Sprung zu hoch und nach dem halben Sprung zu niedrig bewertet werden.

Nach der DGZfP-Schweißnahtrichtlinie ist z.B. eine solche Berücksichtigung der Schallschwächung nur zulässig, wenn der Bewertungsfehler bei maximalem Schallweg nicht größer als 4 dB wird. Bei größeren Abweichungen muss die Schallschwächung wegabhängig berücksichtigt werden.

6.2.6.2 Wegabhängige Berücksichtigung der Schallschwächung

Bei dieser Verfahrensweise wird die Schallschwächung bereits in der Vergleichslinie oder Bezugslinie integriert, um für jeden Punkt der Linie eine optimale Echohöhenbewertung zu ermöglichen.

a) Bei der Konstruktion einer Vergleichslinie wird die Schallschwächung durch Anschallen der Justierreflektoren bei unterschiedlichen Schallwegen mit erfasst.
b) Bei der Konstruktion einer Bezugslinie aus dem AVG-Diagramm muss die Schallschwächung zusätzlich im Linienverlauf berücksichtigt werden, da im AVG-Diagramm keine Schallschwächung enthalten ist.

Vorgehensweise

Die erstellte Bezugslinie nach Tabelle 6.1 soll für folgende Schallschwächungsbeiwerte korrigiert werden.

Schallschwächungsbeiwert für den Kontrollkörper K2:

$$\kappa_1 = 40 \text{ dB/m}$$

Schallschwächungsbeiwert für den Prüfgegenstand:

$$\kappa_2 = 40 \text{ dB/m}$$

Bestimmung des Schallschwächungsverlustes $\Delta V\kappa$

Für jeden Schallweg in der Tabelle wird zunächst der wirksame Schallschwächungsverlust $\Delta V\kappa$ ermittelt. Dabei ist zu beachten, dass bereits in der Justiergrundverstärkung V_J ein bestimmter Schallschwächungsanteil berücksichtigt ist.

$$\Delta V\kappa = 2 \times s_2 \times \kappa_2 - 2 \times s_1 \times \kappa_1 \text{ in dB}$$

Darin bedeuten:

$2 \times s_2 \times \kappa_2$ = Schallschwächungsanteil für verschiedene Schallwege im Prüfgegenstand

$2 \times s_1 \times \kappa_1$ = Schallschwächungsanteil der bereits beim Anschallen des Justierreflektors (K1/25mm Strecke) als konstanter Wert berücksichtigt wurde.

Berechnungsbeispiel für einen Schallweg von s = 60 mm:

$$\Delta V\kappa = 2 \times 60 \text{ mm} \times 0{,}04 \text{ dB/m} - 2 \times 25 \text{ mm} \times 0{,}04 \text{ dB/m}$$

$$\Delta V\kappa = 4{,}8 \text{ dB} - 2 \text{ dB}$$

$$\Delta V\kappa = \mathbf{2{,}8\ dB}$$

Das heißt, dass auf Grund des wirksamen Schallschwächungsverlustes die Bezugslinie bei 60 mm Schallweg um 2,8 dB zu unempfindlich ist.

Bestimmung der schallschwächungskorrigierten Bildschirmhöhe H_{Korr} mit folgender Formel:

$$H_{Korr} = H_1 \times 10^{-\frac{\Delta V}{20}}$$

Berechnungsbeispiel für Schallweg s = 60 mm:

$$H_{Korr} = 40\,\%\ \text{BSH} \times 10^{-\frac{2,8}{20}}$$

$$H_{korr} = \mathbf{29\ \%\ BSH}$$

Tabelle 6.2 und Abb. 6.11 geben eine Übersicht über die schwächungskorrigierte Bezugslinie.

Bestimmung der Registrierverstärkung V_R

Der einzige Unterschied gegenüber der Berechnung in Punkt 6.2.2.4 besteht in dem Korrekturwert ΔV_T. Dieser Korrekturwert beinhaltet Ankopplungsunterschiede ΔV_A und pauschale Schallschwächungsunterschiede ΔV_κ zwischen Justierkörper und Prüfgegenstand. Durch eine nochmalige Berücksichtigung des Schallschwächungsunterschiedes ΔV_κ in der Registrierverstärkung werden alle Anzeigen überbewertet. Es darf hier nur noch der Ankopplungsunterschied ΔV_A berücksichtigt werden, dann gilt [6.7]:

$$V_R = V_J + \Delta VK + \Delta V_A + \Delta V + \Delta V^*.$$

6.2.6.3 Schallschwächungsmessung am Beispiel der Schweißnahtprüfung

Der Schallschwächungsbeiwert κ in dB/m oder dB/mm entspricht dem Schalldruckverlust bedingt durch Schallschwächung (Absorption und Streuung) bezogen auf den tatsächlich zurückgelegten Weg. Dieser Weg wird bezeichnet als Schallaufweg.

Tab. 6.2 Korrekturwerte zur konstruierten Bezugslinie [6.1]

S (mm)	ΔV (dB)	H (% BSH)	ΔV_κ (dB)	$H_{Korr.}$ (% BSH)	H + 12 dB (% BSH)
10	4	50	-1,2	57	
25	0	80	0	80	
60	6	40	2,8	29	
100	12	20	6	10	40
150	19	9	10	2,8	12

Abb. 6.11 Schwächungskorrigierte konstruierte Bezugslinie im Echobild [6.7]

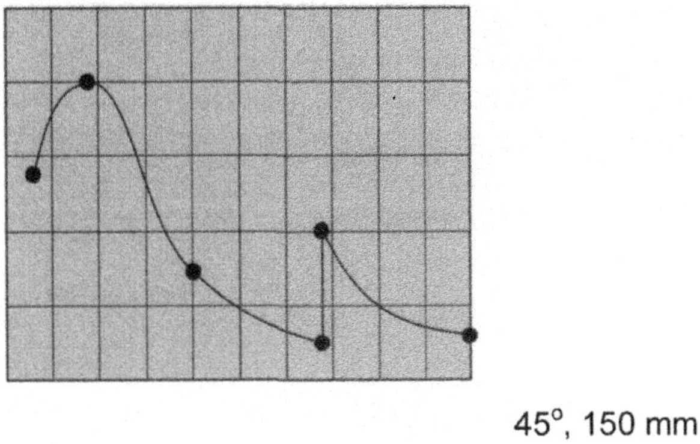

Prinzip der Messung:
Zwei Echohöhen H_1 und H_2 mit unterschiedlichen Schallwegen s_1 und s_2 vom Prüfobjekt werden unter Berücksichtigung des Divergenzverlustes verglichen (V- und W-Durchschallung in Abb. 6.12a und b).

V-Durchschallung im Grundmaterial
Die Geräteverstärkung V_1 wird in der nachstehenden Prüfkopfanordnung für die optimierte Anzeigenspitze auf 80 % Bildschirmhöhe eingestellt und der dazugehörige Schallweg s_1 abgelesen.

Die Geräteverstärkung V_2 wird in der nachstehenden Prüfkopfanordnung für die optimierte Anzeigenspitze auf 80 % Bildschirmhöhe eingestellt und der dazugehörige Schallweg s_2 abgelesen.

Der Divergenzverlust ΔV_S für die Schallwege s_1 und s_2 ist aus dem AVG-Diagramm zu ermitteln (Abb. 6.13). Bei Messungen im fernen Fernfeld kann ein Wert von $\Delta V_S = 6$ dB berücksichtigt werden. Dann gilt:

$$\kappa = \frac{V_2 - V_1 - \Delta V_S}{2 \times (s_2 - s_1)}$$

Abb. 6.12a Prüfkopfanordnung für die V-Durchschallung [6.4]

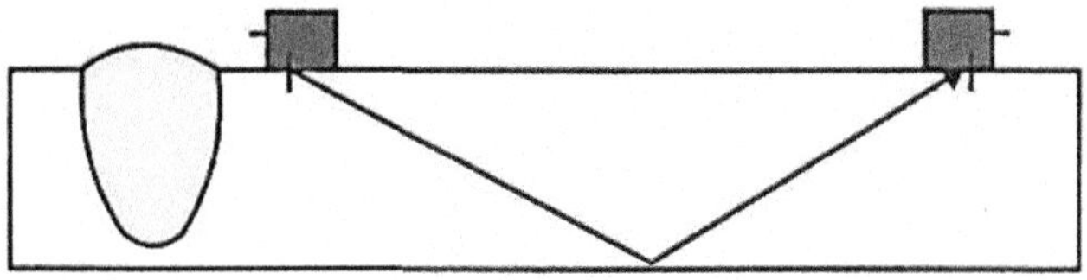

Abb. 6.12b Prüfkopfanordnung für die W-Durchschallung [6.4]

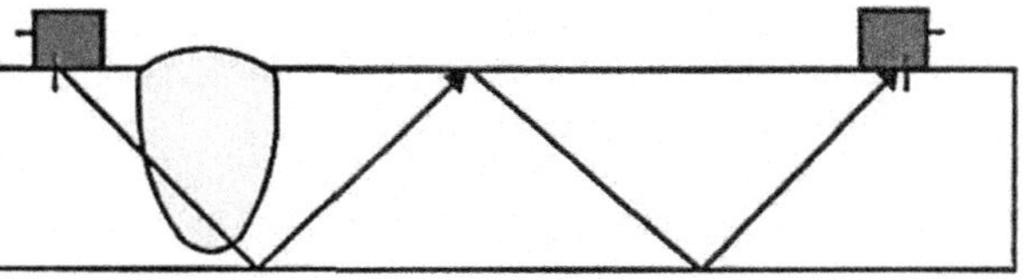

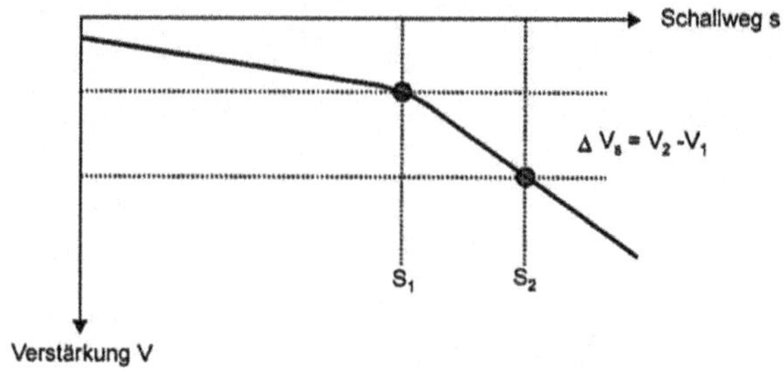

Abb. 6.13 Ermittlung der Divergenzverluste [6.7]

6.3 AVG-Vorsatzskalen

Die Vorsatzskala bedeutete lange Zeit eine schnelle und reproduzierbare Echohöhenbewertung nach der AVG-Methode. Jede Vorsatzskala gab einen Ausschnitt aus dem AVG-Diagramm wieder. Gegenüber dem Diagramm war aber zumeist bereits eine bestimmte Schallschwächung wegabhängig berücksichtigt. Dadurch entfiel das zeitraubende Übertragen von Messwerten, wie es beim Arbeiten mit einem AVG-Diagramm notwendig ist. Die Vorsatzskalen waren so ausgeführt, dass für die Entfernungs- und Empfindlichkeitseinstellung die beiden Kontrollkörper K1 und K2 ausreichten. Weitere spezielle Justierkörper waren nicht erforderlich. Mit der Einführung der digitalen Ultraschallgeräte sind AVG-Vorsatzskalen nicht mehr erforderlich.

6.4 AVG-Verfahren mit Phased-Array

In neuester Zeit sind Untersuchungen zur Anwendbarkeit und Bewertung des AVG-Verfahrens mit Phased-Array-Prüfköpfen durchgeführt worden [6.6]. Danach ist die Verwendung von Gruppenstrahlern generell möglich. Allerdings müssen bei diesen Prüfköpfen veränderliche Einschallwinkel, Fokuseinstellungen und Aperturgrößen berücksichtigt werden, um die Vorteile dieses Verfahrens zur Geltung zu bringen.

Literatur

[6.1] Schiebold, Krüger, Strelow, Rechnergestützte AVG-Auswertung, DGZfP-Jahrestagung Luzern (1991);
[6.2] Krautkrämer, Werkstoffprüfung mit Ultraschall, Springer-Verlag 1986;
[6.3] Deutsch, Platte, Vogt, Ultraschallprüfung, Springer-Verlag 1999;
[6.4] Schiebold, Skript UT2 LVQ-WP Werkstoffprüfung GmbH;
[6.5] SEP 1921, Ultraschallprüfung von Schmiedestücken und geschmiedetem Stabstahl ab ~ 100 mm Durchmesser oder Kantenlänge, Dez. 1984;
[6.6] Oberdörfer, AVG mit Phased-Array-Welche Möglichkeiten bieten uns Gruppenstrahler, DGZfP-Jahrestagung Graz (2012);
[6.7] DIN EN 583-2, Ultraschallprüfung: Empfindlichkeits- und Entfernungsjustierung, April 2001;

Ankopplungstechnik 7

7.1 Ankopplung

Unter Ankopplung versteht man gewöhnlich die Übertragung des Ultraschalls vom Prüfkopf ins Werkstück. Zwischen Prüfkopf und Prüfgegenstand befindet sich bei trockenen Oberflächen ein Luft- oder Gasspalt, dessen Schichtdicke von der Rauigkeit der Oberflächen und dem aufgewendeten Anpressdruck abhängt und der von den Ultraschallwellen überwunden werden muss, wenn eine Ankopplung erreicht werden soll.

Die Überwindung dieses Gasspaltes kann sowohl durch das Aufbringen von oder Eintauchen in Flüssigkeiten, wie Wasser oder Öl, jedoch auch durch erhöhten Druckkontakt erfolgen. Die Anwendung von flüssigen Kopplungsmitteln ist das bekannteste Ankopplungsverfahren, die Druckkontakttechnik ein Spezialfall für den Einsatz bei höheren Temperaturen.

Im Folgenden sollen die Einflussfaktoren auf die Ankopplung, die für die Prüfpraxis wichtigsten Ankopplungstechniken und Möglichkeiten zur Kontrolle einer kontinuierlichen gleichmäßigen Ankopplung besprochen werden.

7.2 Oberflächenzustand nach DIN EN 583

Die Oberflächenrauigkeit spielt bei der Ultraschallprüfung eine entscheidende Rolle. Sie begrenzt die Prüfempfindlichkeit und ist für den Verschleiß der Prüfköpfe maßgebend. Deshalb ist von vornherein eine gleichmäßige Ankopplung beim manuellen Abtasten oder automatischen Abfahren der Oberflächen erforderlich. Beim direkten Kontakt, bei dem die Prüfköpfe mit Ankopplungsflüssigkeit auf der Oberfläche des Prüfgegenstandes geführt und dabei etwas angedrückt werden, stören Fremdschichten, wie Zunder, Rost, Farbe u.a.m. besonders, weil von einer Prüfstelle zur anderen die Dicke der Schichten schwanken kann [7.1]. Es kommt zu Verkantungen des Prüfkopfes, der Anteil der in den Prüfge-

K. Schiebold, *Zerstörungsfreie Werkstoffprüfung – Ultraschallprüfung*,
DOI 10.1007/978-3-662-44700-0_7, © Springer-Verlag Berlin Heidelberg 2015

genstand eingeleiteten Schallwellen wird geringer. Daher muss lockerer Zunder, Schmutz oder Sand unbedingt vor Beginn der Prüfung beseitigt werden.

Das Beseitigen solcher störenden Schichten kann auf verschiedene Weise erfolgen. Am besten ist natürlich eine mechanische Bearbeitung der zu prüfenden Flächen. Dabei hilft weder eine zu grobe noch eine zu feine Bearbeitung, weil sich bei groben Drehriefen der Verschleiß der Schutzschichten verstärkt und bei zu fein bearbeiteter Oberfläche die Prüfköpfe festsaugen können und daher schlecht gleiten. Rauigkeiten unter 1/10 Wellenlänge (ca. 0,1 mm) bringen keine Empfindlichkeitssteigerung mehr. Rauigkeiten über 1/10 Wellenlänge verschlechtern die Ankopplung deutlich [7.6]. Der Schalldruck in Achsrichtung wird verringert und zusätzlich entsteht seitliche Streuung. Dadurch leidet die Ortungsgenauigkeit und es wächst die Gefahr, dass seitliche Reflexionen Fehlstellen auf der Achse vortäuschen [7.2], [7.3].

Bei unregelmäßig unebenen Oberflächen der Prüfgegenstände mit Welligkeiten bis zur Abmessung des Prüfkopfes und darüber, wie sie bei Grobblechen vorkommen können, wird das Schallbündel unregelmäßig aus der Normalen zur Oberfläche abgelenkt, t.w. fokussiert, t.w. defokussiert. Je rauer und unebener die Oberfläche wird, desto mehr sollten Mittel zur Herstellung eines gleichmäßigen Oberflächenzustandes angewandt und elastische Schutzschichten bei den Prüfköpfen verwendet werden. Bei rohen, unbearbeiteten Oberflächen, wie sie z.B. bei Guss- und Schmiedestücken anzutreffen sind, kann man sich helfen, indem die vorgegebenen Prüfbahnen mit Acetylen und Sauerstoff abgeflämmt oder mit der Schleifhexe abgeschliffen werden. Wichtig ist dabei, dass der nicht fest anhaftende Zunder beseitigt wird.

Im IZfP Saarbrücken wurde eine Methode zur mechanisierten und automatisierten Ultraschallprüfung von Schmiedestücken mit besonders komplexen Ankopplungsbedingungen in Folge rauer Oberflächen entwickelt [7.6].

Die durch raue Oberflächen entstehenden Verzerrungen in der Echoform können unter Umständen durch die Wahl eines Prüfkopfes mit niedrigerer Frequenz behoben werden. Ungünstiger ist dagegen die Prüfung an korrodierten Prüfgegenständen. Abb. 7.1 zeigt Beispiele für die korrosive Abtragung an Werkstücken.

Man muss in der Prüfpraxis davon ausgehen, dass sowohl die Innen- als auch die Außenoberflächen der Prüfgegenstände korrodiert sein können. Sind die Prüfflächen durch Korrosion angegriffen, so kann das zu Ankopplungsproblemen und Fehlmessungen führen (Wanddickenmessung). Eine entsprechende Vorbereitung der Prüfflächen, z.B. durch Schleifen, kann hier die Ankopplung und damit die Fehlerortung verbessern. Ungünstiger wirken sich korrodierte Gegenflächen aus, die oftmals gar nicht erkannt werden. Wenn durch Korrosionserscheinungen, wie Lochfrass oder Korrosionsmulden, die Ankopplungsverluste zum Ausbleiben oder zu entscheidender Absenkung der Rückwandechos führen, kann die Ultraschallprüfung sogar unmöglich werden. Zum Schutz vor Korrosion werden oft Oberflächenbeschichtungen angebracht, wie z.B. Lackierungen, metallische Überzüge, Emaillierungen oder auch Kunststoffbeschichtungen. Je dicker solche Schichten sind und je mehr sie sich vom Grundmaterial in ihrem Schallwellenwiderstand unterscheiden, desto mehr muss überlegt werden, ob diese Schichten vor der Prüfung be-

Abb. 7.1 Beispiele für die korrosive Abtragung an Werkstücken [7.4], [7.6]

Messproblem	Hinweis
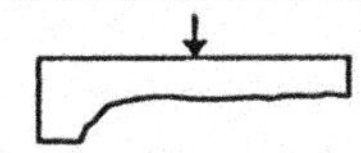	Bestimmung der Größe von Korrosionsflächen von Schwingerdurchmesser und Werkstoffdicke
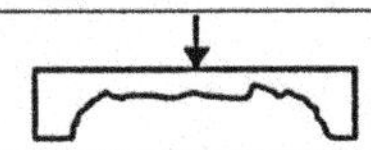	Messung teilweise nur mit Spezialprüfköpfen möglich
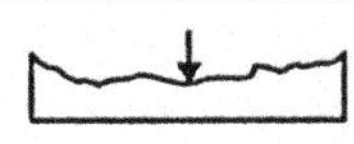	Einebnen der Messstelle durch Schleifen auf dreifachen Prüfkopfdurchmesser erforderlich (min. jedoch Ø 30 mm)

seitigt werden müssen. Insbesondere bei Wanddickenmessungen können sonst Fehlmessungen auftreten. Auf den Einfluss von konkav oder konvex gekrümmten Prüfflächen und weiterer Geometrieeinflüsse wird speziell im Kapitel 14 eingegangen.

Nach DIN EN 583-1 müssen alle Prüfflächen frei von Schmutz, Schweißspritzern usw. sein und eine ausreichend gleichmäßige Kontur und Glätte aufweisen, um eine zufrieden stellende Ankopplung sicher zu stellen. Zusätzlich müssen vor der Prüfung alle störenden Einflüsse beseitigt werden, die Anlass zu Fehlinterpretationen geben können (siehe auch DIN EN 583-2).

7.3 Kopplungsmittel

Eine wesentliche Bedingung für eine ausreichende Ankopplung ist, dass die Kopplungsmittel möglichst denselben Schallwellenwiderstand aufweisen sollten wie das ankoppelnde Material des Prüfkopfes als auch des zu prüfenden Gegenstandes. Leider haben aber alle flüssigen Ankopplungsmittel weit geringere Schallwellenwiderstände als die Werkstoffe der meisten Prüfgegenstände. Die Schallwellenwiderstände von Luft und Plexiglas unterscheiden sich um den Faktor 8000, dagegen von Plexiglas und Wasser nur um den Faktor 2. Ähnliche Verhältnisse liegen bei Luft, Wasser oder Öl und Stahl vor.

Untersucht man die Reflexions- und Durchlässigkeitsfaktoren entsprechend nachstehender Formeln, so lässt sich ableiten, dass der Durchlässigkeitsfaktor groß wird und gegen 1 geht, wenn die Schallwellenwiderstände Z_1 und Z_2 gleich groß werden. Andererseits wird der Reflexionsfaktor ebenfalls klein, wenn Z_1 und Z_2 sich annähern.

$$D = \frac{2 \times Z_2}{Z_1 + Z_2} \text{ und } R = \frac{Z_2 - Z_1}{Z_1 + Z_2}.$$

Um einen möglichst großen Durchlässigkeitsfaktor und einen kleinen Reflexionsfaktor zu erreichen, sollten die Schallwellenwiderstände von Plexiglas, Kopplungsmittel und Prüfgegenstand aufeinander abgestimmt sein, so dass ein möglichst großer Anteil an Ultraschallwellen in den Prüfgegenstand übertragen und nach Durchlaufen des Prüfgegenstandes und eventueller Reflexion an Ungänzen oder Flächen des Prüfgegenstandes wieder in den Prüfkopf eintreten kann, um Anzeigen am Bildschirm zu erzeugen.

Das Koppelmittel muss in allen Prüfkopfpositionen eine sichere Ankopplung mit einem dünnen Koppelfilm gewährleisten. In der Prüfpraxis haben sich als Kopplungsmittel insbesondere Wasser, Öl, Fett oder Tapetenkleister durchgesetzt, je nachdem, ob manuelle, mechanisierte oder automatische Prüfungen durchgeführt oder ob die Bauteile bei Raumtemperatur oder bei höheren Temperaturen an rauen oder gut bearbeiteten Oberflächen untersucht werden sollen. Auf glatten Flächen ist ein dünnflüssiges Öl, auf rauen Flächen ein zähflüssigeres Öl günstiger anwendbar. Bei senkrechten Wänden und bei Überkopfprüfungen sollte ein nicht tropfendes Kopplungsmittel eingesetzt werden.

Als Ankoppelmittel für höhere Temperaturen bis ca. 600°C eigenen sich insbesondere Hochtemperaturöle und -fette [7.6].

7.4 Ankopplungstechniken

7.4.1 Kontakttechnik

Bei der Kontakttechnik steht der Prüfkopf im direkten Kontakt mit der Oberfläche des Prüfgegenstandes. Feste oder flexible Schutzschichten vor dem Schwinger tragen dazu bei, dass die Ankopplung an den mehr oder minder rauen, ebenen oder unebenen, verzunderten oder korrodierten Oberflächen gleichmäßig ist, um einen möglichst großen Anteil an Schallenergie vom Prüfkopf in das Werkstück und zurück zu übertragen.

Feste Schutzschichten bestehen meistens aus Kunstharzen, wie Araldit, Vulkollan oder Teflon, und müssen in ihrer Dicke der Prüffrequenz angepasst sein. Solche Schichten sind sehr verschleißfest, haben aber den Nachteil, dass sie sich in keiner Weise der Oberfläche des Prüfgegenstandes anpassen und teilweise auch zur Entstehung von Störechos beitragen. Für kontinuierliche automatische Prüfungen sind solche festen Schutzschichten deshalb auch nicht geeignet.

Die Abbildungen 7.2 bis 7.5 zeigen den Einfluss einer Zwischenschicht bei zunehmender Schichtdicke [7.3]. Man erkennt aus Abb. 7.3 gegenüber Abb. 7.2 mit der direkten Schwingerankopplung, dass eine Schutzschicht von 0,1 mm bereits eine geringere Empfindlichkeit als im direkten Kontakt bedeutet und dass mit zunehmender Schichtdicke bis zu 1 mm in Abb. 7.5 darüber hinausgehend auch eine wesentliche Verbreiterung der Impulse (Sendeimpuls und Rückwandechos) durch die abnehmende Dämpfung des Schwingers eintritt. Die zugleich verringerte Echohöhe erfordert eine Verstärkungserhöhung, wodurch wiederum die Störechos dazu führen, dass ein Fehlernachweis nicht mehr möglich ist.

Werden über die festen Schutzschichten hinaus flexible oder elastische Kunststoffschutzschichten benutzt, so muss zwischen diese Folien und der festen Schwingerschutzschicht eine Kopplungsflüssigkeit möglichst gleichmäßig eingebracht sein, um die reflektierende Luftschicht auszuschalten. Dies bewerkstelligt der Prüfer so, dass er die Schutz-

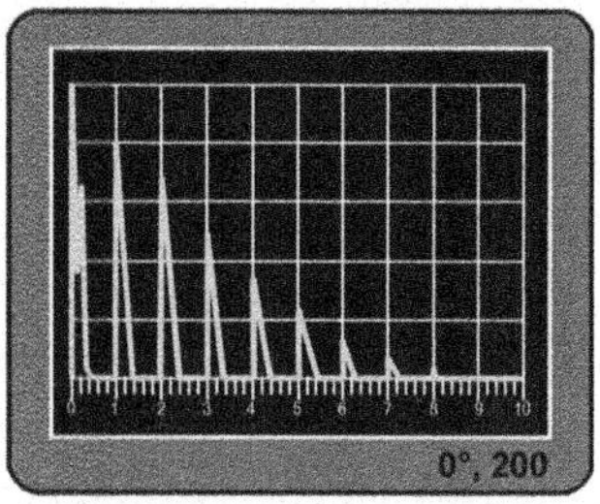

Abb. 7.2 Ankopplung eines 4 MHz-Prüfkopfes auf einer Stahlplatte im direkten Kontakt [7.5]

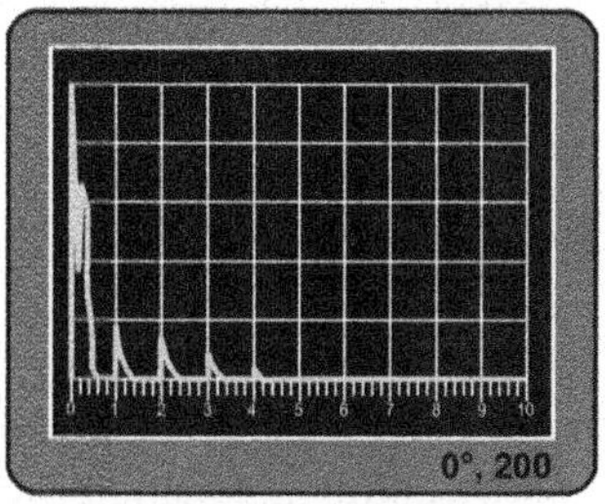

Abb. 7.3 Ankopplung wie in Abb. 7.2 bei einer Schutzschichtdicke von 0,1 mm [7.5]

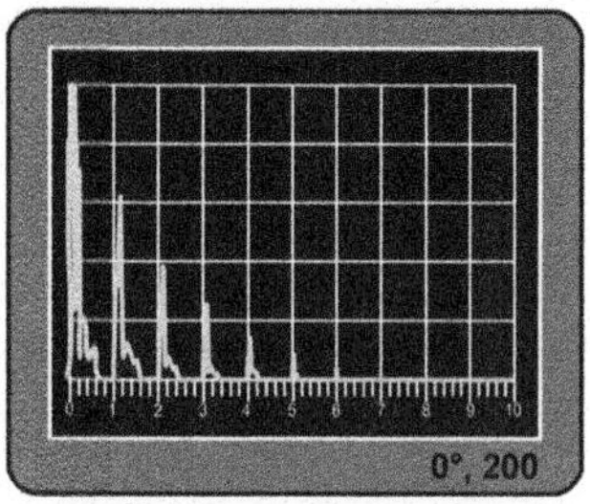

Abb. 7.4 Ankopplung wie in Abb. 7.2 bei einer Schutzschichtdicke von 0,2 mm [7.5]

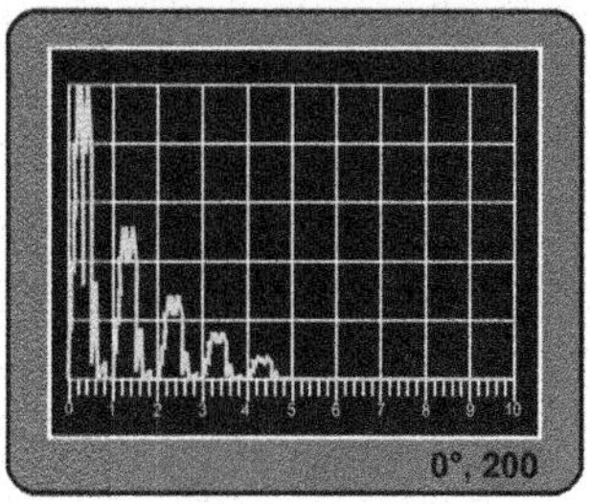

Abb. 7.5 Ankopplung wie in Abb. 7.2 bei einer Schutzschichtdicke von 1,0 mm [7.5]

kappe mit der flexiblen Schutzschicht vom Prüfkopf abschraubt, ein wenig Öl aufträufelt und den Prüfkopf nach dem Aufsetzen auf eine glatte Gegenfläche (z.B. vom K1) gegen die Schutzkappe schraubt, bis möglichst keine Luftblasen mehr zwischen Schwinger und Schutzschicht vorhanden sind.

Schließlich soll erwähnt werden, dass feste Schutzschichten aus bestimmten Werkstoffen schon wie eine zusätzliche Bedämpfung wirken und damit u.U. die Impulslänge verändern.

7.4.2 Fließwassertechnik

Um Ankopplungsschwankungen auszuschalten, mechanisierte und automatisierte Prüfungen durchführen zu können, den Verschleiß der Prüfköpfe zu reduzieren oder um Störungen durch den Sendeimpuls und anderer Echos bei der Ankopplung zu vermeiden, hat man den direkten Kontakt zwischen Prüfkopf und Oberfläche der Prüfgegenstände aufgehoben und die Fließwassertechnik mit zunehmender Wasser- bzw. Flüssigkeitsschichtdicke eingeführt.

7.4.2.1 Spalttechnik

Wichtigstes Merkmal dieser Technik ist die Erzeugung eines der Spalthöhe entsprechenden zusammenhängenden Wasserfilms zum Schutz des Prüfkopfes und zur Übertragung der Ultraschallwellen in das Werkstück. Man erreicht dieses Ziel, wie Abb. 7.6 anhand eines Ausführungsbeispieles zeigt, indem der Prüfkopf in einer Halterung mit Wasserzuführungskanälen aufgenommen wird, welche das Wasser unter Druck direkt in den Spalt zwischen Prüfkopf- und Werkstückoberfläche ableiten.

Die Spalthöhe bestimmt in entscheidendem Maße die störungsfreie Ultraschallübertragung, weil zwischen Werkstück- und Prüfkopfoberfläche Mehrfachreflexionen stattfinden, die das Echobild beträchtlich stören können. In der Praxis werden optimale Spalthöhen von 0,1 bis 0,3 mm bei geringem Wasserdruck und von 0,2 bis 1 mm bei größeren Wasserfließgeschwindigkeiten in automatischen Prüfanlagen eingestellt. Die optimale Spalthöhe ist grundsätzlich frequenzabhängig und nimmt mit wachsender Frequenz zu. Das erklärt sich aus der zunehmenden Zahl von Schalldurchlässigkeitsmaxima bei steigender Prüffrequenz.

7.4.2.2 Kühlkammertechnik

Mit Fließwasser betriebene Kühlkammern sind für die Grobblechprüfung bei höheren Temperaturen entwickelt worden. Der Wasserspalt wird zu einer definierten Vorlaufstrecke in einem mehr oder weniger abgeschlossenen Raum, der Wasserkühlkammer. Grund-

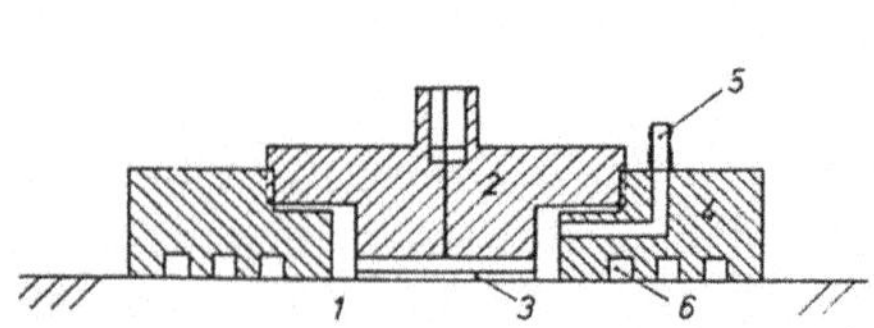

Abb. 7.6 Arbeitsprinzip der Wasserspaltankopplung [7.2], [7.4]

1 Werkstück 2 Prüfkopfeinsatz 3 Wasserspalt
4 Prüfkopfaufnahme 5 Wasserzufluss 6 Wasserablaufrillen

Abb. 7.7 Arbeitsprinzip einer Wasserkühlkammer [7.2], [7.4]

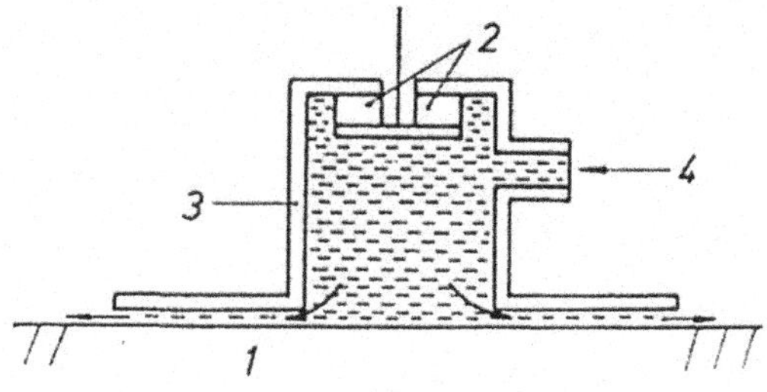

1	Werkstück	2	Prüfkopf
3	Wasserkühlkammer	4	Wasserzufluss

gedanke für diese Maßnahme war die Verbesserung der Strömungsverhältnisse vom Prüfkopf zum Werkstück zur Vermeidung der akustischen Störungen durch Dampf- und Luftblasen. Diese Verbesserungen werden erreicht, wenn turbulente, Wirbel erzeugende Wasserströmungen vermieden bzw. ein laminarer Wasserdurchlauf hergestellt werden.

Die Länge der Vorlaufstrecke in der Wasserkühlkammer bestimmt die zu prüfende Dicke des Werkstücks. Da die Schallgeschwindigkeit im Wasser ca. viermal so klein ist wie die Schallgeschwindigkeit von Stahl, können Werkstücke mit Wanddicken geprüft werden, die kleiner als die vierfache Länge der Vorlaufstrecke in der Kühlkammer sind, d.h. bei 30 mm Vorlaufstrecke muss die prüfbare Werkstückdicke kleiner als 120 mm sein, weil sonst die Mehrfachechos der Wasservorlaufstrecke bei der Ungänzenortung stören würden.

Eine Grundvariante der Wasserkühlkammer ist in Abb. 7.7 dargestellt. Der wasserdichte Prüfkopf ragt nur wenig in die Kühlkammer hinein, die durch seitlich angebrachte Einfüllstutzen mit Wasser gefüllt wird. Durch den erhöhten Wasserdruck bildet sich ein Wasserpolster bzw. ein Wasserfilm, auf dem die Ankopplungsvorrichtung ohne weitere Abstützung gegen die Oberfläche gleiten kann.

7.4.2.3 Strahltechnik

Die Ankopplung über freie Wasserstrahlen ist industriell nur in Prüfanlagen für Grobbleche genutzt worden. Die Prüfung findet dabei auf den Adjustage-Rollgängen statt, indem eine der Breite des Bleches angepasste Zahl von Prüfköpfen jeweils über und unter dem Blech genau justiert und das Blech somit kammartig abgetastet wird. Die unter dem Blech angeordneten Prüfköpfe senden Ultraschallwellen über freie Wasserstrahlen (ca. 60 mm lang) in das Werkstück. Die Übertragung auf die über dem Blech angeordneten Empfangsprüfköpfe erfolgt ebenfalls durch freie Wasserstrahlen (ca. 130 mm lang). In Abb. 7.8 ist dieses Arbeitsprinzip im Zusammenhang mit einer entsprechenden Vorkühlung für die Ultraschallgrobblechprüfung bei Temperaturen bis 380°C wiedergegeben.

Die Ankopplung über freie Wasserstrahlen ist jedoch nur im Durchschallungsverfahren durchführbar, weil beim Reflexionsverfahren durch akustische Störungen im Wasserstrahl und durch den Aufprall auf die Blechoberfläche zahlreiche Störechos auftreten und der

Abb. 7.8 Arbeitsprinzip der Ankopplung über freie Wasserstrahlen [7.2], [7.4]

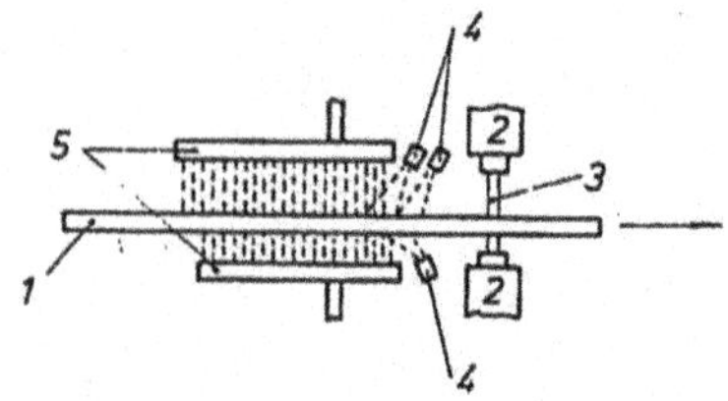

1	Werkstück	2	Prüfköpfe	3	Freie Wasserstrahlen
4	Sprühdüsen	5	Laminarflussdüsen		

akustische Kontakt oft abreißt. Der Fehlernachweis kann deshalb nur über eine Absolutmessung der ausgesandten und der durchgelassenen Schallintensität erfolgen und ist dadurch sowohl Schwankungen der Ankopplung als auch von der Reflexionsfähigkeit der Fehler abhängig. Weitere Nachteile der Ankopplung über freie Wasserstrahlen gegenüber der Kontakttechnik ergeben sich aus der geometrischen Anordnung, der Durchlaufgeschwindigkeit der Werkstücke, der Wärmeleitfähigkeit der Werkstoffe und vor allem aus dem hohen Wasserverbrauch. Die Wasserstrahlkopplung kann sowohl frei als auch geführt durchgeführt werden, wie Abb. 7.9 zeigt. Bei der geführten Variante kommt man der Kühlkammer sehr nahe.

7.4.2.4 Tauchtechnik (Pfützentechnik)

In Fortsetzung der Vergrößerung des Ankopplungsspaltes kann es sinnvoll sein, die Prüfköpfe und Werkstücke vollständig (Tauchtechnik) oder teilweise (Pfützentechnik) im Wasserbad und damit sozusagen in die Ankopplungsflüssigkeit einzutauchen. Die Prüfköpfe müssen in diesen Fällen wasserdicht ausgeführt werden. Sie sind meistens zylindrisch, um sie in entsprechenden Prüfkopfhalterungen aufnehmen zu können. Ihr Aufbau entspricht generell dem von Senkrechtnormal- oder Sende-Empfangs-Prüfköpfen, weil diese allein zur Senkrecht- oder Schräganstellung der Prüfköpfe mit den gewünschten Wellenarten im Prüfgegenstand führen, wo die bereits abgeleiteten Gesetzmäßigkeiten für die Schallausbreitung gelten.

Abb. 7.9 Strahltechnik über geführte und freie Wasserstrahlen [7.4]

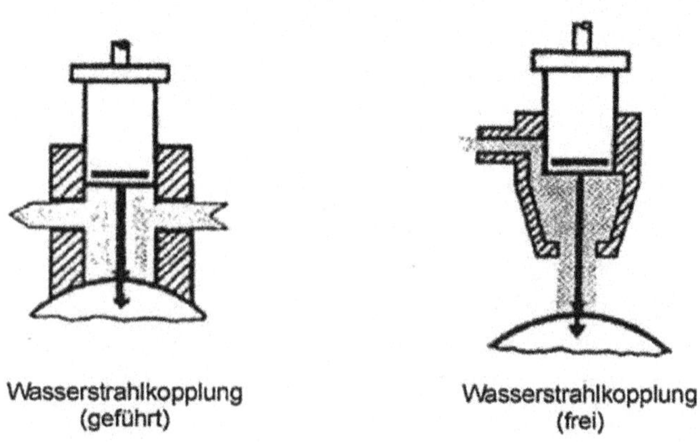

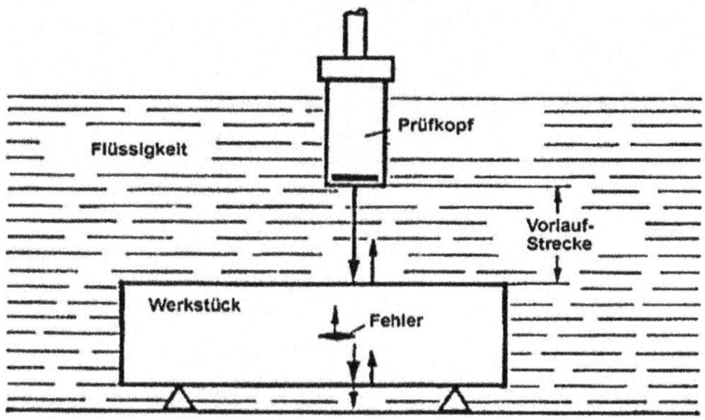

Abb. 7.10 Prüfanordnung für die Senkrechteinschallung in Tauchtechnik [7.5], [7.6]

Abb. 7.10 zeigt eine Prüfanordnung für die Senkrechteinschallung in Tauchtechnik. Dabei trifft der Ultraschall-Zentralstrahl senkrecht auf die Oberfläche des Werkstücks und erzeugt durch die Reflexion an der Oberfläche zunächst ein Echo von der Wasservorlaufstrecke, das Eintrittsecho. Der in das Werkstück durchgelassene Anteil des Schallbündels erzeugt dann Longitudinalwellenanzeigen von evtl. vorhandenen Ungänzen und von der Rückwand (Abb. 7.11). Es ist klar, dass die Länge der Vorlaufstrecke entsprechend der Ausführungen unter Punkt 7.4.2.2 der Dicke des Prüfgegenstandes angepasst sein muss.

Bei der Schrägeinschallung in Tauchtechnik wird der Prüfkopf unter einem bestimmten Winkel angestellt, der dem Einfallwinkel im Plexiglas bei einem Winkelprüfkopf aber im Medium Wasser entspricht (Abb. 7.12). Man erkennt im Bild, dass der Schallverlauf analog der Kontakttechnik ist, dass jedoch darüber hinaus teilweise Wellenumwandlung und Energieabstrahlung an die umgebende Flüssigkeit bei der Schrägeinschallung in Tauchtechnik erfolgt. Die Reichweite der Ultraschallwellen wird dadurch im Vergleich zur Kontakttechnik mit dem Umgebungsmedium Luft geringer.

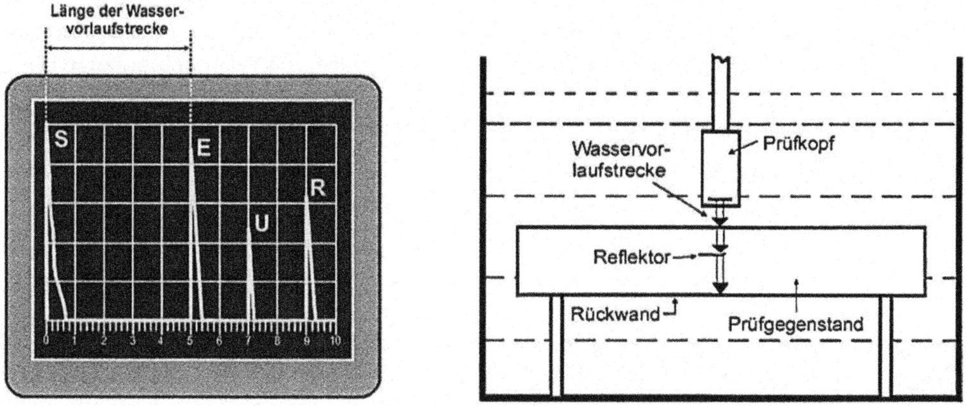

Abb. 7.11 Echofolge bei der Senkrechteinschallung in Tauchtechnik [7.5], [7.6]

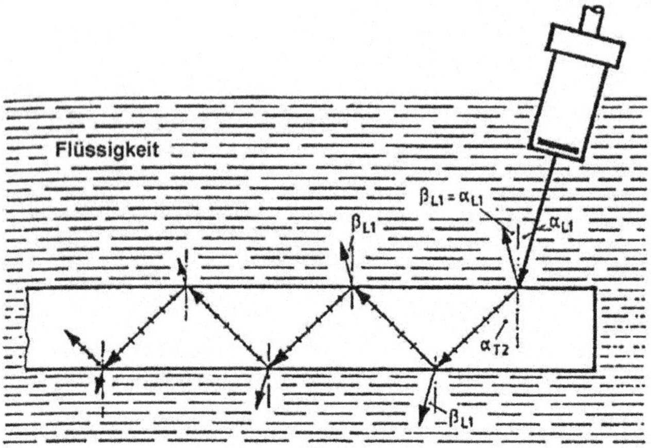

Abb. 7.12 Prüfanordnung für die Schrägeinschallung in Tauchtechnik [7.5], [7.6]

Tauchtechnikprüfköpfe werden häufig mit fokussierenden Vorsatzlinsen versehen, um das Schallbündel an einem definierten Punkt, dem Fokuspunkt im Arbeitsbereich des Prüfkopfes (vergleiche die Abbildungen 2.24 und 2.25) zusammenzuführen. Der Fokusabstand, die sog. Brennweite s_F, wird nach folgender Gleichung berechnet:

$$s_F = \frac{r}{1 - c_2/c_1}.$$

Darin bedeuten: r – Krümmungsradius der Grenzfläche,
c_2 – Schallgeschwindigkeit des Werkstoffes der Vorsatzlinse,
c_1 – Schallgeschwindigkeit des Kopplungsmittels.

Der Abstand der Fokusprüfköpfe vom Prüfgegenstand wird so gewählt, dass der Brennfleck sich innerhalb der zu prüfenden Zone im Werkstück befindet. Dabei sind die erneute Brechung an der Oberfläche des Prüfgegenstandes und die Verkürzung der Brennweite zu berücksichtigen. Im Fokusbereich ist der Fehlernachweis mit deutlich höherer Empfindlichkeit möglich [7.5].

Die Tauchtechnik wird beispielsweise zur automatischen Prüfung von Rohren, Stangen oder Profilen eingesetzt (Abb. 7.13 und 7.14).

7.5 Ankopplungskontrolle

Konstante Ankopplung an allen Stellen eines Prüfstückes ist für eine rasche und sichere Beurteilung der Anzeigen sehr wichtig. Die einfachste Kontrolle solcher Ankopplung ergibt sich durch die Beobachtung von Rückwandechos oder von Mehrfachechos. Können solche Echos von weitgehend planparallelen Oberflächen des Prüfgegenstandes erwartet

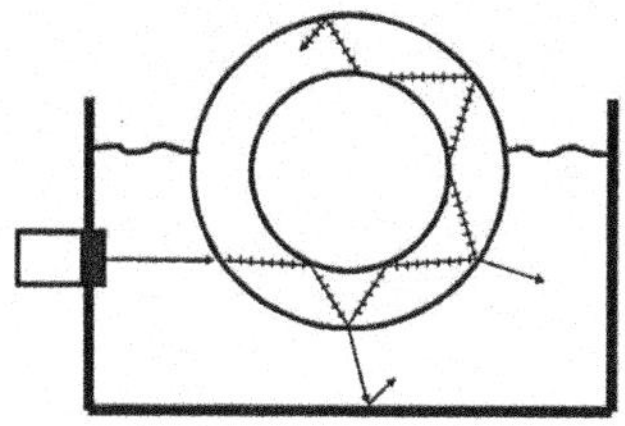

Abb. 7.13 Rohrprüfung in Tauchtechnik (Rohr ohne Ungänze) [7.6]

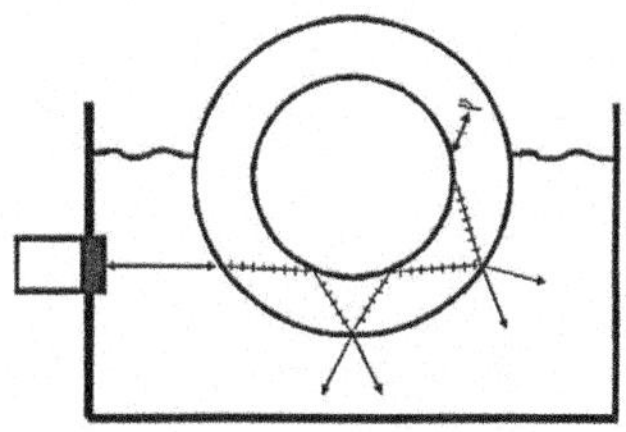

Abb. 7.14 Rohrprüfung in Tauchtechnik (Rohr mit Ungänze) [7.6]

werden, so können oft sogar Rückschlüsse auf einen guten Schalldurchgang und auf vorhandene Ungänzen gezogen werden. Dies gilt insbesondere für die Prüfung von Gussstücken aus Stahlguss und Gusseisen mit Kugelgraphit.

Der geübte Prüfer wird eine gute Ankopplung auch beim Prüfen selbst feststellen, indem er diese beim Abtasten oder Abgleiten der Oberflächen mit den Prüfköpfen erfühlt, weil der Gleitwiderstand beim Verschieben je nach Oberflächenrauigkeit besser oder schlechter ist. Das Gefühl der manuellen Prüfkopfführung ist speziell für automatische Prüfungen ersetzbar durch elektronische Blenden und die damit verbundene Nachregelung der Verstärkung zur Einstellung einer konstanten Prüfempfindlichkeit. Diesbezüglich werden oft auch zwei oder mehrere Prüfköpfe, z.B. zwei Winkelprüfköpfe auf beiden Seiten der Schweißnaht, so gegeneinander gestellt, dass das dadurch entstehende Durchschallungssignal zur Regelung der Ankopplungsschwankungen benutzt werden kann. Eine weitere Möglichkeit zur Ankopplungskontrolle bei Winkelprüfköpfen besteht in der Verwendung eines Sonderprüfkopfes gemäß Abb. 7.15. Ein Teil der vom Schwinger erzeugten, nach hinten abgestrahlten und nicht genutzten Schallenergie wird durch einen akustischen Reflektor umgelenkt, trifft auf einen mit Koppelmittel gefüllten Spalt und erzeugt dort ein Oberflächenecho des Werkstücks. Falls das Echo ausbleibt, ist die Ankopplung gestört und bei der automatischen Prüfung kann die Anlage sofort angehalten werden [7.4].

7.6 Abtastgeschwindigkeit nach DIN EN 583-1

Zur Auswahl der Abtastgeschwindigkeit eines Prüfobjektes müssen die Impulsfolgefrequenz, die Fähigkeit des Prüfers, Signale zu erkennen und der Nachweis am Prüfgerät, Signale aufzuzeichnen berücksichtigt werden. Bei halb- oder vollautomatisierten Prüfanlagen wird die maximale Abtastgeschwindigkeit v_{max} in mm/s für den Prüfkopf anhand

Abb. 7.15 Sonderprüfkopf zur Ankopplungskontrolle [7.4]

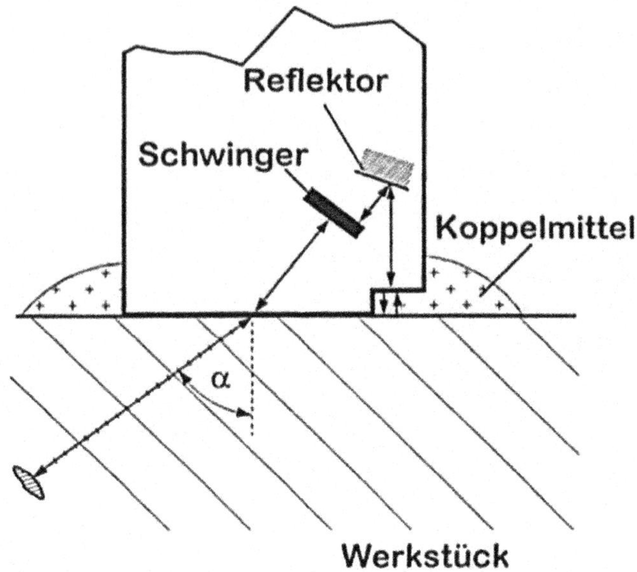

eines Vergleichskörpers experimentell bestimmt oder mit Hilfe nachstehender Beziehung berechnet [7.1]:

$$v_{max} = \frac{d \times f_{rep}}{n} \text{ mit}$$

d minimale Schallbündelbreite in mm bei –6 dB, wie bei der Prüfung verwendet
f_{rep} Impulsfolgefrequenz in Hz
n Anzahl aufeinanderfolgender Signale zum Auslösen des Alarms

Bei der manuellen Prüfung wird die Abtastgeschwindigkeit v_{max} in verschiedenen Regelwerken mit 150 mm/s angegeben.

Literatur

[7.1] DIN EN 583-1, Ultraschallprüfung: Allgemeine Grundsätze, Dez. 1998;
[7.2] Krautkrämer, Werkstoffprüfung mit Ultraschall, Springer-Verlag 1986;
[7.3] ASME-Code, Section V, 1989;
[7.4] Deutsch, Platte, Vogt, Ultraschallprüfung, Springer-Verlag 1999;
[7.5] Schiebold, Skript UT2 LVQ-WP Werkstoffprüfung GmbH;
[7.6] Matthies u.a., Dickenmessung mit Ultraschall, DVS-Verlag GmbH 1998;
[7.7] Pinchuk, Bulavinov, Verfahren zur empfindlichen Ultraschallprüfung an rohgeschmiedeten Oberflächen, DGZfP-Jahrestagung Erfurt (2010);

Wanddickenmessung

8

Die mechanische Dickenmessung, z.B. mit einem Messschieber, erfordert eine beidseitige Zugänglichkeit des auszumessenden Bauteils. Dort, wo das nicht möglich ist, z.B. bei geschlossenen Rohrleitungssystemen, wird eine Dickenmessung mit Ultraschall vorgenommen. Die Ultraschall-Wanddickenmessung kann mit herkömmlichen analogen Geräten oder mit digital anzeigenden relativ kleinen Wanddickenmessgeräten erfolgen. Vielfach werden auch analoge Prüfgeräte mit digital eingeblendeten Messwerten eingesetzt. Ihr Vorteil besteht darin, dass der Prüfer anhand der Rückwandechofolge des A-Bildes erkennen kann, ob Ankopplungs- oder Reflexionsverluste vorliegen oder ob evtl. gar eine stark korrodierte Rückwand oder Gegenfläche eine falsche Wanddicke anzeigen lässt.

8.1 Messungen mit Analoggeräten

8.1.1 Einfachmessung

Analoge Ultraschallgeräte müssen immer mittels zweier Echos justiert werden. Die unbekannte Wanddicke (d_{PG}) eines Prüfgegenstandes kann danach im einfachsten Fall über die Echoposition T_{PG} und den Skalenfaktor des gewählten Prüfbereiches bestimmt werden (Abb. 8.1). Es gilt für den Schallweg s bzw. die Wanddicke d_{PG}

$$s = d_{PG} = K \times T_{PG}.$$

Diese Beziehung kann jedoch nur verwendet werden, wenn die Schallgeschwindigkeit im Prüfgegenstand bekannt ist und das Auflösungsvermögen ausreicht, um eine einwandfreie Wanddickenmessung durchzuführen. Ansonsten müssen Prüfköpfe mit höherer Frequenz, höherer Bedämpfung und evtl. einer Vorlaufstrecke eingesetzt werden.

In Tabelle 8.1 sind einige Beispiele zusammengestellt, die verdeutlichen, wie sehr die gemessene Wanddicke von dem vorgegebenen Prüf- oder Messbereich abhängt und dass

K. Schiebold, *Zerstörungsfreie Werkstoffprüfung – Ultraschallprüfung*,
DOI 10.1007/978-3-662-44700-0_8, © Springer-Verlag Berlin Heidelberg 2015

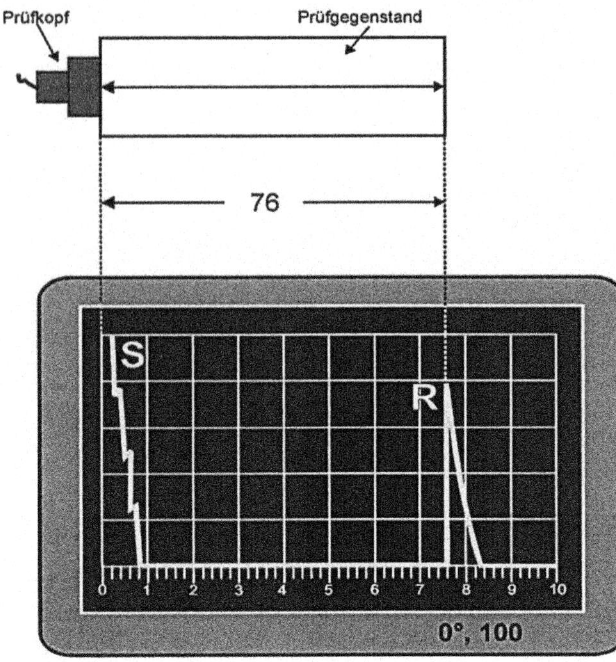

Abb. 8.1 Wanddickenmessung mit dem Rückwandecho eines Prüfgegenstandes [8.2]

der Messbereich so ausgewählt werden sollte, dass die zu messenden Wanddicken möglichst über die gesamte Bildschirmbreite und damit über den gesamten Messbereich erfasst werden.

Bei Wanddickenmessungen in einem relativ eng begrenzten Wanddickenbereich kann die Messgenauigkeit verbessert werden, wenn durch entsprechendes Justieren nur ein kleiner Prüfbereich abgebildet wird. Man benötigt zwei Justierstufen aus dem Wanddickenbereich, jeweils am unteren und am oberen Messbereich. Hat man z.B. eine Wanddicke von 15 mm zu erwarten, so kann der Prüfbereich mit einer Stufe von 10 mm und einer Stufe von 20 mm so justiert werden, dass auf dem Bildschirm durch Verschieben des Nullpunk-

Tab. 8.1 Rechenbeispiele für die Wanddickenmessung durch einfache Längenmessung mittels Ultraschall

Prüfbereich s_B (mm)	Skalenfaktor K (Skt./mm)	Echoposition T (Skt)	Gemessene Wanddicke d_{PG} (mm)
25	2,5	8,9	22,3
50	5,0	4,4	22,0
75	7,5	2,9	21,8
100	10,0	2,1	21,0

tes auf 10 mm und Begrenzung des rechten auswertbaren Randes mit 20 mm insgesamt ein Prüfbereich von 10 mm abgebildet wird, der auch eine entsprechende Messgenauigkeit aufweist.

8.1.2 Mehrfachechomethode

Bei dieser Methode wird bewusst ein relativ großer Justierbereich im Verhältnis zur Wanddicke eingestellt. Auf dem Bildschirm wird dann durch Mehrfachreflexion des Schallstrahls zwischen Prüf- und Gegenfläche eine Mehrfach-Echo-Folge sichtbar. Die Messgenauigkeit wird durch die Auswertung einer Vielzahl von Echos um den Faktor n (Anzahl der ausgewerteten Mehrfach-Echos) erhöht. Abb. 8.2 demonstriert ein Beispiel dieser Messmethode.

Beispielrechnung:
Wertet man das Echo bei Position T = 9,1 aus, so beträgt der Schallweg für das 9. Rückwandecho

$$s = k \times T_{PG} = 80 \times 9{,}1 = 728 \text{ mm oder}$$

$$d_{PG} = \frac{s}{n} = \frac{728}{9} = \mathbf{80{,}9\ mm}.$$

Wertet man das Echo bei Position T = 5,1 aus, so beträgt der Schallweg für das 5. Rückwandecho

$$s = k \times T_{PG} = 80 \times 5{,}1 = 408 \text{ mm oder}$$

$$d_{PG} = \frac{s}{n} = \frac{408}{5} = \mathbf{81{,}6\ mm}.$$

Wertet man schließlich das Echo bei Position T = 2,1 aus, so beträgt der Schallweg für das 2. Rückwandecho

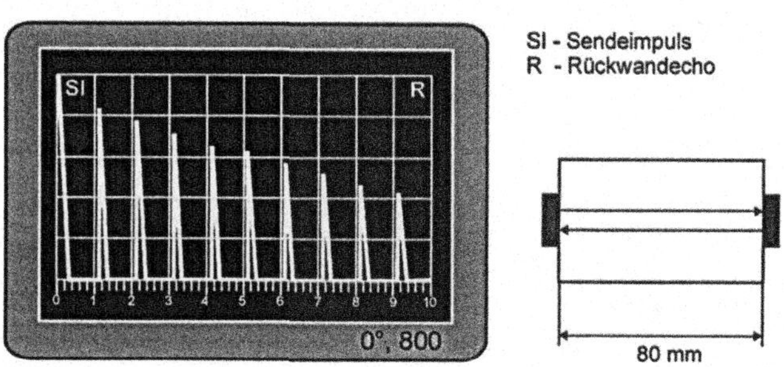

Abb. 8.2 Beispiel für die Mehrfachechomethode zur Wanddickenmessung [8.2]

$$s = k \times T_{PG} = 80 \times 2{,}1 = 168 \text{ mm oder}$$

$$d_{PG} = \frac{s}{n} = \frac{168}{2} = \mathbf{84{,}0\ mm}.$$

Die Wanddicke kann somit aus der Echoposition T_n des gewählten Rückwandechos berechnet werden.

$$d_{PG} = \frac{s_n}{n} = \frac{k \times T_n}{n} \text{ (mm)}.$$

mit $n = 1, 2, 3, \ldots\ldots.$ als Anzahl der ausgewählten Rückwandechos.

Diese Methode kann insbesondere bei sehr kleinen Wanddicken zum Erfolg führen, weil in diesen Fällen oft ein Abheben der ersten Rückwandechos von der Null-Linie oder eine zu große Sendeimpulsbreite zu beobachten ist.

8.1.3 SE-Prüfköpfe

Bei kleinen Wanddicken reicht oft das Nahauflösungsvermögen durch einen zu breiten Sendeimpuls am Bildschirmanfang nicht mehr aus. Anzeigen können vom Sendeimpuls verdeckt oder falsch abgelesen werden. Eine Möglichkeit in solchen Fällen wäre die Messung mit der Mehrfachechomethode. Einen anderen Ausweg bietet der Einsatz von SE-Prüfköpfen, bei denen durch das Zweischwingersystem ein Sendeimpuls am Bildschirm gar nicht mehr vorhanden ist bzw. so weit nach links hinausgeschoben wird, dass er nicht mehr störend wirkt.

Bei SE-Prüfköpfen wird immer der linke untere Fußpunkt eines Echos ausgewertet, man misst nicht nach der Mehrfachechomethode, auch wenn mehrere Rückwandechos entstehen sollten. Das kann damit begründet werden, dass in der Praxis oft bei der Wanddickenmessung nur ein Rückwandecho zur Verfügung steht, wie z.B. bei stark korrodierten Bauteilen oder das die Justierung dieser Prüfköpfe gleichfalls mit je einem Justierecho unterschiedlicher Wanddicken durchgeführt wird.

Die Justierung der SE-Prüfköpfe zur Wanddickenmessung erfolgt wie unter 8.1.1.2 beschrieben mittels eines Stufenkeiles, wobei der Umwegfehler Berücksichtigung finden muss, was umso besser gelingt, wenn mit Hilfe von geeigneten Justierstufen das Prüfsystem im Bereich der zu messenden Wanddicke justiert wird. Je größer der Dachwinkel des SE-Prüfkopfes, desto geringere Wanddicken sind messbar. Daher richtet sich die Auswahl der SE-Prüfköpfe u.a. auch nach dem zu untersuchenden Tiefenbereich im Prüfgegenstand.

8.2 Messungen mit Digitalgeräten

Digitale Wanddickenmessgeräte sind optimal dem Messzweck angepasste kleine handliche Geräte, die mit einer digitalen Messwertanzeige ausgestattet sind und ganze Messreihen in einem PC verarbeiten und ausdrucken können (Abb. 8.3). Besonders durch die Stellenzahl der Anzeige hinter dem Komma entsteht der Eindruck einer sehr hohen Messgenauigkeit. Der Hauptunterschied zu analogen Wanddickenmessgeräten liegt darin begründet, dass stets nur mit einem Justierecho gearbeitet wird, weil diese Geräte über eine auf den Werkstoff vorgegebene Schallgeschwindigkeit eingestellt werden. Sie sind meistens auf Stahl programmiert und haben deshalb auch an diesem Werkstoff optimale Funktion. Sind andere Werkstoffe als Stahl zu prüfen, so sollte man auch Stufenkeile aus diesen Werkstoffen zur Justierung verwenden, um die Funktionsfähigkeit zu überprüfen. Die Abbildungen 8.4 und 8.5 widerspiegeln, wie die der Wanddickenmessung zugrunde liegende Laufzeitmessung zwischen zwei Rückwandechos und zwischen einem Rückwandecho und einer Zeitmarke funktioniert.

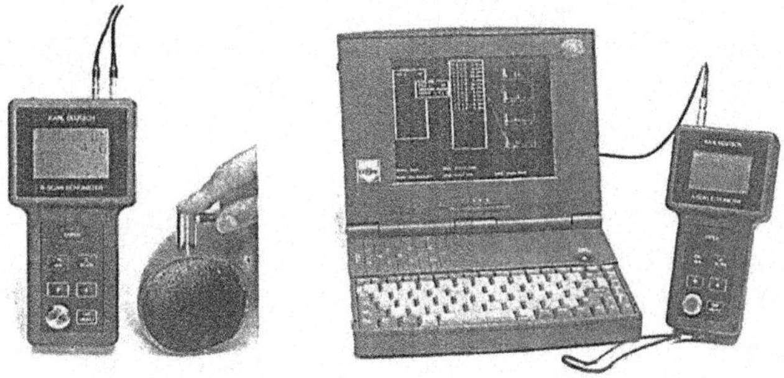

Abb. 8.3 Digitales Ultraschall-Wanddickenmessgerät mit A-Bild-Anzeige und Messwertverarbeitung am Personalcomputer [8.1]

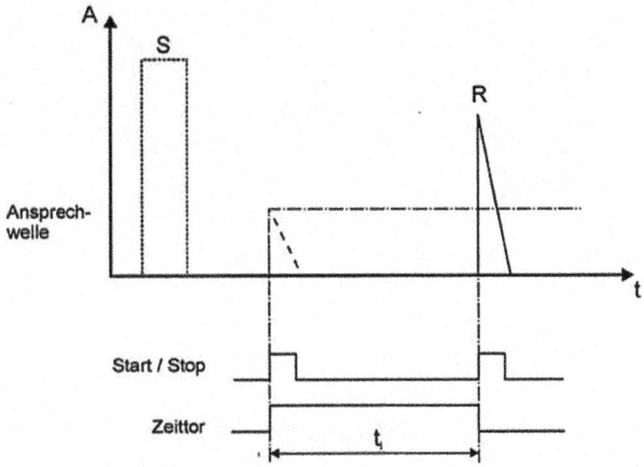

Abb. 8.4 Laufzeitmessung zwischen Zeitmarke und Rückwandecho [8.2]

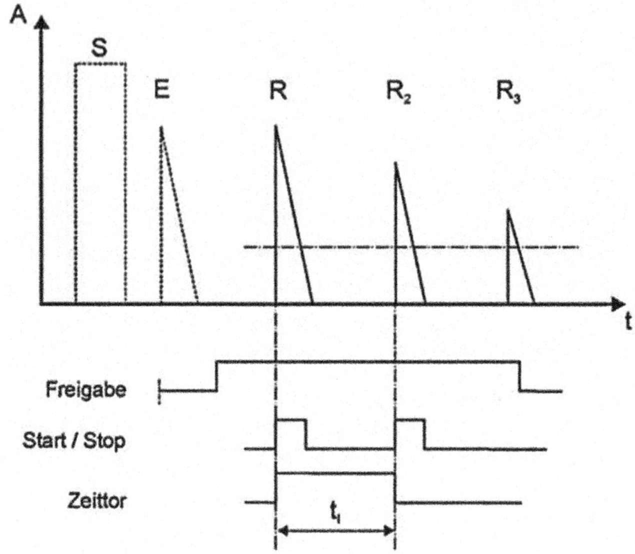

Abb. 8.5 Laufzeitmessung zwischen zwei Rückwandechos [8.2]

Aus der gemessenen Laufzeit (t) kann bei konstanter Schallgeschwindigkeit (c) die Wanddicke (d) und bei bekannter Wanddicke die Schallgeschwindigkeit aus nachstehender Beziehung berechnet werden

$$t = \frac{2d}{c} \text{ in } \mu s \text{ [8.2].}$$

Bei digitalen Wanddickenmessgeräten ist der Prüfbereich durch die Konstruktion des Gerätes und die Prüfköpfe vorgegeben und beträgt meistens zwischen 1 mm und 200 mm, wobei eine Anzeigenauflösung von ca. 0,1 mm unterstellt werden kann. Handelsübliche Geräte zur Dickenmessung arbeiten in der Regel ohne Sichtteil und zeigen die Dicke oder Schallgeschwindigkeit eines Prüfgegenstandes direkt auf einem numerischen Display an (Abb. 8.6).

Durch die Einführung neuester Hardware-Technologien ist die Miniaturisierung der digitalen Wanddickenmessgeräte weiter fortgeschritten. Solche Bauteile sind z.B.:

- Micro-Bauteile und Flex-Leiterplatten,
- FPGAs (programmierbare Logikbausteine) zur schnellen Abspeicherung von Daten,
- Steigerung der Abtastraten zur Digitalisierung von Ultraschallsignalen,
- Leistungsfähigere Microcontroller und Signalprozessoren,
- Digitale Schnittstellen für hohe Datenraten.

Auf der Basis solcher digitalen Bausteine hat GE (vormals Krautkrämer) ein neues kleines universell einsetzbares Wanddicken-Messgerät entwickelt, das 80 Stunden Betriebszeit besitzt (Abb. 8.7)

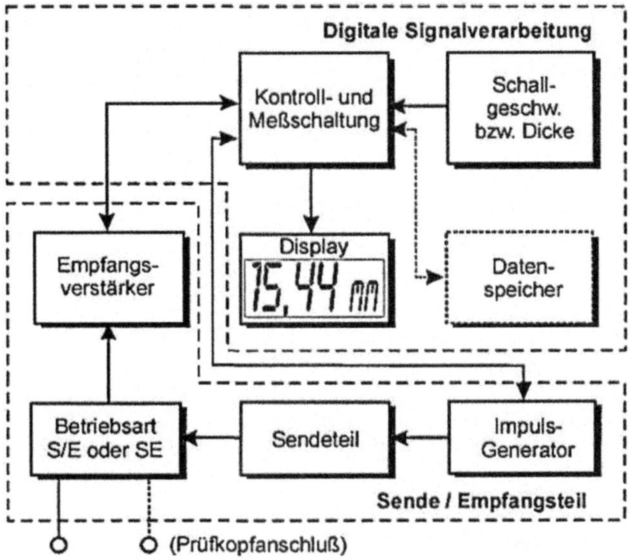

Abb. 8.6 Blockschaltbild eines digitalen Wanddicken-messgerätes [8.2]

Abb. 8.7 Kleinstes, universelles Wanddicken-Messgerät der Fa. GE [8.3]

8.2.1 Senkrechtprüfkopf ohne Vorlaufstrecke

Um eine definierte Laufzeit messen zu können, muss stets ein Startimpuls und ein Stoppimpuls vorhanden sein.

a) Auswertung zwischen Sendeimpuls und erstem Rückwandecho
Bei dieser Methode wird der Sendeimpuls als Startimpuls verwendet (Abb. 8.8). Dabei wird eine justierbare Zeitverzögerung zur Kompensation der Laufwege im Prüfkopf

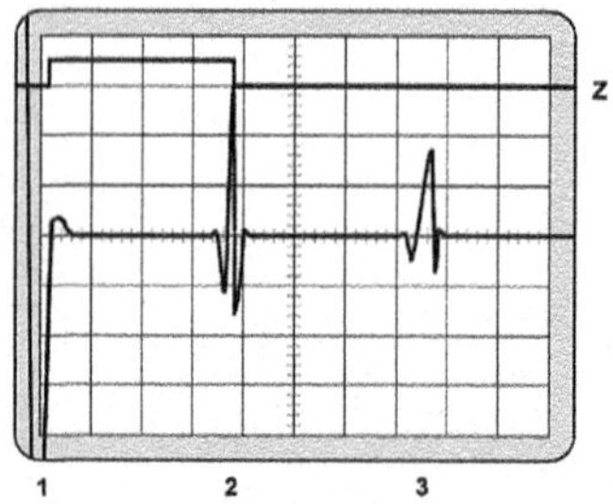

Abb. 8.8 Auswertung zwischen Sendeimpuls und erstem Rückwandecho [8.2]

Auswerteprinzip:

Abstand 1 ⇨2 = Bauteildicke

Z = Zeittor
1 = Sendeimpuls
2 = 1.Rückwandecho
3 = 2.Rückwandecho

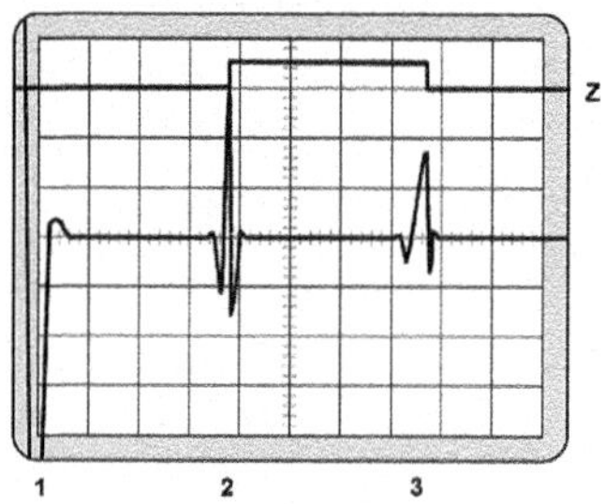

Abb. 8.9 Auswertung zwischen Mehrfachechos [8.2]

Auswerteprinzip:

Abstand 2 ⇨ 3 = Bauteildicke

und in der Koppelschicht eingeschaltet. Der Stoppimpuls kommt vom ersten Rückwandecho. Begrenzt wird diese Methode durch die Sendeimpuls-Einflusszone, so daß sehr kleine Wanddicken damit nicht gemessen werden können.

b) Auswertung zwischen Mehrfachechos
Bei diesem Verfahren wird ein Rückwandecho als Startimpuls und das folgende Rückwandecho als Stoppimpuls für das Zeittor eingesetzt (Abb. 8.9). Kleine Wanddicken können mit diesem Verfahren gut gemessen werden, allerdings werden Messungenauigkeiten durch fehlende Planparallelität und schlechte Oberflächenbeschaffenheit sowie ungünstigen Gefügezustand des Prüfgegenstandes entstehen.

8.2.2 Senkrechtprüfkopf mit Vorlaufstrecke

a) Auswertung zwischen Interface(Eintritts)- und erstem Rückwandecho
Bei dieser Methode wird das Interface-Echo als Startimpuls verwendet (Abb. 8.10), so dass nur Prüfköpfe mit fester oder flüssiger Vorlaufstrecke eingesetzt werden können. Das bedeutet, dass sehr kleine Wanddicken gut bestimmt werden können. Zu größeren Wanddicken hin ist die Anwendbarkeit dieser Methode begrenzt durch die Laufzeit zwischen zwei Interface-Echos.

b) Auswertung zwischen Mehrfachechos
Auch bei diesem Verfahren wird ein Rückwandecho als Startimpuls und das folgende Rückwandecho als Stoppimpuls für das Zeittor eingesetzt. Wegen der Vorlaufstrecke erfolgt die Messung jedoch erst hinter dem ersten Interface-Echo (Abb. 8.11). Kleine

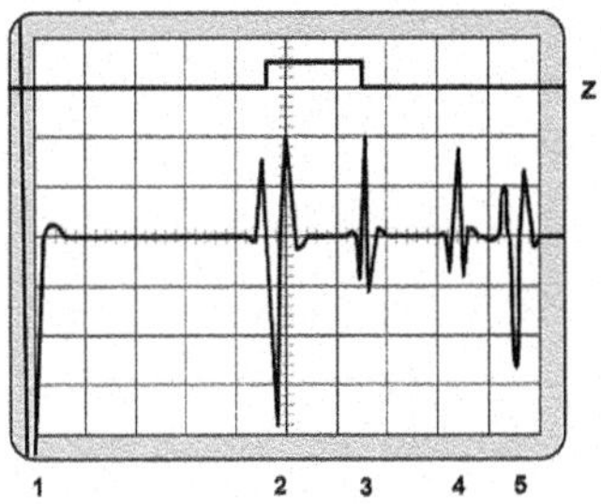

Abb. 8.10 Auswertung zwischen Interface-Echo und erstem Rückwandecho [8.2]

Auswerteprinzip:

Abstand 2 ⇨3 = Bauteildicke

1 = Sendeimpuls
2 = 1.Interface-Echo
3 = 1.Rückwandecho
4 = 2.Rückwandecho
5 = 2.Interface-Echo

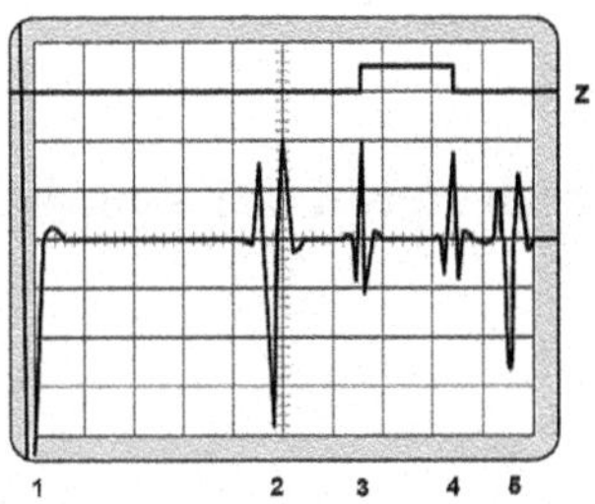

Abb. 8.11 Auswertung zwischen Mehrfachechos [8.2]

Auswerteprinzip:

Abstand 3 ⇨ 4 = Bauteildicke

Wanddicken können mit diesem Verfahren gut gemessen werden, allerdings werden Messungenauigkeiten durch fehlende Planparallelität und schlechte Oberflächenbeschaffenheit sowie ungünstigen Gefügezustand des Prüfgegenstandes entstehen.

8.2.3 SE-Prüfköpfe

In Analogie zu Senkrecht-Normalprüfköpfen mit Vorlaufstrecke wird zur Laufzeitmessung mit S/E-Prüfköpfen das Zeittor ebenfalls mit einem künstlichen Startimpuls (Abb. 8.12) oder einem Interface-Impuls (Abb. 8.13) und dem ersten Rückwandecho geschaltet.

Bei der Auswertung zwischen Interface-Echo und erstem Rückwandecho wird das Interface-Echo entweder vom Sendeschwinger oder von einem zusätzlichen Empfangsschwinger empfangen und dann in die Messung einbezogen.

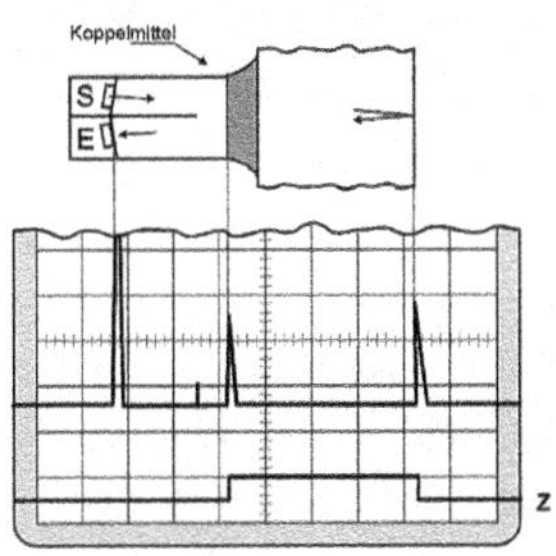

Abb. 8.12 Auswertung zwischen künstlichem Startimpuls und erstem Rückwandecho [8.2]

Auswerteprinzip:

Abstand 3 ⇨ 4 = Bauteildicke

1 = Sendeimpuls
2 = Interface-Echo
3 = künstlicher Startimpuls
4 = Rückwandecho

Abb. 8.13 Auswertung zwischen Interface-Echo und erstem Rückwandecho [8.2]

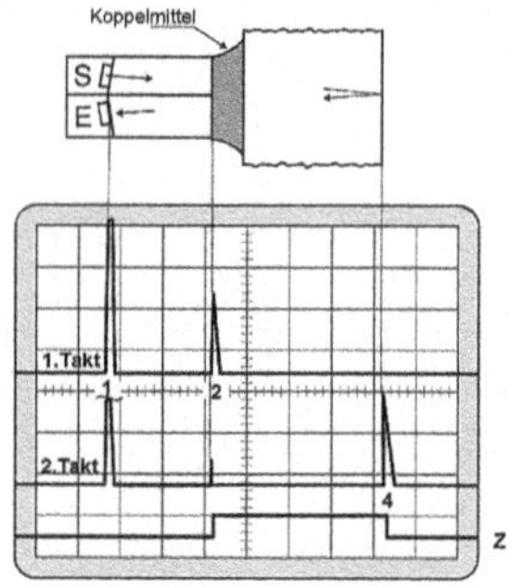

Auswerteprinzip:

Abstand 2 ⇨ 4 = Bauteildicke

8.3 Einflussgrößen und Grenzen der Wanddickenmessung

8.3.1 Messgenauigkeit

Die Messgenauigkeit ist von der Einstellung der Funktionsparameter an den Prüfgeräten abhängig. Da insbesondere in den digitalen Geräten neben elektronischen Bauteilen auch Mikroprozessoren verwendet werden, wird in den Bedienungsanleitungen vor der Justierung und Messung eine bestimmte Einlaufzeit gefordert. Auch ist die zulässige Umgebungstemperatur nicht nur wegen der Prüfgeräte, sondern auch wegen der Prüfköpfe zu beachten, da sich beispielsweise die Schallgeschwindigkeit in Vorlaufkeilen aus Kunststoff stark mit der Temperatur ändert. Probleme hinsichtlich ihrer Anzeigegenauigkeit können sich aber besonders dann ergeben, wenn der Prüfgegenstand sehr raue oder stark korrodierte Oberflächen aufweist und wenn große Schallschwächung vorliegt.

8.3.1.1 Prüfsystemabhängige Faktoren

Die meisten digitalen Wanddickenmessgeräte haben nur ein Display und keine A-Bild-Anzeige. Insbesondere für Messungen an rauen Oberflächen und grobkörnigen Gefügezuständen, wie sie bei Gussstücken oft vorliegen, ist aber ein A-Bild erwünscht und erforderlich, um zu mindestens eine Ankopplungskontrolle zu haben. Einfluss auf die Funktionsweise und damit auf die Messunsicherheit hat auch die Umgebungstemperatur, deren Grenzwerte von den Geräteherstellern meistens zwischen –10°C und +50°C angegeben werden. Der Abfall der Batteriespannung wird bei fast allen Geräten durch eine Warnanzeige und gegebenenfalls durch das Abschalten des Gerätes angezeigt.

8.3.1.2 Prüfbereich

Man wählt den Prüfbereich so aus, dass die zu messenden Wanddicken in den abgebildeten Bereich fallen. Dieser Messbereich ist daher so klein wie möglich anzusetzen, um den Ablesefehler so gering wie möglich zu halten. Kleine Messbereiche mit hoher Ablesegenauigkeit können eingestellt werden, indem mit der Impulsverschiebung gearbeitet wird. Beispielsweise kann bei einer zu messenden Wanddicke im Intervall von 60 bis 80 mm der

Prüfbereich so einjustiert werden, dass am Nullpunkt der Skala 50 mm und bei 10 Skalenteilen 100 mm justiert wird. Damit werden anstelle der üblichen 100 mm Prüfbereich nur 50 mm einjustiert und die Ablesegenauigkeit wird größer, d.h. 1% von 50 mm entsprechend 0,5 mm oder ± 0,25 mm. Kleine Prüfbereiche sind nicht einstellbar, wenn mit niedrigen Prüffrequenzen gearbeitet werden muss, d.h. dass die Anstiegsflanken nicht steil genug sind, oder wenn bei sehr kleinen Wanddicken und Verwendung der Mehrfachechomethode schon Resonanzerscheinungen zum Abheben der Anstiegsflanken der ersten Rückwandechos führen.

8.3.1.3 Ablesefehler

Der vergrößerte Ausschnitt der horizontalen Bildschirmskala in Abb. 8.14 zeigt, dass das Ablesen des unteren linken Fußpunktes des für die Wanddicke charakteristischen Echos in Abhängigkeit vom Prüfbereich mit einem Fehler behaftet ist, der 1% des Justierbereiches nicht überschreiten sollte.

Ablesefehler wie bei analogen Geräten z.B. durch zu grobe Skalierung gibt es bei digitalen Wanddickenmessgeräten nicht. Die Anzeigenauflösung hat mit der Ablesegenauigkeit nichts zu tun und gibt nur an, wie die Wanddicke angezeigt wird. Besonders durch die Stellenzahl der Anzeige hinter dem Komma entsteht der Eindruck einer sehr hohen Messgenauigkeit. Probleme hinsichtlich ihrer Anzeigegenauigkeit können sich aber besonders dann ergeben, wenn der Prüfgegenstand sehr raue oder stark korrodierte Oberflächen aufweist und wenn große Schallschwächung vorliegt.

8.3.1.4 Echoamplitudeneinstellung

Da die Lage des Fußpunktes, der zur Justierung verwendet wird, von der Breite der Echos und somit von der Verstärkung am Gerät abhängt, sollten daher alle zur Justierung und Ablesung der Wanddicke abgebildeten Anzeigen vor der Ablesung auf möglichst die gleiche Echohöhe gestellt werden (Abb. 8.15).

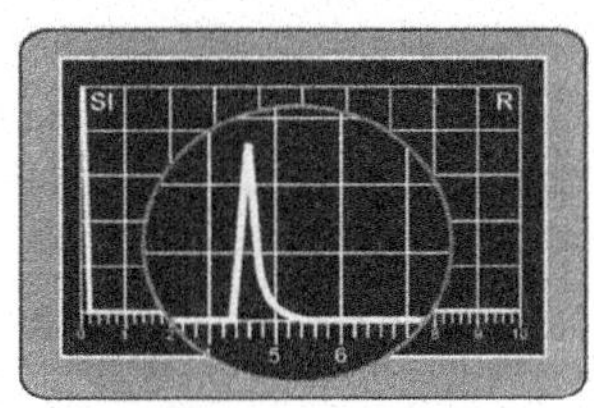

Abb. 8.14 Vergrößerter Ausschnitt der horizontalen Bildschirmskala [8.2]

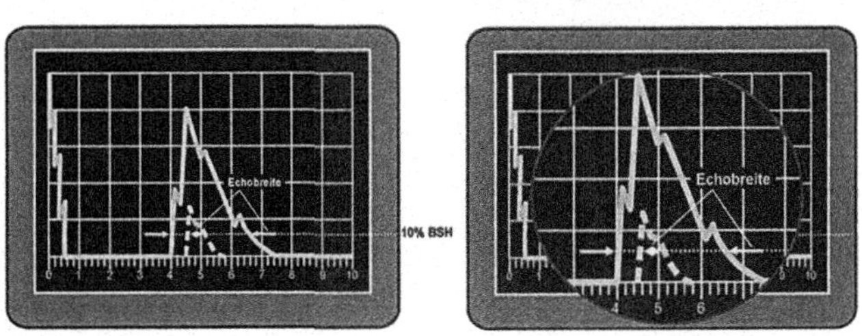

Abb. 8.15 Einfluss unterschiedlicher Echohöhen auf den Ablesefehler [8.2]

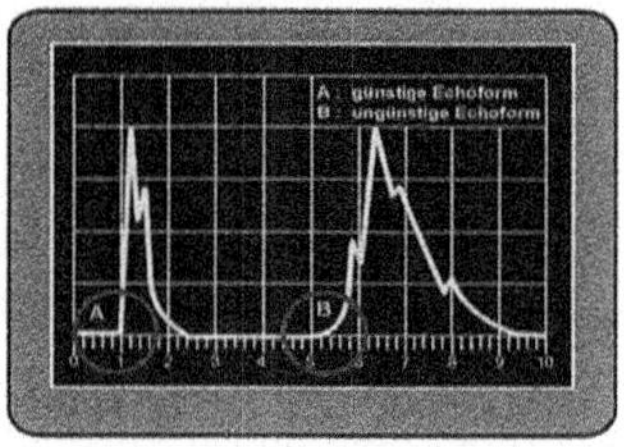

Abb. 8.16 Einfluss unterschiedlicher Echoformen auf den Ablesefehler [8.2]

Auch die Echoform, die von einer Reihe von Geräteparametern wie Frequenz, Gleichrichtung, Unterdrückung, Prüfkopfanpassung, Dämpfung, Sendeenergie und Verstärkung abhängig ist, soll so gewählt werden, dass das Ablesen des linken unteren Fußpunktes eindeutig ist. Bei digitalen Wanddickenmessgeräten wird dagegen oft die Amplitudenspitze zur Justierung und Auswertung herangezogen (Abb. 8.16).

Bei der praktischen Wanddickenmessung haben nachstehende Faktoren ebenfalls Einfluss auf die Prüfsysteme:

- Ebene, glatte, möglichst metallisch blanke Ankopplungsfläche,
- Dicke, lose Schichten aus Rost, Zunder oder Lack sind zu beseitigen,
- Berücksichtigen von nicht planparallelen Gegenflächen,
- Bei sehr kleinen Wanddicken den Einsatz stark bedämpfter Prüfköpfe prüfen,
- Bei der Wanddickenmessung von Rohren mit SE-Prüfköpfen die Trennschicht parallel zur Rohrachse führen.

8.3.1.5 Linearitätsabweichungen

Diese Abweichungen der angezeigten Messwerte treten überwiegend im Zusammenhang mit der Änderung der Amplituden der Messsignale auf. Verantwortlich dafür sind Abstimmungen im Verstärker des Prüfgerätes. Man sollte deshalb insbesondere analoge Prüfgeräte auf Unlinearitäten in der Vertikale des Bildschirms kontrollieren und möglichst keine Wanddicken messen, die über dem angegebenen Messbereich des Gerätesystems liegen. Beim Einsatz von SE-Prüfköpfen zur Wanddickenmessung an sehr unebenen und rauen Gegenflächen, wie z.B. bei der Untersuchung von korrodierten Restwanddicken, kann es zu Fehlanzeigen der Wanddicke kommen. Dies hängt mit der unterschiedlichen Empfindlichkeit des Prüfkopfes im Abstand des ersten und zweiten Echos der Rückwand zusammen, so dass beispielsweise das erste Echo gar nicht mehr und die doppelte Dicke angezeigt wird. In solchen Fällen ist es ratsam, den Prüfkopf so auszuwählen, dass die maximale Empfindlichkeit im Fokuspunkt des SE-Prüfkopfes in den Bereich der zu erwartenden Wanddicke gelangt.

8.3.2 Werkstückeinflüsse

Meistens besteht die Aufgabenstellung für die Wanddickenmessung in der Messung, Bestimmung und Kontrolle von geometrischen Abmessungen des Prüfgegenstandes bei bekannten Werkstoffeigenschaften, wie Schallgeschwindigkeit und Schallschwächung. Sind darüber hinausgehend die geometrischen Voraussetzungen für eine definierte Schallausbreitung erfüllt, wie bei planparallelen Prüf- und Gegenflächen, konzentrischen Prüfflächen mit geringem Krümmungsradius u.a.m., dann lassen sich die Messungen vergleichsweise einfach und mit digitalen Wanddickenmessgeräten durchführen und eine gute Messsicherheit und -genauigkeit erreichen. Liegen jedoch nicht solche geometrischen Voraussetzungen vor, sondern die Messungen werden durch nur einseitige Zugänglichkeit zum Prüfgegenstand, durch nichtvorhandene Planparallelität des Prüfgegenstandes oder durch zu starke Krümmung des Prüfgegenstandes schwierig und erfordern zunehmend Sonderprüfköpfe oder -zubehör, so nimmt auch die Messgenauigkeit individuell ab. Zusätzlich muss zu den Werkstückeinflüssen die für die Ankopplung wichtige Oberflächenbeschaffenheit gerechnet werden. Herstellungsbedingt trifft der Prüfer bei Wanddickenmessungen sehr viele unterschiedliche Oberflächenzustände an, die alle Einfluss auf die Messgenauigkeit besitzen:

Gussraue Oberflächen	Schmiederohe Oberflächen	Verzunderte Oberflächen
Verrostete Oberflächen	Grobbearbeitete Oberflächen	Feinbearbeitete Oberflächen
Korrodierte Oberflächen	Beschichtete Oberflächen	

Diese Oberflächenzustände können jeweils auf der Prüf- oder Gegenfläche auftreten.

8.3.3 Werkstoffeinflüsse

Während die Schallgeschwindigkeit der meisten Metalle vorliegt (vgl. Tabelle 1.2), bereitet die Wanddickenmessung an Gusseisen mit Lamellengraphit Schwierigkeiten, weil die Schallgeschwindigkeit aufgrund des unterschiedlichen Graphitanteiles, seiner Ausbildung in Größe und Form, über die Wanddicke stark schwanken kann. Somit werden Schallgeschwindigkeitsmessungen bei bekannter Wanddicke dazu benutzt, solche Gefügezustände, wie sie beim Gusseisen vorliegen, zu trennen. Man kann auf der Grundlage der gemessenen Schallgeschwindigkeit sehr gut Aussagen treffen, ob beim Gusseisen der Kugelgraphit ausreichend ausgebildet ist, oder ob evtl. eine entsprechende Glühung erfolgen muss.

Ähnliche Verhältnisse sind bei der Wanddickenmessung von austenitischen Werkstoffen, bei Kupfer, Messing und Bronze und besonders im gegossenen Zustand anzutreffen. Einzelversuche müssen hierbei die Prüfbarkeit klären. Allgemein gilt, dass diese Werkstoffe umso besser prüfbar und damit für Wanddickenmessungen zugänglich werden, je mehr sie verformt worden sind. Geschmiedete oder gewalzte Produkte haben zwar meist eine ausgeprägte Textur in Schmiede- oder Walzrichtung, sind dennoch allein durch die Verformung besser schallbar.

Ist die Schallgeschwindigkeit nicht bekannt, kann man sich bei der Wanddickenmessung helfen, indem entweder Schallgeschwindigkeitsmessungen am gleichen Werkstoff mit bekannten, mechanisch gemessenen Wanddicken durchgeführt werden, oder indem man zur Justierung des Wanddickenmessgerätes Stufenkeile oder Vergleichskörper mit definierten Wanddicken verwendet.

Eine weitere Größe, die bei Wanddickenmessungen zu Fehldeutungen hinsichtlich der Ergebnisse führen kann, ist die gefügebedingte Schallschwächung. Ursächlich können für eine relativ hohe Schallschwächung insbesondere die Gefügezusammensetzung, die Legierung, das Herstellungsverfahren oder auch Ungänzen verantwortlich sein. Das Verhältnis der Korngröße zur Wellenlänge des Ultraschalls bestimmt die einzusetzende Frequenz der Prüfköpfe. Das Absinken oder Verschwinden von Bezugsechos, wie das Rückwandecho, kann jedoch einerseits erheblichen Einfluss auf die Durchführbarkeit der Wanddickenmessungen an sich, andererseits aber auch geometrische, von den Oberflächen stammende oder vom Schallfeld abzuleitende Ursachen haben.

8.3.4 Temperatureinfluss

Der Einfluss der Temperatur bei Wanddickenmessungen muss differenziert betrachtet werden. Einerseits hat die Veränderung der Umgebungstemperatur Einfluss auf das Prüfsystem und andererseits besteht ein wesentlicher Einfluss auf die Schallgeschwindigkeit (Abb. 8.17) und Schallschwächung (Abb. 8.18) mit zunehmender Temperatur in den Werkstücken.

So muss die Veränderung der Temperatur unbedingt bei der Justierung berücksichtigt werden, weil sonst ein zu großer Messfehler unterstellt wird. Die oft vorhandenen Vorlaufstrecken in den Prüfköpfen verändern bei steigender Temperatur ihre Schallgeschwindigkeit und Schallschwächung wesentlich stärker, als das bei Metallen der Fall ist. Man kann davon ausgehen, dass die longitudinale Schallgeschwindigkeit bei Stahl im Temperaturbereich zwischen Raumtemperatur und 600°C um ca. 0,8 m/s pro Grad Celsius abnimmt, während bei Plexiglas im Temperaturbereich von 0°C und 50°C bereits eine Schallgeschwindigkeitsverringerung pro Grad Celsius um ca. 10 m/s vorliegt. Bei der Schallschwächung kann man bei Stahl im Temperaturbereich bis zu 600°C eine Vergrößerung von ca. 0,05 dB/m unterstellen. Plexiglas weist an sich schon bei Raumtemperatur höhere Schallschwächungswerte auf. Es sind schon Hochtemperatur-Prüfköpfe für Daueranwendungen bis 650°C entwickelt worden [8.4], wie Abb. 8.19 zeigt.

Ein wichtiger Aspekt für solche Prüfköpfe ist auch der erforderliche Anpressdruck an die Bauteiloberfläche. Bei der Art der Ankopplung wie bei dem Prüfkopf von Abb. 8.19 ist die Gefahr der Bildung von Luftspalten am geringsten. Steigt der Druck auf den Prüfkopf, wie beipielsweise bei Komposit-Prüfköpfen in Abb. 8.20 gezeigt [8.6], so können sich die

Abb. 8.17 Schallgeschwindigkeit als Funktion der Temperatur bei 4 MHz [8.5]

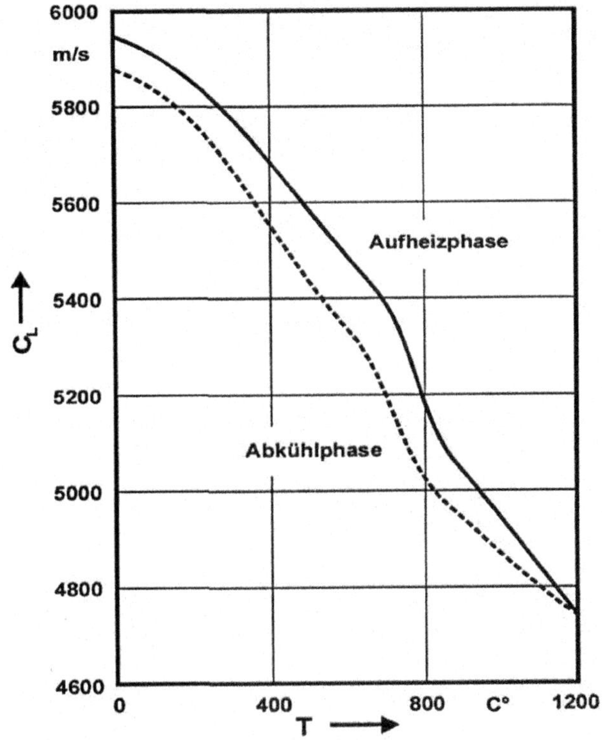

Abb. 8.18 Schallschwächung als Funktion der Temperatur bei 4 MHz [8.5]

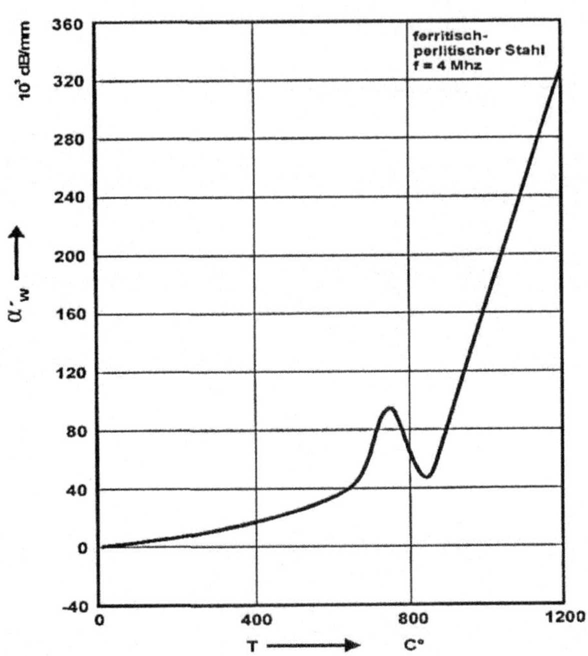

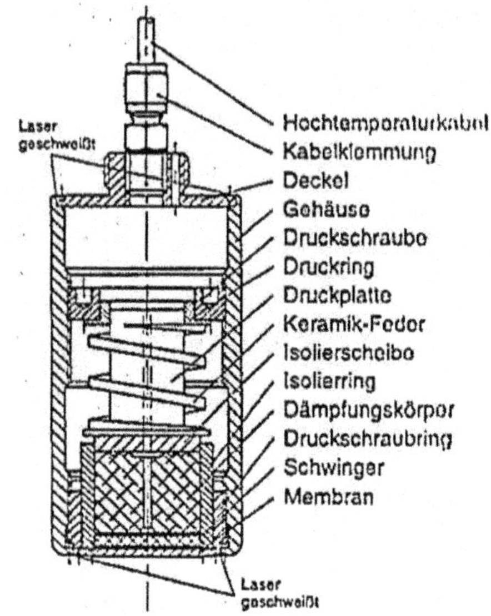

Abb. 8.19 Hochtemperatur-Prüfkopf für Daueranwendungen bis 650°C [8.4]

akustischen Eigenschaften von einem Hochtemperatur-Epoxydharz sehr stark innerhalb von 100°C ändern.

Weiterhin sollte berücksichtigt werden, dass die Ankopplungsbedingungen verändert werden. Das Kopplungsmittel muss der Oberflächentemperatur angepasst sein und Zunderbildung kann zur Fehlmessung führen.

8.3.5 Zusammenfassung

In Tabelle 8.2 sind objektive und subjektive Einflussfaktoren auf die Messunsicherheit und das Messergebnis zusammengestellt.

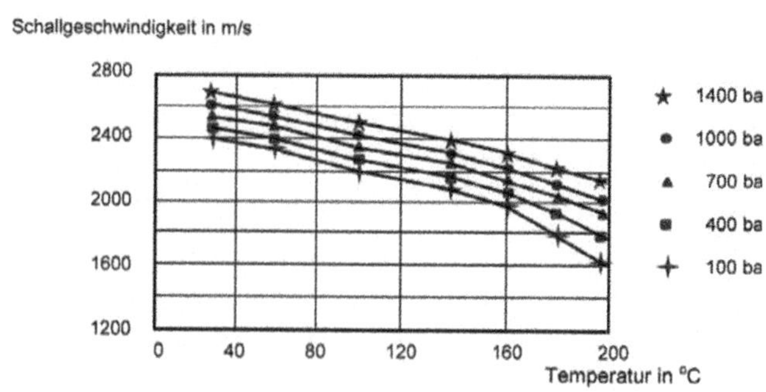

Abb. 8.20 Schallgeschwindigkeitsverlauf als Funktion der Temperatur und des Druckes [8.6]

Tab. 8.2 Objektive und subjektive Einflussfaktoren auf die Messunsicherheit

Beeinflussbarkeit	Einflussfaktoren
Subjektiv	Falscher Prüfkopf, Umwegfehler, unsachgemäße Justierung, falsches Kopplungsmittel, ungenügender Anpressdruck, Justierkörper und Prüfgegenstand mit unterschiedlichen Eigenschaften.
Bedingt subjektiv	Prüfsystem ungeeignet, Geometrie und Oberfläche des Prüfgegenstandes unberücksichtigt.
Objektiv	Werkstoffbedingte Unterschiede in Schallgeschwindigkeit und Schallschwächung, Ungänzeneinflüsse, Werkstücktemperatur, Geometrie und Oberfläche des Prüfgegenstandes

8.4 Spezielle Anwendungen der Wanddickenmessung

Nachfolgend sollen einige Beispiele für spezielle Anwendungen der Wanddickenmessung vorgestellt werden, die in der Prüfpraxis bei Unkenntnis der Zusammenhänge zu Problemen führen könnten.

8.4.1 Beschichtete Oberflächen

Befinden sich auf den zu prüfenden Werkstücken fest anhaftende Oberflächenschichten, wie z.B. Farb- und Kunststoffschichten, so müssen die Dicken dieser Schichten bei der Wanddickenmessung des Grundmaterials unbedingt berücksichtigt werden, will man keine entscheidenden Messfehler zulassen. Solche Messfehler lassen sich vermeiden durch

- Entfernung der Schichten,
- Verwendung von Prüfköpfen mit einer an den Schichtwerkstoff angepassten Vorlaufstrecke,
- Korrekturen der Messwerte, wenn die Schichtdicke und die Schallgeschwindigkeit der Schicht bekannt sind,
- Einsatz eines Prüfsystems, welches die Messung der Wanddicke zwischen zwei Rückwandechos zulässt.

Zur Verwendung angepasster Vorlaufstrecken zeigt Abb. 8.21 die Echofolgen. Aus Abb. 8.21 wird ersichtlich, dass nur mit der angepassten schallweichen Vorlaufstrecke 1 eine auswertbare Echofolge entsteht. Der Startimpuls wird durch das Interface-Echo 2 gegeben, wobei insbesondere wegen der sehr kleinen Wiederholungsechohöhen der Interface-Echos 3 und 4 die Rückwandechos 6 und 7 die Stoppimpulse liefern können. Bei der nicht-

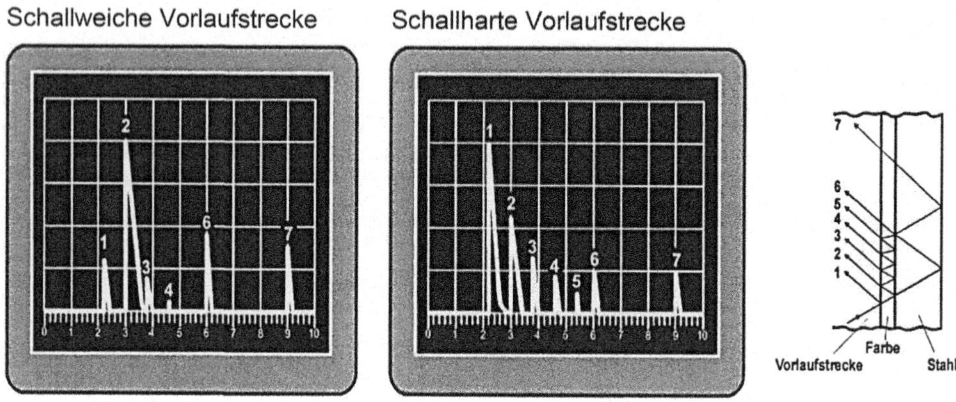

1) Eintrittsecho
2) 1. Interface-Echo
3) 2. Interface-Echo
4) 3. Interface-Echo
5) 4. Interface-Echo
6) 1. Rückwandecho
7) 2. Rückwandecho

Abb. 8.21 Echofolgen für angepasste (schallweiche) und nichtangepasste (schallharte) Vorlaufstrecken bei der Wanddickenmessung beschichteter Oberflächen [8.2]

angepassten schallharten Vorlaufstrecke werden das Eintrittsecho 1 und das 1. Interface-Echo 2 so groß, dass die nachfolgenden Interface-Echos 3, 4 und 5 die Rückwandechofolge 6 und 7 stören.

Eine Korrektur der Messwerte, wenn die Schichtdicke und die Schallgeschwindigkeit der Schicht bekannt sind, kann mit nachstehender Beziehung erfolgen.

$$D = d_{abg} - d_{Schicht} \times \frac{c_{just}}{c_{Schicht}}$$

mit d_{abg} – am Ultraschallgerät abgelesener Meßwert,
$d_{Schicht}$ – Wanddicke der Beschichtung,
c_{just} – Justierte Schallgeschwindigkeit (Grundwerkstoff),
$c_{Schicht}$ – Schallgeschwindigkeit der Schicht.

Ist die Schallgeschwindigkeit der Beschichtung unbekannt, so kann bei Farbbeschichtungen mit $c_{Schicht}$ – Werten zwischen 2000 und 2500 m/s gerechnet werden.

8.4.2 Glasfaserverstärkte Kunststoffe

Kunststoffe sind progressiv in ihrem Einsatz in der Industrie. Beispielhaft sollen die Windkraftanlagen, der Flugzeugbau, der Bootsbau, die chemische Industrie mit Behälter- und

Rohrleitungsbau sowie der Recyclingsektor genannt werden. Für spezielle Anwendungsfälle, wie z.B. für die Rotorblätter der Windkraftanlagen benötigt man Kunststoffe mit erhöhten Festigkeitseigenschaften. Diesbezüglich sind glasfaserverstärkte Kunststoffe (GFK) besonders geeignet, weil bei ihnen Glasfasermatten in Harze eingegossen und lagenweise aufgebaut (laminiert) werden, bis die gewünschte Dicke erreicht ist. Zahlreiche Glasfaserlagen werden in Kunstharz verklebt und dem Einsatzbereich angepasst.

In solchen Schichten können prozessbedingt Luftblasen und Lufteinschlüsse, sowie Erosionen und Delaminationen verbunden mit Wanddickenminderungen entstehen. Die Ultraschallwanddickenmessung wird dabei vor allem durch die relativ hohe Schallschwächung und die in Dickenrichtung befindlichen Glasfaserlagen in diesen Materialien schwierig. Der Ultraschall kann nicht mehr ungehindert durch das Werkstück laufen, er wird teilreflektiert, absorbiert und gestreut, wodurch er Energie verliert (Abb. 8.22).

Die genannten Einflussfaktoren auf die Schalldurchlässigkeit bei diesen Kunststoffen erfordern fast in allen Fällen Prüfsysteme mit einem A-Bild, digitale Wanddickenmessgeräte mit Display sind beinahe ausgeschlossen. Es ist erforderlich, jeweils die Echos hinsichtlich ihrer Form, Amplitude und Laufzeit auswerten zu können, auch um die Ankopplung zu kontrollieren. Es werden überwiegend hochbedämpfte Prüfköpfe eingesetzt, die ein relativ breites Frequenzband mit etwa gleicher Energie aufweisen.

Ferner muss darauf hingewiesen werden, dass durch die relativ hohe Schallschwächung oft nur niedrige Frequenzen eingesetzt werden können, so dass der Messfehler an sich hoch ist ($\lambda/2$). Auch diesbezüglich tragen die hochbedämpften Prüfköpfe durch die sehr kurzen Impulse zur Verringerung des Messfehlers bei. Zu bemerken ist außerdem, dass eine Veränderung der Materialzusammensetzung und speziell des Verhältnisses Harz- und Faseranteil oder der Faservorzugsrichtung zu Änderungen in der Schallgeschwindigkeit führen können. Das gilt im besonderen Maße auch für die Temperatur, die einen erheblichen Einfluss auf die Schallgeschwindigkeit und damit auf das Ergebnis der Wanddickenmessung hat.

Abb. 8.22 Störanzeigen durch Streuung und Reflexion in GFK-Bauteilen [8.2]

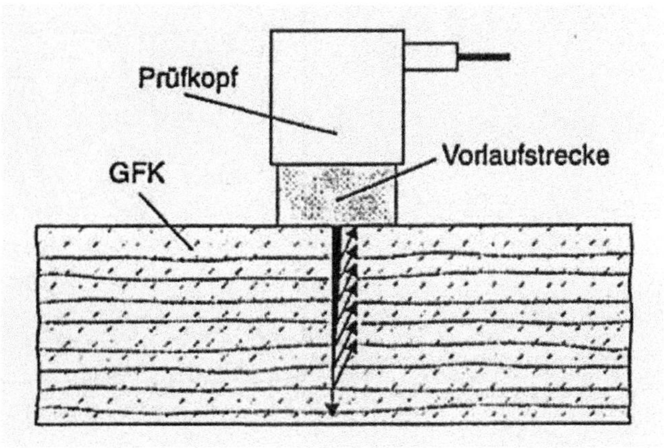

8.4.3 Offshore-Messungen

Besondere Anforderungen an die Prüftechnik stellen Prüfaufgaben, bei denen unter Wasser gemessen werden muss. Dies ist z.B. bei Ölbohrplattformen, Verladestationen, Pipelines und manchmal auch an Schiffen der Fall. Besonders hinderlich für die Prüfungen und speziell für die Ankopplung der Prüfköpfe sind pflanzlicher und tierischer Bewuchs an den zu prüfenden Flächen, der erst beseitigt werden muss, ehe gemessen werden kann. Da solcher Bewuchs oft nur mit sehr aufwendigen Mitteln, wie Hochdruckwaschen oder Kiesstrahlen, zu entfernen ist, steigen die Prüfkosten. In der Praxis werden im Wesentlichen nachstehende Methoden zur Offshoreprüfung unter Wasser angewendet (Abb. 8.23):

1. Der Prüfer führt unter Wasser einen Prüfkopf, die Messwerte werden an Bord ausgewertet. Diese Methode hat den Vorteil, dass eine Hilfskraft die Ankopplung an den Messstellen durchführen kann, also auch ein ausgebildeter Taucher. Nachteilig ist wiederum, dass die Prüfzeit verlängert werden kann, weil der Prüfer keine direkte Ankopplungskontrolle hat.
2. Der Prüfer führt unter Wasser das gesamte wasserdichte Prüfsystem an einer Vorrichtung mit und speichert die Messdaten am Prüfsystem ab. Andernfalls kann er die Messwerte auch über Sprechfunk an Bord geben. In manchen Fällen verfolgt ein zweiter Taucher den Prüfvorgang mit einer Fernsehkamera, um den Prüfort gleich im Bild festhalten zu können. In diesem Fall ist nachteilig, dass der Prüfer als Taucher ausgebildet sein und dass aufwendige Technik unter Wasser bewegt werden muss.

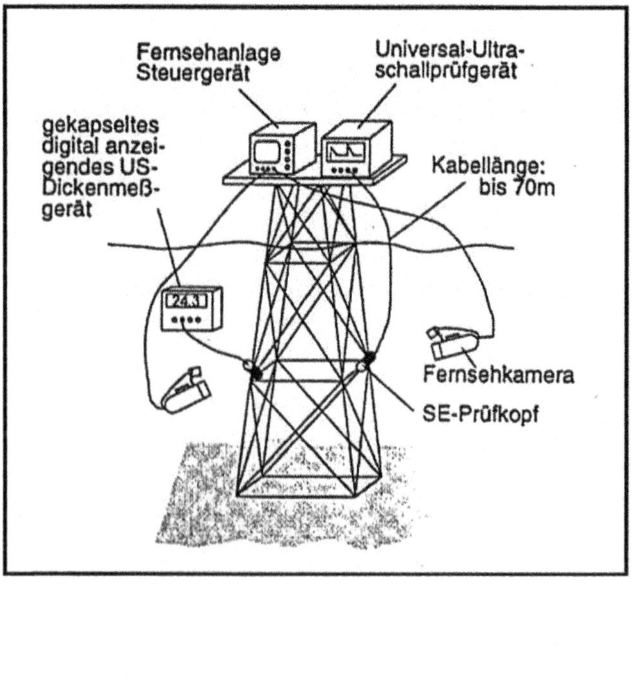

Abb. 8.23 Offshore-Wanddickenmessungen (schematisch) [8.2]

8.4.4 Wanddickenmessungen bei höheren Temperaturen

Der hervorstechendste Vorteil von Wanddickenmessungen bei höheren Temperaturen ist die Einsparung von Kosten, die beispielsweise in der chemischen Industrie in der Folge des Abschaltens heißgehender Anlagen entstehen. Die Kosteneinsparungen bei Heißmessungen sind jedoch nur berechtigt oder vertretbar, wenn die Ergebnisse der Messungen tatsächlich vergleichbar mit Wanddickenmessungen bei Raumtemperaturen sind. Leider hat die Praxis gezeigt, dass nicht nur die bei Raumtemperatur bekannten Einflussfaktoren auf das Messergebnis wirken, sondern auch andere temperaturspezifische Faktoren. Schließlich handelt es sich in den meisten Fällen um Rohrleitungen, Behälter oder weitere spezifische Chemieanlagen mit besonderen geometrischen Verhältnissen, z.B. starke Krümmung, kleine Wanddicken und besondere Werkstoffe.

Deshalb empfiehlt sich auch bei diesen Anwendungen ein Prüfgerät mit A-Bild oder mit A-Bild und eingeblendetem digitalen Display für die Dickenanzeige. Die Messung selbst sollte nach Möglichkeit durch Laufzeitmessung zwischen zwei Rückwandechos oder mindestens zwischen einem Interface-Echo und dem Rückwandecho erfolgen. S/E-Prüfköpfe sind diesbezüglich ungünstig wegen der großen Temperaturabhängigkeit der Vorlaufstrecken.

Deshalb hat man schon temperaturbeständige Vorsatzstücke für Einschwinger-Prüfköpfe entwickelt, um die Einsatzmöglichkeiten von normalen Prüfköpfen mit ihrer breiten Palette von Schwingerdurchmessern und Frequenzen zur Verfügung zu haben. Dennoch richtet sich die Auswahl der Prüfköpfe vor allem nach der Oberflächentemperatur des Prüfgegenstandes. Eine wichtige Größe stellt in diesem Zusammenhang die Ankopplungszeit dar. Je länger die Ankopplungs-Kontakt-Zeit sein muss, desto mehr muss der Prüfkopf geschützt werden, da sich bei handelsüblichen Prüfköpfen mit zunehmender Temperatur zunächst die Kleb- und Verbindungschichten zwischen Dämpfungskörper und Schwinger und danach die Kabelverbindungen und Lötstellen auflösen. Tabelle 8.3 zeigt den Temperatureinsatzbereich für verschiedene Prüfkopftypen.

Zur besseren und sicheren Ankopplung müssen die zu prüfenden Bauteile an den Messstellen vorbereitet werden. Schmutz, Rost und loser Zunder sowie andere sehr dünne Oxidschichten sind meist mechanisch zu entfernen.

Zur Ankopplung können mit steigender Temperatur des Prüfgegenstandes spezielle Silkonöle und -fette (z.B. Glycerin) benutzt werden, die auch relativ wenig Rückstände auf den Oberflächen hinterlassen und durch spezielle Ultraschall-Hochtemperatur-Kopplungsmittel (z.B. Glaslote) ergänzt werden. Wasser hat als Ankopplungsmittel auch seine Bedeutung, birgt aber Gefahren für spezielle Werkstoffe und hat dadurch auch Einsatzgrenzen.

Bei den Wanddickenmessungen kann der Temperatureinfluss hinsichtlich der Sicherheit der Messergebnisse entweder dadurch berücksichtigt werden, dass bei Raumtemperatur justiert wird und die Messergebnisse, belegt durch exakte Temperaturmessungen, nachträglich mit der jeweiligen Schallgeschwindigkeit korrigiert werden, oder indem der jeweilige Schallgeschwindigkeitswert bei der entsprechenden Temperatur direkt am

Tab. 8.3 Temperatureinsatzbereich für verschiedene Prüfkopftypen [8.2]

Oberflächentemperatur Prüfkopftyp	≤ 250°C	> 250°C ≤ 490°C	> 490°C ≤ 900°C	maximale Prüfkopftemp.
Normalprüfkopf mit Kunststoffvorlaufstrecke	Kurzkontakt	Kurzkontakt		50 – 70°C
Normalprüfkopf mit Keramik- oder Quarzglasvorlaufstrecke	Kurzkontakt	Kurzkontakt	Kurzkontakt	50 – 70°C
Hochtemperaturprüfkopf mit Kunststoffvorlaufstrecke	Dauer-kontakt	Kurzkontakt		250°C
Hochtemperaturprüfkopf mit Keramikvorlaufstrecke	Dauer-kontakt	Kurzkontakt	Kurzkontakt	250°C

Prüfgerät eingegeben wird. Die Berücksichtigung der temperaturabhängigen Schallgeschwindigkeit bei der Wanddickenmessung kann auf der Grundlage nachstehender Beziehung erfolgen.

$$d_{gem} = d_{abg} \times \frac{c_{Pg}}{c_{just}}$$

mit d_{gem} – Wanddicke des Prüfgegenstandes,
d_{abg} – am Ultraschallgerät abgelesener Meßwert,
c_{Pg} – Schallgeschwindigkeit des Prüfgegenstandes,
c_{just} – Justierte Schallgeschwindigkeit (Grundwerkstoff).

8.5 Wanddickenmessung nach ASME-Code

Die im ASME-Code SE-797 und in der Norm ASTM E 797 beschriebene Methodik zur Dickenmessung von Werkstücken in Kontakttechnik gilt für Temperaturen von nicht mehr als 200° F entsprechend ca. 93°C.

Die Justierung erfolgt, indem ein Justierkörper verwendet wird, der aus dem gleichen Werkstoff wie das Prüfstück besteht, und folglich auch die gleiche Schallgeschwindigkeit aufweist.

Es werden sowohl analoge als auch digitale Wanddickenmessgeräte zugelassen und Prüfköpfe in Direktkontakt-Technik und in SE-Technik benutzt. Diesbezüglich werden aber auch insbesondere für sehr kleine Wanddicken hochbedämpfte Prüfköpfe bis über 10 MHz eingesetzt, weil sie eine hohe Auflösung der Echoimpulse bringen.

Schließlich sei noch darauf hingewiesen, dass die Justierung ähnlich wie in Deutschland erfolgt, nämlich dass man die Justierwanddicken oberhalb und unterhalb der zu messenden Wanddicke festlegt, um die Genauigkeit der Messung zu steigern.

Literatur

[8.1] Deutsch, Platte, Vogt, Ultraschallprüfung, Springer-Verlag 1999;
[8.2] Matthies u.a., Dickenmessung mit Ultraschall, DVS-Verlag GmbH 1998;
[8.3] GE Produktinformation
[8.4] Mrasek, Gohlke, Mathies, Neumann, Ultraschall-Prüfköpfe für 650°C Dauertemperatur, DGZfP-Jahrestagung Lindau (1996);
[8.5] Schiebold, Ultraschallprüfung bei höheren Temperaturen, Dissertation Universität Magdeburg 1984;
[8.6] McHugh, Döring, Stark, Erhard, Raab, Einfluss hoher Temperaturen und Drücke auf Ultraschalleigenschaften eines Komposit-Prüfkopfes, DGZfP-Jahrestagung Salzburg (2004);

Prüfung von Grobblechen, Stäben, gewalztem Halbzeug

9

9.1 Prüfung von Grobblechen nach SEL-072

Im Vergleich zum A-Bild eines ungänzenfreien Bleches lassen sich für die Ungänzenarten charakteristische Anzeigen unterscheiden. Die bekannteste Ungänzenart in Grobblechen ist wohl die Dopplung, deren Ursprung in der Lunkerbildung der Walzbrammen zu suchen ist. Es sind Hohlräume, die beim Erstarren der Schmelze entstehen und aufgrund von Oxydation ihrer Oberflächen beim nachfolgenden Auswalzen nicht mehr verschweißen können. Dopplungen sind zumeist großflächig im Vergleich zum Schallbündeldurchmesser und damit mit Hilfe der Abtastmethoden zu beurteilen. Sie doppeln sozusagen das Blech, d.h. sie sind in der halben Blechdicke anzutreffen.

Nichtmetallische Einschlüsse und Verunreinigungen sind weitere typische Ungänzen in Grobblechen, die jedoch in sehr unterschiedlichen Größen und unregelmäßiger Verteilung über Quer- und Längsschnitte des gewalzten Bleches auftreten. Die Folge sind sowohl Anzeigen, die kaum mit Rückwandechoschwächung verbunden sind, als auch Anzeigen, die ein vollständiges Zusammenbrechen der Rückwandechofolge ergeben können. Bei diesen Ungänzen handelt es sich zumeist um Schieferungen, Materialüberwalzungen oder Ausdehnungen von Schlacken. Es gibt aber auch Ungänzen, wie z.B. fein verteilte, zeilenförmig angeordnete Sulfideinschlüsse, die im US-Bild aufgrund ihres schlechten Reflexionsvermögens nicht oder nur schlecht festgestellt werden. Ferner sei darauf hingewiesen, dass man nach SEL-072 Grobbleche in Wanddickenbereichen zwischen 5 und 160 mm einordnet [9.1]. Die Prüfung von Feinblechen mit Dicken unter 5 mm erfolgt überwiegend in automatischen Anlagen. Die Norm unterscheidet Klassen

- nach dem Prüfumfang die Flächen-, Randzonen- und Gesamtprüfung,
- nach der Ungänzengröße mit dem Prüfen nach der Halbwerts- und AVG-Methode,
- nach der Ungänzenhäufigkeit mit örtlichen Ungänzen und Ungänzen, die auf die gesamte Blechfläche bezogen werden

K. Schiebold, *Zerstörungsfreie Werkstoffprüfung – Ultraschallprüfung*,
DOI 10.1007/978-3-662-44700-0_9, © Springer-Verlag Berlin Heidelberg 2015

und gibt Empfehlungen für das zu verwendete Prüfsystem und die Zulässigkeiten, die grundsätzlich zwischen Hersteller und Besteller der Bleche vereinbart werden sollten. Ohne Vereinbarung und im Regelfall ist die Prüfklasse 3 zutreffend.

Tabelle 9.1 zeigt die Einteilung der Prüfklassen für ultraschallflächengeprüftes und Tabelle 9.2 für ultraschallrandzonengeprüftes Grobblech. In Tabelle 9.3 werden die Anforderungen an die Prüfklassen gekennzeichnet.

Die Prüfung der Bleche wird in der Regel vom Hersteller in einem angemessenen Umfang durchgeführt. Technologisch wird dabei zumeist so vorgegangen, dass die zu prüfenden Bleche zunächst in den Prüfbereichen abgetastet, mechanisiert abgefahren oder automatisch geprüft und die fehlerhaften Bereiche grob fixiert werden. Erst danach erfolgt die Bewertung der Ungänzen.

Das Beiblatt zur SEL-072 regelt den Schiedsfall, wenn zwischen Besteller und Hersteller Meinungsverschiedenheiten zur Beurteilung der Größe und Häufigkeit der Ungänzen bestehen und eine einheitliche Vorgehensweise bei der Abstimmungsprüfung erfor-

Tab. 9.1 Klasseneinteilung von ultraschallflächengeprüftem Grobblech

Klasse	Kleinste zu berücksichtigende Größe der Ungänzen		Höchstzulässige Größe der Ungänzen	Zulässige Häufigkeit der Ungänzen örtlich bezogen auf die gesamte Blechfläche	
	cm^2	mm	cm^2	je m^2 bis	je m^2 bis
0	0.5	8	entfällt	0	
1	0.5	8	1	4	2
2	0.5	8	1	30	15
3	1	11	10	10	5
4	1	11	10	50	30
5	10	36	100	1	1 je 2 m^2
6	10	36	100	5	3 je 2 m^2

Tab. 9.2 Klasseneinteilung von ultraschallrandzonengeprüftem Grobblech

Klasse	Kleinste zu berücksichtigende Größe der Ungänzen		Höchstzulässige Größe der Ungänzen	Höchstzulässige Länge der Ungänzen	Zulässige Häufigkeit der Ungänzen
	cm^2	mm^2	cm^2	cm	je m bis
0	0.5	8	entfällt	entfällt	0
1	0.5	8	1	4	2
2	0.5	8	1	4	5
3	1	11	10	4	3
4	1	11	10	4	5

Tab. 9.3 Kennzeichnung der Anforderungen nach Klasseneinteilung

Art der Prüfung	Anforderungen an die	Erfüllung der Anforderungen in einer Klasse im Regelfall	
Ultraschall-flächengeprüft	Fläche	nach Tabelle 9.1	Klasse 3 nach Tabelle 9.1
Ultraschall-randzonengeprüft	Randzonen	nach Tabelle 9.2	Klasse 3 nach Tabelle 9.2
Ultraschall-gesamtgeprüft	Fläche und Randzonen	nach Tabelle 9.1 und derselben Klasse nach Tabelle 9.2	Klasse 3 nach Tabelle 9.1 und Tabelle 9.2

derlich wird. Danach werden zwei Bewertungsmethoden für die Ungänzengrößenbestimmung vorgeschlagen, je nachdem, ob die Ungänze senkrecht zum Schallbündel größere (Prüfverfahren A = Halbwertsmethode) oder kleinere (Prüfverfahren B = AVG-Methode) Abmessungen aufweist als das Schallbündel am Ort der Ungänze.

Hinsichtlich des Oberflächenzustandes wird eine glatte Walzhaut gefordert. Die Prüferfahrung lehrt, dass sich sowohl unterbrochene, unregelmäßige Zunderschichten als auch Welligkeiten in der Folge eines mangelhaften Richtvorganges störend, z.B. durch Scheinanzeigen, insbesondere bei Verwendung eines Blechgleiters bemerkbar machen können.

In Bezug auf das Prüfsystem werden überwiegend Senkrecht-SE-Prüfköpfe, bei größeren Wanddicken auch Senkrecht-Normalprüfköpfe vorgeschrieben. Prüffrequenzen werden nicht ausdrücklich genannt, jedoch sind 4 MHz-Prüfköpfe, seltener 2 MHz-Prüfköpfe am gebräuchlichsten. Der Zusammenhang zwischen Ungänzenabstand (Wanddicke), einzusetzendem Prüfkopf und Bewertungsmethode (Prüfverfahren A oder B) wird in Tabelle 9.4 wiedergegeben.

Tab. 9.4 Zusammenhang zwischen Ungänzenabstand, Prüfkopf u. Prüfverfahren

Ungänzenabstand (mm)	Prüfkopf	Verfahren
bis 20	SE 5°	A
von 20 bis 60	SE 0°	A
über 60	KSR < = 11 mm Normalprüfkopf	B
	KSR > = 11 mm SE 0°	A

9.2 Prüfung von Grobblechen nach DIN EN 10160

Die Euronorm DIN EN 10160 [9.2] gilt für unlegierten und niedrig legierten Stahl und legt bei Blechen mit Wanddicken ≥ 6 mm vier Qualitätsklassen (S_0, S_1, S_2 und S_3) für die Flächenprüfung und fünf Qualitätsklassen (E_0, E_1, E_2, E_3 und E_4) für die Randzonenprüfung fest, die zu vereinbaren sind. Die Kriterien für das einzusetzende Prüfsystem stimmen weitgehend mit SEL-072 überein, bei der Größenbestimmung der Ungänzen wird allerdings neben der Halbwertsmethode auch das Vergleichslinienverfahren mit KSR 5, 8 und 11 eingeführt, was im Vergleich zur SEL-072 praktikabler erscheint.

Die Nennfrequenzen der Prüfköpfe sollen 2 bis 5 MHz und die Schwingerabmessungen 10 bis 25 mm betragen. Bei SE-Prüfköpfen muss die akustische Trennwand zwischen den beiden Schwingern rechtwinklig zur Prüfrichtung ausgerichtet sein. Die Art des einzusetzenden Prüfkopfes hängt von der Wanddicke des Flacherzeugnisses ab und wird in Tabelle 9.5 beschrieben. Der Prüfkopf darf manuell von Hand oder mittels einer mechanisierten Vorrichtung geführt werden. Die Abtastgeschwindigkeit muss die Erkennbarkeit der Ungänzen gewährleisten.

Tab. 9.5 Einzusetzende Prüfköpfe

Nennwanddicke des Flacherzeugnisses e oder Tiefe der ungänzenbehafteten Zone (mm)	Art des Prüfkopfes
6 ≤ e < 60	SE-Prüfkopf
60 ≤ e < 200	Einschwinger-Prüfkopf oder SE-Prüfkopf a) b)

a) Im Streitfall ist die Art des zu verwendenden Prüfkopfes Gegenstand der Vereinbarung.
b) Bei automatischer Prüfung unter Verwendung von Tauch- und Wasservorlauftechnik ist es auch bei 60 mm Dicke zulässig, Einschwinger-Prüfköpfe zu verwenden.

Die Ankopplung muss in einem ungänzenfreien Bereich die Darstellung von mindestens zwei aufeinander folgenden Rückwandechos ermöglichen. Je nach Qualitätsklasse erfolgt die Prüfung als Flächenprüfung oder als Randzonenprüfung.

9.2.1 Flächenprüfung der Klassen S_0 und S_1

Das Raster für die flächenmäßige Erfassung der zu prüfenden Gesamtfläche beträgt 200 mm Seitenlänge parallel zu den Kanten oder in oszillierenden Linien.

9.2.2 Flächenprüfung der Klassen S_2 und S_3

Das Raster für die flächenmäßige Erfassung der zu prüfenden Gesamtfläche beträgt 100 mm Seitenlänge parallel zu den Kanten oder in oszillierenden Linien.

9.2.3 Randzonenprüfung

Die vollständige Prüfung einer Randzone erfolgt entlang der vier Kanten des Bleches in Übereinstimmung mit Tabelle 9.6.

Tab. 9.6 Breite der Randzone an den Kanten der Flacherzeugnisse

Nennwanddicke des Flacherzeugnisses e (mm)	Breite der Randzone (mm)
$6 \leq e < 50$	50
$50 \leq e < 100$	75
$100 \leq e < 200$	100

9.2.4 Empfindlichkeitsjustierung und Ungänzengrößenbestimmung

Für Ungänzen, deren Abmessungen klein zum Durchmesser des Schallbündels am Ort der Ungänze ist, erfolgt die Empfindlichkeitsjustierung anhand von Vergleichslinien, die an Vergleichskörpern aufgenommen werden sollen. Zweckmäßiger sind jedoch AVG-Vorsatzskalen oder digitale Ultraschallgeräte mit der Abbildung der Rückwandechokurve und der Vergleichslinien für Kreisscheiben von 5, 8 und 11 mm Durchmesser.

Die Empfindlichkeitsjustierung wird mit Hilfe der Rückwandechokurve durchgeführt, indem das erste Rückwandecho auf diese Kurve ausgesteuert wird. Die Größenbestimmung von Inhomogenitäten erfolgt sodann durch Vergleich der Amplitude der Inhomogenitäten mit den KSR-Kurven.

Für große Ungänzen, deren Abmessungen so groß sind, dass ihr Echo die jeweilig zulässige Kennlinie überschreitet, wird das Abtastverfahren mit einem SE-Prüfkopf angewendet.

9.2.5 Abnahmekriterien

Die Abnahmekriterien für die beschriebenen Qualitätsklassen sind für die Flächenprüfung in den Tabellen 9.7 und 9.8 und für die Randzonenprüfung in Tabelle 9.9 dargestellt.

Tab. 9.7 Abnahmekriterien für die Flächenprüfung von Grobblechen < 60 mm mit SE-Prüfköpfen

Qualitätsklasse	Nichtzulässige einzelne Inhomogenitäten (mm^2)	Zulässige Anhäufung von Inhomogenitäten Fläche [a] (mm^2)	Maximale Anzahl nicht über
S_0	S > 5000	1000 < S ≤ 5000	20 in dem Quadrat von 1m × 1m [b]
S_1	S > 1000	100 < S ≤ 1000	15 in dem Quadrat von 1m × 1m [b]
S_2	S > 100	50 < S ≤ 100	10 in dem Quadrat von 1m × 1m [b]
S_3	S > 50	20 < S ≤ 50	10 in dem Quadrat von 1m × 1m [b]

[a] Fläche einzelner Inhomogenitäten innerhalb der betreffenden Anhäufung
[b] mit der größten Dichte

Tab. 9.8 Abnahmekriterien für die Flächenprüfung von Grobblechen mit Einschwinger-Prüfköpfen

Qualitätsklasse	Nichtzulässige einzelne Inhomogenitäten (mm^2)	Zulässige Anhäufung von Inhomogenitäten Fläche [a] (mm^2)	Maximale Anzahl nicht über
S_0	S > 5000	1000 < S ≤ 5000	20 in dem Quadrat von 1m × 1m [b]
S_1	S > 1000	100 < S ≤ 1000	15 in dem Quadrat von 1m × 1m [b]
S_2	Inhomogenitäten, deren Echo-Amplitude die Kennlinie für 11 mm ∅ übersteigt	N_2 zwischen 8 und 11 mm ∅	10 in dem Quadrat von 1m × 1m [b]
S_3	Inhomogenitäten, deren Echo-Amplitude die Kennlinie für 8 mm ∅ übersteigt	N_3 zwischen 5 und 8 mm ∅	10 in dem Quadrat von 1m × 1m [b]

[a] Maße einzelner Inhomogenitäten innerhalb der betreffenden Anhäufung
[b] mit der größten Dichte

Tab. 9.9 Abnahmekriterien für die Randzonenprüfung von Grobblechen

Qualitätsklasse	Zulässige Größe einzelner Inhomogenitäten Max. Ausdehnung L_{max} (mm)	Max. Fläche S_{max} (mm^2)	Mindestausdehnung der berücksichtigten Inhomogenität L_{min} (mm)	Zulässige Anzahl von Inhomogenitäten, die kleiner als S_{max} und größer als L_{min} sind je 1m Länge
E_0	100	2000	50	6
E_1	50	1000	25	5
E_2	40	500	20	4
E_3	30	100	15	3
E_4	20	50	10	2

Abb. 9.1 zeigt eine schematische Darstellung der wichtigsten Bezeichnungen der Norm.

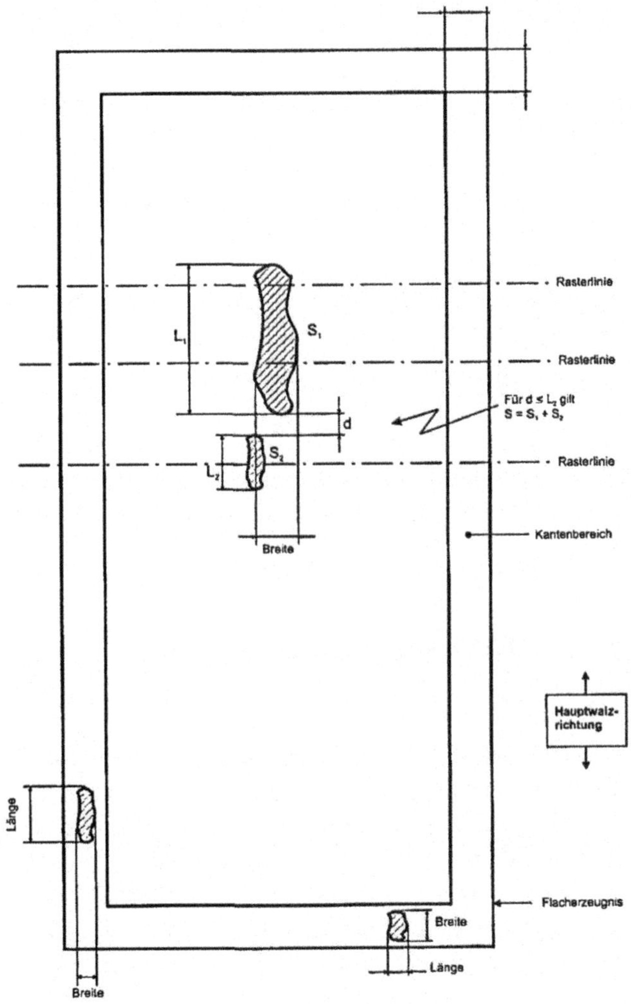

Abb. 9.1 Schematische Darstellung der wichtigsten Bezeichnungen der DIN EN 10160 [9.2]

9.3 Prüfung von Grobblechen nach DIN EN 10307

DIN EN 10307 [9.3] ist in ihrem Inhalt fast identisch mit DIN EN 10160, gilt jedoch in Ergänzung der Werkstoffe für austenitische und austenitisch-ferritische nichtrostende Stähle im gleichen Dickenbereich. Im Folgenden werden die Unterschiede zwischen beiden Normen herausgestellt.

9.3.1 Prüfklassen

Die Norm legt bei Blechen mit Wanddicken ≥ 6 mm drei Qualitätsklassen (S_1, S_2 und S_3) für die Flächenprüfung und vier Qualitätsklassen (E_1, E_2, E_3 und E_4) für die Randzonenprüfung fest, die zu vereinbaren sind. Die Kriterien für das einzusetzende Prüfsystem stimmen weitgehend mit DIN EN 10160 überein. Das gilt sowohl für das Prüfsystem insgesamt als auch für die in Abhängigkeit von der Wanddicke auszuwählenden Prüfköpfe, die Entfernungs- und Empfindlichkeitsjustierung. Die Größenbestimmung der Ungänzen wird in Abhängigkeit von den Qualitäts- bzw. Güteklassen mit Hilfe der Halbwertsmethode oder von Kontrollkörpern aus dem gleichen Werkstoff durchgeführt, wobei die Kontrollkörper die Aufnahme von Vergleichslinien mit

KSR 11 für die Prüfklassen S_1 und E_1;
KSR 8 für die Prüfklassen S_2, E_2 und E_3;
KSR 5 für die Prüfklassen S_3 und E_4.

gestatten. Die Anwendung von AVG-Vorsatzskalen und digitalen Ultraschallgeräten ist nicht ausgeschlossen. Man kann darauf schließen, weil auch die Aufnahme einer Rückwandechokurve gefordert wird, mit deren Hilfe die Empfindlichkeitsjustierung realisiert wird.

9.3.2 Flächen- und Randzonenprüfung

Die Ankopplung muss in einem ungänzenfreien Bereich die Darstellung von mindestens zwei aufeinander folgenden Rückwandechos ermöglichen. Je nach Qualitätsklasse erfolgt die Prüfung als Flächenprüfung oder als Randzonenprüfung, wobei sowohl die Rasterung der Fläche des Bleches als auch die vollständige Prüfung der Randzone analog DIN EN 10160 erfolgt.

Bei der Prüfung selbst werden die den Prüfklassen entsprechenden Ungänzen ausgezählt und ihre Flächenanteile nach Optimierung der Anzeigen, Anwendung der Halbwertsmethode und Erfassung ihrer Kontur in der jeweiligen Position des Prüfkopfmittelpunktes in einem Rechteck erfasst. Das Rechteck umschließt also die Ungänzen vollständig. Seine größere Seite wird als Länge und seine kleinere Seite als Breite der Ungänze bezeichnet. Außerdem wird die Rechteckfläche S berechnet. Zwei benachbarte Ungänzen sind mit einer Fläche, die der Summe beider Flächen entspricht, als eine Ungänze zu betrachten, wenn der Abstand zwischen beiden Ungänzen höchstens so groß ist, wie die Länge der kleineren Ungänze.

9.3.3 Zulässigkeitskriterien

Bei der Flächenprüfung sind die Zulässigkeitskriterien für die Güteklassen S_1, S_2 und S_3 identisch mit DIN EN 10160 (vgl. Tabelle 9.7 und 9.8). Lediglich bei der Randzonen- oder Kantenprüfung sind wie Tabelle 9.10 zeigt, Abweichungen gegenüber DIN EN 10160 festzustellen (vergleiche Tabelle 9.9).

Tab. 9.10 Abnahmekriterien für die Randzonenprüfung von Grobblechen

Güteklasse	Registriergrenze L (mm)	Zulässige Größe einzelner Inhomogenitäten		Maximale Anzahl von Inhomogenitäten mit einer Fläche < S_{max} und einer Länge > L je 1m Länge
		max. Maß L (mm)	max. Fläche S (mm^2)	
E_1	25	50	100	5
E_2	40	500	20	4
E_3	30	100	15	3
E_4	20	50	10	2

Anmerkungen:
Für Erzeugnisse mit einer Dicke ≥ 600 mm wird eine Auszählung der Inhomogenitäten unter Anwendung der charakteristischen Kurven für die 11 mm-, 8 mm- und 5 mm-Bohrung durchgeführt.

Güteklasse E_3: Die Anzahl der Inhomogenitäten mit Echoanzeigen, deren Amplitude zwischen den charakteristischen Kurven der 8 mm- und 11 mm-Bohrung liegt, darf höchstens 3 betragen.

Güteklasse E_4: Die Anzahl der Inhomogenitäten mit Echoanzeigen, deren Amplitude zwischen den charakteristischen Kurven der 5 mm- und 8 mm-Bohrung liegt, darf höchstens 3 betragen.

9.4 Prüfung von Grobblechen nach ASME-Code

Die Durchführung der Grobblechprüfung resultiert im ASME-Code [9.4] aus der Vormaterialprüfung und wird beschrieben in Sect. V. Tabelle 9.11 gibt einen Überblick über die Grobblechprüfung nach ASME-BPV-Code.

Für die Blechprüfung stehen zwei verschiedene Prüftechniken zur Verfügung:

- **Prüftechnik 1** Senkrechteinschallung zur Prüfung auf laminare Ungänzen.
- **Prüftechnik 2** Schrägeinschallung mit 45° auf Risse an Prüf- und Gegenfläche.

Tab. 9.11 Justier-, Kalibrier- und Vergleichskörper

Vorschrift	Typ / Anwendungsbereich	Regelwerk
SA-435	Standardvorschrift für die Ultraschallprüfung durch Senkrechteinschallung von Stahlblechen für Druckbehälter	ASME-Code, Sect. V, Artikel 23
SA-577	Standardvorschrift für die Ultraschallprüfung durch Schrägeinschallung von Stahlblechen	ASME-Code, Sect. V, Artikel 23
SA-578	Vorschrift für die Ultraschallprüfung durch Senkrechteinschallung von unbeschichteten und plattierten Stahlblechen für Sonderanwendungen	ASME-Code, Sect. V, Artikel 23
SB-509	Spezifikationen für zusätzliche Anforderungen für Bleche aus Nickellegierungen für kerntechnische Anwendungen	ASME-Code, Sect. V, Artikel 23
SB-548	Standard-Methode für die Ultraschallprüfung von Blechen aus Aluminiumlegierungen für Druckbehälter	ASME-Code, Sect. V, Artikel 23

Die Prüftechnik 1 ist grundsätzlich einzusetzen, wohin gegen die Prüftechnik 2 nur zusätzlich zur Prüftechnik 1 in Sonderfällen zur Anwendung kommt. Bei Anwendung beider Prüftechniken muss zuerst mit der Senkrechteinschallung geprüft werden.

Senkrechteinschallung

Die Entfernungsjustierung ist so einzustellen, dass das zweite Rückwandecho vom Prüfgegenstand an einer ungänzenfreien Stelle auf dem Bildschirm noch sichtbar ist. Für die Empfindlichkeitsjustierung ist das erste Rückwandecho auf 80 % Bildschirmhöhe einzustellen und die dafür benötigte Vergleichsgrundverstärkung V_V im Protokoll zu notieren. Die Abtastung des Bleches erfolgt entweder kontinuierlich oder intermittierend quer zur Walzrichtung, wobei folgende Bereiche im Protokoll zu registrieren sind:

- Generell alle Reflektoren, die größer als der Schallbündeldurchmesser am Ort der Ungänze sind (totaler Rückwandechoverlust).
- Zusätzlich bei Wanddicken ≥ 20 mm alle Reflektoren mit Abmessungen, die kleiner als der Schallbündeldurchmesser am Ort der Ungänze sind (Rückwandechoverlust um 50% und Anzeigen von 50% der ursprünglichen Rückwandechohöhe).

Diese Bereiche sind durch Prüfkopfverschiebung in allen Richtungen einzugrenzen, wobei die Prüfkopfmitte als Reflektorrand gewertet wird (Abtastmethode).

Schrägeinschallung

Die Justierung soll an einer Nut erfolgen, die möglichst direkt im Prüfgegenstand einzubringen ist. Die Entfernungsjustierung muss bis zum doppelten Sprungabstand an der Nut eingestellt werden.

Für die Empfindlichkeitsjustierung ist an der Nut eine Vergleichslinie aufzunehmen, deren Maximum bei 80 % BSH liegen soll. Die dafür benötigte Vergleichsgrundverstärkung V_V ist zu protokollieren. Die Abtastung muss quer und parallel zur Walzrichtung erfolgen. Es sind alle Anzeigen, die die Vergleichslinie erreichen oder überschreiten, in ihrer Ausdehnung zu registrieren.

Die Prüfflächen müssen gleichförmig und frei von losem Zunder und loser Farbe, frei von Werkstofftrennungen wie Lochfrass oder Schleifspuren, Schweißspritzern oder sonstigen Fremdkörpern sein, die die Prüfergebnisse beeinträchtigen könnten. Fest anhaftender Farbanstrich, Zunder oder Überzüge brauchen für die Prüfung nicht unbedingt entfernt werden, wenn sie gleichmäßige Schwächungseigenschaften besitzen. Die Prüffläche muss einen für die Prüfung bei der vorgeschriebenen Empfindlichkeit geeigneten Zustand aufweisen. Falls erforderlich, können die Prüfflächen beschliffen, gestrahlt, mit der Drahtbürste gereinigt oder analog vorbereitet werden. Die zu prüfenden Oberflächen können dabei sowohl manuell als auch automatisch abgetastet werden. Hinsichtlich der Auswertung der Prüfergebnisse ist zwischen Hersteller und Besteller eine Vereinbarung in Form einer Prüfanweisung oder Spezifikation abzuschließen.

9.5 Prüfung von Stäben aus Stahl nach DIN EN 10308

9.5.1 Prüfzeitpunkt und -umfang

Die Norm [9.5] schreibt vor, dass die Prüfung, die üblicherweise beim Hersteller oder auf dem Gelände des Lieferers durchgeführt wird, mittels einer mit dem Besteller der Erzeugnisse abgestimmten Prüfanweisung durchgeführt werden muss. Darin sind u. a. die Fertigungsstufe, nach der die Prüfung durchzuführen ist, und Festlegungen der zu prüfenden Bereiche mit Angabe der jeweils anwendbaren Qualitätsklassen zu vereinbaren. Sofern nichts anderes vereinbart worden ist, soll die Ultraschallprüfung nach der abschließenden Wärmebehandlung durchgeführt werden.

Der erforderliche Mindestumfang der Prüfung ist durch den Typ der Stäbe bestimmt und davon abhängig, ob in der Anfrage und Bestellung eine Rasterprüfung oder eine vollständige Prüfung verlangt wird. Eine Rasterprüfung ist so durchzuführen, dass der Prüfkopf oder die Prüfköpfe auf den in Tabelle 9.12 definierten Rasterlinien verfahren wird oder werden. Auch sind in Tabelle 9.12 die Flächen festgelegt, die durch überlappendes Verfahren des Prüfkopfes geprüft werden müssen, wobei die Überlappung mindestens 10% des wirksamen Prüfkopfdurchmessers erreichen muss.

Die Prüfflächen müssen frei sein von Anstrichen, lose haftendem Zunder, eingetrocknetem Koppelmittel, Oberflächenfehlern und allen Substanzen, die die Ankopplungsbedingungen beeinträchtigen, die freie Prüfkopfbewegung behindern oder Fehler in der Beurteilung verursachen können. Die Oberflächenbeschaffenheit ist als zulässig zu betrachten, wenn die festgelegte Qualitätsklasse erreicht werden kann. Abb. 9.2 beschreibt die Fehlerarten im Stangenrundmaterial und die Hauptprüfrichtungen.

Tab. 9.12 Prüfumfang bei der Senkrechteinschallung

Typ	Rasterprüfung a), b)		Vollständige Prüfung
	Durchmesser D oder Dicke t (mm)	Prüfbahnen	
1a 	D ≤ 200	2 um 90° versetzt	Vollständige Abtastung über mindestens 180° der zylindrischen Oberfläche
	200 < D ≤ 400	3 um jeweils 60° oder 120° versetzt	
1b 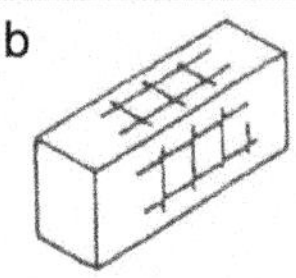	t ≤ 150	1 Prüfbahn auf 2 Flächen	Vollständige Abtastung auf zwei zueinander senkrechten Flächen
	150 < t ≤ 400	3 Prüfbahnen auf 2 Flächen d)	
1c 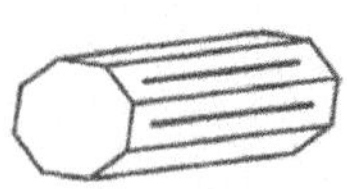	t ≤ 150	1 Prüfbahn auf 2 Flächen	Vollständige Abtastung auf mindestens der Hälfte der angrenzenden Flächen
	150 < t ≤ 400	1 Prüfbahn auf mindestens der Hälfte der Flächen	

a) Zusätzliche Prüfung ist bei Festlegung in der Anfrage und Bestellung durchzuführen.
b) Die Abtastung über die gesamte Länge des betreffenden Bereiches darf entweder auf einer Bahn mit sinusförmigem Verlauf oder auf einer einen gleichwertigen Prüfumfang ergebenden Zickzacklinie erfolgen.
c) Die Anzahl der Rasterlinien ist beim Typ 1a oder 1b symmetrisch zu verdoppeln, wenn es das Vorhandensein einer Bohrung nicht erlaubt, die gegenüberliegende Fläche zu erreichen.
d) Der Rasterabstand ist so groß wie die Dicke des Prüfteiles zu wählen (max. 200 mm).

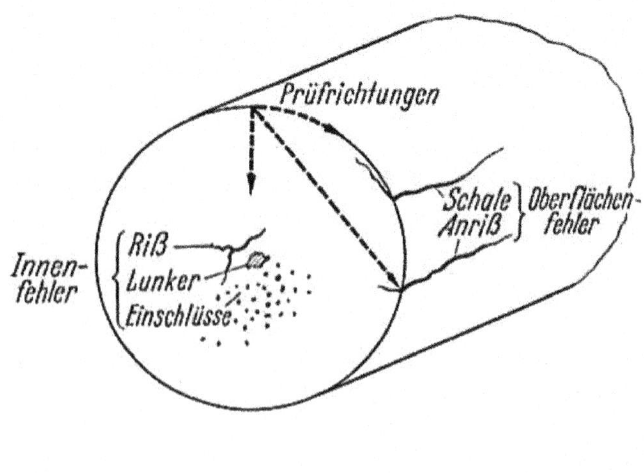

Abb. 9.2 Fehlerarten im Stangenrundmaterial und Hauptprüfrichtungen [9.10]

9.5.2 Prüfsystem, Justierung und Durchführung der Prüfung

Das Prüfsystem muss in Übereinstimmung mit den in DIN EN 12668-3 genannten Anforderungen justiert und überprüft werden. Die Prüfempfindlichkeit muss ausreichend sein, um den Nachweis der kleinsten Inhomogenitäten, entsprechend der geforderten Registriergrenze (Tabelle 9.13 und 9.14) sicherzustellen. Zur Einstellung der geforderten Prüfempfindlichkeit dürfen entweder die Bezugslinientechnik unter Anwendung von Flachlochbohrungen oder die AVG-Technik eingesetzt werden. Bei der Prüfung selbst werden Anzeigen wie folgt in Klassen eingeteilt (Abb. 9.3):

Typ 1: Wird der Prüfkopf bewegt, so wird im A-Bild eine einzelne scharfe Anzeige sichtbar, die in der Amplitude gleichmäßig bis zu einem Höchstwert ansteigt und dann gleichmäßig bis auf Null abfällt. Dieser Verlauf ist kennzeichnend für Inhomogenitäten bis zur –6 dB Schallbündelbreite.

Typ 2: Wird der Prüfkopf bewegt, so wird im A-Bild eine einzelne scharfe Anzeige sichtbar, die in der Amplitude gleichmäßig bis zu einem Höchstwert ansteigt, diesen mit oder ohne Amplitudenänderung beibehält und dann gleichmäßig bis auf Null abfällt. Dieser Verlauf ist kennzeichnend für Inhomogenitäten, die größer sind als die –6 dB Schallbündelbreite.

Weiterhin werden die aufzufindenden Inhomogenitäten eingeteilt in:

a) punktförmige Inhomogenität
Echodynamischer Verlauf des Typs 1 und/oder Ausdehnung bis zur –6 dB-Schall-bündelbreite (Abb. 9.4)
b) Inhomogenität mit Ausdehnung
Echodynamischer Verlauf des Typs 2 und/oder Ausdehnung größer als die –6 dB-Schallbündelbreite (Abb. 9.5)
c) einzelne Inhomogenität
Der Abstand d zwischen Punkten, die jeweils den Anzeigemaxima für benachbarte Inhomogenitäten entsprechen, überschreitet 40 mm (Abb. 9.6)

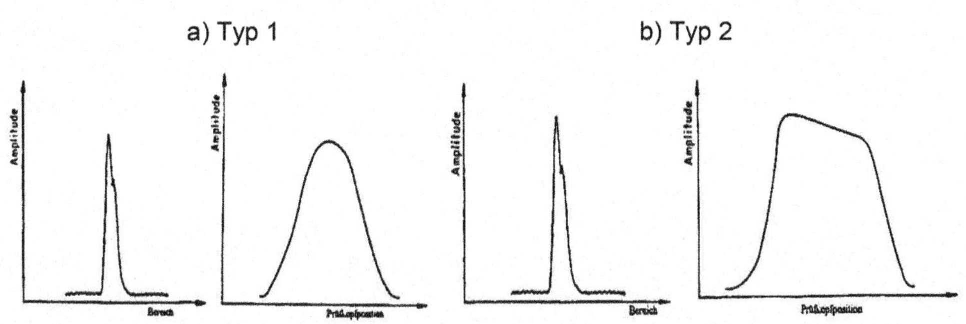

Abb. 9.3 A-Bild-Darstellung und Echodynamik, a) Typ 1, b) Typ 2 [9.5]

d) Anhäufung von Inhomogenitäten
   Der Abstand d zwischen Punkten, die jeweils den Anzeigemaxima für benachbarte Inhomogenitäten entsprechen, beträgt höchstens 40 mm (Abb. 9.7)

9.5.3 Bewertung von Anzeigen

In den Tabellen 9.13 und 9.14 sind Angaben über die Registriergrenzen und Zulässigkeitskriterien für drei Qualitätsklassen bei Senkrechtprüfköpfen zusammengestellt.

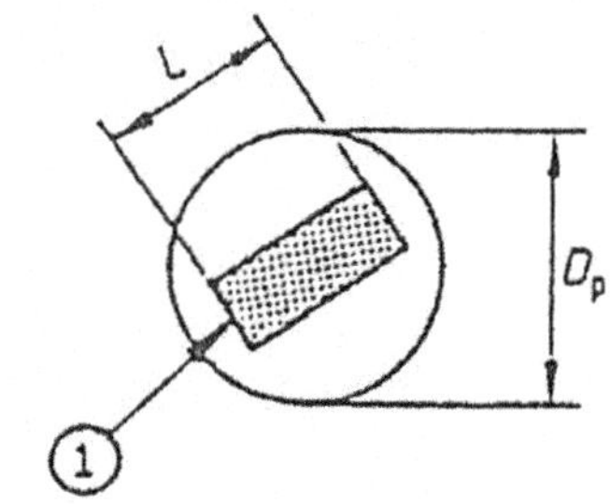

Abb. 9.4 Punktförmige Inhomogenität ($L \leq D_p$) [9.5]

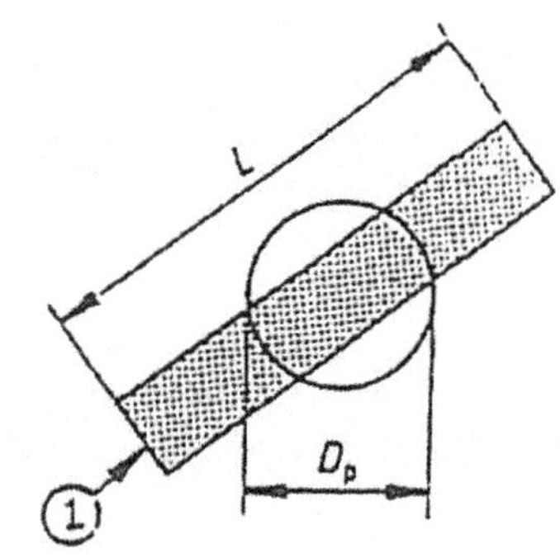

Abb. 9.5 Inhomogenität mit Ausdehnung ($L > D_p$) [9.5]

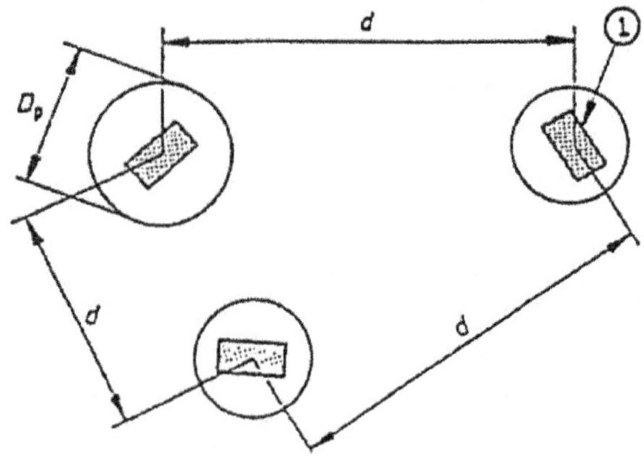

Abb. 9.6 Einzelne punktförmige Inhomogenität ($L < D_p$; $d > 40$ mm) [9.5]

Abb. 9.7 Anhäufung punktförmiger Inhomogenitäten ($L < D_p$; $d \le 40$ mm) [9.5]
1 Definitionsgemäßer Umriss einer –6 dB-Inhomogenität
D_p Schallbündelbreite am Ort der Inhomogenität
d Abstand zwischen zwei Inhomogenitäten
L Definitionsgemäße Länge einer –6 dB-Inhomogenität

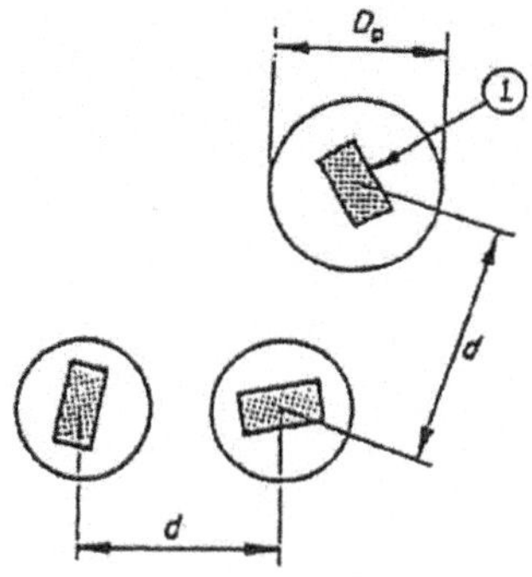

Tab. 9.13 Qualitätsklassen, Registrier- und Zulässigkeitsgrenzen für Stäbe aus ferritischem und martensitischem Stahl

Parameter	Qualitätsklasse			
	1	2	3	4
Registriergrenzen				
Gleichwertige Flachbodenbohrung mit ∅ in mm a)	> 8	> 5	> 3	> 2
R-Verhältnis b)	≤ 0,1	≤ 0,3	≤ 0,5	≤ 0,5
Zulässigkeitsgrenzen				
Gleichwertige Flachbodenbohrung mit ∅ in mm a) für einzelne punktförmige Inhomogenitäten	≤ 12	≤ 8	≤ 5	≤ 3
Gleichwertige Flachbodenbohrung mit ∅ in mm a) für Inhomogenitäten mit Ausdehnung oder Anhäufung von Inhomogenitäten	≤ 8	≤ 5	≤ 3	≤ 2

$R = F_n / F_o$, n mit n = 1 für t ≥ 60 mm und n = 2 für t < 60 mm, F_n = Amplitude des n-ten geschwächten Rückwandechos, $F_{o,n}$ = Amplitude des n-ten geschwächten Rückwandechos im nächstliegenden fehlerfreien Abschnitt.

Tab. 9.14 Qualitätsklassen, Registrier- und Zulässigkeitsgrenzen für Stäbe aus austenitischem und austenisch-ferritischem Stahl

Dicke der Stäbe t (mm)	Registriergrenze d_{eq} (mm)	Zulässigkeitsgrenze für einzelne Inhomogenitäten d_{eq} (mm)	Zulässigkeitsgrenze für ausgedehnte Inhomogenitäten oder Anhäufungen von Inhomogenitäten d_{eq} (mm)
Qualitätsklasse 1			
t ≤ 75	> 5	≤ 8	≤ 5
75 < t ≤ 250	> 8	≤ 11	≤ 8
250 < t ≤ 400	> 14	≤ 19	≤ 14
Qualitätsklasse 2			
t ≤ 75	> 3	≤ 5	≤ 3
75 < t ≤ 250	> 4	≤ 8	≤ 5
250 < t ≤ 400	> 8	≤ 11	≤ 8
Qualitätsklasse 3			
t ≤ 75	> 2	≤ 3	≤ 2
75 < t ≤ 250	> 3	≤ 5	≤ 3
250 < t ≤ 400	> 5	≤ 8	≤ 5
d_{eq} = Durchmesser der gleichwertigen Flachbodenbohrung			

9.6 Prüfung von gewalztem Halbzeug

9.6.1 Automatische Ultraschallprüfung von Band/Blech nach DIN EN ISO 10893-9

In diesem Teil der ISO-Norm 10893 [9.6] werden die Anforderungen an die automatisierte Ultraschallprüfung zum Nachweis von Dopplungen im Band bzw. Blech festgelegt, das für die Herstellung geschweißter Rohre eingesetzt wird. Für bereits geschweißte Rohre wird der Nachweis von Dopplungen durch die Ultraschallprüfung nach DIN EN ISO 10893-8 geführt.

9.6.1.1 Prüfzeitpunkt und -umfang

Die Prüfung muss vor oder während der Rohrproduktion am Flachmaterial durchgeführt werden. Das zu prüfende Band oder Blech muss ausreichend frei von Oberflächenunregelmäßigkeiten und Fremdstoffen sein, um ein einwandfreies Ergebnis der Prüfung sicherzustellen. Die Prüfgegenstände müssen auf ihrer Oberfläche entlang Linien gleichen Abstandes parallel oder quer zur Hauptwalzrichtung abgetastet werden, wobei die in Tabelle 9.15 angegebenen Werte der Mindestabdeckung bzw. des zulässigen Abstandes benachbarter Abtastbahnen einzuhalten sind. Bei der Oszillationstechnik muss die Min-

Tab. 9.15 Mindestabdeckung der Prüfbahnen auf der Fläche

Zulässigkeitsklasse	Mindest-überdeckung %	Maximal zulässiger Abstand benachbarter Abtastbahnen mm
U 1	20	100
U 2	10	150
U 3	5	200

Tab. 9.16 Zulässigkeitsklassen und mindestens nachzuweisende und maximal zulässige Größe von Dopplungen an den Band- bzw. Blechkanten

Zulässigkeits-klasse	Mindestlänge einzelner Dopplungen L_{min} mm	Maximal zulässige Größe von Dopplungen		
		Einzelmaße		Maximale Anzahl von Dopplungen a) je m Kantenlänge, mit $L_{min} \leq L \leq L_{max}$ und $E \leq E_{max}$
		Länge L_{max} mm	Fläche E_{max} mm²	
U 1	10	20	250	3
U 2	20	40	500	4
U 3	30	60	1000	5

a) Nur Dopplungen mit einer Breite von mehr als 6 mm (C_{min}) sind zu berücksichtigen.

destabdeckung die Hälfte der in Tabelle 9.15 angegebenen Werte erreichen. Während der Produktionsprüfung müssen die relative Vorschubgeschwindigkeit und die Impulsfolgefrequenz so gewählt werden, dass die in Tabelle 9.15 angegebenen Werte der Abdeckung und die Höchstwerte für den Abstand benachbarter Abtastbahnen eingehalten werden. Es werden dabei drei Zulässigkeitsklassen definiert.

Die Band- bzw. Blechlängskanten parallel zur Hauptwalzrichtung müssen zum Nachweis von Dopplungen über eine Breite von mindestens 15 mm und zusätzlich über die gesamte Breite des Saumes, der vor der Nahtschweißung abgetrennt wird, zu 100% so geprüft werden, dass die in Tabelle 9.16 angegebene Mindestlänge L_{min} der Ungänzen nachgewiesen wird. Die Tabelle enthält auch die Zulässigkeitsklassen und die maximal zulässige Größe der Dopplungen an den Band- bzw. Blechkanten.

9.6.1.2 Prüfsystem, Justierung und Durchführung der Prüfung

Das größte Maß jedes einzelnen Schwingers darf im rechten Winkel zu der Abtastrichtung gemessen, höchstens 25 mm betragen. Die automatische Prüfanlage muss mit Hilfe einer automatischen Signalgeber-Ansprechschwelle in Verbindung mit einem Markierungs- und/oder Sortiersystem zwischen zulässigem und fehlerhaften Band bzw. Blech unterscheiden können.

Die Prüfanlage ist entweder elektronisch mit Hilfe eines Kontrollkörpers oder mit einem Bezugsstandard als Einfräsung von je 6 mm Breite und einer Länge zwischen 6 und 25 mm einzustellen. Der Kontrollkörper muss eine ähnliche Oberflächenbeschaffenheit und akustische Eigenschaften aufweisen, wie das Band oder Blech.

Die Einstellung der Prüfanlage ist in regelmäßigen Abständen während der Produktionsprüfung zu überwachen. Die Überprüfung muss mindestens einmal in 4h durchgeführt werden, jedoch auch immer dann, wenn die Bedienungsmannschaft der Prüfanlage wechselt sowie bei Produktionsbeginn und -ende. Die Prüfanlage muss neu eingestellt werden, wenn einer der Parameter der ursprünglichen Anlageneinstellung geändert wurde. Schließlich muss das zuletzt geprüfte Band nach Neueinstellung der Prüfanlage erneut geprüft werden, wenn bei der Überprüfung während der Produktionsprüfungen die Einstellungen verändert vorgefunden werden.

9.6.1.3 Bewertung von Anzeigen

- Die automatische Ultraschallprüfung wird als bestanden gewertet, wenn die Anzeigen unterhalb der Signalgeber-Ansprechschwelle liegen.
- Falls Anzeigen die Signalgeber-Ansprechschwelle erreichen oder überschreiten, darf das Band bzw. Blech erneut geprüft werden. Werden dabei wiederum Anzeigen festgestellt, die diese Kriterien erfüllen, so muss das Blech als fehlerverdächtig eingestuft werden.
- Fehlerverdächtige Bereiche sind durch manuelle Ultraschallprüfung zu untersuchen. Die Prüfung gilt sodann als bestanden, wenn die Dopplungsgröße und -anzahl die in den Tabellen 9.16 und 9.17 angegebenen Werte nicht überschreiten.

Tab. 9.17 Zulässigkeitsklassen und mindestens nachzuweisende und max. zulässige Größe von Dopplungen im Band- bzw. Blechkörper [a]

Zulässigkeitsklasse	Kleinste zu berücksichtigende Größe der Dopplungen		Maximal zulässige Fläche der Dopplungen		
	Einzelne Fläche	Kleinste Breite	Einzelne Fläche	Summierte Fläche in % der Band-/Blechoberfläche ≥ B_{min} bis ≤ B_{max} [a]	
	B_{min} mm²	C_{min} mm	B_{max} [a] mm²	Örtliche Anhäufung je m Band- bzw. Blechlänge max.	Durchschnitt je m Band- bzw. Blechlänge max.
U 1	160 + w/4 [b]	12	160 + w [b], max. 2500 mm²	1	0,5
U 2	160 + w/2 [b]	15	160 + 2w [b], max. 5000 mm²	2	1
U 3	160 + w [b]	20	160 + 4w [b], max. 10000 mm²	4	2

[a] B_{min} und B_{max} sind bei der Berechnung als Produkt aus Länge und Breite einer Dopplung auf 10 mm² zu runden.
[b] w = Band- bzw. Blechbreite in mm.

- Überschreiten die Werte die Zulässigkeitsgrenzen, so ist der fehlerverdächtige Bereich abzutrennen oder das Blech zu verwerfen.

9.6.2 Prüfung von gewalztem Halbzeug nach SEP 1920

Die Ultraschallprüfung von gewalztem Halbzeug aus umwandlungsfähigen Stählen im Abmessungsbereich zwischen 50 und 200 mm Vierkant oder Rundmaterial nach SEP 1920 [9.7] soll Aussagen über innere Fehler bezüglich ihrer Lage, Größe, Ausdehnung und Häufigkeit treffen. Als innere Fehler solcher Materialien sind hauptsächlich nichtmetallische Einschlüsse, Risse und ggfls. lunkerhafte Erscheinungen anzusehen.

Das Vormaterial ist zu prüfen, weil sonst daraus resultierende Fehler bei der anschließenden Kalt- oder Warmumformung, wie z.B. beim Gesenkschmieden, fortgepflanzt werden könnten. In der SEP 1920 werden die Prüftechniken und die bei der Prüfung einzuhaltenden Bedingungen hinsichtlich des Prüfsystems, der Justierung und der Beschaffenheit des zu prüfenden Halbzeugs beschrieben. Es werden nach dem Prüfumfang vier Prüfgruppen (Tabelle 9.18) und nach der zulässigen Anzeigengröße und -länge drei Größenklassen (Tabelle 9.19 und 9.20) definiert.

9.6.3 Prüfung von gewalztem Halbzeug nach ASME-Code

Die Regeln für die Durchführung derartiger Prüfungen richten sich nach den im ASME-Code, [9.8] Sect. V, Artikel 23 angegebenen Vorschriften SE-114 und SB-510. Danach werden Stäbe mit rundem oder eckigem Querschnitt im Normalfall mit einer Prüffrequenz von 2,25 MHz geprüft.

Die Empfindlichkeitsjustierung soll an einer ungänzenfreien Stelle so vorgenommen werden, dass das erste Rückwandecho auf 80% Bildschirmhöhe ausgesteuert wird. Das ge-

Tab. 9.18 Prüfumfang und Prüfgruppeneinteilung

Prüfgruppe	Prüfumfang
1	Eine Prüfbahn über eine Länge von 500 mm an beiden Enden, wobei der Kernbereich erfasst wird.
2	Eine Prüfbahn über die gesamte Länge, wobei der Kernbereich erfasst wird.
3	Zwei Prüfbahnen über die gesamte Länge, so dass der Kernbereich in zwei zueinander senkrechten Einschallrichtungen erfasst wird.
4	Prüfung in zwei zueinander senkrechten Einschallrichtungen auf mehr als zwei Prüfbahnen über die gesamte Länge, so dass ein größeres Volumen als der Kernbereich erfasst wird.

Tab. 9.19 Zulässige Anzeigengrößen, -anzahl und -längen

Größen-klasse	Anzeigen ohne Längenausdehnung			Anzeigen mit Längenausdehnung			
	Anzeigengröße in mm KSR bei Abmessung		Anzahl Anzeigen pro m	Anzeigengröße in mm KSR bei Abmessung		Längenausdehnung einer Anzeige	Summe Längenausdehnung aller Anzeigen
	50-120	121-200		50-120	121-200	in mm	in mm / m
A	7	8	3	5	6	40	60
B	5	6	3	3	4	30	50
C	3	4	3	2	3	20	40

Tab. 9.20 Mögliche Kombinationen von Größenklassen und Prüfgruppen

Größenklasse	Prüfgruppe			
	1	2	3	4
A	x	x	x	x
B	-	-	x	x
C	-	-	x	x

samte Volumen aller Werkstücke ist mit dieser Justierung so zu prüfen, dass die Stäbe in Umfangsrichtung oder spiralförmig abgetastet werden. Das Abtasten von rechteckigen, quadratischen und sechseckigen Stäben muss an zwei benachbarten parallelen Seiten erfolgen. Ein Abtasten der Stirnflächen ist nicht erforderlich.

Bezüglich der Annahme oder Zurückweisung der Anzeigen sind Festlegungen in einer Prüfanweisung zu treffen, die Bestandteil einer Vereinbarung zwischen Hersteller und Besteller ist.

9.7 Prüfanlagen und Auswertung der Prüfergebnisse

Grobbleche und insbesondere einzelne ganze Blechtafeln von z.B. 2 × 10 m werden manuell zweckmäßig mit Hilfe von sog. Blechschiebern geprüft, wie in Abb. 9.8 abgebildet. Diese besitzen eine kardanische aufgehängte Prüfkopfeinheit mit Wasserzulauf. Auch das Ultraschallgerät kann am Schieber befestigt werden, kann aber auch vom Prüfer geführt werden. Sinnvoller Weise werden die ausgelegten Tafeln zunächst über einen Schlauch mit Wasser bespritzt, die nasse Tafel wird dann mit dem Blechschieber abgefahren. Die Prüfung erfolgt zunächst auf Fehlerfreiheit, d.h. die fehlerhaften Bereiche werden nur grob ge-

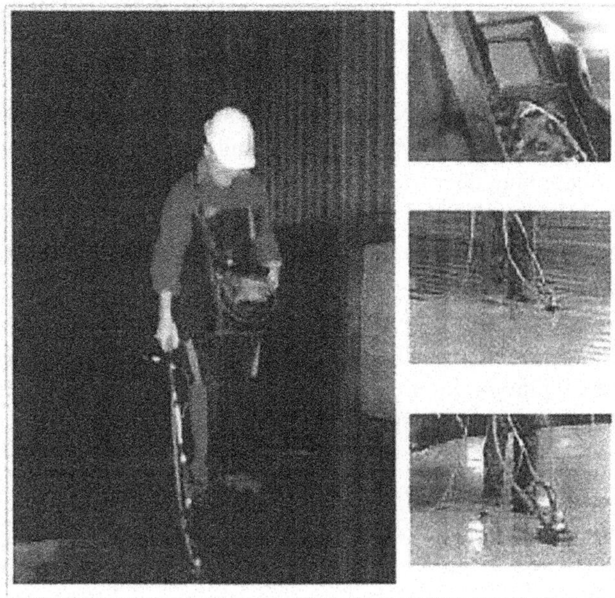

Abb. 9.8 Blechschieber zur rationalen manuellen Ultraschallprüfung [9.11]

kennzeichnet und später genauer untersucht, um die in der Norm oder Spezifikation vorgegebenen Fehler in ihrer Größe und Häufigkeit exakter dokumentieren zu können.

In großen Produktionsstätten, wie es Blechwalzwerke sind, genügt diese Art der Prüfung nur teilweise den Ansprüchen an die Qualitätssicherung, weil große Mengen an Blechen durchzusetzen und damit auch zu prüfen sind. Bei Voestalpine Grobblech werden beispielsweise 45000 Tonnen pro Monat an Grobblechen erzeugt. Für solche Stückzahlen benötigt man automatische Prüfanlagen mit rechnergestützter Auswertung und Dokumentation der Prüfergebnisse. Solche Prüfblöcke werden in die Walzstraße eingebaut, so dass die erforderlichen Adjustagen und Zuschnitte für fehlerhaftes Material vorhanden sind. Abb. 9.9 zeigt das Materialflussbild für eine solche Walzstraße mit Ultraschallprüfung in den verschiedenen Arbeitsstufen.

Beim Walzen wird das Gefüge des Vormaterials (Blechbrammen) so verändert, dass das ursprüngliche den Ultraschalldurchgang behindernde Gussgefüge wesentlich feinkörniger und damit durchschallbarer wird. Das Gefüge kann in solch einer Walzproduktion jedoch auch durch eine zusätzliche Wärmebehandlung verfeinert werden.

Der Prüfablauf lässt sich prinzipiell in die Gruppen Prüfung, Bewertung und Dokumentation einteilen. Die Dokumentation gliedert sich in folgende Schwerpunkte:

- die Abfrage der Vorgabedaten aus dem Planungs- und Produktionssteuerungssystem (PPS) als Primärdatenversorgung,
- die Aufschreibung der Ist-Daten aus den durchgeführten Prüfungen,
- die Protokollerstellung,
- die Speicherung der Daten,

- das Verbuchen bestimmter Daten im PPS der Ist-Daten-Erfassung, um den nachfolgenden Arbeitsgängen bestimmte Informationen zu liefern.

In den verschiedenen Produktionsstätten für Grobbleche werden auch unterschiedliche Prüfsysteme eingesetzt. Bekannt sind z.B. die Anlagen mit Durchschallungsprüfung und Ankopplung über freie Wasserstrahlen von der oberen und unteren Oberfläche der Bleche und Bänder. Bei diesen Einrichtungen sind Prüfköpfe in bestimmten Abständen fest eingestellt über die gesamte Breite des Bleches verteilt und das Blech läuft darunter hinweg. Bedeutung haben auch Anlagen erreicht, die im oszillierenden Prüfkopfbetrieb arbeiten, d.h. ein oder mehrere Prüfköpfe werden quer über die Blechbreite verschoben, während das Blech mit Vorschubgeschwindigkeit unter der Prüfkopfanordnung hinweg läuft. Die Ankopplung erfolgt über freie Wasserstrahlen oder die Pfützentechnik bzw. über Wasserspalte zwischen Prüfkopf und Blechoberfläche.

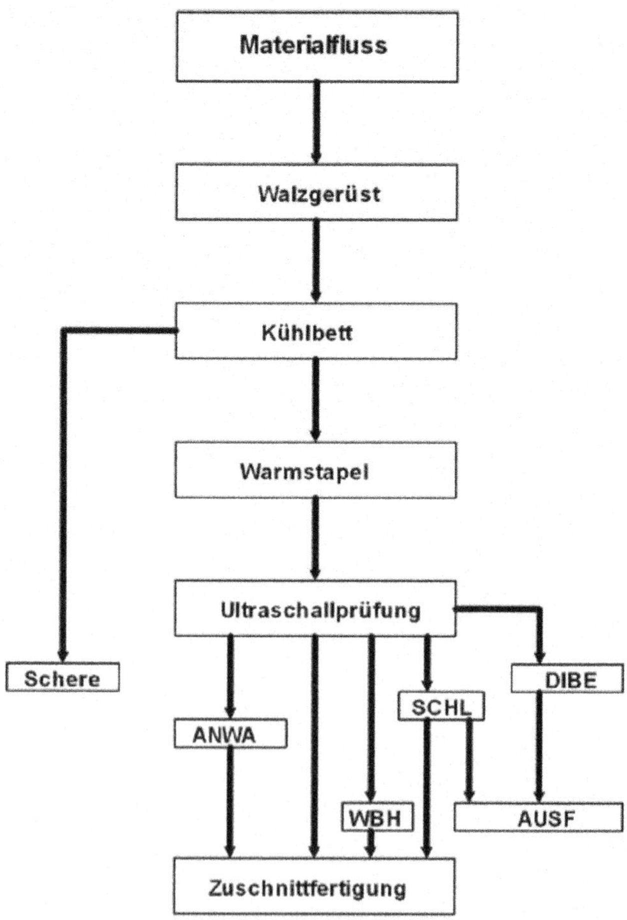

Abb. 9.9 Materialflussschema einer Walzanlage mit Ultraschallprüfung [9.11]

ANWA Anwärmtisch
WBH Wärmebehandlung
SCHL Schleiferei
AUSF Umleger
DIBE Sperrstufe

Die Justierung der Prüfanlagen erfolgt vielfach über Testbleche mit Kreischeibenersatzreflektoren (2 oder 3 mm Durchmesser) oder nutförmigen Testfehlern, die im Produktionsfluss in bestimmten Zeitabständen die Prüfanlage durchlaufen, um eine ständige Kontrolle der ursprünglichen Justierung zu sichern.

Die Blechdicken liegen am häufigsten zwischen 5 und 60 mm, es können jedoch auch Blechdicken bis zu 400 mm geprüft werden. Mit den Justier- und Kontrollmaßnahmen soll erreicht werden, dass fehlerfreie Bleche nicht unnötig verschrottet werden. In hochproduktiven Betrieben werden auch schon spezielle Techniken zur Prüfung und Bewertung der Bleche bzw. von fehlerverdächtigen Bereichen eingesetzt (3D-SAFT-Verfahren). Dabei besteht die Prüfeinrichtung aus mehreren Modulen, wie die Transporteinheit, die Manipulatorsteuerung, den PC mit Ultraschallelektronik, das Koordinateninterface und den A/D-Wandler.

Die Abbildungen 9.10 bis 9.12 zeigen eine manuelle Knüppelprüfung mit Handscanner [9.13], eine automatische Grobblechprüfanlage von ThyssenKrupp Stahl Europe in Duisburg [9.12], und eine automatische Stangenprüfanlage der Firma GE [9.14]. Bei der zweitgenannten Prüfanlage gelang es, den Pseudoausschuss auf weniger als 0,1% zu reduzieren [9.15].

Abb. 9.10 Manuelle Knüppelprüfung mit Handscanner [9.13]

Abb. 9.11 Anordnung der Prüfkopfanstellmechanik im Flächenprüfwagen [9.12]

Abb. 9.12 Automatische Stangenprüfanlage der Firma Böhler, von GE geliefert [9.14]

Literatur

[9.1] SEL-072, Technische Lieferbedingungen, Ultraschallgeprüftes Grobblech, Dez.1977;

[9.2] DIN EN 10160, Ultraschallprüfung von Flacherzeugnissen aus Stahl mit einer Dicke größer oder gleich 6 mm (Reflexionsverfahren), Sept. 1999;

[9.3] DIN EN 10307, ZfP, Ultraschallprüfung von Flacherzeugnissen aus austenitischem und austenitisch-ferritischem nichtrostendem Stahl ab 6 mm Dicke (Reflexionsverfahren), März 2002;

[9.4] ASME-Code, Section III 1989;

[9.5] DIN EN 10308, Ultraschallprüfung von Stäben aus Stahl, März 2002;

[9.6] DIN EN ISO 10893-9, ZfP von Stahlrohren, Automatisierte Ultraschallprüfung von Band/Blech, das für die Herstellung geschweißter Stahlrohre eingesetzt wird, zum Nachweis von Dopplungen, Juli 2000;

[9.7] SEP 1920, Ultraschallprüfung von gewalztem Halbzeug auf innere Werkstoffungänzen, Dez. 1984;

[9.8] ASME-Code, Section V 1989;

[9.9] Schiebold, Skript UT2 LVQ-WP Werkstoffprüfung GmbH;

[9.10] Krautkrämer, Werkstoffprüfung mit Ultraschall, Springer-Verlag 1986;

[9.11] Bindreiter, EPPG-EDV-unterstützte Prüfung und Protokollierung von Grobblechen, DGZfP-Jahrestagung Salzburg (2004);

[9.12] Weber, Augenstein, Ehrich, Finger, Koch, Sackenreuther, Betriebliche Erfahrungen mit einer neuen Ganztafel-Ultraschallprüfanlage, DGZfP-Jahrestagung Dresden (2013);

[9.13] Michalk, Knüppelprüfung mit Ultraschall, Prüfung manuell, teil- und vollautomatisiert, DGZfP-Jahrestagung Fürth (2007);

[9.14] Maier, Tezcan, Falter, Untersuchung der Empfindlichkeitswelligkeit bei der Prüfung von Rundstangen mit Phased Array Prüfköpfen, DGZfP-Jahrestagung St. Gallen (2008);

[9.15] Becker, Erfahrungsbericht über die automatische Ultraschall-Knüppelprüfung im Produktionsfluss, Fa. Krautkrämer, Das Echo Nr. 31;

Prüfung von Rohren

10

10.1 Nahtlose Rohre

Man unterscheidet beim Prüfen von Rohren zwischen nahtlosen und geschweißten Rohren. Nahtlose Rohre sind aus gewalztem, gezogenem oder gegossenem Vormaterial hergestellt.

10.1.1 Fehlerarten

Entsprechend dem Herstellungsprozess weisen nahtlose Rohre ähnlich wie bei Stangen- oder Stabmaterial Fehler wie Anrisse, Schalen an den Innen- und Außenflächen der Rohre sowie nichtmetallische Einschlüsse, teilweise auch Reste von Dopplungen auf (Abb. 10.1). Umfangreiche Fehlerbeschreibungen enthält die Stahlfehlerfibel Bd. 1 für Rohre.

Auch durch die Metallurgie des Herstellungsprozesses können Fehler entstehen, wie beispielsweise beim Rohrbiegen oder beim Verbindungsschweißen. In gegossenen Rohren wie z.B. bei Schleudergussrohren, sind folgerichtig auch entsprechende Gussfehler anzutreffen. Aber auch Längs- und Querrisse können sich ausbilden, insbesondere wenn starke Wärmespannungen vorliegen. Deshalb ist der Einfluss der Wärmebehandlung auf die Mess- und Prüfergebnisse ebenfalls zu beachten.

Abb. 10.1 Fehlerarten in nahtlosen gewalzten oder gezogenen Rohren [10.1]

K. Schiebold, *Zerstörungsfreie Werkstoffprüfung – Ultraschallprüfung*,
DOI 10.1007/978-3-662-44700-0_10, © Springer-Verlag Berlin Heidelberg 2015

Die Ultraschallprüfung hat im Vergleich zur Wirbelstromprüfung den Vorteil, dass in einem Prüfgang Fehler an der Innen- und Außenwand der Rohre mit gleicher Empfindlichkeit zur Anzeige gebracht werden können. Längs- und Querrisse, die schräg zur Rohrachse oder zum Rohrdurchmesser liegen, sind mit zwei oder mehreren Einschallrichtungen feststellbar. Dabei werden die Prüfköpfe unter einem bestimmten Winkel so gegen das Rohr angestellt, dass im Rohrquerschnitt eine entsprechende Wellenausbreitung stattfindet.

10.1.2 Manuelle Prüfung

Die manuelle Rohrprüfung erfolgt entweder als technologische Produktionskontrolle beim Hersteller oder als wiederkehrende Revision an bereits eingebauten Rohren. Zwei Winkelprüfköpfe werden zumeist als Rohrprüfköpfe (Abb. 10.2) so eingesetzt, dass ein sogenanntes Umlaufecho als Kontrollecho entsteht (Abb. 10.3). Ungänzenechos werden sodann symmetrisch vor und nach dem Umlaufecho angezeigt. Anhand des Umlaufechos kann der Prüfer auch ohne das Auftreten von Ungänzen erkennen, ob die Ankopplung in Ordnung ist und eventuell schräg liegende schwer zu findende Fehler vorhanden sind.

Das Umlaufecho entsteht bei 180° Rohrumfangsrichtung vom Prüfkopf entfernt, weil die Ultraschallwellen von einem Prüfkopf zum anderen und gleichzeitig in umgekehrter Richtung verlaufen, so dass die gleiche Laufzeit gebraucht wird wie bei einem Fehler, der bei 180° des Rohrumfangs von der Prüfkopfmitte aus gerechnet vorhanden ist. Wenn das Umfangsecho in die Mitte des Bildschirms gesetzt wird, lassen sich die Fehler in den beiden Rohrhälften gut voneinander unterscheiden, sobald der Rohrprüfkopf etwas in Rohrrichtung bewegt wird. Wandert die Anzeige zwischen Sendeimpuls und Kontrollecho, die beide am Bildschirm unbeweglich bleiben, auf den Sendeimpuls zu, so nähert sich der Prüfkopf der Ungänze und umgekehrt. Zur vollständigen Erfassung des Rohrvolumens wird der Prüfkopf über die Länge des Rohres verschoben, indem er gleichzeitig etwas geschwenkt wird (ca. ¼ Rohrumfang).

Die Auswahl der Rohrprüfköpfe ist bei der manuellen Prüfung abhängig von der Wanddicke und vom Außendurchmesser der Rohre. Bei einer Wanddicke von über 20% des Außendurchmessers können Innenfehler mit schrägen Transversalwellen (Zick-Zack-Wellen) nicht mehr sicher nachgewiesen werden. In solchen Fällen müssen dann Longitudi-

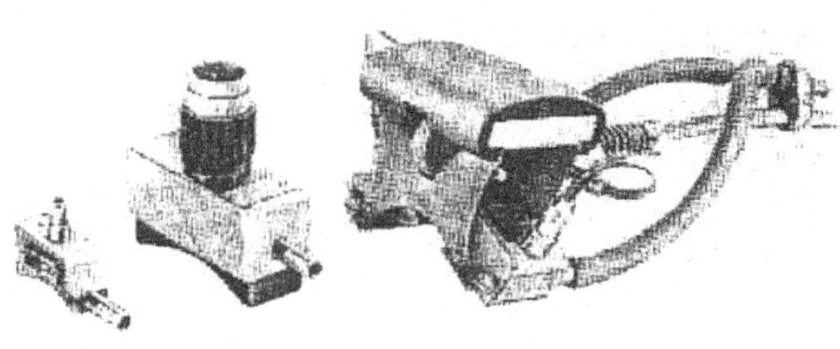

Abb. 10.2 Ausführungsbeispiele von Rohrprüfköpfen [10.1]. Links: für Rohre bis ca. 70 mm Außendurchmesser, Mitte: für Rohre von 70 bis ca. 400 mm Außendurchmesser, Rechts: Rohrprüfkopfhalterung mit auswechselbaren, schwenkbaren Prüfköpfen.

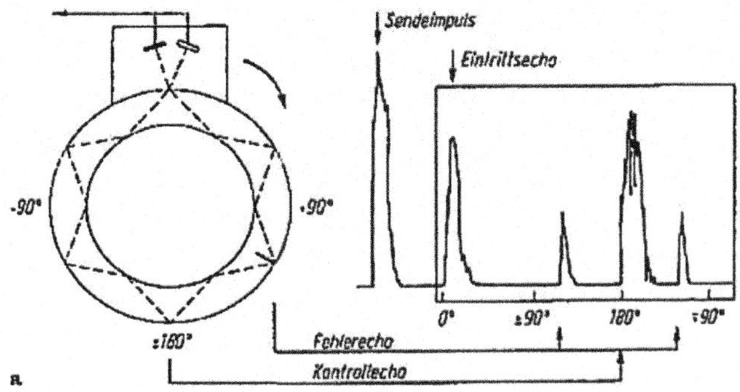

Abb. 10.3 Manuelle Prüfung dickwandiger nahtloser Rohre [10.1]

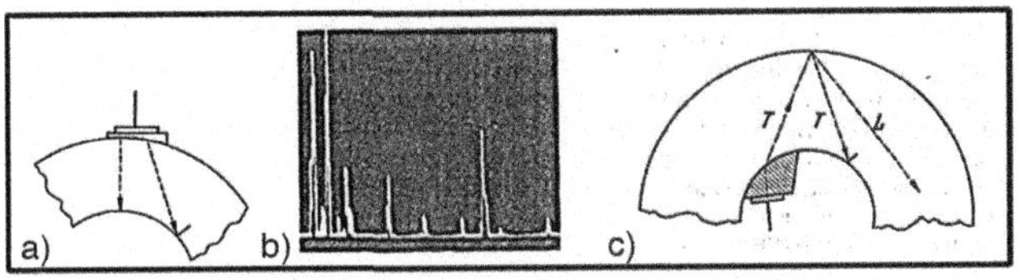

Abb. 10.4 Prüfung dickwandiger Rohre mit Longitudinalwellen [10.1]. a) Schallverlauf, b) A-Bild, c) Rohrprüfung von Innen

nalwellen unter entsprechenden Winkeln eingesetzt werden oder von innen geprüft werden (Abb. 10.4).

Abb. 10.5 zeigt die günstigsten Einschallwinkel in Abhängigkeit von Wanddicke und Außendurchmesser der Rohre. Man erkennt, dass eine Anpassung der auszuwählenden Prüfköpfe an die beiden Parameter erforderlich ist, weil die Schallwellen bei im Vergleich zum Außendurchmesser dünnwandigen Rohren noch etwa mit dem gleichen Winkel auf die Innenwand auftreffen, mit dem sie den Prüfkopf verlassen. Bei größeren Wand-

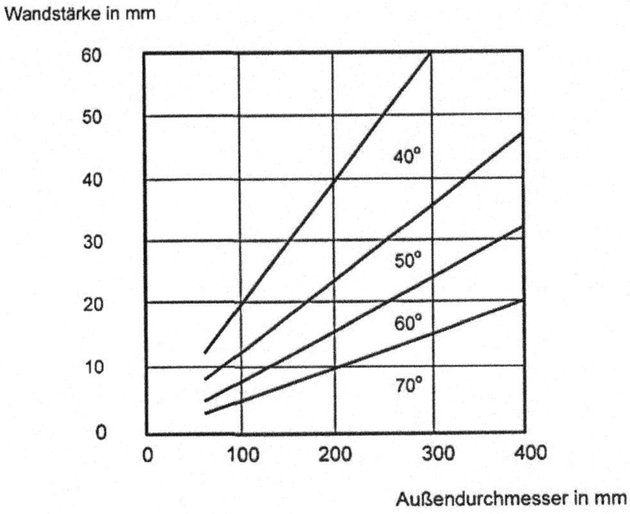

Abb. 10.5 Auswahl des Einschallwinkels von Longitudinalwellen bei der Rohrprüfung [10.2]

dicken hingegen nimmt der Innenauftreffwinkel zu und die Empfindlichkeit für Innenfehler ab.

Ein Rohrprüfverfahren, das noch manuell betrieben werden kann, die Prüfzeit jedoch drastisch verkürzt, ist die Prüfung von Wärmetauscherrohren mit Ultraschall unter Verwendung von Oberflächenwellen. Dabei werden Lambwellen eingesetzt, deren Randbedingungen durch das Produkt aus der Anregungsfrequenz und der Wanddicke sowie durch die Phasengeschwindigkeit der Wellen bestimmt werden. Es gilt die Theorie der Plattenwellen. Wenn das Echo eines Reflektors im A-Bild auftritt, kann seine Position über die Zeit und die Gruppengeschwindigkeit ermittelt werden. Die Anregung der Lambwellen erfolgt über ein „Toneburst System", das durch ein Oszilloskop, einen Funktionsgenerator und eine Switchbox ergänzt wird. Das gesamte Equipment wird über einen PC rechnergesteuert. Die Rohrprüfung nach diesem Verfahren wird in folgenden Schritten durchgeführt:

- Einführen des Prüfkopfes an den Rohrbeginn hinter dem Halter mit einem Manipulator,
- Kalibrierung an jedem einzelnen Rohr,
- Ankoppeln der Prüfköpfe durch Einpumpen von Wasser zwischen den Schwingern,
- Ausführung eines Prüftraktes und A-Bild-Aufnahme,
- Reduzierung des Wasserdruckes und Herausziehen des Prüfkopfes.

Die manuelle Rohrprüfung kann auch mit Hilfe von Scansystemen rationalisiert werden. Hierbei werden Handscanner und Automatikscanner unterschieden.

Die Scanner lassen sich auch bei schwierigen geometrischen Formen der Prüfobjekte in jeder horizontalen oder vertikalen Lage mit Hilfe von Vakuum- oder Magnetankopplungsvorrichtungen befestigen. Ein spezielles Vakuum-Koppelwasserrückführ- und zirkulierungssystem sorgt für eine konstante und blasenfreie Ankopplung und Abführung des Ankopplungsmittels. Die Prüfung mit Scannern erfolgt linien- oder mäanderförmig. Die Information je Rasterpunkt wird farbig dargestellt und gespeichert. Dabei erfolgt eine Zuordnung der Amplituden sowie der Laufzeiten zu einer 256-Farbpaletten-Skala oder auch eine Graustufendarstellung. Die komplette Speicherung der A-Bilder in hoher Auflösung ist möglich und für die Prüfung sicherheitsrelevanter Bauteile auch wichtig. Durch den Einsatz von Scannern können Arbeitszeit und Betriebskosten bei gleichzeitiger Erhöhung des Prüfvolumens gesenkt werden.

10.1.3 Automatische Prüfanlagen

In Abb. 10.6 ist die Rohrprüfung schematisch unter Verwendung der Pfützentechnik (Tauchtechnik) dargestellt, wie sie auch in automatischen Prüfanlagen angeordnet sein kann. Prüfkopf 1 ist im Bild für die gleichzeitige Wanddickenmessung vorgesehen, die Prüfköpfe 2 und 3 für die Längsfehlerprüfung und die Prüfköpfe 4 und 5 für die Querfehlerprüfung.

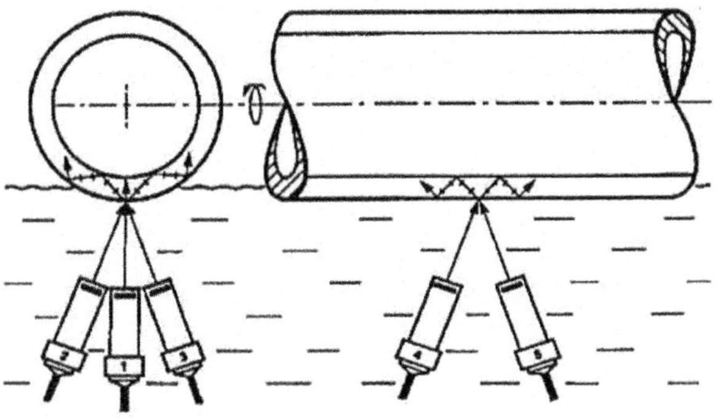

Abb. 10.6 Rohrprüfung schematisch mit verschiedenen Prüfkopffunktionen [10.4]

Abb. 10.7 Rohrprüfung in Pfützentechnik über von unten angeordnete Prüfköpfe [10.4]

Zur Erfassung des gesamten Rohrquerschnittes müssen entweder die Prüfköpfe oder das Rohr rotieren. Mit Hilfe spezieller Transportsysteme wird das Rohr beispielsweise in Pfützentechnik über die von unten angeordneten Prüfköpfe in Längsrichtung hinweggeführt (Abb. 10.7) oder das Rohr wird unter den Prüfköpfen gedreht und in Längsrichtung bewegt, so dass eine spiralförmige Abtastung zustande kommt (Abb. 10.8).

Die Übertragung der elektrischen Signale (Sendeimpuls und Fehlersignal) erfolgt in automatischen Anlagen mittels aufwendiger Prüfelektronik (Abb. 10.9).

Die nachfolgenden Bilder sind von V&M Mannesmann freundlicherweise überlassen [10.5]. Abb. 10.10 zeigt eine US – Prüfanlage für die Schweißnahtprüfung von Großrohren und Abb. 10.11 eine Rotationsprüfanlage zur Prüfung nahtloser Rohre.

In Abb. 10.12 ist die Prüfkopfanordnung schematisch abgebildet.

Abb. 10.8 Prüfung eines Rohres durch Rotation des Rohres unter dem Prüfkopfsystem [10.4]

Abb. 10.9 Prüfmechanik und Prüfelektronik einer Präzisrohr-Prüfanlage [10.4]

Abb. 10.10 Rotationsprüfanlage zur Prüfung nahtloser Rohre [10.5]

Abb. 10.11 Rotationsprüfanlage zur Prüfung nahtloser Rohre [10.5]

Abb. 10.12 Schematische Darstellung der Prüfkopfanordnung [10.5]

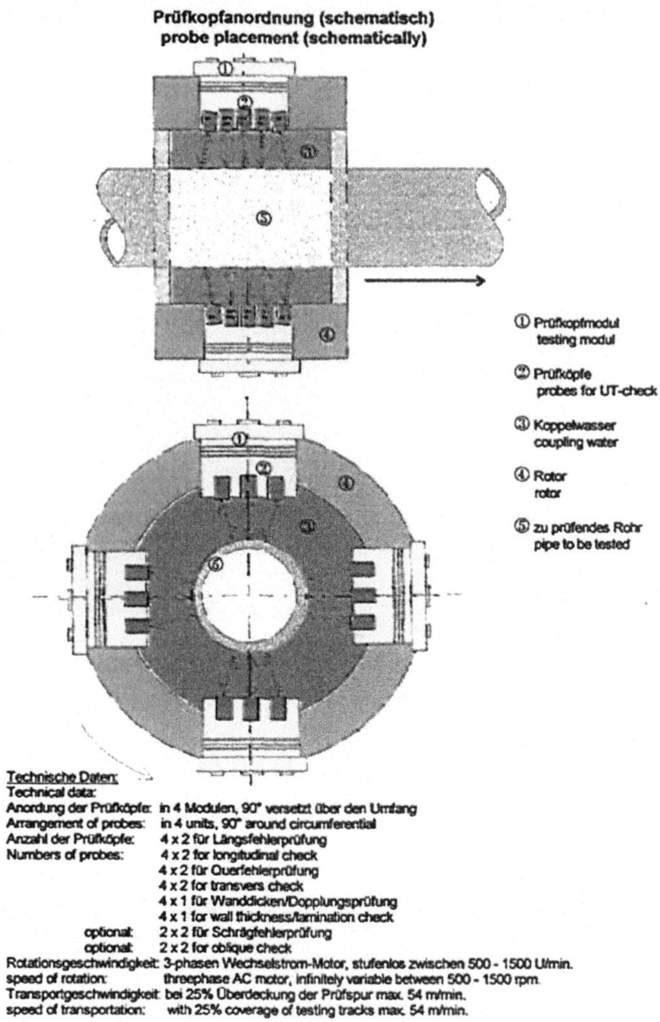

Abb. 10.13 Prüfmechanik zur US Prüfung nahtloser Kesselrohre [10.5]

Abb. 10.14 Prüfmechanik für die Segmenttauchtechnik mit Mehrfachschwinger – Prüfköpfen für die Längsfehlerprüfung und sechs Einzelschwinger – Prüfköpfen für die Wanddickenmessung und die Dopplungsprüfung [10.5]

In Abb. 10.13 wird eine Prüfmechanik zur US Prüfung nahtloser Kesselrohre mit Bedienungspanel dargestellt.

Die weiteren Abbildungen 10.14 bis 10.17 zeigen die Prüfmechanik für die Segmenttauchtechnik für die Längs- und Querfehlerprüfung, die Prüfkopfanordnungen in der Praxis und schematisch.

In der folgenden Abb. 10.17 des Prüfanlagenschreibers werden die Prüfergebnisse aufgezeichnet. Man erkennt untereinander angeordnet die Auswertung bzw. die Prüfspur für

- Längsfehler innen,
- Längsfehler außen,

Abb. 10.15 Prüfmechanik für die Segmenttauchtechnik mit Mehrfachschwinger – Prüfköpfen für die Querfehlerprüfung und Einzelschwinger – Prüfköpfen für die Wanddickenmessung und die Schrägfehlerprüfung [10.5]

- Querfehler innen,
- Querfehler außen,
- Wanddicke und
- Dopplungsprüfung.

Neueste Rohrprüfanlagen kommen ohne Rotation der Rohre und der Prüfköpfe aus, indem spezielle fokussierende PVDF-Folien-Prüfköpfe auf die Rohrkrümmung angepasst werden und durch Einsatz einer relativ großen Stückzahl einen hinreichenden Rohrquerschnitt erfassen. Die Abbildungen 10.20 bis 10.21 zeigen das Prinzip dieser Rohrprüfung sowie verschiedene Rohrprüfköpfe und Abb. 2.32 die Erfassung des gesamten Umfanges durch den Einsatz entsprechender Prüfkopfsysteme und verschiedene Typen solcher speziellen Prüfköpfe.

Solche Rohrprüfanlagen lassen Durchlaufgeschwindigkeiten der Rohre bis zu 2 m/s zu, wobei die ungeprüften Enden bei Einzelrohrdurchlauf unter 100 mm liegen. Bei Stoß-an-Stoß Betrieb werden die Rohre vollständig erfasst. Werden Bereiche der Rohrenden bei der automatischen Prüfung aus konstruktiven oder schalltechnischen Gründen nicht erfasst, so werden sie von Hand nachgeprüft. Dazu gibt es besondere Prüfköpfe in einer Halterung (Abb. 10.20), die manuell sicher am Rohrende um das Rohr herumgeführt werden kann (Abb. 10.21).

Eine spezielle kopplungsfreie Rohrprüfanlage arbeitet mit elektrodynamischen Prüfköpfen (Abb. 10.22) [10.4]. Zwei S/E-Prüfköpfe regen dabei in Umfangsrichtung Plattenwellen an, deren Reflexion an den Ungänzen und die durch die Ungänzen entstehende Bedämpfung des Umlaufs der Oberflächenwellen zur Auswertung benutzt werden (Abb. 10.23).

In der Pilgerstrasse der Vallourec & Mannesmann Deutschland GmbH in Düsseldorf Rath wurde ein Multiprüfblock in Betrieb genommen, der die Messung von Rohrwanddi-

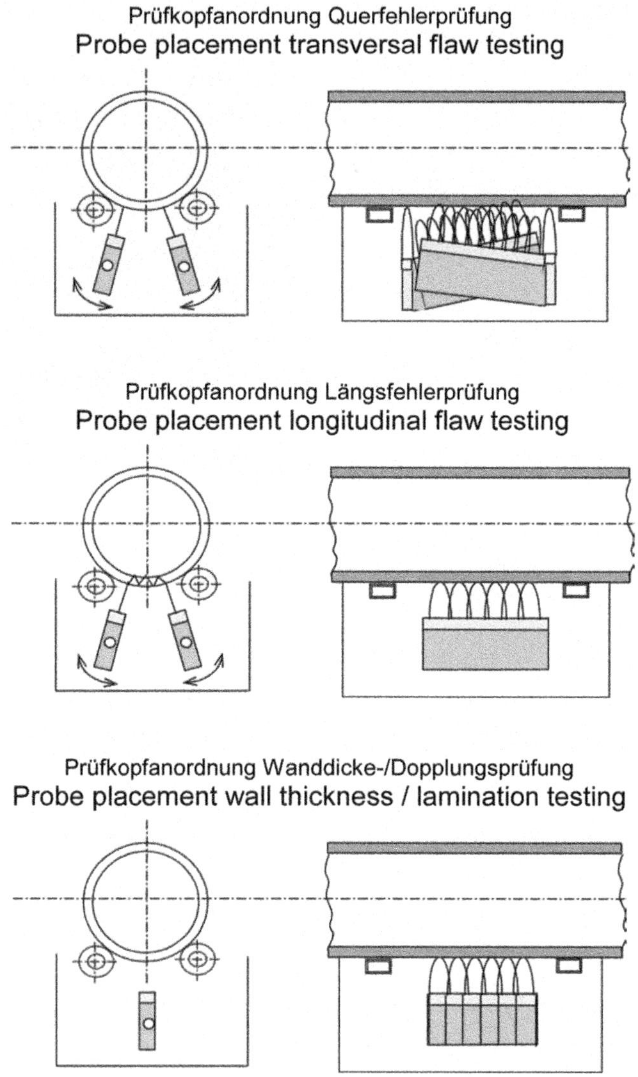

Abb. 10.16 Prüfkopfanordnungen schematisch [10.5]

cken von 8 bis 140 mm mit Hilfe von elektrodynamischen Prüfköpfen im Fertigungsfluss durchführt und längsorientierte sowie lochartige Fehler durch eine Streuflussprüfung detektiert [10.18].

Bei Europipe in Mülheim an der Ruhr wurde eine Prüfanlage zur Prüfung von Großrohren aufgebaut, die bei hohen Prüfgeschwindigkeiten unter ungünstigen Prüfbedingungen wirtschaftlich arbeitet und die vom Kunden geforderte Prüfempfindlichkeit deutlich übertrifft [10.19]. Das wird durch eine „gleitende Schwelle" in Kombination mit einem nachgeschalteten Punktbewertungssystem erreicht.

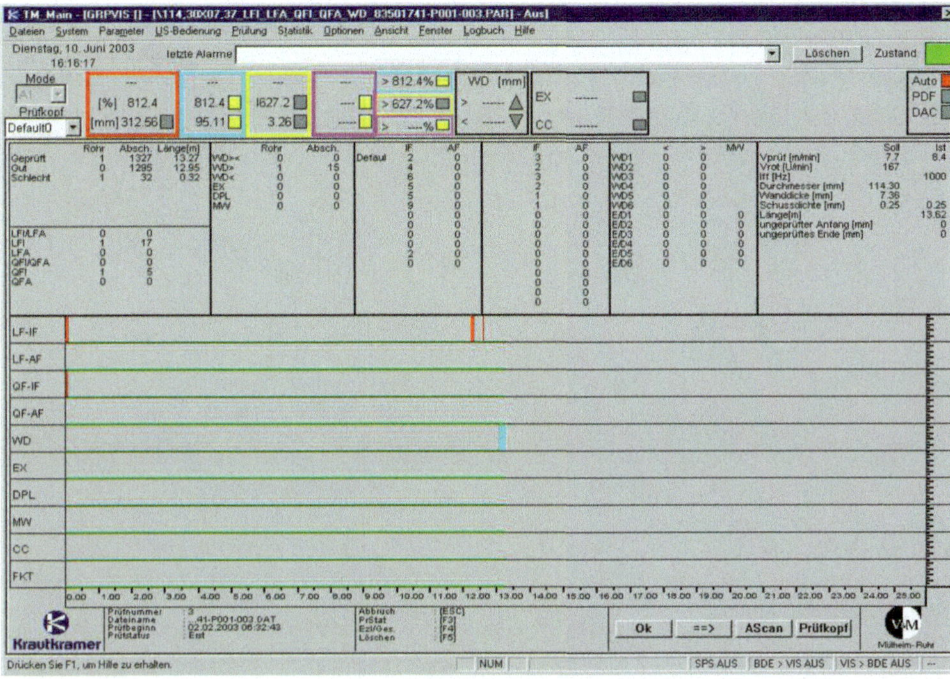

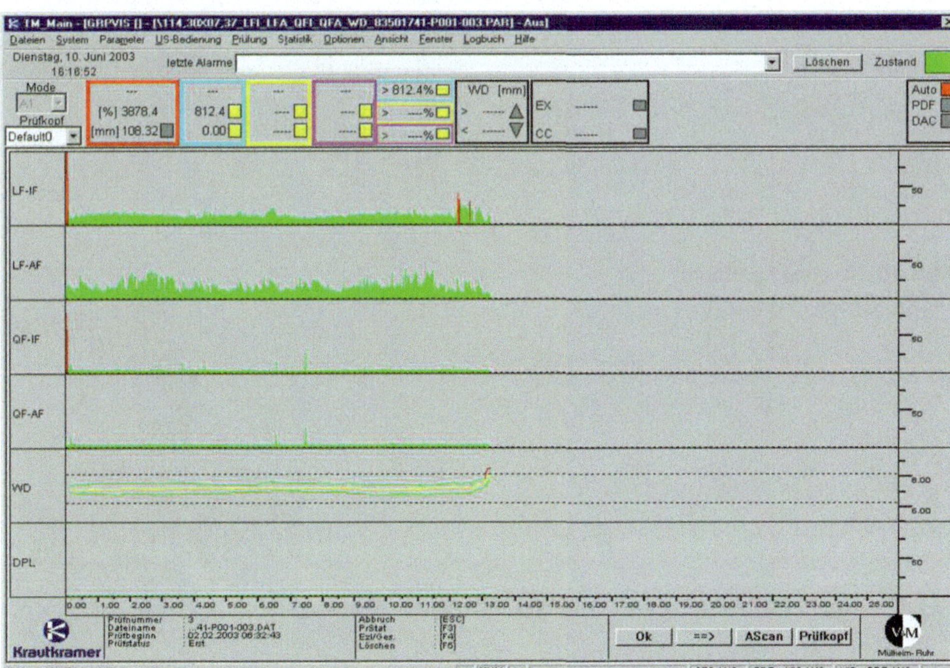

Abb. 10.17 Grafische Darstellung der Prüfergebnisse [10.5]

Abb. 10.18 Prinzip der rotationslosen Rohrprüfung [10.4]

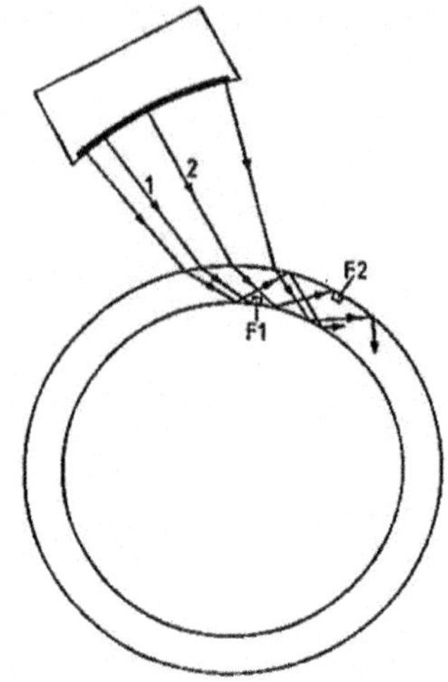

Abb. 10.19 Verschiedene PVDF-Prüfköpfe für spezielle Rohrdurchmesserbereiche [10.4]

Abb. 10.20 Sonderprüfkopf zur Rohrendenprüfung [10.4]

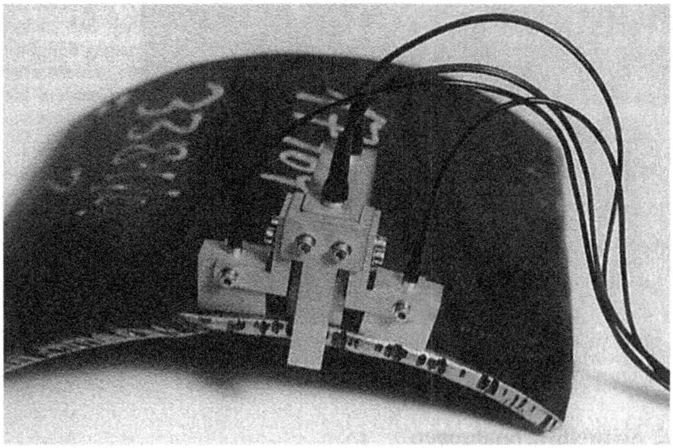

Abb. 10.21 Manuelle Rohrendenprüfung [10.4]

Abb. 10.22 Elektrodynamischer Prüfkopf für die Rohrprüfung [10.4]

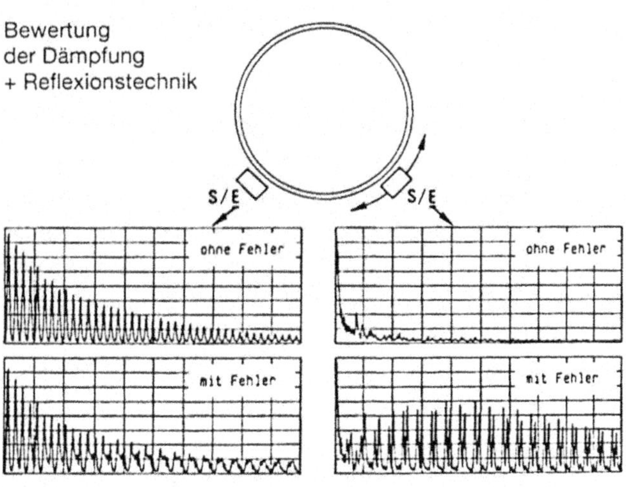

Abb. 10.23 Auswertung der Rohrprüfsignale von elektrodynamischen Wandlern [10.4]

10.1.4 Prüfung nach DIN EN ISO 10893-10

Dieser Teil der ISO 10893 [10.6] beschreibt die Anforderungen an die automatisierte Ultraschall-Transversalwellen-Prüfung über den gesamten Umfang nahtloser und geschweißter Stahlrohre mit Ausnahme von Unterpulver geschweißten Rohren zum Nachweis von Längs- und Querfehlern. Die Rohre dürfen Außendurchmesser > 10 mm und ein Außendurchmesser-Wanddicken-Verhältnis ≥ 5 aufweisen. Für andere Werte werden spezielle Verfahren im Anhang A der Norm angegeben.

10.1.4.1 Prüfverfahren

Die Rohre müssen in zwei entgegen gesetzten Umlaufrichtungen des Schallstrahles abgetastet werden. Die Abtastgeschwindigkeit darf während der Prüfung um nicht mehr als ± 10% schwanken.

In Abhängigkeit von der Wanddicke und dem Oberflächenzustand der Rohre soll die Prüffrequenz zwischen 1 und 15 MHz liegen. Die Schwingerbreite wird auf 25 bzw. 50 mm, in Zulässigkeitsklasse 1 und einem Außendurchmesser bis 50 mm auf 12,5 mm und bei Anwendung der Phased-Arrays-Technik auf 35 mm begrenzt.

Die Prüfanlage muss mit Hilfe einer automatisierten Signalgeber-Ansprechschwelle in Verbindung mit einem Markierungs- und/oder Sortierungssystem zwischen zulässigen und fehlerverdächtigen Rohren unterscheiden können.

10.1.4.2 Bezugsstandards

Die Prüfanlagen werden mit Bezugsstandards eingestellt, die Vergleichswerte für Ungänzen liefern. Bezugsstandards sind Nuten, die in einen Kontrollkörper bzw. ein Kontrollrohr in Längsrichtung eingearbeitet werden und bei Anschallung klar erkenn-bare Signalanzeigen geben. Die Bezugsnuten haben spezielle nach Norm vorgegebene Formen, Breiten, Längen und Tiefen.

10.1.4.3 Einstellung und Überprüfung der Prüfanlage

Die Prüfanlage muss so eingestellt werden, dass sowohl von der inneren als auch von der äußeren Bezugsnut reproduzierbar klar erkennbare Signale erzeugt werden, die wiederum zur Einstellung der Signalgeber-Ansprechschwelle benutzt werden. Die Einstellung der Prüfempfindlichkeit mit Hilfe dieser Bezugsstandards muss am Kontrollkörper (als Rohr oder Halbschale) und am Produktionsrohr identisch sein und in regelmäßigen Zeitabständen (alle 4h oder jeweils nach 10 geprüften Rohren) während der Produktionsprüfung überprüft werden, indem das Kontrollrohr durch die Anlage bewegt oder der Kontrollkörper geprüft wird.

10.1.4.4 Zulässigkeitsbedingungen

Es werden vier unterschiedliche Zulässigkeitsklassen unterschieden (Tabelle 10.1).

Tab. 10.1 Zulässigkeitsklassen und entsprechende Nuttiefen

Zulässigkeitsklasse	Nuttiefe in % der Nennwanddicke
U 1	3
U 2	5
U 3	10
U 4	12,5

Nachstehend werden die Zulässigkeitsbedingungen aufgeführt.

- Anzeigen unterhalb der Signalgeber-Ansprechschwelle sind zulässig.
- Wird die Signalgeber-Ansprechschwelle erreicht oder überschritten, so muss das Rohr als fehlerverdächtig eingestuft werden und darf erneut geprüft werden.
- Wird bei der erneuten Prüfung die Signalgeber-Ansprechschwelle nicht erreicht oder überschritten, so sind die Anzeigen zulässig.
- Rohre, bei denen bei der erneuten Prüfung Signale erzeugt werden und bei denen die Signalgeber-Ansprechschwelle überschritten worden ist, sind als fehlerverdächtig auszusortieren.
- Der fehlerverdächtige Bereich des Rohres kann danach mit einem geeigneten Verfahren nachgearbeitet (meist mittels Rundschleifmaschinen) und nochmals geprüft oder abgetrennt werden.

Für die bei der automatisierten Ultraschallprüfung nicht erfassten Rohrenden und für die fehlerverdächtigen Bereiche wird in der Norm die manuelle Prüfung beschrieben.

10.1.5 Prüfung nach SEP 1915

In diesem vom Verein Deutscher Eisenhüttenleute herausgegebenen Regelwerk [10.7] wird die Ultraschallprüfung von Stahlrohren auf Längsfehler beschrieben. Längsfehler sind längs zur Rohrachse angeordnete Ungänzen, die mit Hilfe von Winkelprüfköpfen zu detektieren sind. DIN EN 10246-7 und ab 2011 DIN EN ISO 10893-10 [10.6] ersetzen zwar im Normen- und Regelwerk die SEP 1915, die jedoch in den Produktionsstätten immer noch Anwendung findet und deshalb nachstehend kurz beschrieben werden soll.

Die Empfindlichkeit der Prüfanordnung wird mit Hilfe von Bezugsreflektoren eingestellt, die an einem äquivalenten Rohrabschnitt eingebracht sind, der vom gleichen Werkstoff wie das zu prüfende Rohr ist und auch ähnliche Abmessungen (Wanddicke und Außendurchmesser) aufweist. Abb. 10.24 zeigt einen solchen Bezugsreflektor in Form einer Nut.

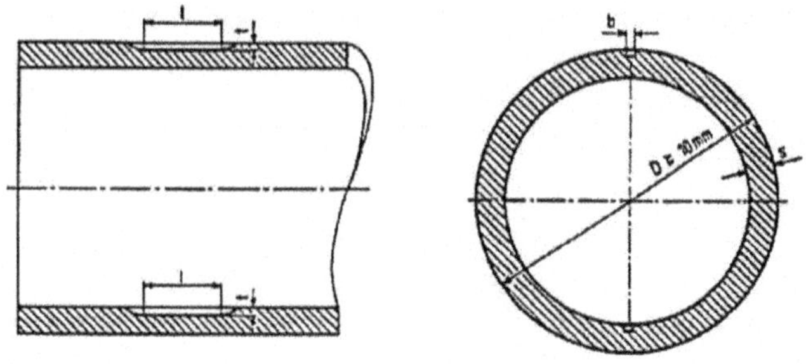

Abb. 10.24 Bezugsreflektor bei der Rohrlängsfehlerprüfung [10.7]

In den Tabellen 10.2 und 10.3 sind die Zusammenhänge zwischen den Abmessungen der Rohre und der Länge und Tiefe der Bezugsreflektoren enthalten.

Die Empfindlichkeitsjustierung erfolgt, indem die von den beiden Bezugsreflektoren entstehenden Echos auf 50% Bildschirmhöhe eingestellt werden oder bei automatischen Anlagen die Ansprechschwelle der Monitore erreichen. Sollte die Empfindlichkeitseinstellung für die Außennut von der Innennut abweichen, so ist die kleinste Anzeige als Bezugsanzeige zugrunde zu legen. Die Empfindlichkeit der Prüfanordnung ist in bestimmten Zeitabständen zu kontrollieren. Kritisch kann angemerkt werden, dass insbesondere bei geringen Wanddicken die Einstellung an einer Nut unter 0,3 mm Tiefe sehr schwierig ist und deshalb in der DIN EN 10246-6 und -7 vermieden worden ist.

Folgende Bewertung der Ungänzen wird vorgenommen:

- Rohre mit kleineren Anzeigen als die der Bezugsreflektoren liegen unterhalb der Registriergrenze,

Tab. 10.2 Außendurchmesser der Rohre und Länge der Bezugsreflektoren

Nenn-Außendurchmesser D (mm)	Länge der Bezugsreflektoren (mm)
≤ 50	12
> 50	20

Tab. 10.3 Nennwanddicke der Rohre und Tiefe der Bezugsreflektoren

Nenn-Wanddicke s (mm)	Tiefe der Bezugsreflektoren (mm)
≤ 2	0,1 s, mindestens 0,15 mm
> 2	0,2 ≤ 0,05 s ≤ 1,5

- Rohre mit Ungänzenanzeigen oberhalb der Registriergrenze werden zurückgewiesen und können im Rahmen der zulässigen Unterschreitungen der Nennwanddicke nachgearbeitet und nach der Reparatur nochmals geprüft werden,
- Rohre mit Ungänzenanzeigen oberhalb der Registriergrenze werden dann nicht zurückgewiesen, wenn die die Anzeigen verursachenden Stellen nachweisbar innerhalb der Rohrwand liegen oder auf dopplungsartige Fehler zurückzuführen sind.

10.1.6 Prüfung nach SEP 1918

In diesem Prüfblatt wird die Ultraschallprüfung von Stahlrohren auf Querfehler dargestellt. Querfehler sind senkrecht zur Rohrachse orientierte Ungänzen. DIN EN 10246-6 und DIN EN ISO 10893-10 [10.6] ersetzen zwar im Normen- und Regelwerk die SEP 1918 [10.9], die jedoch in den Produktionsstätten immer noch Anwendung findet und deshalb nachstehend kurz beschrieben werden soll.

Die Verfahrensweise zur Justierung der Empfindlichkeit der Prüfanordnung erfolgt analog wie in SEP 1915 mit Hilfe von Bezugsreflektoren, die an einem äquivalenten Rohrabschnitt eingebracht sind, der vom gleichen Werkstoff wie das zu prüfende Rohr ist und auch ähnliche Abmessungen (Wanddicke und Außendurchmesser) aufweist. Die Abbildungen 10.25 bis 10.27 zeigen solche Bezugsreflektoren in Form von Nuten (Teilringnut, Kreissegmentnut und Einsenknut), die vom Hersteller der Rohre gewählt werden können.

Die Bewertung der Ungänzen ist analog zur Längsfehlerprüfung vorzunehmen. In den Tabellen 10.4 und 10.5 sind die Zusammenhänge zwischen den Abmessungen der Rohre und der Länge und Tiefe der Bezugsreflektoren enthalten.

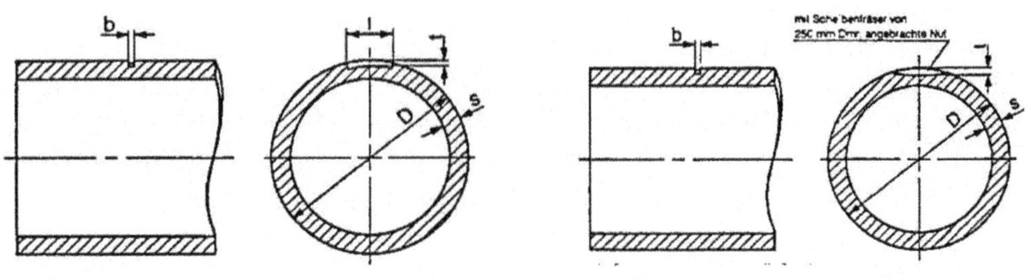

Abb. 10.25 Bezugsreflektor Teilringnut bei der Rohrquerfehlerprüfung [10.9]

Abb. 10.26 Bezugsreflektor Kreissegmentnut bei der Rohrquerfehlerprüfung [10.9]

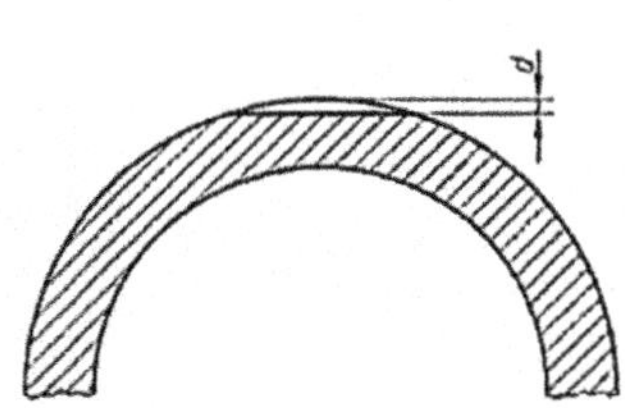

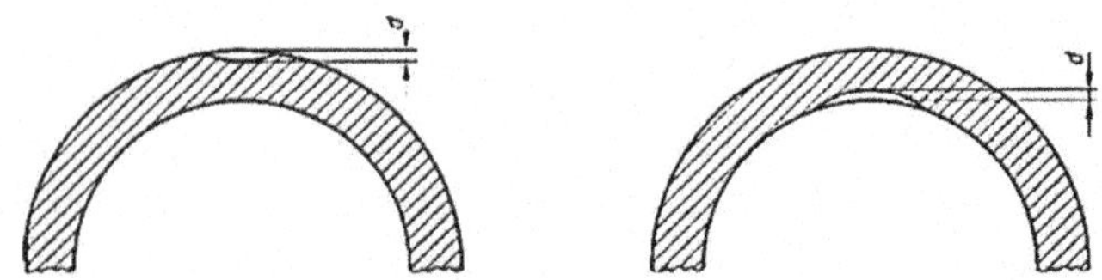

Abb. 10.27 Bezugsreflektor Einsenknut bei der Rohrquerfehlerprüfung [10.9]

Tab. 10.4 Außendurchmesser der Rohre und Länge der Bezugsreflektoren

Nenn-Außendurchmesser D (mm)	Länge der Bezugsreflektoren (mm)
< 133	20
≥ 133	40

Tab. 10.5 Nennwanddicke der Rohre und Tiefe der Bezugsreflektoren

Nenn-Wanddicke s (mm)	Tiefe der Bezugsreflektoren (mm)
≤ 2	0,3 ≤ 0,2 s ≤ 0,4
> 2	0,4 ≤ 0,1 s ≤ 3,0

10.1.7 Prüfung nach ASME-Code

Die Prüfung nahtloser Rohre wird im ASME-Code, Sect. V, Artikel 23 [10.10] beschrieben in den Vorschriften SB-513 für Nickellegierungen und SE-213 für Stahl. Der Prüfumfang ist entsprechend Tabelle 10.6 festgelegt. Die Vorschriften sind identisch mit den gleichnamigen ASTM-Normen.

Die Rohroberflächen müssen sauber und frei von Zunder, Schmutz, Fett, Farbe oder anderen Fremdstoffen sein, die sich störend auf die Auswertung der Prüfergebnisse auswirken. Die Methoden, die für das Reinigen und Vorbereiten der Oberflächen angewendet werden, dürfen nicht nachteilig für den Grundwerkstoff oder den Oberflächenzustand sein. Eine übermäßige Rauheit oder gar Riefen können zu Störanzeigen führen.

Tab. 10.6 Prüfumfang zur Rohrprüfung nach ASME-Code

Abmessungen (mm)	Prüfumfang
Jedes Rohr in allen Größen	In zwei entgegen gesetzten Richtungen auf dem Umfang
Rohre mit $\varnothing_A$ < 63,5	In zwei entgegen gesetzten axialen Richtungen, wenn die Wirbelstromprüfung nicht aussagekräftig ist
Rohre mit $\varnothing_A$ ≥ 63,5 bis 171,4	In zwei entgegen gesetzten axialen Richtungen

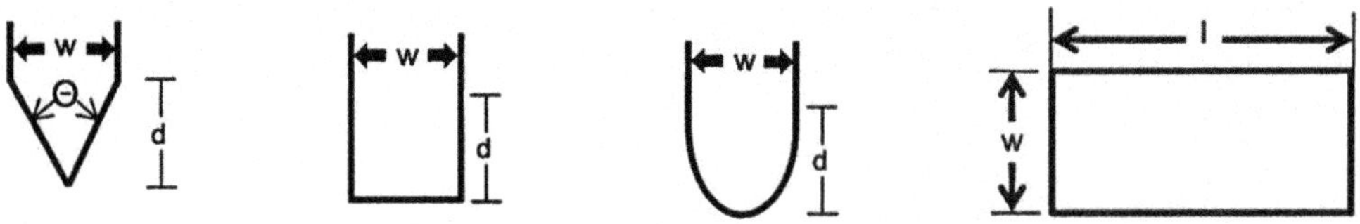

V-Kerbe Kerbe in eckiger Form U-förmige Kerbe Draufsicht

Abb. 10.28 Übliche Kerbformen für die Rohrprüfung nach ASME-Code [10.10]

Hinsichtlich der Justierung wird ein Vergleichsnormal mit angemessener Länge aus einem Rohr desselben Werkstoffes, des gleichen Durchmessers, der gleichen Wanddicke, dem gleichen Oberflächenzustand und derselben Wärmebehandlung verlangt. In diesem Rohr müssen Vergleichskerben, -nuten oder -rillen auf der Außen- und Innenseite in ausreichendem Abstand zueinander eingearbeitet sein. Die Abmessungen der Kerben und ihre Form müssen ebenso wie die Abnahmekriterien in einer Prüfspezifikation zwischen Hersteller und Besteller vereinbart werden. In Abb. 10.28 werden diesbezügliche Kerben vorgestellt.

Die Justierung des Prüfsystems erfolgt, indem Echos von den Kerben auf der Innen- und Außenseite des Rohres erzeugt werden, die möglichst gleich sein sollen. Die Prüfanlage soll mit dem Kontrollrohr unter gleichen Bedingungen eingestellt werden, wie es während der Produktion der Rohre geschieht. Die Abtastgeschwindigkeit ist innerhalb von ± 10% konstant zu halten. Die Justierung muss periodisch, mindestens aber jede 4. Stunde während des kontinuierlichen Betriebes des Gerätes und nach unannehmbaren Veränderungen der Justieranzeigen durchzuführen. Erforderlichenfalls sind alle Rohre, die nach der vorhergehenden gültigen Justierung geprüft worden sind, einer Wiederholungsprüfung zu unterziehen.

Die Prüfung selbst erfolgt zu 100%. Alle Rohre mit Anzeigen unterhalb der eingestellten Registriergrenze sind verwendbar. Zurückgewiesene Rohre können in nach dem Vertrag zulässiger Weise nachgearbeitet und müssen danach einer Wiederholungsprüfung unterzogen werden. Die Zulässigkeiten sind in den entscheidenden Sectionen des ASME-Codes festgelegt.

10.2 Geschweißte Rohre

Bei geschweißten Rohren ist die Art der Schweißverbindung charakteristisch für die Nahtform, wie längsgeschweißte, rundgeschweißte oder spiralgeschweißte Rohre und das Schweißverfahren, wie elektrisch bzw. unterpulvergeschweißt.

Solche Rohre im Abmessungsbereich zwischen 400 und 2000 mm werden hauptsächlich für Rohrleitungen eingesetzt, in denen flüssige oder gasförmige Stoffe transportiert werden. Die Prüfung erfolgt entweder innerhalb der Fertigung (online) oder auf Baustellen (offline).

10.2.1 Prüfanordnungen

Längs- und Querfehler in Rohren und in den Verbindungsschweißnähten werden mit Hilfe von K- und X-Anordnungen der Prüfköpfe festgestellt, die in den Abbildungen 10.29 bis 10.31 schematisch dargestellt sind.

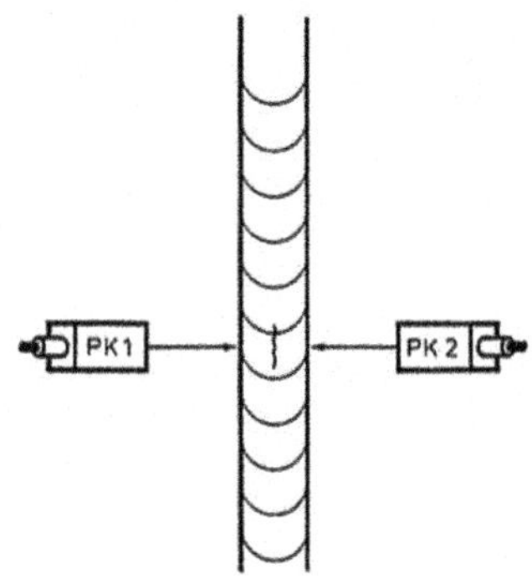

Abb. 10.29 Anordnung zur automatischen Längsfehlerrohrprüfung [10.11]

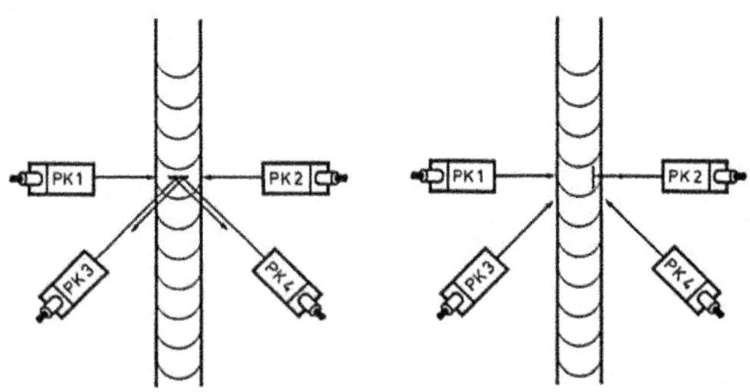

Abb. 10.30 K-Anordnung, Funktionskontrolle zwischen PK 1 und PK 2 [10.11]. Links: für den Querfehlernachweis, Rechts: für den Längsfehlernachweis

10.2.2 Automatische Prüfanlagen

In Abb. 10.32 ist eine Prüfanlage für längsgeschweißte Rohre abgebildet.

In Abb. 10.33 ist eine Ankopplungsvorrichtung in X-Anordnung dargestellt. Zusätzlich können an beiden Seiten der Naht zwei oder mehrere Senkrechtprüfköpfe (Normal- bzw. auch S/E-Ausführung) angeordnet werden, um evtl. vorhandene Dopplungsfehler festzustellen. Diese Prüfung kann entfallen, wenn das Vormaterial, d.h. die Grobbleche bereits

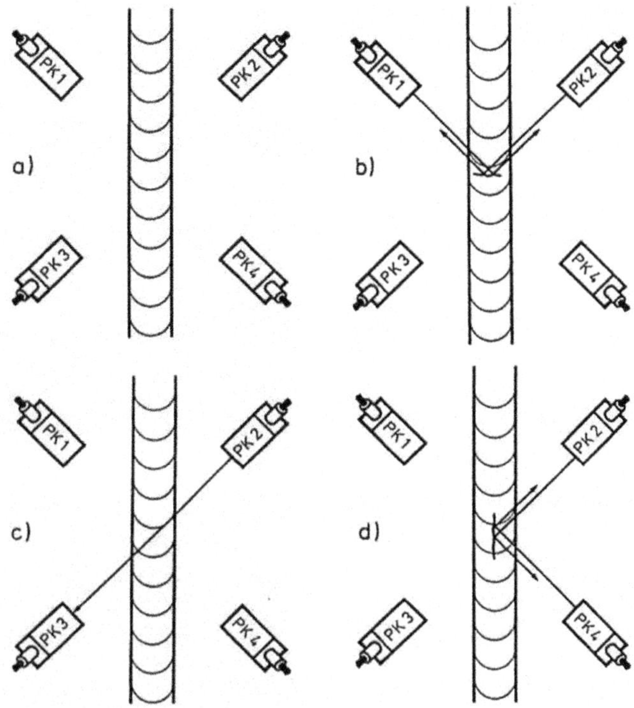

Abb. 10.31 X-Anordnung für den Längs- und Querfehlernachweis und zur Funktionskontrolle [10.11]

Taktfolgen:
1. PK 1 sendet, PK 2 empfängt (Querfehlernachweis c)
2. PK 2 sendet, PK 1 empfängt (Querfehlernachweis c)
3. PK 2 sendet, PK 3 empfängt (Funktionskontrolle b)
4. PK 2 sendet, PK 4 empfängt (Längsfehlernachweis d)
5. PK 4 sendet, PK 2 empfängt (Längsfehlernachweis d)
6. PK 4 sendet, PK 1 empfängt (Funktionskontrolle b)
7. PK 4 sendet, PK 3 empfängt (Querfehlernachweis c)
8. PK 3 sendet, PK 4 empfängt (Querfehlernachweis c)
9. PK 3 sendet, PK 2 empfängt (Funktionskontrolle b)
10. PK 3 sendet, PK 1 empfängt (Längsfehlernachweis d)
11. PK 1 sendet, PK 3 empfängt (Längsfehlernachweis d)
12. PK 1 sendet, PK 4 empfängt (Funktionskontrolle b)

vollständig oder in der Kantenzone, in der sich später die Schweißverbindung befindet, geprüft worden sind.

Abb. 10.34 zeigt das durch das Schallbündel erfasste Volumen des Rohres und der Schweißnaht.

Geschweißte Großrohre im Durchmesserbereich zwischen 400 und 2100 mm werden für Rohrleitungen (Pipelines) eingesetzt, in denen Erdöl, Erdgas oder andere flüssige bzw. gasförmige Medien transportiert werden. Die Prüfung solcher Rohre kann online entweder innerhalb der Großrohrfertigung oder unmittelbar hinter der Schweißmaschine erfol-

Abb. 10.32 Prüfanlage für längsgeschweißte Rohre [10.11]

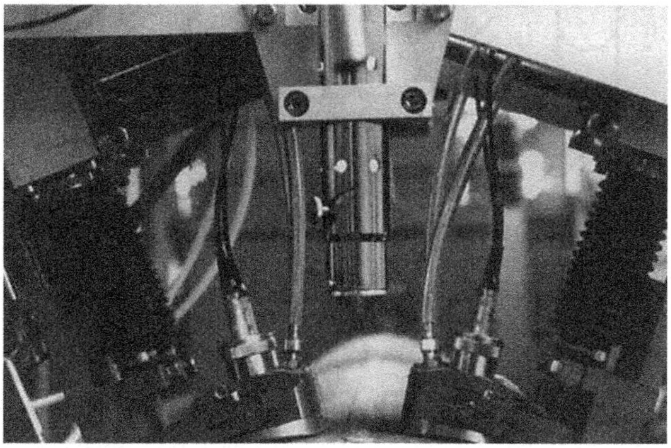

Abb. 10.33 Ankopplungsvorrichtung in X-Anordnung bei der Schweißnahtprüfung [10.11]

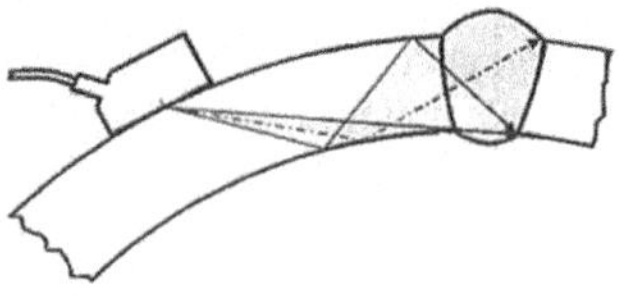

Abb. 10.34 Durch das Schallbündel erfasste Volumen des Rohres und der Naht [10.11]

gen, sobald die Naht abgekühlt ist. Folgende Prüfaufgaben sind im Rohrwerk an den Prüfblöcken durchzuführen:

- Schweißnahtprüfung (Spiralschweißnähte, Bandverbindungsnähte),
- Rohrendenprüfung auf Dopplungen, Risse oder Einschlusszeilen,
- Rohrflächenprüfung als komplette Rohrmaterialprüfung.

In der Prüfpraxis sind bei der Ultraschallprüfung von Großrohren auch materialspezifische Eigenschaften im Hinblick auf die Schallwellenausbreitung zu berücksichtigen. Bei dem vorwiegend eingesetzten thermomechanisch gewalzten Stahl liegt eine deutliche Anisotropie vor, die eine Justierung am gleichen Material und der gleichen Materialdicke erfordert. Die Anisotropie beeinflusst die Ausbreitungsgeschwindigkeit und -richtung der Schallwellen und somit die Prüfkopfposition und die Einschallwinkel. Schließlich wird auch die Bewertung der Anzeigen den anisotropen Verhältnissen im Material anzupassen sein, weil sonst Fehlaussagen hinsichtlich der Registrierpflichtigkeit und der Fehlergröße und damit Zulässigkeit auftreten können.

Bei der Pipeline-Prüfung vor Ort werden hauptsächlich die Verbindungsnähte der Großrohre mit Ultraschall und Durchstrahlungsverfahren geprüft. Diese Prüfungen müssen in bestimmten Zeitabständen (Revisionen) durchgeführt werden, um durch die Medien eingetretene Werkstoffschädigungen systematisch auszuschalten. Dazu werden heute nicht mehr nur in der Radiografie sogenannte Molche eingesetzt, die in der Lage sind, mehrere hundert Kilometer Rohrleitung lückenlos auf bestimmte Schädigungstypen zu prüfen.

Anfangs wurden Molche zur Ultraschallprüfung nur für die Wanddickenmessung bzw. zur Untersuchung von Korrosionschäden verwendet. Inzwischen gibt es auch Rissprüfmolche, welche die für eine Leitungsbewertung erforderliche Nachweisempfindlichkeit, Zuverlässigkeit und Aussagesicherheit erfüllen. Tabelle 10.4 fasst die technischen Daten dieses Systems zusammen.

10.2.3 Prüfung nach DIN EN ISO 10893-11

Diese Norm [10.23] beschreibt die Prüfung der Schweißnaht geschweißter Stahlrohre zum Nachweis von Unvollkommenheiten in Längs- und/oder Querrichtung.

Tab. 10.4 Technische Daten des US-Molch-Systems UltraScanCD

Prüfverfahren	Winkelprüfkopf-Prüfung mit 45° Transversalwellen	
Verfügbare Größen	22 bis 34 Zoll	36 bis 56 Zoll
Anzahl Ultraschallsensoren	512	max. 896
Datenspeicherkapazität	24 GByte	64 GByte
Prüfdistanz bei 1 m/s	> 100 km	250 km
Prüfgeschwindigkeit bei minimaler Fehlerlänge von 30 mm	1 m/s	
Prüfgeschwindigkeit bei minimaler Fehlerlänge von 50 mm	2 m/s	

10.2.3.1 Prüfverfahren

Die Rohrschweißnaht ist zum Nachweis von vorwiegend längsorientierten Ungänzen unter Anwendung der Ultraschall-Prüftechnik mit Transversal- oder Plattenwellen zu prüfen. Bei der Prüfung müssen die Rohre rechtwinklig zur Schweißnaht in zwei entgegen gesetzten Einschallrichtungen mit dem Schallstrahl abgetastet werden.

Die Abtastgeschwindigkeit darf um nicht mehr als 10% schwanken und die Prüffrequenz muss bei Transversalwellen im Bereich von 1 bis 15 MHz und bei Plattenwellen von 0,3 bis 1 MHz gewählt werden. Die Prüfkopfbreite darf bei Transversalwellen max. 25 mm und bei Plattenwellen oder bei Anwendung der Phased-Array-Technik max. 35 mm betragen.

10.2.3.2 Bezugsstandards, Einstellung und Überprüfung der Prüfanlage

Während bei den Bezugsstandards im Vergleich zur DIN EN ISO 10893-10 [10.6] lediglich eine Alternative zu den Nuten durch eine kreisförmige Bezugsbohrung, die radial durch die Wand des Kontrollkörpers gebohrt wurde, zusätzlich zwischen Hersteller und Besteller vereinbart werden kann, sind die Festlegungen zur Einstellung und Überprüfung der Prüfanlage nahezu identisch mit o.g. Norm.

10.2.3.3 Zulässigkeitsbedingungen

Auch die Zulässigkeiten für geprüfte Rohre sind analog zur DIN EN ISO 10893-10 [10.6] festgelegt.

10.2.4 Prüfung nach SEP 1916

In diesem Regelwerk [10.13] wird die zerstörungsfreie Prüfung schmelzgeschweißter ferritischer Stahlrohre beschrieben. An dieser Stelle sollen nur die Passagen der Ultraschallprüfung wiedergegeben werden. Man unterscheidet die Prüfung des Grundwerkstoffes und der Schweißnaht. Beim Grundwerkstoff kommt im Wesentlichen eine Prüfung der Randzonen (mindestens je 5 mm Breite), der Bleche und Bänder sowie der Stirnzonen an den Enden der geschweißten Rohre in Betracht. Die Schweißnahtprüfung erfolgt dabei in der Regel auf automatischen Prüfanlagen. Man unterscheidet zwei Prüfklassen: A und B. Für die Prüfklasse A ist die Prüfempfindlichkeit um 6 dB zu erniedrigen.

Auch bei diesen Rohren wird die Empfindlichkeitseinstellung wieder an einem gleichartigen Rohrstück mit Bezugsreflektoren durchgeführt, die als Rechteck- oder V-Nuten ausgeführt sind. Bei V-Nuten soll die Flanke senkrecht zum Nennschallwinkel der Prüfköpfe ausgebildet sein. Die Breite der Rechtecknuten beträgt 1 mm, ihre Tiefe ist abhängig von der Wanddicke einzubringen.

Bei der Bewertung von Ungänzenanzeigen in den Randzonen der Schweißverbindungen wird die SEL 072/77 mit Klasse 2 zugrunde gelegt. Anzeigen in den Schweißnähten selbst sind solange nicht zu beanstanden, wie sie die Registriergrenzen der Bezugsreflektoren nicht erreichen oder überschreiten.

Registrierpflichtige Ultraschallanzeigen sind durch nachgeschaltete Durchstrahlungsaufnahmen zu beurteilen. Die reparierte, geschweißte Stelle muss mittels Durchstrahlungsprüfung nachgeprüft und beurteilt werden.

10.2.5 Prüfung nach SEP 1917

In diesem Regelwerk [10.14] wird die zerstörungsfreie Prüfung pressgeschweißter ferritischer Stahlrohre beschrieben. Die Justierung der Prüfempfindlichkeit und die Ungänzenbewertung werden analog zur SEP 1916 durchgeführt. Die Bewertung der Schweißverbindungen und der reparierten Stellen darf bei diesem Regelwerk jedoch auch mit dem Ultraschallverfahren realisiert werden.

10.2.6 Prüfung nach ASME-Code

Die Prüfung elektrisch widerstandsgeschweißter, stumpfgeschweißter und schmelzgeschweißter Rohre mit Durchmessern von > 50 mm und Wanddicken von 3 bis 27 mm zum Nachweis von Fehlern in der Schweißnaht und in der Wärmeeinflusszone (WEZ) wird im ASME-Code, Sect. V, Artikel 23 in der Vorschrift SB-273 beschrieben, die identisch ist mit ASTM E 273. Die Rohroberflächen müssen sauber und frei von Zunder, Schmutz, Fett, Farbe oder anderen Fremdstoffen sein, die sich störend auf die Auswertung der Prüfergebnisse auswirken.

Hinsichtlich der Justierung wird ein Vergleichsnormal mit angemessener Länge aus einem Rohr desselben Werkstoffes, des gleichen Durchmessers, der gleichen Wanddicke, dem gleichen Oberflächenzustand und derselben Wärmebehandlung verlangt. In diesem Rohr müssen Vergleichskerben, -nuten oder -rillen auf der Außen- und Innenseite in ausreichendem Abstand zueinander eingearbeitet sein. Die Abmessungen der Kerben, ihre Form und Anwendung müssen ebenso wie die Abnahmekriterien in einer Prüfspezifikation zwischen Hersteller und Besteller vereinbart werden. Die Prüfung selbst erfolgt zu 100%. Alle Rohre mit Anzeigen unterhalb der eingestellten Registriergrenze sind verwendbar. Zurückgewiesene Rohre können in nach dem Vertrag zulässiger Weise nachgearbeitet und müssen danach einer Wiederholungsprüfung unterzogen werden. Die Zulässigkeiten sind in den Sectionen des ASME-Codes festgelegt.

10.3 Spezielle Rohrprüfungen nahtloser und geschweißter Stahlrohre

10.3.1 Automatisierte Ultraschall-Wanddickenprüfung an Rohren nach DIN EN ISO 10893-12 [10.15]

10.3.1.1 Prüfverfahren

Die Ultraschallprüfung wird an den Rohren (ausgenommen unterpulvergeschweißter Rohre) durchgeführt, wenn alle primären Fertigungsprozesse, die Einfluss auf die Rohrwanddicke haben, abgeschlossen sind. Die zu prüfenden Rohre müssen ausreichend gerade und frei von Fremdstoffen sein, um ein einwandfreies Ergebnis der Prüfung sicherzustellen.

Rohre und Prüfkopfeinheit sind relativ so zueinander zu bewegen, dass die Rohroberfläche auf sich nicht überschneidenden schraubenlinienförmigen Bahnen gleichen Abstands auf ihrer gesamten Länge abgefahren wird. Die Prüfkopfbreite darf max. 25 mm betragen.

10.3.1.2 Bezugsstandards, Einstellung und Überprüfung der Prüfanlage

Die Prüfanlage ist mit Hilfe eines Kontrollkörpers gleichen Nenndurchmessers wie das zu prüfende Rohr, der ähnliche akustische Eigenschaften wie das Rohr aufweist, zu prüfen. Dieser Kontrollkörper (Referenzrohr) muss eine bekannte zuvor bestimmte Wanddicke mit einer Messunsicherheit besser als ± 0,1 mm oder einen spanend bearbeiteten Abschnitt besitzen, der die festgelegten unteren und oberen Wanddickengrenzabmaße von ± 0,05 mm und ± 0,2 % aufweist.

10.3.1.3 Zulässigkeitsbedingungen

- Wenn bei der Prüfung die Signalgeber-Ansprechschwelle nicht anspricht, gilt die Prüfung als bestanden.
- Wenn bei der Prüfung die Signalgeber-Ansprechschwelle erreicht oder überschritten wird, muss das Rohr als fehlerverdächtig eingestuft werden. Es kann dann nochmals geprüft werden.
- Der fehlerverdächtige Bereich kann beibehalten werden, wenn die Restwanddicke innerhalb der Grenzabmaße liegt. Er muss abgetrennt werden, wenn das nicht der Fall ist. In diesem Fall kann auch das gesamte Rohr verworfen werden.

10.3.2 Automatisierte Rohrprüfung auf Dopplungen und Rohrendenprüfung nach DIN EN ISO 10893-8

Dieser Teil der DIN EN ISO 10893 [10.8] legt die Anforderungen an die automatisierte Ultraschallprüfung nahtloser und geschweißter Stahlrohre zum Nachweis von Dopplungen im Rohrkörper, in der Wärmeeinflusszone der Schweißnaht und an den Rohrenden fest.

10.3.2.1 Prüfung auf Dopplungen

10.3.2.1.1 Prüfverfahren

Die Rohre sind mit der Impuls-Echo-Technik senkrecht zur Oberfläche abzutasten. Bei der Prüfung müssen die Rohre und die Prüfkopfanordnung relativ zueinander so bewegt werden, dass die Rohroberfläche abgetastet und Dopplungen nachgewiesen werden. Die Relativgeschwindigkeit darf während der Prüfung um nicht mehr als ± 10% schwanken.

Die Breite eines Einzelprüfkopfes darf parallel zur Rohrachse gemessen höchstens 25 mm betragen und die Prüffrequenz muss zwischen 2 und 10 MHz gewählt werden. Die Prüfanlage muss mit Hilfe einer automatischen Signalgeber-Ansprechschwelle in Verbindung mit einem Markierungs- und/oder Sortiersystem zwischen zulässigen und fehlerverdächtigen Rohren unterscheiden können.

10.3.2.1.2 Bezugsstandards, Einstellung und Überprüfung der Prüfanlage

Als Bezugsstandards sind in einem Kontrollkörper, wie in DIN EN ISO 10893 üblich, an der inneren Oberfläche kreisförmige, quadratische oder rechteckige Einfräsungen anzubringen (Abb. 10.35), an denen die Prüfempfindlichkeit eingestellt wird. Vorzugsweise ist die kreisförmige Flachbodeneinfräsung zu verwenden. Alle anderen verwendeten Bezugsreflektoren müssen zu dieser gleichwertig sein.

Die Einstellung der Prüfanlage kann mit oder ohne Bezugsstandard erfolgen. Mit Bezugsstandard ist die Prüfanlage einzustellen, indem die Prüfkopfeinheit über dem Bezugsstandard positioniert wird und die Amplitude der Signalanzeige des Bezugsstandards zur Einstellung der Signalgeber-Ansprechschwelle benutzt wird. Ohne Bezugsstandard kann die Einstellung der Signalgeber-Ansprechschwelle mittels Halbwertmethode oder mittels AVG-Kurven vorgenommen werden.

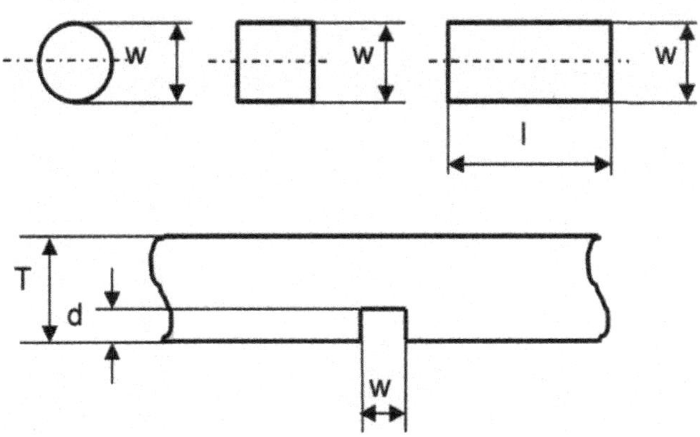

l Länge der rechteckigen Einfräsung
w Breite bzw. Durchmesser der Einfräsung
d Tiefe der Einfräsung
T Nennwanddicke

Abb. 10.35 Form der Bezugsstandards

Während der Produktionsprüfung müssen die Umdrehungs- und Vorschubgeschwindigkeit sowie die Impulsfolgefrequenz so gewählt werden, dass die entsprechende Mindestgröße der Dopplungen B_{min} mit der Umfangsausdehnung C nach Tabelle 10.5 durch Auslösung der Signalgeber-Ansprechschwelle nachgewiesen wird.

10.3.2.1.3 Zulässigkeitsbedingungen

Die Zulässigkeiten entsprechen Tabelle 10.5 für die Vollkörperprüfung und 10.6 für den an die Schweißnaht angrenzenden Bereich.

Fehlerverdächtige Bereiche können durch manuelle Prüfung oder mit einem geeigneten automatischen oder halbautomatischen Verfahren untersucht werden. Werden dabei für die Dopplungsgröße B_{max} und die Gesamtfläche von Dopplungen, die größer als B_{min} und kleiner als B_{max} ist, die Werte in Tabelle 10.9 nicht überschritten, so gelten die Anzeigen als zulässig. Fehlerverdächtige Bereiche, die bei der Nachprüfung festgestellt werden, sind unzulässig und abzutrennen.

10.3.2.2 Rohrendenprüfung

Bei der automatischen Prüfung von Rohren bleiben stets an den Rohrenden bestimmte Abschnitte ungeprüft, weil die Prüfanlage diese nicht erfassen kann. Deshalb sind spezielle Einrichtungen entwickelt worden, die eine Bewegung zwischen Rohr und Prüfkopfanordnung so realisieren, dass die Rohrenden über den Umfang, beginnend von der glatten oder angefasten Kante, in einem 25 mm oder 2T, höchstens jedoch 50 mm breiten Streifen, wobei jeweils der größere Wert anzuwenden ist, von der Außenseite abgetastet werden. Bei unterpulvergeschweißten Rohren, bei denen die Nahtüberhöhung die Dopplungsprüfung direkt neben und auf der Nahtüberhöhung ausschließt, bleibt ein etwa 25 mm breiter Streifen beidseitig der Naht ungeprüft. Prüfverfahren, Bezugsstandards, Einstellung und

Tab. 10.5 Zulässigkeitsklassen, mindestens nachzuweisende und maximal zulässige Größe von Dopplungen bei der Vollkörperprüfung

Zulässigkeitsklasse	Mindestgröße einzelner zu berücksichtigender Dopplungen		Maximal zulässige Fläche von Dopplungen		
	Einzelfläche	Ausdehnung in Umfangs- oder Querrichtung	Einzelne Fläche	Summierte Einzelflächen in % der Rohroberfläche $\geq B_{min}$ bis $\leq B_{max}$	
	B_{min} (mm^2)	Cmin (mm)	Bmax (mm^2) [a]	Wert je m Rohrlänge max.	Mittelwert je m Rohrlänge max.
U 0	160	6	160	-	-
U 1	160 + [b]□D	9	160 + [b]□D	1	0,5
U 2	160 + 2□D [b]/	12	160 + 2□D [b]	2	1
U 3	160 + [b]□D	15	160 + 4□D [b]	4	2

[a] B_{min} und B_{max} sind bei Berechnung als Produkt aus Länge und Ausdehnung in Umfangsrichtung auf 10 mm^2 zu runden.

[b] D = Nennaußendurchmesser des Rohres in mm.

Tab. 10.6 Zulässigkeitsklassen, mindestens nachzuweisende und maximal zulässige Größe von Dopplungen bei Prüfung des an die Schweißnaht angrenzenden Bereiches

Zulässig-keits-klasse	Mindestgröße einzelner zu berücksichtigender Dopplungen Länge L_{min} mm	Maximal zulässige Größe der Dopplungen		
		Einzelmaße		Anzahl a je m Rohrlänge für $L_{min} \leq L \leq L_{max}$ Und $E \leq E_{max}$
		Länge L_{max} mm	Fläche E_{max} mm²	
U 1	10	20	250	3
U 2	20	40	500	4
U 3	30	60	1000	5

[a] Nur Dopplungen, deren Breite einen Wert von 6 mm (C_{min}) überschreitet, sind zu berücksichtigen.

Überprüfung der Prüfanlage entsprechen DIN EN 10893-8. Die Zulässigkeiten fehlerverdächtiger Rohre sind bei der Nachprüfung mittels Halbwertsverfahren oder AVG-Methode zu überprüfen [10.8].

Literatur

[10.1] Krautkrämer, Werkstoffprüfung mit Ultraschall, Springer-Verlag 1986

[10.2] Schiebold, Skript UT2 LVQ-WP Werkstoffprüfung GmbH;

[10.3] Vogt, Köhler, Flexibles Ultraschallprüfsystem für den mobilen Einsatz in der Dienstleistung, DGZfP-Jahrestagung Dresden (1997);

[10.4] Deutsch, Platte, Vogt, Ultraschallprüfung, Springer-Verlag 1999;

[10.5] V&M Mannesmann, Werksfotos;

[10.6] DIN EN ISO 10893-10, ZfP von Stahlrohren, Automatisierte Ultraschallprüfung nahtloser und geschweißter (ausgenommen unterpulvergeschweißter) Stahlrohre über den gesamten Rohrumfang zum Nachweis von Unvollkommenheiten in Längs- und/oder Querrichtung, Juli 2011;

[10.7] SEP 1915, Ultraschallprüfung von Stahlrohren auf Längsfehler, Sept. 1994;

[10.8] DIN EN ISO 10893-8, ZfP von Stahlrohren, Automatisierte Ultraschallprüfung nahtloser und geschweißter Stahlrohre zum Nachweis von Dopplungen, Juli 2011;

[10.9] SEP 1918, Ultraschallprüfung von Stahlrohren auf Querfehler, Jan. 1992;

[10.10] ASME-Code, Sect. V, Artikel 23,

[10.11] Deutsch, Vogt, Ultraschallprüfung v. Schweißverbind., DVS-Verlag GmbH 1995;

[10.12] DIN EN 10246-9, ZfP von Stahlrohren, Automatische Ultraschallprüfung der Schweißnaht unterpulvergeschweißter Stahlrohre zum Nachweis von Längsfehlern, Juni 2009;

[10.13] SEP 1916, Zerstörungsfreie Prüfung schmelzgeschweißter Stahlrohre, Dez. 1989;

[10.14] SEP 1917, Zerstörungsfreie Prüfung preßgeschweißter Rohre aus ferritischen Stählen, Sept. 1994;

[10.15] DIN EN 10246-13, ZfP von Stahlrohren, Automatische Ultraschallprüfung nahtloser und geschweißter (ausgenommen unterpulvergeschweißter) Stahlrohre über den gesamten Rohrumfang, Juli 2000;

[10.16] DIN EN 10246-14, ZfP von Stahlrohren, Automatische Ultraschallprüfung nahtloser und geschweißter (ausgenommen unterpulvergeschweißter) Stahlrohre über den gesamten Rohrumfang zum Nachweis von Dopplungen, März 2000;

[10.17] DIN EN 10246-16, ZfP von Stahlrohren, Automatische Ultraschallprüfung des an die Schweißnaht angrenzenden Bereiches geschweißter Stahlrohre zum Nachweis von Dopplungen, Juli 2000;
[10.18] Arzt, Nitsche, Graff, Sy, Multiprüfblock zu Prüfung nahtloser Rohre, DGZfP-Jahrestagung Berlin (2001);
[10.19] Kersting, Oesterlein, Kauth, Finger, Neue Ultraschallprüfanlage zur Prüfung von UP-längsnahtgeschweißten Groß-Rohren bei Europipe in Mülheim an der Ruhr, DGZfP-Jahrestagung Weimar (2002);
[10.20] DIN EN 10246-7, ZfP von Stahlrohren, Automatische Ultraschallprüfung nahtloser und geschweißter (ausgenommen unterpulvergeschweißter) Stahlrohre über den gesamten Rohrumfang zum Nachweis von Längsfehlern, Juli 2005;
[10.21] DIN EN 10246-8, ZfP von Stahlrohren, Automatische Ultraschallprüfung der Schweißnaht elektrisch geschweißter Stahlrohre zum Nachweis von Längsfehlern, März 2000;
[10.22] DIN EN ISO 10893-10, Automatisierte Ultraschallprüfung nahtloser und geschweißter (ausgenommen unterpulvergeschweißter) Stahlrohre über den gesamten Rohrumfang zum Nachweis von Unvollkommenheiten in Längs- und/oder Querrichtung, Juli 2011;
[10.23] DIN EN ISO 10893-11, Automatisierte Ultraschallprüfung der Schweißnaht geschweißter Stahlrohre zum Nachweis von Unvollkommenheiten in Längs- und/oder Querrichtung, Juli 2011;

Prüfung von Schmiedestücken 11

11.1 Herstellungsbedingte Fehler

Die Herstellung von Schmiedestücken erfolgt in einer Erzeugniskette von der Erschmelzung, dem Abguss, der Verformung, der Wärmebehandlung und der mechanischen Bearbeitung. Aus jeder dieser Prozessstufen können Fehler resultieren, die der Ultraschallprüfer indirekt als Anzeigen bewerten muss, ohne vergleichsweise etwas Ähnliches wie einen Röntgenfilm zugrunde legen zu können. Deshalb sind Kenntnisse des Herstellungsprozesses unabdingbar für die Entscheidungsfindung fehlerhafter Schmiedestücke, obwohl oft metallografische Untersuchungen gefragt sind, um die Fehlerursachen eindeutig zu klären.

11.1.1 Fehler vom Gießprozess

Bereits die Erschmelzung und das Abgießen haben Einfluss auf nachfolgende Fehler im Schmiedestück. Werden Schmelz- oder Gießtemperaturen nicht eingehalten, können aus einer zu „matten" Schmelze mit zu niedrigen Gießtemperaturen vorzugsweise nichtmetallische Einschlüsse und bei zu hohen Gießtemperaturen Lunkerbildung nachgewiesen werden. Das gilt insbesondere für den Kokillenguss in Abhängigkeit vom Blockformat und vom Werkstoff des Gussblockes. Eine Ultraschallprüfung des unverformten Gussblockes wird ohnehin zumeist nur dann durchgeführt, wenn infolge betrieblicher Störungen über den verlorenen Kopf hinausgehende Primärlunker oder im Kernbereich angeordnete Sekundärlunker über die gesamte Blocklänge vermutet werden (Abb. 11.1).

Beim Abgießen eines Blockes in der Kokille können auch exogene Fremdkörper oder Einschlüsse in den Schmiedeblock gelangen, beispielsweise Teile der Ofen- oder Kokillenausmauerung, speziell von der Blockhaube. Aufgrund der Rissempfindlichkeit bestimmter, besonders legierter Werkstoffe, müssen diese Blöcke unmittelbar nach dem Ziehen aus der Kokille im Schmiedeofen zur Verformung vorbereitet werden. Man bezeichnet diesen Vorgang als Warmübergabe, welche aus energetischen Gründen generell

K. Schiebold, *Zerstörungsfreie Werkstoffprüfung – Ultraschallprüfung*,
DOI 10.1007/978-3-662-44700-0_11, © Springer-Verlag Berlin Heidelberg 2015

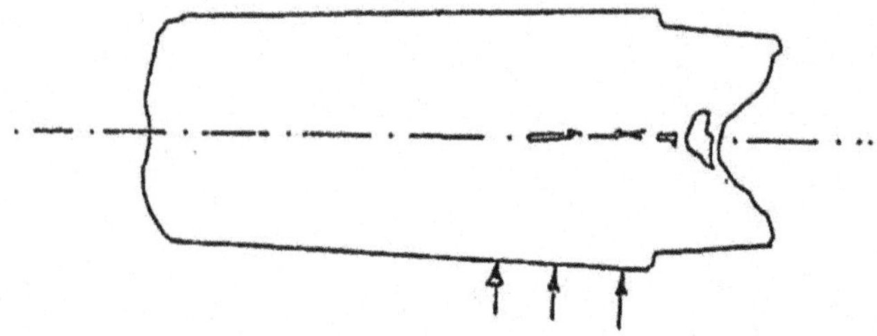

Abb. 11.1 Ultraschallprüfung am unverformten Gussblock [11.1]

anzustreben ist. Falls keine Warmübergabe erfolgt, müssen die Blöcke auf einem Ofen geregelt warmgehalten oder abgeheizt werden, weil sonst Risse entstehen können, die wenn sie oxydiert sind, nicht mehr verschweißen.

In Abb. 11.2 ist ein Schmiedeblock im unverformten Zustand mit den möglichen Fehlern und ihrer Anordnung im Block dargestellt.

11.1.2 Fehler aus dem Verformungsprozess

Beim Verformungsprozess unterscheidet man das Freiform- und das Gesenkschmieden. In beiden Fällen sind die Einsatz- und die Endtemperaturen beim Schmieden von großer Bedeutung. Die Einsatztemperatur entscheidet oft über die Verformungsfähigkeit nichtmetallischer Einschlüsse aus dem Gussblock. Insbesondere silikatische und oxydische Einschlüsse können sich bei Unterschreitung bestimmter Temperaturgrenzen nicht mehr mitverformen und ergeben durch den Verformungsvorgang trennungsartige Anzeigen, so dass sie im Ultraschallbild kaum von Rissen zu unterscheiden sind. Wird die Schmiedeend-

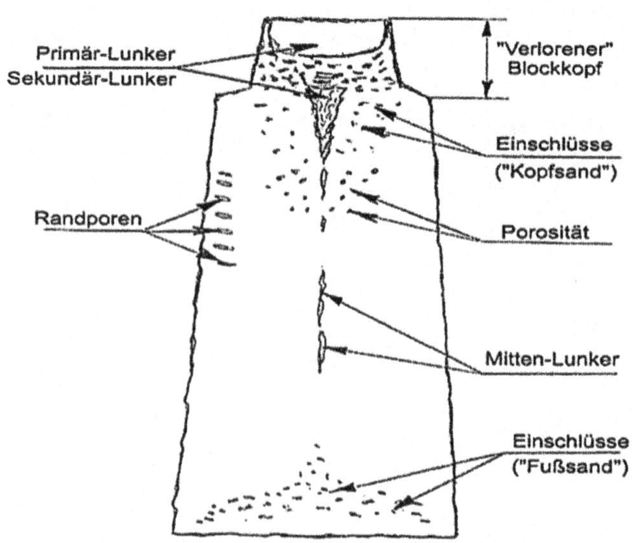

Abb. 11.2 Schmiedeblock im unverformten Zustand mit den möglichen Fehlern und ihrer Anordnung im Block [11.1]

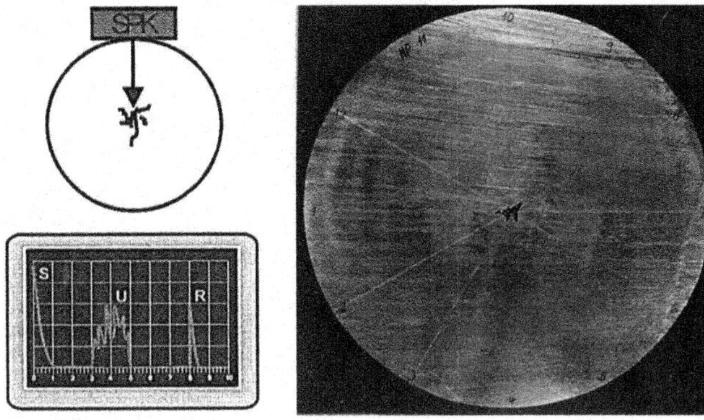

Abb. 11.3 Kernzerschmiedung und Ultraschallbild [11.2]

temperatur nicht eingehalten, so können Kernzerschmiedungen die Folge sein (Abb. 11.3), deren Anzeige im Ultraschallbild meist aus einem sog. Echogebirge besteht und beim Abtasten über den Umfang des Schmiedestückes nicht gleichmäßig ist.

Beim Freiformschmieden sind Fehler durch das Stauchen eines Schmiedeblockes wahrscheinlicher als durch das Reckschmieden, weil der Block vielfach senkrecht zum Faserverlauf verformt wird. Hierbei findet der Ultraschallprüfer teilweise sehr grobe Fehler, wie Querrisse. Ähnliches trifft auch auf sogenannte Aufweitungsprozesse zur Erzeugung von Ringen, Hohlkörpern oder Bandagen zu. Kernversatz ist eine mögliche Folge fehlerhafter Arbeitsweise.

Beim Reckschmieden wird der Rohblock nach dem Vorschmieden auf einen Durchmesser eingeteilt und ständig entsprechend den erforderlichen Querabmessungen im Durchmesser verjüngt. Dadurch wird er gestreckt und alle Fehler im Inneren auch. Das kann dazu führen, dass Hohlräume, sofern sie nicht oxydiert sind, wieder verschweißen und bringt mit Sicherheit eine Streckung ehemals nahezu runder Einschlüsse in längliche Formen (Abb. 11.4). Daher ist es bei der Schmiedestückprüfung generell üblich, radial einzuschallen. Die axiale Prüfung gilt meistens nur großen Querfehlern vom Stauchprozess oder von der Wärmebehandlung und wird fast ausschließlich bei einem Schmiedestückdurchmesser über 200 bis 250 mm durchgeführt.

Abb. 11.5 zeigt Seigerungsrisse in geschmiedeten Stangen, wie sie nach der Zerlegung im Querschnitt sichtbar werden.

Beim Gesenkschmieden wird das auf Schmiedetemperatur erhitzte Ausgangsprodukt in einem freiformgeschmiedeten Gesenk geschlagen und nimmt dabei die Form der Gesenkgravur an (Abb. 11.6).

Typische Fehlerarten beim Gesenkschmieden sind Oberflächenrisse durch Materialverbrennungen und Kongrenzenbeschädigungen, Gratbildung durch mangelhafte Werkzeuge und Schmiedeüberlappungen, es treten aber auch nichtmetallische Einschlüsse aus dem Vormaterial, Quer- und Längsrisse sowie Härte- und Schleifrisse auf (Abb. 11.7).

Eine Mischform zwischen Freiform- und Gesenkschmieden stellt das sogenannte Faserflussverfahren bei der Herstellung von großen Kurbelwellen dar, z.B. für Schiffsdiesel-

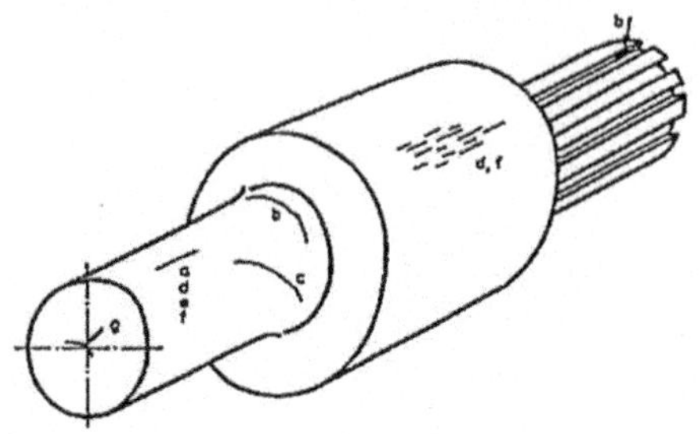

a) Längsriss
b) Dauerbruchanriss (Umlaufbiegung)
c) Dauerbruchanriss (Torsion)
d) Schlackenzeile
e) Seigerungszeile
f) Schmiedefalte
g) Kernzerschmiedung („Schmiedekreuz")

Abb. 11.4 Typische Fehler bei einer freiformgeschmiedeten Welle [11.2]

Abb. 11.5 Seigerungsrisse in geschmiedeten Stangen [11.2]

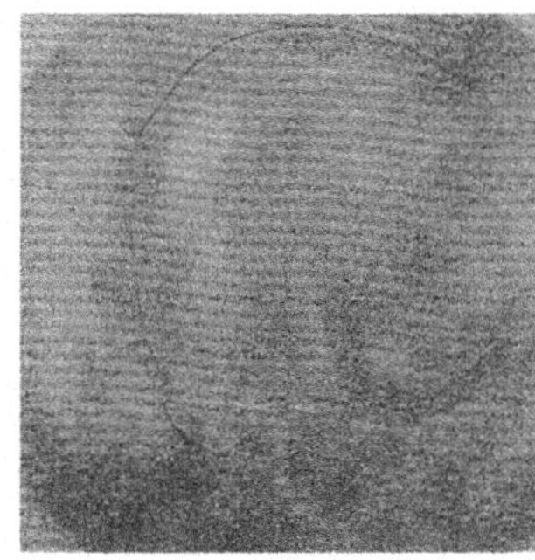

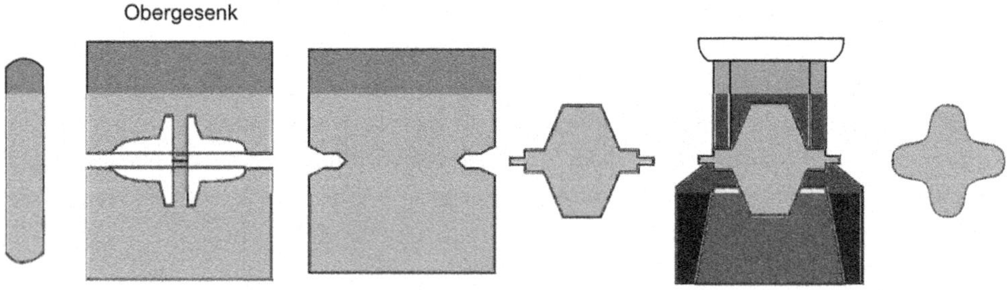

Abb. 11.6 Vorgang des Gesenkschmiedens

motoren. Dabei wird zunächst eine entsprechende glatte Welle vorgeschmiedet und die Lager- und Hubbereiche durch mechanische Bearbeitung abgesetzt bzw. eingeteilt. Nach einer definierten Anzahl von Zwischenwärmprozessen wird das so vorbereitete Vormaterial in den Stauchpresswerkzeugen, die in einer Freiformpresse aufgenommen sind, plastisch in die Endform der Kurbelwelle gebracht. Die Prüfung solcher Kurbelwellen ist aus zwei Gründen besonders hervorzuheben:

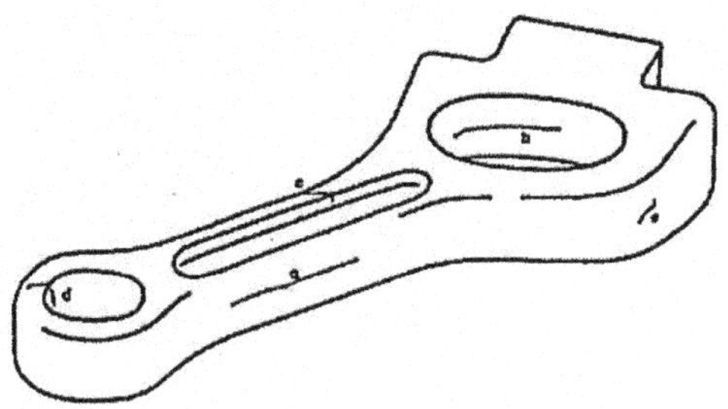

a) Risse in der Gratnaht außen

b) Riss in der Gratnaht innen

c) Querrisse im Steg

d) Querrisse im kleinen Auge

e) Schmiedefalte, Riss

Abb. 11.7 Typische Fehler bei einer gesenkgeschmiedeten Kurbelwelle [11.2]

- Der Faserverlauf in der Kurbelwelle folgt der Verformungsrichtung, d.h. die Fehler auch, so dass ein Anschneiden von Fehlern durch mechanische Bearbeitung wie beim Freiformschmieden nicht auftritt.
- Die Ultraschallprüfung kann vollständig nur an der vorgeschmiedeten, evtl. an der vorgedrehten Welle erfolgen, weil die Querschnittsübergänge in den Hubbereichen der fertigen Kurbelwelle fließend sind.

11.1.3 Fehler vom Wärmebehandlungsprozess

Auch nach dem Verformungsprozess müssen die meisten Schmiedestücke im Wärmebehandlungsofen gesammelt und geregelt abgekühlt werden, weil sich sonst insbesondere bei legierten Werkstücken und nicht entgasten (luftvergossenen) Blöcken sogenannte Flockenrisse bilden können (Abb. 11.8). Sie treten meistens völlig regellos orientiert über den Querschnitt auf. Es handelt sich um wasserstoffinduzierte Spannungsrisse. Flockenrisse haben in Abhängigkeit vom Werkstoff und der Werkstückgeometrie vielfältige Erscheinungsformen im metallografischen Befund. Sie sind oft nur schwer von Seigerungsrissen zu trennen, die ähnliche Ursachen haben.

Speziell bei Gesenkwerkstoffen, wie beim 56 NiCrMoV 7.4 oder ähnlich legierten CrNi- oder MnV-Stählen, besteht die Gefahr der Flockenbildung. Sie setzt meistens erst bei Temperaturen unterhalb 200°C ein, so dass das Sammeln der Schmiedestücke im Wärmebehandlungsofen oberhalb dieser Temperaturen erfolgen muss, wenn Flocken durch zu „kaltes Ablegen“ auf dem Hüttenflur vermieden werden sollen.

Im Ultraschallbild zeigen sich Flockenrisse zumeist als Anzeigen, die in der Kern- und Zwischenzone verteilt sehr häufig wechselnde Amplituden aufweisen, jedoch einzeln und selten als Echogebirge auftreten (Abb. 11.9).

Aufgrund ihrer unregelmäßigen Orientierung im Querschnitt des Schmiedestückes sind Flocken namentlich bei vakuumentgasten Stählen nur schwer zu identifizieren, der Prüfer verwechselt sie vor allem bei großen Verformungsgraden oft mit nichtmetallischen Einschlüssen.

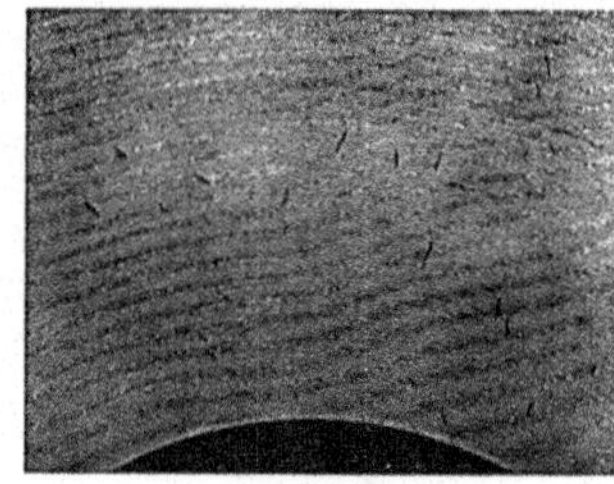

Abb. 11.8 Flockenrisse an einem Generatorläufer [11.2]

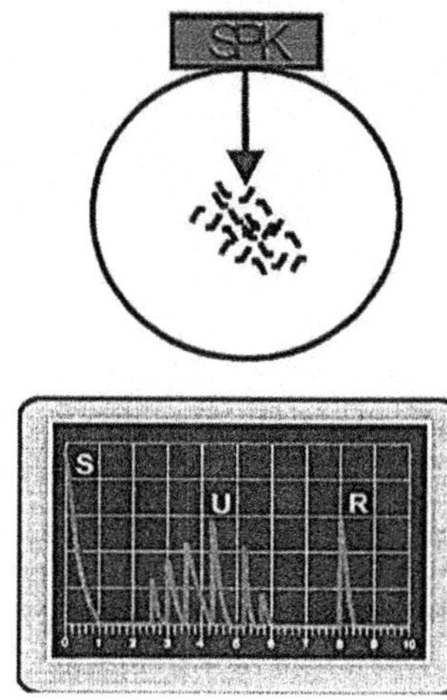

Abb. 11.9 Flockenrisse und Ultraschallbild [11.2]

Sehr unangenehm für den Ultraschallprüfer sind in diesem Zusammenhang sogenannte „Spätflocken". Dieser Name bezieht sich auf den Zeitpunkt der Feststellung solcher Risse. Es kann nämlich passieren, dass der Prüfer beim Hersteller einen Prüfbericht ohne Befund ausstellt, der Prüfer beim Besteller des Schmiedestückes aber Flocken findet. Die Ursache für diesen Befund ist darin zu suchen, dass das Schmiedestück beim Hersteller zum Zeitpunkt der Prüfung noch nicht genügend abgekühlt war, d.h., dass zwischen der relativ kalten prüffähigen Oberfläche und dem Kern eventuell aufgrund der großen Querabmessung ein Temperaturgradient vorhanden war, der die Entstehung von Flockenrissen noch zuließ. Deshalb sollten flockenrissempfindliche Schmiedestücke nach dem Entleeren des Ofens noch einige Stunden oder Tage liegen bleiben, bevor sie zum Prüfen vorgestellt werden.

Auch Spannungsrisse, vielfach an Querschnittsübergängen großer Schmiedestücke aus Werkstoffen mit hohem Kohlenstoffgehalt (z.B. Kaltwalzen) können durch Abkühlungs- und Umwandlungsspannungen verursacht in der Folge eines zu großen Temperaturgradienten zwischen Rand und Kern entstehen, insbesondere wenn die Werkstücke zu schnell oder ungleichmäßig erwärmt oder abgekühlt werden.

Seigerungen des Blockes werden im Allgemeinen bei der Ultraschallprüfung nicht festgestellt, da es sich im Wesentlichen um Entmischungserscheinungen beim Erstarren handelt. Der Prüfer findet dagegen oft nichtmetallische Einschlüsse sowie Schlacken oder Risse, die in den Seigerungszonen (konzentrische Übergangszone zwischen Rand und Kern des Schmiedestückes oder direkt im Kern) bevorzugt angeordnet sind.

11.2 Prüftechnik

11.2.1 Prüfzeitpunkt

Für die Festlegung des Zeitpunktes einer Ultraschallprüfung im Fertigungsprozess von Schmiedestücken können folgende Kriterien zugrunde gelegt werden:

- Um hohe Bearbeitungskosten zu sparen und Liefertermine einzuhalten, sollte die Prüfung möglichst frühzeitig erfolgen. Beispielweise können Prüfungen am vorgeschmiedeten Block für den Schmiedefachmann durchaus Festlegungen zum weiteren Verformungsprozess beeinflussen. Kopflunker können vom „Filetstück" ferngehalten werden. Ein nochmaliges Vorschmieden kann für den US-Befund von Bedeutung sein.
- Die Prüfungen sollten im konturenarmen Zustand durchgeführt werden, um ein Maximum an Prüfvolumen abzudecken.
- Die US-Prüfung an unbearbeiteter Oberfläche ist in den meisten Fällen auch mit Ungänzenbewertung durchführbar. Das Abflämmen mit Sauerstoff und Acetylen hilft losen Zunder entlang der Prüfbahnen zu entfernen und die Ankopplung zu verbessern.
- Zwischenprüfungen sind als technologische Prüfungen angebracht, wenn es sich um besonders wertvolle Schmiedestücke mit langen Fertigungszeiten handelt.
- Da in allen Fertigungsprozessstufen Fehler auftreten können, sollte die Abnahmeprüfung nach der letzten Wärmebehandlung vorgenommen werden.

11.2.2 Prüftechnische Kriterien

Die wesentlichen Kriterien zur Prüftechnik und zur Vorgehensweise beim Prüfen sollten in einer Prüfanweisung beschrieben werden. Bei der Festlegung der Parameter sind zu beachten:

- Geometrie und Abmessungen,
- Werkstoff und Gefügezustand,
- Faserverlauf und Fehlerkatalog.

Abb. 11.10 zeigt ein Beispiel für prüftechnisch günstige und ungünstige Ausführung eines Schmiedestückes und zwei geschmiedete Wellen in verschiedenen Fertigungszuständen.

Einschallpositionen und Einschallwinkel richten sich hauptsächlich nach dem Faserverlauf. Da Ungänzen überwiegend parallel zum Faserverlauf ausgerichtet sind, muss dar-

Prüftechnisch ungünstige Schmiedestückkonstruktion [11.3]

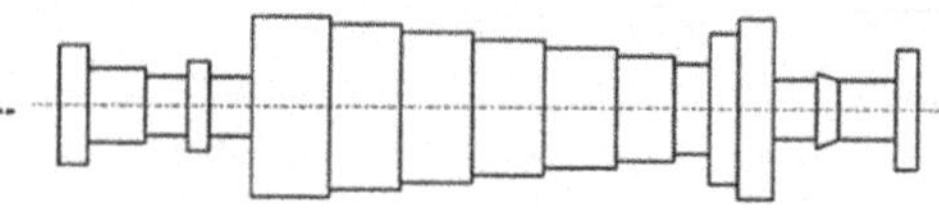

Prüftechnisch günstige Schmiedestückkonstruktion [11.3]

Abb. 11.10 Beispiele für prüftechnisch günstige und ungünstige Schmiedestückkonstruktionen [11.4]

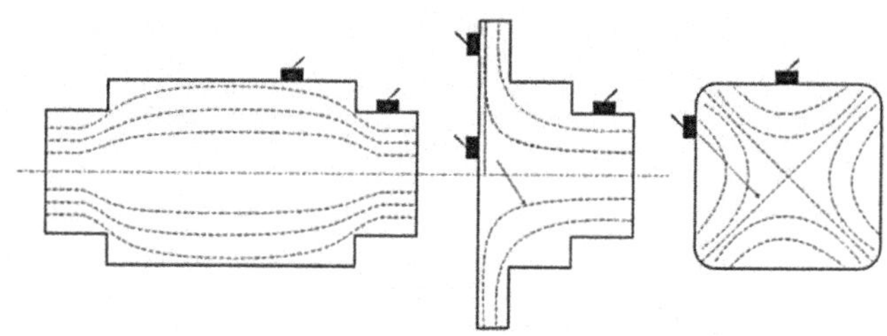

Abb. 11.11 Faserstruktur und Prüftechnik [11.3]

auf geachtet werden, dass der Schallstrahl senkrecht zum Faserverlauf angeordnet ist (Abb. 11.11).

Die Schallschwächung spielt bei der Prüfung von Schmiedestücken keine gleichermaßen dominierende Rolle wie bei der Gussstückprüfung. Demzufolge sind überwiegend Senkrecht-Normalprüfköpfe mit Nennfrequenzen 1, 2 und 4 MHz und Schwingerabmessungen zwischen 10 und 38 mm im Einsatz. SE- und Winkelprüfköpfe werden seltener verwendet, meistens bei abgesetzten Wellen oder gestauchten Schmiedestücken.

11.2.3 Manuelle, mechanisierte und automatisierte Prüfung

Die Mehrzahl der produzierten Schmiedestücke wird im Rohzustand oder nach entsprechender Oberflächenbearbeitung manuell geprüft. Das trifft auch auf sehr große Schmiedestücke zu, d.h. Schmiedestücke mit großem Durchmesser und oft auch großen Längsabmessungen. Bei Registriergrenzen in der Größenordnung von 1 mm und einem Außendurchmesser von 2000 mm wird in den Schmiedebetrieben schon an eine Mechanisierung oder Automatisierung des Prüfprozesses gedacht, doch sind es oft Kostenanalysen, die das verhindern. Meist sind es erst große Stückzahlen oder eine relativ große Zahl gleichartiger hochwertiger Schmiedestücke, die zur Konzipierung einer Prüfanlage führen, wie z.B. beim Feinschmieden.

Eine Mechanisierung der Ultraschallprüfung hat den Vorteil einer dem Prüffortschritt angepassten Dokumentation und der Speicherung der Messdaten. Beispielsweise kann durch die Einführung der Gruppenstrahlertechnik mit der damit verbundenen Möglichkeit der elektronischen Schallfeldsteuerung und der kontinuierlichen Änderung des Einschallwinkels eine Prüfung des gesamten Querschnitts schnell und zuverlässig durchgeführt werden. Grundvoraussetzung für die automatisierte Ultraschallprüfung sind digitale Prüfsysteme mit entsprechender interner Software, die die Ergebnisse auch bei unterschiedlichen Empfindlichkeitsjustierungen zu vergleichen erlaubt.

Bei der manuellen Prüfung wird eine Vielzahl an Einschallrichtungen mit unterschiedlichen Einschallwinkeln gefordert Abb. 11.12.

Dafür sind viele kostenintensive Prüferstunden erforderlich, die sich leicht erhöhen können, wenn sehr große und teure Schmiedestücke geprüft werden, bei denen viele registrierpflichtige Anzeigen festgestellt werden. Wenn man sich das Volumen eines solch

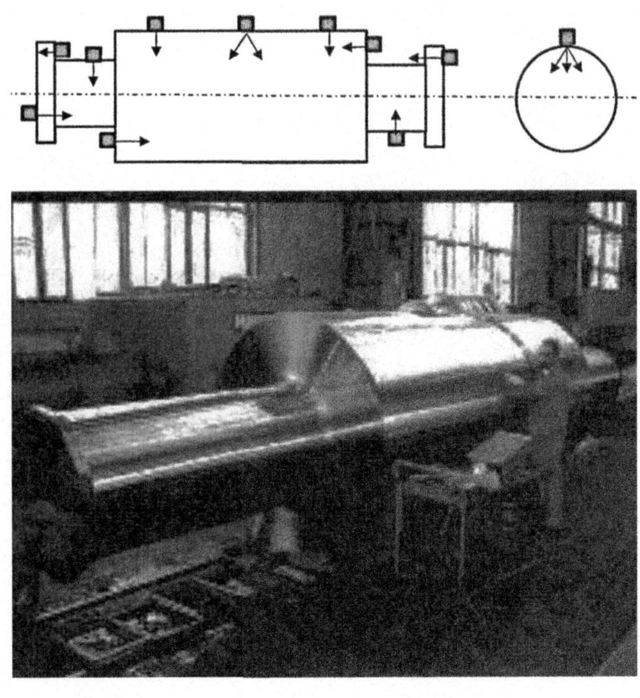

Abb. 11.12 Große Turbinenwelle und Einschallrichtungen (schematisch) [11.4]

großen Schmiedestückes von bis zu über 100 Tonnen Gewicht vorstellt und die üblichen Registriergrenzen bis hinunter zur Nachweisgrenze berücksichtigt, wird offensichtlich, welch große Verantwortung der Prüfer zur Vorbereitung der Bewertung und Entscheidungsfindung zur Verwendbarkeit hat. In Abhängigkeit vom Werkstoff und von den Abmessungen eines Schmiedestückes werden bei den bevorzugt mit 2 MHz durchgeführten Prüfungen Nachweisgrenzen zwischen 0,7 bis 1,5 mm KSR erreicht.

Für die mechanisierte Prüfung der in Abb. 11.12 abgebildeten Turbinenwelle wurde bei befundfreien Wellen nur ca. 70% der Prüfzeit der manuellen Prüfung bei gleichen Prüfkopf- und Einschallrichtungsparametern benötigt. Bei Turbinenwellen mit registrierpflichtigen Befunden wurden noch kürzere Zeiten gebraucht. Das beweist schon, dass mit zunehmendem Automatisierungsgrad neben Rationalisierungseffekten auch wesentlich mehr Spielraum für vergleichende Auswertungen durch das Softwarepaket gegeben ist.

Einsparungen an Prüfzeit und Reduzierung von Prüftechnik (z.B. Prüfköpfe mit verschiedenen Einschallwinkeln) konnte auch erreicht werden, als Phased-Array-Technik die herkömmliche Technik bei der Ultraschallprüfung von geschmiedeten Generator- und Turbinenwellen ersetzt hat [11.4], [11.14].

Weitere Beispiele für die manuelle mechanisierte Ultraschallprüfung an Schmiedestücken sind die CET-Prüfanlage für Schwungrad- und Turbinenscheiben (Abb. 11.13) und die Kappenringprüfanlage (Abb. 11.14) bei den Vereinigten Schmiedewerken in Osnabrück und Essen.

Mit der CET-Prüfanlage wurden Schwungradscheiben, Turbinenscheiben in den Abmessungen von 700 mm bis 2000 mm Außendurchmesser sowie Spindeln und Turbinenwellen in den Abmessungen von 500 mm bis 1800 mm Außendurchmesser geprüft. Bei der Prüfung dieser großvolumigen Schmiedeteile ist die Fehlergrößen- und Fehlerortsbestim-

Abb. 11.13 CET-Prüfanlage für Schwungrad- und Turbinenscheiben [11.5]

Abb. 11.14 Kappenringprüfanlage [11.6]

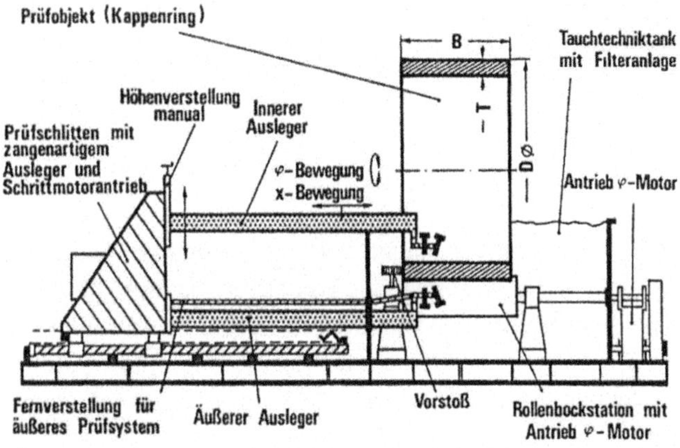

Abb. 11.15 Prüfmechanik zur Kappenring-Prüfanlage schematisch [11.6]

Abb. 11.16 Gesamtansicht einer Ultraschallprüfanlage für Schmiedestücke [11.10]

Abb. 11.17 Manuelle Prüfung eines schweren Schmiedeteils [11.11]

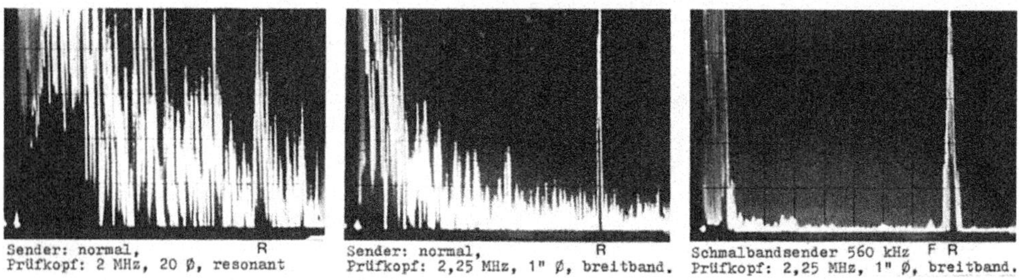

Abb. 11.18 Vergleich von A-Bildern eines Schmiedestückes mit normaler und mit Schmalbandsendertechnik [11.12]

mung aufgrund der langen Schallwege und der dadurch bedingten großen Schallbündelausdehnung sehr schwierig. Weiterhin wird die Durchführung der Prüfung in den Oberflächenbereichen der Schaufelreihen und Dichtbänder beeinträchtigt.

Der Einsatz der Computer-Echotomographie (CET) mit Gruppenstrahlerprüfköpfen bietet bei diesen erschwerten Prüfbedingungen folgende Vorteile:

- Das Schallbündel kann durch Variation des Einschallwinkels an verschiedene Fehlerorientierungen ausreichend angepasst werden.
- Durch die nachgeschaltete Datenverarbeitung werden alle Anzeigenbereiche bezüglich ihrer Form, Lage und Größe in einer anschaulichen Form des Querschnittsbildes zusammengefasst und dokumentiert.

Die Kappenringe werden für die Prüfung in einem Tauchbecken auf ein Zylinderrollenpaar abgelegt. Beide Rollen sind in ihrem Abstand parallel zueinander verstellbar, um die vorgegebene Wasservorlaufstrecke zu dem unteren nicht verstellbaren Prüfkopfhalter einstellen zu können. Der obere Prüfkopfhalter ist zur Einstellung der gleichen Wasservorlaufstrecke höhenverstellbar ausgelegt. Die Prüfköpfe werden berührungslos an der Mantellinie des Kappenringes entlang geführt. Ein Prüfschlitten mit der Prüfkopfanordnung bewegt diese nach jeweils einer Ringumdrehung in Prüfspurbreiten von 3 mm. Abb. 11.15 zeigt die Prüfanlage schematisch.

Schließlich zeigt Abb. 11.16 die Gesamtansicht einer Ultraschallprüfanlage der Firma Karl Deutsch bei der BGH Edelstahl Siegen GmbH für Schmiedestücke von 300 mm bis 1000 mm Durchmesser und bis zu 10 m Länge [11.11].

In Abb. 11.17 wird die manuelle Prüfung eines schweren Schmiedeteils dargestellt.

Zur Ultraschallprüfung austenitischer korrosionsbeständiger Schmiedestücke haben Becker und Vogt [11.12] einen Schmalbandsender der Firma Karl Deutsch und breitbandige Prüfköpfe eingesetzt, um das Signal/Rausch-Verhältnis entscheidend zu verbessern (Abb. 11.18).

11.3 Prüfung nach SEP 1921

11.3.1 Prüfumfang und -zeitpunkt

Das vom VDE herausgegebene Stahl-Eisen-Prüfblatt 1921 stellt die z.Z. in Deutschland weitverbreiteste Anleitung zur Prüfung von Schmiedestücken dar. Es gilt für unbearbeitete und bearbeitete, unbehandelte und wärmebehandelte Schmiedestücke aus unlegiertem und legiertem Stahl, aber auch für nichtumwandlungsfähige Stähle. Bei der Prüfung wird auf einfache rotationssymmetrische Formen entsprechend DIN 54126 und eine von losem Zunder befreite glatte Oberfläche orientiert. Der zur Prüfung erforderliche Oberflächen- und Gefügezustand zur Fehlererkennbarkeit und der Bearbeitungs- und Wärmebehandlungszustand müssen aufeinander abgestimmt sein und den Nachweis der bestellten Bewertungsklasse zulassen. Bei Schmiedestückbestellungen mit US-Prüfung nach diesem Prüfblatt sind die Prüfgruppe, die Größenklasse, die Häufigkeitsklasse, die Registriergrenze, die Oberflächenbeschaffenheit und der zur Prüfung freigegebene Wärmebehandlungszustand zu vereinbaren. Eine Einteilung in vier Prüfgruppen deckt den Prüfumfang ab (Abb. 11.19), wobei Bereiche, die bei der mechanischen Bearbeitung entfallen, nicht berücksichtigt werden brauchen.

11.3.2 Prüfsystem, Justierung und Durchführung der Prüfung

Anforderungen an das Prüfsystem werden von DIN EN 583 abgeleitet. Die Justierung und Bewertung von Ungänzen darf sowohl mit Hilfe der AVG-Methode, als auch durch Einstellungen an entsprechenden Bezugsreflektoren in Vergleichs- oder Justierkörpern realisiert werden. Die Prüfgeschwindigkeit sollte 100 mm/s nicht überschreiten.

11.3.3 Bewertung von Anzeigen

Die Bewertung von Anzeigen erfolgt in je fünf Größen- und Häufigkeitsklassen entsprechend den Tabellen 11.1 und 11.2.

Bei der Größenbewertung werden Anzeigen ohne und mit Ausdehnung definiert, die mit AVG- und Abtastmethoden ermittelt werden müssen. Als Anzeigenhäufigkeit wird die Anzahl von Anzeigen oberhalb der Registriergrenze im Volumen des Schmiedestückes

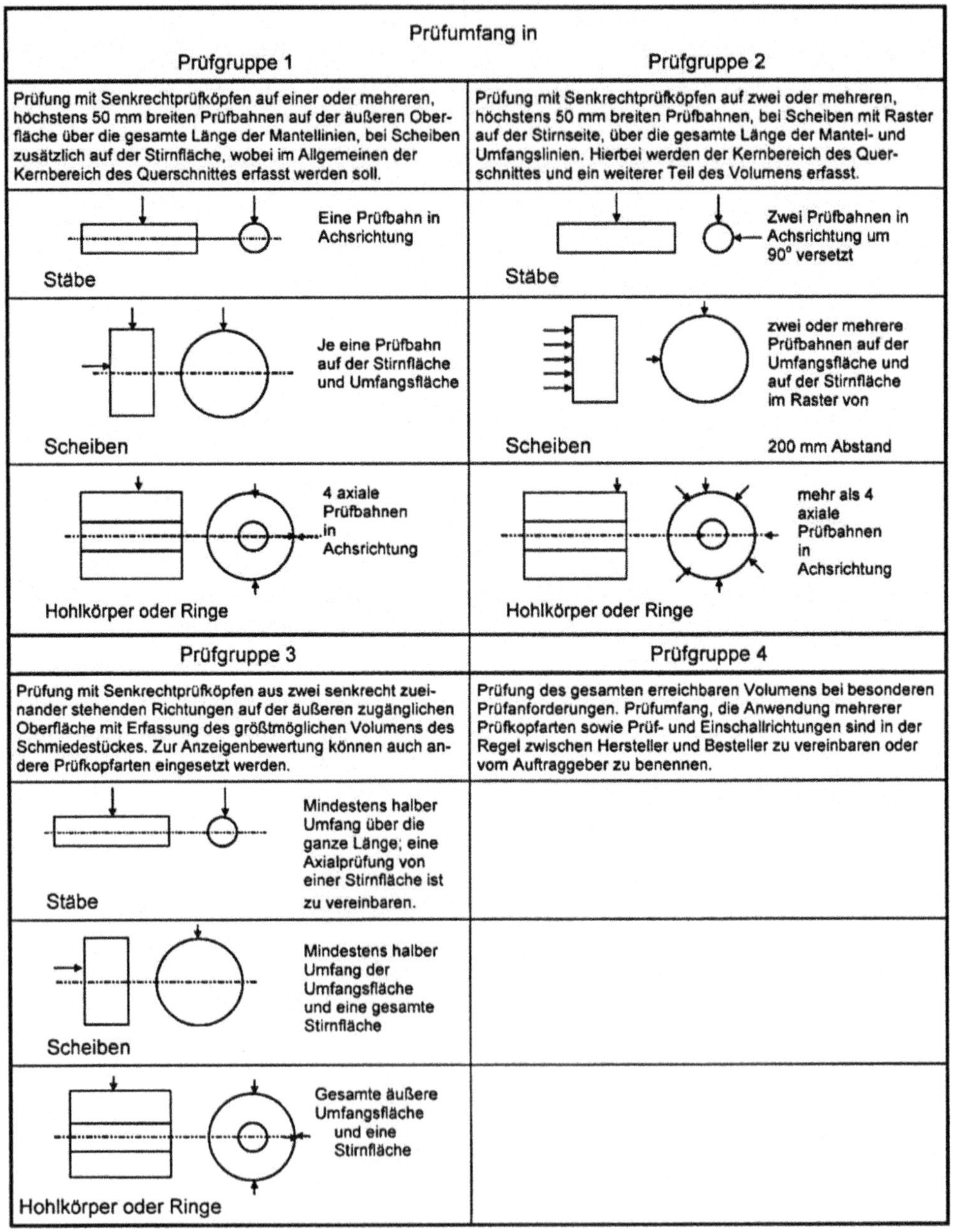

Abb. 11.19 Einteilung von Prüfgruppen für den Prüfumfang nach SEP 1921 [11.7]

Tab. 11.1 Größenklassen nach SEP 1921

Größenklassen	Zulässigkeitsgrenzen Anzeigen ohne Ausdehnung * in mm KSR **	Anzeigen mit Ausdehnung in mm KSR **	maximale Ausdehnung in mm ***
A	14	10	80
B	10	7	60
C	7	5	40
D	5	3	30
E	3	2	30

* Anzeigen ohne Ausdehnung sollen größenklassenabhängig einen Abstand von 5 mm KSR haben. Liegen kürzere Abstände vor, sind die Anzeigen als "Anzeigen mit Ausdehnung" zu betrachten. Über die zulässige Häufigkeit sind Vereinbarungen nach Bild 14.2 zu treffen.

** KSR = Kreisscheibenreflektor. Der Stufung von Größenklassen liegen Amplitudenunterschiede von etwa 6 dB zugrunde.

*** Überschreitungen der maximalen Ausdehnung können auf Vereinbarung unter Anrechnung der zulässigen Häufigkeit berücksichtigt werden. Es entspricht einer Anzeige mit Ausdehnung von 160 mm Länge für Größenklasse A beispielsweise einer Häufigkeit von 160 : 80 = 2.

Tab. 11.2 Häufigkeitsklassen nach SEP 1921

Häufigkeitsklasse	Zulässigkeitsgrenzen Anzahl von Anzeigen ohne Ausdehnung	Anzahl von Anzeigen mit Ausdehnung
a	32	16
b	16	8
c	8	4
d	4	2
e	2	1

* Die Bezugsgröße ist je nach Größe, Zone o. Länge d. Schmiedestückes zu vereinbaren.

festgelegt. Die Registriergrenze entspricht der Zulässigkeitsgrenze, wenn zwischen Hersteller und Besteller nichts anderes vereinbart ist. In diesem Fall braucht die Anzeigenhäufigkeit nicht angegeben zu werden. Bei Vereinbarung der Registriergrenze muss das Verhältnis Registriergrenze/Zuverlässigkeitsgrenze mindestens 6 dB betragen.

11.4 Prüfung nach DIN EN 10228-3

11.4.1 Prüfumfang und -zeitpunkt

Die Prüfflächen müssen nach dieser Norm [11.8] frei sein von Anstrichen, lose haftendem Zunder, trockenem Ankopplungsmittel, Oberflächenunregelmäßigkeiten und anderen Fremdstoffen, die die Ankopplungsbedingungen beeinträchtigen, die freie Bewegung des Prüfkopfes behindern oder Fehler in der Interpretation verursachen könnten. Nach der Oberflächengüte werden vier Qualitätsklassen eingeteilt, bei denen die Oberfläche zunehmend feiner mechanisch bearbeitet werden muss. Schmiederohe Teile werden der niedrigsten Qualitätsklasse 1 zugeordnet.

Der erforderliche Mindestprüfumfang ist durch den Typ des Schmiedestückes bestimmt und davon abhängig, ob in der Anfrage und Bestellung eine Rasterprüfung oder eine 100% ige Prüfung festgelegt worden ist. Tabelle 11.3 sieht eine Einteilung in vier Typen von Schmiedestücken nach ihrer Form und nach dem Herstellverfahren vor und Tabelle 11.4 legt die Anforderungen an den Prüfumfang bei Senkrechteinschallung für die Schmiedestücktypen 1 bis 3 fest.

In Tabelle 11.5 sind die Anforderungen an den Prüfumfang bei Winkelprüfköpfen und Schrägeinschallung für die Schmiedestücktypen 3 mit einem Verhältnis Außen- zu Innendurchmesser unter 1,6 aufgeführt. Die erfasste Tiefe bei der Prüfung in Umfangsrichtung ist durch den Einschallwinkel und den Durchmesser des Schmiedestückes begrenzt.

Tab. 11.3 Prüfumfang bei der Winkeleinschallung

Prüfumfang bei der Winkeleinschallung			
Typ	Rasterprüfung [1]		100%ige Prüfung [1)2)]
3	3a 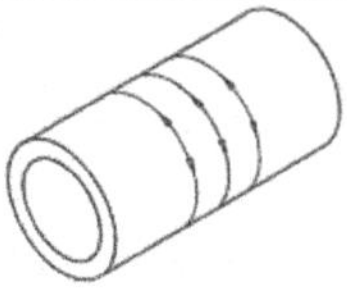 3b 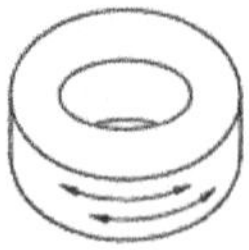	Abtastung in beiden Richtungen auf 360°-Umfangsrasterbahnen, deren Abstand bis zu einem Höchstwert von 200 mm der radialen Dicke entspricht	100%ige Abtastung der äußeren Mantelfläche in beiden Umfangsrichtungen
4	Der Prüfumfang ist in der Anfrage oder Bestellung festzulegen.		
1)	Zusätzliche Abtastungen können bei entsprechender Festlegung in de Anfrage und Bestellung durchgeführt werden.		
2)	100% bedeutet, daß sich die aufeinanderfolgenden Prüfbahnen um min. 10% überlappen.		

Tab. 11.4 Einteilung der Schmiedestücke in Typen

Einteilung der Schmiedestücke nach der Form und dem Verfahren ihrer Herstellung		
Typ	Form	Übliches Herstellverfahren [1)]
1a[2)]	länglich; mit rundem oder annähernd rundem Querschnitt; z.B. Stäbe, Stangen, Zylinder, Wellen, Zapfen, von Stäben abgetrennte Scheiben 	Direktes Schmieden
1b[2)]	länglich; mit rechteckigem oder annährend rechteckigem Querschnitt, z.B. Stäbe, Stangen, Blöcke, von Stäben abgetrennte Profile 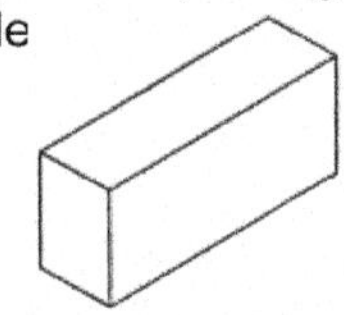	
2[3)4)]	flach; z.B. Scheiben. Grobbleche, Schwungräder 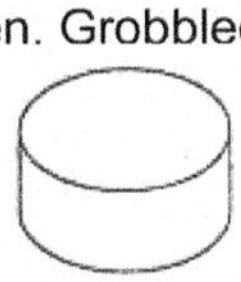	Stauchen
3a	Zylindrische Hohlformen; z.B. Flaschen, Gasdruckbehälter 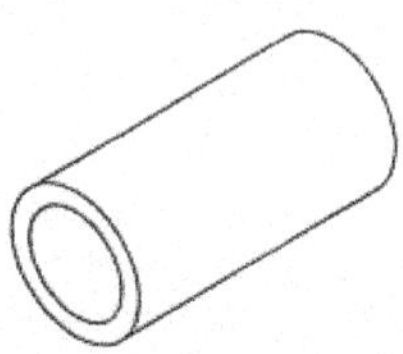	Schmieden mit Dorn
3b	Zylindrische Hohlformen; z.B. Ringe, Flansche, Reifen 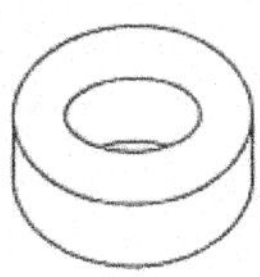	Ringwalzen
3c		Aufweiten
4	Alle Schmiedestücke oder Bereiche davon mit komplexer Form	

[1)] Der Besteller ist zum Zeitpunkt der Anfrage und Bestellung über das Herstellverfahren zu informieren.

[2)] Schmiedestücke vom Typ 1 können Bohrungen mit im Verhältnis zu den Hauptmaßnahmen geringem Durchmesser enthalten.

[3)] Schmiedestücke vom Typ 2 können auch gedreht sein (z.B. Klemmscheiben).

[4)] Zu Schmiedestücken vom Typ 3 gehören Erzeugnisse, die aus geschmiedeten Knüppeln und Stäben gefertigt wurden.

Tab. 11.5 Prüfumfang bei der Senkrechteinschallung

Prüfumfang bei der Senkrechteinschallung				
Typ	Rasterprüfung [1]			100%ige Prüfung [1)2)]
		Durchmesser D, in mm	Prüfbahnen[2]	
1	1a 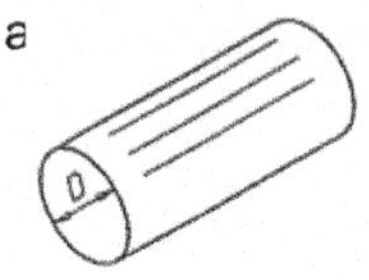	D≤ 200 200 < D≤ 500 500 D≤ 1000 D > 1000	2 bei 90° 3 bei 60° 4 bei 45° 6 bei 30°	100%ige Abtastung über mindestens 180° der zylindrischen Oberfläche
	1b 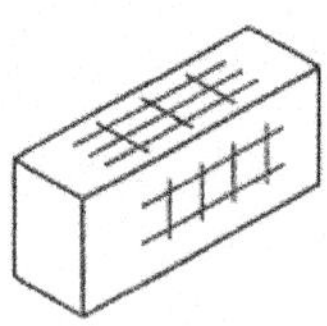	Abtastung in einem Kreuzraster auf zwei zueinander senkrechten Prüfflächen [3), 4)]		100%ige Abtastung auf zwei zueinander senkrechten Prüfflächen
2	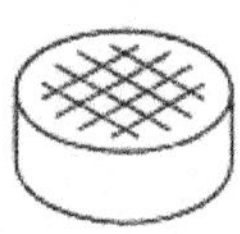	Abtastung jeweils in einem Kreuzraster über 360° auf der Mantelfläche und auf einer Stirnfläche		100%ige Abtastung mindestens über 360° auf der Mantelfläche und auf einer Stirnfläche
3	3a 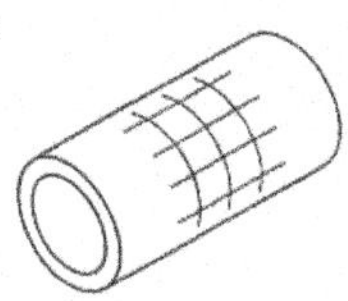	Abtastung im Kreuzraster über 360° auf einer äußeren Mantelfläche[4]		100%ige Abtastung über 360° auf der äußeren Mantelfläche
	3b und 3c 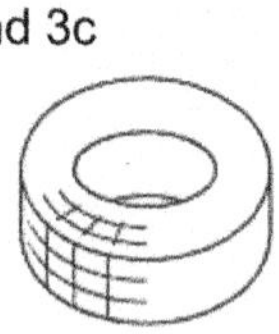	Abtastung im Kreuzraster über 360° auf einer äußeren Mantelfläche und einer Stirnfläche[4]		100%ige Abtastung über 360° auf der äußeren Mantelfläche und einer Stirnfläche
4	Der Prüfumfang ist in der Anfrage und Bestellung festzulegen.			

1) Zusätzliche Einschallrichtungen (z.B. in beiden axialen Richtungen beim Typ 3a) können bei entsprechender Festlegung in der Anfrage und Bestellung angewendet werden.

2) 100% bedeutet, daß sich die aufeinanderfolgenden Prüfbahnen um min.10% überlappen.

3) Für die Typen 1a und 1b ist die Anzahl der Prüfbahnen durch Einbeziehen der gegenüberliegen den Prüfflächen zu verdoppeln, wenn es das Vorhandensein einer Bohrung nicht erlaubt, die gegenüberliegende Oberfläche zu erreichen.

4) Der Rasterabstand ist genauso groß wie die Dicke des Teiles – bei einem Höchstwert von 200 mm – zu wählen.

Für Schmiedestücke oder Bereiche davon mit komplexer Form (Typ 4) und Schmiedestücke mit kleinem Durchmesser ist der Prüfumfang zwischen Besteller und Hersteller zu vereinbaren. Diese Vereinbarung muss mindestens Aussagen zum erforderlichen Einschallwinkel, zur Prüfrichtung und zum Umfang der Prüfung enthalten. Die Tabellen 11.3 bis 11.5 enthalten Angaben zur Rasterprüfung und zur vollständigen Prüfung.

Die Ultraschallprüfung ist nach der abschließenden Wärmebehandlung durchzuführen, sofern zwischen Hersteller und Besteller nichts anderes vereinbart worden ist, z.B. nach der letztmöglichen Fertigungsstufe für Bereiche von Schmiedestücken, für die eine Prüfung nach der abschließenden Wärmebehandlung nicht praktikabel ist. Sowohl für zylindrische als auch für rechteckige Schmiedestücke, in die axiale Bohrungen einzubringen sind, soll die Ultraschallprüfung vor dem Bohren durchgeführt werden.

11.4.2 Prüfsystem, Justierung und Durchführung der Prüfung

Das Prüfgerät muss eine A-Bild-Darstellung haben und die Anforderungen von DIN EN 12668-1 erfüllen. Die Prüfköpfe sollen Nennfrequenzen zwischen 1 und 6 MHz und effektive Durchmesser bei Senkrechtprüfköpfen Werte von 10 bis 40 mm aufweisen. Winkelprüfköpfe müssen Einschallwinkel zwischen 35 und 70° haben, die effektive Schwingerfläche muss 20 bis 625 mm^2 betragen. Die Justierkörper sind nach DIN EN 12223 auszuwählen, Vergleichskörper müssen verfügbar sein, wenn die Prüfempfindlichkeit mit Hilfe von Bezugslinien einzustellen ist oder wenn die Größe von Fehlern anhand der Amplitude, die nach der Bezugslinientechnik für Bezugsreflektoren ermittelt wurde. Die Vergleichskörper müssen hinsichtlich ihres Oberflächenzustandes, des Werkstoffes und der Wärmebehandlung wie das zu prüfende Teil beschaffen sein. Soweit nichts anderes festgelegt ist, muss der Vergleichskörper mindestens drei Reflektoren, die den gesamten zu prüfenden Tiefenbereich repräsentieren, enthalten. Die Ultraschallprüfung wird in manueller Kontakttechnik durchgeführt. Die Abtastgeschwindigkeit darf 150 mm/s nicht überschreiten.

11.4.3 Bewertung von Anzeigen

Die zu klassifizierenden Ungänzen sind gemäß Abb. 11.20 eingeteilt als

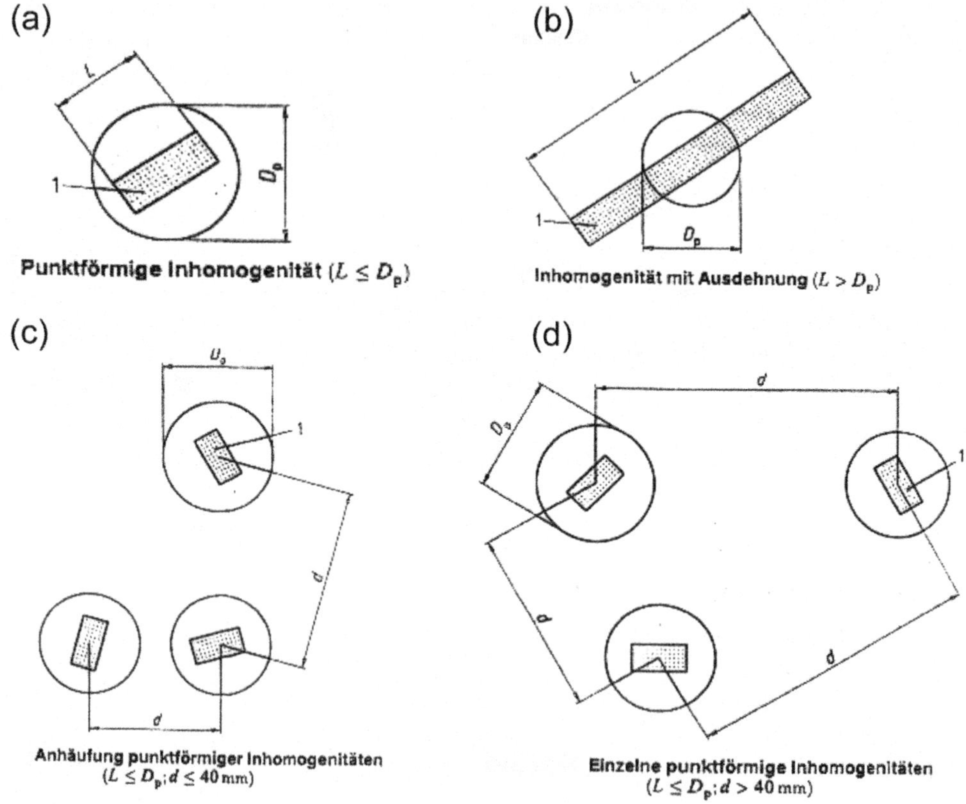

Abb. 11.20 Einteilung der zu klassifizierenden Ungänzen

Die Tabellen 11.6 bis 11.8 enthalten Angaben über die Registriergrenzen und die Zulässigkeitskriterien, die für die Qualitätsklassen anzuwenden sind. Für ein Schmiedestück oder Bereiche davon können verschiedene Qualitätsklassen angewendet werden. Qualitätsklasse 4 stellt die strengsten Anforderungen und weist die niedrigste Registriergrenze und die strengsten Zulässigkeitskriterien auf. Abweichende Qualitätsklassen können vereinbart werden.

11.5 Prüfung nach ASME-Code

In der Regel werden im ASME-Code [11.9] als empfohlene Durchführungspraktik für die Ultraschallprüfung und Abnahme schwerer Schmiedestücke die Vorschrift SA-388 und speziell für die Prüfung austenitischer Schmiedestücke die Vorschrift SA-745 herangezogen.

Tab. 11.6 Qualitätsklassen, Registriergrenzen und Zulässigkeitskriterien für Senkrechtprüfköpfe

Qualitätsklassen, Registriergrenzen und Zulässigkeitskriterien für Senkrechtprüfköpfe				
Qualitätsklassen	1	2	3	4
	Registriergrenzen			
Gleichwertige Flachbodenbohrungen (FBB) d_{eq}[1)], mm	> 8	> 5	> 3	> 2
R-Verhältnis f. abrupte Schwächung des Rückwandechos[2), 3)]	≤ 0,1	≤ 0,3	≤ 0,5	≤ 0,6
Zulässigkeitskriterien				
FBB (einzelne punktförmige Inhomogenitäten)) d_{eq}[1)], mm	≤ 12	≤ 8	≤ 5	≤ 3
FBB (Inhomogenitäten mit Ausdehnung oder Anhäufung von Inhomogenitäten) d_{eq}[1)], mm	≤ 8	≤ 5	≤ 3	≤ 2

1) d_{eq} Durchmesser der (gleichwertigen) Flachbodenbohrung.

2) $R = \frac{F_n}{F_{0,n}}$

mit

$n = 1$ für $t \geq 60$ mm

$n = 2$ für $t < 60$ mm

F_n Amplitude (Höhe auf dem Bildschirm) des n-ten geschwächten Rückwandechos.

$F_{0,n}$ Amplitude (Höhe auf dem Bildschirm) des n-ten Rückwandechos im nahegelegensten Abschnitt im Bereich von F_n der frei von Inhomogenitäten ist.

3) Wird die Schwächung des Rückwandechos so groß, dass die Nachweisgrenze unterschritten wird, so sind weitere Untersuchungen erforderlich. Der Verhältniswert *R* gilt nur für eine starke Schwächung des Rückwandechos durch die Anwesenheit einer Inhomogenität.

Tab. 11.7 Qualitätsklassen, Registriergrenzen und Zulässigkeitskriterien für Winkelprüfköpfe bei Anwendung der AVG-Technik

Qualitätsklassen, Registriergrenzen und Zulässigkeitskriterien für Winkelprüfköpfe bei Anwendung der AVG-Technik mit Flachbodenbohrung				
Qualitätsklassen	1[1)]	2	3	4
Registriergrenze d_{eq}[2)], mm	-	> 5	> 3	> 2
Zulässigkeitsgrenze für einzelne Inhomogenitäten d_{eq}[2)], mm	-	≤ 8	≤ 5	≤ 3
Zulässigkeitsgrenze für ausgedehnte Inhomogenitäten oder Anhäufungen von Inhomogenitäten d_{eq}[2)], mm	-	≤ 5	≤ 3	≤ 2

1) Winkeleinschallungen ist für Qualitätsklasse 1

2) d_{eq} Durchmesser der (gleichwertigen) Flachbodenbohrung.

11.5.1 Prüfumfang und -zeitpunkt

Die Ultraschallprüfung ist nach der Wärmebehandlung (außer Spannungsfreiglühen), allerdings vor dem Bohren, Fräsen, Abschrägen, Auskehlen oder weiteren Umrissbearbeitungen durchzuführen. Die Oberflächen auch der Stirnflächen sollen spanend bearbeitet werden, frei von Rost, Zunder, Farbe, Schmutz und ähnlichen Verunreinigungen sein und falls nicht anders gefordert, keine größere Rauheit als 250 Mikrometer aufweisen. Sofern durchführbar, ist das gesamte Volumen des Schmiedestückes der Ultraschallprüfung zu

Tab. 11.8 Qualitätsklassen, Registriergrenzen und Zulässigkeitskriterien für Winkelprüfköpfe bei Anwendung der Bezugslinientechnik

Qualitätsklassen, Registriergrenzen und Zulässigkeitskriterien für Winkelprüfköpfe bei Anwendung der Bezugslinientechnik[1)]				
Qualitäts-klasse	Nennprüf frequenz [2)] MHz	Registriergrenze % (der Bezugslinie)	Zulässigkeitsgrenzen: Einzelne Inhomogenitäten [3)] % (der Bezugslinie)	Zulässigkeitsgrenzen: Ausgedehnte und Anhäufungen von Inhomogenitäten [3)] % (der Bezugslinie)
1	[4)]			
2	1	50	100	50
	2	100	200	100
3	2	50	100	50
	4	100	200	100
4	2	30	60	30
	4	50	100	50

1) Auf der Grundlage einer Querbohrung mit 3 mm Durchmesser.
2) Eine Bezugslinie, die auf einer Querbohrung mit 3 mm Durchmesser basiert, ist für jede Prüffrequenz und jeden Prüfkopf zu konstruieren.
3) Die Anzeigeamplitude in dB, bezogen auf die Bezugslinie, ist in Anhang B angegeben.
4) Bei Anwendung von Winkelprüfköpfen ist die Qualitätsklasse 1 nicht erreichbar.

unterziehen. Wegen der Radien bei Querschnittsübergängen kann es vorkommen, dass verschiedene Querschnitte nicht geprüft werden können.

Um sicherzustellen, dass das ganze Volumen des Schmiedestückes bei der Prüfung erfasst wird, sind die Prüfbahnen um mindestens 15% überlappend zu führen. Die Abtastgeschwindigkeit darf ca. 150 mm pro Sekunde nicht übersteigen, jedoch darf die Prüfung mechanisiert werden.

11.5.2 Prüfsystem, Justierung und Durchführung der Prüfung

Grundsätzlich müssen in der Bestellung Festlegungen zur Prüftechnik und eventuell auch zu den einzusetzenden Vergleichs- und Justierkörpern angegeben werden. Außerdem ist die Angabe des Qualitätslevels bzw. der Gütestufen (Zulässigkeitsgrenzen) erforderlich.

Nach der Technik der Senkrechteinschallung unterscheidet man die Empfindlichkeitsjustierung mit Hilfe des Rückwandechos bei Schmiedestücken, bei denen die Ankopplungsflächen und die Gegenflächen (Rückwände) parallel sind und mit Hilfe von Querbohrungen. Die Senkrechteinschallung wird benutzt, um scheibenförmige und zylindrische Prüfstücke radial und soweit wie möglich auch axial abzutasten.

Nach der Technik der Schrägeinschallung werden Ringe und geschmiedete Hohlteile justiert und geprüft, die eine eine größere axiale Länge als 50 mm und ein Verhältnis von

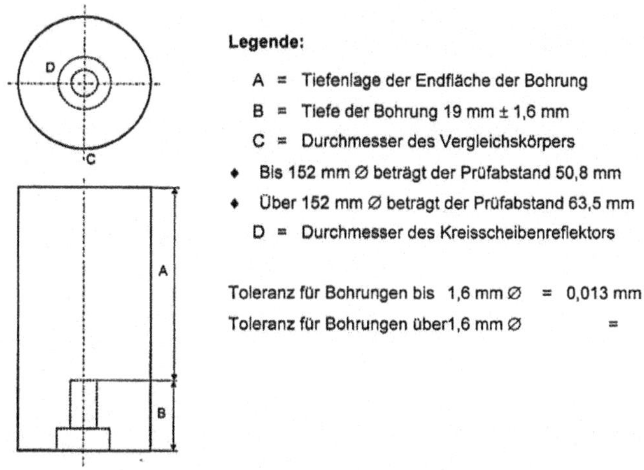

Abb. 11.21 Vergleichskörper nach ASME-Code

Außendurchmesser zu Innendurchmesser von 2 : 1 haben. Die Schrägeinschallung ist zusätzlich zur Senkrechteinschallung bei hohlen Schmiedestücken in zwei radialen Richtungen vorzunehmen. Außerdem wird eine Schrägeinschallung in zwei axialen Richtungen bei Prüfstücken gefordert, die nicht nach der Technik der Senkrechteinschallung axial geprüft werden können.

Im Abb. 11.21 ist die grundsätzliche Ausführung eines Vergleichskörpers für die Senkrechteinschallung angegeben. Falls die Senkrechteinschallung nach der Vergleichskörpermethode durchgeführt werden soll, sind Angaben für Durchmesser und Tiefenlage der Flachbodenbohrung sowie die Angabe des Werkstoffes für den Vergleichskörper erforderlich. Beim Vergleichskörper für die Schrägeinschallung muss festgelegt sein, ob die Empfindlichkeitseinstellung an einer Rechtecknut oder an einer 60°-V-Nut (Spitzkerbe) an der Innenseite in axialer Richtung erfolgen soll.

Für die Senkrechteinschallung sind normalerweise Prüfköpfe mit großen Schwingerabmessungen und einer Frequenz von 2,25 MHz einzusetzen. Bei austenitischen Schmiedestücken ist unter Umständen eine niedrigere Frequenz erforderlich. Es werden dazu konkrete Angaben zur aktiven Nennfläche der Prüfköpfe gemacht. Die Prüfung mittels Schrägeinschallung wird vorzugsweise mit einem großen 45 ° Prüfkopf mit einer Frequenz von 1 MHz durchgeführt. Abb. 11.22 zeigt eine Übersicht der Einschallpositionen.

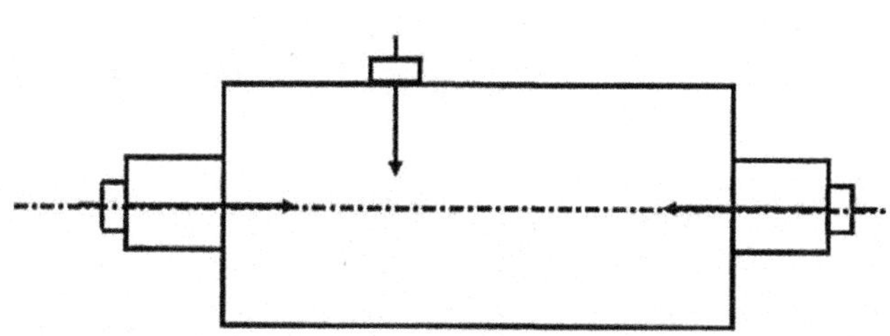

Abb. 11.22 a Grundsätzlich werden alle Schmiedestücke nach der Technik der Senkrechteinschallung geprüft

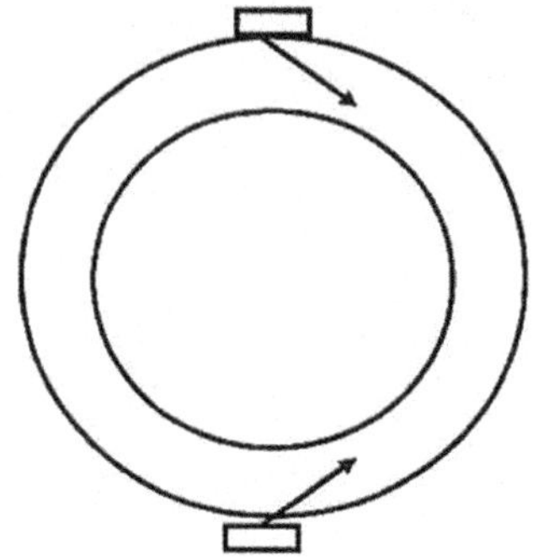

Abb. 11.22 b Zusätzlich ist bei ringförmigen Schmiedestücken (hohle Schmiedestücke) radial aus zwei Richtungen mit Schrägeinschallung zu prüfen.

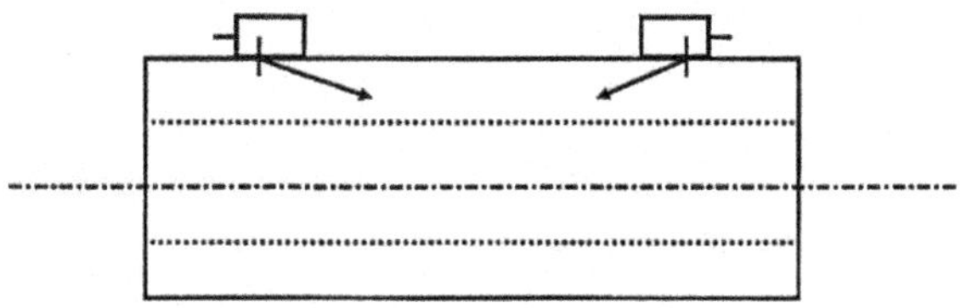

Abb. 11.22 c Bei feinkörnigen, ringförmigen Schmiedestücken für Behälter ist außerdem noch axial aus zwei Richtungen mit Schrägeinschallung zu prüfen.

11.5.3 Bewertung von Anzeigen

Aufgrund der Vielfalt an Größen, Formen, Zusammensetzungen, Erschmelzungsverfahren und Anwendungen ist es nicht möglich, eine allgemeingültige Zulässigkeitsgrenze anzugeben. Die Festlegung einer solchen Grenze sollte schwerpunktmäßig auf den betrieblichen Belastungen des jeweiligen Objektes basieren und in einer Prüfanweisung festgelegt werden.

In eigener Sache sei auf die Möglichkeit der technologischen Festlegung von Verwendbarkeitsgrenzen bei der Ultraschallprüfung von Schmiedestücken hingewiesen [11.13]. Die Entscheidungsfindung über die Verwendbarkeit von Schmiedestücken erfolgte im SKET Magdeburg und auch in der Norm TGL 15013, Bl. 13 anhand eines Klassifizierungsschemas (Abb. 11.23).

Für die Entscheidungsfindung war von Vorteil, dass die ziffernmäßigen Ultraschallbefunde Aufschluss über den inneren Sachverhalt gaben, ohne den Metallurgen mit schalltechnischen Daten zu belasten. Dieses System führte zu sog. Grenzziffern der Verwendbarkeit, unter denen die jeweiligen Ziffern 1 bis 5 des Klassifizierungsschemas entsprechend den gerade noch zulässigen Klassen zu verstehen waren. Bei der praktischen Grenzziffernbildung waren folgende Grundsätze zu berücksichtigen:

- Verwendungszweck,
- Beanspruchungsverhältnisse,
- Abnahmebedingungen,
- Vergleich der Roh- und Fertigteilabmessungen,
- Technologische Besonderheiten beim Schmieden und bei der Wärmebehandlung.

	1. Ziffer	2. Ziffer	3. Ziffer	4. Ziffer	5. Ziffer
Klasse	Art der Inhomogenität	Größe der Inhomogenität [mm²]	Häufigkeit	Verteilung im Querschnitt	Verteilung im Längsschnitt
0	keine Anzeige	keine Anzeige	keine Anzeige	keine Anzeige	keine Anzeige
1	grobes Gefüge Korngrenzen	≦1	einzelne streuend	Randzone	nummernseitig
2	nichtmetallische Einschlüsse	>1 ≦ 10	einzelne örtlich	Zwischenzone	Mitte
3	Fadenlunker grobe Verunreinigungen	>10 ≦ 100	mehrere streuend	Kernzone	nummernfern
4	Lunker	>100 ≦ 300	mehrere örtlich	Randzone Zwischenzone	nummernseitig Mitte
5	Flocken Seigerungsrisse	>300 ≦ 1000	mehrere zusammenhängend	Randzone Kernzone	nummernseitig nummernfern
6	Kernzerschmiedungen	>1000 ≦ 3000	viele streuend	Zwischenzone Kernzone	Mitte nummernfern
7	Querrisse Spannungsrisse	>3000	viele zusammenhängend	gesamter Querschnitt	gesamter Längsschnitt

Abb. 11.23 Klassifizierungsschema der Ultraschallbefunde von Schmiedeteilen [11.13], Beispiel eingerahmt: 22437

Bei der Grenzziffernfestlegung mussten die verschiedenen Sortimente der Schmiedestücke unterschieden werden, sofern eine Festlegung möglich war. Dabei wurde auf 3 Schwerpunktsortimente orientiert:

- Glatte axialsymmetrische Schmiedestücke,
- Axialsymmetrisch abgesetzte Schmiedestücke,
- Nicht axialsymmetrisch abgesetzte Schmiedestücke.

Die technologische Festlegung von Grenzziffern der Verwendbarkeit bedeutete nicht nur eine Rationalisierung der Ultraschallprüfung, sondern es wurde auch das Auftreten von Produktionsstörungen vermindert, die Einhaltung der Vertragstermine gefördert und gegebenenfalls die rechtzeitige Einleitung von Ersatzlieferungen erleichtert.

Literatur

[11.1] Schiebold, Ultraschallprüfung bei höheren Temperaturen, Dissertation Universität Magdeburg 1984;
[11.2] Schiebold, Skript UT2 LVQ-WP Werkstoffprüfung GmbH;
[11.3] Corsepius, Ultraschallprüfung an Schmiedestücken, Krautkrämer Broschüre 3/1982
[11.4] Thumser, Meiser, Engl, Gohlke, Erfahrungen mit der Einführung der Gruppenstrahler-Prüftechnik für die Prüfung von Turbinen und Generatorenwellen, DGZfP-Jahrestagung Weimar (2002);
[11.5] Klanke, Möglichkeiten zur Weiterentwicklung der heutigen US-Prüfpraxis, DGZfP-Jahrestagung Garmisch-Partenkirchen (1993);
[11.6] Klanke, Mechanisierte Ultraschallprüfung rotationssymmetrischer Teile, 7. Internationales Seminar Wasserkraftanlagen, TU Wien, 1992;
[11.7] SEP 1921, Ultraschallprüfung von Schmiedestücken und geschmiedetem Stabstahl ab ~ 100 mm Durchmesser oder Kantenlänge, Dez. 1984;
[11.8] DIN EN 10228-3, ZfP von Schmiedestücken aus Stahl, Ultraschallprüfung von Schmiedestücken aus ferritischem und martensitischem Stahl, Juli 19989;
[11.9] ASME-Code, Section V 1989;
[11.10] Deutsch, Harmuth, Joswig, Jung, Jungermann, Kattwinkel, Lach, Ultraschallprüfung an geschmiedetem Stabstahl (Durchmesser bis 1 m),
DGZfP-Jahrestagung Dresden (2013);
[11.11] Vrana, Zimmer, Bailey, Zombo, Shannon, Lohmann, Heinrich, Entwicklung der Ultraschallanforderungen an schweren Rotor-Schmiedeteilen über die letzten Jahrzehnte, DGZfP-Jahrestagung Bremen (2011);
[11.12] Becker, Vogt, Ultraschallprüfung austenitischer Schmiedestücke mit neuartiger Sendertechnik, Sonderdruck aus FACHBERICHTE HÜTTENPRAXIS, Heft 10 1978;
[11.13] Schiebold, Pesslies, Köhler, Technolog. Festlegung von Verwendbarkeitsgrenzen bei der Ultraschallprüfung von Schmiedestücken, Neue Hütte, 18. Jg., 1973;
[11.14] Rauschenbach, Lohmann, Schreiner, Engl, Achtzehn, Erfahrungen mit der Implementierung der Gruppenstrahler-Prüftechnik in den Turbinen-Prüfservice, DGZfP-Jahrestagung Berlin (2001);

Prüfung von Gussstücken 12

12.1 Herstellungsbedingte Fehler

Im Gegensatz zu Schmiedestücken wird die Prüfbarkeit von Gussstücken durch folgende Parameter wesentlich beeinflusst:

- Werkstoff,
- Gefügezustand,
- Bauteilgeometrie,
- Fehlerart.

Werkstoff und Gefügezustand sind untrennbar miteinander verbunden und bestimmen die einzusetzende Prüftechnik (Abschnitt 12.2). Bauteilgeometrie und Fehlerarten lassen sich relativ unabhängig vom Werkstoff betrachten. In Bezug auf die Bauteilgeometrie sind für die Ultraschallprüfung Grenzen durch Oberflächenzustand, Gussstückform, Querschnittsübergänge, nicht parallele Wandungen und Wanddicke gegeben, obwohl gerade die Prüfbarkeit größerer Wanddicken einen Vorteil der US-Prüfung gegenüber der Durchstrahlungsprüfung darstellt, allerdings nur beim Stahlformguss und eingeschränkt bei GGG.

Die ersten drei Faktoren bestimmen auch, ob die im Gusstück auftretenden Fehlerarten überhaupt identifiziert werden können. Tabelle 12.1 gibt einen Überblick über die wichtigsten für die Ultraschallprüfung relevanten Fehlerarten, deren Ursachen und Nachweisbarkeit.

Die Nachweisbarkeit von Gussfehlern hängt in entscheidendem Maße von deren Reflexionsvermögen ab. Leider sind die zum Prüfkopf zurückreflektierten Anteile des ursprünglich einfallenden Schallbündels bei den meisten Fehleranordnungen nur sehr gering, so dass die Echohöhe nur selten zur Bewertung von Anzeigen benutzt werden kann und vorrangig die abschattende Wirkung der Fehler auf das Rückwandecho betrachtet werden muss. Dies hat zur Folge, dass das Signal-/Rauschverhältnis von Ungänzen- und Gefügeanzeigen sehr bedeutungsvoll ist.

K. Schiebold, *Zerstörungsfreie Werkstoffprüfung – Ultraschallprüfung*,
DOI 10.1007/978-3-662-44700-0_12, © Springer-Verlag Berlin Heidelberg 2015

Tab. 12.1 Wesentliche Fehlerarten für die Ultraschall-Gussstückprüfung

Fehlergruppe	Fehlerart	Entstehungsursachen	Nachweisbarkeit bei der US-Prüfung
Hohlräume	Poren Gasblasen	Form, Kern und Bindemittel, ungenügend getrocknet, mangelhafte Desoxydation des Stahls und des Formsandes, unzureichende Entlüftung der Kerne, zu hoher Gasgehalt der Schmelze, Luft im Gießstrahl.	Schlechtes Reflexionsvermögen, erst in großer Anzahl feststellbar, streuen den Ultraschall aufgrund ihrer fast kugelförmigen Gestalt sehr stark und reflektieren nur sehr wenig zum Prüfkopf zurück.
	Metallische Einschlüsse	Unvollständig gelöste Legierungselemente oder Fremdmetalle.	Nicht nachweisbar.
Hohlräume	Nichtmetallische Einschlüsse, Schlacken	Ausscheidungen der Desoxydationsmittel oder des Schwefels, von der Schmelze mitgerissene Teilchen der Form, Gießpfanne oder Speiser. Ungünstige Anschnitt-Technik und Formstoffeigenschaften	Besser als Poren oder Gasblasen feststellbar aufgrund der zumeist größeren unregelmäßigeren Abmessungen mit flächigen oder linienförmigen Anteilen senkrecht zum Schallstrahl
	Lunker	Volumenschwächung bei der Erstarrung, ungenügende Speisung, zu hohe Gießtemperatur, zu starke Querschnittsübergänge, Mikrolunker durch Gefügeauflockerungen	Aufgrund der zumeist rauen, unregelmäßigen Innenoberfläche der Makrolunker oder der schwammartigen Gefüge-Ausbildung mit Mikrolunkern sind immer den Schallstrahl reflektierende oder das Schallbündel abschattende Oberflächenanteile vorhanden, so dass man Lunker zumeist durch das fehlende Rückwandecho nachweisen kann.
Risse	Warmrisse	Interkristalline Spannungs- und Schwindungsrisse während der Erstarrung durch das Zusammenwirken von Schwindungsbehinderung des Formstoffes, ungünstiger Konstruktion (Modul), hohem Schwefelgehalt und zu hoher Gießtemperatur	Falls sie verdeckt liegen und nicht bis zur Oberfläche durchgehen, sind sie nur nachweisbar, wenn ihre Grundorientierung bekannt ist. Senkrecht zum Schallstrahl wie ein flächenhafter Fehler gut zu detektieren.

Tab. 12.1 Fortsetzung

Fehler-gruppe	Fehlerart	Entstehungsursachen	Nachweisbarkeit bei der US-Prüfung
	Kaltrisse	Nach der Erstarrung der Schmelze durch Dehnungsbehinderung, sehr verschiedene Abkühlungsverhältnisse, zu zeitiges Entleeren der Gussform, äußere Spannungen (Speiserabtrennung)	Verlaufen stets von außen nach innen und trennen oft den ganzen Querschnitt in spannungsgefährdeten Zonen (Querschnittsübergänge).
	Unverschweißte Stellen	Kühleisen zur gelenkten Erstarrung oder Kernstützen werden vor dem Erstarren nicht aufgeschmolzen	Kennt man die Lage von Kühleisen oder Kernstützen im Gussstück, lassen sich diese Trennungen gut nachweisen

12.2 Prüfbarkeit und Prüftechnik

Der Werkstoff hat beim Gussstück den entscheidenden Einfluss auf die Prüfbarkeit. Über die Legierung und den Gefügezustand bestimmt er die Durchschallbarkeit und die Ungänzennachweisbarkeit. Deshalb müssen Prüftechnik und Prüfumfang in Abhängigkeit vom Gusswerkstoff betrachtet werden. Die Prüfbarkeit ist nach [12.1] dann gegeben, wenn die kleinste zur Anzeige zu bringende Ungänze eine Anzeige ergibt, die mindestens 6 dB über anderen störenden Anzeigen liegt.

12.2.1 Stahlguss

Unlegierte und niedriglegierte Stahlgusswerkstoffe sind unter Beachtung der Bauteilgeometrie relativ gut prüfbar, wenn die Gussstücke einer Normalisierungsglühung unterzogen oder vergütet werden. Abb. 12.1 zeigt das Gefüge von Stahlguss im Gusszustand und Abb. 12.2 nach dem Normalisierungsglühen.

Ohne eine solche Wärmebehandlung lassen sich allenfalls Werkstücke mit Wanddicken unter 20 mm ausreichend prüfen und bewerten, weil bei größeren Wanddicken zunehmend nadelig-spießige Kristallkörner, sogenanntes Widmannstättensches Gefüge (Abb. 12.1), den Schalldurchgang behindern. Deshalb sollte bei diesen Werkstoffen der Erfolg der Wärmebehandlungsmaßnahmen durch eine Gefügeprüfung untersucht werden, bevor die Defektoskopie beginnt. Beispielsweise können bestimmte Gussstückpartien bei ungünstiger Ofenbelegung ohne jeden Schalldurchgang sein, so dass durch Unkenntnis des Gefügezustandes Fehler vermutet werden oder aber auch Schwierigkeiten bei der mechani-

Abb. 12.1 Stahlgussgefüge im Gusszustand [12.2]

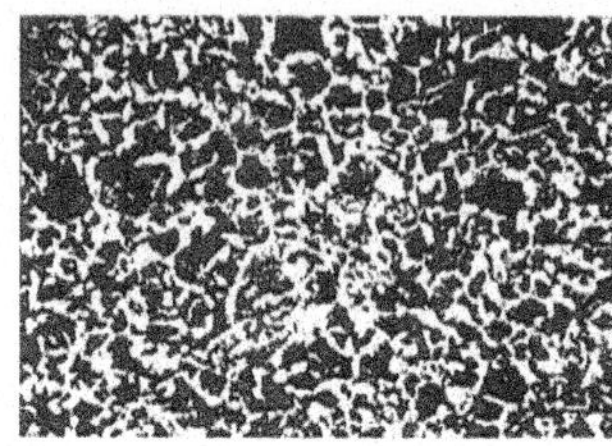

Abb. 12.2 Stahlgussgefüge im normalisierten Zustand [12.2]

schen Oberflächenbearbeitung durch zu harte Stellen als Folge zu geringer Dehnungs- und Zähigkeitswerte auftreten.

Der Nachweis einer ausreichenden Gefügeverbesserung durch Wärmebehandlung kann entweder durch Vergleich der Verstärkungswerte für die Rauschgrenze und einem Kreisscheibenreflektor im zutreffenden AVG-Diagramm oder durch Ermittlung des relativen Schallschwächungsbeiwertes für das erste und zweite Rückwandecho in Bezug auf den zurückgelegten Schallweg (doppelte Wanddicke) erfolgen. Solche Registriergrenzen sollten in der Prüfanweisung festgelegt werden.

Hochlegierte Stahlgusswerkstoffe sind meistens nur bei ferritischer Gefügeausbildung bedingt prüfbar. Für austenitische Werkstoffe muss besondere Prüftechnik verwendet werden, um überhaupt Schalldurchgang zu erreichen. Zur Verbesserung des Schalldurchganges werden in der Praxis vorwiegend Prüfköpfe mit großem Schwingerdurchmesser und niedriger Frequenz eingesetzt. Die hauptsächlich eingesetzte Prüffrequenz ist 2 MHz, jedoch sollte auch bei Stahlgussstücken insbesondere zur Fehlergrößenbestimmung und -klassifikation die Frequenz variiert werden, beispielsweise von 4 MHz nacheinander bis 0,5 MHz. Entscheidend ist zur Beurteilung die in der Prüfspezifikation angegebene Frequenz, wenn sie sich anwenden lässt. Ist das nicht der Fall, so muß die Prüfaufsicht verständigt werden.

12.2.2 Gusseisen

Beim Gusseisen ist die Ultraschallprüfbarkeit nicht allgemein gegeben, da einerseits bedingt durch die chemische Zusammensetzung des Grundgefüges und die Ausbildung des Kohlenstoffes als Graphit Schallgeschwindigkeit und Schallschwächung in weiten Grenzen schwanken und andererseits nicht oder nur in geringem Maße wie beim Stahlguss

Wärmebehandlungen zur Verbesserung der Gefügestrukur eingesetzt werden können. In Abhängigkeit von der Graphitausbildung werden Gusseisen mit Lamellengraphit (GG – Abb. 12.3), Kugelgraphit (GGG – Abb. 12.4) und Vermiculargraphit als Mischform unterschieden.

Als Sonderformen des Gusseisens lassen sich Temperguss (GT – Abb. 12.5) und Hartguss (GH) oder Schalenhartguss einordnen. Während beim Temperguss der Graphit in Flockenform erst durch Wärmebehandlung (Tempern) beim Zerfall von Zementit erzeugt wird, nutzt man beim Hartguss, z.B. von Walzen, eine rasche Abkühlung zur Bildung einer nahezu weiß erstarrten, sehr harten und spröden Randschicht, unterhalb derer Zonen mit lamellarem Graphit angeordnet sind. Die Abmessung der Randschicht wird als Schrecktiefe bezeichnet und kann umso besser mit SE-Prüfköpfen bestimmt werden, je schroffer der Übergang zwischen den weiß und grau erstarrten Zonen ist. Eine weitere Sonderform des Gusseisens kann der Chunky Graphit bezeichnet werden (Abb. 12.6), eine Form der Entartung des Gussgefüges mit Anteilen von Kugelgraphit und Lamellengraphit [12.12].

Von der Graphitausbildung (Form, Größe, Menge) wird beispielsweise die Schallgeschwindigkeit wesentlich beeinflusst. Je mehr Graphitanteile fein verteilte Kugelform auf-

Abb. 12.3 Gusseisen mit Lamellengraphit [12.2]

Abb. 12.4 Gusseisen mit Kugelgraphit [12.2]

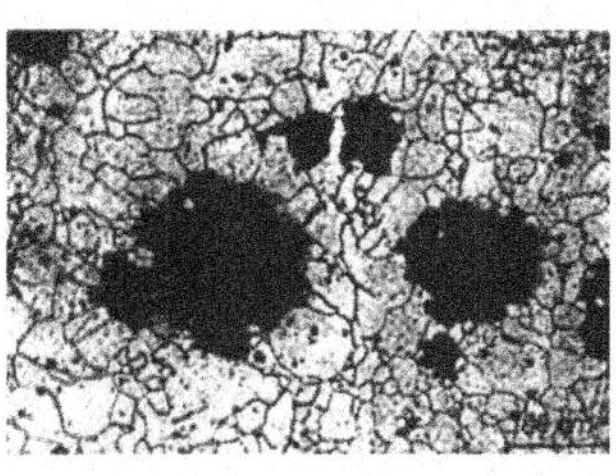

Abb. 12.5 Temperguss [12.2]

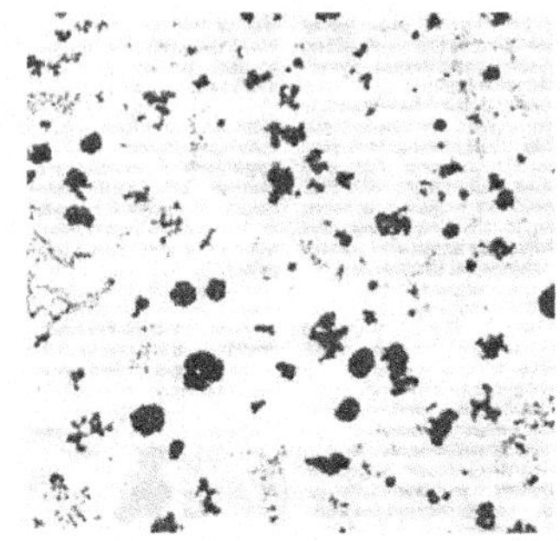

Abb. 12.6 Entartetes Gussgefüge (Chunky Graphit)

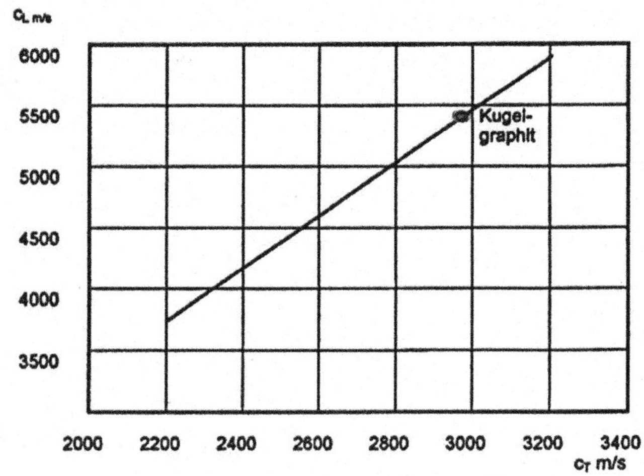

Abb. 12.7 Longitudinale und transversale Schallgeschwindigkeiten in Gusseisen [12.3]

weisen, desto größer ist die Schallgeschwindigkeit. Abb. 12.7 zeigt diesen Zusammenhang.

Die Grenze für Gusseisen mit Kugelgraphit liegt bei c_{long} 5500 m/s und mindestens 90% kugelförmigen Graphitanteile. Bei c_{long} 5400 bis 5500 m/s weist das Gefüge unregelmäßige bis gestörte Sphärolite (Kugelgraphit) und bei c_{long} < 5400 m/s geplatzte und entartete Sphärolite auf. Im Vergleich dazu hat Gusseisen mit Lamellengraphit ca. 3800 bis 4500 m/s Schallgeschwindigkeit.

Werden bei Produktionskontrollen mittels Ultraschallmessung zur Einstellung von Kugelgraphitguss Werte zwischen 70% und 90% von Kugelgraphit festgestellt, kann eine Perlitisierungsglühung angewendet werden, um die mechanischen Eigenschaften des Kugelgraphitgusses doch noch zu erreichen bzw. zu verbessern. Zum Vergleich der verschiedenen Gusseisensorten, ihrer Bezeichnung, den Wanddickenbereichen, Zugfestigkeiten, Druckfestigkeiten und Härtewerten ist Tabelle 12.2 zusammengestellt worden. Anhand solcher Bezeichnungen kann der Ultraschallprüfer zunächst einmal den Gusswerkstoff identifizieren.

Defektoskopische Ultraschalluntersuchungen und auch Wanddickenmessungen werden überwiegend an Gussstücken aus Gusseisen mit Kugelgraphit (Sphärolitguss), seltener an

Tab. 12.2 Bezeichnung verschiedener Gusseisensorten [12.2]

Gusseisensorte	Werkstoffbezeichnung	Zugfestigkeit (N/mm^2)	Druckfestigkeit (N/mm^2)	Wanddicken (mm)
Gusseisen mit Lamellengraphit	GG-10	100	500-600	2 bis >20
	GG-15	150	550-700	2 bis >25
	GG-20	200	600-830	4 bis >30
	GG-25	250	700-1000	6 bis >50
	GG-30	300	820-1200	10 bis >40
	GG-35	350	950-1400	15 bis >80
	GG-40	400	1100-1400	20 bis >120
Gusseisen mit Kugelgraphit	GGG-35.3	350	600	2-2000 mit steigender Festigkeit
	GGG-40.3	400	700	
	GGG-40	400	800	
	GGG-50	500	900	
	GGG-60	600	1000	
	GGG-70	700	1100	
	GGG-80	800	1200	
Temperguss	GTW-35-04	350	230*	16×10^4
	GTW-40-05	400	220*	
	GTW-45-07	450	220*	
	GTW-S 38-12	380	200*	
	GTW-35-10	350	150*	2-1000 mit sinkender Härte
	GTW-45-06	450	150-200*	
	GTW-55-04	550	180-230*	
	GTW-65-02	650	210-260*	
	GTW-70-02	700	240-290*	

* Härte HB 30

Gusseisen mit Lamellengraphit oder Temperguss durchgeführt [12.2]. Grundsätzlich lassen sich ähnliche Aussagen zur Prüfbarkeit und Beurteilung von Ungänzen wie beim Stahlformguss treffen. Dennoch entstehen durch den Graphit zusätzliche Schwierigkeiten, weil Graphitlamellen besondere Streuzentren für den Ultraschall sind und somit die durch das Grundgefüge bedingte Schallschwächung verstärken. Darüber hinaus kann dadurch der Nachweis kleinerer Ungänzen ungünstiger werden. Bei Sphäroguss treten in der Praxis im wesentlichen Dross, Schlacke, Sandstellen, Kaltschweißstellen und Lunker als Anhäufung von Poren, die sich in Verbindung mit Dross bis zur Oberfläche ausdehnen können, auf:

Prinzipiell sollte davon ausgegangen werden, dass Gussstücke umso schlechter prüfbar sind, je größer ihrer Wanddicke, je geringer ihre Festigkeit und je größer und häufiger die Graphitlamellen sind.

12.3 Prüfung von Stahlguss für allgemeine Verwendung nach DIN EN 12680-1

12.3.1 Prüfumfang und -zeitpunkt

Die Prüfung solcher Gussstücke muss, wenn zwischen Hersteller und Besteller nichts anderes vereinbart worden ist, von Prüfern ausgeführt werden, die nach DIN EN 473 (ab 01.Jan. 2013 nach DIN EN ISO 9712) zertifiziert sind. Dabei müssen die im Vertrag vereinbarten Bereiche bei Anwendung der günstigsten Technik vollständig erfasst werden, soweit dies in Abhängigkeit von der Gestalt des Gussstückes möglich ist. Der vorgegebene Wanddickenbereich bis 600 mm kann durch Vereinbarung vergrößert werden. Die Wanddicke wird in Zonen gemäß Abb. 12.8 eingeteilt. Alle zu prüfenden Bereiche müssen vollständig durch systematische überlappende Prüfbahnen erfasst werden.

12.3.2 Prüfverfahren, Prüfsystem, Justierung und Durchführung der Prüfung

Grundlage für das Prüfverfahren bilden DIN EN 583-1, -2 und -3. Diesbezüglich muss die Prüfbarkeit des Gusswerkstoffes anhand der Mindesthöhe einer Flachloch- oder Querbohrung, die der Bezugshöhe entspricht, am Ende des Prüfbereiches entsprechend Tabelle 12.3 nachgewiesen werden.

Die Prüffrequenzen sollen im Bereich zwischen 1 und 5 MHz liegen. Es werden überwiegend Senkrechtnormalprüfköpfe verwendet. SE-Prüfköpfe sollen zur Untersuchung

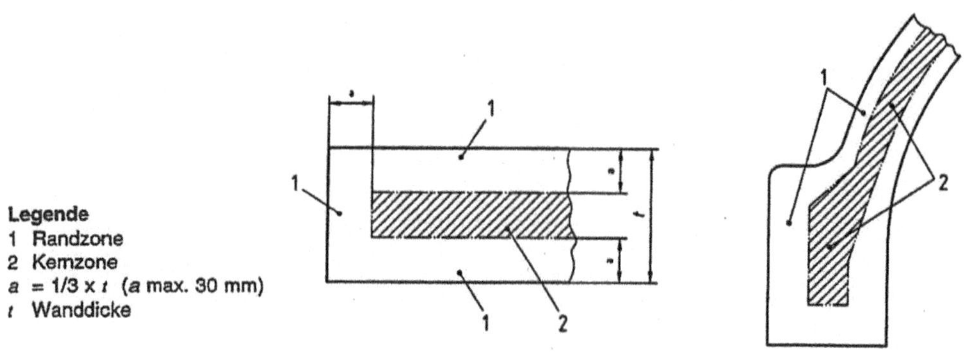

Abb. 12.8 Einteilung des Wandquerschnittes der Gussstücke in Prüfzonen [12.4]

von Oberflächenbereichen von Gussstücken mit Wanddicken bis 50 mm benutzt werden. Mit SE- und Winkelprüfköpfen müssen insbesondere kritische Bereiche der Gussstücke, wie Hohlkehlen, Wanddickenübergänge, Bereiche mit äußeren Kühlrippen, Fertigungsschweißungen oder Anschweißenden untersucht werden. Bei Einschwinger-Prüfköpfen wird zur ausreichenden Ankopplung eine Oberflächenbeschaffenheit gefordert, die mindestens den Vergleichsmustern 4 S1 oder 4 S2 nach DIN EN 1370 entspricht [12.5].

Da die Wahl sowohl der Einschallrichtung als auch der geeigneten Prüfköpfe weitgehend von der Form des Gussstückes, den möglichen Fehlern vom Gießen, Putzen oder Schweißen bzw. der Wärmebehandlung abhängt, muss die richtige Vorgehensweise bei der Prüfung vom Hersteller festgelegt werden. Dabei wird davon ausgegangen, dass die zu prüfenden Bereiche möglichst von beiden Seiten untersucht werden. Andernfalls sind bei einseitiger Zugänglichkeit oberflächennahe Bereiche mit speziellen Prüfköpfen zu prüfen. Die Abtastgeschwindigkeit darf 150 mm/s nicht überschreiten.

Die Prüfempfindlichkeit muss gemäß DIN EN 583-2 [12.6] eingestellt werden. Transferkorrekturen können bei unterschiedlichen Oberflächen von Kontrollkörper und Gussstück erforderlich sein. Zweckmäßigerweise prüft man zunächst mit einer Suchempfindlichkeit, bei der der Störuntergrund durch Erhöhung der Verstärkung auf dem Bildschirm gerade sichtbar wird. Die Echohöhen der in Tabelle 12.3 angegebenen Bohrungen müssen am Ende des Prüfbereiches mindestens 2/5 der Bildschirmhöhe betragen.

12.3.3 Bewertung von Anzeigen

Die folgenden Arten von Anzeigen können getrennt oder gemeinsam während der Prüfung der Gussstücke auftreten und müssen berücksichtigt und bewertet werden:

- Rückwandechoschwächungen, die nicht durch die Gestalt des Gussstückes oder durch die Ankopplung bedingt sind. Sie sind als Abfall der Rückwandechohöhe in dB anzugeben.
- Echoanzeigen von Reflektoren, anzugeben als Durchmesser einer Flachloch- oder Zylinderbohrung.

Tab. 12.3 Anforderungen an die Ultraschallprüfbarkeit [12.4]

Wanddicke in mm	Kleinster nachweisbarer Durchmesser der Bohrung in mm
≤ 300	3
> 300 bis ≤ 400	4
> 400 bis ≤ 600	6

Tab. 12.4 Registriergrenzen [12.4]

Wanddicke in mm	Geprüfter Bereich	Anzeigen ohne messbare Ausdehnung Ø der äquivalenten Bohrung in mm	Anzeigen mit messbarer Ausdehnung Ø der äquivalenten Bohrung in mm	Rückwandechoschwächung
≤ 300	-	4	3	12 dB
> 300 bis ≤ 400	-	6	4	
> 400 bis ≤ 600	-	6	6	
-	Bereiche mit Gütestufe 1	3	3	6 dB
-	Sonderrandzone	3	3	-

Die **Registriergrenzen** werden in Tabelle 12.4 dargestellt, d.h. alle Rückwandechoschwächungen oder Echohöhen, die die darin angegebenen Werte erreichen oder überschreiten, müssen registriert werden.

Die Stellen, an denen registrierpflichtige Anzeigen festgestellt werden, müssen im Hinblick auf deren Art, Form, Größe und Lage markiert, näher untersucht und dokumentiert werden. Dazu kann auch eine Durchstrahlungskontrollaufnahme gehören. Man unterscheidet Reflektoren ohne und mit messbarer Ausdehnung. Die Bestimmung der Ausdehnung von Reflektoren erfolgt

- bei Reflektoren parallel zur Prüffläche durch Feststellung der Umfangslinie, bei der die Echohöhe des Reflektors bis auf 6 dB unter das Maximum abfällt oder wenn das Rückwandecho um 6 dB unter das ungestörte Rückwandecho geschwächt wird (2 MHz-Prüfkopf). Die Ausdehnung des Reflektors in Wanddickenrichtung wird gemäß der Abbildungen 12.9 und 12.10 gemessen.

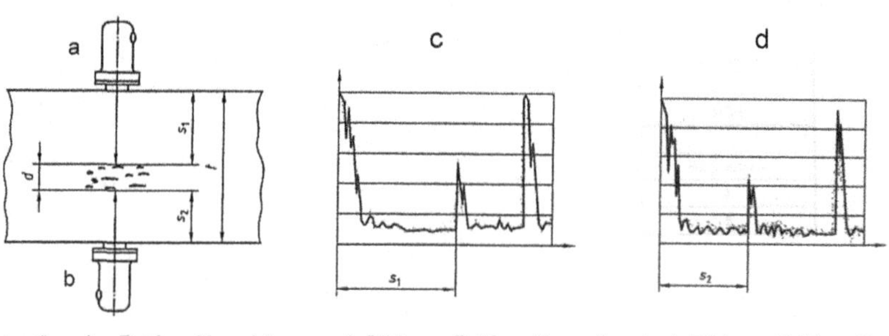

a Prüfposition „a" b Prüfposition „b" c A-Bild aus Prüfposition „a" d A-Bild aus Prüfposition „b"

Abb. 12.9 Messung der Ausdehnung von Reflektoren in Wanddickenrichtung mit Senkrechtprüfköpfen [12.4], [12.6]

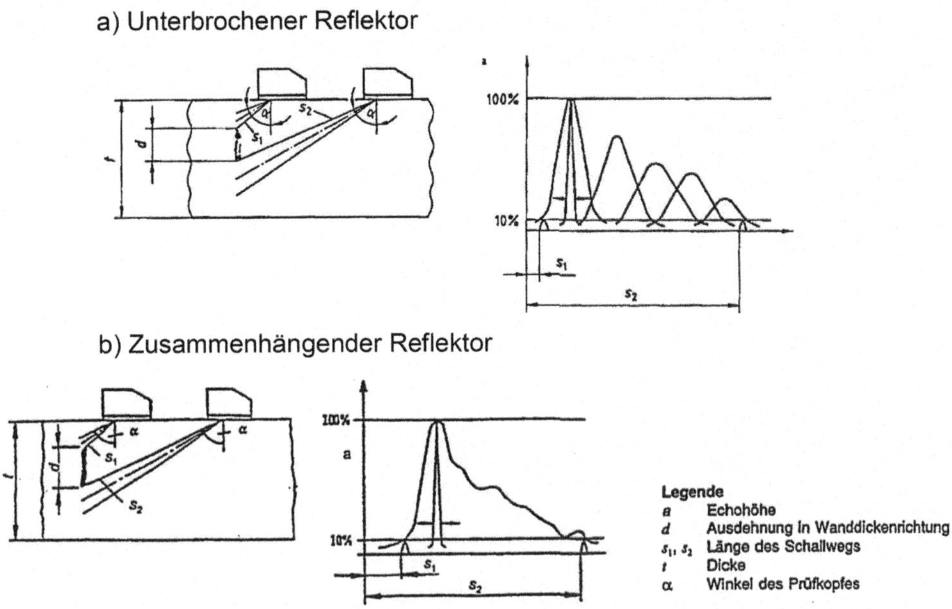

Abb. 12.10 Messung der Ausdehnung von Reflektoren in Wanddickenrichtung mit Winkelprüfköpfen [12.4]

- bei Reflektoren in Wanddickenrichtung durch das Ausmessen flächiger Reflektoren und deren Beurteilung durch Prüfkopfverschiebung mit einem Echoabfall um 20 dB (Abb. 12.11).

Bei den Zulässigkeitsgrenzen wird zwischen Zulässigkeiten für flächige (Abb. 12.10) und für räumliche Reflektoren (Tabelle 12.5) unterschieden.

Die größte Ausdehnung in Wanddickenrichtung darf 10% der Wanddicke nicht überschreiten, ausgenommen Anzeigen, deren messbare Länge ≤ 10 mm ist. Solche Anzeigen dürfen eine Ausdehnung in Wanddickenrichtung von 25% der Wanddicke oder 20 mm nicht überschreiten. Der größte Abstand zwischen Anzeigen als Kriterium für die Bewertung als einzelne Anzeige oder Anzeigenfläche muss senkrecht zur Oberfläche oder seitlich 10 mm betragen. Die Fläche A einer Anzeige mit messbarer Länge, aber nicht messbarer Ausdehnung in Wanddickenrichtung kann wie folgt angegeben werden: $A = 0{,}3 \times$ messbare Länge (cm) in cm^2.

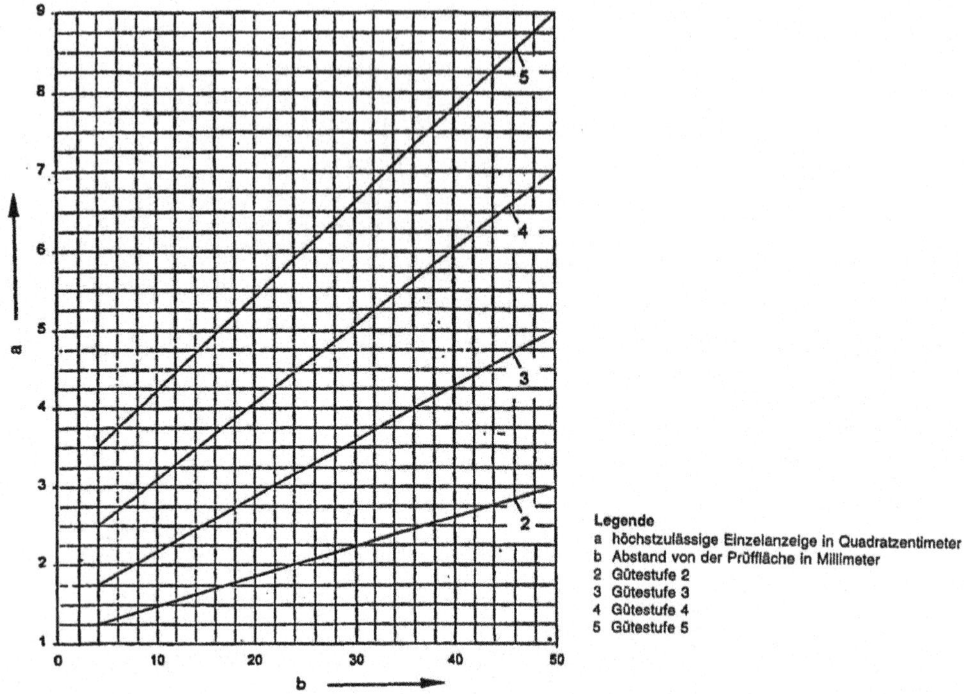

Abb. 12.11 Zulässigkeitsgrenzen für einzelne, weitgehend in Wanddickenrichtung ausgerichtete, flächige Anzeigen, bestimmt mit Winkelprüfköpfen [12.4]

12.4 Prüfung von Stahlguss für hochbeanspruchte Bauteile nach DIN EN 12680-2

Da die beiden Normen DIN EN 12680-1 und -2 inhaltlich fast deckungsgleich sind, sollen nachfolgend nur die Unterschiede dargestellt werden, die sich hauptsächlich auf die Registrier- und Zulässigkeitsgrenzen beziehen.

12.4.1 Prüfsystem, Justierung und Durchführung der Prüfung

Die Prüfbarkeit des Gusswerkstoffes wird anhand der Mindesthöhe einer Flachloch- oder Querbohrung, die der Bezugshöhe entspricht, am Ende des Prüfbereiches entsprechend Tabelle 12.6 nachgewiesen.

Tab. 12.5 Zulässigkeitsgrenzen für räumliche Reflektoren [12.4]

Merkmal	Zone	Gütestufe 1	2			3			4			5		
		Mit einer Gussstück-Wanddicke in mm im geprüften Bereich von	≤50	>50 ≤100	>100 ≤600	≤50	>50 ≤100	>100 ≤600	≤50	>50 ≤100	>100 ≤600	≤50	>50 ≤100	>100 ≤600
Reflektoren ohne messbare Ausdehnung														
Größter Ø der äquivalenten Bohrung in mm	Rand	3	a)									Nicht als Merkmal bewertet		
	Kern													
Anzahl der registrierpflichtigen Reflektoren je 10 x 10 cm Prüffläche	Rand	3 b)	3		5	6		6	Nicht als Merkmal bewertet					
	Kern		Nicht als Merkmal bewertet											
Reflektoren mit messbarer Ausdehnung														
Größter Ø der äquivalenten Bohrung in mm	Rand	3	a)									Nicht als Merkmal bewertet		
	Kern													
Max. Ausdehnung in Wanddickenrichtung	Rand	Nicht zulässig	15% der Zonendicke									20% d. Zonendicke		
	Kern		15% der Wanddicke									20% d. Wanddicke		
Größte Länge ohne messbare Breite in mm	Rand		75	75	75	75	75	75	75	75	75	75	75	75
	Kern		75	75	100	75	75	120	100	100	150	100	100	150
Größte Einzelfläche in cm² c), d)	Rand		6	10	10	6	20	20	20	20	20	30	40	40
	Kern		100	100	150	150	150	200	150	150	200	200	300	400
Max. Gesamtfläche (cm²) pro Bezugsfläche c)	Rand		100	100	100	100	100	100	100	150	150	150	200	200
	Kern		100	150	150	150	200	200	150	200	200	300	400	400
Bezugsfläche in cm²	-		1500 (≈ 39x39 cm)					1000 (≈ 32x32 cm)						

a) Bei Wanddicken nicht größer als 50 mm sind Flachlochbohrungen mit Durchmessern über 8 mm unzulässig.

b) Kernzone + Randzone.

c) Anzeigen mit einem Abstand unter 25 mm sind als eine Anzeige zu betrachten.

d) Wenn die Anzeige in der Kernzone durch einen Einzelreflektor verursacht ist, dessen Dicke 10% der Wanddicke nicht überschreitet, so dass er als Mittellinienlunker anzusehen ist, sind im Falle der Gütestufe 2 bis 450% höhere Werte als in der Tabelle angegeben und im Falle von Gütestufe 5 unbegrenzte Anzeigeflächen zulässig.

Tab. 12.6 Anforderungen an die Ultraschallprüfbarkeit [12.4]

Wanddicke in mm	Kleinster nachweisbarer Ø der Bohrung in mm
≤ 100	2
> 100 bis ≤ 300	3
> 300 bis ≤ 600	4
Sonderrandzone, Anschweißenden	1,5

12.4.2 Bewertung von Anzeigen

Die **Registriergrenzen** werden in Tabelle 12.7 dargestellt, d.h. alle Rückwandechoschwächungen oder Echohöhen, die die darin angegebenen Werte erreichen oder überschreiten, müssen registriert werden.

In der Tabelle 12.8 und im Abb. 12.12 sind die Zulässigkeitsgrenzen für Reflektoren ohne und mit messbarer Ausdehnung aufgeführt. Die zulässigen Ausdehnungen von Re-

Tab. 12.7 Registriergrenzen [12.4]

Wanddicke in mm	Kleinster äquivalenter Durchmesser der Flachbodenbohrung in mm	Min. Rückwandecho-abnahme in dB
≤ 100	2	12 dB
> 100 bis ≤ 300	3	
> 300 bis ≤ 600	4	

Tab. 12.8 Zulässigkeitsgrenzen für Reflektoren ohne messbare Ausdehnungen in Sonderrandzonen und Anschweißenden (geprüft mit Senkrecht- oder Winkelprüfköpfen) [12.4]

Gütestufe a)	Kleinster äquivalenter zu berücksichtigender Durchmesser einer		Zulässigkeitsgrenzen für Reflektoren b) in einem Rahmen von 100 mm x 100 mm	
	Flachlochbohrung in mm	Querbohrung in mm	Max. Anzahl	Min. Abstand in mm
1	1,5	3 c), d), e)	6	12
2	1,5	3 c), d), e)	12	10
3	2	3 c)	12	8

a) Gütestufe 1 gilt allgemein für die gesamte Wanddicke von Anschweißenden. Die Gütestufe von Sonderrandzonen muss vom Besteller festgelegt werden.
b) Wenn die Anzeigen mehr als 15 mm voneinander entfernt sind, sind sie unabhängig von ihrer Anzahl zulässig.
c) gilt für Winkelprüfköpfe (4 MHz, Schwingerabmessung etwa 10 mm).
d) eine Querbohrung von 0,75 mm Durchmesser kann durch eine Querbohrung von 3 mm Ø ersetzt werden, wenn die Tiefenausgleichskurve einer Querbohrung von 3 mm um 50% reduziert wird.
e) mit -6 dB bei DAC.

flektoren oder Anzeigenflächen in Wanddickenrichtung dürfen 15% der Gesamtwanddicke nicht überschreiten. Der größte Abstand zwischen Reflektoren als Maßstab zur Bewertung als Einzelanzeige in Wanddickenrichtung oder parallel zur Oberfläche muss 20 mm betragen.

12.5 Prüfung nach ASME-Code

12.5.1 Prüfumfang und -zeitpunkt

Maßgebend für die Prüfung wärmebehandelter Gussstücke aus Kohlenstoffstahl und niedriglegiertem Stahl ist im ASME-Code, Sect. V, Art. 23 die Vorschrift SA 609 [12.7]. Danach sind im Vertrag zu vereinbaren:

- Güteklassen bzw. Qualitätslevel für das Gussstück o. für Bereiche d. Gussstückes,
- zu prüfende Querschnittszonen,
- zusätzliche Anforderungen.

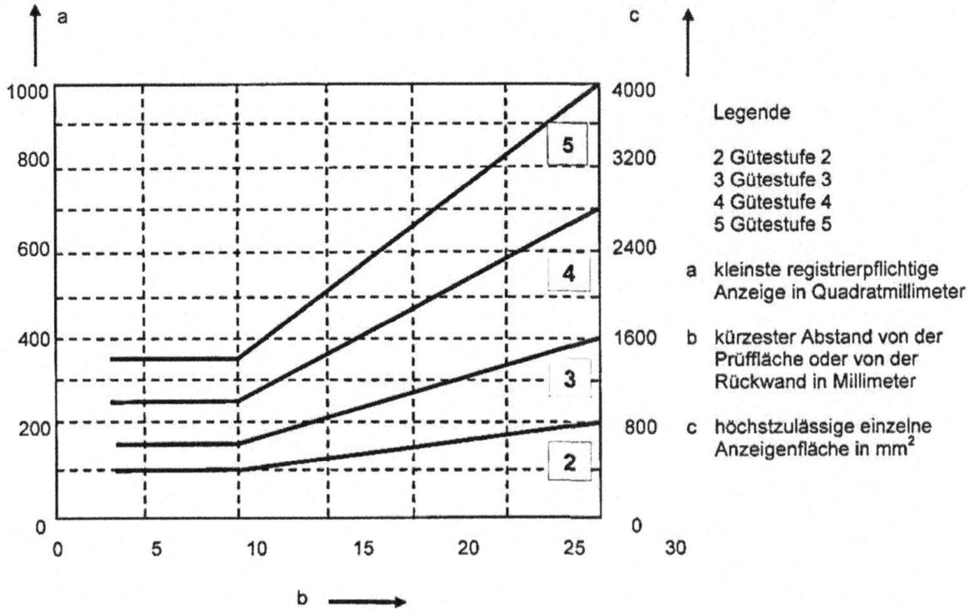

Abb. 12.12 Registrier- und Zulässigkeitsgrenzen für räumliche Anzeigen mit messbaren Ausdehnungen in der Randzone bestimmt mit Senkrechtprüfköpfen [12.4]

Zum Prüfumfang und -zeitpunkt werden Aussagen dahingehend getroffen, dass die Gussstücke nach der Wärmebehandlung im gegossenen Zustand, gestrahlt, geschliffen oder spanend bearbeitet geprüft werden sollen, die Prüfflächen von Stoffen, die sich störend auf die Ultraschallprüfung auswirken können, frei sein müssen und die Prüfung nicht durch spanende Bearbeitung eingeschränkt werden darf. Die Prüfflächen müssen überlappend abgetastet werden, um eine vollständige Erfassung des Querschnittes zu gewährleisten.

12.5.2 Prüfsystem, Justierung und Durchführung der Prüfung

Das Prüfsystem muss kalibriert sein, die Prüffrequenz mindestens 1 MHz betragen. Zur Justierung sind dieselben Vergleichskörper mit Flachbodenbohrungen zu verwenden, wie bei der Schmiedestückprüfung. Es wird ausschließlich mit Senkrecht-Prüfköpfen gearbeitet. Die Echohöhenbewertung erfolgt nach der Vergleichslinienmethode. Zum Ausgleich der Ankopplungsunterschiede zwischen Vergleichskörper und Gussstück sind Transferverluste an äquivalenten Wanddicken zu bestimmen. Die Abtastgeschwindigkeit darf 150 mm pro Sekunde nicht überschreiten.

12.5.3 Bewertung von Anzeigen

Im SA-609 wird darauf hingewiesen, dass es nicht möglich ist, Zulässigkeiten (Qualitätslevel) vorzuschreiben, die allgemein auf die gesamte Vielfalt der Gusserzeugnisse anwendbar sind. Deshalb sollten derartige Zulässigkeiten zwischen Hersteller und Besteller vertraglich vereinbart werden. Hinsichtlich der Empfindlichkeitsjustierung sind Vergleichs- oder Justierkörper zu verwenden, die aus dem gleichen Werkstoff wie das Gussstück hergestellt worden sind und möglichst auch ein ähnliches metallurgisches Gussgefüge aufweisen. Die Vergleichskörper sind analog den für die Schmiedestückprüfung verwendeten. Da die Oberflächen des Gussstücks in der Regel rauer als die des Vergleichskörpers sind, muss eine Transferkorrektur erfolgen. Mit Hilfe der Vergleichskörper und der darin eingebrachten Flachbodenbohrungen (KSR) sind Amplitudenvergleichslinien aufzunehmen, um die Ungänzen in den Gussstücken in ihrer Größe beurteilen zu können.

Während der Prüfung von Bereichen des Gussstückes mit parallelen Wandungen sind die Bereiche einer erneuten Prüfung zu unterziehen, die einen vollständigen Ausfall des Rückwandechos zeigen, um festzustellen, ob das Wegbleiben des Rückwandechos auf mangelnde Ankopplung, auf mangelnde Wärmebehandlung oder auf tatsächlich vorhandene Fehler zurückzuführen ist. Erforderlichenfalls können radiografische Aufnahmen zur Bestätigung des Ultraschallbefundes angefertigt werden.

12.6 Prüfung von Gusseisen mit Kugelgraphit nach DIN EN 12680-3

Auch diese Norm ist in wesentlichen Abschnitten deckungsgleich mit DIN EN 12680-1. Deshalb sollen im Folgenden nur die Unterschiede zwischen beiden Teilen der Norm herausgearbeitet werden. SEP 1924 ist durch DIN EN 12680-3 [12.8] ersetzt und wird deshalb nicht mehr diskutiert.

12.6.1 Prüfsystem, Justierung und Durchführung der Prüfung

Die Prüffrequenz muss zwischen 0,5 und 5 MHz gewählt werden. Tabelle 12.9 zeigt die Anforderungen an die Ultraschallprüfbarkeit.

12.6.2 Bewertung von Anzeigen

Hinsichtlich der Zulässigkeiten in der jeweiligen Gütestufe gelten für räumliche Reflektoren Tabelle 12.10 und für Dross Tabelle 12.11.

Man kann davon ausgehen, dass die Erscheinung des Dross bei GGG in jedem Herstellungsprozess entsteht. Die Bildung von Dross ist nicht vom Formverfahren abhängig.

Tab. 12.9 Anforderungen an die Ultraschallprüfbarkeit [12.4]

Gussstückwanddicke im geprüften Bereich in mm	Kleinster Durchmesser der Flachbodenbohrung in mm
> 10 bis 20	3
> 20 bis 100	5
> 100 bis 250	8
> 250 bis 500	10

Tab. 12.10 Höchstzulässige Anzeigengrößen für räumliche Reflektoren [12.8]

Merkmal	Einheit	Gütestufe										
		1	2			3			4			5	
Gussstückwanddicke im Prüfbereich	mm	-	<50	≥50 <200	>200	<50	≥50 <200	>200	<50	≥50 <200	>200	<50	≥50
Anteil der Wanddicke	%	-	20			25			30			35	
Max. Anzeige in der Randzone (a)	mm^2	b)	600	1000	1000	1000	2000	2000	-	-	-	-	-
Max. Anzeige in der Kernzone	mm^2	b)	10000	15000	15000	15000	20000	30000	20000	-	-	-	-
Ges. Anzeigenfläche der Oberfläche	%	b)	10	15	15	15	20	20	15	20	30	30	40

a) bei Dross nach Tabelle 12.14

b) keine Anzeigen, die die in Tabelle 12.15 angegebenen Grenzen überschreiten.

Tab. 12.11 Höchstzulässige Anzeigengrößen bei Dross [12.8]

Merkmal	Gütestufe				
	1	2	3	4	5
Anteil der Wanddicke in %	a)	10	15	20	25

a) keine Anzeigen, die die in Tabelle 12.15 angegebenen Grenzen überschreiten.

Hauptelement für die Bildung von Dross ist das Magnesium, das jedoch für die Kugelgrafitbildung erforderlich ist. Für die Bildung solcher Oxidhäute und Schlackeneinschlüsse ist der Gehalt an möglichen Reaktionspartnern der Basisschmelze mit dem Behandlungsmittel Magnesium von entscheidender Bedeutung, da es zwangsläufig zur Bildung von MgS, MgO und $MgSiO_2$ kommt. Der Drossanteil in einem Bauteil sollte möglichst niedrig gehalten werden, denn er beeinfllusst die mechanischen Eigenschaften. Wege zur Verminderung von Dross sind die Verwendung spezieller Steiger, einer fehlerfreien Restwanddicke, das Gießen von Pfanne zu Pfanne und der Einsatz schlackenbindender Mittel. Die Drossbildung ist verbunden mit Grafitentartungen und entsteht an der Gussteiloberfläche oder unter der Gusshaut.

Für die Bestimmung der Ausdehnungen von Reflektoren, die aufgrund ihrer Echohöhe (Tabelle 12.12) registrierpflichtig sind, muss der Prüfkopf nach DIN EN 12680-3 im Prüfbereich verschoben werden, um die Punkte zu bestimmen, an denen die Echohöhe um 6 dB gegenüber dem letzten Maximum abgenommen hat. Bei Schwächungen des Rückwandechos muss der Prüfkopf auf der Prüffläche verschoben werden, um die Punkte zu bestimmen, an denen das Rückwandecho 12 dB bzw. 20 dB unter der Höhe des ungestörten Rückwandecho liegt. Die messbaren Ausdehnungen des Reflektors ergeben sich durch die Verbindungslinie zwischen den markierten Punkten. Bei Winkelprüfköpfen sind, sofern es die Geometrie des Gussstückes zulässt, die Randpunkte der Reflektoren auf die Prüffläche zu projizieren. Reflektorausdehnungen in Wanddickenrichtung werden, soweit möglich, mit Senkrechtprüfköpfen von zwei gegenüberliegenden Seiten ausgemessen.

12.7 Prüfung von Gussstücken aus Gusseisen mit Kugelgraphit nach SEP 1924

12.7.1 Prüfumfang und -zeitpunkt

SEP 1924 [12.9] behandelt die manuelle Ultraschallprüfung von Gussstücken mit Kugelgraphit zur Ermittlung von Innenfehlern im Wanddickenbereich zwischen 10 und 500 mm. Die Oberflächenbeschaffenheit zur Prüfung soll bei der Bestellung vereinbart werden. Der Prüfumfang ist zu vereinbaren. Da es bei Gusseisen mit Kugelgraphit nur ausnahmsweise eine Wärmebehandlung zur Gefügeverbesserung gibt (Perlitisieren), kann die Prüfung im Gusszustand erfolgen. Der Zeitpunkt ergibt sich aus der technologischen Fertigungsfolge.

12.7.2 Prüfsystem, Justierung und Durchführung der Prüfung

Die Anforderungen an das Prüfsystem entsprechen im Wesentlichen SEP 1922 [12.11], lediglich die Prüffrequenz sollte 0,5 bis 4 MHz betragen. Da die Schallgeschwindigkeit im

Tab. 12.12 Zu bewertende Ultraschallanzeigen [12.8]

Gussstückwanddicke im geprüften Bereich in mm	Bewertungsgrenzen		
	Min. Rückwandechoabnahme in dB	Min. Ø der Flachbodenbohrung in mm	Min. Echohöhe über Rauschpegel in dB
> 10 bis 20	12	3	6
> 20 bis 100		5	
> 100 bis 250	20	8	12
> 250 bis 500		10	

a) Nur für Bereiche, in denen wegen der Gussstückgeometrie kein Rückwandecho erhalten wird.

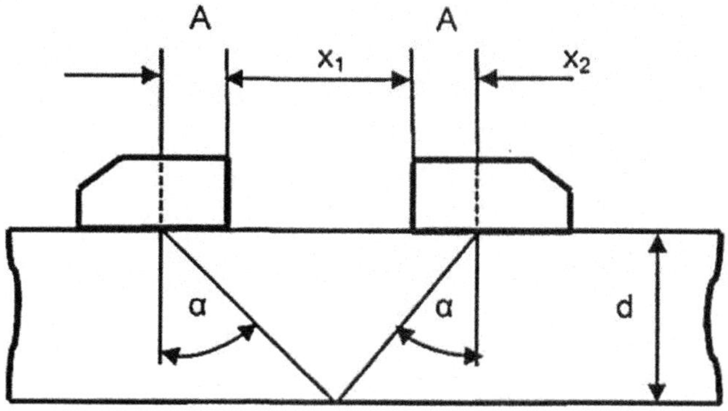

Abb. 12.13 Bestimmung des Ultraschallwinkels (Prüfkopfanordnung) [12.9]

Gusseisen im Vergleich zu Stahl jedoch nicht konstant ist, müssen der tatsächliche Einschallwinkel und schließlich auch die Schallgeschwindigkeit mit Hilfe zweier typgleicher Prüfköpfe nach Abb. 12.13 bestimmt werden. Der Prüfumfang ist zu vereinbaren.

12.7.3 Bewertung von Anzeigen

Zur Justierung des Prüfgerätes und zur Feststellung der Prüfbarkeit wird fast immer ein Vergleichskörper aus Gusseisen mit Kugelgraphit verwendet, dessen Dicke dem Wanddickenbereich des zu prüfenden Gussstückes entspricht. Außerdem sind in diesem Vergleichskörper Flachlochbohrungen oder äquivalente Querbohrungen gemäß Tabelle 12.9 einzubringen, so dass der Nachweis geführt werden kann, dass ein vereinbarter Ersatzreflektor mit ausreichender Sicherheit nachgewiesen wird. Dieser Ersatzreflektor kann zugleich als Registriergrenze angesehen werden.

Literatur

[12.1] Deutsch, Platte, Vogt, Ultraschallprüfung, Springer-Verlag 1997;
[12.2] Matthies u.a., Dickenmessung mit Ultraschall, DVS-Verlag GmbH 1998;
[12.3] Schiebold, Skript UT3, LVQ-WP Werkstoffprüfung GmbH;
[12.4] DIN EN 12680-1, Gießereiwesen, Ultraschallprüfung, Stahlgussstücke für allgemeine Verwendung, Febr. 2001;
[12.5] DIN EN 1370, Gießereiwesen, Prüfung der Oberflächenrauheit mit Hilfe von Vergleichsmustern, Febr. 1997;
[12.6] DIN EN 583-2, Ultraschallprüfung: Empfindlichkeits- und Entfernungsjustierung, April 2001;
[12.7] ASME-Code, Sect. V, Art. 23, Vorschrift SA 609;
[12.8] DIN EN 12680-3, Giessereiwesen-Ultraschallprüfung-Teil 3: Gussstücke aus Gusseisen mit Kugelgraphit, Jan. 2003;
[12.9] SEP 1924, Ultraschallprüfung von Gussstücken aus Gusseisen mit Kugelgraphit, 11 2010;
[12.10] SEP 1922, 12 1984
[12.11] Fa. Krautkrämer, Das Echo Nr. 31 (1983);

Prüfung von Schweißverbindungen 13

13.1 Der Aufbau von Schweißnähten

Flüssiges Schweißgut wird in eine Fuge zwischen den Grundwerkstoffen gebracht und unter Anschmelzen des Grundwerkstoffes entsteht eine Verbindung Grundwerkstoff-Schweißgut-Grundwerkstoff. Der Aufbau einer solchen Naht ist fertigungsabhängig: Wird das gesamte Schweißgut auf einmal in die Fuge gefüllt, so spricht man von Einlagenschweißung. Das Gefüge ist dann meist sehr stengelartig wie ein Gussgefüge. Diese Stengelstruktur läßt sich im Falle eines ferritischen Stahls durch Wärmebehandlung beseitigen. Bei mehrlagigen Schweißungen wird die Stengelstruktur vermieden, da jede überliegende Lage die untere Lage quasi wärmebehandelt (Abb. 13.1) [13.1].

In der Fuge erstarrt der Zusatzwerkstoff zu festem Schweißgut. die dabei freiwerdende Wärme wird durch den Grundwerkstoff abgeleitet. Dabei wird er auf einer Breite von einigen Zentimetern neben dem Schweißgut auf so hohe Temperatur erhitzt, dass seine mechanisch-technologischen Eigenschaften drastisch beeinflusst werden (Wärmeeinflusszone = WEZ). Insbesondere bei höherlegierten ferritischen Stählen kann der Grundwerkstoff so spröde werden, dass Risse auftreten (Abb. 13.2). In verschiedenen Regelwerken ist daher grundsätzlich festgelegt, dass der zur Naht angrenzende Grundwerkstoff auf einer definierten Breite mitzuprüfen ist.

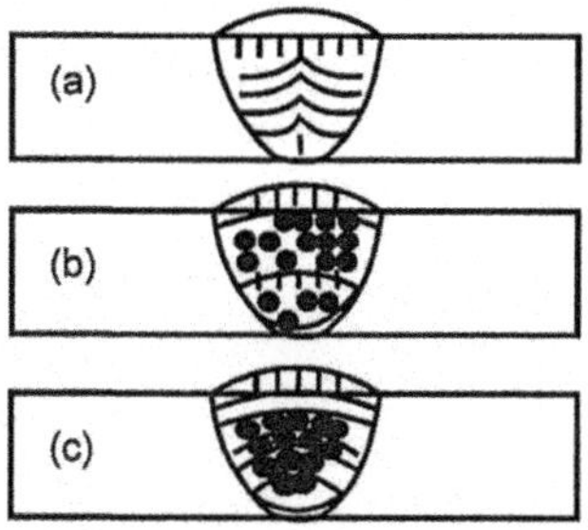

Abb. 13.1 (a) Einlagenschweißung, dentritisches Gefüge mit ungünstigen mechanischen Eigenschaften; (b) Einlagenschweißung, dentritisches Gefüge mit verbesserten mechanischen Eigenschaften; (c) Mehrlagenschweißung, vollständige Umkristallisation mit günstigen mechanischen Eigenschaften

K. Schiebold, *Zerstörungsfreie Werkstoffprüfung – Ultraschallprüfung*,
DOI 10.1007/978-3-662-44700-0_13, © Springer-Verlag Berlin Heidelberg 2015

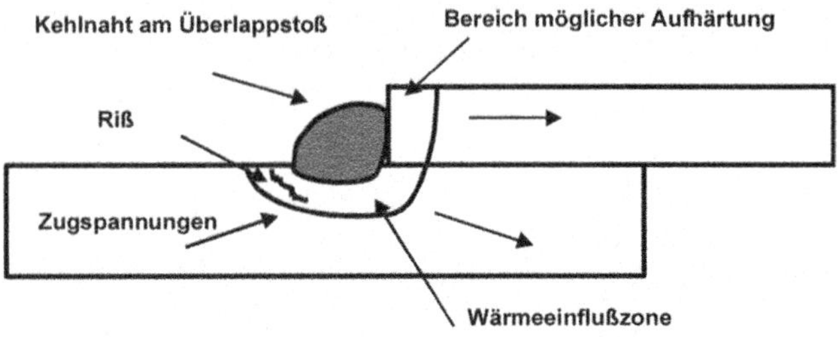

Abb. 13.2 Wärmeeinflusszone [13.1]

13.2 Stoß- und Fugenformen

Der Begriff „Stoßform" kennzeichnet die geometrische Form der miteinander zu verbindenden Teile an der Verbindungslinie. Im Anlagenbau kommen am häufigsten Stumpf- und T-Stöße (Abb. 13.3) vor, wenn die Teile höheren Beanspruchungen ausgesetzt sind.

Der Begriff „Fugenform" kennzeichnet die Nahtvorbereitung und ist in Fertigungszeichnungen meist in Detailskizzen zu finden. Besonders wichtig für den Prüfer kann der Öffnungswinkel der vorbereiteten Nähte für die spätere Prüfung sein (Flankenwinkel), um einen geeigneten Einschallwinkel zu wählen.

Grundsätzlich unterscheidet man die Fugenformen nach ihrer Geometrie: Zu verbindende Flächen können parallel verarbeitet sein. Dann spricht man bei Stumpfstößen von I-Nähten und bei allen anderen Stoßformen von Kehlnähten. Bei nichtparalleler Vorberei-

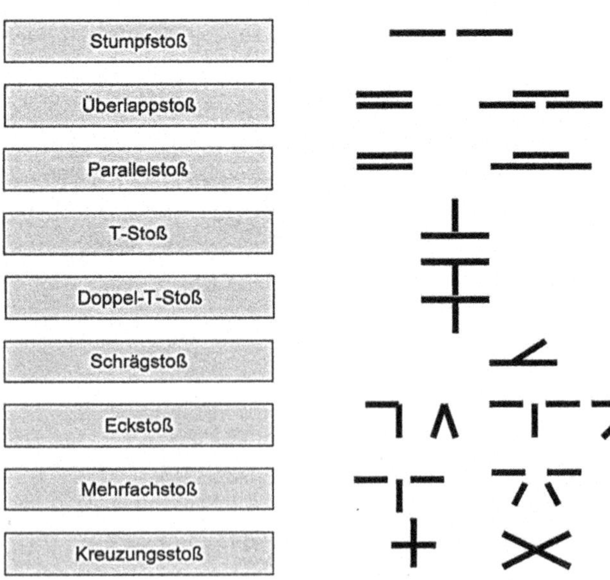

Abb. 13.3 Stoßformen bei Schweißverbindungen [13.1]

tung erfolgt die Benennung nach Schnittzeichnung. Man spricht von V- und Y-Nähten (Abb. 13.4). Beispielsweise werden X – Nähte auch als Doppel- V – Nähte bezeichnet.

Abb. 13.4 Fugenformen [13.1]

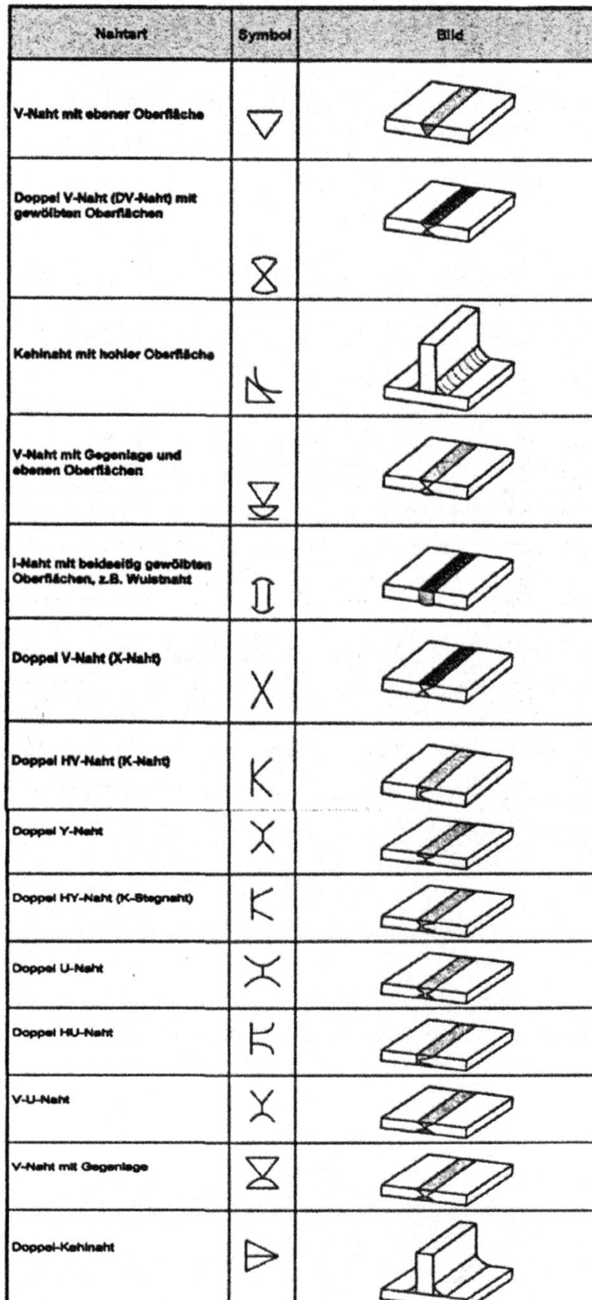

13.3 Mechanisierte und automatisierte Prüfung

Mechanisierte Systeme für die Schweißnahtprüfung sind z.B. im Kraftwerksbereich seit Jahren im Einsatz. Die rechnergestützte Dokumentation ist dabei Standard. Es sind bereits wirtschaftliche Prüfsysteme entwickelt worden, die durch Verwendung leistungsfähiger PC-Technik und miniaturisierter Ultraschallelektronik die Forderungen nach prüferunabhängiger Dokumentation bei leichter Handhabung erfüllt. Bei solcher Technik wird zunächst das A-Bild durch

- Ausgrenzen uninteressanter Signale,
- Unterdrückung von Rausch- und Störsignalen,
- Zusammenfassung der zu einem Echo gehörenden Halbwellen

auf die wesentlichen, für die Prüfung wichtigen Daten reduziert. Die Datenmenge eines digitalisierten Echobildes kann derart um den Faktor 50 reduziert werden. Der Vorteil dieses Verfahrens liegt darin, dass quasi mit einem blendenlosen System gearbeitet wird und mehrere Echos gespeichert werden können.

Die Positionierung des Prüfkopfes ist weniger kritisch, da aufgenommene Formechos in der Darstellung als C-Bild als solche erkannt und unterdrückt werden können. Insgesamt bietet sich die Möglichkeit, bei konstantem maximal verfügbarem Speicher entweder ein C-Bild mit reduzierten A-Bildern oder ein B-Bild mit allen A-Bild-Informationen zu erzeugen.

Die Prüfkopf-Manipulation und die Positionsdaten-Aufnahme erfolgt mit einem leicht handhabbaren, schrittmotorgetriebenen Scanner. Das Software-Paket steuert den Scanner und erfasst die Ultraschall- und Positionsdaten. Wird die Ultraschall-Datenreduktion so eingestellt, dass neben den nachzuweisenden Testfehlern die Signale der Schweißnahtkontur, wie Echos aus dem Wurzel- und Decklagenbereich, mit aufgenommen werden, so kann ohne zusätzliche Eingaben der Schweißnahtverlauf angezeigt werden, wie in Abb. 13.5 dargestellt.

Zur Kontrolle erscheint in Abb. 13.5 unten rechts das reduzierte A-Bild. Das Gesamtsystem ist so ausgelegt, dass ein Prüfer es problemlos transportieren und damit vor Ort arbeiten kann.

Automatische Prüfsysteme zur Prüfung von Schweißverbindungen sind gegenwärtig hauptsächlich bei der Rohrprüfung vorzufinden. Auch bei der manuellen Ultraschall-Schweißnahtprüfung fallen oft große Datenmengen an, die vom Prüfer dokumentiert werden müssen. Hier lohnt sich teilweise schon der Einsatz spezieller Softwareprogramme. Solche Systeme arbeiten neben dem Ultraschallgerät und Rechner (evtl. Computer mit Ultraschalleinschubkarte) auch mit einem Echtzeit-Prüfkopfortungssystem.

Bei der Durchführung der Prüfung kann sich der Prüfer vollständig auf die Abtastung der Prüffläche konzentrieren, weil das rechnergestützte System das Prüfsystem konfiguriert und justiert; alle Geräteeinstelldaten werden vom System übernommen. Ankopplungsausfälle und Überschreitung des zulässigen Drehwinkels beim Prüfen werden auto-

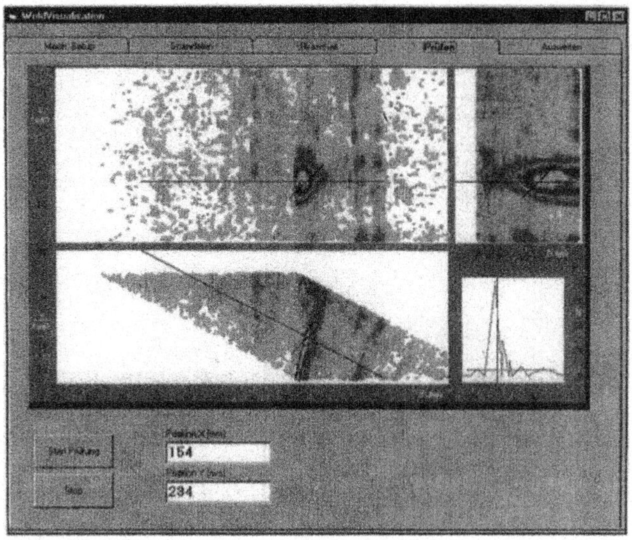

Abb. 13.5 Darstellung der Schweißnaht [13.3]

matisch berücksichtigt und durch Warnton angezeigt. Auch die gesamte Protokollierung wird bei diesem System (ISONIC) automatisch realisiert. Interessant ist auch, dass mit solchen Systemen nicht nur ebene, sondern auch Rundschweißnähte ab 400 mm Durchmesser geprüft werden können.

Software für die zerstörungsfreie Prüfung und insbesondere für die Ultraschall- und Durchstrahlungsprüfung von Schweißverbindungen sind bereits seit längerer Zeit im Markt. Beispielhaft sollen hier das Programm Weld Tech zur Verwaltung und Erstellung von Schweißerzeugnissen nach DIN EN 287 und nach ASME-Code genannt werden.

13.4 Schweißnahtfehler

Nachfolgend werden die wichtigsten herstellungsbedingten Fehlerarten aufgeführt.

13.4.1 Flächenhafte Fehler

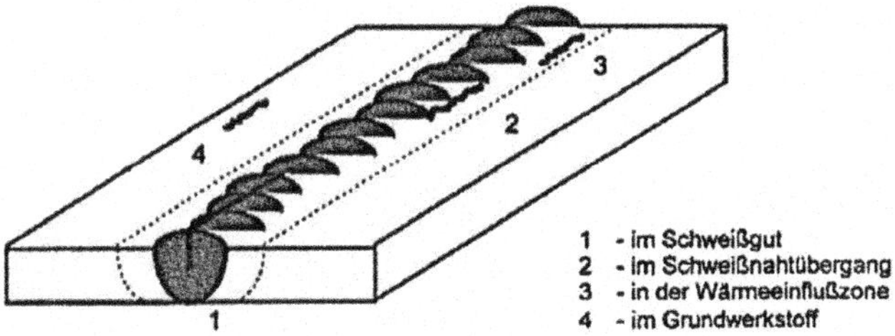

Abb. 13.6 Längsriss in Schweißnahtrichtung verlaufend [13.1]

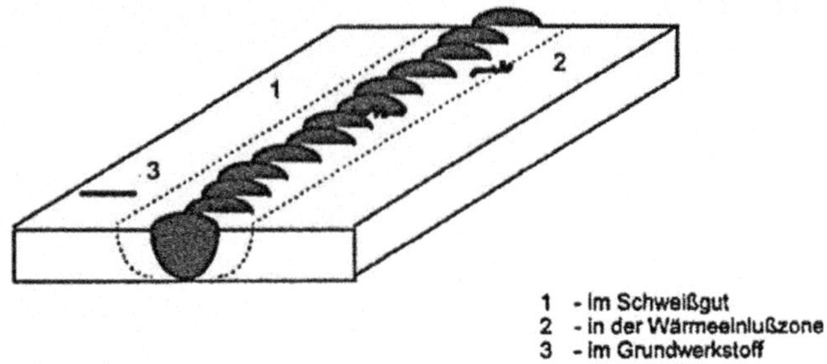

Abb. 13.7 Querriss quer zur Schweißnaht verlaufend [13.1]

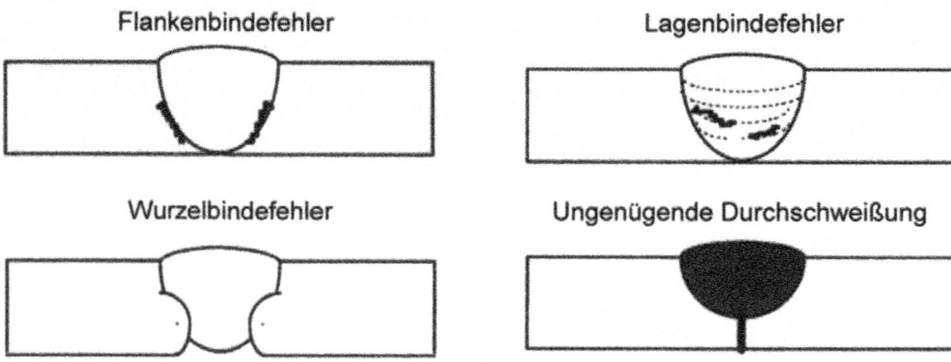

Abb. 13.8 Bindefehler und ungenügende Durchschweißung

13.4.2 Volumenhafte Fehler

Nichtmetallische Einschlüsse als nicht scharfkantige Einlagerung im Schweißgut

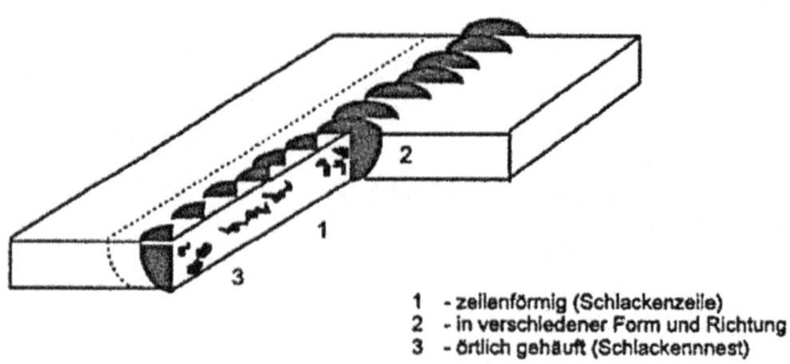

Abb. 13.9 Schlackeneinschlüsse

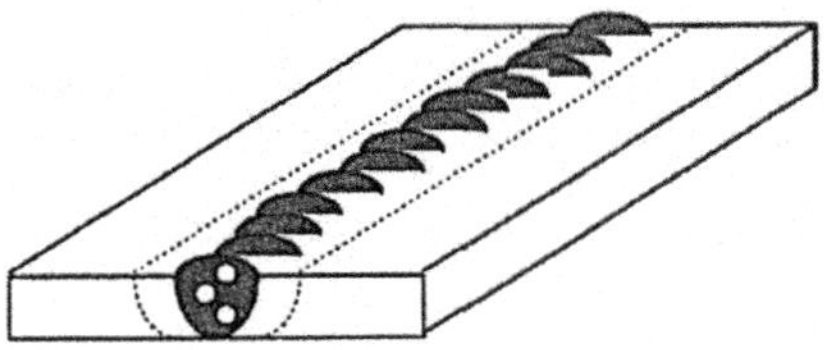

Abb. 13.10 Poren als kugelartige Gaseinschlüsse

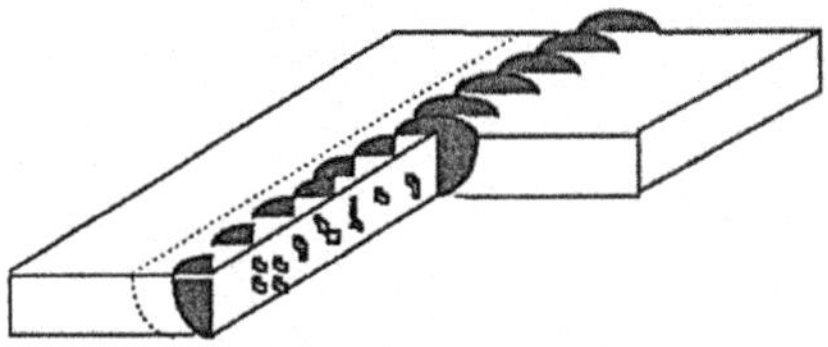

Abb. 13.11 Schlauchporen als Gaseinschlüsse in verschiedenartiger Lage; einzeln oder gehäuft auftretend

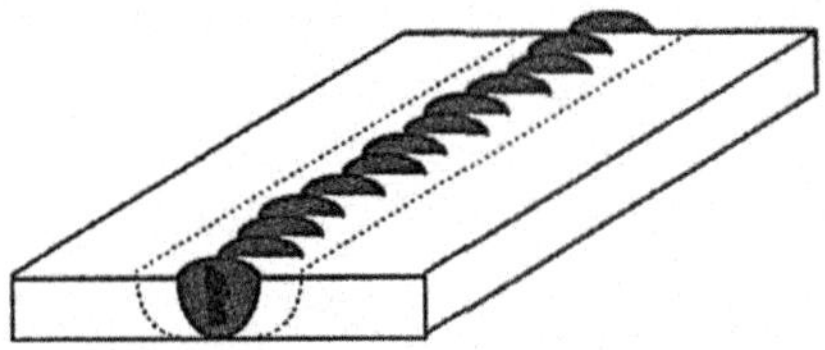

Abb. 13.12 Lunker

13.4.3 Einteilung von Ungänzen an Metallen nach DIN EN ISO 6520

In dieser Norm werden die Unregelmäßigkeiten (Fehler, Ungänzen) in sechs Gruppen eingeteilt, denen wiederum Ordnungsnummern nach dem IIW-Röntgenatlas zugeordnet sind (Tabelle 13.1). Die Unregelmäßigkeiten werden definiert und skizzenhaft dargestellt, um ihre Erkennung zu erleichtern [13.9] [13.10].

Tab. 13.1 Unregelmäßigkeitsgruppen nach DIN EN ISO 6520

Ordnungs-Nr. nach IIW-Atlas	Buchstabensymbol	Benennung
100	E	Riss
1001		Mikroriss
101	Ea	Längsriss
102	Eb	Querriss
103	E	Sternförmiger Riss
104	Ec	Endkraterriss
105	E	Rissanhäufung
106	E	Verästelter Riss
200		Hohlraum
201	A	Gaseinschluss
2011	Aa	Pore
2012		Porosität

Tab. 13.1 (Fortsetzung)

Ordnungs-Nr. nach IIW-Atlas	Buchstabensymbol	Benennung
2013		Porennest
2014		Porenzeile
2015	Ab	Gaskanal
2016	Ab	Schlauchpore
2017		Oberflächenpore
202	K	Lunker
2021		Makrolunker
2022		Mikrolunker
2023		Interkristalliner Mikrolunker
2024		Endkraterlunker
300		Fester Einschluss
301	Ba	Schlackeneinschluss
302	G	Flussmitteleinschluss
303	J	Oxideinschluss
3031		Oxidhaut
304	H	Fremdmetalleinschluss
400		Bindefehler
4011		Flankenbindefehler
4012		Lagenbindefehler
4013		Wurzelbindefehler
402	D	Ungenügende Durchschweißung
500		Formfehler
5011 und 5012	F	Kerbe
5013		Wurzelkerbe
502		Zu große Nahtüberhöhung
503		Zu große Nahtüberhöhung
504		Zu große Wurzelüberhöhung
5041		Einzelne Durchtropfung
505		Schroffer Nahtübergang
506		Schweißgutüberlauf
507		Kantenversatz
508		Winkelversatz
509		Verlaufenes Schweißgut
510		Durchbrand
511		Decklagenunterwölbung
512		Übermäßige Gleichschenkeligkeit
513		Unregelmäßige Nahtbreite
514		Unregelmäßige Nahtzeichnung
515		Wurzelrückfall
516		Wurzelporosität
517		Ansatzfehler

Tab. 13.1 (Fortsetzung)

Ordnungs-Nr. nach IIW-Atlas	Buchstabensymbol	Benennung
600		Sonstige Unregelmäßigkeiten
601		Zündstelle
602		Schweißspritzer
6021		Wolframspritzer
603		Ausbrechung
604		Schleifkerbe
605		Meißelkerbe
606		Unterschleifung

Die Vielzahl dieser Schweißnahtfehler und deren Interpretation sind unter den üblichen Bedingungen der manuellen mobilen Prüfung teilweise schwierig und oft nicht eindeutig. Daher ist der Versuch unternommen worden, mittels Klassifikationstechniken Ultraschallsignale so zu bewerten, dass eine robuste Ortsauflösung und Sortierung der Fehler in den Schweißnähten erfolgen kann [13.9]. In Abb. 13.13 wird die Vorgehensweise beschrieben.

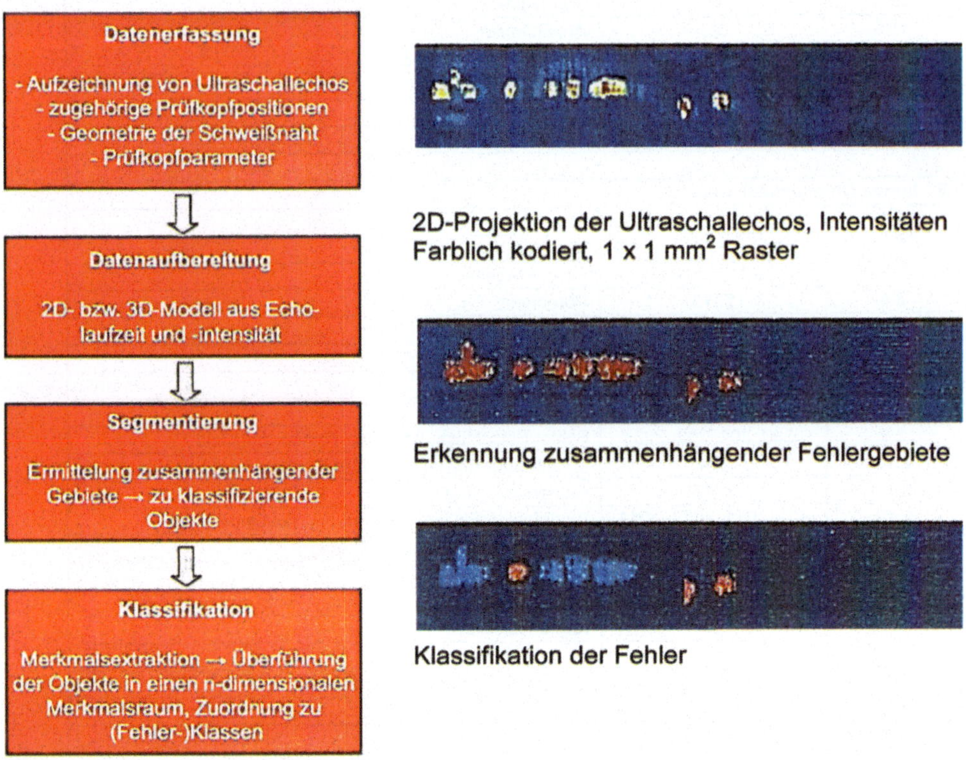

Abb. 13.13 Klassifikationstechnik für Schweißnahtfehler [13.9]

Tab. 13.2 Unregelmäßigkeitsgruppen nach DIN EN ISO 5817 [13.8]

Nr.	Ordnungs-Nr. nach ISO 6520	Benennung
1. Oberflächenunregelmäßigkeiten		
1.1	100	Riss
1.2	104	Endkraterriss
1.3	2017	Oberflächenpore
1.4	2025	Offener Endkraterlunker
1.5	401	Bindefehler (unvollständige Bindung)
1.6	4021	Ungenügender Wurzeleinbrand
1.7	5011, 5012	Einbrandkerbe
1.8	5013	Wurzelkerbe
1.9	502	Zu große Nahtüberhöhung (Stumpfnaht)
1.10	503	Zu große Nahtüberhöhung (Kehlnaht)
1.11	504	Zu große Wurzelüberhöhung
1.12	505	Schroffer Nahtübergang
1.13	506	Schweißgutüberlauf
1.14	509, 511	Verlaufenes Schweißgut, unvollständig gefüllte Wurzel
1.15	510	Durchbrand
1.16	512	Übermäßige Asymmetrie der Kehlnaht, Gleichschenkligkeit
1.17	515	Wurzelrückfall
1.18	516	Wurzelporosität
1.19	517	Ansatzfehler
1.20	5213	Zu kleine Kehlnahtdicke
1.21	5214	Zu große Kehlnahtdicke
1.22	601	Zündstelle
1.23	602	Schweißspritzer
2. Innere Unregelmäßigkeiten		
2.1	100	Riss
2.2	1001	Mikroriss
2.3	2011, 2012	Pore, Porosität
2.4	2013	Porennest
2.5	2014	Porenzeile
2.6	2015, 2016	Gaskanal, Schauchpore
2.7	202	Lunker
2.8	2024	Endkraterlunker
2.9	300, 301, 302, 303	Fester Einschluss, Schlacke, Flussmittel, Oxid
2.10	304	Metallischer Einschluss außer Kupfer
2.11	3042	Kupfereinschluss
2.12	401, 4011, 4012, 4013	Bindefehler, Flanken-, Lagen-, Wurzelbindefehler
2.13	402	Ungenügende Durchschweißung
3. Unregelmäßigkeiten in der Nahtgeometrie		
3.1	507	Kantenversatz
3.2	508	Winkelversatz
3.3	617	Schlechte Passung bei Kehlnähten
4. Mehrfachunregelmäßigkeiten		
4.1	keine	Mehrfachunregelmäßigkeiten in beliebigem Querschnitt
4.2	keine	Abbildungsfläche oder Querschnittsfläche in Längsrichtung

13.4.4 Bestimmung des Anteils von Ungänzen an Metallen nach DIN EN ISO 5817

Diese Norm ersetzt im Prinzip die DIN EN 26520, weil sie die gleichen Ordnungsnummern in den gleichen Unregelmäßigkeitsgruppen benutzt [13.10], diese jedoch untergliedert in Oberflächenunregelmäßigkeiten und innere Unregelmäßigkeiten sowie Unregelmäßigkeiten in der Nahtgeometrie und Mehrfachunregelmäßigkeiten, darin gegenüber DIN EN 26520 weitere Unregelmäßigkeiten einführt und andere wegläßt (Tabelle 13.2) und Beispiele für die Bestimmung des prozentualen Anteiles der Unregelmäßigkeiten bildlich darstellt. Weiterhin werden die Grenzwerte für die Unregelmäßigkeiten bei den einzelnen Bewertungsgruppen aufgeführt. Unterschiedlich zwischen DIN EN 26520 und DIN EN ISO 5817 ist, dass die Kurzzeichen bzw. Buchstabensymbole in der DIN EN ISO 5817 [13.8] nicht genannt werden.

Nachstehende Abbildungen 13.14 bis 13.22 zeigen Beispiele für die Bestimmung des prozentualen Anteils von Unregelmäßigkeiten [13.4].

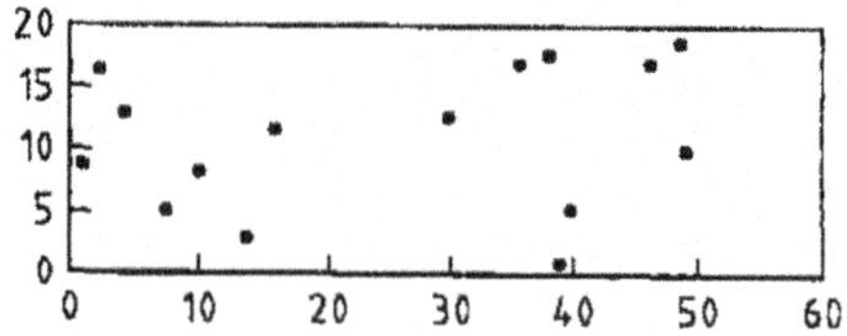

Abb. 13.14 1% Oberflächenanteil, 15 Poren, d = 1 mm

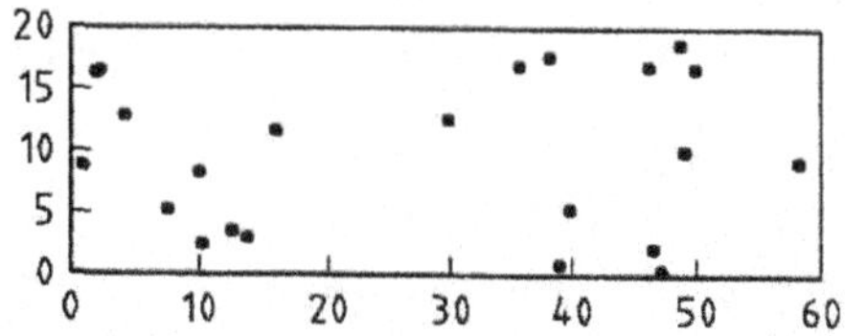

Abb. 13.15 1,5% Oberflächenanteil, 23 Poren, d = 1 mm

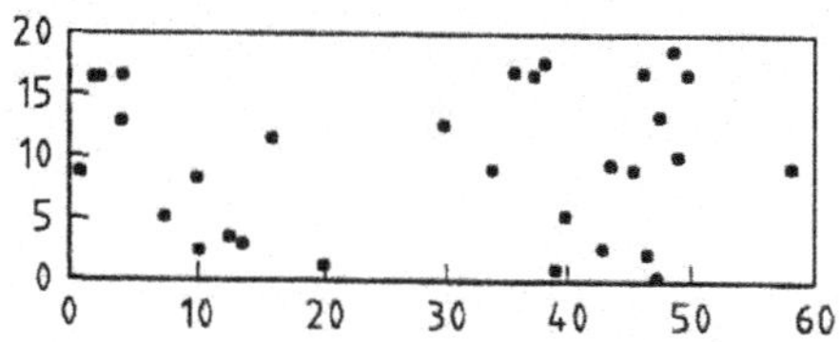

Abb. 13.16 2% Oberflächenanteil, 30 Poren, d = 1 mm

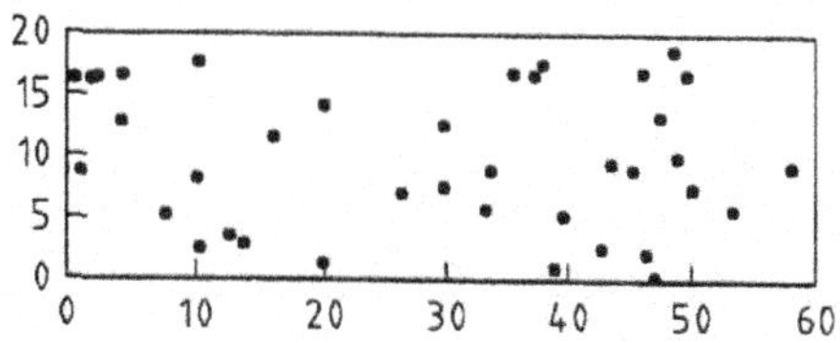

Abb. 13.17 2,5% Oberflächenanteil, 38 Poren, d = 1 mm

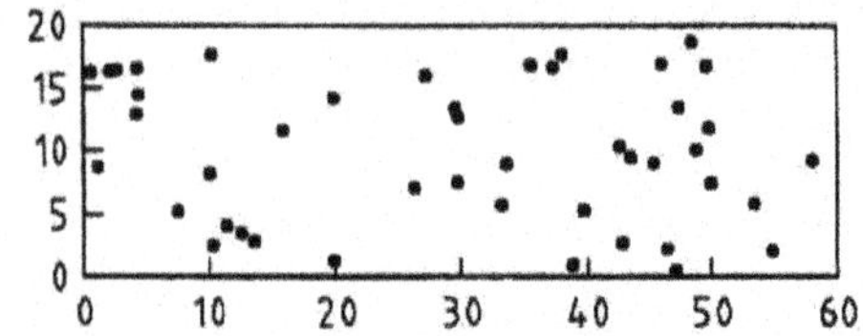

Abb. 13.18 3% Oberflächenanteil, 45 Poren, d = 1 mm

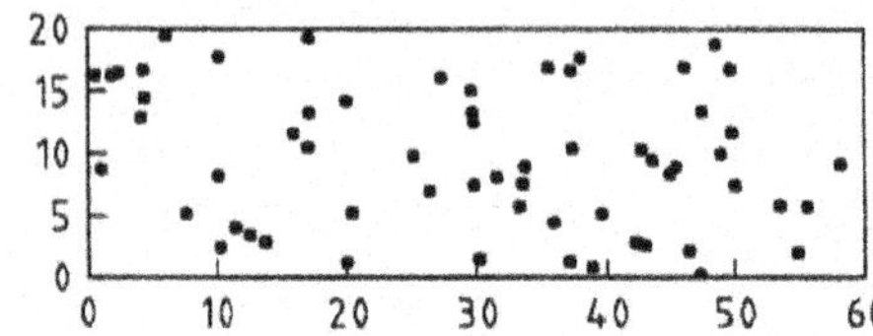

Abb. 13.19 4% Oberflächenanteil, 61 Poren, d = 1 mm

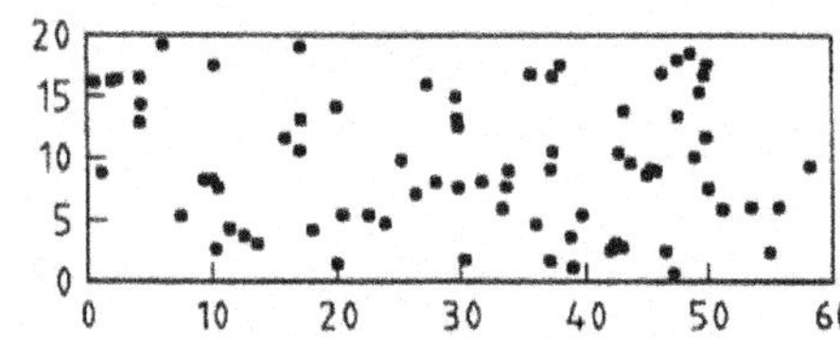

Abb. 13.20 5% Oberflächenanteil, 76 Poren, d = 1 mm

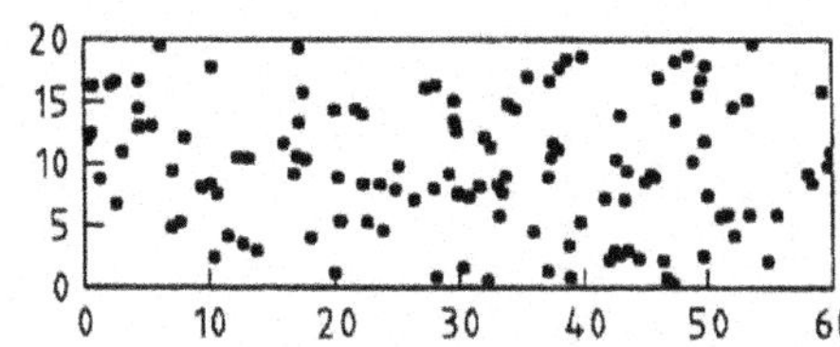

Abb. 13.21 8% Oberflächenanteil, 122 Poren, d = 1 mm

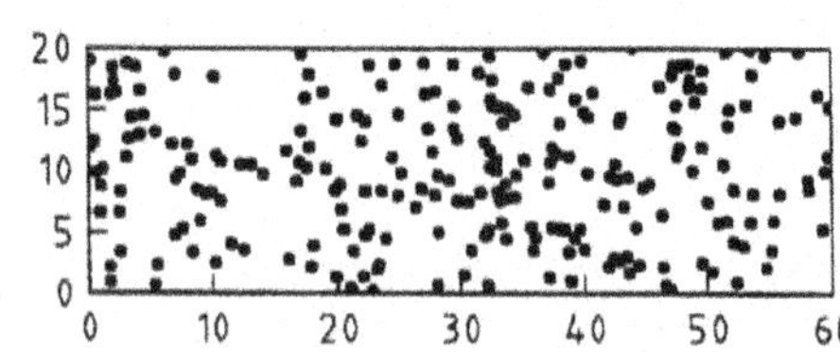

Abb. 13.22 16% Oberflächenanteil, 244 Poren, d = 1 mm

13.5 Spezielle Schweißverfahren

13.5.1 Engspaltschweißen

Die Schweißnähte von sehr dickwandigen Prüfgegenständen (110 bis 180 mm Wanddicke [13.33] werden in zunehmendem Maße als Engspaltnähte geschweißt, d.h. es handelt sich um eine Vielzahl von Schweißlagen, die den relativ großen Raum der Schweißfuge füllen müssen. Dabei muss man von wesentlich größeren Flankenwinkeln und kleineren Schweißnahtbreiten ausgehen. Da alleine die vielen Schweißnahtlagen selbst bei automa-

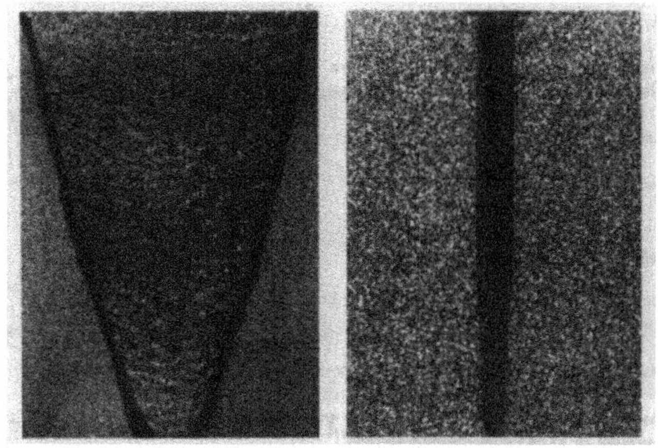

Abb. 13.23 Vergleich von Schweißnähten in einer Rohrleitung mit 90 mm Wanddicke [13.27]

tischer Schweißung eine entsprechende Anzahl von Ungänzen vermuten lassen, ist oft eine andere Prüftechnik erforderlich als bei normalen Schweißverbindungen mit Wanddicken bis zu 25 mm. Abb. 13.23 zeigt eine Engspaltschweißnaht (rechts im Bild) im Vergleich mit einer normalen Naht (links im Bild).

Wenn dann insbesondere im Kernkraftbereich austenitische Werkstoffe hinzukommen, muss jedes Prüfproblem bei der Schweißnahtprüfung sorgfältig unter Berücksichtigung der geometrischen und werkstofftechnischen Gegebenheiten untersucht werden, weil die akustischen Eigenschaften des austenitischen Werkstoffes und schweißtechnische Mängel, wie Quetschfalten, Wurzelkerben, Schrumpfkerben u.a.m. beeinflussend sind. Abb. 13.24 zeigt einen Vergleichskörper mit Testnuten für solche Untersuchungen.

Die Untersuchungsergebnisse bei der BAM [13.2] haben ergeben, dass

- Oberflächenverbundene Fehler an der Innenoberfläche der austenitischen Engspaltnaht mit Transversalwellen unter 45° mit 1 MHz gut nachzuweisen sind.
- Oberflächenverbundene Fehler in der Wärmeeinflusszone der Decklage im ganzen Sprung ebenfalls mit Transversalwellen unter 45° gut nachweisbar sind, wenn der Fehler auf der dem Prüfkopf zugewandten Seite liegt. Liegt der Fehler in der Schweißnahtmitte oder auf der dem Prüfkopf abgewandten Seite, so ist ein Nachweis kaum möglich.
- Die Decklage lässt sich blecheben mit einem SEL 70° und 1,5 MHz sehr gut prüfen.
- Die Gruppenstrahlertechnik mit der Möglichkeit verstellbarer Winkel eignet sich besonders für die Analyse unklarer Befunde, während für den Nachweis von Ungänzen die herkömmliche Technik ausreichend ist.

Oft benutzt man zur Prüfung von dickwandigen Engspaltschweißnähten bei beschliffener Prüfoberfläche Senkrechtprüfköpfe als Normal- und als S/E-Prüfköpfe. Weil die Schweißflanken sehr steil angeordnet sind, kann auch mit der Tandemtechnik gearbeitet werden, insbesondere beim Verdacht auf Flankenbindefehler.

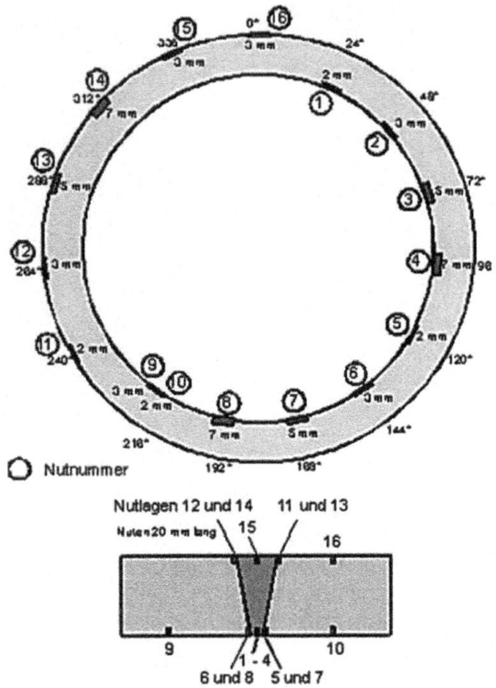

Abb. 13.24 Vergleichskörper mit Testnuten zur Untersuchung austenischer Engspaltschweißnähte [13.2]

13.5.2 Widerstandspunktschweißen

Das Widerstandspunktschweißen hat hauptsächlich im Automobilbau große Bedeutung. In diesem Industriesektor besteht der dringende Bedarf nach einem zerstörungsfreien automatisierten Prüfverfahren, dass die technologische Lücke zwischen dem hochautomatisierten Schweißvorgang und der manuellen Qualitätssicherung schließt. Bisher wurden zur Qualitätssicherung der Schweißverbindungen die in Tab. 13.3 aufgeführten Verfahren mit ihren Nachteilen im Herstellungsprozess angewandt.

Von der automatisierten Ultraschallprüfung erhofft man sich entscheidende Vorteile in Bezug auf die

- Transparenz des Schweißprozesses,
- Die Prüfung während des Schweißprozesses,
- Die Überwachung und Sicherung der Schweißpunktqualität durch Kompensation von Störeinflüssen,
- Verbesserung der Auswertbarkeit und Reproduzierbarkeit der Prüfungen,
- Hohe Reaktionsgeschwindigkeiten im Zusammenhang mit der Qualität der Schweißverbindung,
- Anlagenbezogene Informationen,
- Geeignete Prüfmittelüberwachungskonzepte,

Tab. 13.3 Klassische Prüfverfahren für die Schweißpunktprüfung [13.5], [13.6], [13.7]

Prüfverfahren	Nachteile	Kosten €	Nachweisfähigkeit
Manuelle Hammer und Meiselprüfung	Festgelegte Prüfzyklen, nur grobe Aussage über Linsendurchmesser und Übertragbarkeit auf andere Schweißverbindungen, körperliche Belastung, Materialbeschädigung.	ca. 4600	20%
Zerstörende Prüfung der Schweißverbindung	Bauteil bzw. Karosserie wird komplett zerstört und der Linsendurchmesser gemessen, nur grobe Aussage über die Übertragbarkeit auf andere Schweißverbindungen.	ca. 6650	99%
Manuelle Ultraschallprüfung	Vereinzelte Prüfplätze in der Fertigung, Hohe Anforderungen an das Prüfpersonal, Aussagen über Linsendurchmesser und Schweißqualität sind unzuverlässig.	ca. 1100	95%

- Senkung der Prüfkosten,
- Vermeidung von Ausschusskosten,
- Mögliche Einsparungen durch Reduzierung der Anzahl von Punktschweißverbindungen,
- Einheitliche fachgerechte Prüfer- u. Prüfaufsichtsschulung durch entsprechende Konzepte,
- Übertragbarkeit der Prüfergebnisse im Zusammenhang mit dem Schweißprozess auf Nachfolgeprozesse.

Bei den automatisierten Ultraschallprüfverfahren unterscheidet man gegenwärtig das Impuls-Echo-Verfahren [13.30] und das Durchschallungsverfahren [13.4]. Bei beiden Verfahren werden wiederum Longitudinalwellenprüfköpfe eingesetzt, während Transversalwellenprüfköpfe nur beim Durchschallungsverfahren verwendet werden. Die bekanntesten realisierten Prüfeinrichtungen werden diesbezüglich von Krautkrämer/Ford (Longwellenprüfköpfe) und von Bosch-Rexroth [13.29], [13.31] (Abb. 13.25) auf der Basis einer IZfP-Entwicklung (Transwellenprüfköpfe) angeboten.

Beim zuerst genannten Verfahren erfolgt die Schweißpunktprüfung auf der Basis der A-Bild-Auswertung, d.h. aus der Auswertung der Echofolge. Dabei wird die Rückwandechofolge untersucht, weil die Schweißlinse keinen natürlichen Reflektor mit deutlich unterschiedlichem Schallwellenwiderstand zum Grundmaterial darstellt. Die Rückwandechofolge verändert sich deutlich anders bei einwandfreien Schweißpunkten und bei fehlerhaften Schweißpunkten. Abb. 13.26 zeigt das Abschwächungsverhalten der Rückwandechofolge beim Impuls-Echo-Verfahren mit Longitudinalwellenprüfköpfen [13.5], [13.6].

Abb. 13.25 Widerstandspunktschweißen nach Bosch-Rexroth [13.29]

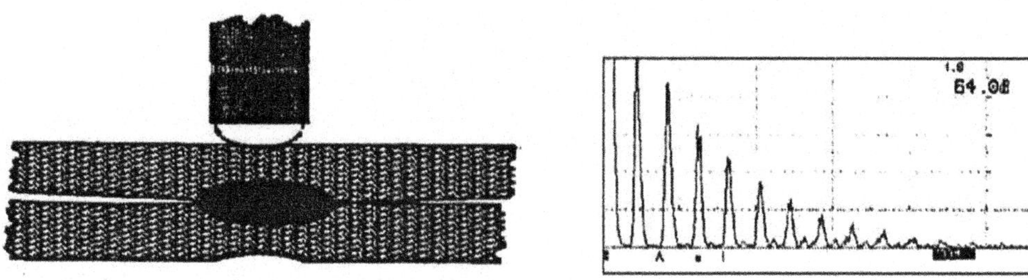

Abb. 13.26a Einwandfreier Schweißpunkt und Rückwandechofolge, schnell abklingende Echofolge, Abstände der Echos gemäß der Gesamtdicke der Bleche

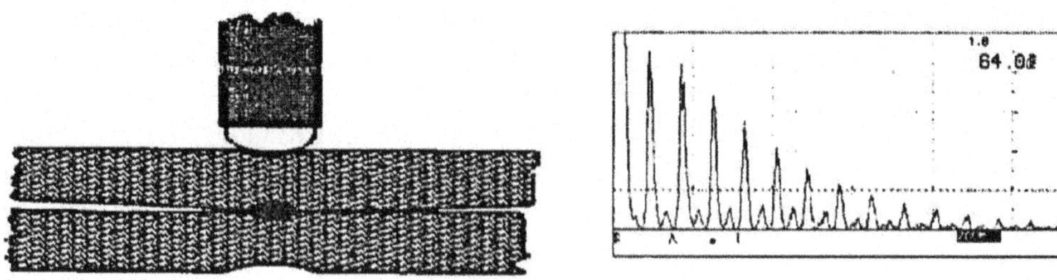

Abb. 13.26b Zu kleine Schweißlinse und Rückwandechofolge, abwechselnd große und kleine Echos, Abstände der Echos entsprechend der Einzelblechdicke

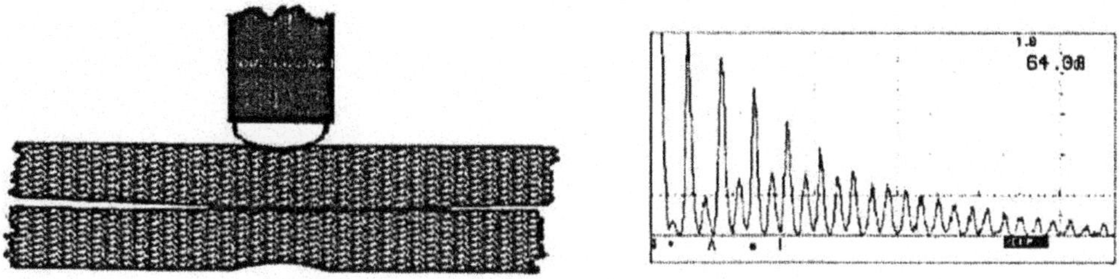

Abb. 13.26c Kaltschweißung und Rückwandechofolge, lange Echofolge, Abstände der Echos wie bei einwandfreiem Schweißpunkt

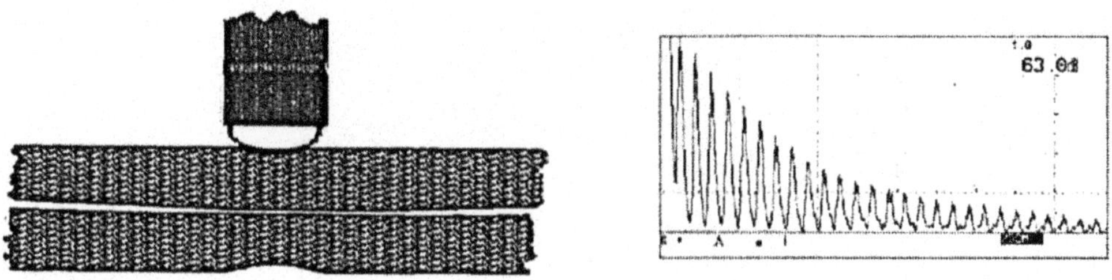

Abb. 13.26d Nicht vorhandene Schweißung und Rückwandechofolge, lange Echofolge, Abstände der Echos wie bei zu kleiner Schweißlinse

Wesentlichen Einfluss auf die zu messenden Schweißlinsengröße haben

- die Schweißparameter,
- Schweißspritzer,
- elektrischer Nebenschluss des Schweißgenerators,
- Elektrodenverschleiß,
- Grundmaterial und
- Materialbeschichtungen.

Die Prüfköpfe werden im automatisierten Betrieb in einer Schweißzange aufgenommen, wobei jede Schweißzange mit je zwei Ultraschallsensoren ausgerüstet ist, die in die Elektroden so eingeschraubt werden, dass sie eine Verbindung mit dem Kühlwasserkanal haben, der die Ankopplung praktiziert. Die Sensoren arbeiten in Durchschallung und im Impuls-Echo-Verfahren. In Abb. 13.27 ist eine solche Prüfeinrichtung der Firma Vogt abgebildet. Die Auswertung der Ultraschallinformationen erfolgt mit Hilfe eines Computers zangen-, bauteil-, Datum- und Uhrzeitbezogen und über Schnittstellen mit der Schweißprozesssteuerung.

Der wesentliche Effekt, der beim Erwärmen der zu verschweißenden Bleche die Ultraschalldurchlässigkeit beeinflusst, ist die Bildung der Schweißlinse. Temperaturabhängige

Abb. 13.27 Schweißzange mit Ultraschallsensoren [13.1]

Schwächungsverluste der Signale durch Absorption und Streuung können wegen der geringen Laufwege des Ultraschalles vernachlässigt werden. Bei 1536°C geht das feste Eisen in den flüssigen Zustand über. Da Flüssigkeiten keine Transversalwellen übertragen können, nimmt die Ultraschalldurchlässigkeit mit der Bildung der Schweißlinse stark ab. Im Bereich des Maximums der Durchlässigkeitskurve (Abb. 13.29) liegt deshalb der Aufschmelzzeitpunkt, es beginnt die flüssige Phase der Schweißlinsenbildung. Die Schweißlinsenbildung schreitet zunächst sehr schnell voran und nähert sich dann einem Sättigungswert.

Beim Durchschallungsverfahren mittels Transversalwellen werden während des Schweißvorganges transversale Ultraschallimpulse durch die Elektroden gesendet, die senkrecht zur Elektrodenachse polarisiert sind und folglich parallel zur Elektrodenoberfläche schwingen. Im Unterschied zur Schweißzange sind die Ultraschallprüfköpfe an den Elektrodenschäften angebracht. Abb. 13.28 zeigt ein Blockdiagramm zum Verfahrensprinzip.

Mit Beginn des Schweißstromes werden mit dem Sendeprüfkopf transversale US-Impulse erzeugt, wobei die Schweißsteuerung die Durchschallung auslöst. Die Ultraschallsignale durchlaufen die Elektroden und die zu verschweißenden Teile und werden auf der Gegenelektrode mit dem Empfängerprüfkopf empfangen. Schweißstrom und Ultraschallsignale haben den gleichen Weg. Der Schweißstrom beeinflusst die Signale jedoch nicht, d.h. es gibt keine direkte Wechselwirkung zwischen Strom und Ultraschall. Allerdings beeinflusst die durch den Schweißstrom erzeugte Wärme die Ultraschalldurchlässigkeit der Schweißteile. Die Veränderungen der Amplitude der empfangenen Signale während des Schweißvorganges zeigen also die Veränderungen der Ultraschalldurchlässigkeit des

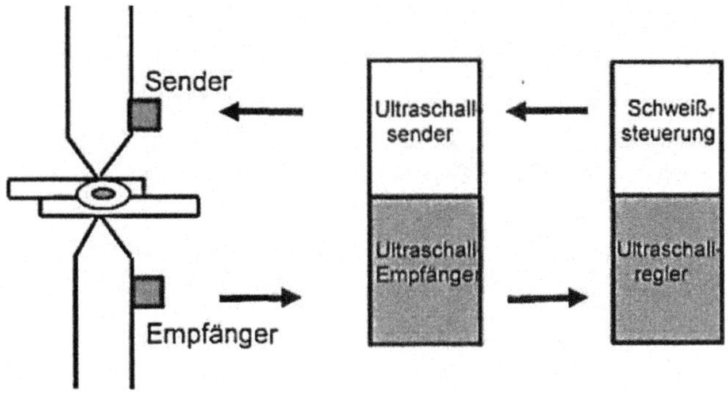

Abb. 13.28 Blockdiagramm zum Durchschallungsverfahren mit Transversalwellen [13.1]

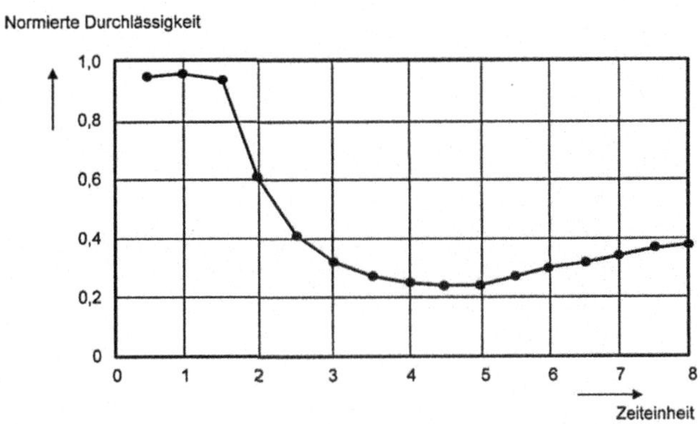

Abb. 13.29 Schweißlinsenbildung und Durchlässigkeitsverlauf der Ultraschallsignale [13.1]

Schweißpunktes an. Die Signalamplituden werden kontinuierlich aufgezeichnet und ausgewertet [13.31].

Mit Hilfe der Durchlässigkeitskurven kann der Schweißstrom so geregelt werden, dass bei jeder Schweißung ein bestimmter vorgegebener Schweißlinsendurchmesser erzielt wird. Die Vorgabe erfolgt über sogenannte Musterschweißungen. Untersuchungen in Österreich (bei Steyr Fahrzeugtechnik in Graz) zeigten, dass im Vergleich der Ergebnisse der automatisierten Ultraschallprüfung von weichen, unlegierten und höherfesten Stählen keine signifikanten Unterschiede festzustellen waren. Die höhere Härte und Festigkeit der Schweißlinse bei höherfesten Stählen hat keinen Einfluss auf die für die Ultraschallprüfung relevanten Verfahrensparameter.

13.6 Ultraschallprüfung von Schmelzschweißverbindungen nach DIN EN 12062

Diese Norm [13.13]beschreibt allgemeine Regeln der zerstörungsfreien Prüfung fertig gestellter Schweißnähte an metallischen Werkstoffen, wie Stahl, Aluminium, Kupfer, Nickel, Titan. Interessant ist, dass festgelegt wird, dass das Prüfpersonal nach DIN EN 473 (seit

Januar 2013 nach DIN EN ISO 9712 [13.20]) qualifiziert und zertifiziert sein und die Prüffirma nach DIN EN ISO 17025 [13.21] eine Akkreditierung nachweisen muss.

13.6.1 Prüfumfang und Zeitpunkt

Der Prüfumfang muss in einer Anwendungsnorm angegeben oder in einer Spezifikation festgelegt werden. Im Anhang C werden informativ weitere Regeln zur Festlegung des Prüfumfanges beschrieben. Der Zeitpunkt der Prüfung sollte nach Beendigung aller erforderlichen Wärmebehandlungen ausgeführt werden. Schweißnähte in Werkstoffen, die empfindlich sind gegenüber Wasserstoffrissbildung, wie z.B. hochfeste Stähle, dürfen nicht vor Ablauf einer Mindestzeit nach dem Schweißen geprüft werden. Oberflächenprüfungen sollten vor den Prüfungen auf innere Fehler durchgeführt werden.

13.6.2 Auswahl des Prüfverfahrens und Durchführung der Prüfung

Die allgemein anerkannten Verfahren für die Prüfung von Schweißverbindungen auf innere Unregelmäßigkeiten sind in Tabelle 13.4 aufgeführt.

Kritisch muss die nach DIN EN 12062 [13.13] vorgegebene Deckungsgleichheit von Ultraschall- und Durchstrahlungsprüfung bei der zerstörungsfreien Schweißnahtprüfung angesehen werden. Eine solche Deckungsgleichheit besteht praktisch nur teilweise und wird von zahlreichen herstellungsbedingten Faktoren beeinflusst [13.28].

Tab. 13.4 Allgemein anerkannte Verfahren für die Prüfung von Schweißverbindungen (mit voller Durchschweißung) auf innere Unregelmäßigkeiten [13.26]

Werkstoffe und Verbindungstyp	Wanddicke in mm a)		
	$t \leq 8$	$8 < t \leq 40$	$t > 40$
Ferritische Stumpfverbindungen	RT o. (UT)	RT o. UT	UT o. (RT)
Ferritische T-Verbindungen	(UT) o. (RT)	UT o. (RT)	UT o. (RT)
Austenitische Stumpfverbindungen	RT	RT o. (UT)	RT o. (UT)
Austenitische T-Verbindungen	(UT) o. (RT)	(UT) o. (RT)	(UT) o. (RT)
Stumpfverbindungen aus Aluminium	RT	RT o. UT	RT o. UT
T-Verbindungen aus Aluminium	(UT) o. (RT)	UT o. (RT)	UT o. (RT)
Stumpfverbindungen aus Nickel- u. Kupferlegierungen	RT	RT o. (UT)	RT o. (UT)
T-Verbindungen aus Titan	(UT) o. RT	UT o. (RT)	

a) Wanddicke t ist die Nennwanddicke des Ausgangswerkstoffs der zu verbindenden Teile.

13.6.3 Bewertung von Anzeigen

Die Vorgehensweise für die Behandlung unzulässiger Anzeigen müssen in einer Anwendungsnorm angegeben oder in einer Spezifikation festgelegt werden. Im Falle der Reparatur von unzulässigen Anzeigen muss die Schweißnaht üblicherweise mindestens in derselben Weise, wie für die ursprüngliche Schweißnaht gefordert, geprüft werden. In Tabelle 13.5 sind die Bewertungsgruppen für die Ultraschallprüfung in ferritischen Stählen mit den Anwendungsnormen zusammengefasst.

Tab. 13.5 Bewertungsgruppen für die Ultraschallprüfung in ferritischen Stählen im Zusammenhang mit den Anwendungsnormen [13.16], [13.17], [13.18]

Bewertungsgruppen in Übereinstimmung mit DIN EN ISO 5817 oder DIN EN 30042	Prüftechniken und –klassen in Übereinstimmung mit DIN EN 1714 a)	Zulässigkeitsgrenzen in Übereinstimmung mit DIN EN 1712
B	Mindestens B	2
C	Mindestens A	3
D	Prüfklasse nicht anwendbar b)	Prüfklasse nicht anwendbar b)

a) Wenn die Charakterisierung von Anzeigen in einer Spezifikation festgelegt ist, muss sie in Übereinstimmung mit DIN EN 1713 durchgeführt werden.
b) UT wird nicht empfohlen, kann aber in einer Spezifikation festgelegt sein (mit den gleichen Anforderungen wie Bewertungsgruppe C).

13.7 Prüfung nach AD-Merkblatt HP 5/3 (2002) und Anlage HP 0

13.7.1 Prüfumfang und -zeitpunkt

Das AD-Merkblatt HP 5/3 der Arbeitsgemeinschaft Druckbehälter [13.14] ist nicht nur eine Prüfnorm, sondern auch ein bewertendes Regelwerk. So werden die wesentlichen Merkmale der Prüfungsdurchführung in der Anlage 1 und die Zulässigkeiten im Merkblatt selbst abgehandelt.

In umfangreichen Tabellen des AD-Merkblattes HP 0, Übersichtstafeln 1 und 3 wird der Prüfumfang in der HP5/3 mit der Prüfklasse in Abhängigkeit von Werkstoff, Wärmebehandlung, Ausnutzung der zulässigen Berechnungsspannung und Wanddicke der Schweißnaht aufgelistet. Zusätzlich werden Hinweise zur Reduzierung bzw. zur Erhöhung des Prüfumfanges gegeben. Bezüglich des Zeitpunktes sind die Prüfungen grundsätzlich nach der letzten Wärmebehandlung oder Umformung durchzuführen, falls vertraglich nichts anderes vereinbart worden ist.

Die Prüfflächen sind auf einer Breite vorzubereiten, die der Schweißnahtzone und einem Bereich von mindestens zwei halben Sprungabständen entspricht. Zur Schweißnahtzone gehören die Schweißnaht und der beiderseits angrenzende Grundwerkstoff in einer Breite von je 10 mm bei Wanddicken 30 mm, je 1/3 Wanddicke bei Wanddicken > 30 mm bis 60 mm und je 20 mm bei Wanddicken > 60 mm. Die Ankopplungsflächen müssen frei von Rost, Zunder, Schweißspritzern sowie sonstigen, die Ankopplung störenden Verunreinigungen sein und dürfen keine Erhebungen oder Vertiefungen aufweisen. Werden bei der Prüfung Fehler festgestellt, die ausgebessert werden müssen, so ist der Prüfumfang zu verdoppeln, falls nicht schon eine 100 % Prüfung vorgegeben ist. Bei systematischen Schweißnahtfehlern ist der Prüfumfang auf 100 % zu erweitern.

13.7.2 Prüfsystem, Justierung und Durchführung der Prüfung

Zum Prüfsystem werden Festlegungen zu folgenden Parametern getroffen:

1. Prüffrequenz:	$f = 4$ MHz bei Wanddicken s – 40mm, $f = 2$ MHz bei Wanddicken $s \leq 40$ mm.
2. Einschallwinkel:	$\alpha \geq 45°$ $\alpha = 0°$ (Senkrechtprüfkopf) bei Wanddicken > 40 mm
3. Auftreffwinkel:	$\beta \leq 70°$ bei Wanddicken < 40 mm $\beta < 60°$ bei Wanddicken > 40 mm
4. Justierung:	Die Entfernungs- und Empfindlichkeitsjustierung wird mit den im Abb. 13.30 abgebildeten Justier- oder Vergleichskörpern bei Schrägeinschallung durchgeführt.
5. Einschallpositionen:	**Prüfklasse A:** Längsfehlerprüfung von einer Oberfläche und Nahtseite (Abb. 13.31), Querfehlerprüfung auf o. neben der Schweißnaht (Abb. 13.32–13.34). **Prüfklasse B:** Längs- und Querfehlerprüfung von einer Oberfläche und von beiden Nahtseiten (Abb. 13.32 bis 13.34). **Prüfklasse C:** Längsfehlerprüfung von einer Oberfläche und beiden Nahtseiten bei Stutzennähten mit Wanddicken > 40 mm weitere Einschallposition (Abb. 13.30), Querfehlerprüfung auf und neben der Schweißnaht, bei Wanddicken > 100 mm zusätzlich (Abb. 13.32 bis 13.34).
6. Transferkorrektur:	Berücksichtigung der Transferverluste unter Einbeziehung der Schallweganteile in der Schweißnaht.
7. Registriergrenze:	AVG-Methode, Vergleichskörper- o. Vergleichslinienverfahren,
8. Registrierlängen:	Bei Überschreitung der Registriergrenze.

13.7.3 Bewertung von Anzeigen

Die Schweißverbindungen werden in Abhängigkeit von der Werkstoffgruppe, Wanddicke und Ausnutzung der zulässigen Berechnungsspannung in drei Prüfklassen A, B und C eingeteilt. Bewertet werden alle registrierpflichtigen Anzeigen im Prüfbereich. Zum Prüfbereich werden die Schweißnaht und die Wärmeeinflusszone (WEZ) gerechnet.

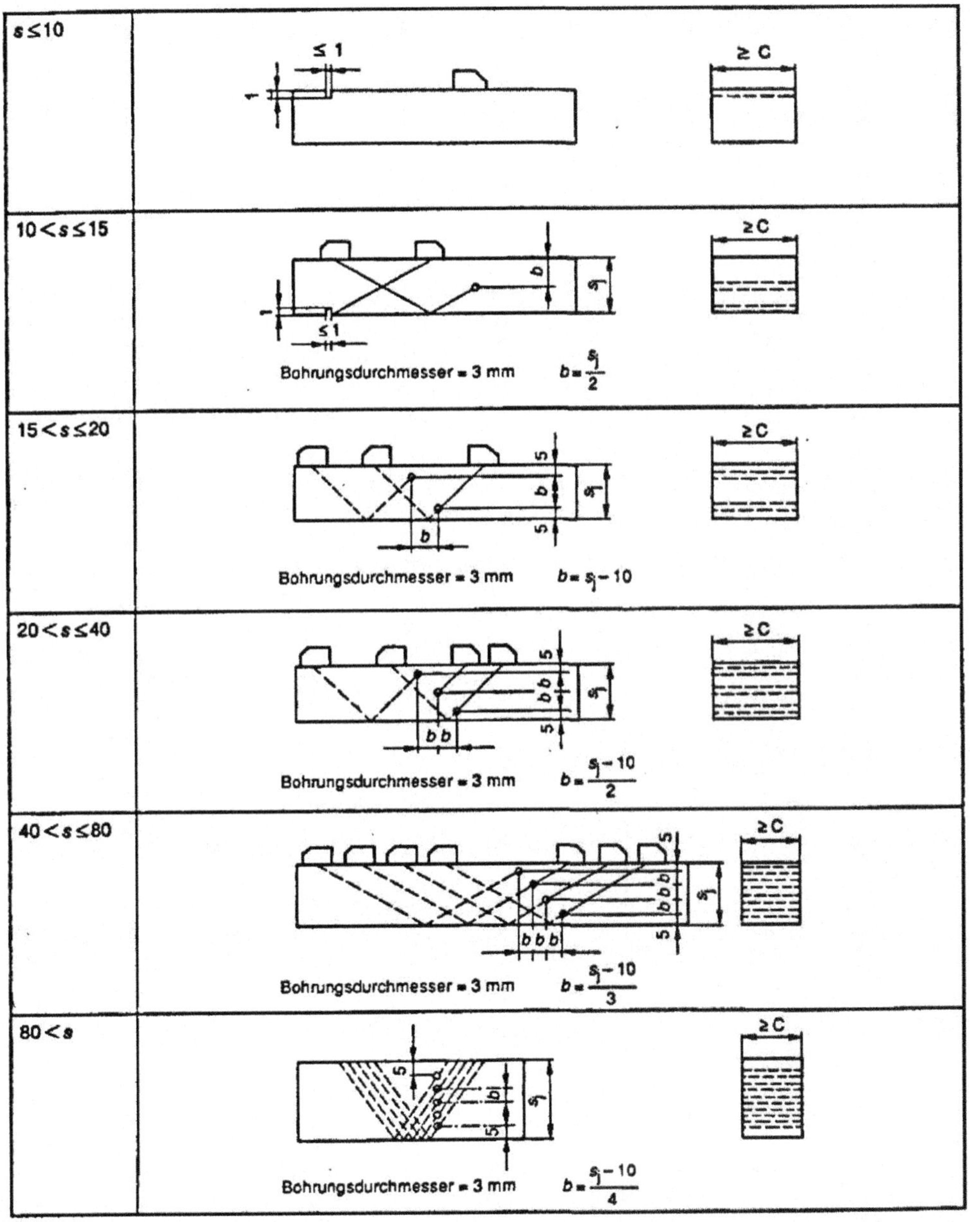

Abb. 13.30 Justier- oder Vergleichskörper zur Entfernungs- und Empfindlichkeitsjustierung

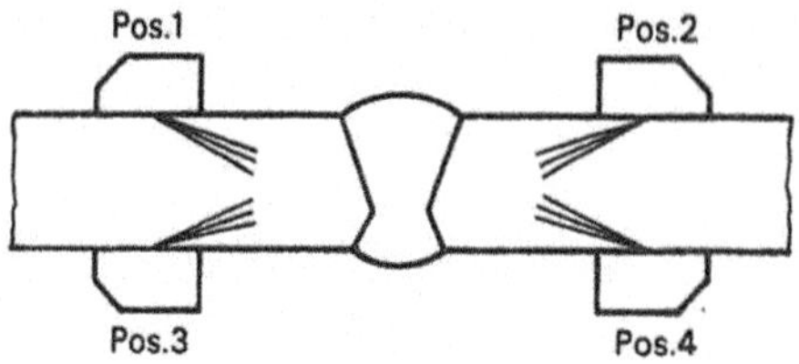

Prüfklasse A: Pos.: 1, 2, 3 oder 4

Prüfklasse B und C: Pos.: 1 und 2
oder Pos. 3 und 4
oder Pos. 5 und 6

Abb. 13.31 Prüfkopfpositionen für die Längsfehlerprüfung

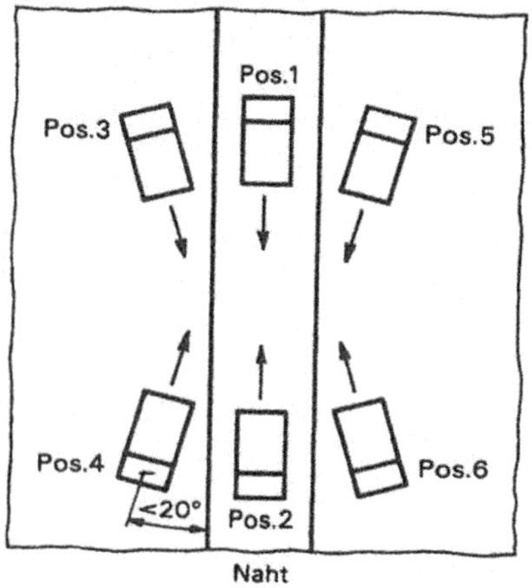

Prüfklasse A: Pos.: 3 und 4 oder
Pos. 5 und 6, falls
Pos. 1 und 2 nicht möglich

Prüfklasse B: Pos.: 3 bis 6, falls
Pos. 1 und 2 nicht möglich

Prüfklasse C: Pos.: 1 und 2

Abb. 13.32 Prüfkopfpositionen für die Querfehlerprüfung

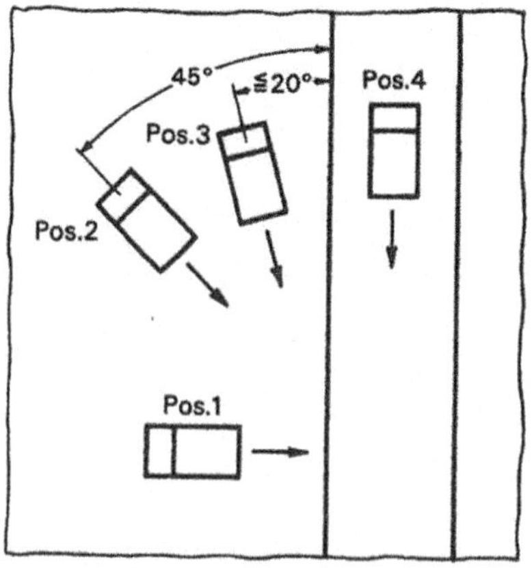

Pos. 1: Längsfehler

Pos. 2: Schrägfehler

Pos. 3 oder 4: Querfehler

Abb. 13.33 Prüfkopfpositionen bei Längs-, Schräg- und Querfehlern

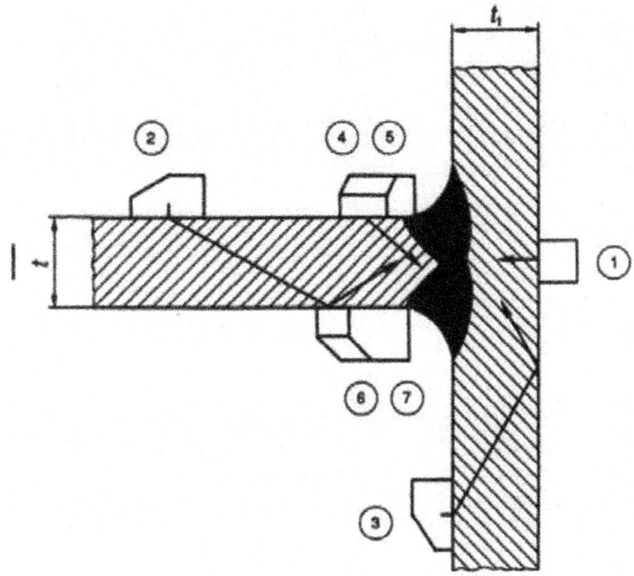

Abb. 13.34 Prüfklassen für die Ultraschallprüfung von Stutzen- und Anschweißnähten Einschallpositionen siehe Tabelle 13.3

1. Längsfehlerprüfung

Die Bewertung erfolgt nach den in Tabelle 13.6 aufgeführten zulässigen Befunden. Hintereinander liegende Anzeigen gleicher Tiefenlage müssen um mindestens das Doppelte der Länge der längeren Anzeige voneinander entfernt sein. Ist das nicht der Fall, sind die betreffenden Anzeigen als zusammenhängend zu betrachten. Übereinander liegende Anzeigen müssen in Dickenrichtung einen Abstand aufweisen, der größer als die Länge der längeren Anzeige ist. Werden die Zulässigkeitskriterien überschritten, müssen zur Festlegung des Ausbesserungsbereiches auch benachbarte Reflexionsstellen bis zu 6 dB unter der Registriergrenze in die Bewertung mit einbezogen werden.

2. Querfehlerprüfung

Alle Fehler, die bei der Querfehlerprüfung angezeigt werden und bei denen nicht eindeutig nachgewiesen werden kann, dass sie von einem bereits erfassten Längsfehler herrühren, gelten als Querfehler. Zulässig sind nur maximal 3 Querfehler pro Meter Schweißnaht mit Ausdehnungen bis zu 10 mm Registrierlänge und Echohöhen bis zu 6 dB über Registriergrenze. Treten nicht voneinander trennbare Echoanzeigen auf, so muss ausgebessert werden und zwar auch dann, wenn die Anzeigen unterhalb der Registriergrenze liegen. Hierzu ist die Prüfempfindlichkeit so einzustellen, dass Anzeigen registriert werden können, die bei Anwendung der AVG-Methode die Echohöhe eines Kreisscheibenreflektors KSR 1 überschreiten oder bei Anwendung der Vergleichskörper- oder Vergleichslinienmethode bis zu 12 dB unterhalb der vorgegebenen Registriergrenze liegen. Eine Abweichung von dieser Beurteilung ist nur zulässig, wenn stichprobenweise durch Öffnen der Naht nachgewiesen wurde, dass die Anzeigen nicht von Rissen herrühren. Anzeigen, die

Tab. 13.6 Anhaltswerte für zulässige Ultraschallanzeigen bei der Prüfung auf Längsfehler

Verschweißte Wanddicke t oder a (mm)	Max. zulässige Registrierlänge von Einzelfehlern (mm)	Summe aller Registrierlängen je 6 × t oder 6 × a (mm)
≤ 6	-	-
> 6 bis ≤ 10	10	20
> 10 bis ≤ 20	20	30
> 20 bis ≤ 40	25	1,5 × t oder 1,5 × a
> 40 bis ≤ 60	30	1,5 × t oder 1,5 × a
> 60 bis ≤ 120	40	2 × t oder 2 × a
> 120	50	2 × t oder 2 × a

Punktförmige registrierpflichtige Anzeigen werden zur Ermittlung der Summe aller Registrierlängen mit 10 mm angenommen.

Maximal zulässige Echohöhenüberschreitung der Registriergrenze bis 6 dB.

Bei Wanddicken > 10 mm darf je Meter naht eine Anzeige mit einer Echohöhenüberschreitung bis 12 dB von 10 mm Länge vorhanden sein. Bei derartigen Anzeigen ist jedoch eine stichprobenweise Kontrollprüfung erforderlich. Als zusätzliche Untersuchung kommen z.B. eine Durchstrahlungsprüfung oder stichprobenweises Öffnen der Naht in Betracht.

auf flächenhaften Charakter schließen lassen, oder registrierpflichtige Anzeigen bei der Tandemprüfung sind weiter zu untersuchen. Für die Prüfung von Stutzen- und Anschweißnähten enthält Tabelle 13.7 die Prüfklassenanforderungen.

Tab. 13.7 Prüfklassen für die Prüfung von Stutzen- und Anschweißnähten

<table>
<tr><th rowspan="2">Prüfklasse</th><th>Wanddicke</th><th colspan="2">Einschallposition</th></tr>
<tr><th>(mm)</th><th>Längsfehlerprüfung</th><th>Querfehlerprüfung</th></tr>
<tr><td>A</td><td>alle</td><td>1 oder 2</td><td>4 und 5</td></tr>
<tr><td>B</td><td>alle</td><td rowspan="2">1 und 2</td><td rowspan="2">4 und 5</td></tr>
<tr><td rowspan="2">C</td><td>≤ 40</td></tr>
<tr><td>> 40</td><td>1 und 2 und 3</td><td>4 und 5 und 6 und 7</td></tr>
</table>

13.8 Prüfung nach Druckgeräterichtlinie DIN EN 13445-5

Die Druckgeräterichtlinie [13.15] regelt die Anforderungen an Druckbehälter hinsichtlich ihrer Sicherheit. Sie definiert die Herstellerverantwortlichkeit ebenso wie die von akkreditierten Prüfstellen und nicht zuletzt die Anforderungen, die an das Bauteil bzw. an das Produkt gestellt werden. Im Zusammenhang damit werden auch die Anforderungen an die zerstörungsfreie Prüfung und das für ihre Durchführung bestimmte Personal beschrieben. So wird eine Zertifizierung nach DIN EN 473 (seit Januar 2013 nach DIN EN ISO 9712) für die wichtigsten Gefahrenklassen vorgegeben. Bezüglich der Durchführung von Prüfungen nach dieser Richtlinie können nationale und internationale Normen, aber auch spezielle Firmenunterlagen verwendet werden. Deshalb ist der Teil der Richtlinie DGRL nach DIN EN 13445-5, der die zerstörungsfreie Prüfung beschreibt, auch kein Ersatz für die HP 5/3. Analog ist auch DIN EN 13480 „Metallische industrielle Rohrleitungen" eine Anschlussnorm zur Druckgeräterichtlinie.

13.8.1 Prüfverfahren und Prüfumfang

Laut DGRL muss für jeden Druckbehälter die Gefahrenklasse festgelegt werden. Die Einstufung in die Gefahrenklassen I bis IV erfolgt in Abhängigkeit von dem Druckinhaltsprodukt (Druck × Volumen) und dem als Behälterinhalt vorgesehenen Fluid. Art, Umfang und Häufigkeit der Prüfungen an einem Druckbehälter werden bestimmt durch die Prüfgruppen, deren Kombination begrenzt möglich ist (siehe DIN EN 13445-5). Das Prüfverfahren, wie z.B. die Ultraschallprüfung, wird in der DGRL nach der Prüfgruppe ausgewählt, wobei Umfang und Verfahren tabellarisch vorgegeben sind. Da anerkannte Normen und Regelwerke die Grundlage für die Durchführung der Prüfverfahren bilden, kann in diesem Zusammenhang auf eine Beschreibung der Details für das Prüfsystem, die Justierung und die Durchführung der Prüfung verzichtet werden.

13.8.2 Bewertung von Anzeigen

Für die Ultraschallprüfung der Schweißnähte an den Druckbehältern wird in der DGRL zur Festlegung der Prüftechnik DIN EN ISO 17640 [13.18], der Fehlerklassifizierung DIN EN ISO 23279 [13.17] und der Zulässigkeitskriterien DIN EN ISO 11666 [13.16] und Zulässigkeitsklasse 2 vorgegeben. Dabei sind Flächenfehler nicht zulässig.

13.9 Prüfung nach DIN EN ISO 11666, DIN EN ISO 17640, DIN EN ISO 23279 und DIN EN ISO 5817

13.9.1 Prüfumfang und -zeitpunkt

Die o. g. Normen wirken insofern zusammen, dass sie aufeinander abgestimmt sind. Während DIN EN ISO 17640 die Durchführung von Ultraschallprüfungen an Schweißverbindungen beschreibt, DIN EN ISO 23279 die Charakterisierung von Schweißnahtanzeigen vorstellt, werden in DIN EN ISO 11666 Zulässigkeitsgrenzen in Abhängigkeit von Prüfklassen formuliert, die in DIN EN ISO 5817 vorgegeben sind. Das Prüfpersonal muss nach diesen Normen nach DIN EN 473 oder DIN EN ISO 9712 für den jeweiligen Industriesektor qualifiziert sein.

Auf DIN EN ISO 23279 soll im Folgenden nach Tabelle 13.8 mit einer Zusammenfassung des Inhaltes der Norm nicht weiter eingegangen werden.

In der DIN EN ISO 17640 werden die Techniken, die Prüfklassen und die Bewertung für die zerstörungsfreie Prüfung von Schweißverbindungen beschrieben.

Das zu prüfende Volumen umfasst die Schweißnaht und zusätzlich den Grundwerkstoff auf beiden Seiten der Schweißnaht auf einer Breite von mindestens 10 mm (Abb. 13.35) oder die Breite der Wärmeeinflusszone, wobei jeweils der größere Wert gilt. Sollte dieses

Tab. 13.8 Zusammenfassung des Inhaltes der Norm DIN EN ISO 23279

Abschnitt in DIN EN ISO 23279	Inhalt
1	Anwendungsbereich
2	Normative Verweisungen
3	Allgemeines
4	Kriterien
4.1	Beschreibung der Klassifizierung von Anzeigen (Flussdiagramm mit Stufen),
4.2	Kriterien mit Echohöhenbewertung (Stufe 1 und 2),
4.3	Kriterien mit Bewertung der Richtungsabhängigkeit der Reflektoren (Stufe 3),
4.4	Kriterien mit Bewertung der statischen Impulsform (Stufe 4),
4.5	Kriterien mit Bewertung der Echodynamik in Querrichtung (Stufe 5),
Anhang A	Flussdiagramm zur Klassifikation innerer Anzeigen in Schweißnähten
Anhang B	Beispiel zur Richtungsabhängigkeit des Reflektors
Anhang C	Grundlegende Muster von Echodynamiken von Reflektoren

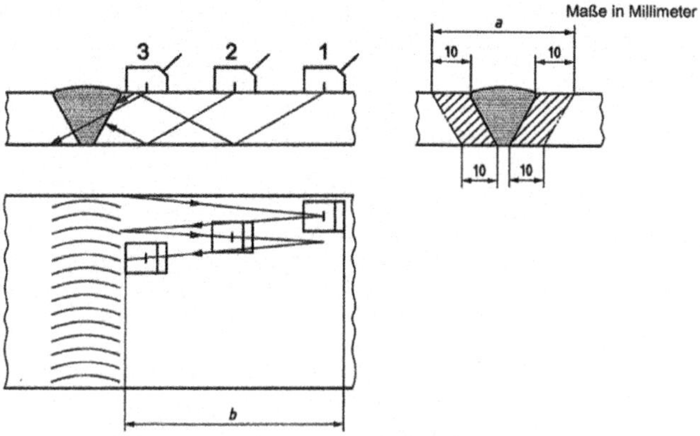

Abb. 13.35 Prüfvolumen bei der Längsfehlerprüfung [13.18]

Ziel nicht erreicht werden können, so müssen andere oder zusätzliche Ultraschalltechniken oder andere zerstörungsfreie Prüfverfahren vereinbart werden.

Die Prüfflächen müssen eben und frei von ankopplungsstörenden Verunreinigungen, wie z. B: Rost, losem Zunder, Schweißspritzern, Kerben und Riefen, sein. Die Welligkeit der Prüffläche darf nicht zu einem Spalt zwischen Prüfkopf und Prüffläche führen, der größer als 0,5 mm ist. Zur Erfüllung dieser Forderungen sind die Prüfflächen gegebenenfalls mechanisch zu bearbeiten. Der Grundwerkstoff muss im Bereich der Prüfflächen vor oder nach dem Schweißen mit Senkrechtprüfköpfen geprüft werden.

13.9.2 Prüfsystem, Justierung und Durchführung der Prüfung

Die Prüffrequenzen müssen im Bereich von 2 bis 5 MHz liegen und so gewählt werden, dass sie die Zulässigkeitsgrenzen erfüllen. Bei langen Schallwegen und für Werkstoffe mit überdurchschnittlicher Schallschwächung dürfen Prüffrequenzen von 1 MHz verwendet werden.

Bei Winkelprüfköpfen muss gewährleistet sein, dass der Auftreffwinkel des Schallbündels an der gegenüberliegenden Oberfläche nicht kleiner als 35° und nicht größer als 70° ist. Die Winkel müssen so ausgewählt werden, dass die Schweißnahtflanken so gut wie möglich getroffen werden.

Bei gekrümmten Oberflächen der Prüfgegenstände ist eine Anpassung der Prüfköpfe durchzuführen, wenn die folgende Gleichung nicht erfüllt ist.

$$g = a^2/D$$

mit a = Länge des Prüfkopfes in Prüfrichtung (mm) und
D = Durchmesser des Prüfgegenstandes in mm.

Das Koppelmittel soll den Anforderungen nach DIN EN 583-1 [13.23] entsprechen.

Tab. 13.9 Methoden zur Einstellung der Bezugshöhe für die Prüfempfindlichkeit

Technik	Einstellung der Prüfempfindlichkeit
1	DAC-Kurve für eine Querbohrung mit 3 mm Durchmesser.
2	Für das AVG-Verfahren sind die Bezugshöhen in den Tabellen 3 u. 4 der Norm DIN EN ISO 17640 angegeben.
3	Als Bezugshöhe nur für Einschallwinkel ≥ 70° und nur für den Dickenbereich 8 mm ≤ t < 15 mm dient eine rechteckige Nut mit 1 mm Tiefe und 1 mm Breite.
4	Bei der Tandemprüfung wird die Bezugshöhe mit einem KSR von 6 mm eingestellt. Das gilt nur für Einschallwinkel 45° im Dickenbereich t ≥ 15 mm.

Die Entfernungs- und Empfindlichkeitsjustierung muss nach DIN EN 583-2 [13.24] durchgeführt werden. Die Temperaturdifferenz zwischen der Justierung und der Prüfung darf höchstens ± 15 °C betragen. Diese Einstellungen müssen mindestens alle vier Stunden und nach Ende der Prüfung überprüft werden. Falls während dieser Überprüfungen Abweichungen auftreten, müssen Korrekturen gemäß Abschnitt 10.1 Tabelle 2 der DIN EN ISO 17640 vorgenommen werden. Die Bezugshöhe für die Empfindlichkeitseinstellung soll nach den Techniken in Tabelle 13.9 eingestellt werden:

Die Länge der Querbohrungen und Nuten muss größer als die Breite des Schallbündels sein. Alle Anzeigen, die die Grenzwerte nach DIN EN ISO 11666, Tabelle A.1 erreichen oder überschreiten, müssen bewertet werden. Eine Transferkorrektur muss durchgeführt werden, wenn der Transferverlust zwischen Kontrollkörper und Prüfgegenstand über 2 dB und kleiner als 12 dB beträgt. Bei noch größeren Werten muss die Schallschwächung konkret gemessen werden.

Prüfklassen

Die Qualitätsanforderungen an Schweißverbindungen richten sich vor allem nach den verwendeten Werkstoffen, dem Schweißprozess und den Betriebsbedingungen. Um allen Anforderungen gerecht zu werden, legt dieses Dokument vier Prüfklassen fest, die nach DIN EN ISO 5817 ausgewählt wurden und in DIN EN ISO 17635 [13.27] empfohlen werden (Tabelle 13.10).

Prüftechniken

Innen liegende flächige Ungänzen mit einer Orientierung senkrecht zur Prüffläche sind mit der üblichen Schrägeinschallung mit Einzelschwingerprüfköpfen schwierig nachzuweisen und deshalb mit speziellen Techniken zu untersuchen (wie z.B. TOFD-Technik, Tandemtechnik). Die Lage aller registrierpflichtigen Anzeigen innerhalb des Prüfvolumens muss anhand eines Koordinatensystems festgelegt sein, wie es in Abb. 13.36 dargestellt ist.

Tab. 13.10 Prüfklassen

Prüfklasse	Bewertungsgruppe nach DIN EN ISO 5817
1	C, D
2	B
3	zu vereinbaren
4	besondere Anwendung

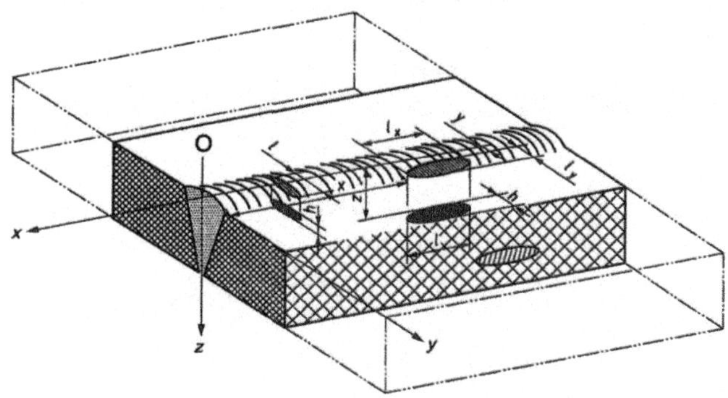

Abb. 13.36 Koordinatensystem zur Festlegung der Lage der Anzeigen [13.18]

Alle über der Beobachtungsschwelle liegende Anzeigen sind zu beurteilen, wobei die Echohöhen optimiert sein müssen.

Schließlich sind in Abb. 13.37 entsprechend Anhang A die Prüfklassen und die Prüfkopfpositionen für die am häufigsten zu prüfende Schweißverbindung, die Stumpfschweißnähte in Blechen und Rohren, abgebildet.

13.9.3 Bewertung

Die Zulässigkeitsgrenzen gemäß der DIN EN ISO 11666 müssen den Prüfklassen nach DIN EN ISO 17640 zugeordnet sein (Tabelle 13.11).

Die Zulässigkeitsgrenze 2 erfordert im Allgemeinen zumindest Prüfklasse B, Zulässigkeitsgrenze 3 zumindest Prüfklasse A. Andere Zuordnungen müssen vereinbart werden. Alle Anzeigen sind aufgrund ihrer Hauptausdehnungsrichtung entweder als Längs- oder als Querfehler zu bewerten.

1. Längsfehler

Zulässigkeiten für die Techniken 1 (Querbohrungen) nach Tabelle 13.9 und Abb. A1 bis Abb. A4 in DIN EN 11666, für Technik 2 (KSR) und Technik 4 (Tandemtechnik) nach Tabelle 13.9 und Abb. A5 bis Abb. A8 in DIN EN 11666.

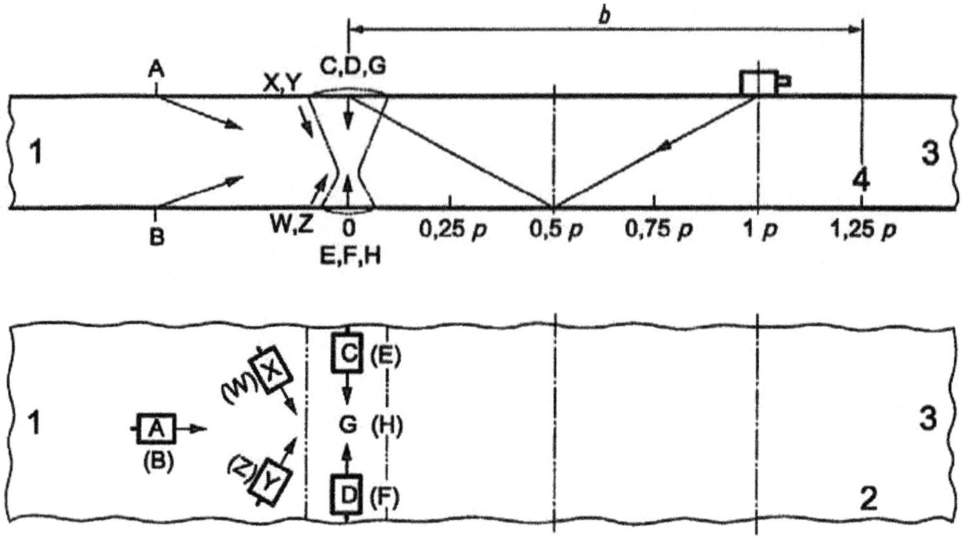

Abb. 13.37 Prüfklassen für Stumpfschweißnähte in Blechen und Rohren [13.18]
Legende:

1	Seite 1
2	Draufsicht
3	Seite 2
4	Seitenansicht
b	Prüfflächenbreite (Pfb) in Bezug zum Sprungabstand p
p	Sprungabstand
Probenposition	A, B, C, D, E, F, G, H, X, Y, Z

Tab. 13.11 Zulässigkeitsgrenzen für die Ultraschall-Echoimpulstechnik (UT) [13.16]

Bewertungsgruppe nach DIN EN ISO 5817	Prüftechnik und –klasse nach DIN EN ISO 17640 [a]	Zulässigkeitsgrenze nach DIN EN ISO 11666
B	Mindestens B	2
C	Mindestens A	3
D	Mindestens A	3 [b]

[a] Falls die Charakterisierung von Anzeigen gefordert wird, muss DIN EN ISO 23279 gelten.
[b] UT ist nicht zu empfehlen, kann aber in einer Spezifikation festgelegt sein (mit den gleichen Anforderungen wie Bewertungsgruppe C).

2. Querfehler
Alle Anzeigen von Querfehlern, die die für die Längsfehler angegebenen Werte überschreiten, sind unzulässig.

3. Aneinandergereihte Anzeigen (Zusammenfassung von Anzeigen)
Zur Bewertung muss eine Gruppe von Anzeigen als einzelne Einheit betrachtet werden, wenn:

a) der Abstand d_x kleiner als das Doppelte der Länge der längsten Anzeige ist (Abb. 13.38);
b) der Abstand d_y kleiner als die Hälfte der Wanddicke, jedoch nicht größer als 10 mm ist;
c) der Abstand d_z kleiner als die Hälfte der Wanddicke, jedoch nicht größer als 10 mm ist.

Die kombinierte Länge beträgt:

$$l_{12} = l_1 + l_2 + d_x \text{ (siehe Abb. 13.39).}$$

4. Gesamtlänge zulässiger Anzeigen
Die Gesamtlänge aller zulässigen Einzelanzeigen oberhalb der Registrierschwelle wird für einen festgelegten Abschnitt der Schweißnahtlänge als Summe der Längen sowohl der Einzelanzeigen als auch der aneinandergereihten Anzeigen der kombinierten Länge angegeben (siehe Abb. 13.40).

In jedem Abschnitt einer Schweißnaht mit einer Länge l_w darf die maximale Gesamtlänge aller zulässigen Einzelanzeigen oberhalb der Registrierschwelle 20% dieser Länge

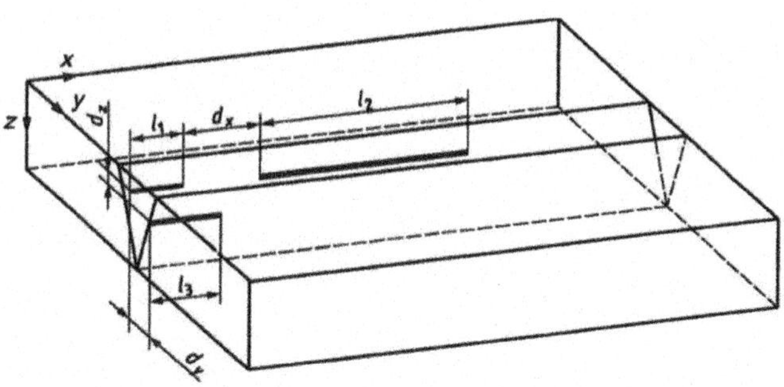

Abb. 13.38 Geometrische Anordnungen von gehäuften Anzeigen [13.16]

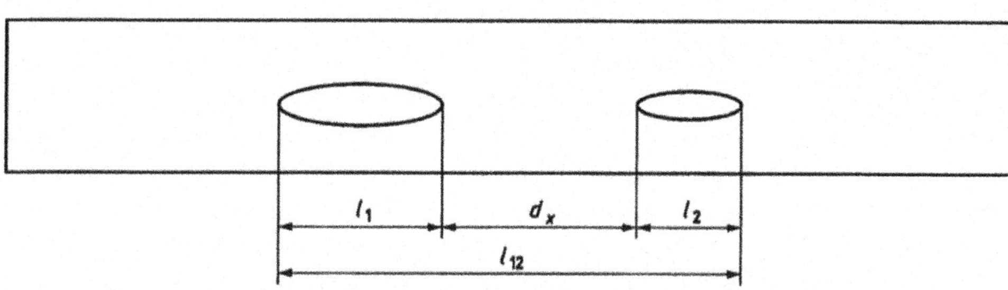

Abb. 13.39 Länge einer Gruppe von Anzeigen [13.16]; d_x Abstand in x-Richtung, l_1, l_2 Länge der individuellen Anzeigen, l_{12} kombinierte Anzeigenlänge

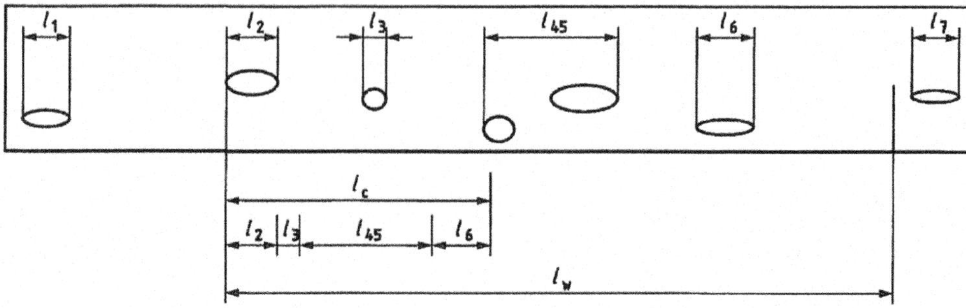

Abb. 13.40 Gesamtlänge der Anzeigen [13.16]; l_c kombinierte Länge, l_1, l_2 Schweißnahtlänge, l_n mit n = 1 ….7 Einzelanzeigen

für die Zulässigkeitsgrenze 2 oder 30% dieser Länge für die Zulässigkeitsgrenze 3 nicht überschreiten, wobei im Wanddickenbereich $t < 15$ mm $l_w = 6$ t und im Wanddickenbereich $t \geq 15$ mm $l_w = 100$ mm ist.

13.10 Ultraschallprüfung von Schweißnähten nach KTA 3201.3

Dieser Abschnitt regelt die manuelle Durchführung der ZfP von Schweißfugenflanken, Verbindungsschweißnähten, Auftragsschweißungen und Anschweißnähten an drucktragende Wandungen. Er enthält ferner die verfahrenstechnischen Anforderungen und die Beurteilungskriterien für die zerstörungsfreien Prüfverfahren. Im Folgenden sollen nur die wichtigsten Passagen aus der KTA [13.19]wiedergegeben werden, weil man die Norm selbst und daraus abgeleitete Prüfanweisungen braucht, um danach exakt prüfen zu können.

13.10.1 Prüfumfang und -zeitpunkt

Die Schweißnähte für kerntechnische Anlagenkomponenten müssen bereits vor dem Schweißen einer zerstörungsfreien Oberflächenprüfung unterzogen werden, d.h. Fugenkanten, Randzonen, Stutzenbereiche, alle Oberflächen für eine Auftragsschweißung. Nach dem Schweißen wird die Ultraschallprüfung nach der letzten Wärmebehandlung und nach der Druckprüfung über die gesamte Länge durchgeführt. In der Norm sind Hinweise gegeben, wenn dieser Zeitpunkt und Umfang nicht eingehalten werden können.

13.10.2 Prüfsystem, Justierung und Durchführung der Prüfung

Die geometrischen Orte von Befunden der zerstörungsfreien Prüfungen müssen über die Fertigungsdauer einem reproduzierbaren Koordinatensystem zugeordnet werden, welches in der Lage ist, die Befunde und ihre Orte eindeutig zuordnen zu können. Die verfahrenstechnischen Anforderungen werden für die Ultraschallprüfung von Stumpfschweißnähten, Stutzen, DHV-Nähten und Auftragsschweißungen ausführlich beschrieben.

13.10.3 Bewertung von Anzeigen

Alle Echohöhen sind zu registrieren, wenn sie die Registriergrenzen erreichen oder überschreiten. Bei Justierung nach der AVG-Methode gelten die in Tabelle 13.12 angegebenen Justier- oder Vergleichskörper zur Entfernungs- und Empfindlichkeitsjustierung. Bei Justierung nach der Bezugsechomethode richtet sich die Registriergrenze nach den in Tabelle 13.13 für die Bezugsechogruppe I und II angegebenen Bezugsreflektoren. Dabei ist sicherzustellen, dass die durch die Registriergrenzen vorgegebene Prüfempfindlichkeit im gesamten zu prüfenden Werkstoffvolumen eingehalten wird.

Die Zulässigkeiten von Anzeigen werden in Tabelle 13.13 dargestellt.

Tab. 13.12 Registriergrenzen in Abhängigkeit von der Nennwanddicke bei Verwendung von Bezugsreflektoren [13.19]

Nennwanddicke s in mm	Durchmesser des jeweiligen Kreisscheibenreflektors in mm bei		
	Senkrechteinschallung	Schrägeinschallung	Tandemprüfung
s ≤ 10	2,0	0,7	-
10 < s ≤ 15	2,0	1,0	-
15 < s ≤ 20	2,0	1,5	-
20 < s ≤ 40	2,0	2,0	-
40 < s ≤ 100	3,0	3,0	6,0
s > 100	3,0	3,0	6,0

Tab. 13.13 Zulässigkeitsgrenzen in Abhängigkeit von der Nennwanddicke [13.19]

Registrierlänge in mm	Maximale Anzahl der Anzeigen je m Schweißnaht						
	s ≤ 10	10 < s ≤ 20	20 < s ≤ 40	40 < s ≤ 60	60 < s ≤ 120	120< s ≤250	250 < s
10	-	17	19	21	23	25	27
15	-	12	14	16	18	20	22
20	-	8	10	12	14	16	18
25	-	6	8	10	12	14	16
30	-	4	6	8	10	12	14
35	-	1	4	6	8	10	12
40	-	-	1	4	6	8	10
45	-	-	-	2	4	6	8
50	-	-	-	1	3	5	7
55	-	-	-	-	2	4	6
60	-	-	-	-	1	3	5
65	-	-	-	-	-	2	4
70	-	-	-	-	-	1	3
75	-	-	-	-	-	-	2
80	-	-	-	-	-	-	1

13.11 Ultraschallprüfung von Schweißnähten nach ASME-Code

13.11.1 Prüfumfang und -zeitpunkt

Die Schweißnähte werden für Druckbehälter in 4 Kategorien unterteilt (Abb. 13.41).

Die Unterteilung ist soweit als möglich auf andere Komponenten anzuwenden.

- Kategorie A (Längsnähte)
- Kategorie B (Rundnähte)
- Kategorie C (Flanschnähte)
- Kategorie D (Stutzennähte)

Da in Druckbehältern ebene Schweißverbindungen nicht vorkommen, werden im ASME-Code nur gekrümmte Schweißnähte, wie sie z.B. auch in Rohren eingesetzt werden, beschrieben. Man klassifiziert

- Schweißnähte in ferritischen Erzeugnissen außer Leitungsrohren,
- Ferritische Schweißnähte in ferritischen Leitungsrohren,
- Austenitische Schweißnähte u. Schweißnähte aus Legierungen mit hohem Nickelgehalt.

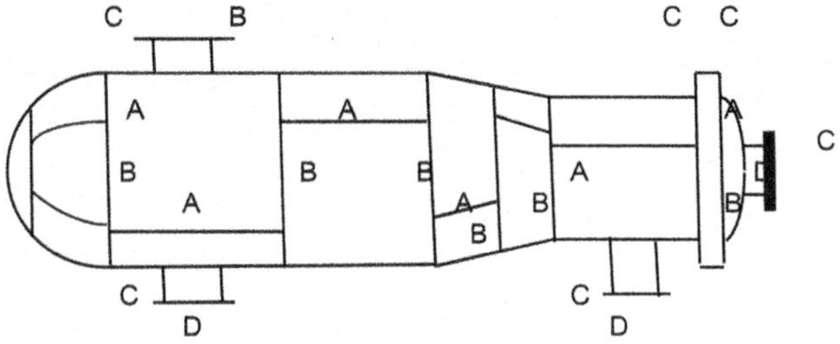

Abb. 13.41 Schweißnahtkategorien [13.12]

Das Grundmaterial kann gewalzt, gezogen, geschmiedet, stranggepresst oder gegossen sein. In Bezug auf den Prüfumfang sind für den Nachweis und die Ortung von Ungänzen die Schweißnaht, die Wärmeeinflusszone und der angrenzende Grundwerkstoff abzutasten. Empfohlen wird eine Prüfung von beiden Seiten der Schweißnaht an derselben Prüffläche. Die Prüfflächen müssen frei von die Ultraschallübertragung störenden Unregelmäßigkeiten, losen Fremdkörpern oder Beschichtungen sein.

13.11.2 Prüfsystem, Justierung und Durchführung der Prüfung

Das Prüfsystem soll die Schweißnahtprüfung mit Prüffrequenzen zwischen 1 und 5 MHz zulassen. Zur Entfernungs- und Empfindlichkeitsjustierung werden die Justierkörper nach Abb. 7.18 und 7.19 benutzt. Es können Winkelprüfköpfe 45°, 60° oder 70° eingesetzt werden, je nachdem welcher Prüfkopf unter Berücksichtigung der Blechdicke den günstigsten Winkel zur Nahtflanke und zur Ungänze aufweist.

13.11.3 Bewertung von Anzeigen

Zur Ortung der Ungänzen soll ein Bezugssystem verwendet werden, dass es gestattet, die Mittellinie der Schweißnähte zu identifizieren und die Länge von Ungänzen zuzuordnen. Die Größenbestimmung erfolgt unter Beachtung der Registriergrenze mit Abstands-Amplituden-Kurven (DAC), wie im Abb. 13.42 gezeigt.

1. Registriergrenze:
Alle Anzeigen, die 20 % der DAC-Kurve erreichen oder überschreiten, müssen untersucht werden (Abb. 13.41).

2. Flächenhafte Ungänzen:
Werden die Anzeigen als Risse, Bindefehler oder ungenügende Durchschweißung erkannt, sind sie ungeachtet der Länge und der Echohöhe unzulässig.

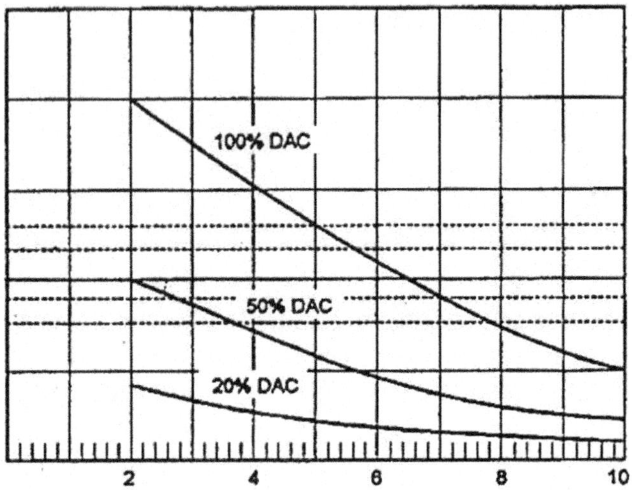

Abb. 13.42 Registriergrenzen [13.12]

3. Volumenhafte Ungänzen:
Werden Anzeigen als volumenhafte Ungänzen eingestuft, gilt als Registriergrenze 100 % der DAC-Kurve. Für die Zulässigkeitsbewertung ist die Längenausdehnung als Registrierlänge bei 50 % der DAC-Kurve zu ermitteln.

Es bedeuten:

- 100 % DAC → Registriergrenze für volumenhafte Ungänzen,
- 50 % DAC → Grenze für die Längenausdehnung von volumenhaften Ungänzen,
- 20 % DAC → Zulässigkeitsgrenze für flächenhafte Ungänzen.

Das Einzeichnen der 3 Linien auf dem Bildschirm führt im unteren Bildschirmbereich zu Ungenauigkeiten bei der Bewertung. Deshalb sollte die Prüfung zweckmäßigerweise mit einer Linie (100 % DAC-Kurve) durchgeführt werden. Die beiden anderen Linien sind dann durch Änderung der Verstärkung einzustellen.

50 % DAC-Kurve → Verstärkung + 6 dB,
20 % DAC-Kurve → Verstärkung + 14 dB.

Literatur

[13.1] Schiebold, Skript UT3, LVQ-WP Werkstoffprüfung GmbH;
[13.2] Brekow, Erhard, Schulz, Siebelmann, Kiechle, Optimierung der Ultraschall-Prüftechnik bei Engspaltschweißnähten, DGZfP-Jahrestagung Berlin (2001);
[13.3] Schulz, Kirchner, Mehr Durchblick bei der mobilen, dokumentierten Schweißnahtprüfung mit Ultraschall, DGZfP-Jahrestagung Bamberg (1998);
[13.4] Deutsch, Zerstörungsfreie Prüfung in der Schweißtechnik, DVS-Verlag GmbH Düsseldorf 2001;
[13.5] Roye, Ultraschallprüfung von Schweißpunkten im Automobilbau, Krautkrämer GmbH & Co. oHG, Hürth (1999);
[13.6] Fischer, Schreiber, Möglichkeiten der zerstörungsfreien Prüfung von Widerstandspunktschweißverbindungen, DGZfP-Jahrestagung Celle (1999);
[13.7] Waschkies, Prozessintegrierte On-Line Ultraschallprüfung von Widerstandspunktschweißverbindungen, DGZfP-Jahrestagung Innsbruck (2000);
[13.8] DIN EN ISO 5817, Schmelzschweißverbindungen an Stahl, Nickel, Titan und deren Legierungen, Okt. 2006;
[13.9] DIN EN 26520, Einteilung und Erklärung von Unregelmäßigkeiten in Schmelzschweißungen an Metallen, Dez. 1991;
[13.10] DIN EN ISO 6520, Schweißen und verwandte Prozesse-Einteilung von geometrischen Unregelmäßigkeiten an metallischen Werkstoffen,
Schmelzschweißen Nov. 2007;
[13.11] DIN EN 287, Prüfung von Schweißern, Schmelzschweißen T.1 Stähle, Febr. 1992;
[13.12] ASME-Code, Section V 1989;
[13.13] DIN EN 12062, ZfP von Schweißverbindungen: Allg. Regeln f. metall. Werkstoffe, Sept. 2002;
[13.14] AD-Merkblatt HP 5/3 (2002) und Anlage, Jan. 2002;
[13.15] DIN EN 13445-5, Unbefeuerte Druckbehälter, Inspektion und Prüfung, Sept. 2007;
[13.16] DIN EN ISO 11666, Ultraschallprüfung von Schweißverbindungen (Zulässigkeiten), April 2011;
[13.17] DIN EN ISO 23279, Charakterisierung von Anzeigen in Schweißverbindungen, Aug. 2010;
[13.18] DIN EN ISO 17640, Ultraschallprüfung von Schweißverbindungen, April 2011;
[13.19] KTA 3201.3, ZfP, Komponenten des Primärkreises von Leichtwasserreaktoren,
[13.20] DIN EN ISO 9712, Qualifizierung und Zertifizierung von Personal der zerstörungsfreien Prüfung, Dez. 2012;
[13.21] DIN EN ISO 17025, Allgemeine Anforderungen an die Kompetenz von Prüf- und Kalibrierlaboratorien, Jan. 2007;
[13.22] DIN EN 13480 „Metallische industrielle Rohrleitungen“
[13.23] DIN EN 583-1, Ultraschallprüfung: Allgemeine Grundsätze, Dez. 1998;
[13.24] DIN EN 583-2, Ultraschallprüfung: Empfindlichkeits- und Entfernungsjustierung, April 2001;
[13.25] DIN EN 583-5, Ultraschallprüfung: Beschreibung u. Größenbestimmung von Inhomogenitäten, Febr. 2001;
[13.26] DIN EN ISO 17635, ZfP von Schweißverbindungen, Allgemeine Regeln für metallische Werkstoffe, Aug. 2010;
[13.27] Schumann, Mohr, Schmid, Schwanke, Erfahrungen bei der Ultraschallprüfung an austenitischen Rohrleitungsschweißnähten und Mischnähten, DGZfP-Jahrestagung Luzern (1991);
[13.28] Ahrens, EN 12062 und EN 25817 im Alltag-Absicht und Wirklichkeit, DGZfP-Jahrestagung Bamberg (1998);
[13.29] Bosch-Rexroth, Produktinformation 1070 087 004-101 „PSQ sichert Qualität beim Punktschweißen“;

[13.30] Köhler, Vogt, Alich, Vellen, Ultraschallprüfung von widerstandsgeschweißten Punkten in der Produktion der Automobilindustrie – Umsetzung und effektive Nutzung, DGZfP-Jahrestagung Celle (1999);
[13.31] Müller, Waschkies, Sicherung der Schweißpunktqualität online im Karosserierohbau mit Ultraschall, DGZfP-Jahrestagung Weimar (2002);
[13.32] Holstein, Tharandt, Langrock, Klassifikation von Schweißnahtfehlern mittels Ultraschall, DGZfP-Jahrestagung Erfurt (2010);
[13.33] Lohmann, Rauschenbach, Mann, Kossmann, Ultraschallprüfung an dickwandigen Schweißverbindungen mit herkömmlicher Prüftechnik noch zu machen? DGZfP-Jahrestagung Berlin (2001);

Besondere Prüftechniken I (Spezielle Bauteile) 14

14.1 Gekrümmte Bauteile

14.1.1 Schallfeldveränderungen

Durch gekrümmte Flächen am Prüfgegenstand wird das Schallfeld eines Prüfkopfes verzerrt und die Kontaktfläche des Prüfkopfes kleiner (siehe Abb. 14.1)

Diese Verzerrung bewirkt eine Veränderung des Divergenzwinkels und der Nahfeldlänge durch Fokussierung bzw. Aufweitung des Schallfeldes, sie wirkt wie eine Zylinderlinse [14.6]. Durch die Krümmung verkleinert sich die Ankopplungsfläche. Eine sichere Prüfkopfführung und Anzeigenbewertung ist nicht mehr gewährleistet. Der Prüfkopf wackelt bei konvexer Auflage und liegt bei konkaven Flächen hohl auf. Damit ist in jedem Fall ein Empfindlichkeitsverlust verbunden, weil flüssige Ankoppelmittel kleinere Schallwellenwiderstände aufzeigen als die meisten Prüfstücke [14.5].

Beim Winkelprüfkopf wird der Öffnungswinkel auf einer gekrümmten Oberfläche viel stärker vergrößert als beim Normalprüfkopf, weil zur Wellenumwandlung Brechung hinzukommt. Unabhängig davon, ob der Winkelprüfkopf in Längsrichtung des gekrümmten Werkstückes, z.B. eines Rohres, oder in Umfangsrichtung aufliegt, entstehen entweder

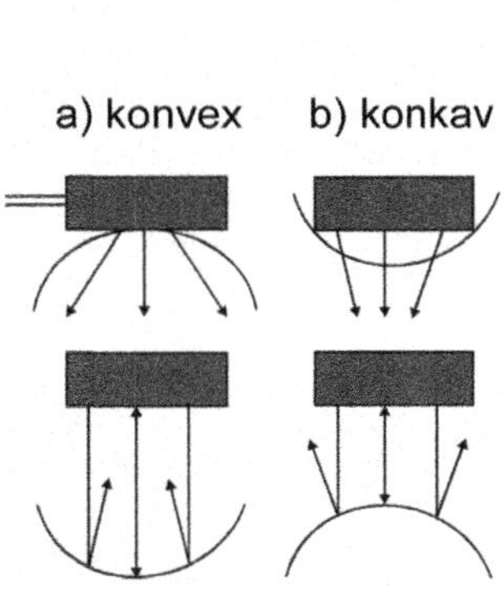

Abb. 14.1 Änderung des Schallfeldes durch Oberflächenkrümmung [14.1]

K. Schiebold, *Zerstörungsfreie Werkstoffprüfung – Ultraschallprüfung*,
DOI 10.1007/978-3-662-44700-0_14, © Springer-Verlag Berlin Heidelberg 2015

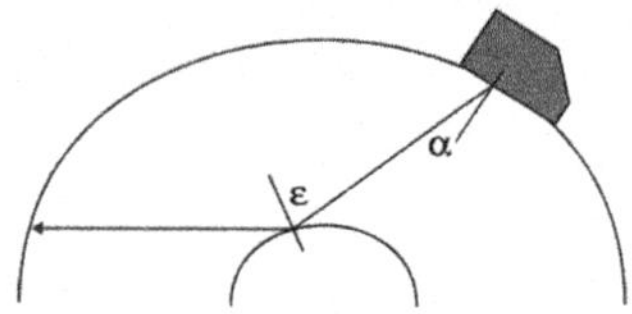

Abb. 14.2 Winkeländerung bei rohrförmigen Prüfgegenständen [14.1]

störende Longitudinal- oder Oberflächenwellen. Auch beim S/E-Prüfkopf verändert sich das Schallfeld auf Bauteilen mit gekrümmter Oberfläche [14.7]. Um diesen Problemen der Ankopplung und Verzerrung des Schallbündels aus dem Weg zu gehen, benutzt man u.a. fokussierende Prüfköpfe. Inzwischen ist es gelungen, die Ausdehnung des Fokusbereiches dieser Prüfköpfe beim Einschallen in gekrümmte Bauteiloberflächen zu beschreiben und damit eine Empfindlichkeitskorrektur durchzuführen [14.7]. Bei der Prüfung rohrförmiger Prüfgegenstände mit Hilfe der Schrägeinschallung ändert sich an der Gegenfläche auch der Auftreffwinkel ε gegenüber dem Einschallwinkel α (Abb. 14.2). Die Fehlerkoordinaten können somit nicht mehr über das Fehlerdreieck berechnet werden.

14.1.2 Prüfkopfanpassung nach DIN EN 583-2

14.1.2.1 Geometrieklassen für Prüfobjekte

Nach DIN EN 583-2 [14.2] werden zur Empfindlichkeits- und Bereichseinstellung fünf Geometrieklassen für Prüfobjekte definiert (Tabelle 14.2). Für die Geometrieklassen 2 bis 5 kann es erforderlich sein, die Prüfkopfsohle entsprechend anzuschleifen, um ein Kippeln des Prüfkopfes zu vermeiden und einen guten gleichmäßigen akustischen Kontakt und einen konstanten Einschallwinkel im Prüfgegenstand sicherzustellen. Die Formanpassung ist nur bei Prüfköpfen mit einer Sohle aus hartem Kunststoff möglich. Folgende Bedingungen sind für die Geometrieklassen zutreffend (Tabelle 14.1):

Bei Verwendung angepasster Prüfköpfe ist es erforderlich, die Entfernungs- und Empfindlichkeitsjustierung mit dem Prüfobjekt ähnlich geformten Vergleichskörpern durchzuführen oder mathematische Korrekturen anzuwenden. Bei Benutzung der Gleichungen (1) oder (2) werden Probleme aufgrund geringer Energieübertragung oder Fehlerorientierung des Schallstrahles vermieden. Das Anpassen des Prüfkopfes an die Krümmung kann nach zwei verschiedenen Methoden erfolgen:

Tab. 14.1 Randbedingungen für die verschiedenen Geometrieklassen [14.2]

Geometrieklasse	Bedingungen
1	Keine Anpassung erforderlich
2 und 4	Anpassung der Prüfkopfsohle in Längsrichtung bei Prüfung in x- und y-Richtung,
3 und 5	Anpassung der Prüfkopfsohle in Längs- und Querrichtung bei Prüfung in x- oder y-Richtung

Tab. 14.2 Geometrieklassen der Prüfobjekte [14.2]

Geometrie-klasse	Merkmal	Schnitt in x-Richtung	Schnitt in y-Richtung
1	Planparallele Oberflächen (z.B.) Platten, Bleche)		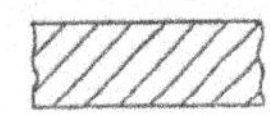
2	Parallele, einachsig gekrümmte Oberflächen (z.B. Rohre)	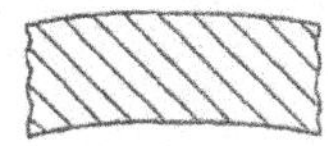	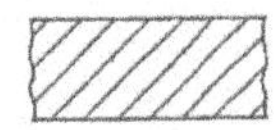
3	Parallele Oberflächen, mehrachsig gekrümmt (z.B. Kümpelböden)	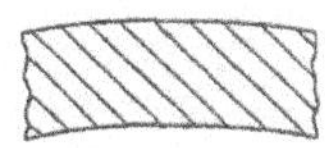	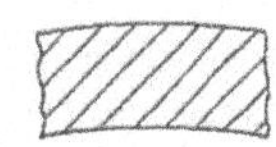
4	Vollmaterial mit kreisförmigem Querschnitt (z.B. Stangen u. Stäbe)	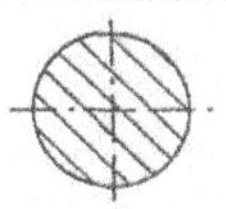	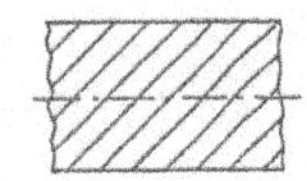
5	Kompliziert geformt (z.B. Stutzen, Muffen)	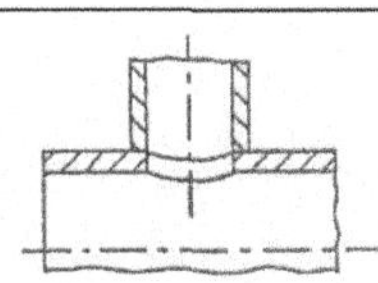	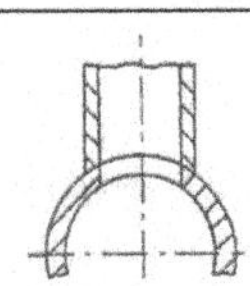

a) Der Prüfkopf wird direkt angeschliffen. Nachteilig für diese Methode ist, dass der Prüfkopf nicht mehr universell einsetzbar ist.

b) Anbringen eines anzuschleifenden Plexiglasschuhs. Nach dieser Methode wird in der Praxis überwiegend verfahren, wobei durch zusätzliche Grenzflächen jedoch mit Schalldruckverlusten zu rechnen ist.

14.1.2.2 Prüfköpfe mit Anpassung in Längsrichtung

14.1.2.2.1 Konvexe Prüffläche

Bei Einschallung in konvexe Oberflächen muss die Prüfkopfsohle angepasst werden, wenn der Durchmesser Obj. des Prüfobjektes unter dem Zehnfachen der Länge der Prüfkopfsohle lps bleibt (Abb. 14.3).

$$\mathrm{Dobj} < 10\ \mathrm{lps} \qquad (1)$$

14.1.2.2.2 Konkave Prüffläche

Bei Einschallung in konkave Oberflächen muss die Prüfkopfsohle immer angepasst werden, es sei denn, eine ausreichende Ankopplung kann aufgrund sehr großer Krümmungsradien erreicht werden.

14.1.2.3 Prüfköpfe mit Anpassung in Querrichtung

14.1.2.3.1 Konvexe Prüffläche

Bei Einschallung in konvexe Oberflächen muss die Prüfkopfsohle angepasst werden, wenn der Durchmesser Dobj des Prüfobjektes unter dem Zehnfachen der Breite der Prüfkopfsohle wps bleibt (Abb. 14.3).

$$\mathrm{Dobj} < 10\ \mathrm{wps} \tag{2}$$

14.1.2.3.2 Konkave Prüffläche

Bei Einschallung in konkave Oberflächen muss die Prüfkopfsohle immer angepasst werden, es sei denn, aufgrund sehr großer Krümmungsradien kann eine ausreichende Ankopplung erreicht werden.

14.1.2.4 Prüfköpfe mit Anpassung in Längs- und Querrichtung

Die Prüfkopfsohle muss die Anforderungen nach 14.1.2.2 und 14.1.2.3 erfüllen (Abb. 14.3).

14.1.2.5 Prüfkopfanpassung nach ASME-Code

Nach ASME-Code ergibt sich folgende Anschleifbedingung [14.3]:

$$R < \frac{A^2}{4}\ (\mathrm{mm}).$$

Das heißt, wenn der Radius R kleiner ist als die „Auflagefläche", die über der Krümmung liegt, muss der Prüfkopf angeschliffen werden. A ist folglich die Abmessung der Prüf-

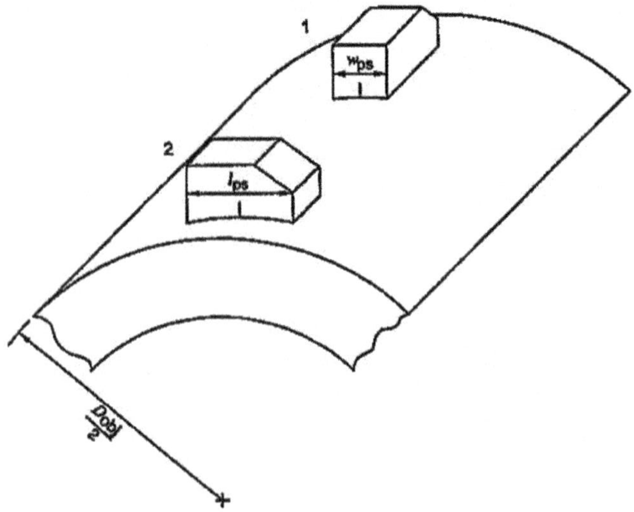

Abb. 14.3 Prüfkopfanpassung [14.2]

kopfsohle in Krümmungsrichtung. Das Anschleifen wird durch Schleifbewegungen des Prüfkopfes auf der mit Schleifpapier belegten Prüfstückoberfläche symmetrisch um den Schallaustrittspunkt durchgeführt, um den Einschallwinkel möglichst nicht wesentlich zu verändern. Auf jeden Fall verändert sich jedoch das x-Maß, weil durch die Anpassung die Entfernung zwischen dem Schwinger und dem Schallaustrittspunkt im Prüfkopf geringer wird.

14.1.3 Auswahl des Einschallwinkels

Durch die Winkeländerung bei rohrförmigen Prüfstücken muss für jeden gewählten Einschallwinkel mit Hilfe eines Nomogramms (Abb. 14.4) der Auftreffwinkel bestimmt werden. Der Auftreffwinkel des Schallstrahls auf der Gegenfläche ist abhängig vom Einschallwinkel und dem Verhältnis Wanddicke d zum Außendurchmesser D.

Nach Ermittlung des d/D-Verhältnisses (Punkt A) werden im Nomogramm Verbindungslinien zwischen A und B (Minimum des Einschallwinkels α) sowie C (Maximum des Auftrittswinkels ε) gezogen. Der maximale Auftreffwinkel wird z.B. durch Regelwerke vorgeschrieben (HP 5/3). Der erforderliche Einschallwinkel ergibt sich im Winkelbereich zwischen den mit A-B und A-C bezeichneten Verbindungsgeraden. Aus dem Nomogramm ist abzuleiten, dass der Einschallwinkel 45° betragen kann. Für die Auswahl von Einschall- und Auftreffwinkel gibt es folgende Einschränkungen:

a) minimaler Einschallwinkel: $\alpha = 35°$
   Bei kleineren Winkeln treten im Prüfgegenstand gleichzeitig Long- und Transwellen auf.
b) minimaler Auftreffwinkel: $\varepsilon = 35°$
   Bei kleineren Winkeln können gleichzeitig Longitudinal- und Transversalwellen auftreten.
c) maximaler Auftreffwinkel: $\varepsilon = 70°$
   Bei größeren Winkeln treten zusätzlich Oberflächenwellen auf, die bei einer Prüfung nach dem halben Sprung zu geringerer Nachweisempfindlichkeit führen. Zum Nachweis von Innenrissen kann mit $\varepsilon = 90°$ gearbeitet werden (Abb. 14.5).
d) verbotener Auftreffwinkel zwischen: $\varepsilon = 55° - 65°$
   In diesem Winkelbereich muss mit vollständiger Wellenumwandlung von Transversal- in Longitudinalwellen gerechnet werden. Zum Rissnachweis an der Gegenfläche kann der Einschallwinkel aber auch so gewählt werden, dass der Zentralstrahl die innere Oberfläche tangential berührt (Abb. 14.6).

Abb. 14.6 zeigt ein Beispiel für die Auswahl des Einschallwinkels

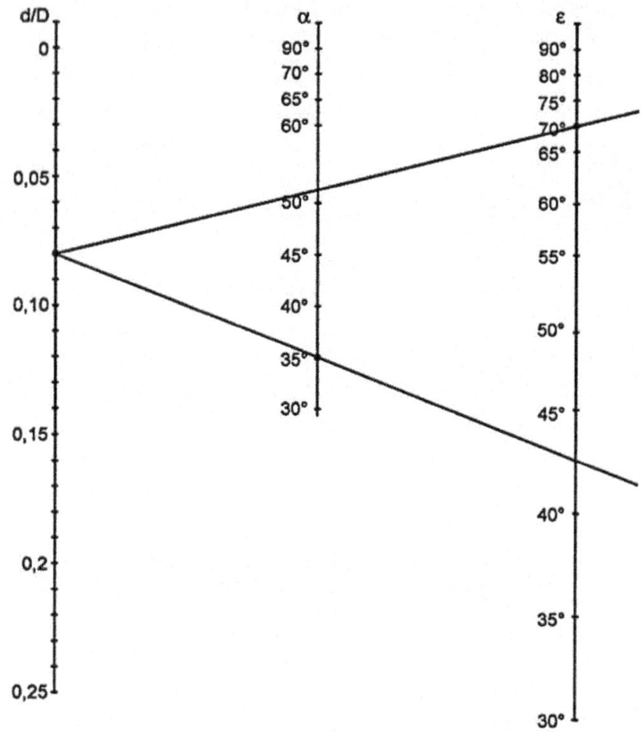

Abb. 14.4 Auswahl des Einschallwinkels mit Hilfe des Nomogrammes [14.3]

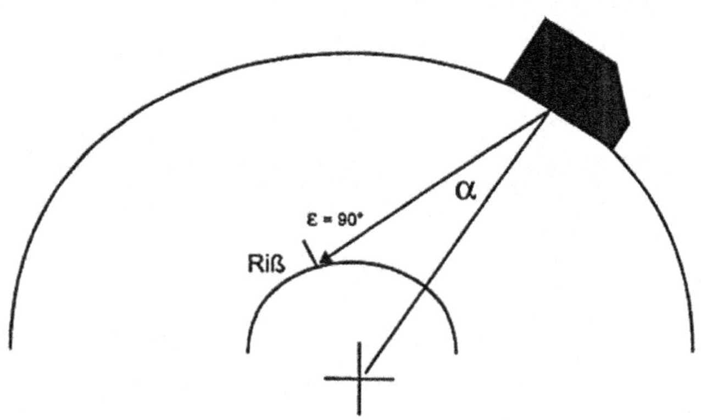

Abb. 14.5 Rissnachweis an der inneren Oberfläche [14.3]

14.1.4 Entfernungsjustierung

Für die Entfernungsjustierung bei rohrförmigen Prüfgegenständen sind zwei Grenzfälle zu unterscheiden:

- schwach gekrümmte Prüfflächen,
- stark gekrümmte Prüfflächen.

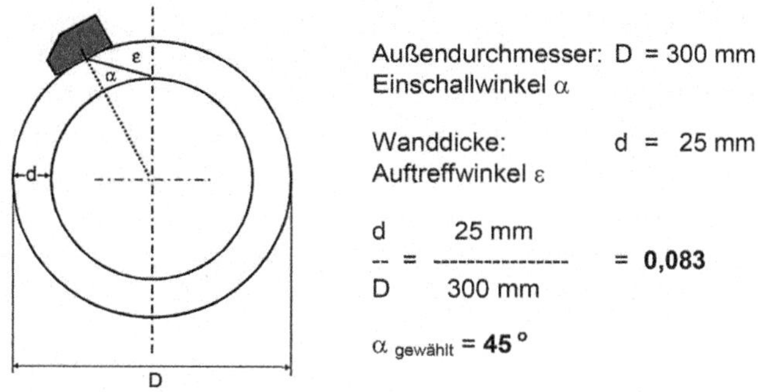

Abb. 14.6 Beispiel für die Auswahl des Einschallwinkels [14.3]

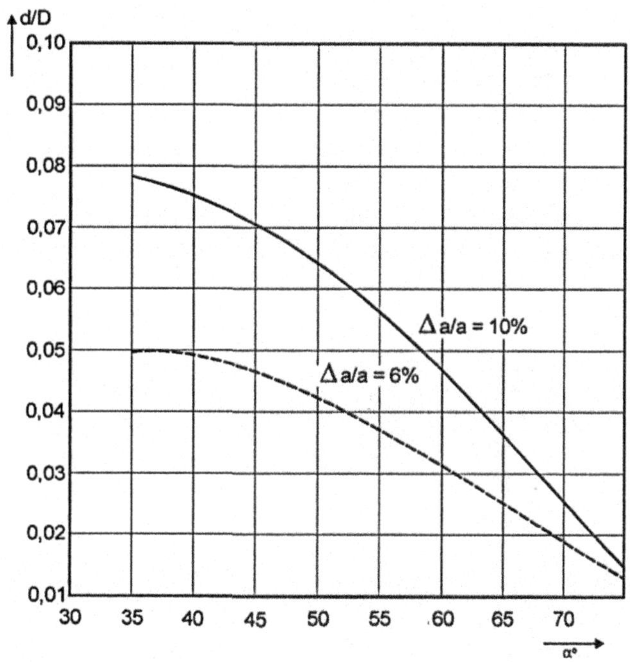

Abb. 14.7 Abweichungen bei der Fehlerdreiecksberechnung von rohrförmigen Prüfgegenständen [14.3]

Die Grenze wird festgelegt durch das Verhältnis Wanddicke d zum Außendurchmesser D und durch den Einschallwinkel α (Abb. 14.7).

Als Pauschalgrenze kann folgendes Verhältnis zugrunde gelegt werden:

$$\frac{d}{D} = \mathbf{0{,}05}$$

Ist dieser Wert kleiner als 0,05, können die gekrümmten Prüfflächen näherungsweise wie planparallele Flächen betrachtet werden. Das heißt, daß mit dem Fehlerdreieck gearbeitet werden kann und keine speziellen Justierkörper benötigt werden. Allerdings wird unabhängig von dieser Grenze bei angeschliffenem Prüfkopf ein Justierkörper mit gleicher Wanddicke und Krümmung wie der Prüfgegenstand für die Entfernungsjustierung erforderlich. Die Toleranz für Wanddicke und Krümmung beträgt 10 %. Bei rohrförmigen Prüfgegenständen mit d/D-Verhältnissen ≥ 0,05 ist bei der Prüfung von Längsnähten auf Längsfehler und bei der Prüfung von Rundnähten auf Querfehler zu beachten, dass der Projektionsabstand a dem Schallweg s nicht mehr proportional ist.

Nach ASME-Code, Sect. V, wird für die Schweißnahtprüfung an Behältern von planparallelen Prüfflächen ausgegangen, wenn der Außendurchmesser des Prüfgegenstandes größer als 500 mm ist. Grundsätzlich ist nach ASME-Code, Sect. V für die Schweißnahtprüfung von Rohren unabhängig vom d/D-Verhältnis generell ein Justierkörper gleichen Außendurchmessers und gleicher Wanddicke wie beim Prüfgegenstand erforderlich. Danach ist es jedoch ausreichend, wenn der Prüfgegenstand im Krümmungsbereich des 0,9 – 1,5-fachen Durchmesser des Vergleichskörpers liegt (siehe Abb. 14.8).

Die Handhabung des Diagramms lässt sich am eingezeichneten Beispiel erklären. Danach zieht man eine waagerechte Linie vom Durchmesser des zur Verfügung stehenden Vergleichskörpers, im Beispiel bei 150 mm. Die Endpunkte dieser Linie, abgelesen an den Schnittpunkten mit den Grenzlinien für das 0,9-(135 mm) und das 1,5 (225 mm)-fache des Vergleichskörperdurchmessers, ergeben den Bereich der Rohrdurchmesser, die mit einem auf diesem Vergleichskörper justierten Prüfsystem geprüft werden dürfen.

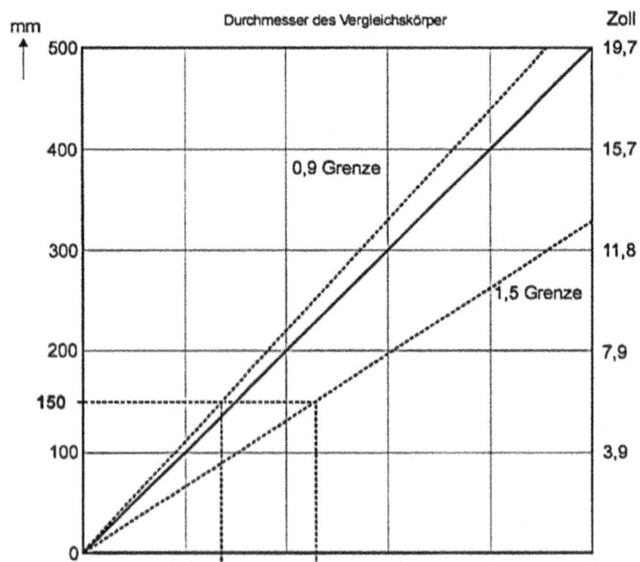

Abb. 14.8 Grenzwerte für das Verhältnis gekrümmter Flächen nach ASME-Code, Sect. V [14.3]

Für die Entfernungsjustierung sind zwei Fälle zu unterscheiden:

a) Justierung bei nicht angeschliffenem Prüfkopf
Die Justierung kann derart erfolgen, dass der gewünschte Bereich an dem Kontrollkörper K1 oder K2 eingestellt wird. Für die Bestimmung der Fehlerkoordinaten werden experimentell ermittelte Ortungshilfen an Querbohrungen verschiedener Tiefenlagen am Justierkörper erstellt. Bei einer gewählten Schallwegjustierung können die Fehlerkoordinaten auch aus einer maßstäblichen Zeichnung entnommen werden. Diese Vorgehensweise ist besonders empfehlenswert bei komplizierten Geometrien (z.B. bei Stutzennähten).
b) Justierung bei angeschliffenem Prüfkopf
Die Vorgehensweise für die Bestimmung der Fehlerkoordinaten entspricht der genannten Vorgehensweise unter Punkt a). Allerdings ist durch das Anschleifen des Prüfkopfes mit Änderungen der Prüfkopfdaten x-Maß und Einschallwinkel zu rechnen.

Sinnvollerweise ist die Justierung direkt am Justierkörper vorzunehmen. Bei einer Schallwegjustierung besteht aber auch die Möglichkeit, mit einem beliebigen nicht angeschliffenen Prüfkopf am Kontrollkörper K1 oder K2 vorzujustieren und an einer bekannten Strecke des Justierkörpers die Endjustierung durch Nullpunktverschiebung einzustellen. Falls die Schallwegjustierung dazu benutzt werden soll, die Fehlerkoordinaten mit einer Zeichnung zu bestimmen, müssen eventuelle Änderungen des x-Maßes und des Einschallwinkels berücksichtigt werden.

14.1.5 Empfindlichkeitsjustierung

Für $d/D \geq 0{,}05$ darf aufgrund der Schallfeldverzerrung die AVG-Methode nicht zur Echohöhenbewertung benutzt werden. Stattdessen muss die Empfindlichkeitsjustierung nach der Vergleichskörpermethode erfolgen. Als Vergleichsreflektoren kommen dabei je nach Regelwerk Querbohrungen, Nuten oder radiale Bohrungen zur Anwendung.

Für die Vergleichskörper sind die gleichen Forderungen wie für den in Abb. 4.23 beschriebenen Justierkörper zu erfüllen.

Üblicherweise wird für die Entfernungs- und Empfindlichkeitseinstellung der gleiche Justierkörper (Vergleichskörper) verwendet.

14.2 Plattierte Bauteile

14.2.1 Herstellung von Plattierungen

Für die Fertigung von Druckbehältern ist oft neben ausreichender Festigkeit eine hohe Korrosionsbeständigkeit gegenüber gasförmigen und flüssigen Medien gefordert. Daher wird oft auf ein ferritisches Kesselblech, das zwar ausreichende Festigkeit aber niedrige Korrosionsbeständigkeit besitzt, ein austenitischer oder nickelbasislegierter Werkstoff aufgebracht, der zwar relativ niedrige Festigkeit aber hohe Korrosionsbeständigkeit aufweist.

Es gibt verschiedene Verfahren zur Herstellung von Plattierungen wie zum Beispiel:

- Galvanisches Plattieren,
- Walzplattieren,
- Sprengplattieren,
- Schweißplattieren (Auftragsschweißen).

Im (nuklearen) Anlagenbau ist das Schweißplattieren das verbreitetste Herstellungsverfahren, zum Beispiel:

- MIG-Schweißen mit Bandelektrode,
- Plasma-Schweißen,
- UP-Vieldrahtschweißen (s. Abb. 14.9),
- E-Hand-Schweißen,
- UP-Schweißen mit Bandelektrode (s. Abb. 14.10).

Aufgrund der geringen Aufmischung, der hohen Abschmelzleistung und der relativ glatten Oberfläche wird heute bevorzugt das UP-Schweißen mit Bandelektrode angewendet. Allerdings ist, wie generell beim UP-Schweißen, auch hier kein Schweißen unter Zwangslage möglich.

14.2.2 Kriterien für prüftechnische Festlegungen

Hochlegiertes Schweißgut löst sich beim Auftragsschweißprozess von niedriglegiertem, aber höher kohlenstoffhaltigem Trägerwerkstoff auf. In diesem Bereich zwischen den Werkstoffen, „Interface" genannt, entsteht ein Mischwerkstoff „Aufmischung", der aufhärtungsempfindlich ist. Beim Abkühlen oder während einer anschließenden Wärmebehandlung können daher in diesem Bereich Risse entstehen. Die Ausdehnung dieser Risse ist im Allgemeinen nicht kleiner als 3×3 mm.

Wird das Schweißgut nicht mit dem Trägerwerkstoff vermischt, so entsteht ein Bindefehler statt des Interfaces. Andererseits sollte das Ausmaß der Aufmischung möglichst ge-

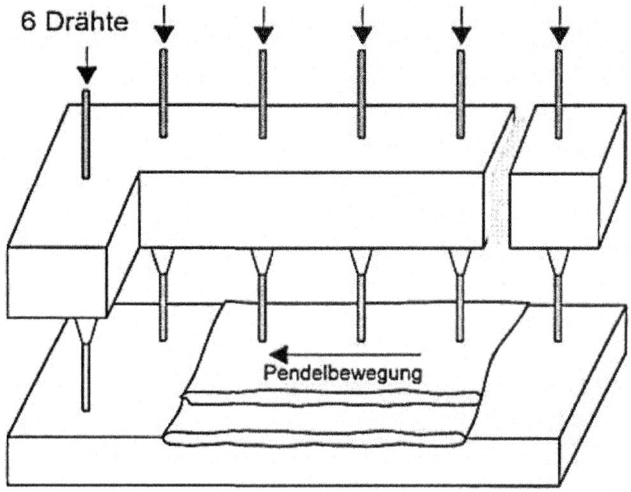

Abb. 14.9 UP-Vieldrahtschweißen [14.1]

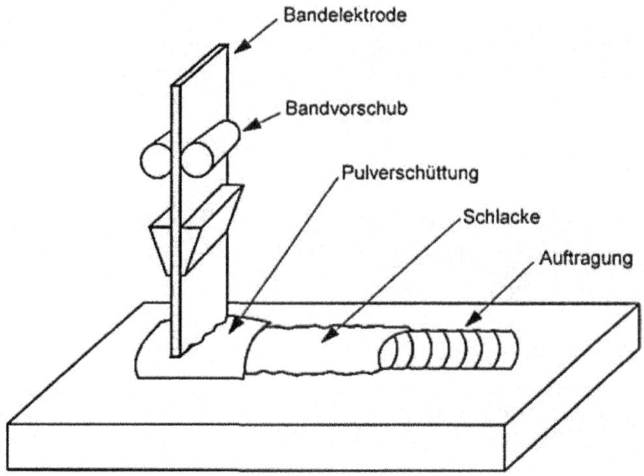

Abb. 14.10 UP-Schweißen mit Bandelektrode [14.1]

ring gehalten werden, um eine Beeinträchtigung der Korrosionsfestigkeit des Auftragswerkstoffs zu vermeiden und die Zahl der Lagen gering zu halten. In den Zwickeln zwischen sich überlappenden Schweißlagen können sich Schlackeneinschlüsse bilden. Hinzu kommen schweißnahtübliche Fehler, wie z.B. Porosität etc.

Die Art des anzuwendenden Prüfverfahrens ist abhängig vom Zeitpunkt der Fertigung. Nach ASME-Code, Sect. III, ist z.B. die Trägerwerkstoffoberfläche vor dem Schweißen einer Magnetstreufluss- oder Eindringprüfung zu unterziehen. Nach dem Schweißen bzw. möglichst erst nach einer Wärmebehandlung erfolgt die Ultraschallprüfung.

Entscheidend für die Prüfparameterauswahl können Oberfläche und Gefüge sein, z.B. ob die Prüfung von der Austenitseite oder von der Ferritseite her erfolgt. Das dentridische

Gefüge des Austenits kann einen hohen Störuntergrund, große Schallschwächung und Schallumlenkung verursachen. Deshalb kann der Einsatz von Longitudinalwellen und von SE-Technik empfehlenswert sein. Außerdem kann die wellige Oberfläche der Schweißung zu erheblichen Ankopplungsschwankungen führen. Oft wird daher trotz größerer Dicke eine Prüfung durch den Ferrit vorgezogen. Während für eine Prüfung der Auftragsschweißung eine niedrige Frequenz sinnvoll ist, ist die Auswahl der Frequenz bei einer Bindungsprüfung durch den Ferrit weniger eingeschränkt. Für die Prüfung auf Bindefehler im Interface ist die Abtastung mit einem Senkrechtprüfkopf bzw. SE-Prüfkopf ausreichend. Für die Prüfung der Plattierung empfiehlt sich der Einsatz von Winkelprüfköpfen.

14.2.3 Justierung und allgemeine Prüftechnik

14.2.3.1 Prüfung auf Bindefehler im Interface mit Senkrechtprüfkopf

Typische Fehler in der Plattierung und des anschließenden Grundwerkstoffbereiches sind Bindefehler zum Grundwerkstoff, Schlackeneinschlüsse, Poren, Heißrisse zur Oberfläche und Unterplattierungsrisse. Für die Prüfung auf solche Störeinflüsse wird bevorzugt ein 2 MHz SEL-Senkrechtprüfkopf mit Fokustiefen von 10 bis 35 mm eingesetzt. Wenn immer möglich ist die Einschallung vom Grundwerkstoff aus vorzunehmen. Die Empfindlichkeit soll an entsprechenden Vergleichsreflektoren, die an der Grenze zwischen Grundwerkstoff und Plattierung anzubringen sind, eingestellt werden (Abb. 14.11 und 14.12).

Wenn man die Nachweisbarkeit der Testreflektoren aus der Echohöhe und dem Plattierungsrauschen als Maß für den Signal-Rausch-Abstand annimmt, so sind die in Abb. 14.12 gezeigten Nuten am besten geeignet. In Abb. 14.13 sind damit ermittelte Signal-Rausch-

Abb. 14.11 Vergleichskörper für die Plattierungsprüfung nach ASME-Code, Sect V, Art, 5, Abschnitt T 550 [14.3]

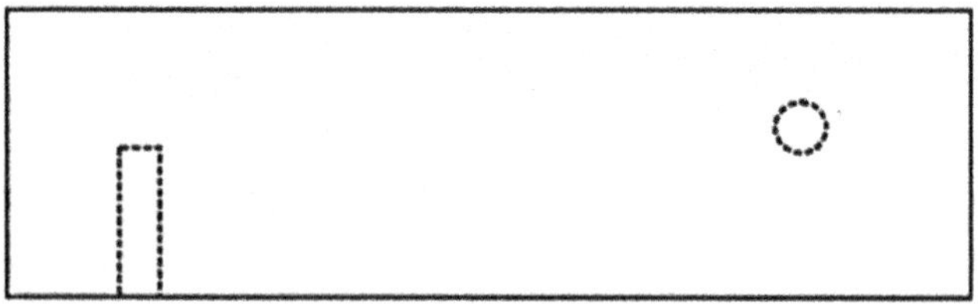

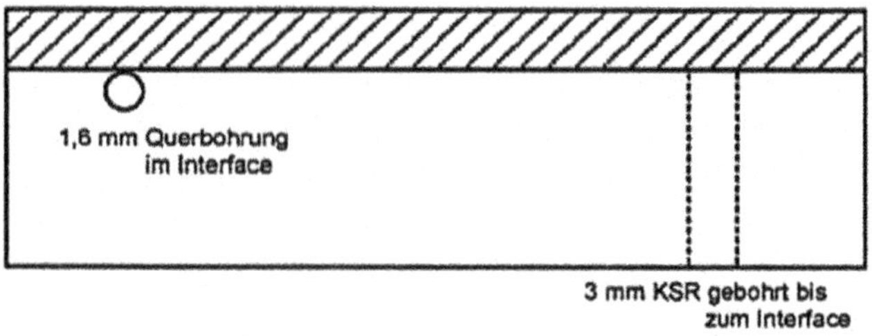

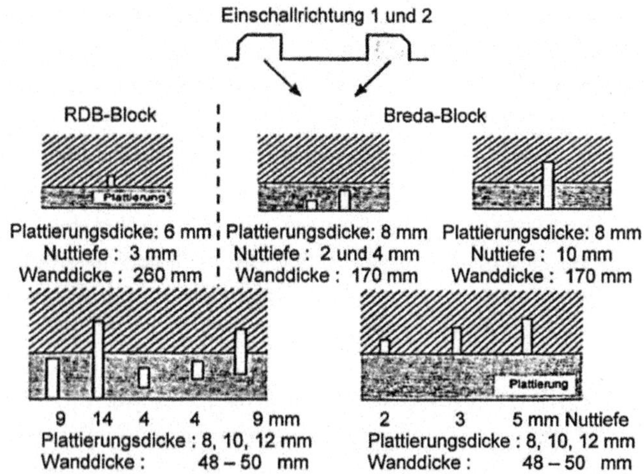

Abb. 14.12 Nuttypen als Testfehler für die Prüfung plattierter Bauteile [14.8]

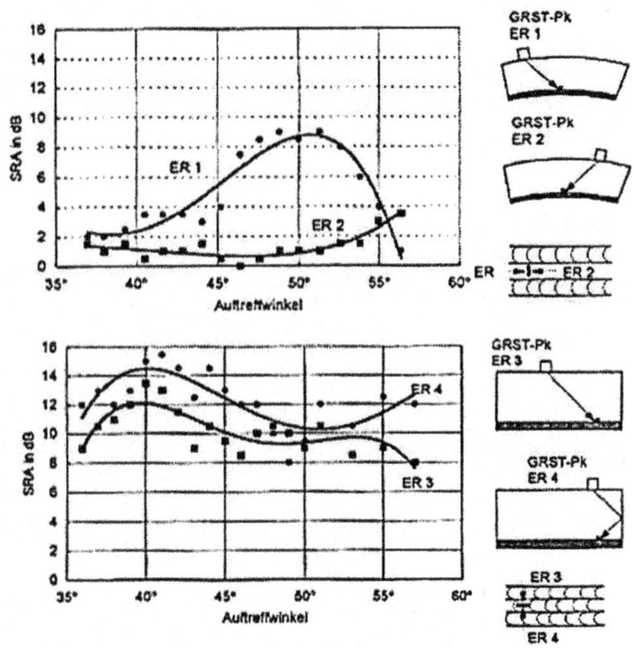

Abb. 14.13 Mit den Testfehlern aus Abb. 14.12 ermittelte Signal-Rausch-Abstände in Abhängigkeit vom Auftreffwinkel des Ultraschallbündels [14.8]

Abstände dargestellt. Man erkennt, dass der Signal-Rausch-Abstand auch vom Auftreffwinkel des Schallstrahles abhängig ist.

Den Einfluss der Frequenz auf den Signal-Rausch-Abstand gibt Abb. 14.14 für relativ dickwandige Testkörper (170 bis 250 mm) wieder. Mit zunehmender Frequenz fällt der Signal-Rausch-Abstand immer mehr ab. Bei einer Frequenz von 2 MHz ist der S/R-Abstand der Echoanzeige einer 2 mm tiefen Nut in der Plattierung schon bis auf 0 dB abgesunken. Es werden daher in der Praxis für solche Testkörper Frequenzen um 1 MHz verwendet. Bei kleineren Wanddicken von ca. 50 mm kann aufgrund der geringeren Schallwege der Reflektornachweis in der Plattierung auch mit Frequenzen von 2 und 4 MHz durchgeführt werden.

Bei der Prüfung mit SE-Senkrechtsprüfköpfen sind folgende Punkte zu beachten:

- Die Schwingerabmessung und der Dachwinkel des Prüfkopfes sollten so gewählt werden, dass die maximale Empfindlichkeit (Fokusbereich) im Interface liegt.
- Beim Justieren an einer Querbohrung muss die akustische Trennschicht quer zur Längsachse der Bohrung stehen.

14.2.3.2 Prüfung auf Risse und Schlackeneinschlüsse mit Winkelprüfkopf

Bei mehrlagig geschweißten Plattierungen sind mehrere Bohrungen erforderlich, die entsprechend zwischen den einzelnen Lagen anzubringen sind. Der Prüfkopf ist so auszuwählen, dass der Fokusbereich im Bereich der Plattierungsdicke (im Interface) zu liegen kommt. Abb. 14.15 zeigt Anwendungsbeispiele für die Prüfung auf Unterplattierungsrisse.

Üblicherweise wird die Justierung an einem Vergleichskörper mit gleicher Plattierungsart und gleicher Plattierungsdicke von der plattierten Seite aus vorgenommen (s. Abb. 14.16).

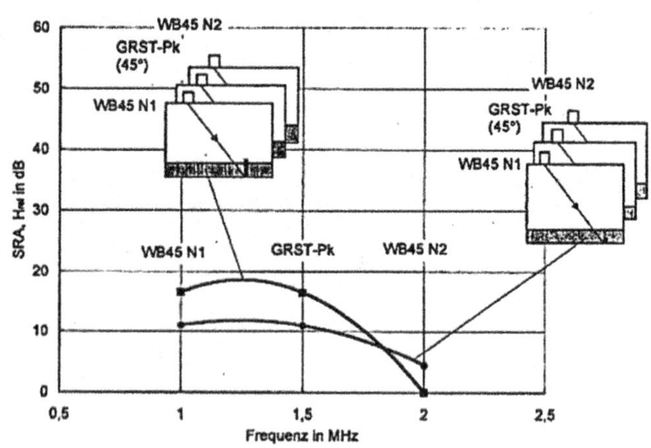

Abb. 14.14 Signal-Rausch-Abstände in Abhängigkeit von der Frequenz [14.8]

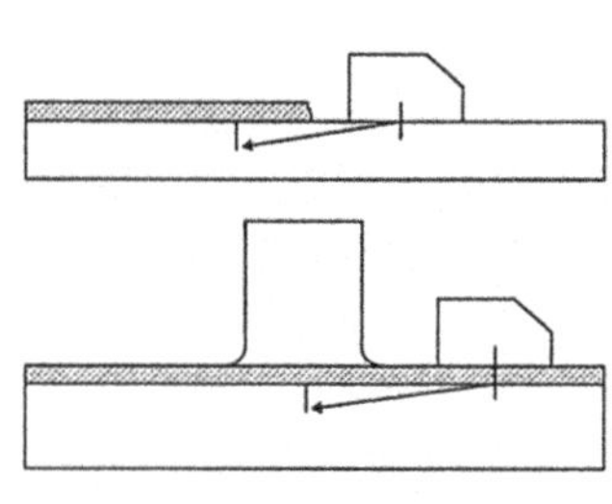

Abb. 14.15 Anwendungsbeispiele für die Prüfung auf Unterplattierungsrisse [14.1]

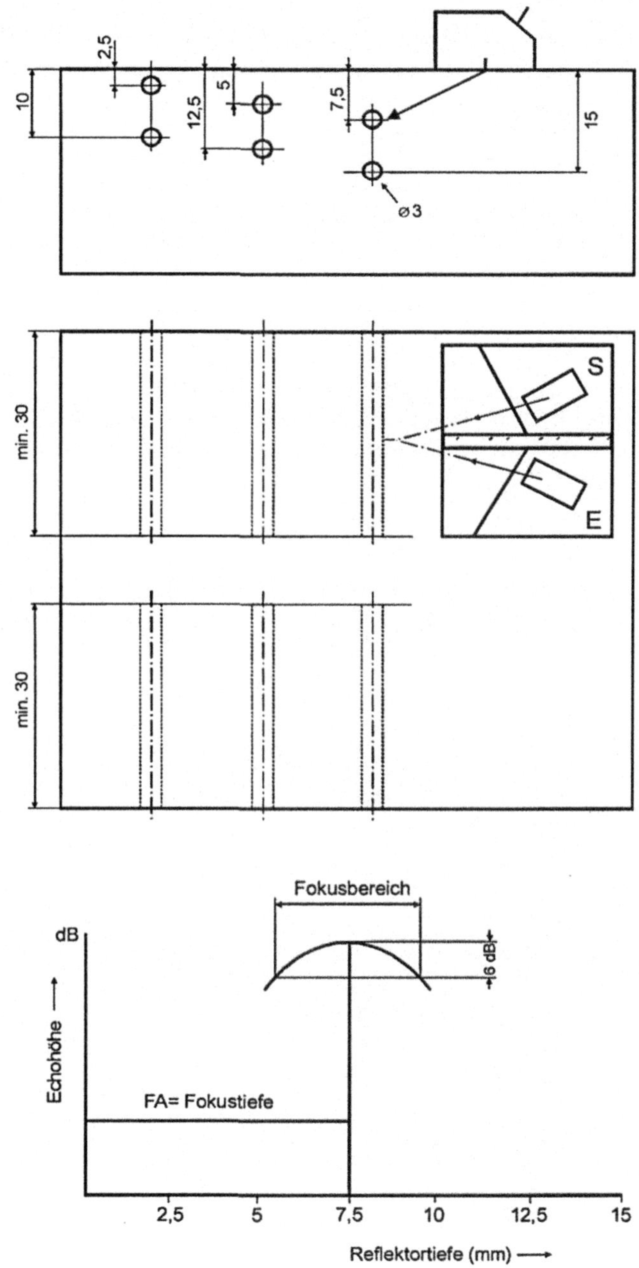

Abb. 14.16 Vergleichskörper und Darstellung des Fokusbereiches nach AVS D.28.1A/000 [14.1]

Literatur

[14.1] Schiebold, Skript UT3, LVQ-WP Werkstoffprüfung GmbH;
[14.2] DIN EN 583-2, Ultraschallprüfung: Empfindlichkeits- und Entfernungsjustierung, April 2001;
[14.3] ASME-Code, Section V 1989;
[14.4] Schmalbandsendertechnik, SKET Magdeburg Arbeitsbericht 1985;
[14.5] Kühnicke, Probleme der Ultraschallprüfung von Bauteilen mit stark gekrümmter Oberfläche, DGZfP-Jahrestagung Fulda (1992);
[14.6] Rehfeldt, Boehm, Matthies, Wüstenberg, Kompensation von Krümmungseinflüssen bei fokussierenden Systemen mit Linsen und Gruppenstrahlern, DGZfP-Jahrestagung Salzburg (2004);
[14.7] Kühnicke. E, Schamlott, Kühnicke. H, Theoretische Optimierung von an gekrümmte Oberflächen angekoppelte Sende- Empfangs-Prüfköpfen
[14.8] Brekow, Schulz, Erhard, Siebert, Ultraschallprüfmethoden für den Fehlernachweis im Plattierungsbereich, DGZfP-Jahrestagung Dresden (1997);
[14.9] Rehfeldt, Matthies, Wüstenberg, Schreiber, Einflüsse von gekrümmten Bauteil oberflächen auf fokussierte Schallfelder und ihre Konsequenzen für die Prüfpraxis, DGZfP-Jahrestagung Weimar (2002);

Besondere Prüftechniken II (Spezielle Technik) 15

15.1 Tandem- und LLT-Technik

15.1.1 Tandemtechnik

15.1.1.1 Prüftechnik

Eine ausführliche Beschreibung der manuellen Tandemprüfung enthält die sicherheitstechnische Regel des Kerntechnischen Ausschusses KTA 3201.3 [15.1]. Für das Auffinden von senkrecht zur Prüffläche angeordneten Ungänzen in dickwandigen planparallelen oder konzentrisch gekrümmten Bauteilen (>100 mm) ist der Einsatz von zwei im Tandem geführten Winkelprüfköpfen besonders geeignet, weil die Prüfempfindlichkeit im Kreuzungsbereich der Schallfelder der beiden Prüfköpfe die der Einkopftechnik übertrifft. Die Prüfköpfe werden dabei durch eine mechanische Halterung im stufenlos verstellbaren Abstand voneinander geführt und mittels einer kardanischen Aufhängung an die Prüfstückoberfläche angepasst. Abb. 15.1 stellt das Prinzip der Tandemtechnik dar.

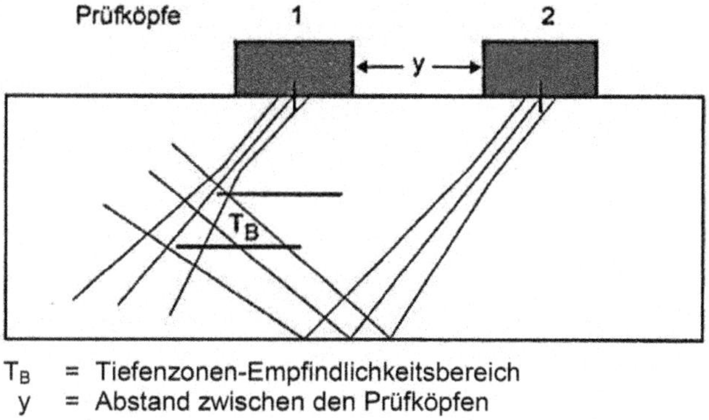

Abb. 15.1 Prinzip der Tandemtechnik [15.1]

K. Schiebold, *Zerstörungsfreie Werkstoffprüfung – Ultraschallprüfung*,
DOI 10.1007/978-3-662-44700-0_15, © Springer-Verlag Berlin Heidelberg 2015

15.1.1.2 Prüfzonen

Das Prüfstück wird über die Wanddicke gemäß Abb. 15.2 in Abhängigkeit von der Wanddicke, der Prüffrequenz und den Schwingerabmessungen in Prüfzonen unterteilt. Dabei bleiben jeweils 15 mm in den oberflächennahen Bereichen unberücksichtigt, weil in diesen Bereichen keine ausreichende Prüfempfindlichkeit vorliegt und weil die nachfolgenden Formeln zur Verstärkungseinstellung streng genommen nur für die Zonenmitten gelten.

Der Abstand von der Prüffläche zur Prüfzone wird nach KTA 3201.3 mit b bezeichnet (Zonenrand [b_u] und Zonenmitte [b_m]). Die Abbildungen 15.3 und 15.4 zeigen die Prüfzoneneinteilung für bestimmte Wanddickenbereiche und 2 bzw. 1 MHz-Prüfköpfe nach KTA 3201.3.

Die Zoneneinteilung kann auch anhand von Vergleichskörpern überprüft werden, indem parallel zur Oberfläche angeordnete Bohrungen (KSR 6) angeschallt werden. Dieses Verfahren wird eingesetzt, wenn die Bewertung von Ungänzen mit Vergleichskörperbohrungen erfolgt. In diesen Fällen sind Transferkorrekturen erforderlich.

15.1.1.3 Entfernungsjustierung

Zur Justierung des Prüfsystems gehören die Einstellung des Abstandes der beiden Prüfköpfe und die Korrektur von Schielwinkeleinflüssen an der Prüfkopfhalterung. Während die Prüfkopfabstände nach KTA 3201.3 berechnet werden können, sind die Schielwinkelkorrekturen durch Optimieren des Echos einer Kante zu realisieren.

Die Entfernungsjustierung selbst wird wie im Einkopfbetrieb je nach Schwingerabmessung an den Kontrollkörpern K1 oder K2 durchgeführt. Dabei ist sicherzustellen, dass die jeweiligen Prüfzonen auf dem Bildschirm abgebildet werden. Mit Hilfe der Impulsverschiebung wird das V-Durchschallungsecho in der Mitte des Bildschirms positioniert. Anzeigen von Ungänzen aus der Prüfzonenmitte erscheinen dann beim Schallweg des V-Durchschallungsechos.

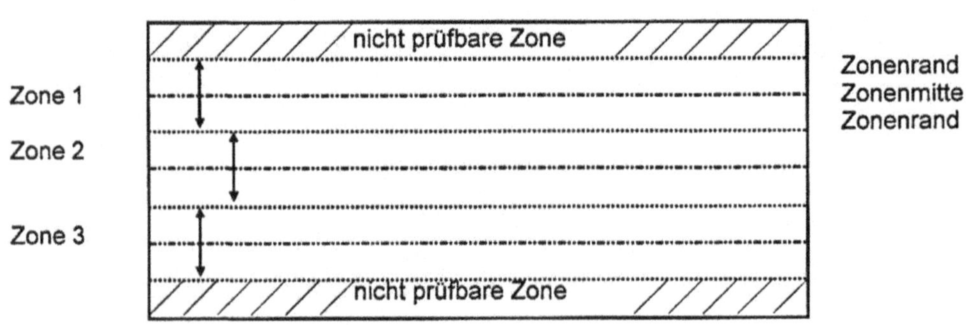

Abb. 15.2 Einteilung des Querschnittes in Prüfzonen [15.1]

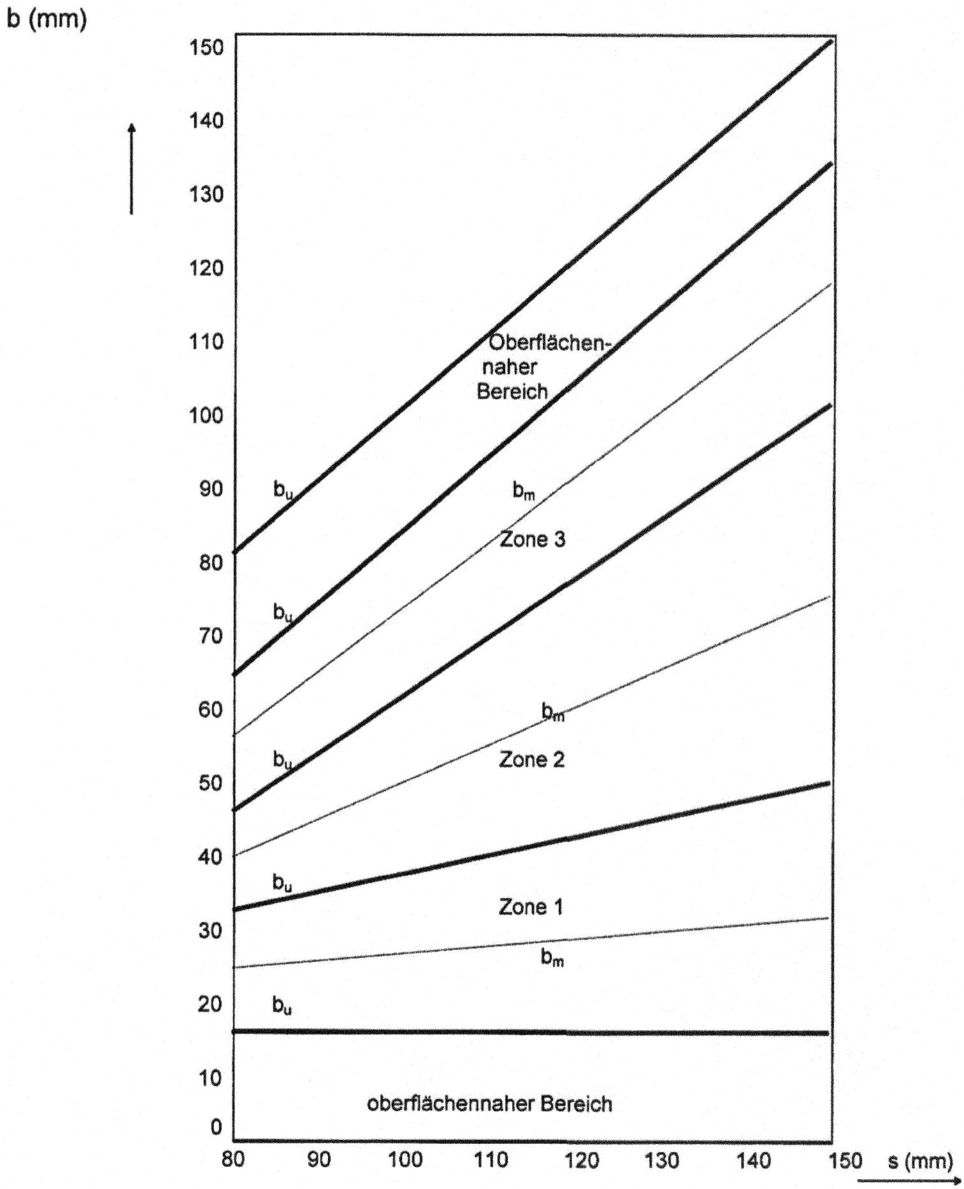

Abb. 15.3 Zoneneinteilung für 2 MHz-Prüfköpfe ($\alpha = 45°/D_S = 8 \times 9\ mm^2$) und Wanddicken im Bereich $80 \leq s \leq 150$ mm

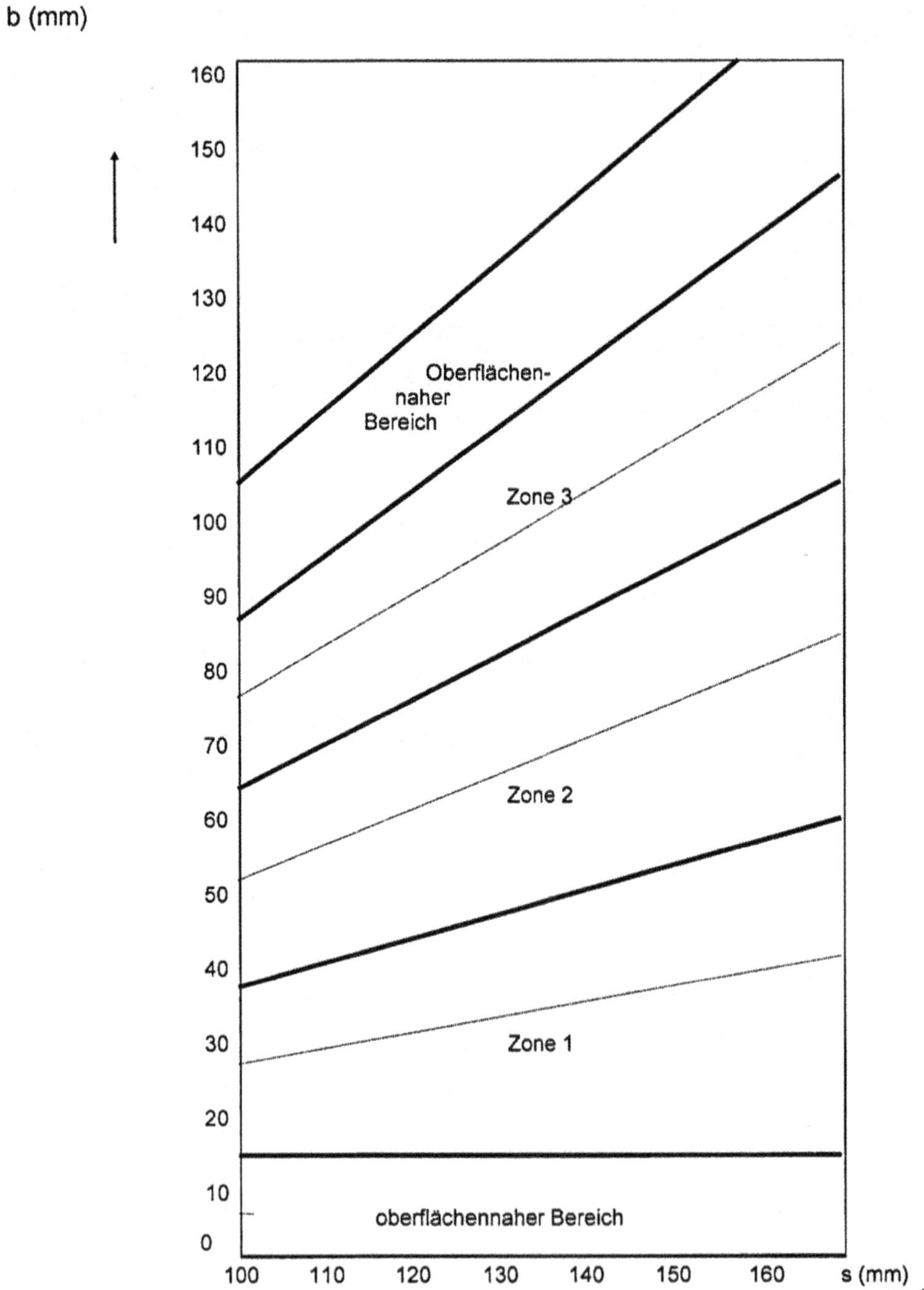

Abb. 15.4 Zoneneinteilung für 1 MHz-Prüfköpfe ($\alpha = 45°/D_{S1} = 10 \times 20\ mm^2\ D_{S2} = 10 \times 20\ mm^2$) und Wanddicken im Bereich $100 \leq s \leq 160$ mm

15.1.1.4 Empfindlichkeitsjustierung

Zur Einstellung der Prüfempfindlichkeit ist der Verstärkungswert der optimierten V-Durchschallungsanzeige zu bestimmen. Nach KTA 3201.3 ist über eine statistische Messwertaufnahme sicherzustellen, dass dieser Wert um nicht mehr als 6 dB schwankt. Ergibt sich jedoch eine größere Schwankungsbreite der Verstärkungswerte der Justiergrundverstärkung V_J als 6 dB, so muss ein Korrekturzuschlag ΔV eingeführt werden.

Weitere Summanden der Gesamtverstärkung sind die Zusatzverstärkung ΔV_{KSR6} bezogen auf die Zonenmitte zur Einstellung der Registriergrenze KSR 6 (Abb. 15.5 und 15.6) sowie der Verstärkungszuschlag für den Zonenrand, der in den Bildern und nach KTA 3201.3 schon im ΔV_{KSR6} einbezogen ist.

Die Registrierverstärkung ergibt sich zu

$$G_R = V_J + \Delta V^{\sim} + \Delta V_{KSR6} + \Delta V_T \text{ (dB)},$$

wobei ΔV_T analog zum Einkopfbetrieb experimentell ermittelt werden muss.

15.1.2 LLT-Technik

Abb. 15.7 zeigt das Prinzip der LLT-Technik (Longitudinal-Longitudinal-Transversalwellen-Prüftechnik) . Eine Longitudinalwelle wird vom Sender zum Bauteil gesendet und dort an der Rückwand reflektiert. Die reflektierte Longitudunalwelle fällt auf den Riss, wo sie eine Transversalwelle erzeugt, die zum Empfänger gelangt. Da der Reflexionswinkel der Transversalwelle ungefähr halb so groß wie der Einschallwinkel der gesendeten Longitudinalwelle ist, kann ein Einkopfprüfkopf hergestellt werden, welcher Sender und Empfänger in geringem, festem Abstand innerhalb desselben Gehäuses enthält.

Die LLT-Technik stellt eine Alternative zur Tandemtechnik dar und ermöglicht im Gegensatz zur Tandemtechnik sogar den Nachweis von oberflächennahen Fehlern (LLT-O-Technik). Diesbezügliche Untersuchungen [15.2], [15.3] zeigten hinsichtlich der Prüfempfindlichkeit, dem Prüfzonenrandabfall und der Schräglagenabhängigkeit vergleichbare Werte zur herkömmlichen Tandemtechnik. Dagegen ist die Nachweisempfindlichkeit in plattierten Bauteilen gegenüber unplattierten reduziert. Bei Verwendung eines Gruppenstrahler-Prüfkopfes kann die LLT-Technik auch zur Fehlergrößenabschätzung herangezogen werden [15.28]. In Abb. 15.8 sind ein Ultraschallgerät und in Abb. 15.9 ein Manipulator für die LLT-Technik abgebildet.

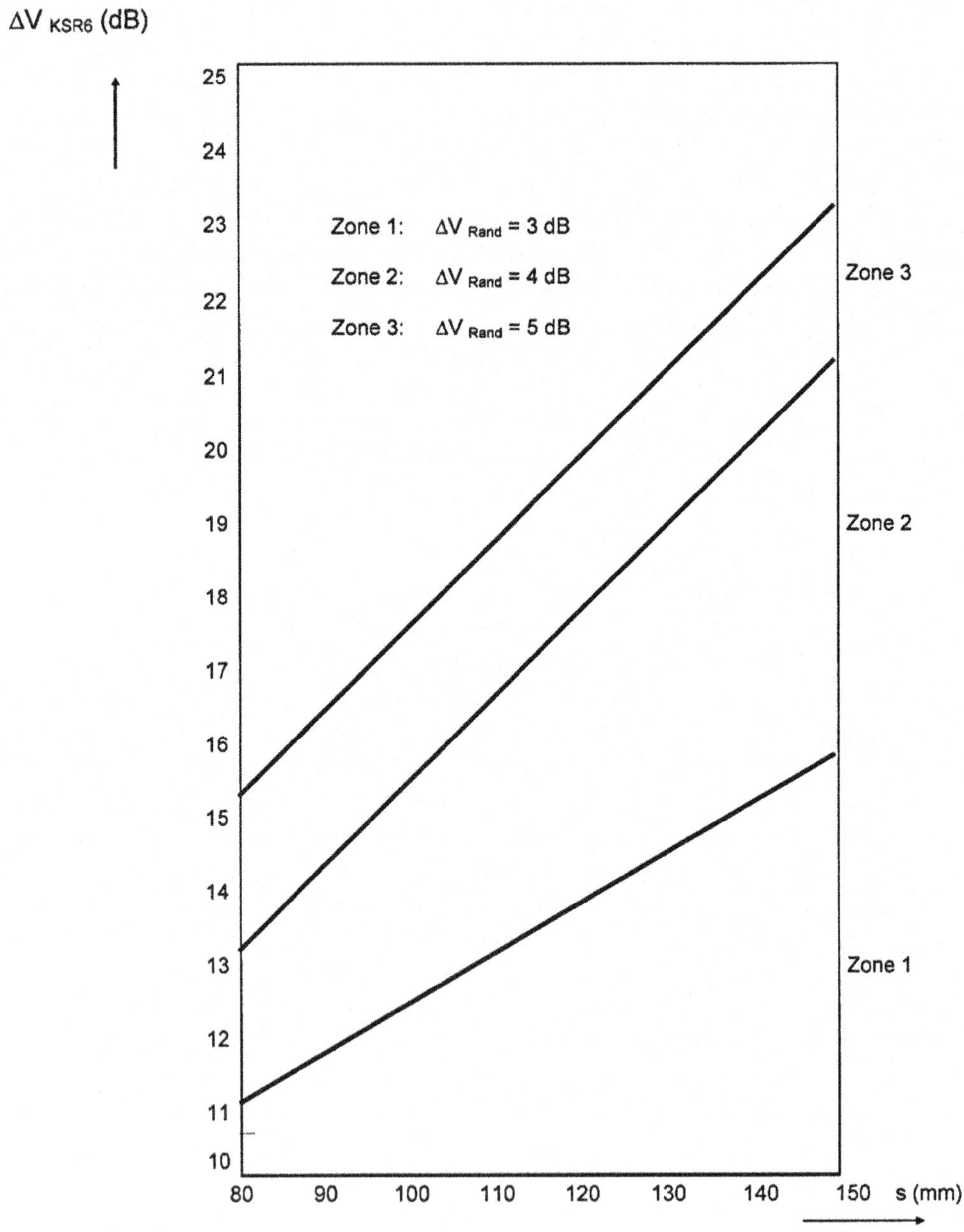

Abb. 15.5 ΔV_{KSR6} für 2 MHz-Prüfköpfe ($\alpha = 45°/D_S = 8 \times 9$ mm^2) und Wanddicken im Bereich $80 \leq s \leq 150$ mm

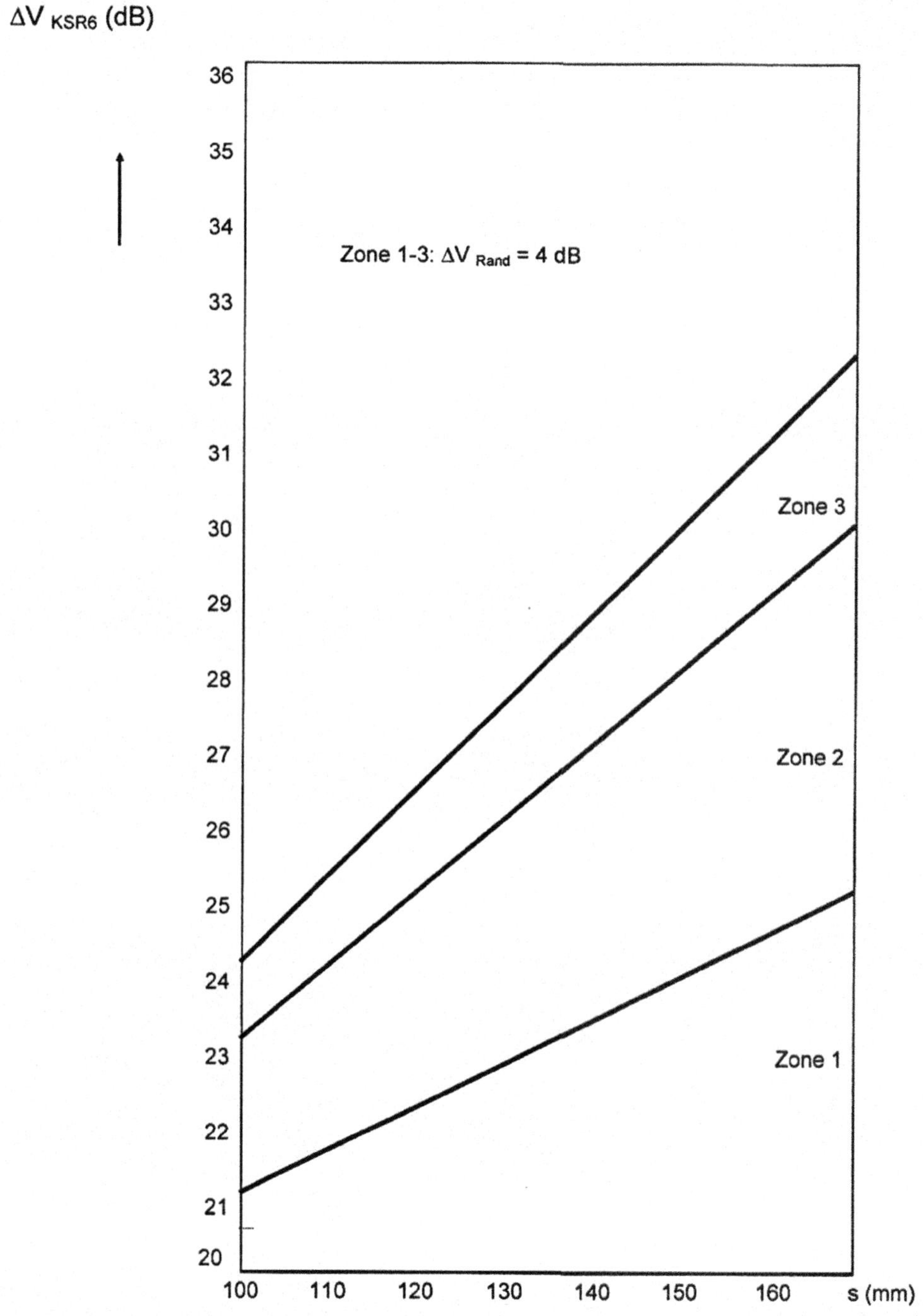

Abb. 15.6 ΔV_{KSR6} für 1 MHz-Prüfköpfe ($\alpha = 45°/D_{S1} = 10 \times 20\ mm^2\ D_{S2} = 10 \times 20\ mm^2$) und Wanddicken im Bereich $100 \leq s \leq 160$ mm

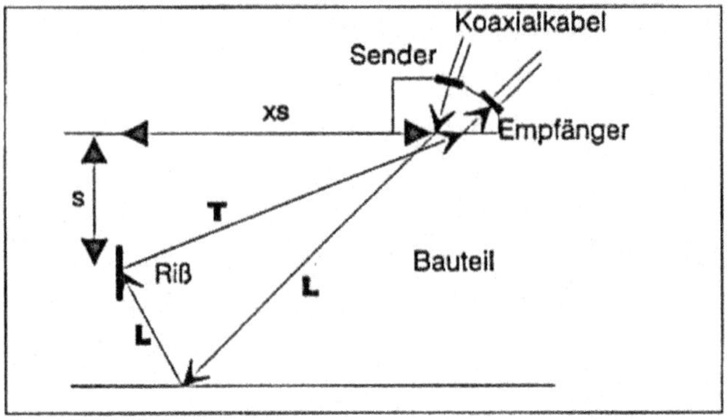

Abb. 15.7 Prinzip der LLT-Technik [15.4]

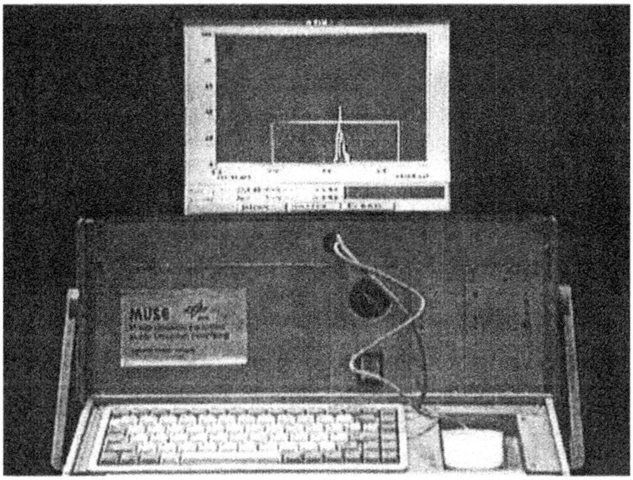

Abb. 15.8 Ultraschallgerät MUSE (Mobile Ultraschall-Einrichtung) [15.18]

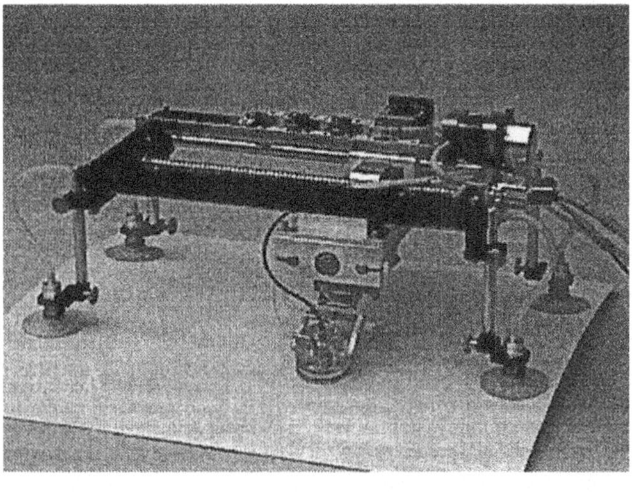

Abb. 15.9 Manipulator MUSE [15.18]

15.2 TOFD-Technik

15.2.1 Einführung

Die TOFD-Technik (**T**ime **O**f **F**light **D**iffraction; deutsch: **Beugungslaufzeittechnik**) ist ursprünglich zur Fehlergrößenbestimmung der mit anderen Ultraschalltechniken nachgewiesenen Anzeigen in Schweißverbindungen entwickelt worden. Entsprechend dem Verfahrensprinzip wird sie vorwiegend zum Nachweis und zur Bestimmung der Ausdehnung von flächenhaften Ungänzen eingesetzt. Am besten sind der Nachweis und die Größenbestimmung von senkrecht zur Oberfläche und im Mittelquerschnitt der Schweißnähte angeordneten Rissen festzustellen und zu bewerten. Weitere Anwendungen werden in Abgrenzung zur herkömmlichen Impuls-Echo-Technik und zu anderen zerstörungsfreien Prüfverfahren sowie im Hinblick auf Kriterien der Fehlertypen und Prüfgegenstände heftig diskutiert. Im Abschnitt Vorteile und Grenzen des Verfahrens wird darauf näher eingegangen.

Gegenwärtig werden das Verfahrensprinzip, die Prüftechnik und deren Einstellung sowie die Grenzen des TOFD-Verfahrens in der Norm DIN EN 583-6 für Bauteile aus niedriglegierten Kohlenstoffstählen beschrieben, die die Grundlage für nachstehende Ausführungen bildet [15.5].

15.2.2 Prinzip des Verfahrens

Das TOFD-Verfahren beruht auf der Wechselwirkung von Ultraschallwellen mit den Rändern von Ungänzen oder geometrischen Flächen, die zur Emission von gebeugten Wellen über einen großen Winkelbereich führt. Der Nachweis der gebeugten Wellen führt zur Feststellung von Fehlern in den Prüfgegenständen, die Messung ihrer Laufzeiten zur Größenbestimmung. Die Signalamplituden des A-Bildes werden nicht zur Größenbestimmung verwendet. Abb. 15.10 gibt die grundsätzliche Verfahrensanordnung der TOFD-Technik bei einem Prüfgegenstand ohne Ungänze wieder.

Abb. 15.11 zeigt das zugehörige A-Bild.

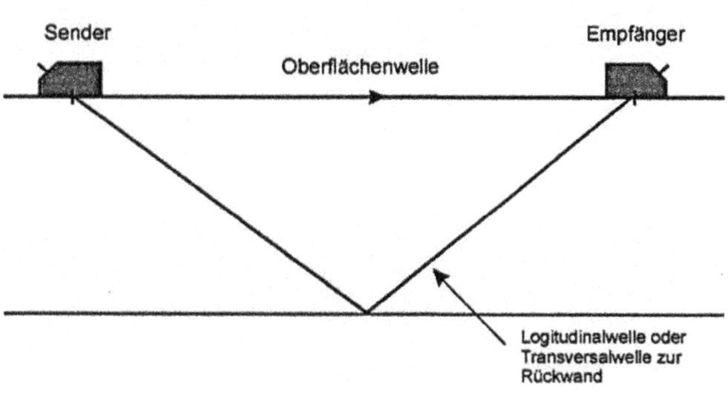

Abb. 15.10 Grundsätzliche Verfahrensanordnung der TOFD-Technik mit einem Prüfgegenstand ohne Ungänze

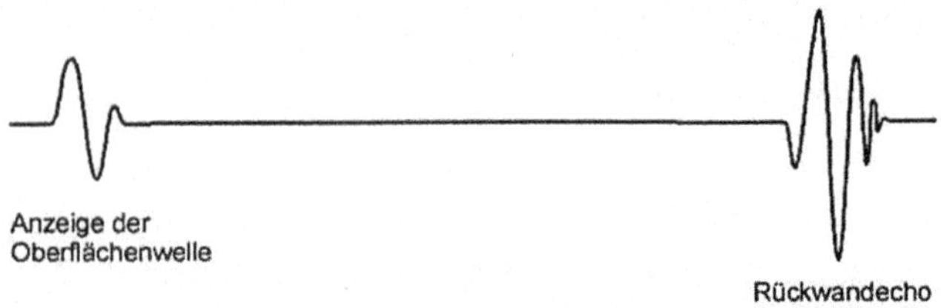

Abb. 15.11 A-Bild zur TOFD-Technik nach Abb. 15.7

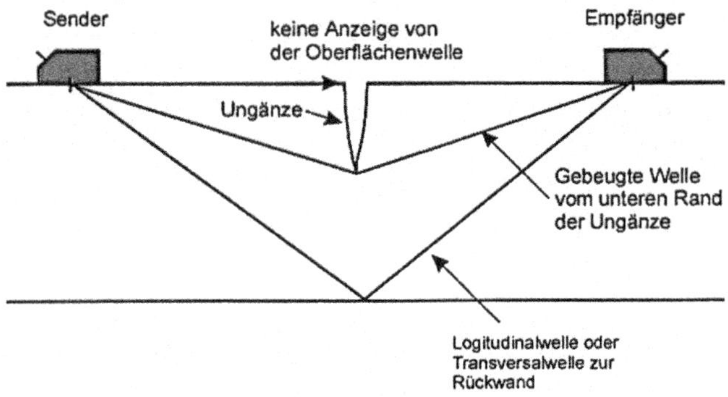

Abb. 15.12 Grundsätzliche Verfahrensanordnung der TOFD-Technik mit einer Ungänze an der Prüfkopfoberfläche des Prüfgegenstandes

Befindet sich im Prüfgegenstand eine Ungänze, die von der Oberfläche ausgeht, auf der die Prüfköpfe angeordnet sind, so entsteht die Anordnung nach Abb. 15.12 und das A-Bild nach Abb. 15.13. In diesem Fall kann kein Echo der Oberflächenwelle entstehen, weil diese an der Ungänze reflektiert wird. Durch die zur Oberfläche hin offene Ungänze kann auch nur eine Anzeige von der am unteren Rand der Ungänze gebeugten Welle entstehen. Eine Anzeige, die von einer Beugung am unteren Rand stammt, begleitet von einer Schwächung, die nicht von der Ankopplung kommt, oder von einer Unterbrechung der Oberflächenwelle, muss als prüfflächenverbundene Ungänze angesehen werden. Manchmal kann diesbezüglich auch eine geringfügige Verschiebung der Oberflächenwelle zu einer längeren Laufzeit hin beobachtet werden.

Befindet sich im Prüfgegenstand eine Ungänze, die von der Rückwand ausgeht, so entstehen die Anordnung nach Abb. 15.14 und das A-Bild nach Abb. 15.15. In diesem Fall kann kein Echo der Welle entstehen, die das Rückwandecho erzeugt, weil diese an der Ungänze reflektiert wird. Durch die zur Oberfläche hin offene Ungänze kann auch nur eine

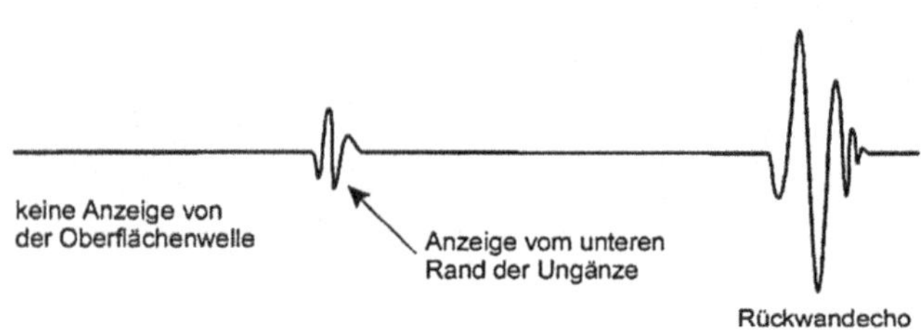

Abb. 15.13 A-Bild zur TOFD-Technik nach Abb. 15.12

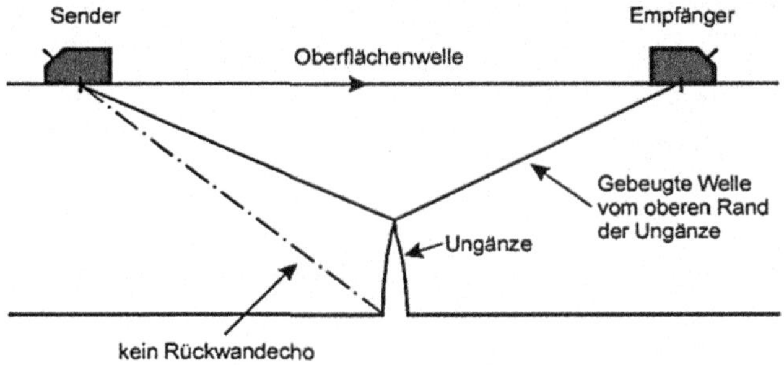

Abb. 15.14 Grundsätzliche Verfahrensanordnung der TOFD-Technik mit einer Ungänze an der Rückwand des Prüfgegenstandes

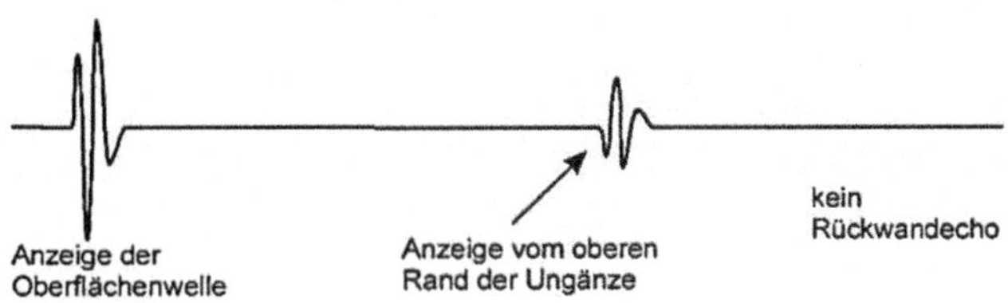

Abb. 15.15 A-Bild zur TOFD-Technik nach Abb. 15.13

Anzeige von der am oberen Rand der Ungänze gebeugten Welle entstehen. Eine Anzeige, die von einer Beugung am oberen Rand kommt, begleitet von einer Verschiebung des Rückwandechos zu einer längeren Signalzeit oder von einer Unterbrechung des Rückwandechos (keine Ankopplungsverluste!), muss als rückwandverbundene Ungänze betrachtet werden.

Abb. 15.16 gibt die grundsätzliche Verfahrensanordnung der TOFD-Technik bei mittlerer Lage einer ausgedehnten Ungänze im zu prüfenden Querschnitt wieder. Abb. 15.17 zeigt das zugehörige A-Bild. Es werden nach dem aufgrund der geringsten Entfernung und damit kleinsten Laufzeit zuerst abgebildeten Echo der Oberflächenwelle nacheinander das Beugungsecho vom oberen und unteren Rand der Ungänze und zuletzt das durch Reflexion entstehende Rückwandecho erscheinen. Eine Anzeige, die demnach von einer Beugung am oberen und am unteren Rand kommt, muss als innere Ungänze angesehen werden.

Schließlich soll im Abb. 15.18 dargestellt werden, wie der Schallverlauf und das zugehörige A-Bild (Abb. 15.19) aussehen, wenn die Ungänze zwar eine mittlere Lage im Quer-

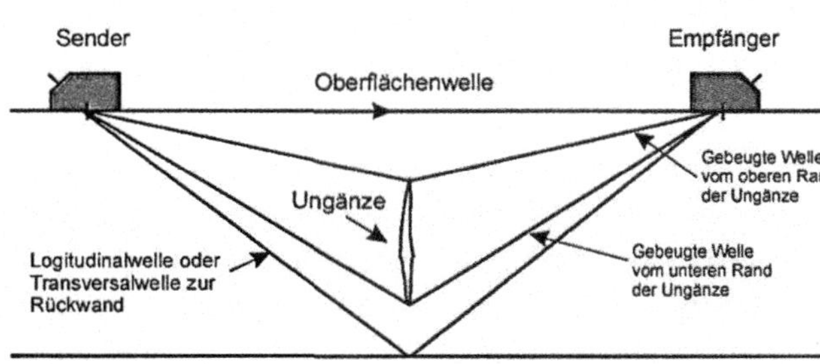

Abb. 15.16 Grundsätzliche Verfahrensanordnung der TOFD-Technik mit Ungänze im mittleren Querschnitt des Prüfgegenstandes

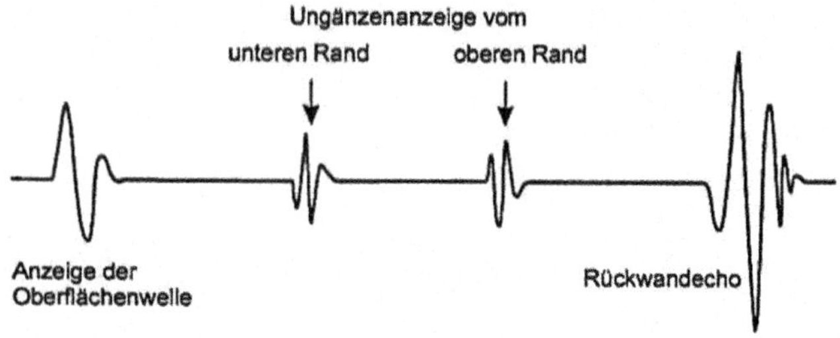

Abb. 15.17 A-Bild zur TOFD-Technik nach Abb. 15.13

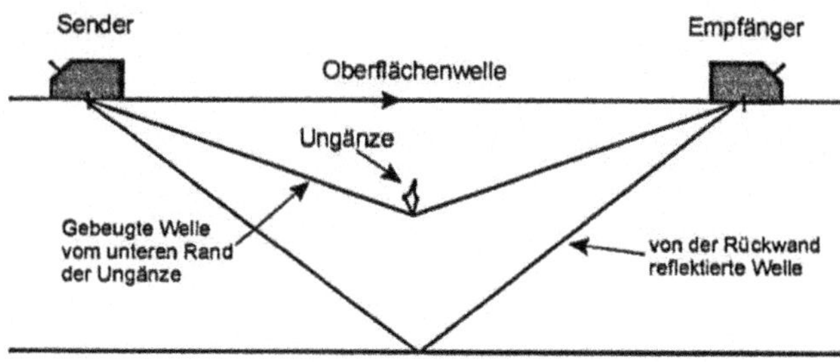

Abb. 15.18 Grundsätzliche Verfahrensanordnung der TOFD-Technik mit Ungänze im mittleren Querschnitt des Prüfgegenstandes ohne Ausdehnung

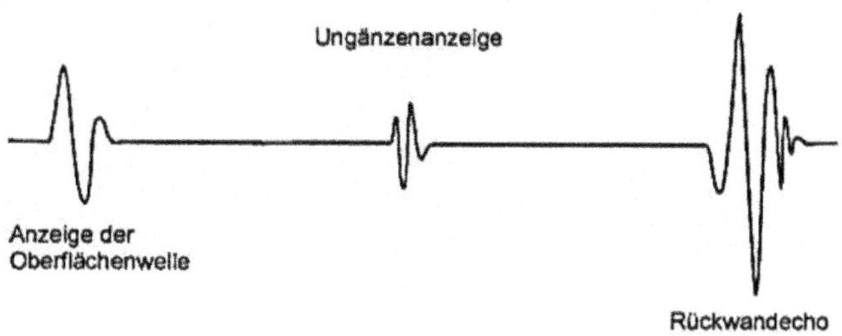

Abb. 15.19 A-Bild zur TOFD-Technik nach Abb. 15.15

schnitt des Prüfgegenstandes einnimmt, jedoch nur eine geringe oder fast gar keine Ausdehnung aufweist.

Eine Anzeige, die nur von einer Beugung am oberen Rand stammt und keine zugehörigen Signale weder der Oberflächenwelle noch des Rückwandechos besitzt, muss als Ungänze ohne Ausdehnung betrachtet werden. Da die Signale der Oberflächenwelle und des Rückwandechos jedoch sehr schwach sein können, ist große Sorgfalt geboten, um nicht Fehlinterpretationen zuzulassen.

15.2.3 Prüftechnik und Einstellung des Prüfsystems

Man erkennt, dass bei der Grundanordnung zur TOFD-Technik stets zwei Winkelprüfköpfe als getrennter Sender und Empfänger einander gegenüberstehen (Abb. 15.20).

Meistens werden longitudinale Winkelprüfköpfe mit großer Divergenz des Schallbündels eingesetzt, weil die Beugung der Ultraschallwellen nur geringfügig von der Ausrichtung des Randes der Ungänze abhängig ist. Die beiden Prüfköpfe werden in einer mecha-

Abb. 15.20 Grundanordnung zur TOFD-Technik [15.18]

nischen Prüfkopfhalterung bzw. Abtastvorrichtung aufgenommen, die über einen Motor oder von Hand bewegt werden kann und die Positionsangaben zu den Prüfköpfen liefert. Der Effekt der Beugung wird maximal, wenn der eingeschlossene Winkel ca. 120° beträgt. Die Prüfköpfe sollten so angeordnet werden, dass sich die Schallbündelachsen unter etwa diesem Winkel in dem Tiefenbereich schneiden, indem die Ungänzen erwartet werden. Abweichungen von –35° oder +45° können dazu führen, dass die Echos zu schwach sind. Das Echo von der Oberflächenwelle und das Rückwandecho werden üblicherweise zur Ankopplungskontrolle oder zur Kalibrierung herangezogen. Vielfach werden Vorverstärker möglichst nahe am Empfangsprüfkopf eingesetzt, um relativ hohe Verstärkungseinstellungen zu erreichen.

Das Prüfsystem für die TOFD-Technik besteht insgesamt aus einem digitalen Ultraschallgerät, dessen Signale (Echos) nicht gleichgerichtet sind und das für die Erfassung und Verarbeitung großer Datenmengen mit Mikroprozessoren ausgestattet ist. Die Geräte sollten nicht nur die Berechnung der Laufzeiten der Echos zur Größenbestimmung der Ungänzen erlauben, sondern auch die Ermittlung der Tiefenlage und -ausdehnung der Ungänzen. Meist erfolgen die Gerätesteuerung, die Datenaufnahme und die Datenspeicherung über einen geräteinternen PC. Die Datenerfassung und die Bewegung der Abtastvorrichtung müssen synchronisiert sein. Ferner muss die Möglichkeit eingerichtet sein, die digitalisierten Daten der A-Bilder als B-Bilder auszugeben, d.h. synchron mit der Prüfkopfbewegung in Verschiebungsrichtung anzuzeigen und auszudrucken, weil aus dem B-Bild oft mehr Informationen zu erhalten sind. Man unterscheidet je nach Verschiebungsrichtung der Abtastvorrichtung parallele und nichtparallele Prüfanordnungen, wie die Abbildungen 15.21 und 15.22 zeigen. In den Bildern sind auch die zugehörigen B-Bilder mit angezeigt.

In DIN EN 583-6 werden Empfehlungen für die Auswahl der Prüfköpfe und Prüfgegenstände aus Stahl hinsichtlich der zu verwendenden Prüffrequenzen, der Schwinger-

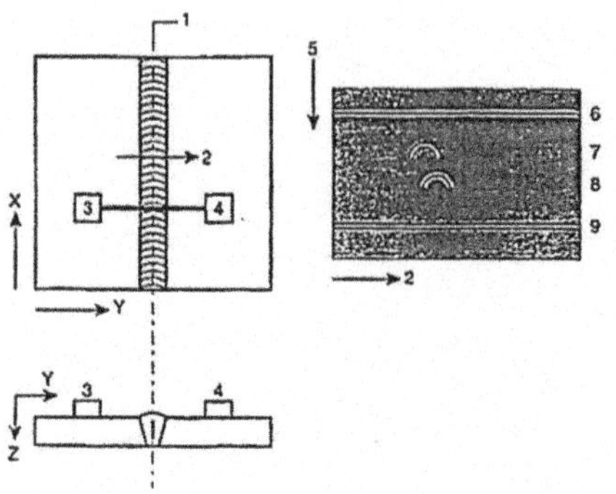

1 Bezugslinie
2 Verschiebung des Prüfkopfes in y-Richtung
3 Sender
4 Empfänger
5 Laufzeit
6 Oberflächenwellenanzeige
7 Echo vom oberen Rand der Ungänze
8 Echo vom unteren Rand der Ungänze
9 Rückwandecho

Abb. 15.21 Parallele Prüfanordnung

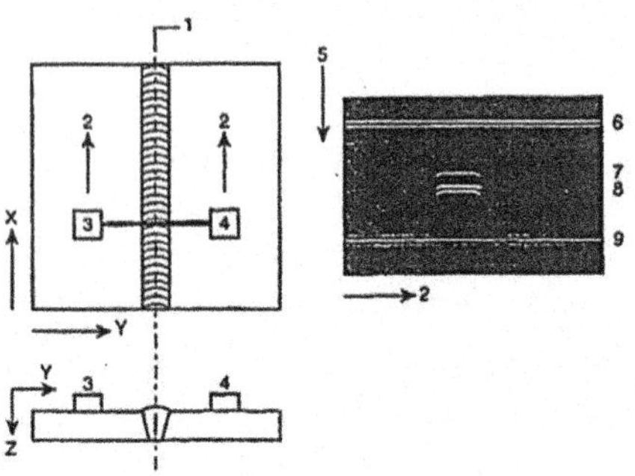

1 Bezugslinie
2 Verschiebung des Prüfkopfes in x-Richtung
3 Sender
4 Empfänger
5 Laufzeit
6 Oberflächenwellenanzeige
7 Echo vom oberen Rand der Ungänze
8 Echo vom unteren Rand der Ungänze
9 Rückwandecho

Abb. 15.22 Nichtparallele Prüfanordnung

größen und der Nennwinkel in Abhängigkeit von der Wanddicke der Prüfgegenstände vorgeschlagen. Für Prüfgegenstände mit Wanddicken bis 70 mm entsprechen diese Empfehlungen Tabelle 15.1 und bei Wanddicken von 70 bis 300 mm denen der Tabelle 15.2.

Für die geeignete Auswahl des Zeitbereichs, in dem die A-Bilder digitalisiert werden, muss ein Zeitfenster mit programmierbarer Lage und Länge vorhanden sein, damit die Echos der Oberflächenwelle, der Rückwand und der Ungänzen für die Laufzeitberechnung zur Verfügung stehen. Das Zeitfenster muss dabei unbedingt vor dem Zeitpunkt beginnen, an dem die Oberflächenwelle eintrifft und mindestens bis zum ersten Rückwandecho reichen. Als Mindestanforderung muss das Zeitfenster wenigstens den zu untersuchenden Tiefenbereich bzw. die Wanddicke nach den Tabellen 15.1 und 15.2 umfassen. Zur Empfindlichkeitsjustierung sind der Prüfkopfabstand und das Zeitfenster auf Werte einzustellen, die in der anschließenden Prüfung verwendet werden. Ziel ist es, sicherzustellen, dass die Echos von den Ungänzen im Dynamikbereich der Digitalisiereinrichtung liegen und das begrenzende Rauschen akustischer Art ist.

Tab. 15.1 Prüfkopfparameter für Prüfgegenstände mit Wanddicken bis 70 mm

Wanddicke	Prüffrequenz	Schwingergröße	Nennwinkel
< 10 mm	10 bis 15 MHz	2 bis 6 mm	50° bis 70°
10 mm < 30 mm	5 bis 10 MHz	2 bis 6 mm	50° bis 60°
30 mm < 70 mm	2 bis 5 MHz	6 bis 12 mm	45° bis 60°

Tab. 15.2 Prüfkopfparameter für Prüfgegenstände mit Wanddicken 70 bis 300 mm

Tiefenbereich	Prüffrequenz	Schwingergröße	Nennwinkel
0 bis < 30 mm	5 bis 10 MHz	2 bis 6 mm	50° bis 70°
10 mm < 100 mm	2 bis 5 MHz	6 bis 12 mm	45° bis 60°
100 mm < 300 mm	1 bis 3 MHz	10 bis 25 mm	45° bis 60°

Die Überprüfung der Empfindlichkeitseinstellung kann mit Hilfe eines Vergleichskörpers nach Abb. 15.23 durchgeführt werden. Der Vergleichskörper muss aus einem ähnlichen Werkstoff wie der zu prüfende Gegenstand hergestellt sein, seine Wanddicke muss gleich oder größer der Nennwanddicke des zu prüfenden Gegenstandes sein und die Breite und Länge der Prüffläche müssen für die Bewegung der Prüfköpfe über den Vergleichsreflektoren ausreichend sein. Als Vergleichsreflektoren werden sowohl Querbohrungen als auch Nuten (Sägeschnitte) eingesetzt. Die Querbohrungen sollen einen Durchmesser aufweisen, der mindestens der doppelten Wellenlänge der Nennfrequenz des Prüfkopfes entspricht. Die Vergleichsreflektoren sollen bei ca. 10%, 25%, 50%, 75% und 90% der Nennwanddicke des Prüfgegenstandes angeordnet werden.

Abb. 15.24 zeigt eine weitere Variante eines TOFD-System-Vergleichskörpers nach RTD.

Abb. 15.23 Vergleichskörper für das TOFD-Verfahren [15.5]

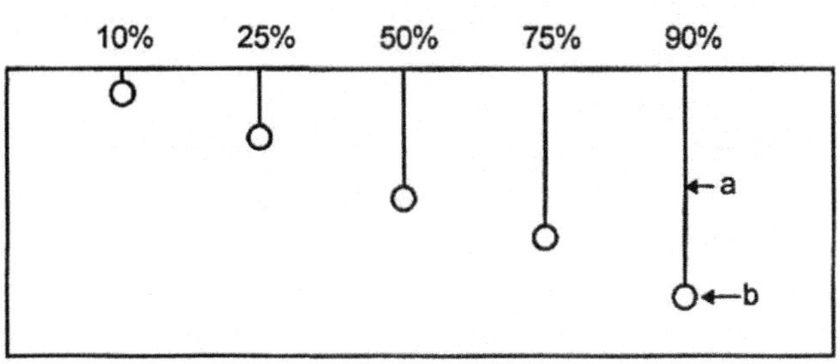

a Sägeschnitt; b Querbohrung

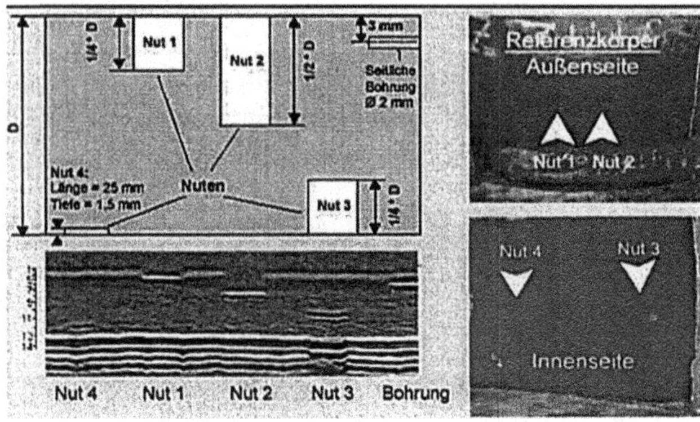

Abb. 15.24 TOFD-System-Vergleichskörper nach RTD [15.11]

15.2.4 Anwendungen der TOFD-Technik

Man unterscheidet bei der Anwendung der TOFD-Technik manuelle Prüfungen ohne Datenaufzeichnung und mechanisierte Prüfungen mit Datenaufzeichnung. Bei der manuellen TOFD-Prüfung muss die Auswertung direkt aus dem A-Bild erfolgen. Dafür wird die ungleichgerichtete Anzeigenform verwendet. Solche Prüfungen sollten jedoch nur an Produkten mit einfachen Geometrien angewendet werden. Ohne Datenaufzeichnung ist es jedoch im Allgemeinen nicht möglich, eine detaillierte Auswertung der Anzeigen durchzuführen. Mit Mikroprozessoren und Datenaufzeichnung, Digitalisierung der Anzeigen, Vorverstärkung der Impulse, Laufzeitmessung und evtl. auch Signalmittelung lassen sich detaillierte Untersuchungen zu den Ungänzen anstellen. Speziell werden untersucht die Koordinaten der Ungänzen, die Länge und Tiefenausdehnung der Ungänzen und die Orientierung und Art der Ungänzen.

Meistens ist es hinreichend, die Ungänze im Schnitt der x-, z-Ebene und der y-, z-Ebene zu registrieren (vgl. Abb. 15.21 und 15.22). Die Laufzeit der von der Ungänze resultierenden Anzeige kann auch zur Abschätzung ihrer Lage verwendet werden. Die Fläche konstanter Signallaufzeit ist theoretisch ein Ellipsoid, dessen Brennpunkte den Schallaustrittspunkten der Prüfköpfe entsprechen. Eine exakte Lagebestimmung kann jedoch nur mit mindestens zwei Prüfungen erfolgen, evtl. sind sogar Mehrfachprüfungen mit unterschiedlichen Parametern erforderlich.

Die Ungänzenlänge wird aus der Verschiebung der Prüfköpfe ermittelt. Auch dafür kann es notwendig werden, mehrere TOFD-Prüfungen mit unterschiedlichen Parametern anzusetzen. Die Tiefenlage einer Ungänze kann berechnet werden, was bei Prüfsystemen mit Datenauswertung durch den Rechner erfolgt. Man nimmt an, dass sich die Ungänze in der Mitte des Abstandes zwischen den Prüfköpfen befindet und der Ultraschall am Schallaustrittspunkt des Senderprüfkopfes austritt und am Schallaustrittspunkt des Empfängerprüfkopfes eintritt. Die Tiefenlage beträgt dann [15.5]:

$$d = [\tfrac{1}{4}\,(c \times t)^2 - S^2]^{1/2}$$

mit c = Schallgeschwindigkeit,
t = Laufzeit des Beugungssignals an der Spitze,
d = Tiefenlage des Randes der Ungänze,
S = Halber Abstand zwischen den Schallaustrittspunkten der Prüfköpfe.

Die Vorlaufzeiten der Ultraschallprüfköpfe müssen berücksichtigt werden, weil die Tiefenlage sonst falsch berechnet wird.

Mehrfach-TOFD-Prüfungen können durchgeführt werden mit:

- höherer Prüffrequenz, um ein verbessertes Auflösungsvermögen, eine höhere Genauigkeit und eine kleinere tote Zone zu erreichen.
- niedrigerer Frequenz, wenn das Signal-Rausch-Verhältnis zu gering ist.
- kleinerem Einschallwinkel und damit geringerem Prüfkopfabstand, um ein verbessertes Auflösungsvermögen, eine höhere Genauigkeit bei der Größenbestimmung und eine kleinere tote Zone zu erreichen.
- unterschiedlichen Prüfkopfabständen.

Dabei kann entweder eine parallele Prüfung nach Abb. 15.21 oder eine zusätzliche nichtparallele Prüfung nach Abb. 15.22 mit unterschiedlichen Prüfkopfabständen erfolgen, so daß die seitliche Lage in y-Richtung und die Orientierung der Ungänzen besser ermittelt werden können. Wenn Lage und Tiefenlage beider Ränder einer Ungänze bekannt sind, kann ihre Orientierung aus den Achsen durch die zwei Ränder bestimmt werden. Prinzipiell genügen zwei nichtparallele Prüfungen zur genauen Bestimmung von Tiefenlage, Länge und Orientierung der Ungänzen, die gegeneinander versetzt sind. Das Prüfvolumen muss allerdings ausreichend erfasst sein.

Abb. 15.25 zeigt ein Beispiel der TOFD-Prüfung.

Mit dem RTD-Prüfsystem sind nach eigenen Angaben beim Neubau einer Erdgas-Hochdruckrohrleitung automatisiert geschweißte Rundnähte DN 1000 auf einer Länge

Abb. 15.25 Beispiel für eine TOFD-Prüfung [15.6]

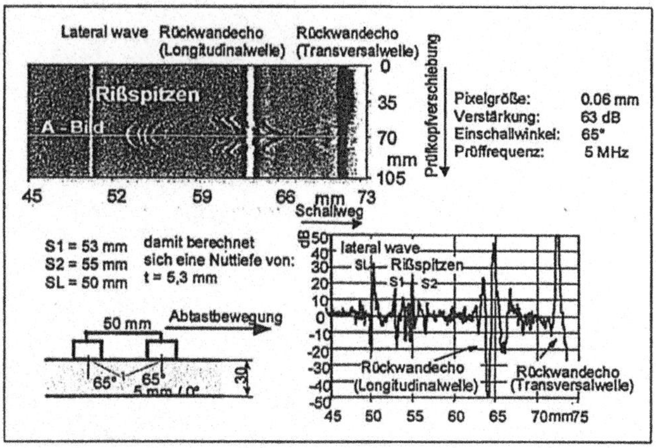

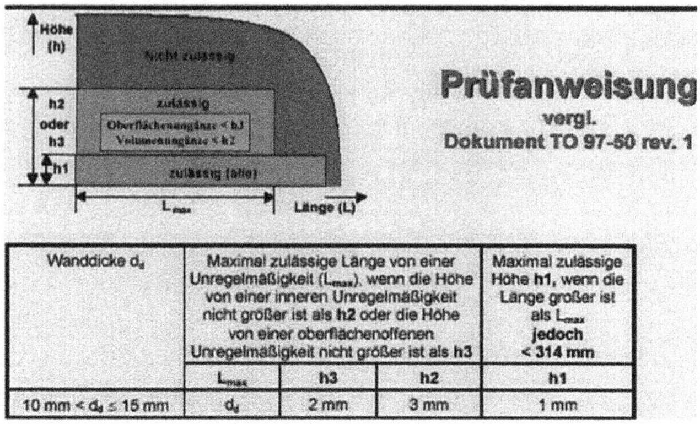

Wanddicke d_s	Maximal zulässige Länge von einer Unregelmäßigkeit (L_{max}), wenn die Höhe von einer inneren Unregelmäßigkeit nicht größer ist als **h2** oder die Höhe von einer oberflächenoffenen Unregelmäßigkeit nicht größer ist als **h3**			Maximal zulässige Höhe **h1**, wenn die Länge größer ist als L_{max} **jedoch < 314 mm**
	L_{max}	h3	h2	h1
10 mm < d_s ≤ 15 mm	d_s	2 mm	3 mm	1 mm

Abb. 15.26 Prüfanweisung zur TOFD-Prüfung von RTD [15.11]

von ca. 30 km geprüft worden [15.11]. Eine auf diese Prüfung zugeschnittene Prüfanweisung wurde erstellt und die Zulässigkeitskriterien in Anlehnung an das DGVW-Arbeitsblatt G350 und das Dokument TO 97-50 „Acceptance criteria for the TOFD inspection technique" festgelegt (Abb. 15.26).

15.2.5 Vorteile, Grenzen und Akzeptanzkriterien der TOFD-Technik

Ein wesentlicher Vorteil der TOFD-Technik gegenüber der herkömmlichen Ultraschallprüftechnik und teilweise auch der Radiographie ist die Unabhängigkeit des Fehlernachweises von der Ausrichtung der Ungänzen. Auch durch die Erfassung eines sehr großen Prüfvolumens in einem Abtastvorgang werden die Zuverlässigkeit der Prüfung und die Prüfgeschwindigkeit erhöht. In Abb. 15.27 wird die TOFD-Technik in Bezug auf die Feh-

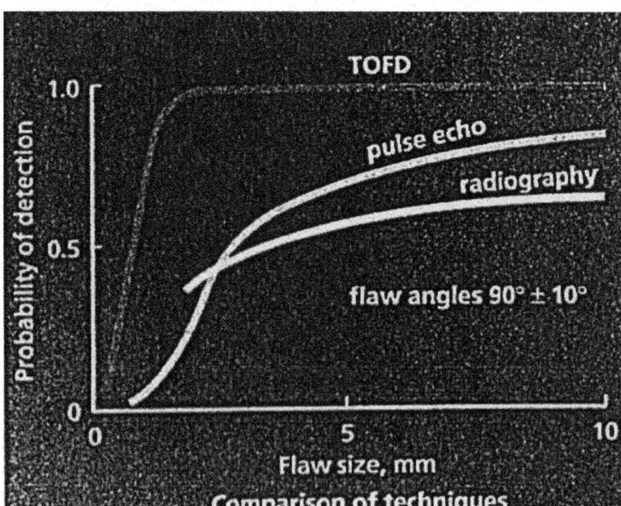

Abb. 15.27 Nachweisvermögen von ZfP-Verfahren [15.22]

lernachweisbarkeit und Fehleranzeige verglichen mit der Radiographie und der herkömmlichen Ultraschalltechnik [15.22].

In der Prüfpraxis wird die TOFD-Technik insbesondere eingesetzt für die Prüfung von Längsnähten [15.8]. Ursprünglich war sie für die Fehlergrößenbestimmung der mit anderen Ultraschallmethoden nachgewiesenen Anzeigen bestimmt [15.23], [15.24]. In der Prüfphilosophie wurde ihr sogar unterstellt, die Radiografie komplett zu ersetzen. Das ist wohl in erster Linie deshalb nicht möglich, weil bei der TOFD-Technik ein definierter Oberflächenbereich und damit Wanddicken von bis zu 10 mm nicht prüfbar sind [15.6]. Auch ist diese Technik weniger geeignet für grobkörnige Werkstoffe, wie z.B austenitischer Stahl [15.10]

Die Entwicklung geeigneter Technik und spezieller Software, z.B. für die B-Bilder, hat zu einer Reihe von TOFD-Prüfgeräten geführt (Abb. 15.28 bis 15.31), die gegenwärtig fast alle mit Phased Array-Systemen arbeiten.

Der Ersatz für die Radiografie wird vor allem durch die relativ große Prüfgeschwindigkeit der TOFD-Technik propagiert, weil der Prüfer die beiden Prüfköpfe der TOFD-Technik parallel zur Schweißnaht führen kann und nicht wie bei der herkömmlichen Technik den Prüfkopf zur Optimierung der Anzeigen ständig schwenken muss. Man sollte aber nicht vergessen, daß die Filmbewertung vielfach nicht nur ZfP-Fachleuten obliegt, sondern auch Schweißfachleuten. Festgelegte Verfahrensweisen und Bewertungskriterien sind wesentlicher Bestandteil der Prüfpraxis und deshalb auch in Normen und Regelwerken verankert.

Diese Vorgehensweise hat in der Vergangenheit dazu geführt, die Risiken eines Komponentenversagens zu minimieren. Sofern jedoch neue ZfP-Techniken entwickelt werden und Akzeptanzkriterien vorhandener bewährter ZfP-Techniken mit ihnen in Verbindung

Abb. 15.28 TOFD-Prüfgerät der Fa. Sonovation (Niederlande) [15.22]

Abb. 15.29 TOFD Phased-Array-System OmniScan Mx/1364 der Fa. R/D Tech (Panametrics) USA [15.22]

Abb. 15.30 TOFD-Prüfgerät der Fa. Harfang Microtechniques (Kanada) [15.22]

gebracht werden, entstehen Probleme. Oft bleiben dabei die Vorteile der neuen Prüfverfahren bzw. Techniken auf der Strecke. Um die vorhandenen Unsicherheiten so gering wie möglich zu halten, muß die neue Prüftechnik eindeutige Informationen über den Zustand des Prüfgegenstandes liefern. Deshalb sind in Gemeinschaftsarbeit Bewertungskriterien zu entwickeln, mit denen alle Vorteile der eingesetzten Prüftechnik genutzt werden können ohne zu unötig hohen Reparaturraten zu kommen.

Wenn man die aus einem Projekt der holländischen Qualitätsüberwachung und der ZfP-Gesellschaft KINT zusammengestellten Ergebnisse (Tabelle 15.3) für solche TOFD-Kriterien betrachtet, ist festzustellen, daß die Reparaturraten insbesondere im Wanddickenbereich über 60 mm von der konventionellen Ultraschallmethode nach oben abweichen. Die

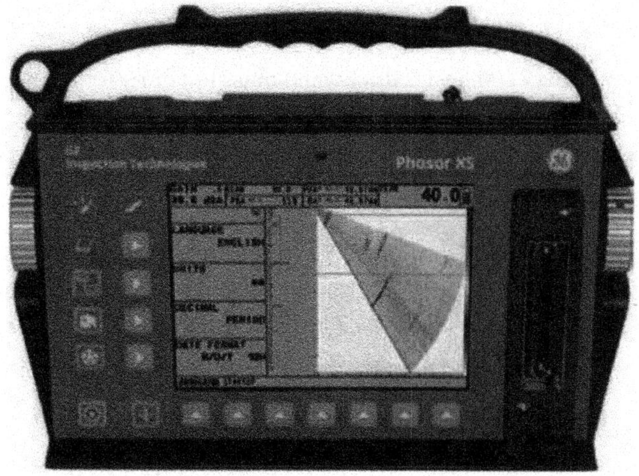

Abb. 15.31 TOFD-Prüfgerät der Fa. GE Phasor XS™ [15.22]

Begründung muß wohl hauptsächlich darin zu suchen sein, dass bei der TOFD-Technik mehr Ungänzen als Risse oder als Trennungen erkannt worden sind. Hier könnte eine Grenze des TOFD-Verfahrens liegen, daß Ungänzen, die punktförmig sind (z.B. Poren, Schlacken) manchmal schwerwiegende Ungänzen, wie Risse, vortäuschen, wenn nicht genügend Aufwand betrieben wird, um die große Anzahl mitwirkender Faktoren zu bestimmen. Das gilt im Prinzip auch für stark geneigte Ungänzen oder für Querrisse bei nichtparallelen Prüfungen, die an sich schwieriger aufzufinden und zu bewerten sind als ausgedehnte Längsrisse oder längliche Ungänzen.

Weitere Grenzen weist die TOFD-Technik dahingehend auf, dass der Nachweis im oberflächennahen sowie im Wurzelbereich nur eingeschränkt möglich ist. Man spricht von einer toten Zone (D_{ds}) in der Umgebung der Prüffläche infolge der Oberflächenwelle. Interferenzerscheinungen zwischen der Oberflächenwelle und der Ungänze können eine Anzeige verdecken. Die Tiefe der prüfflächennahen toten Zone kann berechnet werden aus [15.5]:

Tab. 15.3 Ergebnisse eines holländischen Projektes zur Erstellung von TOFD-Akzeptanzkriterien [15.6]

Wanddickenbereich	Geprüfte Schweißnahtlänge	Reparaturrate*
6 bis 15 mm	188 m	0,96
15 bis 60 mm	164 m	1,39
> 60 mm	714 m	2,12
Alle Wanddicken	997 m	1,13

* gegenüber der konventionellen Technik (1,0)

$$D_{ds} = [c^2 \times t_p^2/4 + S \times c \times t_p]^{1/2}.$$

Auch in der Nähe der Rückwand muss mit einer toten Zone gerechnet werden (D_{dw}), deren Tiefe gegeben ist durch [15.5]:

$$D_{dw} = [c^2 \times (t_w + t_p)^2/4 + S^2]^{1/2} - W.$$

Dabei sind t_w die Signallaufzeit des Rückwandechos, t_p des Ungänzenechos und W die Wanddicke. Diese toten Zonen können durch Vergrößerung des Prüfkopfabstandes oder durch den Einsatz von stark bedämpften Prüfköpfen mit kurzen Impulsen verringert werden. Schließlich sind die Grenzen der TOFD-Technik auch gegeben durch die Genauigkeit, mit der die Lage einer Ungänze bestimmt werden kann und durch das Auflösungsvermögen, mit dem dicht beieinander angeordnete Ungänzen voneinander getrennt werden können. Ein Beispiel dafür wird in [15.48] beschrieben. Danach hat die akustische Anisotropie austenitischer Plattierungen einen erheblichen Einfluss bei der Fehlergrößenbestimmung mit dem TOFD-Verfahren. Es werden dabei oft zu kleine Fehlertiefen bestimmt und man benötigt Korrekturfunktionen für exakte Ergebnisse. Die Gesamtgenauigkeit wird beeinflusst durch Fehler in der Zeitmessung, in der Schallgeschwindigkeitsbestimmung, in der Feststellung der seitlichen Lage der Ungänzen und durch ungenaue Vorgabe der Prüfkopfabstände.

15.3 Gruppenstrahlertechnik (Phased Array)

15.3.1 Prüfgerätesysteme

Das Besondere an dieser Technik besteht hauptsächlich darin, dass die Prüfköpfe nicht wie herkömmlich aus einem Schwinger, bzw. Sender und/oder Empfänger bestehen, sondern aus einer Vielzahl von Einzelstrahlern, die elektronisch individuell angesteuert werden können. Es besteht dadurch die Möglichkeit, den Einschallwinkel und die Gestalt und Lage des Schallfeldes und damit des Fokusschlauches variabel zu gestalten. Mit demselben Prüfkopf lassen sich Longitudinal-, Transversal- und Oberflächenwellen erzeugen. Nach Elementgeometrie und –anordnung sind die Phased-Array-Prüfköpfe in drei Kategorien einzuordnen (Abb. 15.32).

Ring-Arrays

Prüfköpfe dieses Typs bestehen aus ringförmig und konzentrisch angeordneten Einzelschwingern, so dass durch laufzeitmäßige Ansteuerung der Elemente ein Fokuspunkt variabel in verschiedene Tiefenlagen des Prüfgegenstandes gelegt oder zu einem möglichst langen und engen Fokusschlauch optimiert werden kann. Der Vorteil dieser Anordnung besteht in seiner symmetrischen Schalldruckverteilung zur Schallbündelachse.

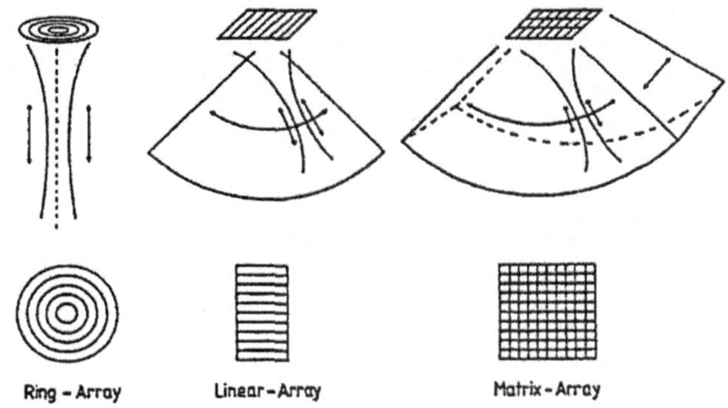

Abb. 15.32 Phased-Array-Prüfkopftypen [15.29]

Linear-Arrays

Wie der Name schon zum Ausdruck bringt, sind hier die einzelnen Schwingerelemente in einer Linie angeordnet, so dass das Schallfeld in der Ebene zwischen dieser Linie und der Oberflächennormalen geschwenkt und fokussiert werden kann. Es können sowohl Longitudinal-, Transversal- als auch Oberflächenwellen entstehen. Linear-Arrays sind die gegenwärtig am meisten eingesetzten Phased-Array-Prüfköpfe. Siemens hat diesbezüglich spezielle Composite-Schwinger-Prüfköpfe entwickelt.

Flächen-Arrays

Mit über eine Fläche verteilten Einzelschwingerelementen ist eine vollständige dreidimensionale Schallfeldsteuerung möglich.

Ein Ultraschall-Gruppenstrahler besteht aus einer linearen oder matrixartigen Anordnung (Array) von einzelnen Schwingerelementen. Jedes dieser Elemente kann einzeln angeregt werden. Durch eine definierte untereinander zeitversetzte Anregung werden im resultierenden Schallfeld die gewünschten Eigenschaften bezüglich Einschallrichtung und Fokussierung elektronisch erreicht [15.30]. Abb. 15.33 zeigt das Blockschaltbild eines Phased-Array-Systems des IZfP, das im Wesentlichen aus einer Sender/Empfänger-Einheit, einer Verzögerungseinheit, dem Mikrocomputer und der Bilddarstellung besteht. Die Mittenfrequenz kann zwischen 0,5 und 5 MHz und die Impulslänge zwischen 1 und 20 Wellenlängen variiert werden.

In den Abbildungen 15.34 und 15.35 sind zwei weitere Phased-Array-Prüfsysteme abgebildet und Abb. 15.36 zeigt ein neues französisches Phased-Array-System der Firma Karl Deutsch.

Die Abbildungen 15.37 und 15.38 zeigen einige Phased-Array-Prüfköpfe der Firma GE.

In Abb. 15.39 werden die Funktionen eines Phased-Array-Prüfkopfes wie die Änderung des Einschallwinkels und die Fokussierung des Schallfeldes wiedergegeben.

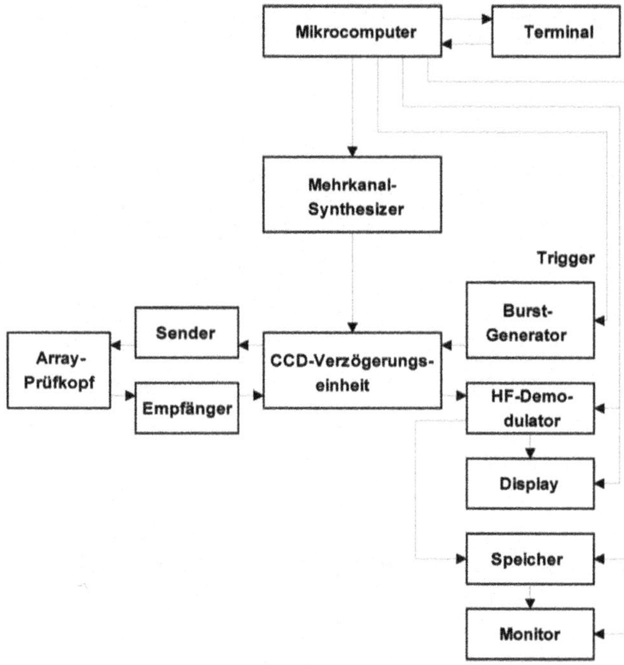

Abb. 15.33 Blockschaltbild eines Phased-Array-Systems des IZfP [15.29]

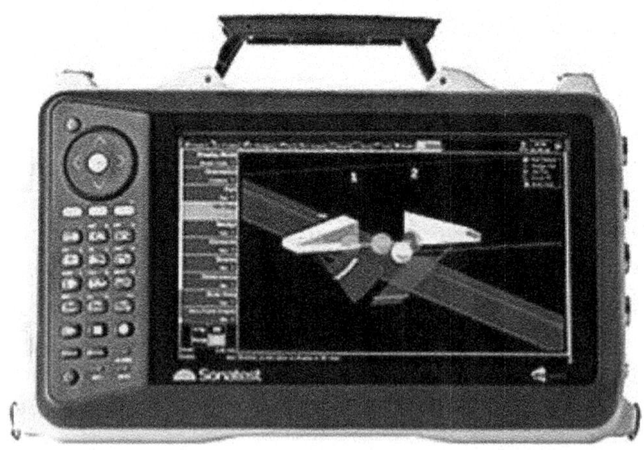

Abb. 15.34 Sonatest 16:64 Veo Phased-Array-Prüfsystem [15.31]

Mit einem Phased-Array-System entfällt das Benutzen und Umjustieren von verschiedenen Ultraschallprüfköpfen mit unterschiedlichen Einschallwinkeln, der Einschallwinkel kann beispielsweise zwischen 35° und 70° geschwenkt werden. Damit wird eine Suchfunktion für die Ungänzendetektierung realisiert, so dass anschliessend mit der Funktion Fokussierung eine Optimierung der Anzeige erreicht werden kann [15.45].

Die Darstellung der Prüfergebnisse erfolgt als Sektorscan (Abb. 15.40).

Abb. 15.35 TOPAZ-Gerät von Vogt und Zetec/CDN [15.29]

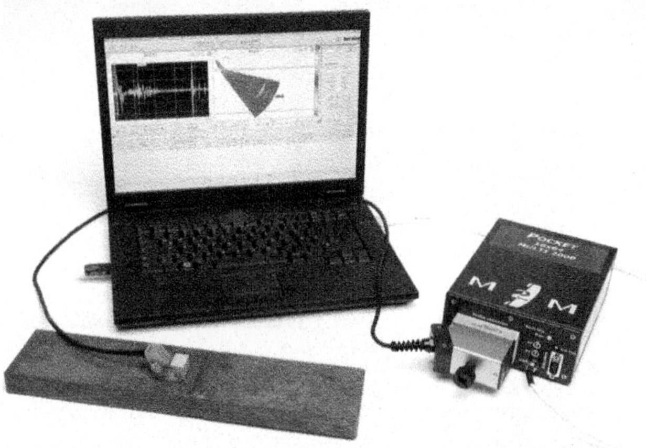

Abb. 15.36 Französisches Ultraschall Phased Array System (Fa. Karl Deutsch) [15.32]

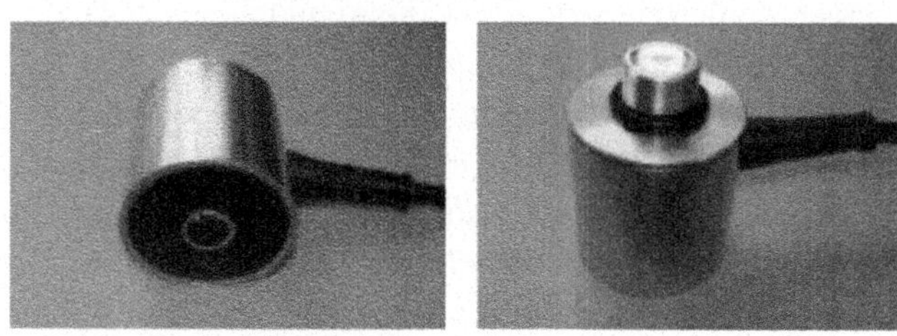

Abb. 15.37 Phased-Array-Normalprüfköpfe der Firma GE [15.33]

Abb. 15.38 Phased-Array-Winkelprüfköpfe der Firma GE [15.33]

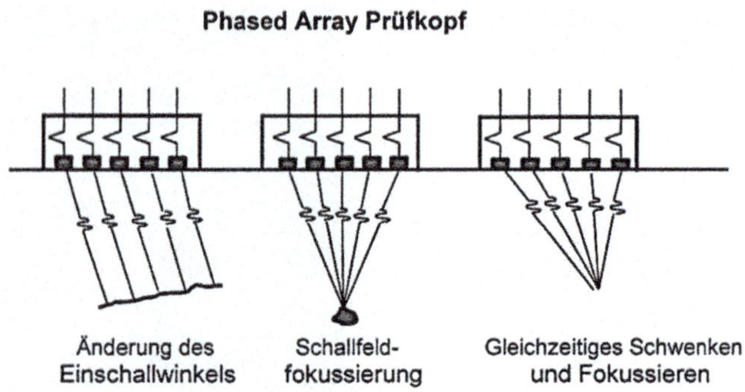

Abb. 15.39 Funktionen eines Phased-Array-Prüfkopfes [15.34]

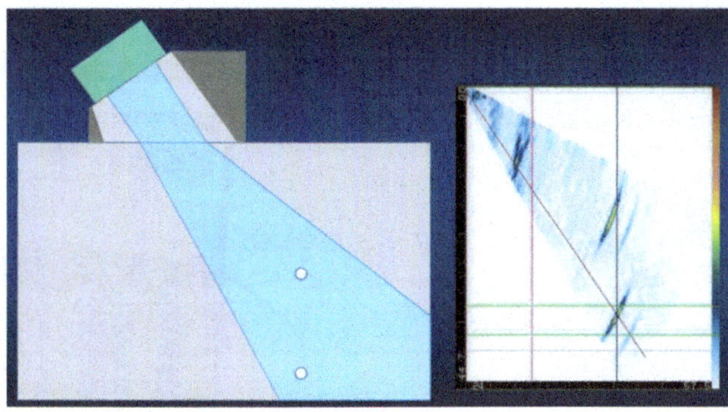

Abb. 15.40 Sektorscan eines Phased-Array-Winkelprüfkopfes [15.35]

Ein weiterer wesentlicher Vorteil der Phased-Array-Technik ist die Zeitersparnis. Durch den Wegfall der Prüfkopfwechsel, die Markierung der Anzeigepositionen und das Nachmessen werden zusätzlich, wie die Abbildungen 15.41, 15.42 und 15.43 zeigen, bis zu 20% Prüfzeiten eingespart [15.35].

Insbesondere bei Fertigungs- und Baustellenschweißungen komplizierter Art, wie T-Stößen oder Stutzennähten, musste in der Vergangenheit sehr erfahrenes Prüfpersonal die Prüfsysteme mehrfach auf andere Einschallwinkel und auch Prüffrequenzen umjustieren und die Prüfungen wiederholen, um zu einem eindeutigen Ergebnis bei Fehlerhaftigkeit der Prüfgegenstände zu kommen. Bei Verwendung geeigneter Phased-Array-Systeme können diese Tätigkeiten verbunden mit einer hohen Reproduzierbarkeit der Ergebnisse in einem Prüfdurchgang erreicht werden.

Hinsichtlich der Bewertung von Anzeigen erhebt sich die Frage, inwieweit die Phased-Array-Technik bei der AVG-Methode und dem Vergleichskörper-Verfahren anwendbar ist. Nach Ausführungen von Walte & al [15.36] gibt es diesbezüglich nur mit der AVG-Methode noch einige Probleme. Voraussetzung für ihre Anwendung sind zunächst AVG-fähige Prüfköpfe mit entsprechenden Anpassungen beispielsweise für den Einschallwinkel (Abb. 15.44) und die manuelle oder elektronische Verschiebung des Prüfkopfes (Abb. 15.45).

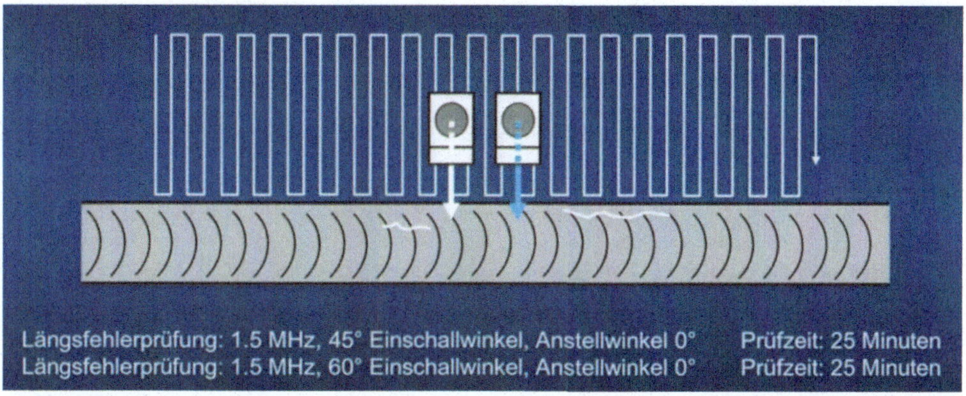

Abb. 15.41 Konventionelle automatisierte Ultraschallprüfung auf Längsfehler [15.35]

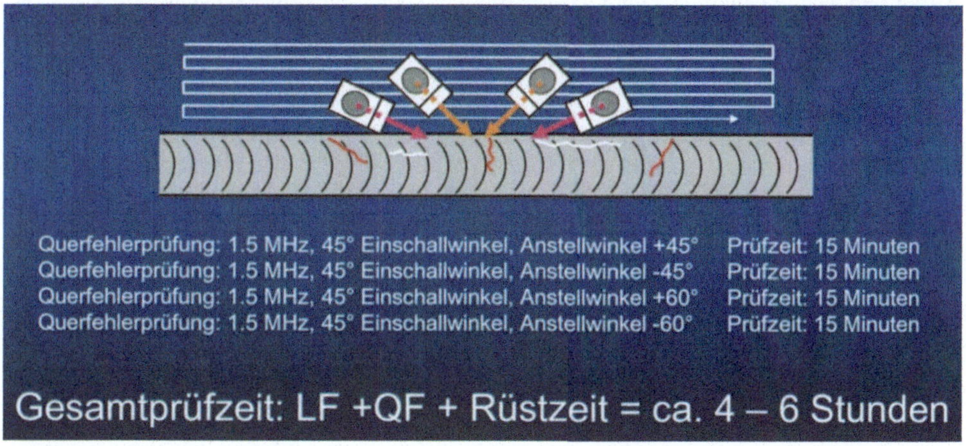

Abb. 15.42 Konventionelle automatisierte Ultraschallprüfung auf Querfehler [15.35]

Durch die Fähigkeit der Phased-Array-Prüfköpfe den Einschallwinkel zu verändern kann ein Reflektor innerhalb des Schwenkwinkelbereichs senkrecht angeschallt werden, wodurch die wahre Fehlergröße nahezu richtig angegeben werden kann. Bezogen auf eine konventionelle Prüfung mit festem Einschallwinkel sind die KSR-Werte bei Phased-Array-Prüfköpfen daher fast immer größer [15.17].

15.3.2 Anwendungen der Phased-Array-Technik

Durch die rasante Entwicklung in der Elektronik und Computertechnik ist die Phased-Array-Technik heute mobil geworden und aus der Phase der Entwicklung im Institut her-

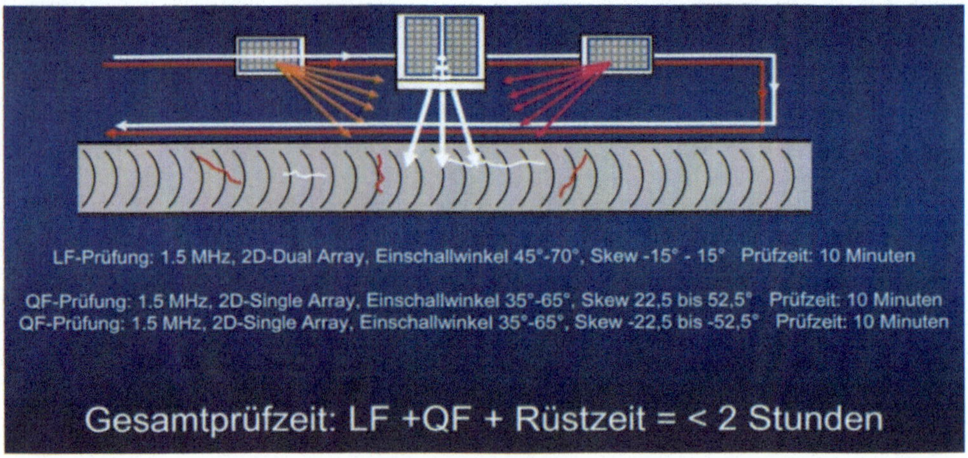

Abb. 15.43 Ultraschallprüfung mit Phased-Array-Prüfköpfen auf Längs- und Querfehler [15.35]

Abb. 15.44 Erforderliche Anpassung für den Einschallwinkel [15.36]

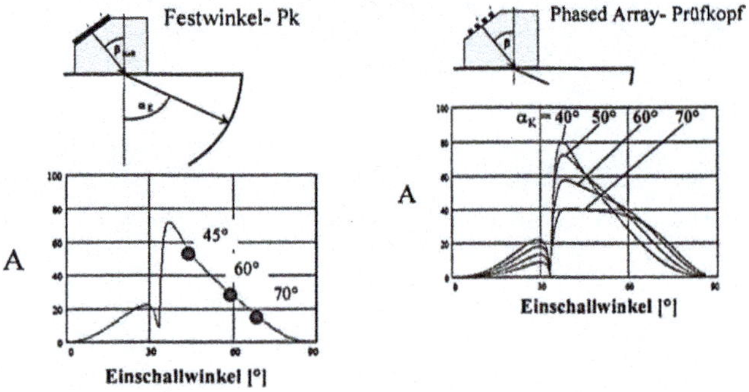

Abb. 15.45 Manuelle oder elektronische Verschiebung des Prüfkopfes [15.36]

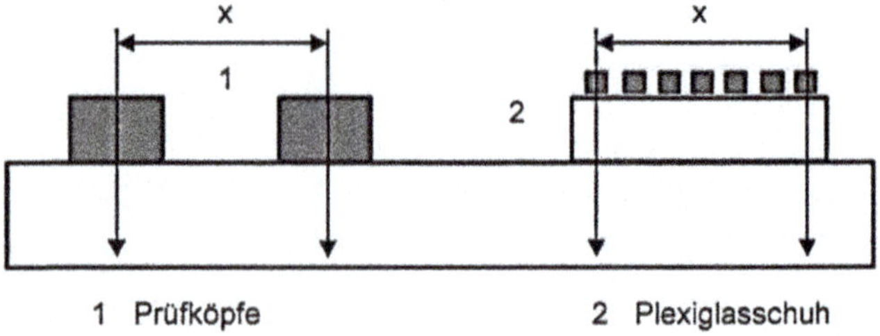

aus gewachsen. Allerdings kann man immer noch von einer Findungsphase für das Hauptanwendungsgebiet ausgehen. Während bei der TOFD-Technik die Prüfung von Längsschweißnähten das Anwendungsgebiet an sich ist, gibt es für die Phased-Array-Technik eine große Zahl von Anwendungsmöglichkeiten.

Am deutlichsten und verbreitetsten ist die Anwendung der Phased-Array-Technik gegenwärtig wohl bei der Schweißnahtprüfung von Rohren. In der ZfP werden zunehmend automatisierte Prüfanlagen eingesetzt [15.29]. Dabei haben sinkende Investitionskosten für die Ausrüstungen, verkürzte Prüfzeiten und steigende Anforderungen an die Prüfbarkeit der Komponenten den Trend zur Gruppenstrahlertechnik begünstigt.

Für spezielle komplizierte Prüfaufgaben werden spezielle Gruppenstrahlerprüfköpfe entwickelt. In der BAM sind dafür sogar Modellrechnungen geschaffen worden, auf deren Basis die speziellen Prüfköpfe danach gebaut werden. Inzwischen existieren beispielsweise in der praktischen Anwendung der Phased-Array-Technologie Gruppenstrahler für die Prüfung von nahtlosen und von geschweißten Rohren. Man ersetzt damit die herkömmlich verwendeten Prüfmolche und erzielt durch die enormen technischen Möglichkeiten eine rationellere Durchführung der verschiedenen Prüfaufgaben. So können z.B. bei nahtlosen Rohren zugleich in einem Prüfvorgang Längsfehler, Querfehler, Wanddicken- und Exzentrizitätsmessungen, Korrosion sowie Dopplungsnachweise und Innenwandverformungen untersucht werden. Der Prüfprozess beinhaltet bis zu 400 virtuelle Prüfköpfe in den einzelnen Auswertekanälen mit bis zu 1200 Prüffunktionen. Zusätzlich lassen sich die Variation der Prüfkopfbreite, die elektronische Fokussierung, Prüfkopfüberlappung u.a.m. optimieren [15.37]. Ein Sektorbild der Schweißnahtprüfung mit Phased-Array-Prüfköpfen wird in Abb. 15.46 abgebildet und Abb. 15.47 zeigt eine Prüfanlage für die Rohrprüfung [15.35].

Praktische Erfahrungen mit der Phased-Array-Technik sind an Großrohren bei der automatischen Schweißnahtprüfung von EUROPIPE [15.38] beschrieben worden. Für die Absicherung der Qualität von über 1000 km Großrohren waren ausschlaggebend

- ein schneller, störungsfreier Betrieb mit kurzen Umbauzeiten,
- eine hohe Fehlerauffindwahrscheinlichkeit,
- eine niedrige Scheinanzeigenrate und
- eine hohe Zuverlässigkeit.

Die Einstellung der Prüfempfindlichkeit der Ultraschall-Prüfanlage erfolgte mit einem typischen Testrohr mit künstlichen Testfehlern (Abb. 15.48)

Abb. 15.46 Sektorbild der Schweißnahtprüfung mit Phased-Array-Prüfköpfen [15.35]

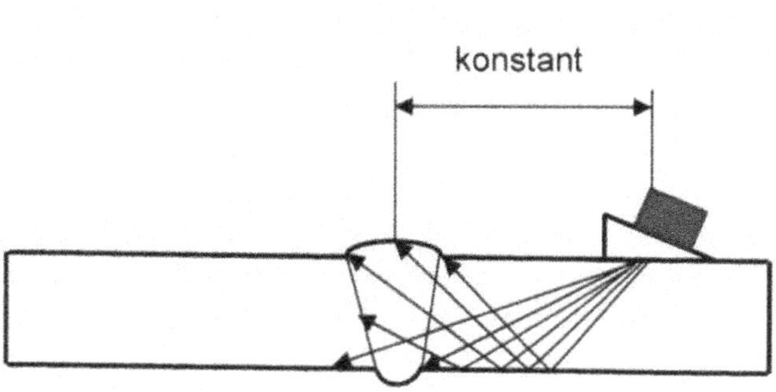

Abb. 15.47 Prüfanlage für die Rohrprüfung [15.35]

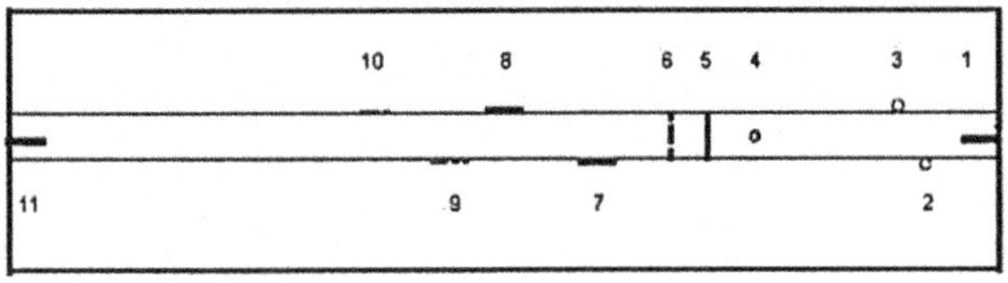

1/11 3mm Längsbohrungen 50% Wanddicke
2/3 Seitenbohrungen in der WEZ
4 Durchgangsbohrung 1,6mm
5 N5 Nuten in der WEZ

Abb. 15.48 Einstellung der Prüfempfindlichkeit mit einem typischen Testrohr [15.38]

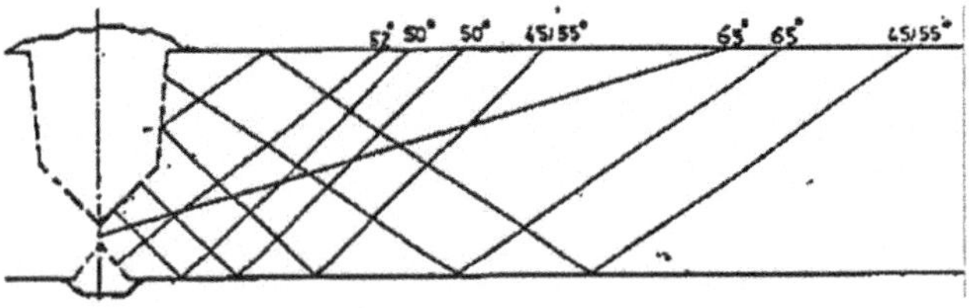

Abb. 15.49 Beispiel einer Rundnahtprüfung mit Phased-Array-Prüfsystem [15.38]

Geprüft wurden Rundnähte, wobei die Kundenspezifikation eine Fokussierung auf mehrere Tiefenzonen, die Prüfung auf Flankenbindefehler und eine zunehmende Anzahl an Referenzreflektoren erforderte (Abb. 15.49).

In Abb. 15.50 wird das gesamte Phased-Array-Prüfkopfsystem der automatischen Ultraschallanlage von EUROPIPE dargestellt.

Abb. 15.51 zeigt diese Prüfanlage, auf der Prüfgeschwindigkeiten von bis zu 42 m pro Minute erreicht und täglich bis zu 6 km Schweißnaht geprüft werden können. Das Signal/Rausch-Verhältnis war besser als 16 dB und die Scheinanzeigenrate betrug weniger als 10%.

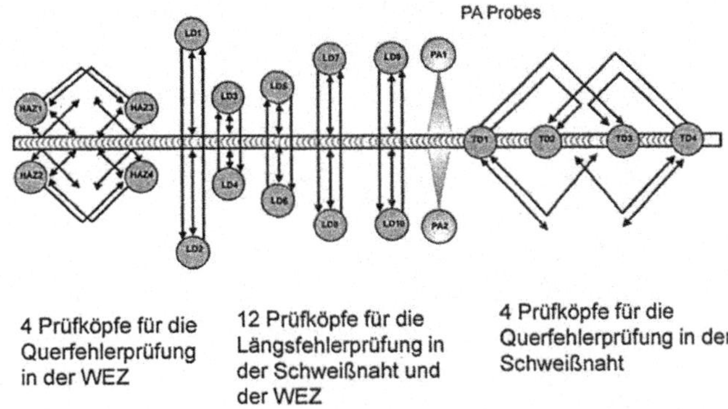

Abb. 15.50 Prüfkopfkonfiguration in der automatischen Ultraschallprüfanlage [15.38]

Abb. 15.51 Automatische Ultraschallprüfanlage [15.38]

Im November 2013 ist die Norm DIN EN ISO 13588 [15.50] herausgegeben worden, welche die Anwendung der phasengesteuerten Array-Technik bei der Ultraschallprüfung von Schmelzschweißverbindungen in metallischen Werkstoffen mit Wanddicken von mindestens 6 mm festlegt. In dieser Norm werden vier Prüfklassen A, B, C und D mit Bezug auf die Normen ISO 5817, 17635 und 17640 für unterschiedliche Nachweiswahrscheinlichkeiten von Unregelmäßigkeiten beschrieben. Die Norm legt jedoch keine Zulässigkeitsgrenzen für die Unregelmäßigkeiten fest. Sie sind bisher den Anwendern der Norm vorbehalten. Ebenso fehlt bisher auch noch eine Norm über Kalibrierkörper für die Phased-Array-Prüfung. Die bekannten Kontrollkörper nach DIN EN ISO 2400 und DIN EN ISO 7963 sind nach [15.50] zur Kalibrierung von Phased-Array-Systemen nicht geeignet.

15.3.3 Fehlerrekonstruktion und -klassifizierung

Die Fehlerrekonstruktion kann durch elektronische Sektor- oder Verbundabtastung erfolgen. Bei der Sektorabtastung wird das Schallbündel über einen breiten Sektor so geschwenkt, dass der Prüfgegenstand fächerförmig abgetastet wird. In Abb. 15.52 wird diese Art der Abtastung am Beispiel eines Stahlvergleichskörpers mit Oberflächenriss gezeigt.

Die hohe Redundanz dieses Verfahrens und das hohe Nachweisvermögen ergeben sich aus der kontinuierlichen Abtastung verbunden mit einem definierten und stets festliegenden Schalleintrittspunkt. In verschiedenen Prüfkopfpositionen wird ein Reflektor aus entsprechend vielen unterschiedlichen Richtungen angeschallt, so dass neben der großen Prüfempfindlichkeit auch eine hohe Fehlerauffindwahrscheinlichkeit gegeben ist. Bei der Verbundabtastung werden mehrere gescannte Sektorabtastbilder maßstäblich überlagert, wobei außer dem Einschallwinkel und der Echolaufzeit auch die exakte Prüfkopfposition ausgewertet wird (Abb. 15.53)

Eine Fehlerklassifizierung mittels Verbundabtastung kann über die Fehlerrichtwirkung erreicht werden. In jeder Prüfkopfposition wird eine Sektorabtastung mit dem Schallbündel durchgeführt und die maximale Echohöhe über der Prüfkopfposition aufgezeichnet (Abb. 15.54):

Am Fraunhofer Institut für zerstörungsfreie Prüfverfahren wurde eine neuartige Gruppenstrahlertechnik (Sampling Phased Array) entwickelt, die eine aussagekräftige zwei- und dreidimensionale Fehlerbildrekonstruktion auch bei hohen Prüfgeschwindigkeiten und die Prüfbarkeit von akustisch anisotropen Werkstoffen zum Ziel hatte. Diese Echtzeit-3D-Bildgebung mittels getakteter Gruppenstrahlertechnik konnte sowohl bei klassischen Prüfaufgaben (Schweißnaht- und Gussstückprüfung) als auch für neue Anwendungen an Kunststoff-Komponenten eingesetzt werden[15.44].

Von der BAM und RTD wurde ein Real-Time-Scanner entwickelt, der den Reflektornachweis der konventionellen Prüfköpfe hinsichtlich des Signal/Rausch-Abstandes erreicht und übertrifft [15.39]. Weiterhin wurde festgestellt, dass die Nachweisempfindlichkeit sehr auf Abweichungen der Prüfkopfpositionierung reagiert, so dass mit konventio-

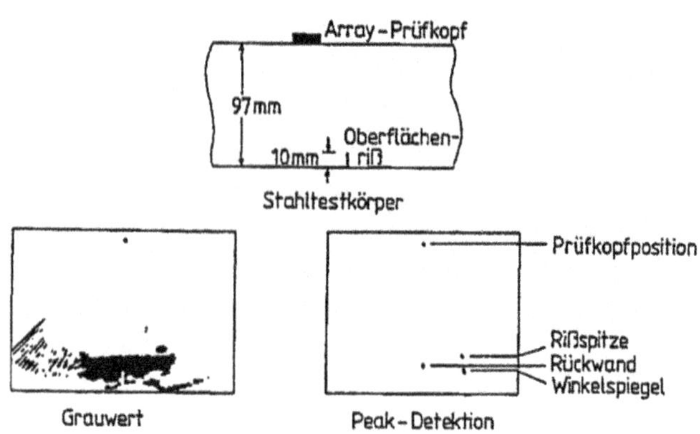

Abb. 15.52 Sektorabtastung an einem Stahlvergleichskörper mit Oberflächenriss [15.29]

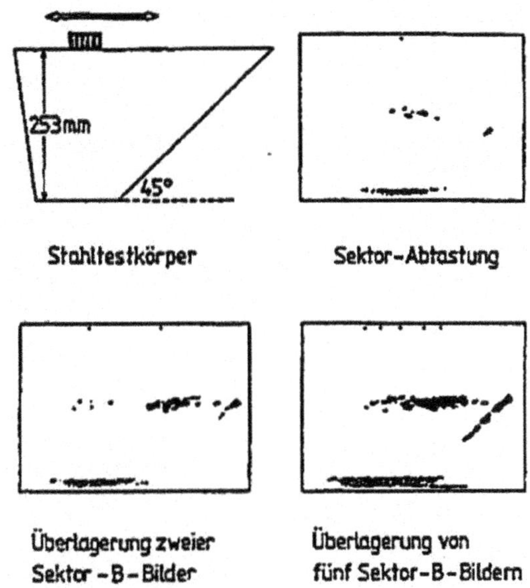

Abb. 15.53 Rekonstruktion einer Seigerungszeile mittels Verbundabtastung [15.29]

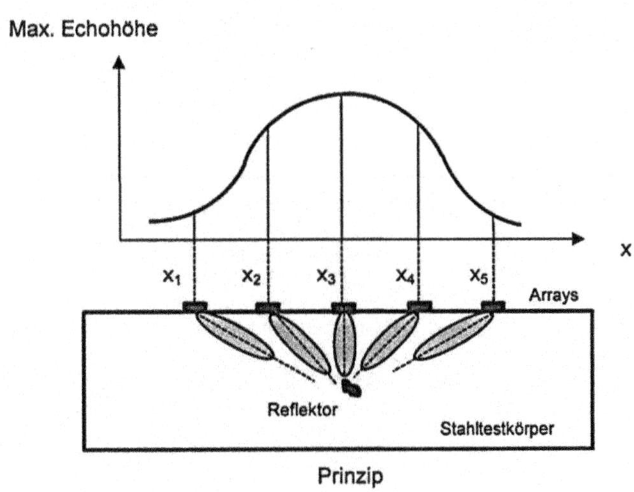

Abb. 15.54 Fehlerklassifizierung mittels Verbundabtastung [15.29]

nellen Prüfköpfen ein Signal/Rausch-Abstand von 20 dB nur erreicht werden kann, wenn jede Reflektortiefenlage optimal getroffen wird. Das bedeutet, dass mit konventionellen Prüfköpfen immer mehrere paralle Fahrspuren mit kleinem Spurversatz gefahren werden müssen, um auch kleine Fehler in der Schweißnaht nachweisen zu können. Dies kann mit dem neuen Scanner-System mit einer einzigen Messfahrt durch elektronische Maßnahmen erfasst werden.

Tab. 15.4 Vor- und Nachteile der konventionellen Ultraschallprüfung mit der Phased-Array-Technik [15.40]

Prüftechnik	Vorteile der konventionellen Prüfung:	Nachteile der Phased-Array-Technik:
Konventionelle US-Prüfung	Bewährtes Prüfverfahren, es liegen umfangreiche Erfahrungs- und Vergleichswerte auch zu schwierigen Geometrien und Materialeigenschaften vor. Erfahrene Prüfer sind vorhanden, die ohne zusätzliche Qualifizierung einsatzfähig sind. Eine Vielzahl von Normen beschreiben und regeln die verschiedenen Anwendungen und ihre Bewertung. Durch Schwenken des Prüfkopfes kann eine Echooptimierung auch an nicht optimal zum Prüfkopf liegenden Fehlern vorgenommen werden. Die Kosten für die Ausrüstung und die Ausbildung der Prüfer sind vergleichsweise gering.	Durch das mäanderförmige Abfahren der Nähte ist die Prüfzeit relativ lang. Die Fehlerdarstellung im A-Bild ist sehr abstrakt und die Auswertung bedarf eines erfahrenen Prüfers. Die Dokumentation der Prüfergebnisse ist schwierig, da keine bildgebende Darstellung vorhanden ist. Die Fehlerlagendarstellung muss aufgrund fehlender Koordinatenaufnahme manuell erfolgen. Bei der Prüfung mit mehreren Winkeln sind auch mehrere Prüfgänge erforderlich, was die Prüfzeit verlängert. Eine spätere Nachbearbeitung ist nicht möglich, da keine kontinuierliche Datenaufzeichnung erfolgt.
Phased-Array-Technik	Durch die bildgebende Darstellung und die verschiedenen Darstellungsmöglichkeiten (A-, B-, C-, L-, S-Bild) ist die Bewertung der Prüfung einfacher. Gleiches gilt für die Dokumentation. Die Prüfgeschwindigkeit ist höher durch das schnelle Abscannen einer Naht mit verschiedenen Winkeln und die Fokussierung. Die koordinatenbezogene Datenaufnahme erleichtert die Fehlerortung und eine Nachbearbeitung u. Interpretation der Fehlerbefunde ist auch später am PC möglich. Die Mechanik wird durch Elektronik ersetzt. Da die Einstellparameter in der Software abgelegt sind, können sie in kurzer Zeit aktiviert werden.	Beim Einrichten des Prüfgerätes ist ein deutlich höherer Aufwand erforderlich, woraus Handhabungsfehler entstehen können. Die in der Regel größeren Prüfköpfe können zu Ankopplungs- und Platzproblemen führen. Eine sorgfältige Prüfvorbereitung und eine exakte Prüfkopfpositionierung müssen gewährleistet sein. Es gibt noch keine Normen für die Prüfung und Bewertung und die Anforderungen an die Qualifikation der Prüfer sind höher. Die Kosten für die Prüfgeräte und Prüfköpfe und für die Qualifikation der Prüfer sind größer als bei der konventionellen Ultraschallprüfung. Ein Array-Prüfkopf ersetzt mehrere konventionelle Prüfköpfe bei gleichzeitig verbesserter Fehlererkennbarkeit.

15.3.4 Vor- und Nachteile der Phased-Array-Technik

Ein Vergleich der konventionellen Ultraschallprüfung mit der Phased-Array-Technik zeigt, dass beide sowohl Vor- als auch Nachteile aufweisen. Zur besseren Übersicht sind die Vor- und Nachteile in der Tabelle 15.4 zusammengestellt [15.40], [15.41], [15.42].

Insgesamt ergibt sich ein größerer Automatisierungsgrad der Phased-Array-Technik durch reduzierten mechanischen Prüfkopfhalterungs- und Einstellaufwand beim Umstellen auf Prüfobjekte mit anderen Dimensionen. Durch das dynamische Schwenken und Fokussieren des Schallbündels lassen sich Bereiche im Bauteil prüfen und Fehler erfassen, die mit konventioneller Prüftechnik nur schwer oder gar nicht zugänglich sind [15.41].

Abschließend sei darauf hin gewiesen, dass nachstehende Normen zur Phased-Array-Prüfung (PAUT) in Vorbereitung sind [15.49]:

- pr EN 18563-1: ZfP, Charakterisierung und Verifizierung der Ultraschall-Prüfausrüstung mit phasengesteuerten Arrays, Teil 1: Prüfgeräte;
- pr EN 18563-2: ZfP, Charakterisierung und Verifizierung der Ultraschall-Prüfausrüstung mit phasengesteuerten Arrays, Teil 2: Prüfköpfe;
- pr EN 18563-3: ZfP, Charakterisierung und Verifizierung der Ultraschall-Prüfausrüstung mit phasengesteuerten Arrays, Teil 3: Komplette Prüfsysteme.

15.4 Prüfung bei höheren Temperaturen

15.4.1 Einleitung

Die wachsenden Forderungen der Industrie nach möglichst frühzeitiger Eingliederung der Qualitätsüberwachung der Werkstücke in den technologischen Herstellungsprozess führen progressiv zur Frage nach der Übertragbarkeit des bisherigen Erkenntnisstandes bei der Ultraschallprüfung auf den Bereich der hohen Temperaturen. Die Untersuchungen mussten sich zunächst auf das Problem der Einleitung der Ultraschallwellen in das Werkstück und der Ausbreitung bzw. Fortpflanzung des Ultraschalls im Werkstück konzentrieren, ehe die Technik selbst entwickelt und zur industriellen Reife geführt werden konnte. Die durchgeführten Arbeiten stellten einen Beitrag zur Einführung der Ultraschallprüfung bei der Schmiedeblockherstellung dar und haben zu wesentlichen Energiekosteneinsparungen geführt [15.13].

15.4.2 Ultraschallankopplung

Unter Ankopplung versteht man gewöhnlich die Übertragung des Ultraschalls vom Prüfkopf zum Werkstück. Diese Definition trifft vom physikalischen Standpunkt betrachtet jedoch nur auf Kontaktverfahren mit und ohne Ankopplungsmedium zu. Die mit der Einführung der Ultraschallprüfung bei höheren Temperaturen entwickelten kontaktlosen Verfahren übertragen den Ultraschall nicht mehr vom Prüfkopf, sondern erzeugen ihn erst im Werkstück. Sie werden deshalb auch als induktive Ankopplungsverfahren bezeichnet.

Alle Kontaktverfahren haben gemeinsam, dass der zwischen Prüfkopf- und Werkstückoberfläche stets vorhandene Luftspalt, dessen Dicke von der Rauigkeit der beiden Grenzflächen abhängt, durch die Ultraschallwellen überwunden werden muss. Daraus folgt, dass die Ankopplung der Prüfköpfe an Werkstücke bei hoher Temperatur entweder über ein Ankopplungsmedium im flüssigen Zustand erfolgen muss, oder dass der Luftspalt durch entsprechenden Druckkontakt so reduziert wird, dass eine reproduzierbare Übertragung des Ultraschalls zustande kommt.

Ein Problem für die Ultraschallprüfung bei höheren Temperaturen ergibt sich aus dem konstruktiven Aufbau der Prüfköpfe. So sind die Eigenschaften der meisten keramischen Piezoschwinger nur in einem engen Temperaturbereich hinreichend stabil. Weil die Temperatur des zu untersuchenden Werkstücks oft über der Curie-Temperatur des Schwingerwerkstoffes liegt (120 bis 570 °C), müssen Maßnahmen getroffen werden, die das Überhitzen der Piezoschwinger vermeiden. Es muss entweder eine Pufferzone zur Aufnahme des Temperaturgradienten vom Werkstück zum Prüfkopf geschaffen werden oder die Oberfläche des Werkstückes selbst muss derart abgekühlt werden, dass der Temperaturgradient zu klein wird, um dem Prüfkopf zu schaden. Selbst wenn die Temperatur des Werkstückes kleiner als die Curie-Temperatur des Schwingerwerkstoffes ist, kann der Prüfkopf unbrauchbar werden. Die meisten Prüfköpfe vertragen zwar niedrige Temperaturen bis etwa –20 °C, wegen der Klebverbindung zwischen Schwinger und Dämpfungskörper aber meist keine höhere als + 80°C. Mit zunehmender Temperaturbeanspruchung löst sich diese Klebverbindung, der Schwinger beginnt nachzuschwingen und die Dämpfungsmasse wird schallundurchlässiger. In Abb. 15.55 sind die verschiedenen Verfahren zur Ankopplung von Ultraschallwellen an Werkstücke bei höheren Temperaturen zusammengefasst.

15.4.2.1 Kontaktlose Verfahren

15.4.2.1.1 Magnetostriktive Verfahren

Ferromagnetische Stoffe verändern unter dem Einfluss eines magnetischen Feldes ihre Dimensionen. Man bezeichnet diesen Effekt als Magnetostriktion. Nach diesem Prinzip kann Ultraschall einerseits in entsprechenden Wandlersystemen erzeugt und anschließend mit einem Ankopplungsmedium in das Werkstück übertragen werden, andererseits ist es aber bei ferromagnetischen Werkstoffen möglich, den Ultraschall durch diesen Effekt direkt im Werkstück zu erzeugen. Dies geschieht durch Ausnutzung des Skin- oder Hauteffektes nur in den Grenzflächen des Prüflings. So beträgt die Eindringtiefe eines Magnetfeldes bei 1 MHz nur wenige Zehntel Millimeter.

Für den Empfang der Schallenergie aus dem Werkstück wird der magnetoelastische Effekt benutzt. Dieser Vorgang hat in ferromagnetischem Material magnetische Leitwertänderungen zur Folge, wenn mechanische Spannungen (Ultraschallwellen) in den Grenzflächen des Werkstückes wirksam werden. Diese Änderungen der magnetischen Permeabi-

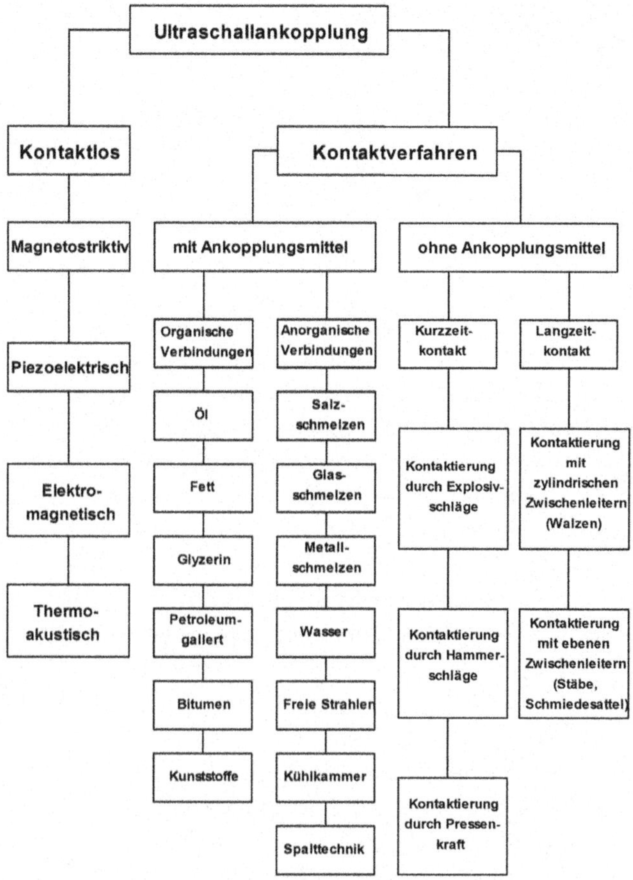

Abb. 15.55 Ankopplungsverfahren bei höheren Temperaturen [15.13]

lität werden induktiv vom Prüfling abgenommen und nach entsprechender Verstärkung auf dem Bildschirm zur Anzeige gebracht.

Die Erzeugung und der Empfang der Ultraschallwellen erfolgen mit Magnetspulen, die so ausgelegt sind, dass ihre Magnetfelder den wellenmechanischen Bedingungen der gewünschten Wellenart, -richtung und -bündelung entsprechen. Durch Einhaltung der Schwingverhältnisse an den Grenzflächen für die verschiedenen Wellenarten lassen sich Longitudinal-, Transversal- und Oberflächenwellen unter den erforderlichen Einschallwinkeln im Material erzeugen. Allerdings unterscheidet sich dieses Verfahren von den bekannten Verfahren, da sich nur symmetrische Schallschwingverhältnisse an den Grenzflächen erregen lassen und somit bei allen Einschallwinkeln, außer bei 90° zur Grenzfläche, immer zwei Schallstrahlen spiegelbildlich im Prüfling vorhanden sind (Abb. 15.56).

Das Verfahren ist in der Lage, Längs- und Querfehler in Drähten, Stäben und Rohren aufzudecken. Beispielsweise werden Drähte von 2 bis 7 mm Durchmesser kontinuierlich mit Prüfgeschwindigkeiten bis zu 10 m/s geprüft. Begrenzt wird die Anwendung bei höheren Temperaturen dadurch, dass die magnetostriktive Ultraschallerzeugung nur bei fer-

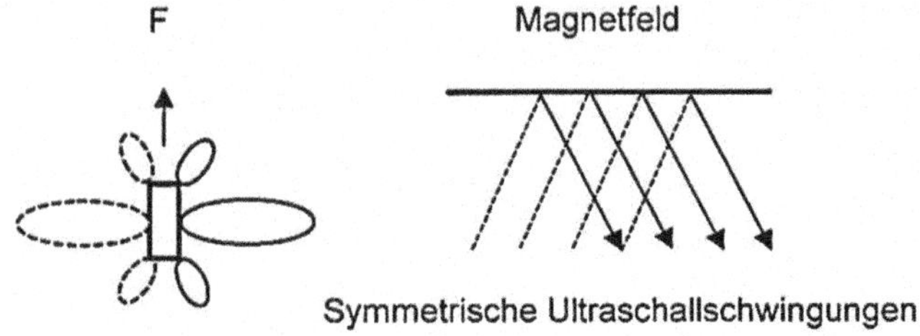

Abb. 15.56 Magnetostriktive Ultraschallanregung [15.13]

romagnetischen Werkstoffen und nur bis unterhalb des magnetischen Umwandlungspunktes möglich ist. Es gibt auch insofern technische Schwierigkeiten, dass bei diesen Wandlern im Vergleich zu berührenden piezoelektrischen Wandlern jeweils nur ein sehr kleiner Bruchteil der Signalleistung von der elektrischen in die akustische Form und umgekehrt umgewandelt wird und dadurch das Verhältnis Signalleistung zur Rauschleistung schlechter wird. Das ist auch ein Grund dafür, dass das Verfahren auf relativ kleine Querschnittabmessungen beschränkt bleibt.

15.4.2.1.2 Piezoelektrische Verfahren

Obwohl der Ultraschall bei hohen Frequenzen im MHz-Bereich bereits an sehr geringen Luftspalten reflektiert wird, kann er bei niedrigen Frequenzen im kHz-Bereich durchaus Luftspalten von einigen Zentimetern durchdringen. Entscheidend für die Durchdringungsfähigkeit der Luft sind neben der Frequenz die Leistung, mit der der Ultraschall abgegeben wird und die Anpassung des Schwingungssystems Wandler-Luft-Werkstück-Luft-Wandler. Zakljukovskij und Karcev wiesen theoretisch und experimentell nach, dass die kontaktlose piezoelektrische Ultraschallerzeugung möglich ist, wenn Anpassungselemente in die Konstruktion der Prüfköpfe aufgenommen werden, beispielsweise in Form von planparallelen Schichten mit Viertelwellendicke [15.51]. Das gesamte Gerätesystem zeigt Abb. 15.57. Zur Erhöhung der Effektivität der Funktion von Sender und Empfänger ist es erforderlich, die Schallkennimpedanzen des Gesamtsystems anzupassen und die Verluste in der Piezoschicht selbst zu berücksichtigen. Die experimentelle Überprüfung dieser Ultraschallerzeugung durch die sowjetischen Forscher ergab, dass die Verwendung von Piezoschichten mit Halbwellendicke und von planparallelen Anpassungsschichten aus Schaumplast mit Viertelwellendicke zu einer Erhöhung des Wirkungsgrades der Prüfköpfe um den Faktor 100 bis 200 führen.

15.4.2.1.3 Elektromagnetische Verfahren

Während für die magnetostriktive Ultraschallerzeugung ferromagnetische Werkstoffe Voraussetzung sind, erfordern elektromagnetische Anregungsverfahren nur elektrisch leitfähiges Material. Das elektromagnetische Schallerzeugungsprinzip ist auch unter den Bezeichnungen EMA, EMUST oder als magnetinduktives Ultraschallverfahren bzw. Verfahren mit elektrodynamischen Wandlern bekannt geworden. Das EMA – Arbeitsprinzip wird in Abb. 15.58 dargestellt.

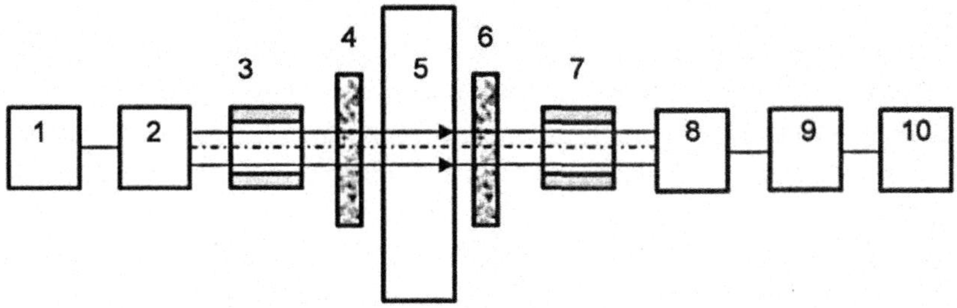

1	Generator	2	Sender	3 und 7	Wellenleiter	5	Werkstück	4 und 6	Schirm
		8	Sender	9	Verstärker	10	Registriereinrichtung		

Abb. 15.57 Prüfsystem zur kontaktlosen piezoelektrischen Ultraschallerzeugung [15.13]

Eine flache Erregerspule mit hochfrequentem Wechselfeld erzeugt in der Oberfläche des elektrisch leitfähigen Werkstückes Wirbelströme. Durch ein gleichzeitig mittels Elektro- bzw. Dauermagnet aufgebrachtes magnetisches Gleichfeld von beträchtlicher Feldstärke werden Lorentz-Kräfte auf die bewegten Ladungen der Wirbelströme ausgeübt, die auf die Oberflächenvolumenelemente des Werkstückes übertragen zur Erzeugung von Ultraschallwellen führen. Die Vektoren der Stromrichtung J, des Magnetfeldes H und der Lorentzkraft F zeigen an, welche Wellenarten entstehen. Nach der bekannten „Drei-Finger-Regel" ist die durch Bewegung von elektrischen Ladungen im Magnetfeld erzeugte Lorentzkraft proportional zum Vektorprodukt von Stromrichtung und Magnetfeld. Bei der Longitudinalwellenerzeugung verlaufen die magnetischen Feldlinien parallel zur Werkstückoberfläche und folglich die Richtung der resultierenden Kraft F und damit die Schwingungsrichtung senkrecht zur Oberfläche. In analoger Weise muss bei der Transversalwellenerzeugung die Schwingungsrichtung parallel zur Werkstückoberfläche sein, da die Feldlinien senkrecht zur Oberfläche verlaufen. Die gleichen Wirkprinzipien gelten

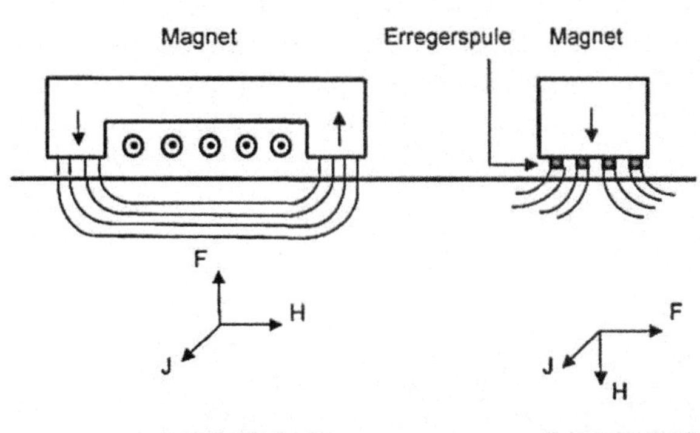

J	Stromrichtung	H	Magnetfeld	F	Lorentzkraft

Abb. 15.58 Elektromagnetische Ultraschallanregung [15.13], [15.46]

auch für den Empfang der Ultraschallwellen. Sobald die Ultraschallschwingungen an die Oberflächengrenzschicht gelangen und dort die Volumenelemente unter der Wirkung der Lorentzkräfte im Magnetfeld zur Bewegung bringen, werden entsprechende Wirbelströme erzeugt, die wiederum in der Erregerspule eine proportionale Spannung induzieren.

Man erkennt, dass die Eigenschaften des erzeugten Schallfeldes vom Magnetfeld und insbesondere durch die HF-Erreger-Flachspule beeinflusst werden. Durch elektronische Steuerung kann die Prüffrequenz periodisch um den Faktor 2 bis 3 verändert werden, so dass sich neue Möglichkeiten zur Gefügeprüfung von Werkstücken ergeben.

Obwohl ein relativ geringer Abstand zwischen Prüfkopf- und Werkstückoberfläche eingehalten werden muss, ist die Empfindlichkeit solcher Prüfköpfe wesentlich geringer als bei piezoelektrischen Prüfköpfen. Nach Angaben von Zaklukovskij und Karzow [15.51] liegt sie etwa zwei Größenordnungen darunter. Die empfangene Signalstärke ist etwa 40 dB niedriger bei gleicher Eingangsleistung.

Dieser Verlust kann zwar durch das Einstellen entsprechend hoher Magnetfeldstärken und kräftiger Hochfrequenzimpulse ausgeglichen werden, wirkt sich jedoch entscheidend auf die Nahauflösung aus. Während bei Prüfköpfen zur Wanddickenmessung an Rohrleitungen und Behältern mit einer Sendeimpuls-Einflusszone von ca. 5 mm Stahl gerechnet werden muss, können bei deren Einsatz zur Stabstahlprüfung sogar 20% des Stabquerschnittes in der Sendeimpulseinflusszone liegen.

Der Wirkungsgrad des Sende- und Empfangsvorganges hängt in entscheidendem Maße auch von der Temperatur und den magnetischen Eigenschaften des zu untersuchenden Werkstoffes ab. Die Anwendung von Transversalwellen ist durch die Schallschwächung auf Temperaturen bis ca. 700°C beschränkt. Transversalwellen sind auch in nichtmagnetischem, elektrisch leitendem Material schwierig zu erzeugen. Longitudinalwellen können dagegen nur mit geringem Wirkungsgrad in magnetischem Material bis 600°C erzeugt werden. Es gelingt praktisch nicht, ohne gleichzeitige und oftmals viel stärkere Transversalwellen anzuregen, die dann die Auswertung der Echogramme schwierig machen. Longitudinalwellen werden aber im Temperaturbereich von 750 bis 800°C wesentlich stärker angeregt. Man bezeichnet diesen Temperaturbereich als Anreicherungszone und glaubt, dass sich die Oberfläche abgekühlt hat, während die inneren Querschnittsbereiche noch wärmer sind. Durch diese Kanalwirkung des Magnetfeldes werden die Kraftlinien vom Gleichstrommagnet sehr wirkungsvoll in der Oberflächengrenzschicht konzentriert und die Sende- bzw. Empfangsleistung verstärkt.

Die Anwendung der EMA-Prüfköpfe bei höheren Temperaturen und die relativ großen Magnetisierungsströme erfordern die Einrichtung einer Kühlung oder eines Hitzeschutzes. Am aussichtsreichsten erscheint gegenwärtig der Einsatz von EMA – Prüfköpfen zur Wanddickenmessung, zur Grobblechprüfung und zur Prüfung von Rundstahl bis ca. 200 mm Durchmesser bei Temperaturen bis 700°C.

15.4.2.1.4 Thermoakustische Verfahren

Dieses Verfahren nutzt die Vorteile der Laserstrahlung aus. Die Werkstückoberfläche wird mit einem monochromatischen kohärenten Laserlichtstrahl bestrahlt. Dadurch entsteht eine lokale impulsartige Erwärmung, die eine Ultraschallwelle auslöst. Zum Empfang der Ultraschallimpulse werden optische interferometrische Verfahren benutzt, die die Auslenkbewegung der Oberfläche messen, welche durch die Ultraschallimpulse verursacht wird.

Die weitere Zukunft dieses Verfahrens hängt u.a. davon ab, inwieweit es gelingt, die Ultraschallanregung und den –empfang mittels Hochleistungslaser nicht nur an sehr glatten, sondern auch an den praxisüblichen Werkstückoberflächen zu gewährleisten. Damit könnte ein Prüfverfahren angeboten werden, das nicht nur tatsächlich berührungslos arbeitet, sondern die Prüfung über Entfernungen von einem oder mehreren Metern ermöglicht.

15.4.2.2 Ultraschallankopplung im Kontaktverfahren mit Ankopplungsmitteln

Man unterscheidet organische und anorganische Ankopplungsmittel. Die Tabelle 15.5 zeigt eine Zusammenstellung von organischen Ankopplungsmitteln und ihres Temperatureinsatzbereiches. Es handelt sich hauptsächlich um Öle und Plaste. Der obere Temperatureinsatzbereich der Öle ist von ihrer Dampfbildungstemperatur begrenzt. Tabelle 15.5 fasst organische Ankopplungsmittel und ihre Temperatureinsatzbereiche zusammen.

Als anorganische Ankopplungsmittel werden sowohl Schmelzen mit hohem Siedepunkt als auch Wasser mit niedrigem Siedepunkt angewendet. Es war nahe liegend, Schmelzen von Salzen, Glas oder Metall zur Ankopplung an heiße Metalloberflächen zu benutzen, denn die Oberflächentemperaturen von Walzgut liegen zwischen der Schmelz- und der Dampfbildungstemperatur dieser Stoffe. Darauf beruht auch der Vorteil dieser Ankopplungsmittel, die die Werkstückoberfläche nicht wesentlich abkühlen und somit auch nicht zur Oberflächenrissbildung beitragen. Andererseits können diese Ankopplungsmittel auch nicht unmittelbar mit dem Prüfkopf in Kontakt gebracht werden, da einerseits der Temperaturgradient zwischen Werkstück- und Prüfkopfoberfläche zu groß ist und andererseits der Prüfkopf zersetzt würde. Deshalb sind Schmelzen als Ankopplungsmittel für Werkstücke mit hoher Temperatur an die Benutzung von Zwischenleitersystemen gebunden.

Schon aus wirtschaftlichen Gründen wird Wasser zur Prüfung von Werkstücken bei hohen Temperaturen als Ankopplungsmittel gewählt. Weil es billig und zudem in Produktionsanlagen stets vorhanden ist, werden vor allem automatische Prüfeinrichtungen bevorzugt mit Wasserankopplung betrieben. Da Wasser einen sehr niedrigen Siedepunkt besitzt, muss es gleichzeitig eine Kühl- und eine Ankopplungsfunktion gewährleisten. Die Kühlfunktion besteht in der Herabsetzung der Oberflächentemperatur des Werkstückes auf eine Grenztemperatur, bei der eine Ultraschallübertragung möglich wird. Damit wird der Temperaturgradient zwischen Werkstück- und Prüfkopfoberfläche in das Werkstück gebracht. Die Ankopplungsfunktion ist nach Eintreten der Kühlfunktion durch die Herstellung eines dauerhaften störungsfreien akustischen Kontaktes gegeben.

Der Vorgang der Ankopplung lässt sich folgendermaßen beschreiben: Hat die Werkstückoberfläche eine Temperatur, die größer als die Grenztemperatur ist, so bildet sich eine

Tab. 15.5 Organische Ankopplungsmittel und Temperatureinsatzbereich [15.2]

Ankopplungsmittel	Einsatzbereich in °C	
	von	bis
Leichte Schmieröle		100
Polyäthylen	150	315
Nylon		315
Araldit		300
Heißdampfzylinderöl		300
Polyester-Gießharz (Mylar)	200	350
Glyzeringallerte	250	350
Silikonfette		500
Polysiloxan-Elastomere		538
Silikonöl (Shell-Nassa)		550
Polysulfon-Gießharz	400	600
Bitumen		600
Silikon-Hochvakuumfett		600

zusammenhängende Dampfschicht, die den Ultraschall fast vollständig reflektiert, weil die Schallkennimpedanzen von festen und gasförmigen Stoffen sich um den Faktor 10^5 unterscheiden. Beim weiteren Abkühlen wird die Grenztemperatur unterschritten. Dabei wird die Dampfschicht aufgelöst und für den Ultraschall durchlässig. Es bildet sich ein Gemisch aus Dampfblasen und Flüssigkeitströpfchen in einer konzentrischen Zone, um die Ankopplungsstelle, deren Radius durch die folgende Abkühlung immer größer wird. Am Bildschirm des Ultraschallgerätes wird ein Rückwandecho des Werkstückes sichtbar, dessen Amplitude zunimmt. Erreicht die Oberfläche bei fortgesetzter Abkühlung eine Temperatur, die unter der Siedetemperatur liegt, bricht die Dampfbildung vollständig zusammen, es bildet sich ein zusammenhängender Wasserfilm und der akustische Kontakt vom Prüfkopf zum Werkstück ist dauerhaft hergestellt. Der Ultraschall wird fast vollständig durchgelassen, da sich die Schallkennimpedanzen von Wasser und Stahl nur um den Faktor 10 unterscheiden.

Die Realisierung der Kühl- und Ankopplungsfunktion erfolgt in der Prüfpraxis durch Ankopplung mit der Spalttechnik (Abb. 7.6), mit Wasserkühlkammern (Abb. 7.7) und über freie Wasserstrahlen (Abb. 7.8). Während die Ankopplung über freie Wasserstrahlen nur in Durchschallungstechnik möglich ist, bestimmt bei der Wasserkühlkammer die Länge der Wasservorlaufstrecke die zu prüfende Dicke des Werkstückes auf der Grundlage des Verhältnisses der Schallgeschwindigkeiten. Die Prüfung großer Werkstücke bei hohen Temperaturen lässt sich nur gewährleisten, wenn die Vorlaufstrecke entweder vergrößert, gewissermaßen den Abmessungen der Werkstücke angepasst oder bis auf einen engen Spalt reduziert wird. Da die Verlängerung der Wasservorlaufstrecke in einer Kühlkammer zu unvertretbar großen Abmaßen der Ankopplungsvorrichtung führen würde, ist die Anwendung der Spalttechnik zweckmäßiger, weil es der bekannten Kontakttechnik bei Raumtemperatur sehr nahe kommt und dabei gleichzeitig noch den Vorteil eines geringeren Prüfkopfverschleißes besonders bei guss-, walz- oder schmiederohen Oberflächen bietet.

Wichtiges Merkmal dieser Technik ist die Erzeugung eines der Spalthöhe entsprechenden zusammenhängenden Wasserfilms zum Schutz des Prüfkopfes und zur Übertragung der Ultraschallwellen in das Werkstück. Man erreicht dieses Ziel, indem der Prüfkopf in einer Halterung mit Wasserzuführungskanälen aufgenommen wird, welche das Wasser unter Druck im Gegensatz zur Kühlkammer direkt in den Spalt zwischen Prüfkopf- und Werkstückoberfläche ableiten. Die Spalthöhe bestimmt in entscheidendem Maße die störungsfreie Ultraschallübertragung, weil zwischen Werkstück- und Prüfkopfoberflächen Mehrfachreflexionen stattfinden, die das Echobild beträchtlich stören können. Eine Spalthöhe von 0,1 mm bringt bereits eine viel geringere Empfindlichkeit als der direkte Kontakt, weil sie einer Viertelwellenlängenschicht in Wasser bei 4 MHz entspricht und durch Zickzackreflexion eine Wegdifferenz von einer halben Wellenlänge bewirkt, die zur auslöschenden Interferenz führt. Daraus folgt, dass die Spalthöhe der Prüffrequenz angepasst werden müsste. Um diese Forderung umzusetzen, wurden Versuche mit einem modifizierten Interferometer durchgeführt [15.2]. Abb. 15.59 zeigt die Ergebnisse. Man erkennt, dass die optimale Wasserspalthöhe grundsätzlich frequenzabhängig ist und mit wachsender Prüffrequenz zunimmt.

Das erklärt sich aus der zunehmenden Zahl von Schalldurchlässigkeitsmaxima bei steigender Prüffrequenz. Die relativ starke Beeinflussung der Sendeimpulseinflusszone durch die Störechos aus der Spaltzone bedeutet, dass die Tiefenerkennbarkeit von kleinen Ungänzen mit wachsender Spalthöhe abnimmt. Je niedriger die Prüffrequenz ist, desto aufgelöster sind der Sendeimpuls und die anderen Echos, so dass auch dadurch die Zahl der

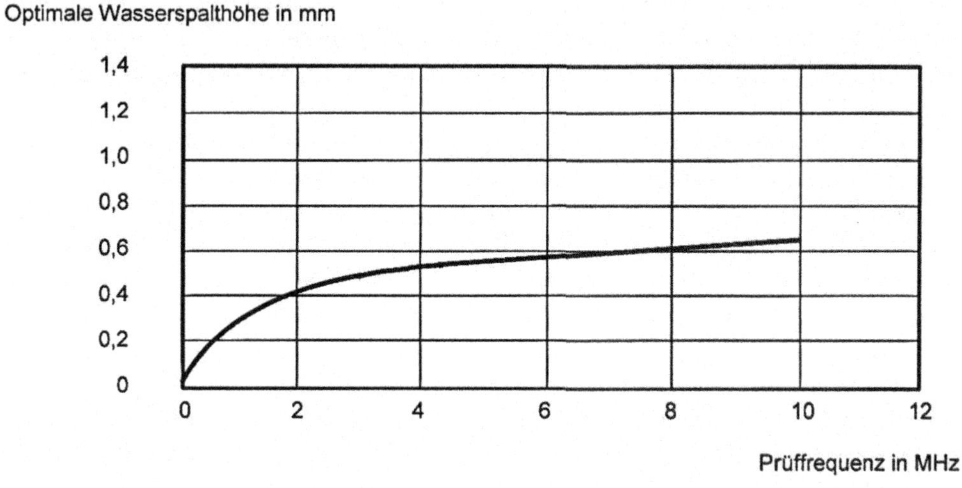

Abb. 15.59 Abhängigkeit der optimalen Wasserspalthöhe von der Prüffrequenz [15.2]

Interferenzen, die durch Überlagerung von Hochfrequenzknoten an den Impulsen gekennzeichnet sind, zunimmt. Die Untersuchungsergebnisse belegen aber auch, dass sogar Prüfköpfe aus einer Bauserie ungleichmäßig bedämpft sind und folglich eine unterschiedliche Spalthöheneinstellung erfordern.

15.4.2.3 Ultraschallankopplung im Kontaktverfahren ohne Ankopplungsmittel

Die Ausschaltung des die Schallübertragung behindernden Gasspaltes zwischen Prüfkopf und Werkstück kann auch ohne Ankopplungsmittel durch die Anwendung von Druck erfolgen. Damit werden gleichzeitig die meisten der mit den Ankopplungsmitteln verbundenen Probleme, wie die Anbringung von Vorrichtungen zur Abkühlung des Werkstückes, die Werkstoffgefährdung durch Risse und Korrosion, die Notwendigkeit der Entfernung der Ankopplungsmittel nach dem Prüfen u.a., umgangen. Die Druckkontaktverfahren übertragen den Ultraschall entweder durch geeignete Vorrichtungen kurzzeitig in das Werkstück oder erzeugen ihn dort selbst. Die Art der Druckerzeugung und die Zeit der Druckeinwirkung unterscheiden die Methoden der Druckkontaktierung in Kurzzeit- und Langzeitdruckkontaktverfahren. Bei der Kurzzeitkontaktierung wird nur über Bruchteile von Sekunden angekoppelt. Diese kurzen Berührungszeiten sind auf Grund der hohen Ultraschallgeschwindigkeit theoretisch völlig ausreichend, um einen Impuls in das Werkstück zu übertragen und ihn nach Reflexion wieder zu empfangen. Beispielsweise kann ein Ultraschallimpuls in Stahl in einer Zehntelsekunde bei Raumtemperatur rund 300 m zurücklegen, wenn die entfernungsabhängige und die materialbedingte Schallschwächung vernachlässigt werden.

Die kurzzeitige Übertragung der Ultraschallimpulse erfordert andererseits aber auch besondere Mittel zur Registrierung und Aufzeichnung der empfangenen Signale, wie z.B Spezialkameras, Speicheroszillographen oder spezielle Verstärkereinheiten für die relativ kleinen Empfangsamplituden. Ein großer Vorteil dieser Verfahren besteht darin, dass sie keinerlei Kühlung erfordern. Demzufolge entsteht auch kein Temperaturgradient zwischen Werkstück und Prüfkopf, so dass die Messungen bei hohen Werkstücktemperaturen unverfälscht bleiben.

Langzeitdruckkontaktverfahren mit Ankopplungszeiten über eine Sekunde erfordern dagegen auf jeden Fall Kühlvorrichtungen. Je höher die Werkstücktemperatur ist, desto besser müssen die Prüfköpfe vor einer unzulässigen Erwärmung geschützt werden. Eine Kühlung des Prüfkopfes selbst bringt keinen Erfolg, weil er mit dem empfindlichen Schwinger nicht hohen Drücken ausgesetzt werden darf. Deshalb wird der Temperaturgradient zwischen Werkstück und Prüfkopf in feste Zwischenleitervorlaufstrecken, auch Verzögerungsleitungen genannt, übertragen. Bei Temperaturen bis ca. 500°C können dafür einfache nichtmetallische dem Prüfkopf angepasste Vorsatzstücke oder auch „Rüssel“ eingesetzt werden. Diese Zwischenleiter müssen ihrerseits jedoch meistens wieder mit flüssigen Ankopplungsmitteln an das Werkstück angekoppelt und zwischenzeitlich entweder nach jedem Prüfvorgang (Wasser) oder durch spezielle Einrichtungen (Wasser, Schmelzen, Trockeneis, Gas) abgekühlt werden. Weitere entscheidende Nachteile nichtmetallischer Zwischenleiter ergeben sich aus der Veränderung ihrer akustischen Eigenschaften mit der Temperatur. So verändert ein Temperaturanstieg die Schallgeschwindigkeit und die Schallschwächung im Vorlaufkörper anders als im Werkstück. Die Folge ist, dass entsprechend dem Grad der Erwärmung des Zwischenleiters oder dem Zeitpunkt der Messung Laufzeit- und Dickenmesswerte am Ultraschallgerät abgelesen werden, die eine Werkstückdicke vortäuschen, die weit größer als die tatsächliche Dicke ist oder die den wirklichen Ort einer Ungänze falsch angeben.

Abb. 15.60 zeigt eine Langzeitkontaktierung über Zwischenleiterstäbe nach Gitis [15.20].

Mit Hilfe einer Messvorrichtung zur Druckankopplung bei höheren Temperaturen (Abb. 15.61) [15.13] wurde der Einfluss des Oberflächenzustandes auf die Druckankopplung (Abb. 15.62) und die Ungänzennachweisbarkeit bei der Druckankopplung (Abb. 15.63) ermittelt.

15.4.3 Ultraschallausbreitung

Erst durch die Kenntnis der Schallausbreitungsbedingungen sind die Voraussetzungen zur Anwendung der Ultraschallprüfung bei höheren Temperaturen erfüllt. Das trifft sowohl auf die Justierung, als auch auf die Abschätzung der Leistungsreserven der Prüfsysteme unter Berücksichtigung der zu prüfenden Querschnitte und Werkstoffe zu. Auf Grund der bereits dargelegten Probleme bei der Ankopplung von Prüfköpfen an Werkstückoberflächen bei höheren Temperaturen ist es zweckmäßig, derartige Orientierungsversuche zur Schallausbreitung mit einer Versuchseinrichtung durchzuführen, bei der eine Probe abschnittsweise in einem Ofen aufgeheizt und am anderen Ende abgekühlt wird, so dass die Ankopplung der Prüfköpfe bei Raumtemperatur erfolgt.

Die Ergebnisse von Schallgeschwindigkeitsmessungen (Abb. 8.17) zeigen einen Verlauf, der in drei Temperaturintervallen dargestellt werden kann. Der erste Temperaturbe-

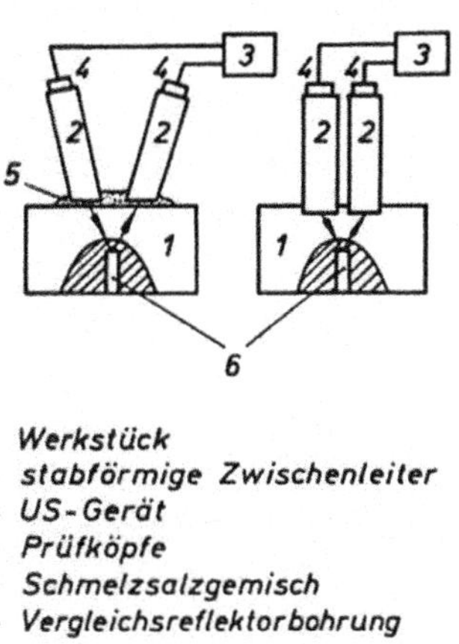

Abb. 15.60 Langzeitkontaktierung über Zwischenleiterstäbe

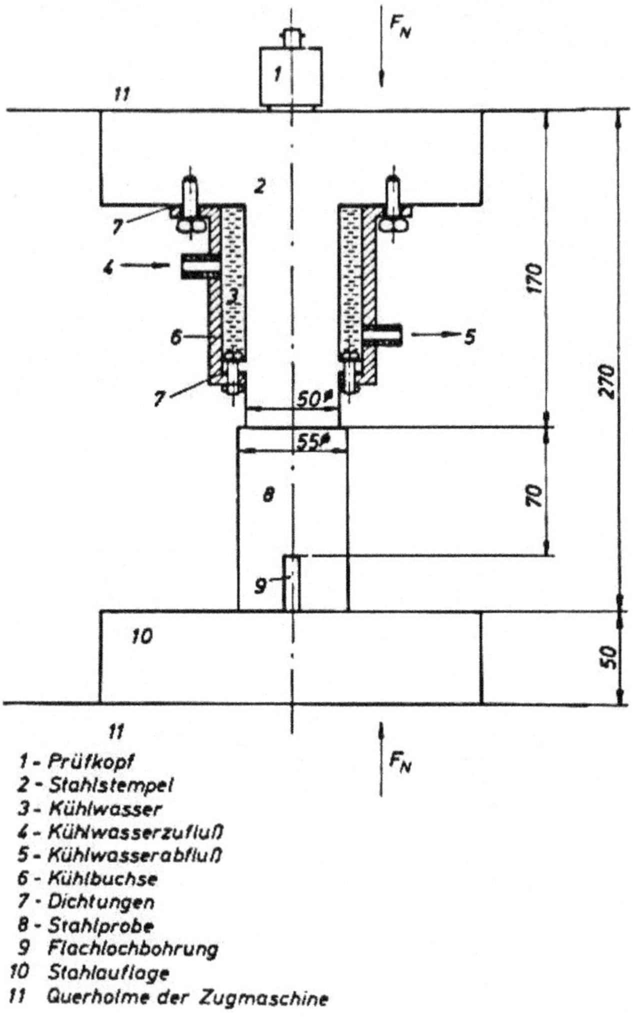

Abb. 15.61 Messvorrichtung zur Druckankopplung bei höheren Temperaturen

reich erstreckt sich von Raumtemperatur bis A_{c1} und bezieht sich auf ferritisch-perlitisches Gefüge. Es handelt sich annähernd um eine parabolisch abnehmende Funktion. Daran grenzt ein werkstoffabhängiges Temperaturintervall der $\alpha - \delta$ – Umwandlung bis etwa A_{c3}. Dieser Temperaturbereich ist durch eine fast isotherme Schallgeschwindigkeitsabnahme mit Wendepunkt gekennzeichnet. Schließlich verläuft die Kurve im Austenitgebiet beinahe linear weiter. Die Unterschiede im Werkstoff ergeben sich fast ausschließlich im α-δ-Umwandlungsgebiet auf Grund der vom Kohlenstoff, den Legierungselementen und der Abkühlgeschwindigkeit abhängigen $A_{c1,}$ A_{r1} bzw. $A_{c3,}$ A_{r3}-Haltepunkte.

Die fast isotherme Schallgeschwindigkeitsabnahme ist dabei auf die Gitterumwandlung zurückzuführen, bei der zu- bzw. abgeführte Wärmemenge zu latenter Umwandlungswär-

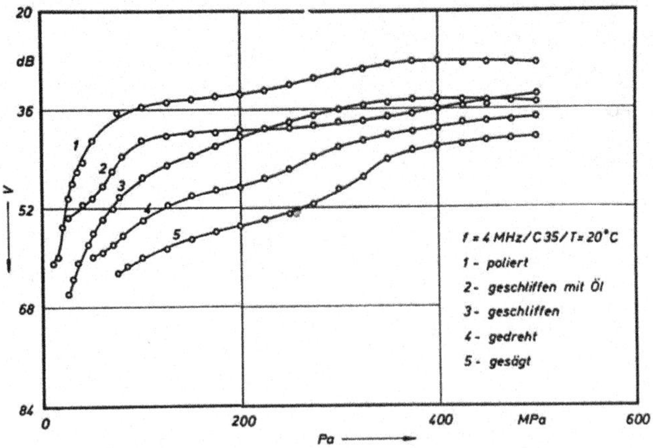

Abb. 15.62 Einfluss des Oberflächenzustandes auf die Druckankopplung

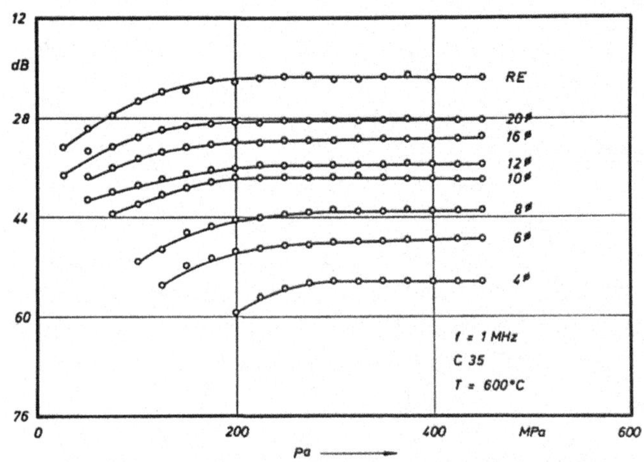

Abb. 15.63 Ungänzennachweisbarkeit bei der Druckankopplung

me wird. Während der Umwandlung ändert das Gitter seine Abmessung und andere Parameter, vor allem seine Packungsdichte. Es entsteht ein neuer Gittertyp. Das Wachstum der Umwandlungsphase erfolgt über thermisch aktivierte Atomplatzwechsel in der Phasengrenze. Bei der Abkühlung tritt eine Hysterese auf, die den annähernd isothermen Schallgeschwindigkeitsverlauf im Umwandlungsgebiet ebenfalls anzeigt.

Eine Darstellung der longitudinalen Schallgeschwindigkeit als Funktion der Temperatur für den Stahl X5CrNi 18.10 (1.4301) haben Crostack at al [15.15] vorgestellt (Abb. 15.64).

Die Ergebnisse der Schallschwächungsmessung für einen ferritisch-perlitischen Stahl in der Erwärmungsphase bei einer Prüffrequenz von 4 MHz zeigt Abb. 8.18. Ähnlich den Schallgeschwindigkeitsmessungen sind auch hier drei Temperaturbereiche im Kurvenverlauf zu beobachten. Der erste Bereich von Raumtemperatur bis A_{c1} zeigt nur eine geringe Zunahme der Schallschwächung. Das Temperaturintervall der α-δ-Umwandlung ist durch

Abb. 15.64 Schallgeschwindigkeit als Funktion der Temperatur [15.15]

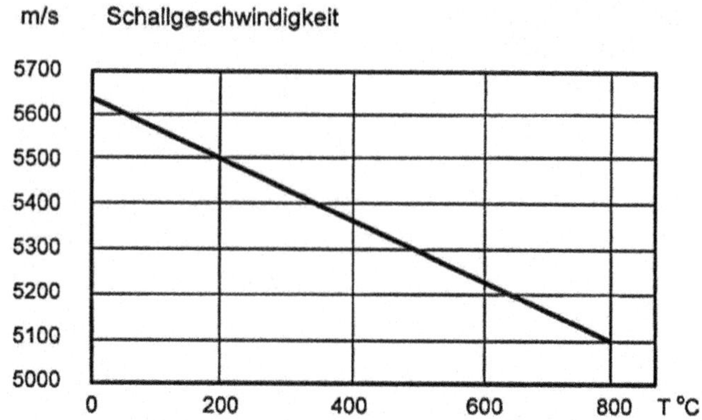

ein Schwächungsmaximum bei A_{c1} und ein Schwächungsminimum bei A_{c3} gekennzeichnet. Man kann diese Gefügeumwandlung folglich mit dem gezeigten Prüfsystem nachweisen. Weitere Peaks sind nicht festgestellt worden, auch die magnetische Umwandlung am Curiepunkt nicht. Mit Sicherheit ist die Ultraschallschwächung in einem mit der Temperatur zunehmenden Maße auch auf die Versetzungsbewegung im Polykristallgitter zurückzuführen.

Der dritte Temperaturbereich ist gekennzeichnet durch einen steilen Anstieg im Austenitgebiet, der bei Temperaturen über 1000°C einen nahezu linearen Charakter hat. Bei den Messungen zeigen sich zunächst kleine Störechos aus dem Gefüge, die auf die Kornvergrößerung und damit zunehmende Schallstreuung zurückzuführen sind. Die später starke Zunahme der Schallschwächung ist jedoch auch durch ein gegenüber der Streuung progressives Schallabsorptionswachstum zu erklären.

15.4.4 Prüfung von Schmiedeblöcken bei höheren Temperaturen

Die durchgeführten Grundlagenuntersuchungen haben ergeben, dass unter den Bedingungen von Stahlwerk und Schmiede betriebsreife Vorrichtungen nur auf der Basis der Fließwasserspaltankopplung zum Einsatz gelangen können. Die Prüfung von Schmiedeblöcken mit großen Querabmessungen bei Temperaturen bis 700°C ist mit keinem anderen berührungslosen- bzw. Kontaktverfahren durchführbar. Unter dieser Voraussetzung bestand die Aufgabe, eine Ankopplungsvorrichtung mit Wasserspalttechnik zu entwickeln, die folgenden Forderungen gerecht wird (Abb. 15.65):

1. Stufenlose, kontinuierliche Einstellbarkeit der Wasserspalthöhe,
2. Strömungstechnisch günstige Zu- und Ableitung der Ankopplungsflüssigkeit,
3. Sichere Ableitung des Wasserdampfes,
4. Konstruktive Ausführung zur auswechselbaren Aufnahme von Prüfköpfen unterschiedlicher Bauart,

5. Konstruktive Ausführung sowohl zur manuellen als auch zur mechanisierten Prüfung bei erhöhter Prüfgeschwindigkeit,
6. Verschleißarme Ausführung,
7. Sicherung der Vorrichtung gegen das Abheben von der Werkstückoberfläche durch Wasserdruck.

Diese Vorrichtung wurde zunächst zur Prüfung von Schmiedeblöcken eingesetzt, deren Primärlunker auf Grund von Betriebsstörungen bis zu einer nicht bekannten Tiefe im so genannten Filetstück des Blockes verlief (Abb. 15.66), das bei normaler Ausbringung anschließend verschmiedet wird. Um das Ausschussrisiko auszuschalten und die Warmübergabe der Blöcke zur Schmiede zur gewährleisten, wurden diese Blöcke bei Temperaturen zwischen 600°C und 700°C im Stahlwerk geprüft. Die Prüffrequenz betrug vorzugsweise 1 bzw. 0,5 MHz. Vor Beginn der Prüfung wurde zunächst die Wasserspaltflussmenge so einreguliert, dass sich die Ankopplungsvorrichtung durch ihr Eigengewicht gerade noch nicht von der Blockoberfläche abgehoben hat.

Nach dem Aufsetzen der Prüfvorrichtung auf den heißen Block wird zunächst noch kein Schalldurchgang erreicht, weil die Oberflächenzone des Blockes erst auf eine Temperatur unter 100 °C abgekühlt werden muss, um den Dampffilm zu unterbrechen (Abb. 15.67). Dabei bilden sich neben dem Dampf zahlreiche Wasserperlen, die abspritzen. Die Dampf-

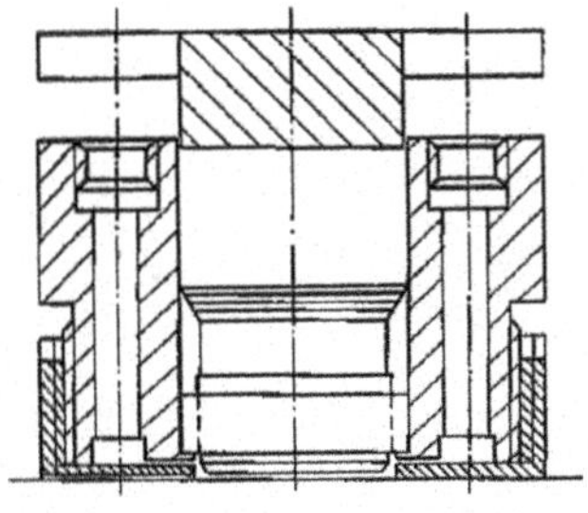

Abb. 15.65 Ausführung der Ankopplungsvorrichtung [15.13]

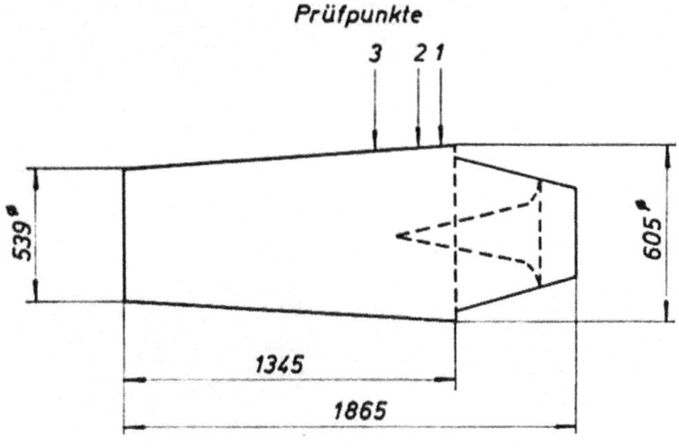

Abb. 15.66 Prinzip der Ultraschallblockprüfung [15.13]

belästigung ist ebenso wie die Hitzeeinwirkung für den Ultraschallprüfer relativ gering. Der gesamte Prüfvorgang dauert durchschnittlich 5 bis 10 Min., wenn die Ausgangstemperatur des Blockes ca. 650 °C beträgt. Die Ankopplungsdauer bis zu einem klaren störungsfreien A-Bild (Abb. 15.68) beträgt ca. 10 Sek.

Abb. 15.69 zeigt eine Vorsatzskala für die Blockprüfung. Da die Entfernungsjustierung bei Raumtemperatur erfolgen muss, ergeben sich für die jeweilige Prüftemperatur Prüfbereichsvergrößerungen im Verhältnis der Schallgeschwindigkeiten bei Raumtemperatur und bei Prüftemperatur. Die entsprechenden Maßstäbe für den Prüfbereich 1000 mm sind für die Prüftemperatur 20°C, 200°C, 400°C, 600°C und 800°C in die Skala eingetragen. Sie erlauben rückwirkend bei Kenntnis der Schmiedeblockquerabmessungen annähernd die Ermittlung der Prüftemperatur. Darüber hinaus sind in den Vorsatzskalen die Kurven für die Ungänzengrößenklassen nach TGL 15003/13 enthalten, die für die Beurteilung der Sekundärungänzen im Schmiedeblock benötigt werden. Nach der Prüfung der aus den

Abb. 15.67 Blockprüfung vor Entstehung des Wasserfilmes [15.13]

Abb. 15.68 Blockprüfung nach Entstehung des Wasserfilmes [15.13]

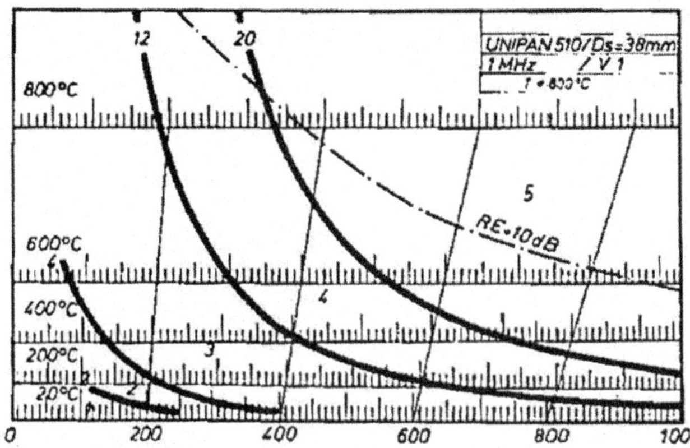

Abb. 15.69 Vorsatzskala für die Schmiedestückprüfung bei 800°C [15.13]

Blöcken gefertigten Schmiedestücke kann somit festgestellt werden, ob die Sekundärungänzen beim Schmieden beseitigt wurden.

In Abb. 15.70 ist eine Prüfvorrichtung im Untersattel eingebaut [15.13] und in Abb. 15.71 wird ein vorgeschmiedeter Block auf diesem Untersattel mit der Prüfvorrichtung untersucht.

Die Echobilder dieser Untersuchung werden in den Abbildungen 15.72 und 15.73 dargestellt.

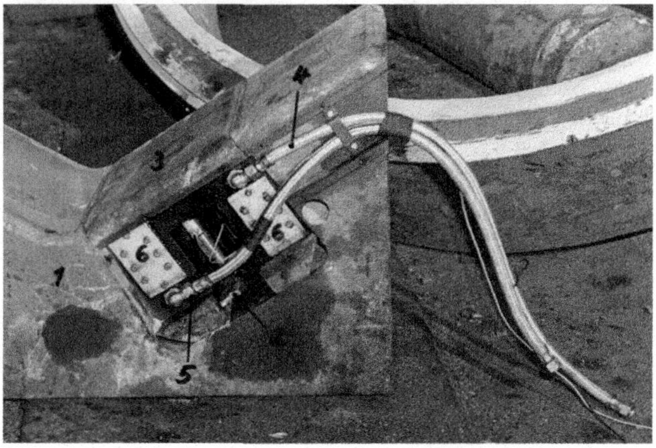

Abb. 15.70 Prüfvorrichtung im Untersattel [15.13]. 1 Schmiedesattel; 2 Prüfkopfankopplungsvorrichtung; 3 Prüfblock; 4 Wasserzuführung; 5 Wasserabführung; 6 Verblendung

Abb. 15.71 Vorgeschmiedeter Block auf dem Untersattel mit der Prüfvorrichtung [15.13]

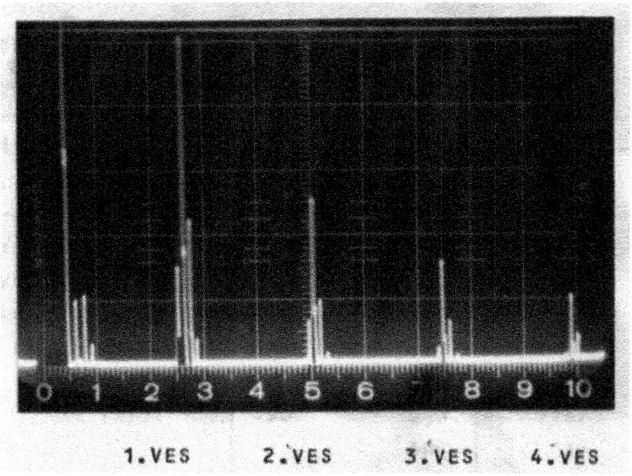

Abb. 15.72 Mehrfachechofolge der Vorlaufstrecke im Schmiedesattel (VES) vor der Druckankopplung [15.13]

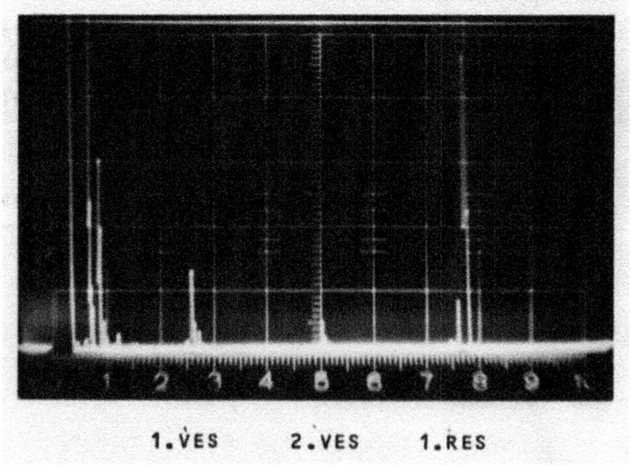

Abb. 15.73 Mehrfachechofolge der Vorlaufstrecke im Schmiedesattel (VES) und Rückwandecho (RES) vom Schmiedestück während der Druckankopplung [15.13]

15.5 Luftschall-Technik

15.5.1 Einführung

Die konventionelle Ultraschalltechnik erfordert ein Ankopplungsmittel, um Schallwellen vom Prüfkopf zum Prüfgegenstand und zurück zu übertragen. Die Ankopplungsmittel haben den Nachteil, dass ihr Schallwellenwiderstand nur annähernd mit dem Schallwellenwiderstand des zu prüfenden Werkstoffes übereinstimmt, so dass die Einleitung und Aufrechterhaltung konstanter Ankopplungsbedingungen nur begrenzt möglich ist. Außerdem erfordern solche Ankopplungsmittel, wie z.B. Wasser, Öl oder Tapetenkleister in vielen Fällen eine Nachbehandlung der zu prüfenden Oberflächen. In manchen Anwendungen ist die Verwendung solcher Mittel sogar nachteilig, wie z.B. bei der Wanddickenmessung von Pulver- oder Nassschichten bzw. bei der Prüfung von Grünkeramikkörpern.

Aus diesen Gründen sind seit einiger Zeit Entwicklungen durchgeführt worden, die zur Ultraschallprüfung ohne flüssige Ankopplungsmittel geführt haben. Gemeint ist die Schallübertragung über Luft oder Gas (Stickstoff, Kohlendioxid). Diese Ankopplung bedingt jedoch besondere Maßnahmen zur Praxisreife und insbesondere zur Anhebung des Signal-Rausch-Abstandes, weil sehr große Unterschiede zwischen den akustischen Impedanzen (Schallwellenwiderstände) der Festkörper und der Gase bestehen (ca. 100 : 1) und weil sich daraus entsprechende Amplitudenunterschiede in der Größenordnung von über 150 dB ergeben.

In Abb. 15.74 ist der Schalldruckverlauf bei der Durchschallung einer Probe mit Wasser- und mit Luftankopplung dargestellt, wobei Schallschwächungsverluste nicht berücksichtigt worden sind.

Unter der Voraussetzung, dass die Schalldruckamplitude des Sendeprüfkopfes gleich Null gesetzt ist, sinkt die Amplitude an der Grenzfläche Prüfkopf/Luft um 93 dB und beim Austritt aus der Probe über die Luft nochmals um 75 dB ab. Während also bei Luftankopplung die ursprüngliche Amplitude um insgesamt 156 dB abnimmt, beträgt die Amplitudenabnahme bei Wasserankopplung nur 18 dB. Diese hohe Amplitudendifferenz

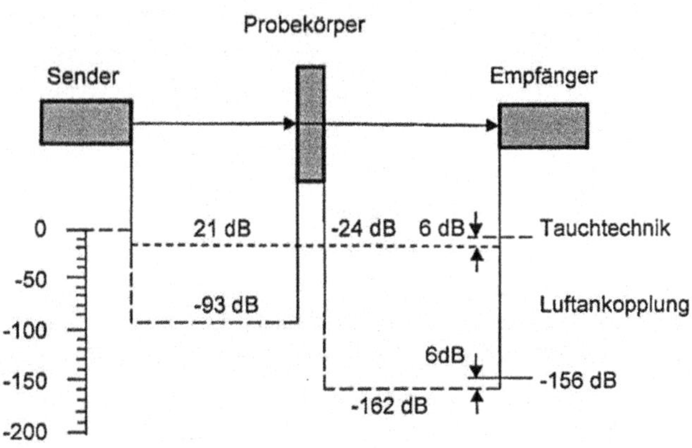

Abb. 15.74 Schalldruckverlauf bei der Ankopplung einer Probe mit Wasser- und mit Luft [15.17]

kann nicht durch Erhöhung der Verstärkung kompensiert werden, weil damit gleichzeitig das elektronische Rauschen ansteigt und das Empfangssignal vollständig überdeckt.

15.5.2 Prüftechnik

Mit herkömmlichen Prüfsystemen werden nicht einmal Verstärkungswerte von 100 dB erreicht, da die Prüfgegenstände eine bestimmte Grundschwächung aufweisen. Deshalb muss das gesamte Prüfsystem mit Sendeelektronik, Sendeprüfkopf, Empfangsprüfkopf und Verstärker optimiert und Systemveränderungen zur Verbesserung des Signal-Rausch-Abstandes wie z.B. die Anwendung niedriger Frequenzen (20 KHz bis 1 MHz), spezielle (kapazitive) Prüfköpfe mit akustischer und elektrischer Anpassung, leistungsfähige Sender, extrem rauscharme Vorverstärker, Schmalbandfilter im Empfänger zur Absenkung des Rauschens durchgeführt werden.

Die Ausgangsleistung des Senders soll daher möglichst hoch, die Bandbreite und der Rauschfaktor des Empfängers sowie die akustische Impedanz des Prüfkopfes möglichst klein sein. Da die herkömmlichen piezoelektrischen Prüfköpfe für die Übertragung von Ultraschallwellen durch die Luft nicht eingesetzt werden können, sind vom IZfP in Saarbrücken spezielle Prüfköpfe entwickelt worden, die durch die Verwendung spezifischer Werkstoffe und bestimmter konstruktiver Ausführung trotz des großen Impedanzsprunges Festkörper/Luft eine gute akustische Anpassung, hohe Auflösung und Dynamik erreichen. Man unterscheidet Kapazitive Prüfköpfe und Piezokomposite Prüfköpfe.

15.5.2.1 Kapazitive Prüfköpfe

Kapazitive Prüfköpfe arbeiten nach dem Prinzip eines Kondensatormikrofons (Abb. 15.75). Eine bewegliche Membran mit einer Leiterschicht ist über einer beschichteten elektrisch leitenden Trägerplatte mit strukturierter Oberfläche angeordnet. Trägerplatte und Membran stellen das kapazitive Element dar. Durch eine Gleichspannung wird die Membran elektrostatisch angezogen, so dass weitere Membranen über den luftgefüllten Vertiefungen der Trägerplatte entstehen, die beim Sender infolge einer angelegten Wechselspannung und beim Empfänger aufgrund des Luftschalls schwingen. Zum Anschluss der Prüfköpfe an übliche Ultraschallgeräte ist eine spezielle Sende- und Empfangselektronik erforderlich. Abb. 15.76 zeigt das mit kapazitiven Prüfköpfen aufgenommene A-Bild einer ungesinterten SiC-Probe.

15.5.2.2 Piezokomposite Prüfköpfe

Den Aufbau eines Piezokomposite-Prüfkopfes zeigt Abb. 15.77. Piezokomposite Werkstoffe bestehen aus einer piezoelektrisch aktiven Phase, der Bleizirkonat-Titanat-Keramik, und einer inaktiven Kunststoffmatrix. Am leistungsfähigsten ist die 1-3 Konfiguration der Komposit-Struktur, bei der die piezoelektrische Komponente (Stäbchen) eindimensional und parallel zur Schwingungsrichtung ausgerichtet und in eine dreidimensionale Kunststoffmatrix eingebettet ist. Der Mittenabstand der Piezostäbchen muss kleiner als die halbe

Wellenlänge der Transversalwelle im Matrixmaterial gewählt werden, damit der gesamte Verbund sich schwingungsmäßig wie ein homogenes Material verhält (Abb. 15.78).

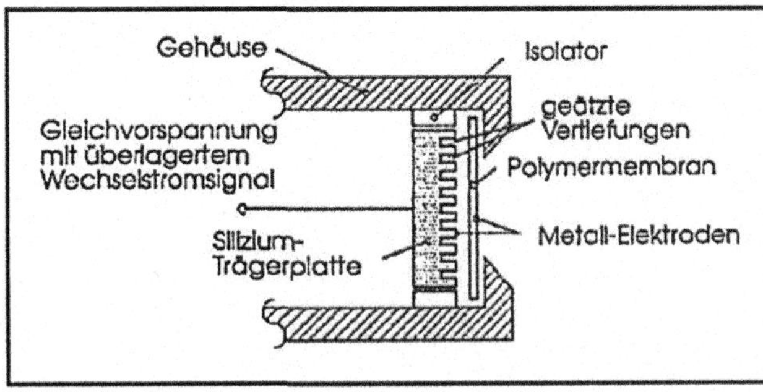

Abb. 15.75 Prinzipieller Aufbau kapazitiver Prüfköpfe [15.17]

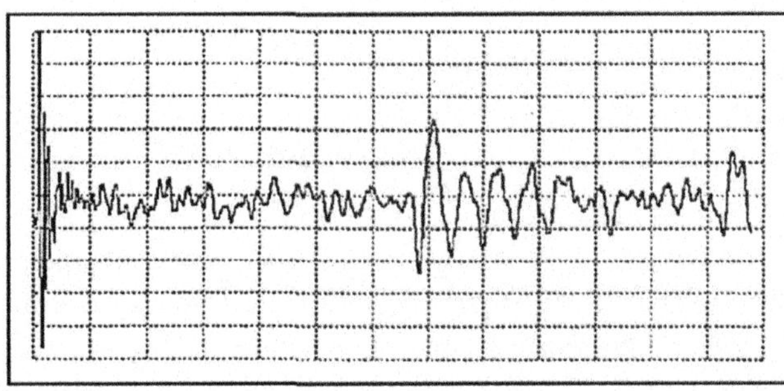

Abb. 15.76 Mit kapazitiven Prüfköpfen aufgenommenes A-Bild [15.17]

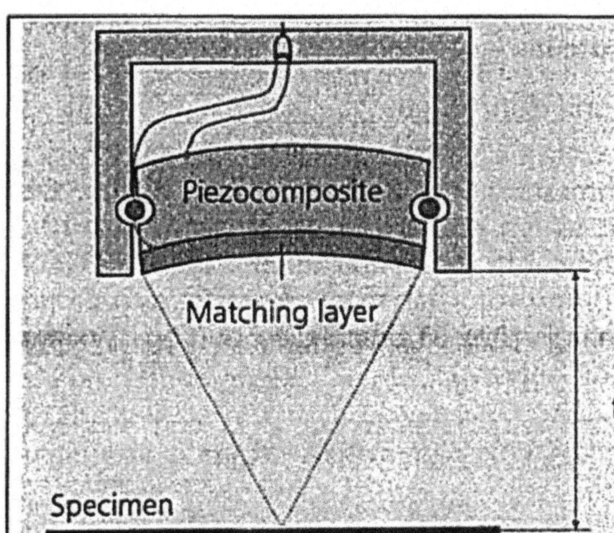

Abb. 15.77 Aufbau eines Piezokomposite Prüfkopfes [15.26]

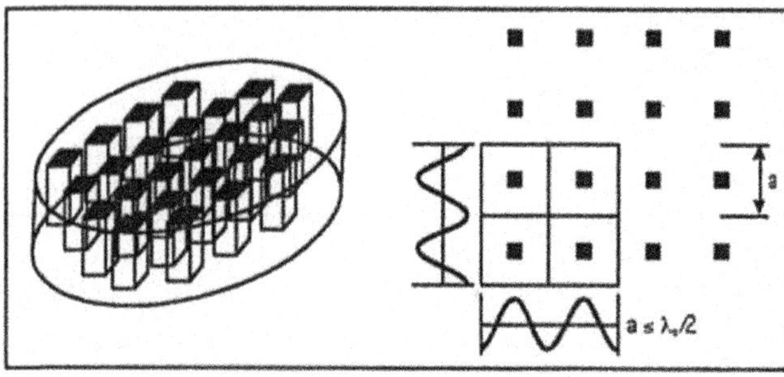

Abb. 15.78 Aufbau eines Piezokomposit [15.17]

Abb. 15.79 Handelsüblicher Komposit-Prüfkopf [15.17]

Solche Prüfköpfe bringen einen um den Faktor 4 besseren Energietransfer. Durch den Einsatz spezieller Anpassschichten wird der Faktor zwischen 5 und 30 (15 bis 20 dB) weiter erhöht, weil Silikone mit einem hohen Anteil von kleinen Luftbläschen verarbeitet werden. In Abb. 15.79 ist ein handelsüblicher Komposit-Prüfkopf wiedergegeben.

Sehr wichtig für die Übertragungsrate und die Auflösung solcher Prüfköpfe ist die Fokussierung des Schallbündels. Genau wie bei der Tauchtechnik kann das Schallbündel durch die Fokussierung eingeengt und in der Leistung verbessert werden. Dabei wird die Fokussierung durch die Krümmung des Komposite-Schwingers erzielt. Zur Prüfung selbst werden bauartgleiche getrennte Sende- und Empfangsprüfköpfe verwendet.

15.5.2.3 Prüfsysteme

Die Ultraschallprüfgeräte enthalten einen Sender, der einen sehr kurzen Impuls zur Anregung des Prüfkopfes erzeugt und eine hohe Auflösung erreicht. Sender und Sendeprüfkopf werden elektrisch angepasst, so daß auch dadurch ein besserer Signal-Rausch-Abstand gegeben ist. Ein besonders rauscharmer Vorverstärker ist für den Empfänger erforderlich und bestimmt ganz wesentlich den Signal-Rausch-Abstand des gesamten Prüfsystems. Dabei kann das Verstärkerrauschen noch durch spezielle Bandfilter reduziert werden. Für den Sende- und Empfangsteil ist von der Fa. Hillger im Prüfsystem Air Tech 4000 eine spezielle Elektronik entwickelt worden [15.19]. Das System besteht neben den Prüfköpfen aus drei in einem PC installierten Karten (Burst-Sender) und einem Manipulationssystem (Abb. 15.80).

Zur weiteren Verbesserung der Energiebilanz bei der Luftschallübertragung wurde ein Druckluftgleitschuh entwickelt (Abb. 15.81). Dieser Gleitschuh besteht aus einem Gehäu-

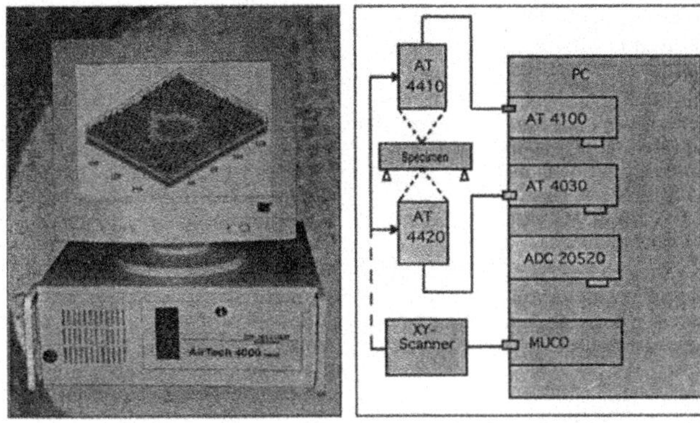

Abb. 15.80 Prüfsystem Air Tech 4000 [15.19]

se, das unten eine Schallaustrittsöffnung besitzt. Durch Druckluftzufuhr strömt die Druckluft in den Gleitschuhinnenraum und tritt durch die Schallaustrittsöffnung aus. Die zwischen Gleitschuhunterseite und Prüflingsoberfläche entstehende radiale Druckluftströmung erzeugt zwischen beiden Flächen einen Unterdruck, der den Druckluftgleitschuh an den Prüfgegenstand anzieht. Der sich verringernde Abstand zwischen Gleitschuhunterseite und Prüflingsoberfläche erhöht weiter die Strömungsgeschwindigkeit, so dass die Presskraft vergrößert wird. Das Gleichgewicht stellt sich ein, wenn sich die durch die Radialströmung erzeugte Anziehungskraft gleich der abstoßenden Kraft durch den im Gleitschuh sich aufbauenden Druck ist. Die Dicke des Luftspaltes und der Innendruck im Gleitschuh beeinflussen die Echohöhe. Wird der Innendruck beispielsweise von 1 auf 10 bar erhöht, so erhöhen sich die Echoamplituden aus dem Bauteilinneren um den Faktor 100. Abb. 15.82 zeigt den Anstieg eines Oberflächenechos mit ansteigendem Innendruck.

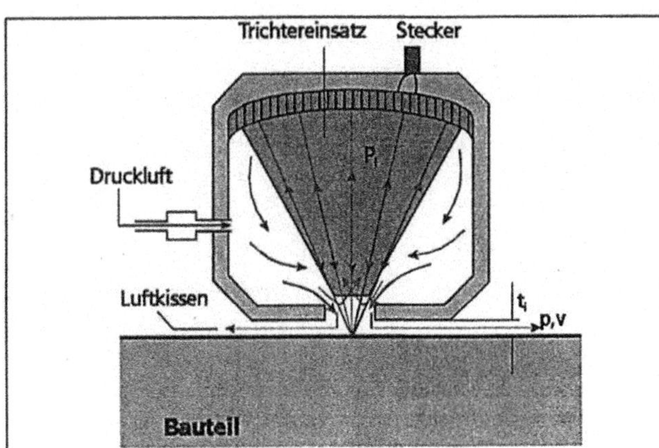

Abb. 15.81 Schematischer Aufbau eines Druckluftgleitschuhs [15.27]

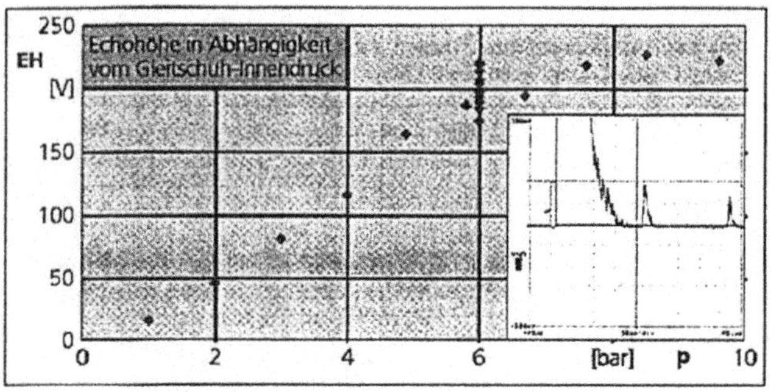

Abb. 15.82 Oberflächenanzeige und Gleitschuhinnendruck [15.27]

15.5.3 Prüfverfahren

Wie bereits dargestellt, wird bisher überwiegend das Durchschallungsverfahren mit einem Sende- und einem Empfangsprüfkopf angewendet, bei dem sich die Prüfköpfe auf beiden Seiten des Prüfgegenstandes gegenüberstehen und die Einschallrichtung senkrecht zur Oberfläche des Prüfgegenstandes angeordnet ist. Diese Technik bezeichnet man beim Luftschallverfahren als Transmissionstechnik (Teilabbildung 1 in Abb. 15.83). Werden die Prüfköpfe auf beiden Seiten (Teilabbildung 2 in Abb. 15.83) oder auf einer Seite des Prüfgegenstandes (Teilabbildung 3 in Abb. 15.83) schräg zur Oberfläche des Prüfgegenstandes angestellt, so entstehen Platten- oder Lambwellen.

Der Einsatz von Lamb-Oberflächenwellen bietet die Möglichkeit, mit einer Prüfung einen relativ großen Prüfabschnitt zu erfassen (A-Bild-Auswertung) oder C-Bilder mit hohem Kontrast und Auflösungsvermögen zu erzielen. Bei Plattenwellen hängt die Geschwindigkeit ihrer Ausbreitung wesentlich von der Plattendicke ab, so dass diese wiederum den optimalen Einschallwinkel zur Plattenwellenanregung bestimmt. Fehler wirken wie Plattendickenänderungen, die die Echohöhe der Empfangssignale beeinflussen.

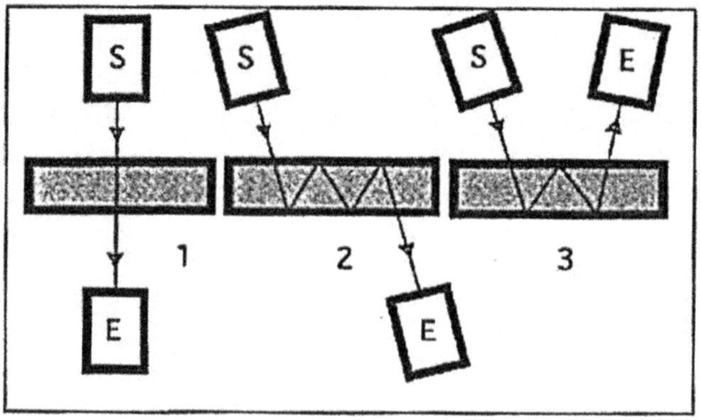

Abb. 15.83 Prüfkopfanordnungen bei der Luftschallprüfung [15.19]

15.5.4 Anwendungen

Der Einsatz der beschriebenen Luftschalltechnik liegt hauptsächlich im Bereich dünnwandiger Prüfgegenstände, wie Feinbleche, CFK-Gewebe-Sandwiches-Bauteile, keramische Bauteile, Klebverbindungen, Holz und weitere metallische Werkstoffe. Beispielhaft soll nachstehend ein Anwendungsfall in der folgenden Abb. 15.84 dargestellt werden. Das Bild gibt die Prüfung eines 22 mm dicken CFK-Sandwich-Bauteils in der Ansicht und im C-Bild wieder.

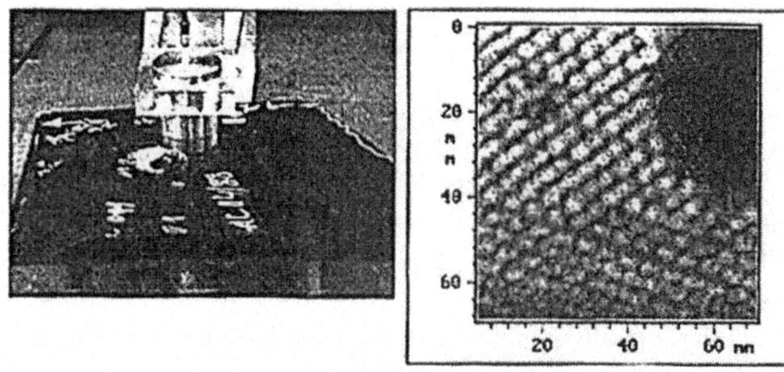

Abb. 15.84 Prüfung eines 22 mm dicken CFK-Sandwich-Bauteils [15.19]

Literatur

[15.1] KTA 3201.3, ZfP, Komponenten des Primärkreises von Leichtwasserreaktoren;

[15.2] Eser, Walte, Gebhardt, Ultraschallprüfung dickwandiger Komponenten, Leistungsvergleich LLT-Tandem, DGZfP-Jahrestagung Luzern (1991);

[15.3] Walte, Bonitz, Prüfung von oberflächennahen Bereichen mittels der LLT-Technik, DGZfP-Jahrestagung Garmisch-Partenkirchen (1993);

[15.4] Schuhmacher, Zanger, Langenberg, Quantitative Modellierung von Ultraschallprüfsituationen-Vergleich von Theorie und Experiment, DGZfP-Jahrestagung Garmisch-Partenkirchen (1993);

[15.5] DIN EN 583-6, Zerstörungsfreie Prüfung – Ultraschallprüfung – Beugungslaufzeittechnik – eine Technik zum Auffinden und Ausmessen von Inhomogenitäten (2009);

[15.6] Erhard, Ewert, Das TOFD-Verfahren zwischen Radiografie und Ultraschall bei der Schweißnahtprüfung, DGZfP-Jahrestagung Celle (1999);

[15.7] AEA Sonomatic B.V., An Introduction tot he TOFD Technique, LH 217;

[15.8] Brekow, Erhard, Untersuchungen mit TOFD an geschweißten Längsnahtproben, Materialprüfung Carl Hanser Verlag München, Jahrg. 42 (2000);

[15.9] Brekow, Erhard, Wüstenberg, TOFD und Impuls-Echo-Messungen an Rohrschweißnähten, DGZfP-Jahrestagung Bamberg (1998);

[15.10] Ehring, Dijkstra, de Raad, TOFD & Akzeptanzkriterien-ein perfektes Team? DGZfP-Jahrestagung Bamberg (1998);

[15.11] Dix, Lücking, Sievering, Qualifizierung des RTD-TOFD-Prüfsystems an Rund-Nähten DN 1000 mit Wanddicken von 12,4 mm bis 13,9 mm, DGZfP-Jahrestagung Salzburg (2004);

[15.12] Tessaro, Erhard, Brekow, Mletzko, Charakterisierung oberflächennaher Fehler an plattierten Komponenten mittels Gruppenstrahlertechnik, DGZfP-Jahrestagung Bamberg (2002);

[15.13] Schiebold, Ultraschallprüfung bei höheren Temperaturen, Dissertation Universität Magdeburg 1984;
[15.14] Mrasek, Gohlke, Mathies, Neumann, Ultraschall-Prüfköpfe für 650°C Dauertemperatur, DGZfP-Jahrestagung Lindau (1996);
[15.15] Crostak, Bach, Möhwald, Yanik, Anwendung der Ultraschalltechnik in Fügeprozessen, DGZfP-Jahrestagung Innsbruck (2000);
[15.16] McHugh, Döring, Stark, Erhard, Raab, Einfluss hoher Temperaturen und Drücke auf Ultraschalleigenschaften eines Komposit-Prüfkopfes, DGZfP-Jahrestagung Salzburg (2004);
[15.17] Walte, Marklein, Boehm, Einsatz der Phased Array-Technik und Auswertung nach der AVG-Methode, DGZfP-Jahrestagung Erfurt 2010;
[15.18] Hillger, Friederichs, MUSE-ein mobiles, bildgebendes Ultraschallprüfsystem für Leichtbaustrukturen, DGZfP-Jahrestagung Dresden (1997);
[15.19] Hillger, Air Tech-ein neues Ultraschallprüfsystem mit Ankopplung über Luft, DGZfP-Jahrestagung Celle (1999);
[15.20] Gitis, Pyrkow, Ultraschallprüfung von Walzhalbzeug im technologischen Fluss bei hoher Temperatur, Stal 31, Nr. 12 (1971);
[15.21] Schoch, Karbach, Kauth, Prause, Prüfung von widerstandspreßgeschweißten Rohren mittels der Ultraschall-Phased-Array-Technik, DGZfP-Jahrestagung Innsbruck (2000);
[15.22] Silk,The Use of diffraction based time-of-flight measurements to locate and size defects, Brit. J. NDT, Vol. 26 (1984);
[15.23] Silk, Lidington, Defect Sizing using aUltrasonic Time Delay Approach, Brit. J. NDT, (1975);
[15.24] Silk, Sizing Crack like defects by Ultrasonic means, Resarch Techniques in Non-Destructive Testing, Vol. 3, ed. By R.S. Sharpe, Academic Press, London 1977;
[15.25] Hillger, Gebhardt, Ultraschallprüfungen berührungslos mit Ankopplung über Luft-Illusion oder schon bald Realität, DGZfP-Jahrestagung Bamberg (1998);
[15.26] Hillger, Bildgebende Ultraschallprüfung an CFK-Probekörpern mit Ankopplung über Luft, DGZfP-Jahrestagung Celle (1999);
[15.27] Gebhardt, Einsatz von luftgekoppelten Ultraschall-Leistungswandlern in der ZfP, DGZfP-Jahrestagung Celle (1999);
[15.28] Brekow, Schulz, Erhard, Fehlergrößenbestimmung mit der LLT-Technik, DGZfP-Jahrestagung Aachen (1995);
[15.29] Gebhardt, Woll, Ultraschallfeldsteuerung, Fehlerklassifizierung und Fehlerrekonstruktion mittels Phased Arrays, Materialprüfung 21 (1979);
[15.30] Schnars, Henrich, Bisle, Elze, Hicken, Kethler, Pieles, Kück, Müller, Erfahrungen mit der Nutzung moderner mobiler Gruppenstrahler-Prüfsysteme für die ZfP von Flugzeugstrukturkomponenten in Fertigung und Wartung, DGZfP-Jahrestagung Rostock (2005);
[15.31] Produktinformation FPW, 2006;
[15.32] Produktinformation Karl Deutsch, 2013;
[15.33] Produktinformation GE, 2011;
[15.34] Produktinformation SECTOR Cert, 2006;
[15.35] Roye, Ausbildungsunterlage der LVQ-WP Werkstoffprüfung GmbH Mülheim/Ruhr, 2010;
[15.36] Walte, Bruche, Caspary, Jager, Paul, Praktische Beispiele der US-Prüfung an hochbelastbaren Stahl- und Wasserbau-Konstruktionen mit Hilfe elektronisch scannender Ultraschall Phased-Array Techniken, DGZfP-Jahrestagung Münster (2009);
[15.37] Falter, Prause, Pawelletz, Eufrasio, Praktische Anwendung der Phased-Array-Technologie mit Paint-Brush-Auswertung für nahtlose Rohre, DGZfP-Jahrestagung Salzburg (2004);
[15.38] Kersting, Schuster,Oesterlein, Fliescher, Kahmann, Finger, Praktische Erfahrungen mit der Phased-Array Prüftechnik an Großrohren bei der automatischen Ultraschall-Schweißnahtprüfung bei EUROPIPE, DGZfP-Jahrestagung Bremen (2011);

[15.39] Brekow, Erhard, Schulz, Montag, Pörtzgen, BAM-RTD Phased-Array Konzept für die Schweißnahtprüfung von Rohrleitungen, DGZfP-Jahrestagung Weimar (2002);
[15.40] Deutsch, Kierspel, Manuelle Schweißnahtprüfung mit Ultraschall-Konventionell oder mit Phased-Array?, DGZfP-Jahrestagung Bremen (2011);
[15.41] Splitt, Kauth, Phased-Array-eine zeitgemäße Lösung von Prüfaufgaben in der ZfP, DGZfP-Jahrestagung Berlin (2001);
[15.42] Maurer, De Odorico, Haase, Hansen, Kemnitz, Sauer, Semmler, Waldron, De Fromont, DGZfP-Jahrestagung St. Gallen (2008);
[15.43] Pinchuk, Bulavinov, Kappes, Verbesserung der Prüfempfindlichkeit und Aussagekraft der Phased-Array Technik durch das eRDM Verfahren, DGZfP-Jahrestagung Bremen (2011);
[15.44] Bulavinov, Kröning, Pinchuk, Reddy, Echtzeit-3D-Bildgebung mittels der getakteten Gruppenstrahlertechnik für Ultraschallprüfanwendungen, DGZfP-Jahrestagung Münster (2009);
[15.45] Bücher, Cyr, Die Prüfung von Schweißnähten an T-Stössen mit Ultraschall-Phased-Array-Gruppenstrahler-Technologie, DGZfP-Jahrestagung Salzburg (2004);
[15.46] Deutsch, Platte, Vogt, Ultraschallprüfung, Springer-Verlag 1997;
[15.47] Vogt, Köhler, Meas, ZETEC Inc., TOPAZ-ein tragbares Phased Array Handprüfgerät mit einfacher Bedienung, unglaublicher Prüfgeschwindigkeit und das alles kombinierbar mit einer übersichtlichen für die Praxis umfassenden Simulationssoftware, DGZfP-Jahrestagung Dresden (2013);
[15.48] Boehm, Wüstenberg, Erhard, Brekow, Tessaro, Überlegungen zur Fehlergrößenbestimmung bei rissartigen Fehlern im Plattierungsbereich mit TOFD, DGZfP-Jahrestagung Berlin 2001;
[15.49] Schlengermann, Büchler, Regeln zum Ultraschallprüfen mit Phased Arrays (PAUT), ZfP-Zeitung der Dachgesellschaften DGZfP, ÖGfZP, SGZP, Okt. 2013;
[15.50] Schlengermann, Büchler, Regeln zum Ultraschallprüfen mit Phased Arrays (PAUT) – Teil 2, DGZfP-Zeitung, Dezember 2013;
[15.51] Zakljukovskij, Die Anwendung von piezoelektrischen Wandlern für die kontaktlose Ultraschallprüfung von Erzeugnissen, Defektoskopija 3 (1978);

Besondere Prüftechniken III (Spezielle Werkstoffe) 16

16.1 Austenitische Werkstoffe

16.1.1 Physikalische Grundlagen

Das Hauptproblem bei austenitischen Stählen liegt darin begründet, dass ihr Gefüge grobkörnig und nicht isotrop ist und damit verbunden ihre physikalischen Eigenschaften. Es fehlt im Vergleich zu ferritischen oder perlitischen Stählen die Phasenumwandlung $\gamma \Rightarrow \alpha$, die zusammen mit dem erforderlichen Luftsturz wiederum den feinkörnigen Gefügezustand dieser Stähle ausmacht.

Die Anisotropie austenitischer Werkstoffe bedeutet Richtungsabhängigkeit der elastischen Eigenschaften, wie z.B. der Ultraschallgeschwindigkeit. Während im isotropen Zustand, wo die Kristalle klein gegenüber der Wellenlänge sind, eine einzige mittlere Schallgeschwindigkeit unabhängig von der Ausbreitungsrichtung des Ultraschalls gemessen wird, können bei anisotropen austenitischen Werkstoffen erhebliche Unterschiede der Schallgeschwindigkeit je nach Ausbreitungsrichtung auftreten. Ein Beispiel dafür sind Grobbleche, bei denen Texturen durch unterschiedliche Schallgeschwindigkeiten in und quer zur Walzrichtung nachgewiesen werden können.

Die grobe Kornstruktur in austenitischen Prüfgegenständen beeinflusst nicht nur die Ultraschallgeschwindigkeit, sondern auch die Ultraschallschwächung, die aus Absorption und Streuung resultiert. Insbesondere die Streuung der Ultraschallwellen oder -impulse an austenitischen Stengelkristallen kann Auswirkungen auf die Prüfergebnisse haben. Der Anteil der Gefügeanzeigen steigt derart, dass das Nutz-/Störsignal-Verhältnis negativ beeinflusst wird. Folgende Streuungsmechanismen werden unterschieden:

- Rayleigh-Streuung mit dem D/λ-Verhältnis von: $0{,}02 < D/\lambda < 0{,}2$ und $\alpha = f$ (Frequenz^4),
- Stochastische Streuung mit einem D/λ-Verhältnis von: $D/\lambda \sim 1$ und $\alpha = f$ (Frequenz^2),
- Diffuse Streuung mit einem D/λ-Verhältnis von: $D \gg \lambda$ und $\alpha = f$ (Frequenz).

K. Schiebold, *Zerstörungsfreie Werkstoffprüfung – Ultraschallprüfung*,
DOI 10.1007/978-3-662-44700-0_16, © Springer-Verlag Berlin Heidelberg 2015

Es gibt also eine große Frequenz- und D/λ- Abhängigkeit, so dass man mit der Prüffrequenz und der Wellenart bereits gegen eine hohe Ultraschallschwächung steuern kann [16.1]. Longitudinalwellen werden deshalb auch häufig bei normalen oder bei S/E-Winkelprüfköpfen zum Prüfen austenitischer Prüfgegenstände eingesetzt, weil sie im Vergleich zu Transversalwellen bei gleicher Frequenz eine geringere Wellenlänge aufweisen und damit nicht so schnell in den kritischen Streuungsbereich kommen. Der Schallschwächungskoeffizient, d.h. die Schwächung bezogen auf den Laufweg der Ultraschallwellen, ist demnach bei Transversalwellen größer als bei Longitudinalwellen.

16.1.2 Prüftechnik

Für austenitische Werkstoffe gibt es keine einheitliche Prüftechnik, man muss diese nach ihrem Wirkungsgrad auf das Nutz-/Störsignalverhältnis auswählen. Es hat sich als notwendig erwiesen, die Prüftechnik an die Beschaffenheit (Werkstoff, Zusatzwerkstoff, Gieß- oder Schweißparameter, Gefügeausbildung) und Wanddicke des zu prüfenden Bauteiles und auf die Art der zu erwartenden Fehler anzupassen. Prüffrequenz, Wellenart, Impulslänge, Fokussierung und Signalverarbeitung sind von entscheidender Bedeutung für dieses Ziel. Die gegenwärtig wichtigsten Techniken zur Verbesserung dieses Signal-/Rausch-Abstandes werden nachstehend beschrieben.

16.1.2.1 Longitudinalwellen-Winkelprüfköpfe

Auch über Longitudinalwellen-Winkelprüfköpfe wurde bereits im Kapitel 2 berichtet. Ergänzend sollen jedoch noch Transversalwellen-Winkelprüfköpfe eingefügt werden, bei denen die Transversalwelle nicht wie bei der herkömmlichen Technik vertikal, sondern horizontal polarisiert ist. Solche Prüfköpfe sind hinsichtlich ihres Ausbreitungsverhaltens bei austenitischen Werkstoffen vergleichbar mit longitudinalen Prüfköpfen. Fokussierende Prüfköpfe weisen infolge der Bündelung des Ultraschallfeldes ein verbessertes Verhältnis von Streuquerschnitt zu Fehlergröße auf, wodurch sich jedoch der Nachteil einer umfangreichen Abtastung des Werkstückes sowie einer Prüfzeitverlängerung und Kostenerhöhung ergibt [16.16].

16.1.2.3 Breitbandige hochbedämpfte Prüfköpfe

Der Vorteil dieser Prüfköpfe in Bezug auf die Verbesserung des Signal-Rausch-Abstandes besteht darin, dass kurze breitbandige Ultraschallimpulse das grobkörnige Gefüge austenitischer Werkstoffe wesentlich besser durchdringen als lange schmalbandige Impulse [16.2]. Beim Durchgang eines Ultraschallimpulses durch grobkörniges Gefüge werden seine höherfrequenten Anteile stärker geschwächt als die Anteile niedriger Frequenzen (Frequenzentmischung). In der Folge wird die Mittenfrequenz (ist annähernd die Nennfrequenz des Prüfkopfes) zu niedrigeren Frequenzen verschoben. Ein schmalbandiger Prüfkopf ist dann meistens nicht mehr in der Lage, diese niedrigere Mittenfrequenz zu erfassen. Seine Empfindlichkeit ist dafür nicht mehr ausreichend. Der breitbandige Prüfkopf mit kurzen Impulsen besitzt dagegen über eine wesentlich größere Breite seines Frequenzspektrums hinweg eine ausreichende Empfindlichkeit für die abgesenkte Frequenz, die mit einer Absenkung von – 6 dB als ausreichend angesehen wird. Sein Auflösungsvermögen für die aufzufindenden Fehler bleibt weitgehend erhalten.

16.1.2.4 Schmalbandsendertechnik

Die Besonderheit des von der Fa. Deutsch entwickelten Schmalbandsendergerätes [16.2] besteht darin, dass mittels eines Funktionsgenerators modulierbare Trägerprüffrequenzen im Frequenzintervall von 60 KHz bis 11 MHz erzeugt und digital zur Anzeige gebracht werden. Diese Trägerfrequenzen werden derart moduliert, dass Dreiecks- bzw. Sinusimpulse mit stufenlos veränderlicher Impulsbreite die piezoelektrischen Wandler der Prüfköpfe anregen. Je breitbandiger die Prüfköpfe in ihrer Empfindlichkeitscharakteristik sind, d.h. je größer das Frequenzband ist, in dem sie mit gleichen und möglichst geringen Verstärkungswerten am Prüfgerät empfangen, desto besser ist die optimale, dem Schwächungsverhalten der Werkstoffe anpassbare Prüffrequenz wählbar, so dass ein Optimum des Signal-Rausch-Abstandes bei der Ungänzendefektoskopie erreicht werden kann.

Im Gegensatz zur Schmalbandsendertechnik werden bei der herkömmlichen Technik schmalbandige Prüfköpfe durch breitbandige Sendeimpulse angeregt. Der Nachteil besteht darin, dass die der maximalen Empfindlichkeit der Prüfköpfe entsprechende Arbeitsfrequenz in den seltensten Fällen exakt der dem Gefügezustand angepassten optimalen Frequenz entspricht. Die Frequenzoptimierung am Schmalbandsender kann eine Verstärkungsreserve von etwa 15 bis 25 dB bringen und somit entscheidend zur Herstellung der Prüfbarkeit quantitativ stark schallschwächender Werkstoffe beitragen (siehe auch Abb. 11.18).

16.1.2.5 Signalverarbeitungstechnik

Durch Einsatz der Computertechnik ergeben sich vielfältige Möglichkeiten zur Auswertung und Korrektur des A-Bildes. Die bekannteste Methode dazu ist die Signalmittelungstechnik, bei der die Rauschanzeigen aus dem Gefüge in der abklingenden Echofunktion elektronisch gemittelt werden, so dass sich ein größerer Signal-Rausch-Abstand zwischen den Gefügeechos (Grasanzeigen) und der Ungänzenanzeige ergibt. Abb. 16.1 enthält Stufen der Signalverarbeitung.

Beim Bau einer Ultraschall-Prüfanlage zur Prüfung von Kupfer und Kupferlegierungen wurden Techniken eingesetzt, wie die schnelle Digitalisierung des Ultraschall-Signals mit anschließender Datenreduktion und adaptiver Bewertung mit schnellen Prozessoren, die ihre Praxistauglichkeit vollständig nachgewiesen haben [16.3].

Für die Signalmittelungstechnik ist jedoch eine große Anzahl von Ultraschallbefunden erforderlich, die den Einsatz von Computern unabdingbar machen [16.16]. Auch werden an die Qualifikation der Prüfer vergleichsweise sehr hohe Anforderungen gestellt.

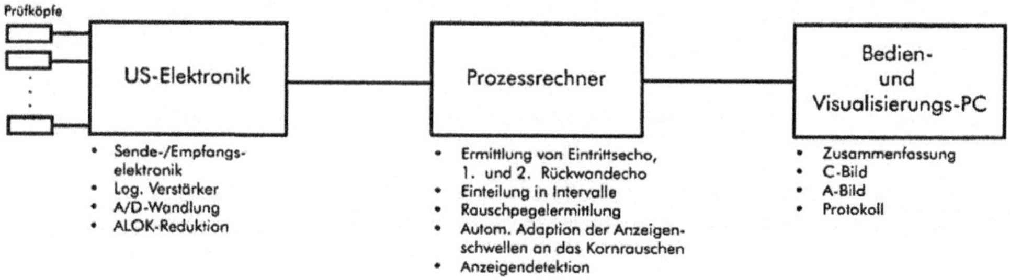

Abb. 16.1 Stufen der Signalverarbeitung [16.3]

16.1.3 Anwendungen

Die häufigste Anwendung der besprochenen Techniken ist die Prüfung von austenitischen Schweißverbindungen, die zu den schwer prüfbaren Werkstoffen gehören [16.23]. Im austenitischen Schweißgut kann die Ultraschallgeschwindigkeit der drei Wellenarten (longitudinal, transversal vertikal und horizontal polarisiert) richtungsabhängig bis zu 30% gegenüber dem Grundmaterial schwanken, so dass an der Grenzfläche zwischen Grundwerkstoff und Schweißgut mit Reflexion und Richtungsänderung des durchgelassenen Schallbündels zu rechnen ist. Bei großen Auftreffwinkeln kann sogar mit Totalreflektion an der Schweißnahtflanke (Abb. 16.2) und Entstehung von Störanzeigen gerechnet werden (Abb. 16.3) [16.3]. Das Gefügerauschen ist signifikant und verdeckt die Anzeigen von Fehlern sowohl in einzelnen A-Bildern, als auch in B-Bild-Darstellungen. Diesbezüglich sind Simulationen angestellt worden, die aber auch noch nicht als abschließend betrachtet werden können [16.23]

Wenn der Prüfkopf wegen dieser Reflexionen nicht so geführt werden kann, dass entweder nur in das Schweißgut oder in das Grundmaterial eingeschallt wird, so kann es zu einer Aufspaltung des Schallbündels und in der Folge zur Auslöschung von Anzeigen führen. Dies ist insbesondere bei der Querfehlerprüfung zu beachten.

Eine weitere Möglichkeit zur Verbesserung der Prüfbarkeit austenitischer Schweißverbindungen ist die magnetische Beeinflussung der Kornstruktur (Abb. 16.4) durch die Anwendung von WIG-Lichtbogen-Pulsen [16.22].

Eine grundsätzliche Arbeit zur Darstellung der Schwierigkeiten der Ultraschallprüfung austenitischer Schweißnähte, ihrer Ursachen und Möglichkeiten der Überwindung ist von Richter bereits 1968 vorgestellt worden [16.21]. Die Ergebnisse dieser Veröffentlichung wurden von Frielinghaus [16.20] ergänzt und vertieft. Zusammenfassend hat er nachgewiesen, dass die Prüfung von austenitischen Schweißverbindungen durch den Einsatz hochbedämpfter Prüfköpfe und von longitudinalen Winkelprüfköpfen, sowie durch die Fokussierung auf die möglichen Fehler noch effizienter werden kann. Weitere diesbezügliche Beiträge liegen vor durch [16.17], [16.18] und [16.19].

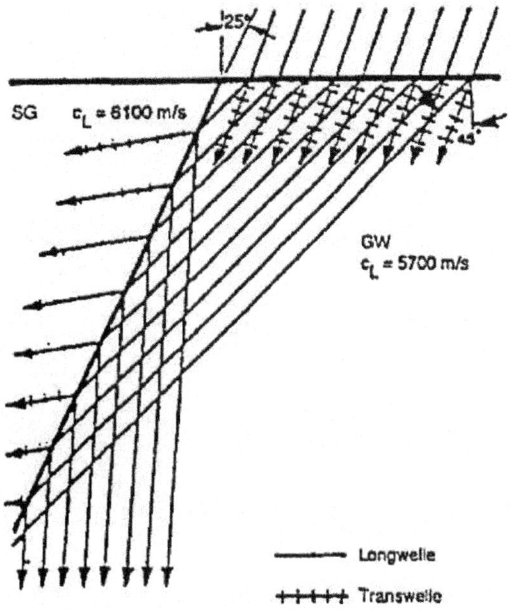

Abb. 16.2 Totalreflexion der Longitudinalwellen am Übergang Grundwerkstoff und Schweißgut

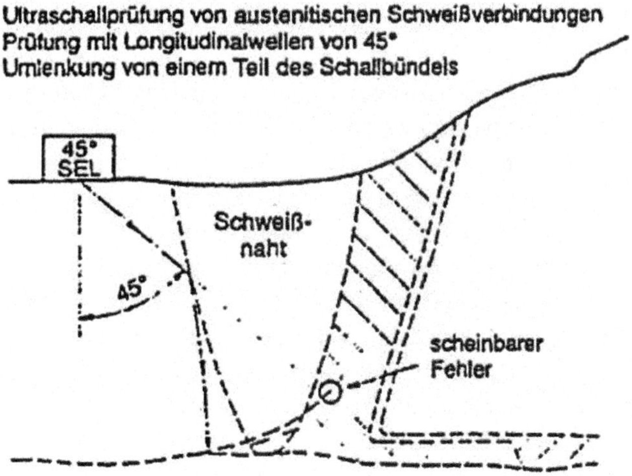

Abb. 16.3 Entstehung von Störanzeigen

Abb. 16.4 Magnetische Beeinflussung der Kornstruktur [16.22]

16.2 Gusswerkstoffe

16.2.1 Stahlformguss

Zur Senkung der Energiekosten im technologischen Prozess der Herstellung metallurgischer Erzeugnisse, wie Guss- oder Schmiedestücke, werden in zunehmendem Maße auch Verfahren der zerstörungsfreien Werkstoffprüfung angewendet. Neben der praxisüblichen Ermittlung der mechanisch-physikalischen Kennwerte ist insbesondere auch die Ultraschallschwächungsmessung geeignet, den Nachweis der Normalisierung des Gefüges bei Stahlformguss zu erbringen. Stahlformguss für allgemeine Beanspruchungen wird meistens vor allem mit ansteigender Wanddicke normalisiert, in Ausnahmefällen vergütet. Die Erzeugung eines gleichmäßigen, feinkörnigen, also „normalen" Gefügezustandes ist die Zielstellung der Normalglühung.

In der Fachliteratur wird vielfach über den Einsatz der Ultraschallschwächungsmessung zur Unterscheidung von Gefügezuständen, zur Sortierung von geglühten Werkstücken und zur Bestimmung von Korngrößen berichtet [16.24]. Dabei konnte übereinstimmend nachgewiesen werden, dass sich der normalisierte Zustand vom Gusszustand deutlich unterscheidet, weil die entsprechenden Korngrößen um mindestens eine Größenordnung voneinander abweichen. Abb. 16.5 zeigt Verlustkoeffizienten in Abhängigkeit von der Prüffrequenz für die beiden Gefügezustände.

Die Schallschwächung wird hauptsächlich durch den Streuanteil und dieser wiederum durch das Verhältnis von Korndurchmesser zur Ultraschallwellenlänge bestimmt. Man benutzt besonders im Hinblick auf eine große Zahl von zu untersuchenden Gussstücken aufgrund des geringeren gerätetechnischen Aufwandes vorzugsweise ein Messverfahren, bei

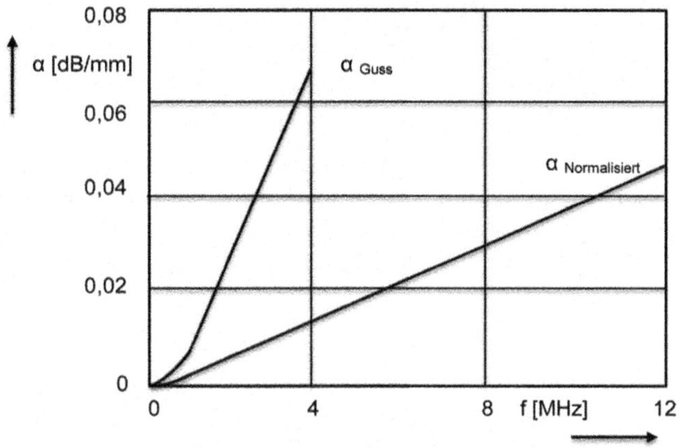

Abb. 16.5 Verlustkoeffizienten in Abhängigkeit von der Prüffrequenz [16.5]

dem die Dämpfung der Rückwandechofolge bezogen auf den Laufweg der Schallimpulse als Maß der Schallschwächung ausgewertet wird. Zur Ermittlung von Ultraschallschwächungs-Kennwerten sind zunächst die Reflexions- und Divergenzverluste als Amplitudendifferenzen $\Delta A_{G(uss)}$ und $\Delta A_{N(ormalisiert)}$ zweier aufeinanderfolgender Rückwandechos zu ermitteln und durch die doppelte Wanddicke als Laufweg der Ultraschallimpulse zu dividieren. Abb. 16.5 zeigt die Verlustkoeffizienten in Abhängigkeit von der Prüffrequenz für die beiden Gefügezustände.

Anhand der Messergebnisse an speziellen Proben sind sogar Vorsatzskalen entwickelt worden, die die Gefügebeurteilung unter Produktionsbedingungen noch rationeller gestalten (Abb. 16.6).

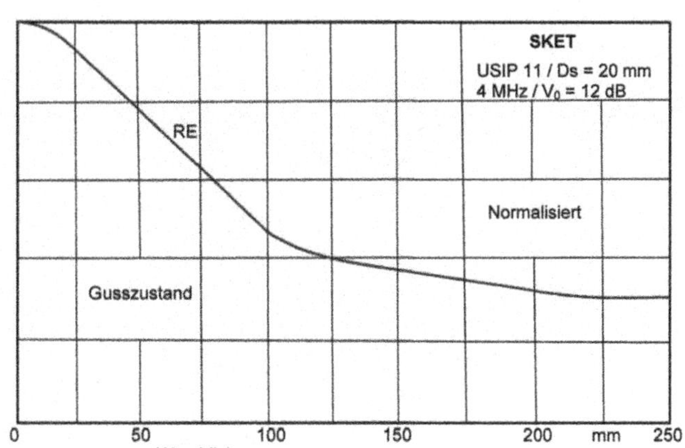

Abb. 16.6 Bildschirmvorsatzskala zur Gefügebeurteilung an Stahlformguss [16.6]

16.2.2 Gusseisen

Im Zuge der weiteren Durchsetzung der Leichtbauweise, der Wanddickenminimierung und der Werkstoffsubstitution muss neben der forcierten Einführung der Defektoskopie vor allem auf die zerstörungsfreie Beurteilung des Festigkeitsverhaltens von Gusseisen Wert gelegt werden. Die Schwierigkeit dieser Problematik wird anhand der Abb. 16.7 deutlicher, in dem die wesentlichsten Einflussfaktoren auf die zerstörungsfreie Festigkeitsbestimmung von Gusseisen zusammengestellt sind [16.5].

Im Grunde genommen sind die Haupteinflussfaktoren das durch die chemische Zusammensetzung bedingte Grundgefüge und der Graphitanteil, während die geometrischen Randbedingungen, die Kohlenstoffverbindungen und besonders die Ungänzen als Störfaktoren wirken können, deren Einfluss weitgehend konstant gehalten oder ausgeschaltet werden muss. Hinsichtlich der angestrebten Ausbildung des Graphits unterscheidet man Kugelgraphit, Lamellengraphit und Vermiculargraphit als Mischform der beiden zuerst

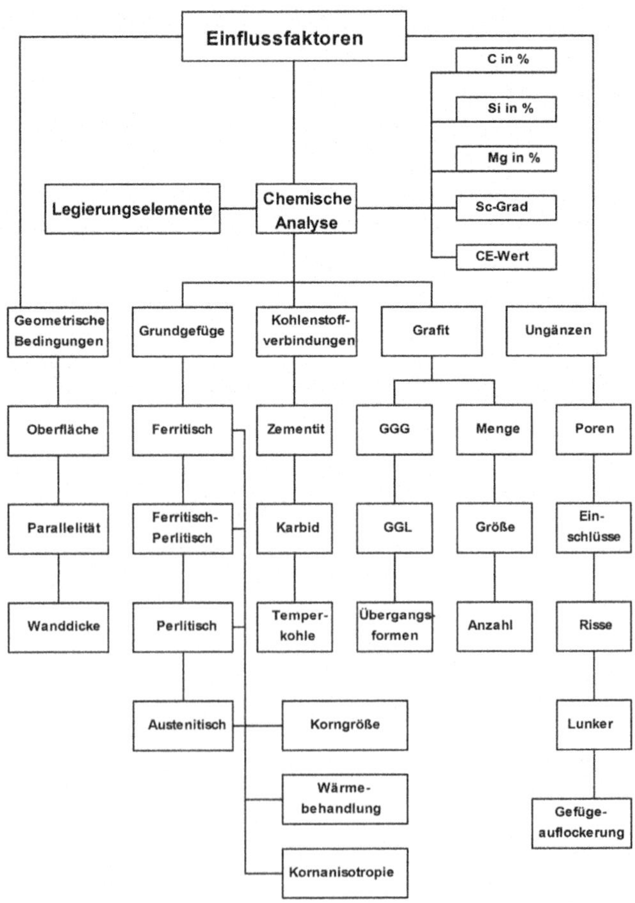

Abb. 16.7 Einflussfaktoren auf die zerstörungsfreie Festigkeitsbestimmung an Gusseisen

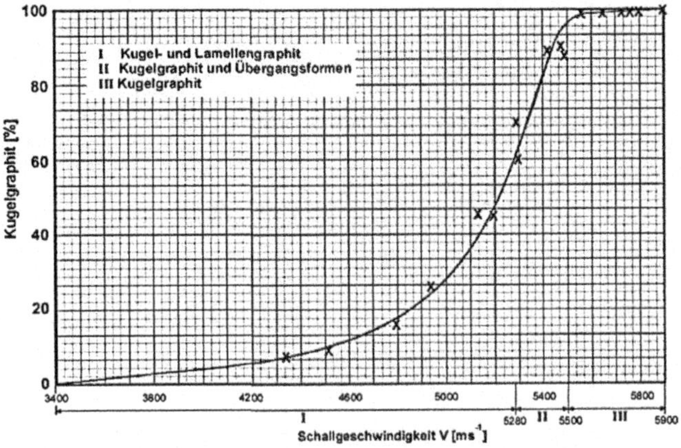

Abb. 16.8 Ultraschallgeschwindigkeit und Kugelgraphitanteil [16.8]

genannten Graphitformen. Gusseisen mit Kugelgraphit hat bessere Festigkeitseigenschaften als Gusseisen mit Lamellengraphit und wird deshalb auch in großer Menge in Komponenten für die Automobilherstellung eingesetzt.

Graphitlamellen erhöhen die Kerbwirkung im Werkstoff. Um die mit der Gefügeausbildung des Kugelgraphits verbundenen Festigkeitswerte in der Praxis zu erzielen, ist es neben metallurgischen Maßnahmen vorteilhaft, die Ultraschallgeschwindigkeit an gesondert abgegossenen Proben vor dem Vergießen des Produktes zu ermitteln, weil ein unmittelbarer Zusammenhang zwischen Ultraschallgeschwindigkeit und Kugelgraphitanteil besteht (Abb. 16.8) und weil evtl. die Abkühlgeschwindigkeit und spezielle Wärmebehandlungen weiterhelfen.

Aus diesem Diagramm lässt sich ableiten, wie viel Graphit im Gefüge vollkommen oder unvollkommen kugelförmig ausgebildet ist (Abb. 16.9) [16.8].

Ultraschallgeschwindigkeit und Ultraschallschwächung lassen sich zur Bestimmung von zahlreichen Eigenschaften bei Gusseisen verwenden, so z.B. zur Bestimmung der Zugfestigkeit, der Dehnung, der Korngröße, der Sprödbruchtemperatur oder des Reinheitsgrades, insbesondere wenn die Untersuchungen rechentechnisch unterstützt durchgeführt werden. Hinsichtlich der Bestimmung der Zugfestigkeit in Abhängigkeit von der Schallgeschwindigkeit liegen entsprechend Abb. 16.10, 16.11 und 16.12 mehrere Veröffentlichungen vor [16.1], [16.6], [16.27].

So konnten in der Vergangenheit Festigkeitswerte an Zylinderlaufbuchsen von Dieselmotoren mittels Ultraschallgeschwindigkeitsmessungen ermittelt und ein entsprechender Beitrag zur Qualitätssicherung dieser Erzeugnisse geleistet werden.

In Abb. 16.13 wird dieser Zusammenhang ebenfalls dargestellt [16.6].

Schließlich wird die Abhängigkeit der Zugfestigkeit von der Schallgeschwindigkeit in Abb. 16.14 in analoger Weise abgebildet [16.27].

Die Untersuchungen zeigen im Prinzip ähnliches Verhalten zwischen der Zugfestigkeit und der Schallgeschwindigkeit und haben darüber hinausgehend besonderen Wert, wenn gleichzeitig das Grundgefüge des Werkstoffes mit untersucht wird [16.6]. Das wiederum

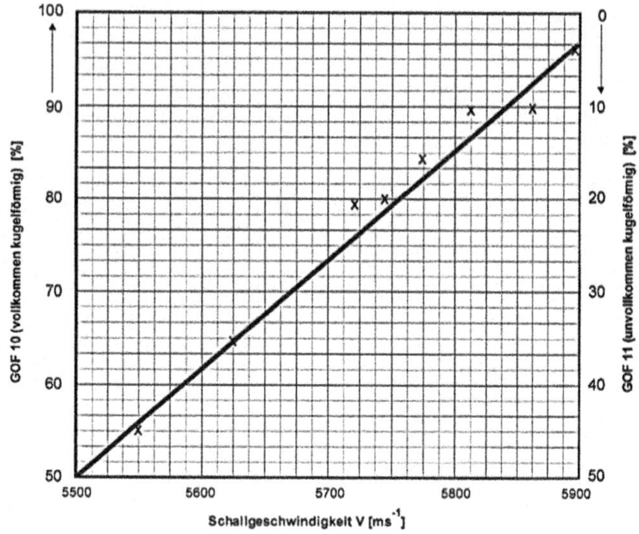

Abb. 16.9 Abhängigkeit d. Schallgeschwindigkeit vom Einformungsgrad des Kugelgraphits [16.8]

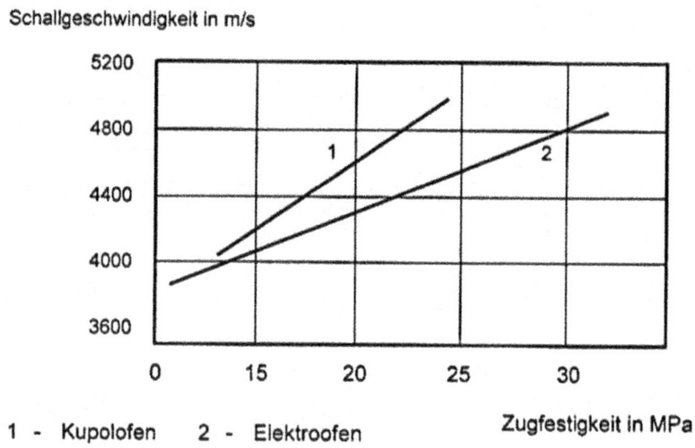

Abb. 16.10 Schallgeschwindigkeit und Zugfestigkeit bei Gusseisen [16.1]

schlagen Morgner et al vor und beschreiben eine kombinierte zerstörungsfreie Methode aus Schallgeschwindigkeits- und Koerzitivfeldstärkemessungen, wobei die Schallgeschwindigkeitswerte vorzugsweise die Graphitausbildung und die Koerzitivfeldstärke den Matrixzustand charakterisieren. Die Verknüpfung mit der Festigkeit basiert auf einer mehrdimensionalen Regressionsanalyse (Abb. 16.15).

16.2.3 Schalenhartguss

Schalenhartguss ist ein Gusseisenwerkstoff, der nach dem Vergießen in der Kokille außen ledeburitisch („weiß“) erstarrt. Nach dem Inneren hin entsteht meliertes und im Kern grau-

Abb. 16.11 Zusammenhang zwischen Zugfestigkeit und Ultraschallgeschwindigkeit [16.6]

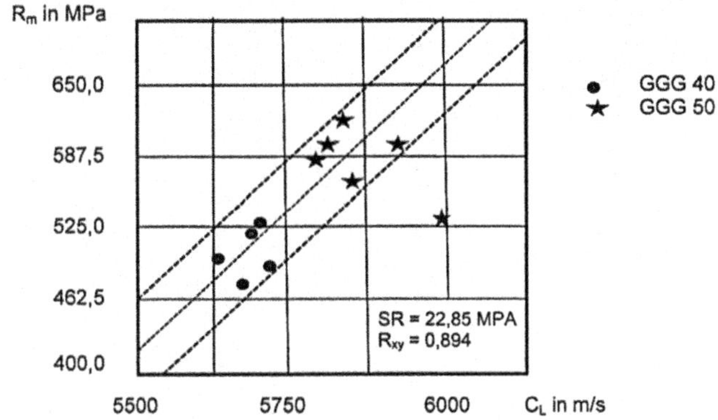

Abb. 16.12 Festigkeitsbestimmung mittels Ultraschall an Zylinderlaufbuchsen [16.10]

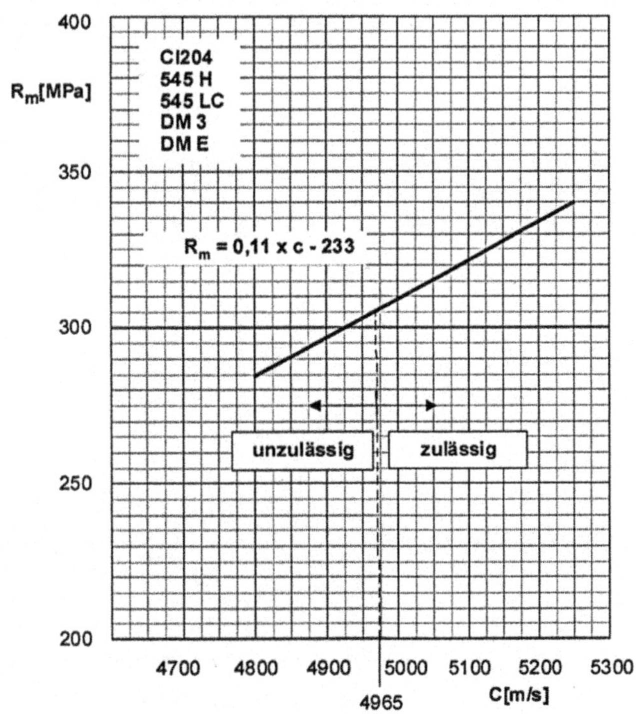

es Gefüge. Der Graphitanteil ist in der weißen Randzone am geringsten und steigt mit zunehmendem Randabstand („melierte Zone") an. Im Kernbereich („graue Zone") und bei Walzen in den Zapfen ist der Graphitanteil am größten.

Die Gefügezonen sind in der Regel nicht scharf begrenzt, sondern gehen ineinander über. Je nach dem Verwendungszweck des Schalenhartgusses kann sowohl die Rand- als auch die Kernzone mehr oder weniger meliert ausgebildet sein. Die Gefügezonen sind an

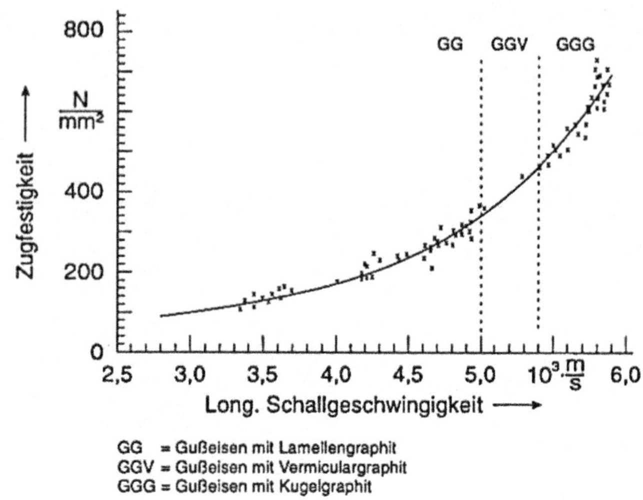

Abb. 16.13 Zusammenhang zwischen Zugfestigkeit und Schallgeschwindigkeit beim Gusseisen mit Kugelgrafit [16.6]

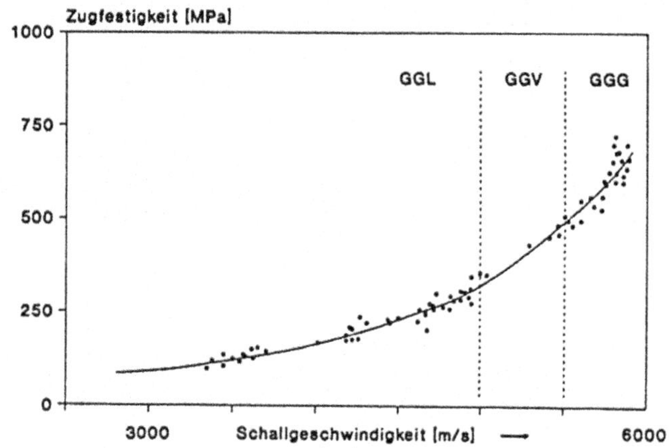

Abb. 16.14 Abhängigkeit der Zugfestigkeit von der Schallgeschwindigkeit [16.27]

einem Querschnittssegment einer Schalenhartgusswalze im Abb. 16.16 schematisch dargestellt [16.11].

Die Geschwindigkeit der Longitudinalwelle bei Ultraschallfrequenzen hängt bei Gusseisen überwiegend von der Menge, Größe und Form des Graphits ab. Die Schallgeschwindigkeit in Schalenhartguss erreicht im weißen Gefügebereich ihren Höchstwert und fällt mit zunehmendem Oberflächenabstand bis zur Erreichung eines Minimalwertes in der grauen Gefügezone ab. Wird die Schallgeschwindigkeit in radialer Richtung über die gesamte Wanddicke bzw. den Querschnitt gemessen, so erhält man einen integrierten Wert V*, der von der Summe der Querschnittsausdehnungen aller beteiligten Gefüge abhängt. Morgner und Shaffi haben die physikalischen Eigenschaften des weißen, melierten und grauen Gusseisens untersucht [16.12] und festgestellt, dass ausreichende Unterschiede in

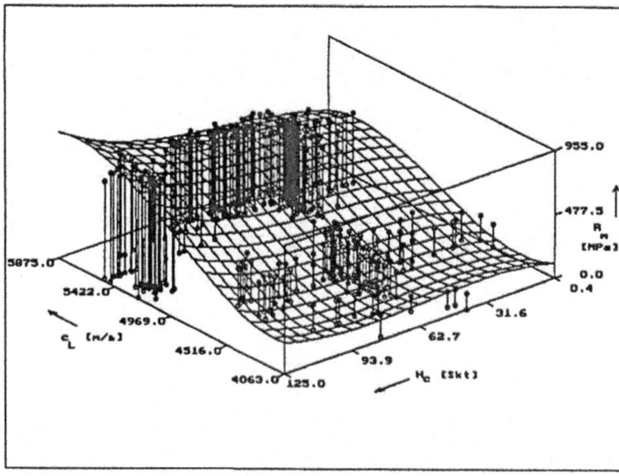

Abb. 16.15 Zugfestigkeit von unlegiertem Gusseisen in Abhängigkeit von der Koerzitivfeldstärke und der Schallgeschwindigkeit [16.27]

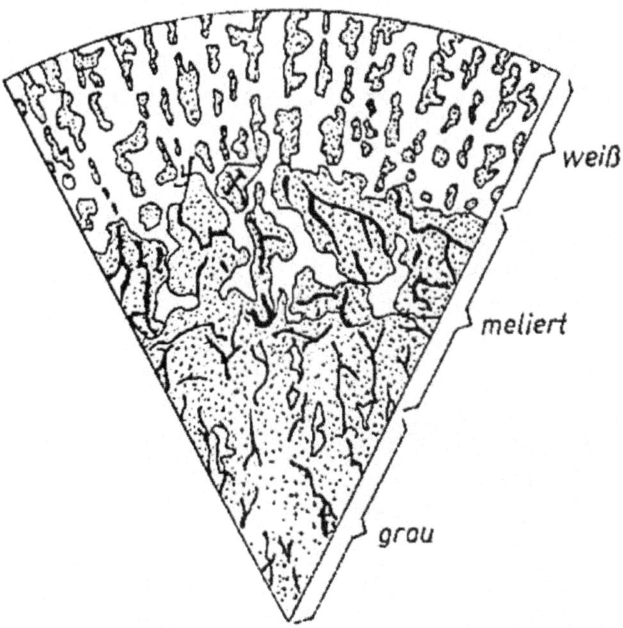

Abb. 16.16 Schematische Darstellung des Segmentes einer Querscheibe von einer Schalenhartgusswalze. Helle Bereiche: Karbidisches Gefüge; Graue Bereiche: Perlit, evtl. Martensit; Schwarze Lamellen: Graphit

den physikalischen Eigenschaften dieser Gusseisensorte bei der Dichte, dem Elastizitätsmodul, der elektrischen Leitfähigkeit, der Sättigungsinduktion, der relativen Permeabilität und der absoluten differentiellen Thermospannung auftreten. Mit Hilfe dieses Wertes lässt sich eine Kennziffer ableiten, wenn diese Schallgeschwindigkeit von der maximalen, das weiße Oberflächengefüge kennzeichnenden Schallgeschwindigkeit V_0 verglichen wird. Es ergibt sich eine Kennziffer, auch Graukennziffer genannt [16.11], zu

$$G = V_0 - V^*.$$

Da mit zunehmendem Durchmesser bzw. mit größerer Wanddicke normalerweise auch der Anteil des grauen Gefüges zunimmt, wird G mit zunehmendem Querschnitt größer. Vergleichende quantitative Aussagen über die Gefügeausbildung durch G setzen daher gleiche Wanddicken der Prüfgegenstände voraus. Da die Graukennziffer eine Kennzahl für den Grauanteil des Werkstoffs ist, kann auch ein Zusammenhang zwischen dem Mitnahmevermögen einer Schalenhartgusswalze und dieser Graukennziffer abgeleitet werden. Das trifft z.B. auf Reibwalzen und Walzenmäntel zur Verarbeitung von Massefilmen zu.

16.3 Kunststoffe

16.3.1 Zielstellung für Ultraschallprüfungen

Bisher gibt es für Kunststoffe noch keine ZfP-Normen für die Ultraschallprüfung. Die erforderlichen Grundlagen sind vom Deutschen Verband für Schweißtechnik in der Richtlinie DVS 2206 zusammengefasst worden. Im Folgenden soll über diese Richtlinie berichtet werden. Kunststoffprodukte werden danach gegenwärtig aus folgenden Werkstoffen hergestellt [16.13]:

- Polyvinylchlorid (PVC),
- Polyäthylen (PE),
- Polypropylen (PP),
- Polymethylmehacrylat (PMMA),
- Polybuten (PB),
- Acrylnitril-Butadien-Styrol (ABS).

Zur Prüfung geschweißter Bauteile aus Kunststoff werden zerstörende und zerstörungsfreie Verfahren eingesetzt. Die Möglichkeiten und Grenzen der bei dieser Prüfung anwendbaren Verfahren ergeben sich aus

- den physikalischen Grundlagen,
- den Werkstoffeigenschaften,
- der Art der Fehler,
- der Bauteilform,
- den gerätetechnischen Möglichkeiten,
- den in der Praxis vorgegebenen Randbedingungen.

Bedeutung hat die Ultraschallprüfung nur bei Halbzeug und Rohren aus PVC und PE erlangt. Das liegt insbesondere an der sehr hohen Schallschwächung in den Werkstoffen. Damit verbunden sind folgerichtig niedrige Frequenzen einzusetzen, wodurch im Vergleich zu Stahl wiederum die feststellbare Fehlergröße ziemlich groß ist. Hervorzuheben sind Wanddickenmessungen und Werkstoffprüfungen am Grundwerkstoff. Wanddicken sind bei PE nach DVS 2206 [16.13] bei 0,5 MHz bis zu 450 mm und bei 4 MHz bis zu 70 mm prüfbar, bei PP bei 0,5 oder 1 MHz bis zu 80 mm. Ein wichtiges Ziel bleibt auch die Prüfung von Schweißverbindungen und insbesondere an Rohren, da ein immer größerer Anteil von Rohren für die Versorgungsleitungen nicht mehr aus Stahl, sondern aus PE hergestellt wird. Z.Z. kann dieser Anteil an Kunststoffrohren auf ca. 85% eingeschätzt werden. Nicht zu vergessen sind Ausrüstungen im Windkraftanlagenbereich, die bisher noch in relativ geringem Maße mit Ultraschall geprüft werden, jedoch hohen Beanspruchungen ausgesetzt sind.

Die Schweißnahtprüfung ist im Wesentlichen auf PE begrenzt, während die Prüffähigkeit bei PP stark eingeschränkt ist. Schweißverbindungen, die parallel zur Oberfläche liegen, können im Bereich der Wanddickenmessungen geprüft werden. Die nachweisbare Fehlergröße ist von der Tiefenlage des Fehlers, von der Spaltbreite der Werkstofftrennung und von der anwendbaren Prüffrequenz abhängig.

Von den physikalischen und den gerätetechnischen Gegebenheiten ist die Ultraschallprüfung besonders geeignet Kunststoffschweißnähte zu prüfen. Dennoch ergeben sich besondere Schwierigkeiten durch

- die Wechselwirkung zwischen Ultraschall und Werkstoff [23] unter Berücksichtigung von Schallgeschwindigkeit und Schallschwächung,
- die Einflüsse der Bauteilform auf die Schallausbreitung (Begrenzung, Rohrkrümmung, Nahtform, Nahtwulst),
- das unterschiedliche Reflexionsverhalten der natürlichen Fehler definierter Form, Größe und Lage im Schallfeld.

16.3.2 Justierung und Justierkörper

Zum gegenwärtigen Stand der Technik beim Prüfen von Schweißnähten können folgende Aussagen getroffen werden:

- Senkrechteinschallung zur Kontrolle der Wanddicke und zum Nachweis von Fehlern, die parallel zur Prüfoberfläche verlaufen (Abb. 16.17).
- Schrägeinschallung zum Nachweis von Fehlern, die zur Prüfoberfläche unter einem Winkel angeordnet sind (Abb. 16.18).
- Justierung an Vergleichskörpern mit Ersatzfehlerreflektoren, wie Kreisscheiben, Querbohrungen und Nuten (Abb. 16.19).
- Justierung an Rohrkontrollkörpern aus PE [Abb. 16.20].

Während die Senkrechteinschallung mit S/E- und Normalprüfköpfen relativ problemlos ist und einen guten Nachweis der Fehler in den genannten PE-Rohrschweißungen ergibt,

Abb. 16.17 Senkrechteinschallung mit Kreisscheibenreflektor [16.14]

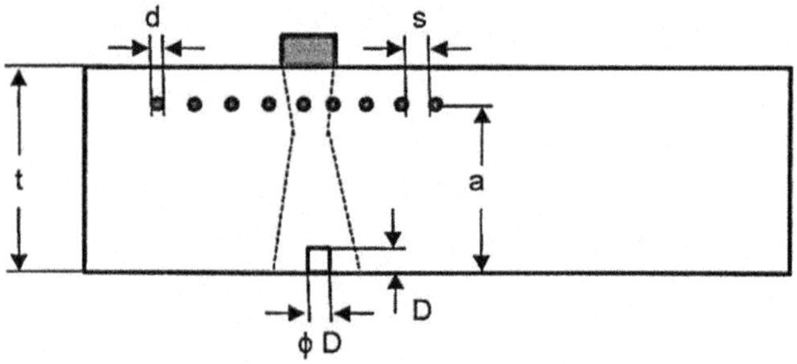

Abb. 16.18 Schrägeinschallung [16.14]

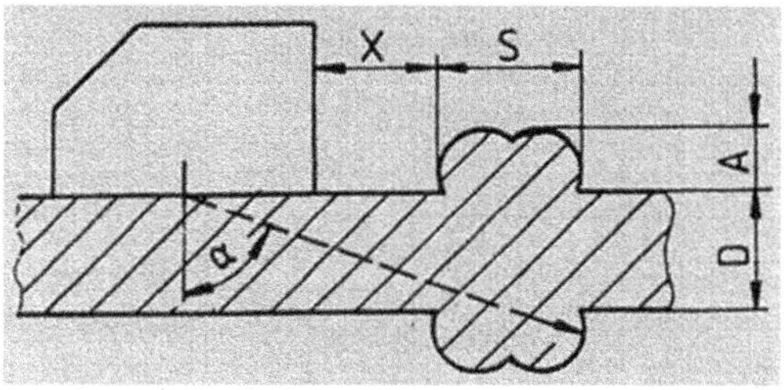

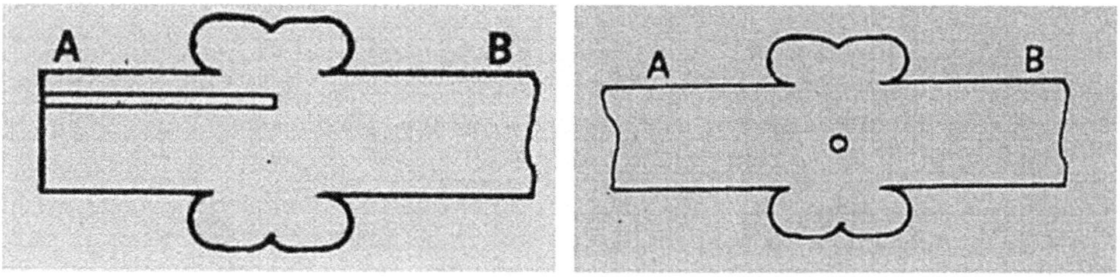

Abb. 16.19 Justierkörper mit Kreisscheibe (links) und Querbohrung (rechts) [16.14]

muss bei der zweiten Fehlergruppe eine Unterscheidung hinsichtlich der zu verwendenden Winkelprüfköpfe getroffen werden. Im Wanddickenbereich bis 15 mm sollten 70°- Winkelprüfköpfe, im Wanddickenbereich über 15 bis 30 mm 65°- Winkelprüfköpfe verwendet werden.

Wird die Wanddicke der Rohre und Schweißverbindungen noch größer, so wird zusätzlich zur Schrägeinschallung die Tandemtechnik empfohlen (Abb. 16.21). Bei abgeschliffenen Schweißwülsten kann auch mit Senkrechtprüfköpfen untersucht werden.

In der Vergangenheit wurden Winkel- und Normalprüfköpfe im Frequenzbereich von 0,5 bis 4 MHz und nominellen Einschallwinkeln zwischen 45° und 80° eingesetzt. Hinsichtlich dieser Frequenzen und Einschallwinkel ist jedoch zu berücksichtigen, dass sich durch die unterschiedlichen Schallgeschwindigkeiten in Stahl und in Polyethylen die Einschallwinkel und die Wellenlängen verändern. Während die Einschallwinkel in PE gegenüber Stahl kleiner werden, ist es hinsichtlich der zu erwartenden Wellenlängen und damit

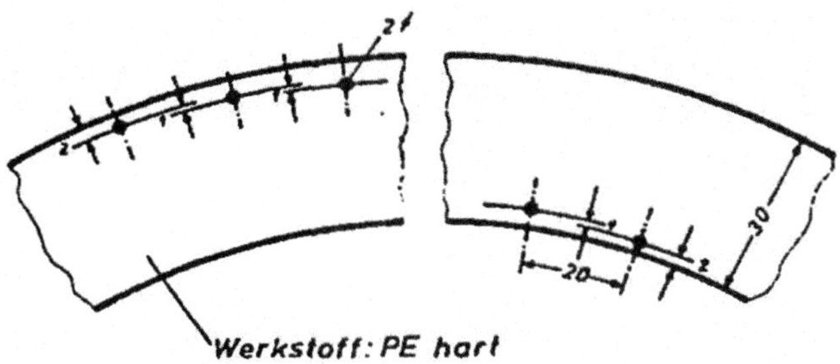

Abb. 16.20 Rohrkontrollkörper aus PE [16.14]

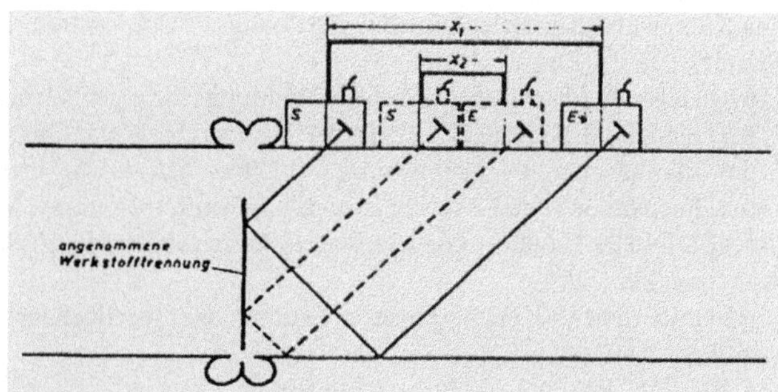

Abb. 16.21 Tandemtechnik zur Erfassung von senkrecht zur Prüfoberfläche angeordneten Fehlern [16.14]

der feststellbaren Fehlergröße umgekehrt. Da die Geschwindigkeit bei Transversalwellen fast halb so groß ist wie bei Longitudinalwellen ist, empfiehlt man zur Schrägeinschallung Longwellenprüfköpfe.

Ein weiterer Faktor zur Verringerung der Nachweisbarkeit von Fehlern mittels Ultraschallprüfung ist die im Vergleich mit nichtaustenitischem Stahl relativ große Schallschwächung, die bewirkt, dass die Nennfrequenz des Prüfkopfes stark abgesenkt wird, so dass die tatsächliche Frequenz am Ort der Fehlstelle oft oder fast immer unbekannt ist. Das hat zur Folge, dass bei den üblichen Ultraschallprüfsystemen mit breitbandigem Sender und schmalbandigen Prüfköpfen (Prüffrequenz vor Ort nahe der Nennfrequenz) die Amplituden der Fehlersignale nicht mehr auswertbar sind bzw. ein ungenügendes Nutzsignal-/Störsignal-Verhältnis entsteht. Zur Verbesserung dieses Verhältnisses könnten die Schmalbandsendertechnik und die Gruppenstrahlertechnik wirksam werden.

16.3.3 Bewertung

Alle nicht formbedingten Echos, die höher angezeigt werden als die in der gleichen Tiefenlage angezeigten Flachbodenbohrungen, sind nach DVS 2206 [16.13] als unzulässige Fehler zu beanstanden. Kleinere Fehler sind dann unzulässig, wenn sie so dicht nebeneinander bzw. hintereinander liegen, dass ihr gegenseitiger Abstand kleiner ist als die zweifache Wanddicke. Zur rationelleren US-Prüfung wird empfohlen, Bezugs- oder Vergleichslinien auf den Bildschirm zu bringen. Schließlich ist darauf zu achten, dass Störeinflüsse, wie Versatz, Verformungen, Verunreinigungen oder Temperatureinflüsse die Prüfergebnisse nicht beeinträchtigen.

Literatur

[16.1] Krautkrämer, J, Krautkrämer, H, Werkstoffprüfung mit Ultraschall, Springer-Verlag Berlin, Heidelberg, New York, London, Paris, Tokyo 1986;
[16.2] Schmalbandsendertechnik, SKET Magdeburg Arbeitsbericht 1985;
[16.3] Ballmann, Barbian, Cemboluk, Eine Ultraschall-Prüfanlage zur 100%-Prüfung von Bändern aus Kupfer und Kupferlegierungen für Poongsan Corporation, Ulsan, Korea, DGZfP-Jahrestagung Rostock (2005), Plakat 21;
[16.4] Deutsch, Platte, Vogt, Ultraschallprüfung, Springer-Verlag 1997;
[16.5] Schiebold, Skript UT3, LVQ-WP Werkstoffprüfung GmbH;
[16.6] Matthies u.a., Dickenmessung mit Ultraschall, DVS-Verlag GmbH 1998;
[16.7] Fachkunde Metall, Verlag Europa-Lehrmittel, Nourney, Vollmer GmbH & Co.KG;
[16.8] DIN EN 12680-1, Gießereiwesen, Ultraschallprüfung, Stahlgussstücke für allgemeine Verwendung, Febr. 2001;
[16.9] DIN EN 1370, Gießereiwesen, Prüfung der Oberflächenrauheit mit Hilfe von Vergleichsmustern, Febr. 1997;
[16.10] DIN EN 583-2, Ultraschallprüfung: Empfindlichkeits- und Entfernungsjustierung, April 2001;
[16.11] Krause, Pursian, Kipka, Bestimmung einer Gefügekennziffer bei Schalenhartguss, Gießereitechnik Heft 2 1986;
[16.12] Morgner, Shaffi, Bestimmung der Weißeinstrahlung bei Gusseisen, DGZfP-Jahrestagung Luzern (1991);
[16.13] DVS-Richtlinie 2206, Prüfung von Bauteilen und Konstruktionen aus thermoplastischen Kunststoffen, Juli 2008;
[16.14] Schiebold, Abschlussbericht „Zerstörungsfreie Werkstoffprüfung mit Ultraschall an Schweißverbindungen von Kunststoffrohren, Projekt-Nr. EP 100462 (2011);
[16.15] DIN EN 12680-2, Gießereiwesen, Ultraschallprüfung, Stahlgussstücke für hoch beanspruchte Bauteile, Juni 2003;
[16.16] Crostak, Steffens, Einsatz eines neuartigen Ultraschallverfahrens zur Prüfung von Schweißverbindungen austenitischer Werkstoffe, Sonderdruck aus DVS-Berichte Band 52, Deutscher Verlag für Schweißtechnik (DVS) GmbH Düsseldorf 1980;
[16.17] Oppermann, Crostak, Grundlegende Aspekte bei der Ultraschallprüfung von schallstreuenden Werkstoffen mit Signalen der CS-Technik, Z. Werkstofftechnik 12, 1981;
[16.18] Crostak, Grundlagen der CS-Technik, Sonderdruck aus Fachberichte Hüttenpraxis Metallweiterverarbeitung, 19. Jg 1982;
[16.19] Goebbels, Römer, Crostak, Quantitativer Vergleich verschiedener Ultraschall-Prüfverfahren zur Verbesserung des Signal-Rausch-Abstandes beim Vorliegen kohärenten Untergrundes, Sonderdruck aus Materialprüfung Band 21, Nr. 8 1979;
[16.20] Frielinghaus, Die Ultraschall-Prüfung austenitischer Schweißnähte, Sonderdruck Firma Krautkrämer 1983;
[16.21] Richter, Zur Ultraschallprüfung austenitischer Schweißverbindungen, Die Technik 23 1968, Nr. 10 und 11;

[16.22] Wagner, Dugan, Barth, Schubert, Köhler, Beeinflussung des Kornwachstums beim Schweißen austenitischer Schweißverbindungen mit dem Ziel der verbesserten Ultraschallprüfbarkeit, DGZfP-Jahrestagung Dresden 2013;
[16.23] Köhler, Müller, Spies, Schmitz, Zimmer, Langenberg, Mletzko, Ultraschallprüfung dickwandiger austenitischer Schweißnähte: Modellierung der Prüfsituation und experimentelle Ergebnisse, DGZfP-Jahrestagung Rostock 2005;
[16.24] Dietze, Schwächungs- und Schallgeschwindigkeitsmessungen an Stahlguss GS 50 und GS 30 Cr Mo 4 unter besonderer Berücksichtigung der Messgenauigkeit, Ingenieurbeleg Technische Hochschule Magdeburg 1973;
[16.25] Gür, Aydinmakina, Ultrasonic investigation of graphite nodularity in ductile cast irons, DGZfP-Jahrestagung Berlin 2001;
[16.26] Sano, Moriyama, Abschätzung der Werkstoffeigenschaften von Gusseisen mit Lamellengraphit mittels Ultraschallprüfung, UDC 669. 111. 6;
[16.27] Morgner, Heyse, Schiebold, Mehrparametrische Ermittlung mechanisch-technologischer Kenngrößen an Gusseisen, DGZfP-Jahrestagung Luzern 1991;
[16.28] AD-Merkblatt HP 5/3 (2002) und Anlage, Jan. 2002;
[16.29] ASME-Code, Section V 1989;
[16.30] KTA 3201.3, ZfP, Komponenten des Primärkreises von Leichtwasserreaktoren;

17 Normen, Regelwerke, Prüfanweisungen, Verfahrensbeschreibungen, Protokollierung, Dokumentation

17.1 Normen, Regelwerke

Während Normen zumeist von nationalen oder internationalen Normenausschüssen erarbeitet werden und deshalb in den beteiligten Ländern verbindlichen Charakter besitzen, sind Regelwerke, wie z.B. HP 5/3 [16.12] und der ASME-Code [16.12] oder KTA 3201 [16.12] Vorschriften spezieller Anwendungen (Druckbehälter) oder Anwender (Kernkraftwerke). Grundsätzlich sind verfahrens- und objektbezogene Regelwerke zu unterscheiden. Verfahrensbezogene Regelwerke (Tabelle 17.1) beziehen sich auf die im Allgemeinen zu verwendende Prüftechnik eines bestimmten ZfP-Verfahrens und enthalten Angaben

- zum Anwendungsbereich,
- zur Definition der Verfahrensvarianten,
- zur Angabe der Prüfempfindlichkeit,
- zur Durchführung von zerstörungsfreien Prüfungen,
- zur Prüfmittelkontrolle und
- zur Dokumentation.

Die verfahrensbezogenen Regelwerke sind im Prinzip ähnlich aufgebaut und unterscheiden sich nur in prüftechnischen Details. Objektbezogene Regelwerke (Tabelle 17.2) treffen ausgehend von konstruktiven Vorgaben Aussagen über:

- zu verwendende Werkstoffe und zu erreichende Werkstoffkennwerte,
- zu verwendene Fertigungsverfahren und -techniken,
- Prüf- und Fertigungsfolge bzw. Umfang der Prüfung,
- Registriergrenzen und Zulässigkeit der Befunde für die einzelnen ZfP-Verfahren und in diesem Zusammenhang einschränkende Vorgaben bzgl. der in dem speziellen Fall anzuwendenden Prüfverfahren und -techniken, auf denen die Befunde beruhen.

K. Schiebold, *Zerstörungsfreie Werkstoffprüfung – Ultraschallprüfung*,
DOI 10.1007/978-3-662-44700-0_17, © Springer-Verlag Berlin Heidelberg 2015

Tab. 17.1 Verfahrensbezogene Regelwerke Ultraschallprüfung

Bezeichnung	Inhalt
DIN EN 583-1	Ultraschallprüfung: Allgemeine Grundsätze
DIN EN 583-2	Ultraschallprüfung: Empfindlichkeits- und Entfernungsjustierung
DIN EN 583-3	Ultraschallprüfung: Durchschallungstechnik
DIN EN 583-5	Ultraschallprüfung: Beschreibung u. Größenbestimmung von Inhomogenitäten
DIN EN 583V-6	Beugungslaufzeittechnik zum Auffinden von Inhomogenitäten
DIN EN 12223	Kalibrierkörper 1
DIN EN 27963	Kalibrierkörper Nr.2 zur Ultraschallprüfung von Schweißverbindungen
DIN 54123	US- Prüfung von Schweiß-, Walz- und Sprengplattierungen
DIN EN 1330-1	ZfP: Terminologie-Allgemeine Begriffe
DIN EN 1330-2	ZfP: Terminologie-Begriffe, die v. allen ZfP-Verfahren benutzt werden
DIN EN 1330-4	ZfP: Terminologie-Begriffe der Ultraschallprüfung
DIN EN 12668-1	Charakterisierung u. Verifizierung der US-Prüfausrüstung: Prüfgeräte
DIN EN 12668-2	Charakterisierung u. Verifizierung der US-Prüfausrüstung: Prüfköpfe
DIN EN 12668-3	Komplette Prüfausrüstung
DIN EN 12062	ZfP von Schweißverbindungen: Allg. Regeln f. metall. Werkstoffe
DIN EN ISO 23279	Charakterisierung von Anzeigen in Schweißverbindungen
DIN EN ISO 17640	Ultraschallprüfung von Schweißverbindungen
ASME-Code	Sect. V: ZfP-Verfahren

In den objektbezogenen Regelwerken wird oft auf die verfahrensbezogenen prüftechnischen Regelwerke Bezug genommen, wie z.B. beim AD-Merkblatt HP 5/3 und im GW1 auf die DIN EN 1712 (seit Juni 2011 DIN EN ISO 17640) oder im ASME-Code Sect. III oder VIII auf die Sect. V.

Die Beurteilung eines ZfP-Befundes ist nur möglich, wenn Vorgaben hinsichtlich der Konstruktion; d.h. Beanspruchung des Bauteils im Betrieb, der Fertigung; d.h. der verwendeten Techniken und der Werkstofftechnik; d.h. der Anfälligkeit (Rissempfindlichkeit) vorliegen.

Die Festlegung dieser Kriterien kann nur durch Zusammenarbeit verschiedener Fachleute erfolgen. Sie kann auftragsbezogen in einem objektbezogenen Regelwerk niederge-

Tab. 17.2 Objektbezogene Regelwerke

Bezeichnung	Inhalt
DIN EN 10160	Ultraschallprüfung von Flacherzeugnissen aus Stahl ≥ 6 mm
DIN EN 10307	Ultraschallprüfung von Flacherzeugnissen aus austenitischem Stahl
DIN EN 10308	Ultraschallprüfung von Stäben aus Stahl
SEP 1920	Ultraschallprüfung von Walzmaterial
SEP 1921	Ultraschallprüfung von Schmiedestücken
DIN EN 10228-3	Ultraschallprüfung von Schmiedestücken aus Stahl
SEP 1923	Ultraschallprüfung von Schmiedestücken mit höheren Anforderungen
SEP 1922	Ultraschallprüfung von Gussstücken
SEP 1924	Ultraschallprüfung von Gussstücken mit Kugelgraphit
DIN EN 12680-1	US-Prüfung: Stahlgussstücke für allgemeine Verwendung
DIN EN 12680-2	US-Prüfung: Stahlgussstücke für hochbeanspruchte Bauteile
DIN EN 12680-3	US-Prüfung: Gussstücke aus Gusseisen mit Kugelgraphit
AD-Merkblatt HP 5/3	ZfP von Schweißverbindungen an Druckbehältern
DIN EN ISO 5817	Lichtbogenschweißverbindungen an Stahl
DIN EN ISO 11666	Ultraschallprüfung von Schweißverbindungen (Zulässigkeiten)
DIN EN 10246-6 - 18	ZfP von Stahlrohren: US-Prüfung
ASME-Code	Sect. III: Druckbehälter für kerntechnische Anlagen
ASME-Code	Sect. VIII: Allgemeiner Druckbehälterbau
KTA 3201.3	Zerstörungsfreie Prüfungen

legt sein. Ohne die Hilfe der entsprechenden Fachleute kann der Stufe 2-Prüfer daher keine Befunde beurteilen. Diese Hilfe kann in einer bauteilbezogenen Beratung erfolgen, aufgrund der ein Stufe 3-Prüfer eine solche Festlegung trifft (Prüfspezifikationserstellung). Sie kann aber auch dadurch erfolgen, dass der Stufe 3-Prüfer nach der Bestellung die Kriterien eines objektbezogenen Regelwerks für die Beurteilung des speziellen Bauteils vorgibt bzw. übernimmt.

Regelwerke oder Normen sind nicht auf einen bestimmten Auftrag bezogen. Sie stellen allgemeine Standards der Fertigungs- und Prüftechnik dar, die die Fachleute als Stand von Wissenschaft und Technik definiert haben. Kommt es zu einem Vertrag zwischen Besteller und Hersteller über die Fertigung eines Produkts, so werden in den Auftragsunterlagen bestimmte Qualitätsstandards festgeschrieben. Meist bezieht man sich dabei auf verschiedene Regelwerke. In vielen Fällen trifft man zusätzlich besondere Vereinbarungen. Bei der

Qualitätsplanung eines Produktes fließt all dies in Vorgaben hinsichtlich Konstruktion, Fertigung und Werkstofftechnik eines Produktes ein. Diese Unterlagen stellen komponentenbezogene Spezifikationen dar. Aus den Vorgaben der Spezifikation sind für die einzelnen Bauteile verschiedener Abmessungen Abnahmekriterien zu definieren. Diese Kriterien werden u.a. in ZfP-Prüfanweisungen zusammengefasst, in denen gemäß den Qualitätsvorgaben das Erreichen eines bestimmten Qualitätsstandards überprüft wird. Um diese Prüfung durchzuführen, sind exakte Festlegungen hinsichtlich Prüfumfang, -verfahren, -technik und Beurteilung des Befundes notwendig (Abb. 17.1).

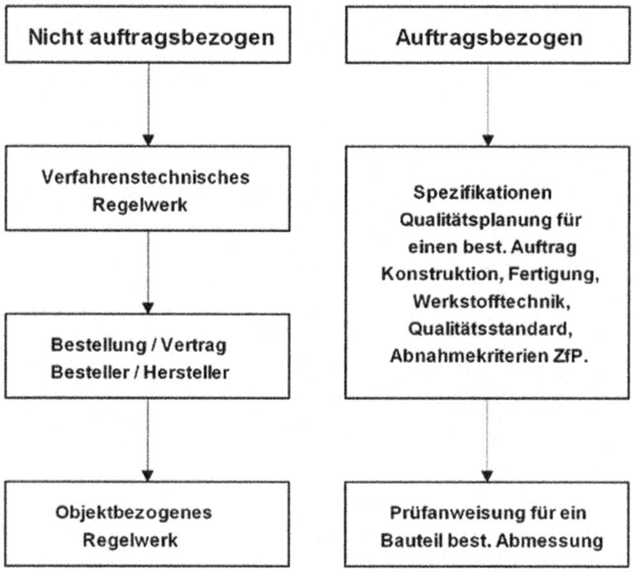

Abb. 17.1 Zur Unterscheidung Regelwerke – Spezifikation – Prüfanweisung

17.2 Prüfanweisungen

Prüfanweisungen werden als konkrete, auf ein bestimmtes Werkstück oder Erzeugnis bezogene Arbeitsanweisung von der jeweiligen Verfahrensbeschreibung abgeleitet. Sie sind vom Stufe 2/Level II-Prüfer aufzustellen und von der Prüfaufsicht (Stufe 3/Level III) zu bestätigen. Mit dem unterschriebenen Dokument wird der Stufe 1/Level I-Prüfer in die Lage versetzt, ohne eigene Entscheidungen zur Auswahl der Prüftechnik, zur Festlegung des Prüfumfanges und vor allem zur Entscheidungsfindung über die Verwendbarkeit des Erzeugnisses, die Prüfung reproduzierbar durchzuführen und die Ergebnisse in vorgegebenen Prüfberichten zu protokollieren. Eine Prüfanweisung soll den Teilnehmer einer Ausbildungsmaßnahme befähigen, definierte Prüfungsfragen durch gründliches Durcharbeiten zu beantworten. In der Übung derartiger Testunterlagen wird auch eine gewisse Prüfungsvorbereitung gewährleistet und der Teilnehmer in die Lage versetzt, selbst solche Prüfanweisungen zu erarbeiten.

Eine Prüfanweisung sollte die gleiche Gliederung wie eine Verfahrensbeschreibung aufweisen und folgende konkrete Arbeitsschritte enthalten:

1. **Zweck und Geltungsbereich**
   Festlegung des Prüfverfahrens (z.B. Ultraschallprüfung von Stahlformguss), der Prüfstücke mit Angaben zum Objekt, (z.B. Kunde, Kommissionsnummer, Gegenstand (z.B. Ventilgehäuse), Stückzahl, Modell-Nr., Zeichnungsnummer, Abmessungen, Kundennummer, Werkstoff).
2. **Mitgeltende Vorschriften**
   Angabe der Regelwerke oder der Normen, die für die Prüfung des Prüfstückes zutreffend sind. Es sind sowohl verfahrenstechnische als auch objektbezogene Regelwerke zu berücksichtigen.
3. **Anforderungen an das Prüfpersonal**
   Es ist anzugeben, wie das Prüfpersonal qualifiziert und zertifiziert sein muss, das Ultraschallprüfungen nach der vorliegenden Prüfanweisung durchführen darf (z.B. nach SNT-TC-1A oder nach EN ISO 9712).
4. **Zeitpunkt und Umfang der Prüfung**
   Der Prüfzeitpunkt ergibt sich aus dem Fertigungsablauf und den daran orientierten Qualitätsanforderungen. Beim Prüfumfang ist der prozentuale Anteil der zu prüfenden Fläche am Prüfstück zu vergleichen mit dem gesamten Bauteil. Ferner sind die zu prüfenden Bereiche exakt zu definieren, z.B. Schweißnaht, an die Nahtoberfläche angrenzender Bereich und Bereiche des Grundmaterials. Der Prüfumfang muss für jede Prüfung im gesamten Fertigungsprozess beschrieben werden, z.B. Vormaterial nach dem Schmieden auf Hüttenflur oder Gussstücke nach dem Kiesstrahlen und der mechanischen Bearbeitung oder Schweißverbindungen nach der letzten Wärmebehandlung.

5. **Anforderungen an das Prüfsystem**
   Hierbei ist auf jeden Fall anzugeben, wie die zu prüfenden Flächen vorbereitet werden müssen und welche Reinigungsmethoden angewandt werden dürfen. Beispielsweise sind Oxidschichten (loser Zunder), Schweißspritzer u.ä.m. zu entfernen, bevor die Prüfung beginnen kann (Koppelmittel). Das Prüfgerät und die Prüfköpfe sind festzulegen und müssen den Anforderungen der Prüfaufgabe entsprechen (Kalibrierung). Ferner sind die Einschallpositionen zu fixieren.
6. **Durchführung der Prüfung**
   Das vorgegebene Regelwerk ist zu benennen. Weitere Angaben sind erforderlich zur Entfernungs- und Empfindlichkeitsjustierung, zur Registriergrenze und zur Kontrolle der Justierung.
7. **Auswertung von Anzeigen**
   Die relevanten, erheblichen oder protokollpflichtigen Anzeigen sind bezüglich ihrer Abmessungen und ihres Types (länglich, linear, lamellar, rundlich, mit oder ohne Ausdehnung) zu beschreiben. Die Anzeigen sind auf die jeweilige Tiefenzone im Prüfstück zu beziehen.
8. **Zulässigkeiten**
   Unterschiedliche Zulässigkeiten für verschiedene Fertigungsabschnitte, wie z.B. für Vormaterial, Schweißfasen oder fertige Schweißverbindungen, sind in Abhängigkeit von den Abmessungen des Prüfstückes für die auszuwertenden Ungänzentypen festzulegen. Dazu sind die Vorgaben der Normen und Regelwerke zu beachten.
9. **Reparaturmaßnahmen**
   Unzulässige Anzeigen bzw. die Bereiche am Prüfstück, die durch Ausschleifen und/oder Reparaturschweißen beseitigt werden dürfen, sind zu kennzeichnen und zu protokollieren und nach dem Reparieren nochmals einer Ultraschallprüfung zu unterziehen. Dies kann sowohl für Prüfungen am Vormaterial, als auch am fertigen Produkt angeordnet werden.
10. **Dokumentation**
   Die Dokumentation umfasst sowohl die Protokollierung registrierpflichtiger Anzeigen vor und nach der Reparatur, als auch erforderlichenfalls die Fixierung solcher Anzeigen am Werkstück selbst. Ein geeignetes Prüfprotokoll muss Angaben zum Prüfobjekt, zur Prüftechnik und zum Prüfergebnis enthalten. Evtl. sind auch eine Skizze und eine Reparaturanweisung zu erstellen.

Die einzelnen Punkte sollten mit den Angaben ausgefüllt werden und zwar so konkret wie möglich, ohne die von den Regelwerken vorgegebenen Vorschriften außer Acht zu lassen. Nachstehend soll ein Beispiel für eine Prüfanweisung aufgezeigt werden.

Ultraschallprüfung
Prüfanweisung PA-w-1 UT2

LVQ - WP Werkstoffprüfung GmbH

Prüfaufgabe	Prüftechnik
Normen / Regelwerke: DIN EN 1714 DIN EN 1712, DIN EN 1713, DIN EN 12668-3, DIN EN 583-2	**Prüfgerät:** Digitales Ultraschallgerät **Hersteller:** GE, Deutsch, FPW **Typ:** ☒ USM 35 XS, ☒ Echograph 1090, ☒ Sonatest 150
Personalqualifikation: Stufe 2 nach DIN EN 473	☐ Schmiedestückprüfung: **Entfernungsjustierung:** Justierbereich: s_B = 100 mm
Erzeugnisform: Walzmaterial geschweißt	**Justierstrecke:** K1 = 25 mm **Kontrollstrecke:** K1 = 91 mm c = 5920m/s t_V = µs
Werkstoff: St 38	**Empfindlichkeitsjustierung:** V_J = RE BSH = 80 % ΔV = dB $V_R = V_J + \Delta V$
Wärmebehandlung: keine	☐ Wanddickenmessung: **Justierbereich:** s_B = 50 mm **Justierstrecke:** 12,5 mm **Kontrollstrecke:** s_K = 20 mm
Prüfgegenstand: Ebene Schweißnaht T 25 U	**Manuelle Einpunktjustierung:** mit c = 5920 m/s und Vorlaufzeit t_V = µs
Hauptabmessungen: 325 x 200 x 25 mm	☐ Einfachmessung ☐ Mehrfachechomethode **Meßergebnis:** Formel $d = k \times T_n / n$ d = mm
Oberflächenzustand: unbearbeitet	☐ Gussstückprüfung: **Entfernungsjustierung:** Justierbereich: s_B = 100 mm
Prüfumfang / Prüfabschnitt:: 100% der Nahtoberfläche und WEZ je 20 mm breit	**Justierstrecke:** K1 = 25 mm **Kontrollstrecke:** K1 = 91 mm c = 5920m/s t_V = µs
Prüfzeitpunkt: nach dem Schweißen **Bewertung:** Zulässigkeitsgrenze 2 nach DIN EN 1712	**Empfindlichkeitsjustierung:** V_J = RE BSH = 80 % ΔV = dB $V_R = V_J + \Delta V$
Registriergrenze: 2 mm KSR **Zulässigkeit:** Anzeigenlänge ≤ 5 mm	☒ Schweißnahtprüfung: **Entfernungsjustierung:** Justierbereich: s_B = 125 mm
Schweißverfahren: entfällt	**Justierstrecke:** K2 = 25 mm **Kontrollstrecke:** K1 = 15 mm c = 3250 m/s t_V = µs
Nahtform: entfällt	**Empfindlichkeitsjustierung:** Q_B direkt anschallen Q_B = 3 mm BSH = 40 % ΔV = 8 dB $V_R = V_J + \Delta V$

Beurteilung des Prüfbefundes

Gussstückprüfung

EP	Refl.-Nr.	T	l_1	l_2	s	a	b	ΔV_U	q	t	HWL	ΔH_U	Zulässigkeit	
		mm	mm	mm	mm	mm	mm	dB	mm	mm	mm	dB	e	ne

Schmiedestückprüfung

EP	Refl.-Nr.	T	l_1	l_2	s	a	b	ΔV_U	q	t	HWL	ΔH_U	Zulässigkeit	
		mm	mm	mm	mm	mm	mm	dB	mm	mm	mm	dB	e	ne

Ultraschallprüfung
Prüfanweisung PA-w-1 UT2

LVQ - WP
Werkstoffprüfung GmbH

Prüfdokumentation

Schweißnahtprüfung

EP	Refl.-Nr.	T	l_1	l_2	s	a	b	ΔV_U	q	t	HWL	ΔH_U	zulässig	
		mm	mm	mm	mm	mm	mm	dB	mm	mm	mm	dB	e	ne
2	Q_B	5,0	0	29	74,9	63,1	37,5	-8	-	12,6	29	8	-	-
1	1	5,2	9	15	77,9	67,5	39,0	-5	1,7	11,1	6	5	-	x
1	2	1,4	19	25	20,7	17,9	10,4	-14	-8,6	10,4	6	14	-	x
2	1	5,1	23	31	76,5	66,2	28,3	--	4,8	11,7	17	+3	-	x
2	2	4,7	12	18	70,5	61,1	35,3	--	4	14,7	6	0	-	x

Skizze des Prüfgegenstandes: mit Beispiellösung

Schweißnaht T XXX U (Einschallung mit Winkelprüfkopf 4 MHz und 60°)

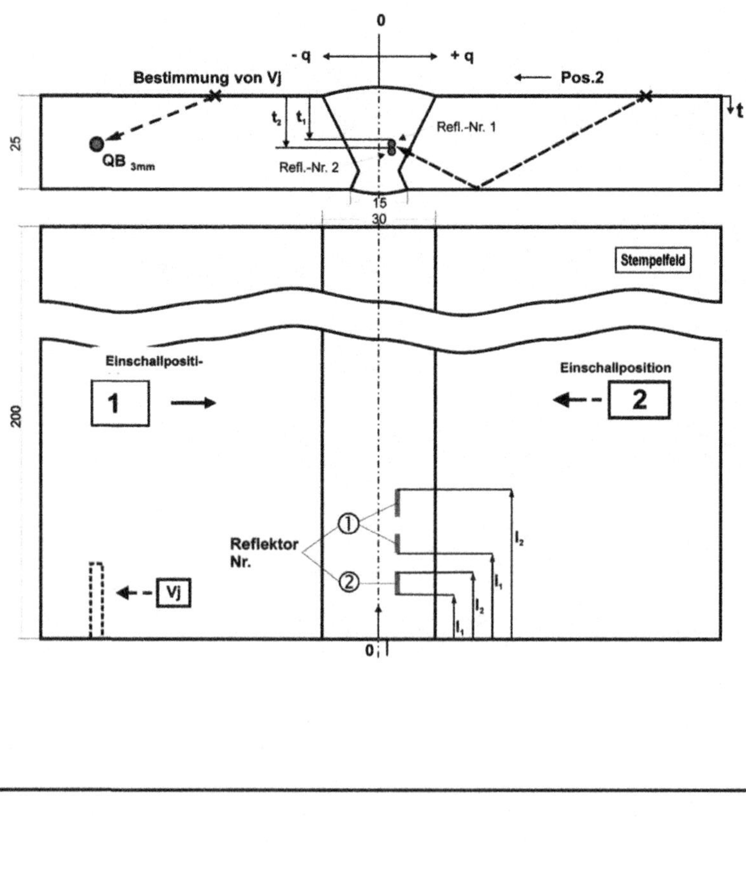

17.3 Verfahrensbeschreibungen

Zerstörungsfreie Werkstoffprüfungen werden im Sinne der Qualitätssicherung sowohl als technologische als auch als Abnahmeprüfungen durchgeführt. Technologische Prüfungen haben in erster Linie die Überwachung von Erzeugnisgruppen oder -linien zum Ziel. Die durch die Prüfungen zusammengetragenen Informationen werden statistisch aufbereitet in das Qualitätssicherungssystem eingebracht und helfen unmittelbar bei der Verbesserung der Qualität der Produkte. Beispielsweise können mit Hilfe der Ergebnisse von Ultraschallprüfungen an Guss- oder Schmiedestücken die spezifischen Wärmebehandlungstechnologien optimiert werden. Schon durch das Erkennen bestimmter Fehler in den Erzeugnissen können Maßnahmen im eigenen Betrieb zur Abstellung dieser Fehler ergriffen und Reklamationen vermieden werden. Dagegen sind Abnahmeprüfungen direkt auf ein bestimmtes Werkstück bezogen und sollen den Nachweis für eine gute Qualität an diesem Werkstück erbringen.

Obwohl bei technologischen Prüfungen oft betriebliche Maßstäbe zur Vorbereitung, Durchführung und Auswertung der Prüfungen ausreichend sind, sollten die Prüfer generell nach diesbezüglichen schriftlichen Unterlagen tätig werden, weil die Prüfungen damit objektiver in ihrer Handhabung und unabhängiger vom Können des einzelnen Prüfers werden. Solche Arbeitsanweisungen sind in Form von Verfahrensbeschreibungen oder Prüfanweisungen für das jeweilige Prüfverfahren und Prüfsortiment (Industriesortiment) vorzugeben und zwar entweder vom Kunden oder von der Prüfaufsicht der eigenen Firma.

Verfahrensbeschreibungen sind dabei übergeordnet zu betrachten. Bei der Ultraschallprüfung oder bei der radiografischen Prüfung beziehen sie sich zumeist auf ein Erzeugnis und ein bestimmtes Regelwerk. Beispielsweise werden im Folgenden Hinweise zur Erarbeitung von Verfahrensbeschreibungen für die Ultraschallprüfung von Gussstücken, Schmiedestücken und Schweißnähten vorgestellt. Verfahrensbeschreibungen sollten folgende Grobgliederung aufweisen:

1. Titel
2. Zweck und Geltungsbereich
3. Personalqualifikation
4. Zeitpunkt und Umfang der Prüfung
5. Anforderungen an die Prüftechnik
6. Prüfungsdurchführung
7. Bewertung von Anzeigen
8. Zulässigkeiten
9. Nachprüfungen und Reparaturmaßnahmen
10. Protokollierung und Dokumentation
11. Sicherheit und Umweltschutz
12. Bearbeitung

Die einzelnen Punkte sollten mit den notwendigsten Verfahrenshinweisen ausgefüllt werden und zwar so allgemein wie möglich, ohne die von den Regelwerken vorgegebenen Vorschriften außer Acht zu lassen. Nachstehend soll ein Beispiel für eine Verfahrensbeschreibung aufgezeigt werden.

Verfahrensbeschreibung zur Ultraschallprüfung von Stahlgussstücken nach DIN EN 12680-1

Aufgaben:

1. Nach dieser Verfahrensbeschreibung sind Gussstücke aus GS 50 manuell mittels Ultraschallprüfung zu untersuchen.
2. Die Prüfung soll entsprechend der Norm DIN EN 12680-1 erfolgen. Die Prüfer müssen ein Zertifikat der Qualifikationsstufe 2 nach DIN EN ISO 9712 nachweisen.
3. Die Gussstücke (Nockenplatte gemäß Anlage 1) sind im gestrahlten oder bearbeiteten Zustand und nach der Wärmebehandlung zu prüfen. Die 100%ige Abtastung erfolgt auf zwei zueinander senkrechten Prüfflächen. Der Prüfumfang entspricht der Kernzone nach Anlage 1.
4. Die Oberflächengüte der Prüffläche muss der Qualitätsklasse 3 entsprechen; die Rauheit soll $Ra \leq 12{,}5\ \mu m$ betragen. Als Koppelmittel ist Öl mittlerer Zähigkeit zu verwenden.
5. Die Prüfausrüstungen müssen die Anforderungen der DIN EN 12680-1, DIN EN 12668-3 und DIN EN 583-2 erfüllen. Die Funktionstüchtigkeit der Prüfgeräte (digital oder analog) ist durch Kalibrierung nachzuweisen und bei erfolgreicher Kalibrierung durch einen Aufkleber zu dokumentieren. Das Koppelmittel ist anzugeben.
6. Die Justierung ist direkt am Gussstück durchzuführen. Dabei ist das Rückwandecho an einer fehlerfreien Stelle des Gussstückes auf 80% Bildschirmhöhe im Justierschallweg für die Grundverstärkung V_j zu justieren. Die Zusatzverstärkung ΔV ist aus dem AVG-Diagramm für den Prüfkopf MB2S bei 50 mm Wanddicke auszuwählen. Die Registrierverstärkung besteht aus der Grundverstärkung und der Zusatzverstärkung, wobei zu begründen ist, warum weitere Zusatzverstärkungen nicht erforderlich sind.
7. Die Registriergrenze beträgt $D_{KSR} = 3$ mm. Nach dem Feststellen von Inhomogenitäten mit der Suchempfindlichkeit ($V_j + 6$ dB) wird die Registrierverstärkung eingestellt und die Anzeigen werden bewertet. Die Anzeigenbewertung erfolgt nach der Halbwertsmethode. Alle Anzeigen, die die Registriergrenze erreichen oder überschreiten sowie alle Rückwandschwächungen (ΔH_{RW}) ab 12 dB sind in der Anlage2 zu registrieren und auszuwerten.

   Für die Bestimmung der Ausdehnung von weitgehend parallel zur Prüffläche ausgerichteten Reflektoren muss der Prüfkopf im Prüfbereich so verschoben werden, dass die Punkte erfasst werden, an denen die Echohöhe um 6 dB gegenüber dem letzten Maximum abgenommen hat. Diese Punkte entsprechen der Prüfkopfmitte beim Senkrechtprüfkopf. Sie müssen durch eine Verbindungslinie markiert und in Anlage 2 eingetragen werden. Zur Bestimmung der Reflektorausdehnung in Wanddickenrichtung sind die festgestellten Reflektoren gemäß Anlage 3) von beiden gegenüber liegenden Seiten auszumessen.

8. Gemäß DIN EN 12680-1 werden hinsichtlich der Zulässigkeit relevante und punktförmige Anzeigen unterschieden. Diese Anzeigen sind für die Qualitätsklasse 3 der DIN EN 12680-1 zu entnehmen, wobei die Anlagen 4 und 5 Anzeigenformen mit messbaren Ausdehnungen beschreiben.
9. Die festgestellten Anzeigen sind gemäß der Prüfergebnisse in der Anlage 2 beispielhaft zu protokollieren. Die Freigabe der Gussstücke erfolgt durch den Prüfer und die Prüfaufsicht.
10. Eine Nachbesserung fehlerhafter Bereiche im Volumen des Gussstückes ist zulässig, wenn mit einer Kohleelektrode gearbeitet und anschließend verschweißt und nochmals mit Ultraschall geprüft wird. Reparaturen sind zu vereinbaren.
11. Die Auftragsdaten, die Prüftechnik, die Parameter der Durchführung der Prüfung und die Ergebnisse der Ultraschallprüfung sind in einem Protokoll zu dokumentieren.

Die folgende Vorlage soll dem Teilnehmer an einer Qualifizierungsmaßnahme helfen, entsprechend der vorgegebenen Gliederung alle erforderlichen Angaben zur Prüfaufgabe zu erfüllen, wobei willkürlich Punkte zur Bewertung der Verfahrensbeschreibung vorgeschlagen werden.

Lfd.-Nr.	Abschnitte:	Verfahrensbeschreibung	Punkte
		Nr.: UT3-c-1	1
		Titel: Ultraschallprüfung von Stahlgussstücken nach DIN EN 12680-1	1
1.	Geltungsbereich:		
	Prüfverfahren:		2
	Prüfgegenstände:		2
	Werkstoff:		2
	Bewertungsregelwerk:		2
2.	Mitgeltende Regelwerke Normen		2
	Spezifikationen		2
3.	Anforderungen an das Prüfpersonal		3
4.	Zeitpunkt der Prüfung im Fertigungsablauf:		2
5.	Umfang der Prüfung (Prüfvolumen) (Prüfflächen, Umfang)		2
6.	Anforderungen an die Prüftechnik:		
	Prüfgeräte:		3
	Prüfköpfe:		3
	Koppelmittel:		2
	Kontrolle des Prüfsystems:		4
7.	Anforderungen an die Prüffläche: Oberflächenbeschaffenheit:		3
8.	Kalibrierung des Prüfsystems:		
	Häufigkeit der Kalibrierung:		3
	Nachweis der Kalibrierung:		3

Lfd.-Nr.	Abschnitte:	Verfahrensbeschreibung Nr.: Titel:	Punkte
9.	Zulässigkeit nach Regelwerk:		8
10.	Durchführung der Prüfung:		
	1. Entfernungsjustierung:	Wahl d. Justierbereiches s_B = mm Begründung:	3
		Schallgeschwindigkeit = m/s Vorlaufzeit = µs	3
	2. Empfindlichkeitsjustierung: Justierreflektor:	Rückwand (=RE) des Gussstückes (50 mm)	2
	Justiergrundverstärkung V_j	Optimieren des Rückwandechos beim Justierschallweg s_j	2
		V_j = dB	2
		S_j = mm	2
	Zusatzverstärkung ΔV:	ΔV= 20 dB (entsprechend AVG-Diagramm für den Prüfkopf	2
	Registrierverstärkung V_R:	V_R =	4
	Transferkorrektur:	Nicht erforderlich	2
	Schallschwächungskorrektur	Nicht erforderlich	2
	3. Registriergrenze		3

Lfd.-Nr.	**Abschnitte:**	**Verfahrensbeschreibung** **Nr.:** **Titel:**	**Punkte**
10.	Durchführung der Prüfung: 4. Suchempfindlichkeit 5. Nachweisempfindlichkeit		3 4
11.	Protokollierung / Dokumentation: Ergebnisse der Prüfung:		4
12.	Maßnahmen bei Abweichungen von den Vorschriften bzw. den Zulässigkeiten:		3

Lfd.-Nr.	Abschnitte:	Verfahrensbeschreibung Nr.: Titel:	Punkte
13.	Arbeits- und Gesundheitsschutz:		3
14.	Freigabe des Dokumentes: Titel, Vorname, Name: Ort/Datum/ Unterschrift:		 1 3
15.	Anlagen: Zutreffendes unterstreichen, Lage der Fehler eintragen	 Relevante Anzeigen im Gussstück, Bestimmung der Reflektorausdehnung	 2 3
		Gesamt:	100

Anlage 1 Einteilung der Wanddicke in Zonen an der Nockenplatte

1 = Randzone a = 1/3 t 2 = Kernzone t - Wanddicke = 120/200 mm

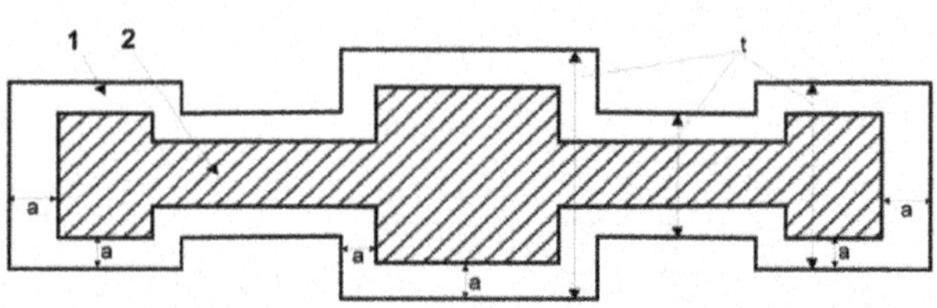

Anlage 2 Relevante Anzeigen im Gussstück als Verbindungslinie der Reflektorpunkte

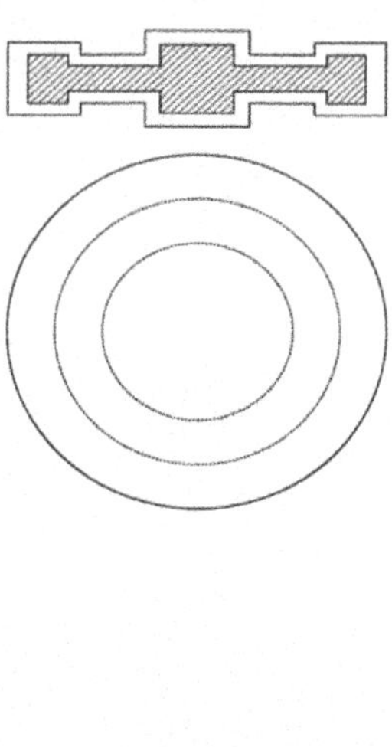

Anlage 3 Bestimmung der Ausdehnung von Reflektoren in Wanddickenrichtung mit Senkrechtprüfkopf

a Prüfposition A
b Prüfposition B
c A-Bild von der Prüfposition A
d Ausdehnung in Wanddickenrichtung $d = t - (s_1 + s_2)$
s Dabei sind s_1, s_2 die Längen des Schallweges,
t die Wanddicke
e A-Bild von der Prüfposition B

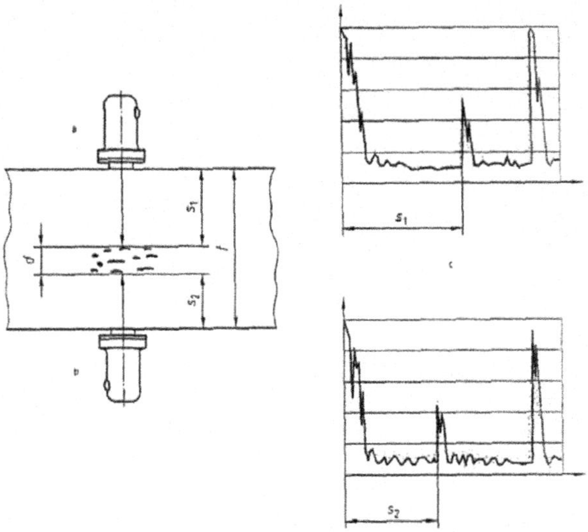

Anlage 4 Einzelanzeige von Reflektoren mit messbaren Ausdehnungen

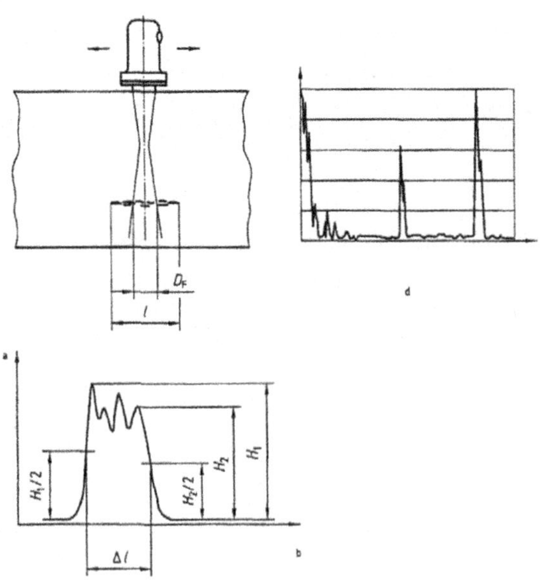

Anlage 5 Gruppenanzeige von Reflektoren mit messbaren Ausdehnungen

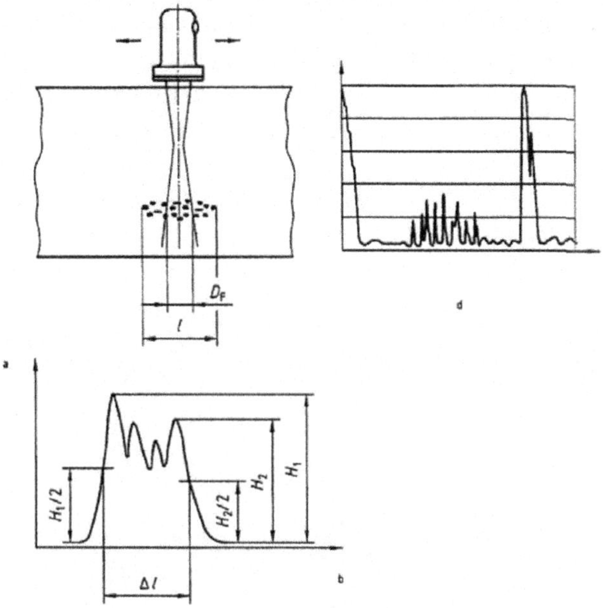

17.4 Protokollierung und Dokumentation

Die Dokumentation einer Ultraschallprüfung steht im engen Zusammenhang mit dem Auftrag, der alle Vereinbarungen zwischen Hersteller und Besteller eines Erzeugnisses enthält. Es gibt Verträge, in denen überhaupt keine Forderungen zur ZfP enthalten sind. In diesen Fällen entscheidet der Hersteller des Produktes allein über technologische oder qualitätssichernde Prüfungen und ihre Protokollierung. In den meisten Fällen wird hierbei dem Kunden kein Protokoll übergeben.

Andere Verträge enthalten eine Vereinbarung über die Ultraschallprüfung ohne Festlegung von Zulässigkeitskriterien. Der Hersteller oder Dienstleister wird dem Auftraggeber ein Protokoll übergeben. Während der Hersteller eine Beurteilung im Protokoll nach eigener Prüfanweisung abgibt, wird der Dienstleister überwiegend nur den US-Befund dokumentieren.

Im Normalfall übergibt der Besteller dem Hersteller des Produktes eine Abnahmebedingung zur Ultraschallprüfung. Dies kann eine Norm oder im speziellen Fall eine Prüfanweisung des Kunden sein. Dadurch sind die Abnahmebedingungen klar formuliert und die Dokumentation festgelegt. In seltenen Fällen verlangt der Kunde vom ZfP-Prüfer über den US-Befund und die Entscheidungsfindung hinaus ein Abnahmezeugnis nach DIN EN 10204 [17.1]. Hier ist für die prüfende Firma Vorsicht geboten, da sie im Grunde genommen nur den Prüfbefund dokumentieren kann. Eine derartige Prüfbescheinigung unterstellt aber die Bestätigung der Qualität aller Fertigungsprozesse des Produktes, worüber ein Dienstleister jedoch keinesfalls Garantien übernehmen kann. Deshalb sollte sich die Prüffirma bei solchen Anforderungen mit dem Auftraggeber darüber abstimmen, dass zwar ein Attest nach DIN EN 10204 [17.3] ausgestellt wird, jedoch nur für die Prüfergebnisse unterschrieben wird, d.h., dass auf jedem Fall eine zweite Unterschrift des zuständigen Leiters der Qualitätsstelle des Bestellers oder eines unabhängigen Sachverständigen auf dem Attest erscheint.

Die Protokolle der prüfenden Firma werden sich im Allgemeinen in der Form unterscheiden, weil ein Protokollvordruck niemals sämtliche in der Prüfpraxis vorkommenden Prüfaufgaben erfassen kann. Deshalb wird jede Firma prinzipiell, auch aus Werbegründen, ein eigenes Protokoll entwickeln. Der erforderliche Inhalt eines Prüfberichtes wird in zahlreichen Produktnormen allgemein angegeben. Grundsätzlich muss danach ein Protokoll folgende Angaben enthalten [17.11]:

- Identifikation des Herstellers und/oder des Auftrages,
- Auftragskopf mit Angaben zum Prüfgegenstand, der Auftragsnummer, dem Werkstoff, der Chargen- oder Prüf-Nummer,
- Der Prüfort, das Prüfdatum,
- die Prüfaufgabe,
- die Prüfbedingungen, wie z.B. das Prüfsystem, Oberflächenbedingungen, Prüfumfang und Prüfanweisung,
- die verwendete Prüfausrüstung,
- die Prüfergebnisse mit Skizze der fehlerhaften Abschnitte im Koordinatensystem und die Bewertung,
- die Abnahmebedingungen nach Norm oder Prüfanweisung (Zulässigkeit), Abweichungen von der Zulässigkeit,
- Namen, Qualifikationen und Unterschriften des Prüfers und der Prüfaufsicht.

Die Dokumentation der Prüfergebnisse ist heute nicht mehr nur im Zusammenhang mit dem zu erstellenden Prüfprotokoll zu betrachten. Durch den zunehmenden Einsatz digitaler Ultraschallgeräte und von Personalcomputern unter Verwendung standardisierter Windows-Software werden die Vorteile praxisgerechter Dokumentation immer sichtbarer (Abb. 17.2). Die Erstellung rechnergestützter Prüfprotokolle und Dokumentationen wird zur Pflicht, wenn neben der allgemeinen Qualitätssicherung steigende Datenmengen und graphische Darstellungen, wie Prüfskizzen und Isometrien verwaltet werden sollen.

Der Einsatz von Notebooks und kleinen transportablen Druckern und insbesondere der bereits realisierte Aufbau von batteriebetriebenen transportablen Rechnern als Ultraschallgerät zeigen, dass Soft- und Hardwareentwicklungen einerseits zukünftig zunehmend vor Ort eingesetzt werden dürfen und dass andererseits in der Ausbildung Anstrengungen unternommen werden müssen, um die Prüfer darauf einzustellen.

Den Umgang mit der Windows-Software zeigt Abb. 17.3. Nachdem der Prüfer die Daten vom Ultraschallgerät in den PC übertragen hat, ergänzt er diese mit den dazugehö-

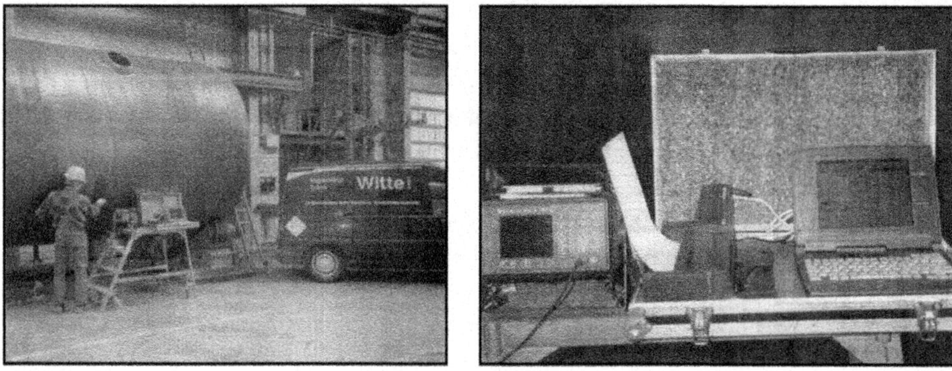

Abb. 17.2 Einsatz digitaler US-Prüftechnik und transportabler Rechentechnik auf der Baustelle [17.2]

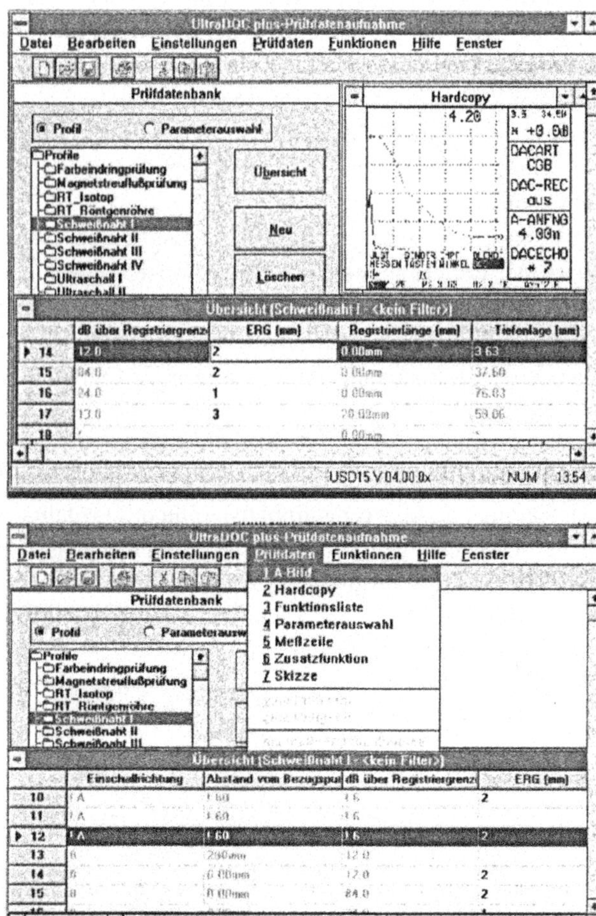

Abb. 17.3 Verarbeitung von Prüfdaten unter Windows-Software [17.2]

rigen Kopfdaten und druckt den Prüfbericht aus. Zusätzlich besteht die Möglichkeit, Skizzen, Zeichnungen oder Isometrien zu verwalten und ggfls. auszudrucken.

Wünschenswert für den Ultraschallprüfer wäre hinsichtlich der Einführung solcher Prüfsysteme, dass er bei der Gerätejustierung systematisch durch die Software geführt wird, um eventuelle Fehler auszuschließen. Der Schritt zur automatisierten Prüfung wird durch solche Systeme jedenfalls kleiner.

Abb. 17.4 zeigt schließlich ein intelligentes Ultraschall-Schweißnaht-Prüfsystem (ISONIC), das aus folgenden Komponenten besteht:

- Transportabler Industrie-Personalcomputer mit zusätzlicher Steuerelektronik und Programm,
- Prüfkopfhalter mit Luftschall-Ortungssystem und Ankoppelkontrolle,
- Digitales Ultraschallgerät.

Jede Funktion wird bei Erfordernis mit der Online-Hilfe erklärt. Mit dem einmal installierten System arbeitet der Prüfer bei gleichzeitiger Verbesserung der Zuverlässigkeit der Prüfung sehr zeitsparend. Dabei wird die zeitintensive Protokollierung der Prüfergebnisse bereits während der Prüfung vom System in einer Vollständigkeit durchgeführt, für die der Prüfer ein Vielfaches der Zeit benötigen würde. So lassen sich Prüfkosten bei gleichzeitiger deutlicher Verbesserung der Prüfsicherheit und der Dokumentation der gesamten Prüfung reduzieren.

Besonders schwierig ist die Dokumentation bei Isometrien in Bezug auf die Prüfergebnisse. Der Prüfer muss sich in der teilweise unübersichtlichen Anordnung von Leitungen und Behältern (Abb. 17.5), die geprüft werden sollen, zurechtfinden. Mit Hilfe der Rechentechnik kann die abgeschlossene Dokumentation, bestehend aus der isometrischen Darstellung des Anlagenteils mit seinen Prüfpunkten und den dazugehörigen Prüfergebnissen, erstellt werden.

Bereits 1988 [17.6], [17.7] wurde ein Rechner-Geräte-System Quasco „Handy" vorgestellt, um mit Hilfe der auf die Prüfaufgabe bezogenen Rechentechnik dem Ziel der Automatisierung bzw. der Teilautomatisierung des Prüfablaufes näher zu kommen (Abb. 17.5). Sicherlich konnte man mit diesem System beispielsweise die Planung und Durchführung von Ultraschall-Schweißnahtprüfungen durch die rechentechnische Datenaufbereitung,

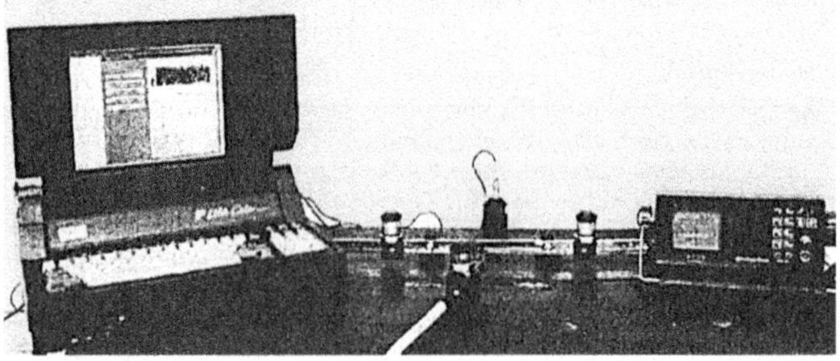

Abb. 17.4 Ultraschall-Schweißnaht-Prüfsystem (ISONIC) [17.4],

-verwaltung und die Dokumentation normenkonform vereinfachen und vereinheitlichen. Problematisch blieben jedoch folgende Aspekte für die Einführung dieses Geräte-Systems:

1. Der damalige Stand der Computertechnik und Elektronik führte leider nicht zu einem störungsfreien Betrieb.
2. Die Anwender wollten laufend neue Modifikationen der Software für ihre Prüfaufgaben.
3. Die Prüfer konnten sich nicht mit der Philosophie der Anwendung eines Computers vor Ort (mit öligen bzw. schmutzigen Händen) anfreunden, sie schrieben ihre Prüfergebnisse zunächst erst als Kladde, um sie später im Büro in die Berichtsform zu bringen. Daran hat sich auch bis auf Ausnahmen [17.8] gegenwärtig nichts geändert, obwohl hinsichtlich der Computertechnik wesentlich bessere Voraussetzungen vorliegen.

Vielleicht ändert sich diese Einstellung der Prüfer mit der Zeit, in der I-Pads schon frühzeitig Einzug in die Welt der Kinder hält. Die Geräte werden auch immer kleiner und handlicher. Der Einsatz von Personalcomputern und Notebooks in der ZfP und ihre Anwendung für die Datenerfassung und –verarbeitung, die Protokollierung und Dokumentation ist jedenfalls unbestritten [17.9], [17.10], [17.12]. Insofern war jede Entwicklung von Rechentechnik für die zerstörungsfreie Werkstoffprüfung als Fortschritt zu bezeichnen.

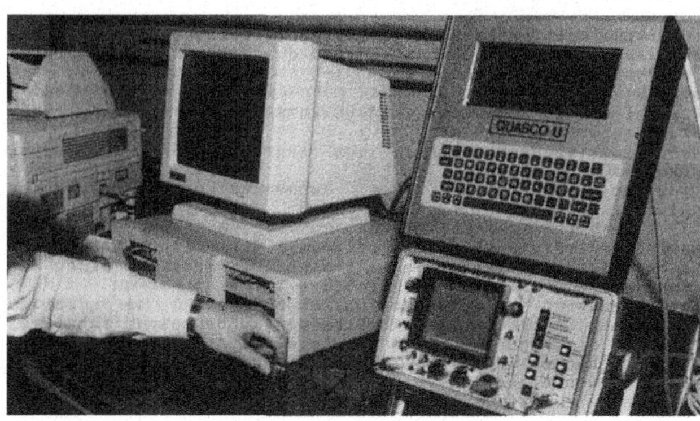

Abb. 17.5 Quasco-System für die rechnergestützte US-Prüfung [17.6]

Literatur

[17.1] DIN EN 10204, Metallische Erzeugnisse, Arten von Prüfbescheinigungen, Jan. 2005;

[17.2] Witte, Buschke, Gegenwart und Zukunft in der Prüfdokumentation, DGZfP-Jahrestagung Dresden 1997;

[17.3] Balas, Balas, Die neue EN 10204. Metallische Erzeugnisse – Arten von Prüfbescheinigungen, Auswirkungen auf die zerstörungsfreie Materialprüfung, DGZfP-Jahrestagung Salzburg 2004;

[17.4] Berke, Kleinert, ISONIC-Vollständige Dokumentation dank kontinuierlicher Aufzeichnung der Prüfkopfbewegung und Ankopplung bei der manuellen Schweißnahtprüfung, DGZfP-Jahrestagung Dresden 1997;

[17.5] Kleinert, Sichere Datenerfassung und –verarbeitung bei der Ultraschallprüfung-Möglichkeiten und Grenzen, DGZfP-Jahrestagung Siegen 1988;

[17.6] Thiele, Ries, Meyer, Prestel, Erfahrungen mit der rechnergestützten Durchführung von Ultraschall-Handprüfungen unter Anwendung des Normenentwurfes DIN 54125, DGZfP-Jahrestagung Siegen 1988;

[17.7] Ries, Thiele, Praxisgerechte Methode zur Durchführung von Serienmessungen an Wanddicken mittels einer neuen Rechner-Geräte-Kombination Quasco „Handy", DGZfP-Jahrestagung Siegen 1988;

[17.8] Witte, Berke, Schweißnahtprüfung mit dem Ultraschall-Notebook, DGZfP-Jahrestagung Bamberg 1998;

[17.9] Müller, Betke, Einsatz von Personalcomputern in der ZfP, DGZfP-Jahrestagung Luzern 1991;

[17.10] Klupsch, Witthöft, Rechnergestützte Dokumentation als Element der ZfP-Dienstleistung, DGZfP-Jahrestagung Luzern 1991;

[17.11] DIN EN 583-1, Ultraschallprüfung, T.1: Allgemeine Grundsätze, Dez. 1998;

[17.12] Weiß, Eisel, Ein rechnergestütztes System zur Datenaufnahme und -auswertung für zerstörungsfreie Handprüfungen;

Sachwortverzeichnis

18

K. Schiebold, *Zerstörungsfreie Werkstoffprüfung – Ultraschallprüfung*,
DOI 10.1007/978-3-662-44700-0, © Springer-Verlag Berlin Heidelberg 2015

The manufacturer's authorised representative in the EU is Springer
Nature Customer Service Centre GmbH, Europaplatz 3, 69115 Heidelberg,
Germany. If you have any concerns regarding our products, please
contact ProductSafety@springernature.com

Printed and bound by CPI Group (UK) Ltd, Croydon, CR0 4YY
09/09/2026
02213713-0010